HOLZ IM HOCHBAU

EIN NEUZEITLICHES HILFSBUCH FÜR DEN ENTWURF, DIE BERECHNUNG UND AUSFÜHRUNG ZIMMERMANNS- UND INGENIEURMÄSSIGER HOLZWERKE IM HOCHBAU

VON

ING. **HUGO BRONNECK**
BEHÖRDL. AUTOR. ZIVILINGENIEUR
FÜR DAS BAUWESEN

MIT 415 ABBILDUNGEN, ZAHLREICHEN TAFELN
UND ZAHLENBEISPIELEN

SPRINGER-VERLAG WIEN GMBH

ISBN 978-3-7091-5961-3 ISBN 978-3-7091-5995-8 (eBook)
DOI 10.1007/978-3-7091-5995-8

URSPRÜNGLICH ERSCHIENEN BEI JULIUS SPRINGER, VIENNA
SOFTCOVER REPRINT OF THE HARDCOVER 1ST EDITION 1927

Vorwort

Von Deutschland aus haben die neuzeitlichen Holzbauweisen im letzten Jahrzehnt fast in allen europäischen Ländern Eingang gefunden und dem als Baustoff längst als veraltet und unzeitgemäß angesehenen Holz seine frühere Bedeutung im Bauwesen zurückerobert.

Die Erkenntnis der wichtigen Rolle der neuzeitlichen Holzbauweisen in unserem auf die Erzielung möglichster Wirtschaftlichkeit eingestellten Bauwesen hat sich wohl heute bereits in allen dem Baufach nahestehenden Kreisen durchgesetzt, trotzdem aber ist die Zahl derjenigen, die den Holzbau als Fachleute beherrschen, noch immer verhältnismäßig sehr gering.

Einer der Hauptgründe für diesen Umstand liegt zweifellos darin, daß es trotz zahlreicher Veröffentlichungen auf dem Gebiet des neuzeitlichen Holzbaues noch immer an einem für den Gebrauch in der Praxis geschriebenen, leichtfaßlichen Einführungsbuche fehlt, das dem Anfänger über die ersten Schwierigkeiten beim Einarbeiten in das ihm noch fremde Fachgebiet hinweghilft und ihm später vom Entwurf bis zur Ausführung als verläßlicher Berater zur Seite steht.

Die bisher über den neuzeitlichen Holzbau erschienenen Bücher bieten wohl dem erfahrenen Holzbaupraktiker ein reiches Studienmaterial, unterrichten ihn über die neuesten Festigkeitsversuche, über die Fortschritte der verschiedenen Bauweisen, über die neuesten Ausführungen; das Studienmaterial aber, das der Anfänger zu seiner Einführung in den Holzbau benötigt, die Anleitung für den zweckmäßigen Entwurf, für die Berechnung, die wirtschaftliche Querschnittsbemessung und endlich nicht zum geringsten Teile für die gerade im Holzbau oft schwierige Lösung konstruktiver Einzelfragen, liegt, in einer Reihe von Büchern und sonstigen Veröffentlichungen zerstreut, dem ungeübten Auge des Anfängers verborgen!

Die mit den ingenieurmäßigen Arbeiten des Holzbaues im Zusammenhange stehenden zimmermannsmäßigen Arbeiten werden in den Büchern über den neuzeitlichen Holzbau als bekannt vorausgesetzt. Gerade diese Arbeiten aber sind es, deren sachgemäße, auf Jahrhunderte alter handwerksmäßiger Erfahrung beruhende Herstellung, dem Ingenieur, dem bekanntermaßen meist die handwerksmäßige Praxis abgeht, Schwierigkeiten bereitet, wenn er es nicht vorzieht, ihre Ausführung auf gut Glück seinem Polier zu überlassen!

Wenn auch ein Buch die Erfahrungen der Praxis nur zum geringsten Teil ersetzen kann, so erscheint es dennoch wichtig, allen denjenigen, die sich in das Holzbaufach einarbeiten wollen und die meist von der Schule her nur geringe Kenntnisse in den Arbeiten des Zimmermannes besitzen, auch beim Entwurf und der Ausführung dieser Arbeiten mit aus der Praxis geschöpften Ratschlägen an die Hand gehen.

Aus diesen Gesichtspunkten heraus wurde das vorliegende Buch geschrieben. Sein Studium soll allen Fachgenossen, denen das Gebiet des neuzeitlichen Holzbaues noch wenig vertraut oder fremd ist, die Möglichkeit bieten, sich gründliche Kenntnisse im Entwurf, in der Berechnung und Ausführung aneignen zu können.

Der mit dem neuzeitlichen Holzbau bereits vertraute Ingenieur, dem es nicht selten an praktischer Erfahrung in der Ausführung rein zimmermannsmäßiger Arbeiten mangelt, der Architekt, der Zimmermeister und Baumeister, die in den Arbeiten des Ingenieurholzbaues heute noch vielfach unerfahren sind, sollen mit diesem Buche einen verläßlichen Führer in die Hand bekommen, der ihnen in allen Fragen des Entwurfes, wie der Ausführung und Bauüberwachung zur Seite steht.

Alle für die Berechnung erforderlichen Belastungs- und Festigkeitsangaben, ebenso die in den einzelnen Staaten geltenden amtlichen Bestimmungen, die erforderlichen Berechnungsformeln, Materialgewichte usw., wurden sorgfältig zusammengestellt, um dem Benützer des Buches auch in dieser Hinsicht seine Arbeit möglichst zu erleichtern.

Eine Reihe von Ratschlägen für den wirtschaftlichen Entwurf, für den Bauholzeinkauf, für die Verhütung von Bauunfällen, für die fallweise zweckmäßigste Wahl unter den verschiedenen Bauweisen, für die wärmetechnisch richtige Verwendung der verschiedenen Arten von Holzwänden und viele andere praktische Winke sollen dieses Buch zu einem wirklich nutzbringenden Ratgeber in allen, den Holzbau betreffenden Fragen machen.

Ich hoffe zuversichtlich, daß mein Bestreben, mit der vorliegenden Arbeit das Interesse an den neuzeitlichen Holzbauweisen zu vertiefen und in noch weitere Kreise zu tragen, als es bisher der Fall war, von Erfolg begleitet sein wird, und richte an alle Leser meines Buches die Bitte, durch Ratschläge oder Verbesserungsvorschläge zur Erreichung dieses Zieles beizutragen.

Den verschiedenen Holzbaufirmen, die mich durch bereitwillige Beantwortung von mir gestellter Fragen, sowie durch manche wertvolle Beiträge bei meiner Arbeit unterstützt haben, ebenso den Herren Ing. Arch. Smiałowski, Assistent an der technischen Hochschule in Lemberg, und Ing. Adlof, Lemberg, die mir bei der Herstellung der Zeichnungen in liebenswürdiger Weise behilflich waren, sei auch an dieser Stelle mein Dank ausgesprochen.

Wien-Lemberg, im Oktober 1926

Der Verfasser

Inhaltsverzeichnis

I. Teil

Grundlagen der Berechnung und Ausführung hölzerner Tragwerke

1. Abschnitt. Grundlagen der Standberechnung von Tragwerken mit besonderer Rücksicht auf den Holzbau

A. Allgemeines

3. Abschnitt. Die Holzverbindungen

II. Teil

Berechnung und Ausführung hölzerner Bauwerkteile

5. Abschnitt. Holzdecken

6. Abschnitt. Die Wände

7. Abschnitt. Die Dächer

III. Teil

Selbständige Bauwerke aus Holz

9. Abschnitt. Hallenbauten

13. Abschnitt. Hölzerne Maste

Anhang. Hilfstafeln

Druckfehlerberichtigung

In Abb. 27: statt B_{n-1} richtig B_n,
,, B_n ,, B_{n+1}.

Seite 24, 7. Zeile von oben: statt M_{mH} richtig M_m.
Seite 101, 3. Zeile von oben: statt Nährungsmethode richtig Näherungsmethode.
Seite 115, Ringdübeltabelle 5. und 7. Kolonne: statt Beistriche richtig Punkte.
Seite 160, 21. Zeile von unten: statt **auszu**füllende richtig **aus**füllende.
Seite 180, 2. Zeile von oben: statt Balkenlage**r** richtig Balkenlage.
Seite 200, 23. Zeile von unten: statt abge**hobelte** richtig abge**schnittene**.
Seite 273, 8. Zeile von oben: statt „n" richtig „in".
Seite 283, 8. Zeile von oben: statt Bogen**ein**schnitt richtig Bogen**quer**schnitt.
Seite 337: statt Haus Nr. 12, Abb. 386 richtig Haus Nr. 13, Abb. 387.
statt Haus Nr. 13, Abb. 387 richtig Haus Nr. 12, Abb. 386.
Seite 344, 14. Zeile von unten: statt „und (durch Seitenoberlichte)"
richtig „(durch Seitenoberlichte) und".

I. Teil

Grundlagen der Berechnung und Ausführung hölzerner Tragwerke

I. Abschnitt

Grundlagen der Standberechnung von Tragwerken mit besonderer Rücksicht auf den Holzbau

A. Allgemeines 9*)[1]

1. Formänderung und Beanspruchung

Unter der Einwirkung äußerer Kräfte erfährt ein Körperteilchen eine Formänderung, im allgemeinen bestehend aus Längenänderungen und aus Winkeländerungen, die Längsspannungen σ bzw. Scher- oder Schubspannungen τ in den Flächen des Körperteilchens zur Folge haben.

Formänderung durch Längsspannungen. Wird ein Stab von der Länge l durch eine Zugkraft beansprucht, so dehnt er sich um Δl aus, bei Beanspruchung durch eine Druckkraft hingegen verkürzt er sich. Die Längenänderung (Dehnung) verschwindet wieder ganz oder teilweise, wenn die Beanspruchung aufhört. Diese Eigenschaft aller Stoffe heißt **Federung** (Elastizität). Nimmt ein gedehnter Stab nach dem Aufhören der Beanspruchung genau seine ursprüngliche Länge ein, so wird er als **vollkommen federnd** bezeichnet. Ist dies nicht der Fall, so spricht man von einem **unvollkommen federnden** Stoff. Zieht man von der gesamten Dehnung die bleibende Dehnung ab, so erhält man die **federnde** (elastische) **Dehnung.**

Die Dehnung eines Baustoffes wird ausgedrückt durch das Verhältnis

$$\varepsilon = \frac{\Delta l}{l} = \frac{\text{Verlängerung}}{\text{Ursprüngliche Länge}}.$$

ε ist die Dehnung eines Stabes von der Länge 1, d. h. die Einheitsdehnung. Eine Stabverlängerung wird als (+) Dehnung, eine Verkürzung als (—) Dehnung bezeichnet.

Unterwirft man einen Stab einer von Null ansteigenden Längsbeanspruchung $\sigma = \frac{P}{F}$ und stellt für eine Anzahl Spannungszustände die hiebei auftretenden Dehnungen Δl fest, womit auch ε gegeben ist, so besteht zwischen ε und σ die Beziehung $\varepsilon = f(\sigma)$, welche für viele Baustoffe durch genaue Messungen ermittelt wurde.

---

[1]) Die mit einem *) versehenen Zahlenangaben beziehen sich auf die im Anhang gebrachte Quellenzusammenstellung.

Das Verhältnis der Dehnungszunahme zur zugehörigen Spannungszunahme wird als Dehnziffer $\alpha = \frac{\varepsilon}{\sigma}$ des Baustoffes bezeichnet. Die Dehnziffer nimmt mit der Spannung zu.

Der umgekehrte Wert $\frac{1}{\alpha} = E$ (kg/cm²) heißt das **Dehnmaß** (Elastizitätsmodul) des Baustoffes bei der Spannung σ. E nimmt im allgemeinen mit wachsender Beanspruchung ab.

Wird ein Eisenstab in der Festigkeitsmaschine gezogen und werden die zugehörigen Dehnungen gemessen, so ergibt sich, daß zwischen σ und E Verhältnisgleichheit (Proportionalität) besteht und daß daher die Formänderungslinie, welche die Beziehung $\varepsilon = f(\sigma)$ darstellt, eine Gerade ist. Die Dehnziffer berechnet sich zu rund $\alpha = 1/_{2,000\cdot000}$, das Dehnmaß zu rund $E = 2{,}000.000$ kg/cm². Der gerade Verlauf der Verformungslinie besteht nur bis zu einem bestimmten Punkt, der **Verhältnisgrenze.** Bei größeren Spannungen besteht die Verhältnisgleichheit nicht mehr, die Verformungslinie krümmt sich. Die Spannung bei der Verhältnisgrenze heißt **Verhältnisspannung** (σ_p kg/cm²). Im allgemeinen davon verschieden ist die **Federungsgrenze** (Elastizitätsgrenze); die bleibenden Formänderungen durch Spannungen bis zur Federungsgrenze sind fast Null, die Federung ist nahezu vollkommen.

$$\boxed{\varepsilon = \alpha \cdot \sigma = \frac{\sigma}{E} = \frac{P}{F \cdot E}} \quad \textbf{(Hooksches Verhältnisgesetz).}$$

Das Hooksche Gesetz, welches für die meisten Metalle und auch für Holz gilt, bildet die Grundlage der Festigkeitslehre.

Die oberhalb der Verhältnisgrenze liegende Spannung, bei welcher eine rasche und bleibende Dehnung (Strecken, Quetschen) stattfindet, wird **Streck- oder Quetschgrenze** (σ_s kg/cm²), bei Druckbeanspruchung auch **Stauchgrenze** genannt.

Bruchfestigkeit (σ_B/kg/cm² Zug-, Druckfestigkeit usw.) ist derjenige Spannungswert, bei welchem der Bruch des Stabes eintritt.

Formänderung durch Schubspannungen. Wird ein Stabteilchen von der Länge (ds) durch eine Querkraft Q beansprucht (Abb. 1), so erleidet dasselbe eine Formänderung, die in einer Verschiebung der benachbarten Querschnitte um dy besteht. Die Verschiebung wächst mit der Größe von Q und mit der Länge (ds) des Stabteilchens und ist um so kleiner, je größer der Stabquerschnitt F ist, daher

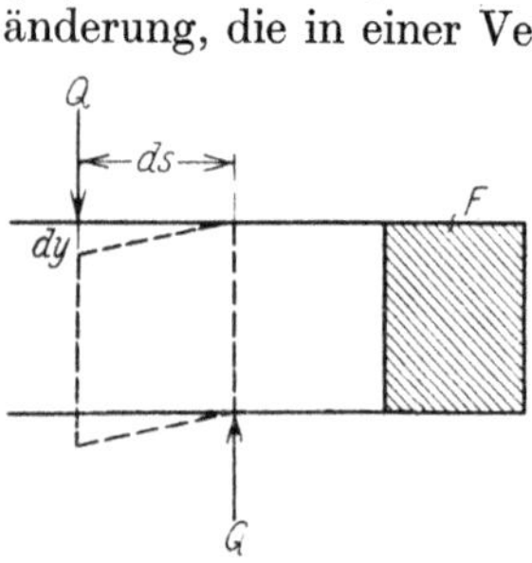

Abb. 1

$$dy = \left(\frac{Q}{F}\right) \cdot \frac{ds}{G} = \frac{\tau \cdot ds}{G},$$

wobei G kg/cm², das sogenannte **Gleitmaß,** einen von den Eigentümlichkeiten des Baustoffes abhängigen Verformungswert, τ kg/cm² die gleichförmig über den Stabquerschnitt verteilt angenommene Schubspannung bedeuten. Der Wert

$$\frac{dy}{ds} = \operatorname{tg}\gamma = \infty\,\gamma = \frac{\tau}{G}$$

stellt (sowie $\varepsilon = \frac{\sigma}{E}$ die Dehnung der Stablänge 1) die Querverschiebung auf die Länge 1 dar.

Diejenige Schubspannung, bei der sich zwei gegeneinander verschobene Querschnittsebenen eines Stabes trennen, wird als seine **Schubfestigkeit** (τ_B kg/cm²) bezeichnet.

Wärmeausdehnung. Die Wärmeausdehnungszahl ω gibt die Größe der Zunahme der Längeneinheit eines Körpers bei 1° C Wärmeerhöhung an. Die Dehnung eines Stabes von der Länge l bei einer Erwärmung um t^0 C beträgt daher

$$\Delta\, l = \omega \cdot l \cdot t.$$

Eisen und Stahl, weich	$\omega = 12 \cdot 10^{-6}$
Eisen und Stahl, hart	$\omega = 11 \cdot 10^{-6}$
Gußeisen	$\omega = 10 \cdot 10^{-6}$
Holz in Faserrichtung	$\omega = 3$ bis $7 \cdot 10^{-6}$
Glas	$\omega = 6$ bis $9 \cdot 10^{-6}$

Sicherheit und zulässige Beanspruchungen. Unter der **Sicherheit** (s) eines Tragwerkes versteht man das Verhältnis der Bruchlast zur Baulast. Die größten Beanspruchungen der Tragteile unter den Bruchlasten heißen die Bruchspannungen des Tragwerkes. Sie fallen im allgemeinen nicht zusammen mit den Bruchspannungen des Baustoffes, da, abgesehen von den in der Natur liegenden Ungenauigkeiten der Spannungsermittlung oberhalb der Verhältnisgrenze, der Bruch eines Tragwerkes z. B. durch allzugroße Dehnungen eines Tragteiles erfolgen kann, bevor die Zerreißfähigkeit erreicht ist, während anderseits eine örtliche Überbeanspruchung durch die Verformung des Stoffes auf weniger beanspruchte Tragteile geleitet und ausgeglichen werden kann.

Die Sicherheit, die einem Tragwerk innewohnen muß, damit es dem beabsichtigten Zweck dauernd entspricht, ist eine Erfahrungsziffer, die im wesentlichen von den Eigentümlichkeiten des Baustoffes und von der Benutzungsart des Bauwerkes abhängt. Tragwerke, die vornehmlich ruhende Belastungen tragen, können beispielsweise mit geringerer Sicherheit bemessen werden als Tragwerke mit Stößen und Erschütterungen. Den größten Einfluß auf die erfahrungsgemäß notwendige Sicherheit übt die Eigentümlichkeit des Baustoffes aus.

Unter der **zulässigen Spannung** (kg/cm²) eines Tragwerkes versteht man den s-ten Teil der Tragwerk-Bruchspannung. Die zulässigen Beanspruchungen für die meisten Baustoffe sind durch behördliche Vorschriften geregelt.

2. Die Beanspruchungsarten

Je nach der Richtung und Wirkung der in den einzelnen Querschnitten eines durch äußere Kräfte beanspruchten Tragkörpers entstehenden Innenkräfte unterscheidet man folgende Beanspruchungsarten:

Zugbeanspruchung. Ein Stab mit gerader Schwerachse wird von den beiden Kräften P ergriffen, die in der Stabachse in entgegengesetzten Richtungen nach außen einwirken. Der Stab wird gezogen. Die Innenkräfte verteilen sich in jedem Stabquerschnitt gleichmäßig über dessen Fläche F (Abb. 2) und stehen senkrecht auf dieser. Auf die Flächeneinheit entfällt die Innenkraft

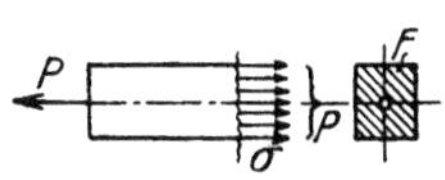

Abb. 2

$$\boxed{\sigma = \frac{P}{F} \text{ kg/cm}^2} \quad \textbf{(Zugbeanspruchung).}$$

Jene Zugbeanspruchung, die den Stoffwiderstand überschreitet und somit das Zerreißen des Stabes hervorruft heißt **Zug- oder Zerreißfestigkeit** des Stoffes.

Druckbeanspruchung. Wirken die beiden Kräfte P nach innen, so erleidet der Stab im Querschnitt F (Abb. 3) eine **Druckbeanspruchung**

$$\sigma = \frac{P}{F}\ \text{kg/cm}^2.$$

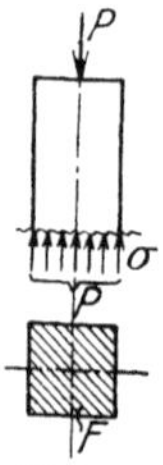

Abb. 3

Jene Druckbeanspruchung, bei welcher der Stab zerdrückt wird, heißt die **Druckfestigkeit** des Stoffes. Dieselbe wird in der Regel an Würfeln ermittelt. Diese Festigkeit heißt **Würfelfestigkeit.** Die Druckfestigkeit längerer Stäbe ist kleiner und heißt **Säulenfestigkeit.**

Scherbeanspruchung. Wird ein Stab durch die Querkräfte Q beansprucht (Abb. 4), so entstehen im Querschnitt F Beanspruchungen

$$\boxed{\tau = \frac{Q}{F}\ \text{kg/cm}^2.}$$

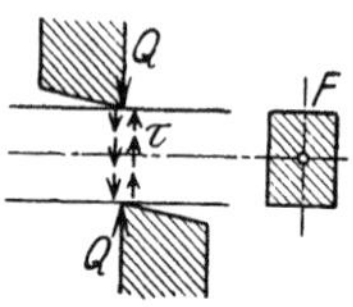

Abb. 4

Diese heißen **Scher- oder Querspannungen;** sie wirken in der Ebene des beanspruchten Querschnittes in der Richtung der äußeren Kräfte Q. Jene Querspannung, die den Stab im betrachteten Querschnitt abschert, heißt die **Scherfestigkeit** des Stoffes.

Biegebeanspruchung. Wird ein Stab durch ein äußeres Biegemoment M_a beansprucht (Abb. 5), so verbiegt er sich. Im Querschnitt a herrscht Gleichgewicht, wenn in demselben Innenkräfte wirken, deren Drehmoment M_i dem äußeren Moment M_a gleich ist und entgegenwirkt. Das Drehmoment wird erzeugt durch ein Kräftepaar $Z = D$; diese Kräfte beanspruchen einen Teil des Stabes auf Zug, den andern auf Druck. Die Beanspruchungen heißen in der Gesamtheit **Biegespannungen;** sie wirken wie die aus Längskräften entstehenden Spannungen in der Längsrichtung der Stabachse.

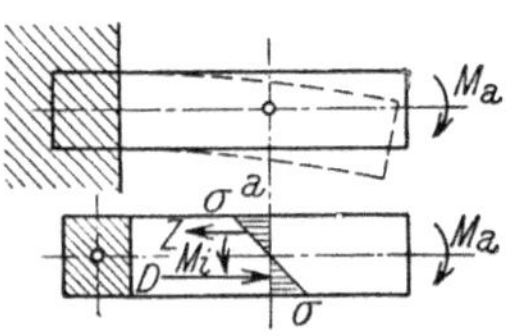

Abb. 5

Die beim Überwinden des Biegewiderstandes auftretende Biegespannung heißt die **Biegefestigkeit** des Baustoffes. Je nach den Eigentümlichkeiten des Stoffes ist die Biegefestigkeit durch die Biegedruckfestigkeit oder die Biegezugfestigkeit begrenzt.

Knickbeanspruchung. Ein schlanker, d. h. im Verhältnis zum Querschnitt langer Stab, der auf Druck beansprucht wird, wird nicht zerdrückt, weil er sich vorher ausbiegt und knickt. Die hiebei auftretende Beanspruchung heißt **Knickspannung.** Die den Bruch herbeiführende Beanspruchung ist die **Knickfestigkeit.**

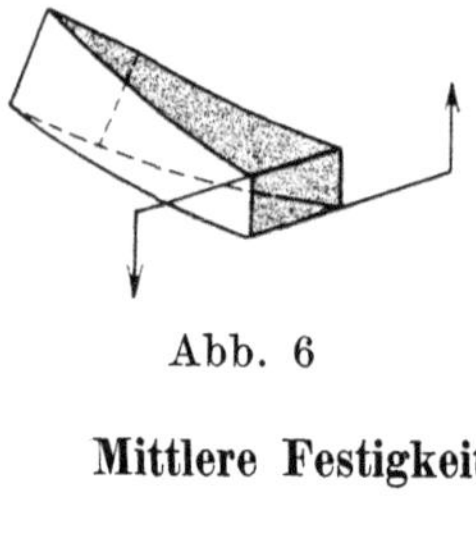
Abb. 6

Drehbeanspruchung. Wirkt auf einen Stab ein Drehmoment quer zur Stabachse in der Ebene des Querschnittes (Abb. 6), so verdreht er sich; er wird drehbeansprucht. Jene Drehspannung, die den Bruch hervorruft, heißt die **Drehfestigkeit** des Stoffes.

Mittlere Festigkeitswerte und zulässige Beanspruchungen.

Eisen

Baustoff	E t/cm²	σp kg/cm²	σs kg/cm²	Bruchfestigkeit σ_B kg/cm²	Zulässige Spannungen kg/cm² Zug, Druck, Biegung	Abscherung
Schweißeisen	2000	1500	2000	3600	1000	750
Flußeisen	2150	2000	2700	4000	1200 bis 1600	1000
Flußstahl	2200	>3000	—	>5000	1400	—
Stahlguß	2150	>2500	—	>5000	1200	—
Gußeisen	∾1000	—	—	1800 Zug 7000 Druck	300 Biegung 1000 Druck	200

Holz

Baustoff	E t/cm²	Biegung σp kg/cm²	Bruchfestigkeit kg/cm² Zug // Faser	Druck // Faser	Biegung	Schub // Faser	Zulässige Spannungen kg/cm² Zug u. Biegung	Druck	Abscherung // Faser	Abscherung ⊥ Faser
Eiche	105	220	970	350	600	75	120	80	15	80
Kiefer	100	200	800	280	470	45	100	60	10	60
Fichte	100	230	750	240	420	40	80	50	10	50

B. Die Festigkeitsberechnung für die verschiedenen Beanspruchungsarten

1. Einfache Beanspruchung

Zugbeanspruchung. Die in der Achse eines Baugliedes wirkende Längszugkraft Z erzeugt im kleinsten Querschnitt F desselben die Zugspannung

$$\boxed{\sigma = \frac{Z}{F}.} \tag{1}$$

Der zur Aufnahme der Zugkraft Z erforderliche Geringstquerschnitt beträgt

$$\boxed{F_{erf} = \frac{Z}{\sigma_{z\,zul}},} \tag{1a}$$

Beispiel: Berechnung eines Zugbandes aus zwei Flacheisen zur Aufnahme einer Zugkraft $Z = 10.100$ kg. Der Querschnitt ist durch eine zur Befestigung des Zugbandes dienende Schraube von $^3/_4''$ Durchmesser verschwächt.

Bei einer zulässigen Zugbeanspruchung $\sigma_{zul} = 1200$ kg/cm² beträgt der erforderliche Nutzquerschnitt

$$F_n = \frac{10.100}{1200} = 8{,}4 \text{ cm}^2.$$

Bei Annahme einer Blechstärke von 6 mm ergibt sich daher die erforderliche Breite des Flacheisens zu

$$b = \frac{8{,}4 + 2 \cdot (0{,}6 \cdot 2)}{2 \cdot 0{,}6} = 9{,}0 \text{ cm}.$$

Druckbeanspruchung. Die in der Achse eines Baugliedes wirkende Längsdruckkraft D erzeugt im kleinsten Querschnitt F desselben die Druckspannung

$$\boxed{\sigma = \frac{D}{F}.} \tag{2}$$

Der zur Aufnahme der Druckkraft D erforderliche Geringstquerschnitt beträgt

(2a) $$F_{erf} = \frac{D}{\sigma_{d\,zul}}.$$

Biegebeanspruchung. Wirkt in einem Punkte der Stabachse ein äußeres Biegemoment $M = P \cdot a$, so entstehen im Querschnitt Biegespannungen. Die Ebene, in der M wirkt, heißt Biegeebene. Auf der einen Seite des Querschnittes sind Zugkräfte, auf der anderen Druckkräfte vorhanden. Infolge der gleichzeitigen Wirkung dieser Kräfte, welche eine Verdrehung des ursprünglich lotrechten Querschnittes hervorrufen, entstehen Dehnungen, welche an den Rändern am größten sind und gegen die Mitte zu abnehmen. In der Drehachse des Querschnittes ist die Dehnung gleich Null; diese Achse wird deshalb als Nullinie des Querschnittes bezeichnet.

Nimmt man an, daß der betrachtete Querschnitt, der vor seiner Drehung eben war, auch nach der Drehung eben bleibt (Voraussetzung von Navier), so sind die Dehnungen der einzelnen Fasern ihren Abständen von der Nullinie verhältnisgleich. Im Geltungsbereich des Hookschen Gesetzes sind daher auch die Spannungen den Nullabständen verhältnisgleich, d. h. sie verteilen sich geradlinig über die Querschnittshöhe.

Unter der Voraussetzung, daß die Biegeebene in einer Hauptachse des Querschnittes liegt, muß die Nullinie eine Schwerachse des Querschnittes sein.

Aus der Gleichgewichtsbedingung der äußeren und inneren Drehmomente ergibt sich in diesem Fall mit den in Abb. 7 eingeschriebenen Bezeichnungen die Beziehung

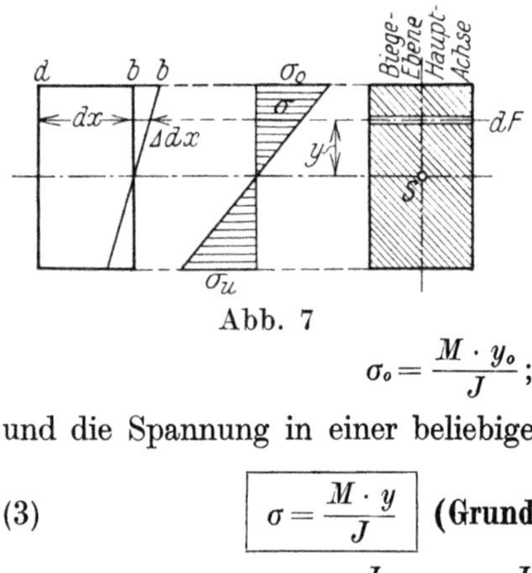

Abb. 7

$$M = \frac{\sigma_o}{y_o} J = \frac{\sigma_u}{y_u} \cdot J,$$

in welcher $J = \Sigma (\Delta F) \cdot y^2$ das Trägheitsmoment in bezug auf die Nullinie, d. i. jene Querschnittsschwerachse, um die sich der Querschnitt bei der Biegung dreht, bezeichnet.

Die Randspannungen des Querschnittes ergeben sich somit zu

$$\sigma_o = \frac{M \cdot y_o}{J}; \qquad \sigma_u = \frac{M \cdot y_u}{J}$$

und die Spannung in einer beliebigen Faser mit dem Abstand y von der Nullinie

(3) $$\sigma = \frac{M \cdot y}{J}$$ **(Grundgleichung der Biegefestigkeit).**

Werden mit $W_o = \frac{J}{y_o}$, $W_u = \frac{J}{y_u}$ die Widerstandsmomente des Querschnittes, bezogen auf die äußersten Randfasern, bezeichnet, so ergeben sich die Randspannungen zu

$$\sigma_o = \frac{M}{W_o}; \qquad \sigma_u = \frac{M}{W_u}.$$

Für den spiegelgleichen Querschnitt mit $y_o = y_u$ und $W_o = W_u = W$ ist

(4) $$\sigma = \frac{M}{W}.$$

Flächeninhalte, Schwerpunktsabstände, Trägheits- und Widerstandsmomente gebräuchlicher Querschnitte

Querschnitt	Flächeninhalt F	Schwerpunktsabstand s	Trägheitsmoment J	Widerstandsmoment $W = \frac{J}{s}$
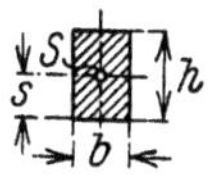	$b \cdot h$	$\frac{h}{2}$	$\frac{b \cdot h^3}{12}$	$\frac{b \cdot h^2}{6}$
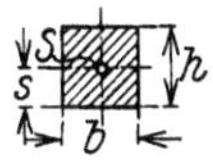	h^2	$\frac{h}{2}$	$\frac{h^4}{12}$	$\frac{h^3}{6}$
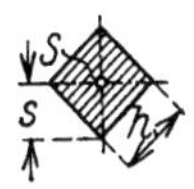	h^2	$\frac{h}{2}\sqrt{2}$	$\frac{h^4}{12}$	$\frac{\sqrt{2}}{12} h^3 = 0{,}1179\, h^3$
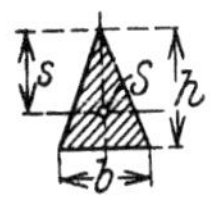	$\frac{b \cdot h}{2}$	$\frac{2}{3} h$	$\frac{b \cdot h^3}{36}$	$\frac{b \cdot h^2}{24}$
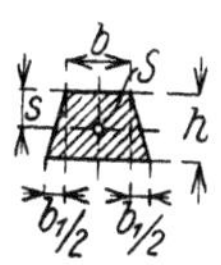	$(2\, b + b_1) \cdot \frac{h}{2}$	$\frac{3\, b + 2\, b_1}{2\, b + b_1} \cdot \frac{h}{3}$	$\frac{6 b^2 + 6 b \cdot b_1 + b_1^2}{36\,(2\, b + b_1)} \cdot h^3$	$\frac{6 b^2 + 6 b \cdot b_1 + b_1^2}{12\,(3\, b + 2\, b_1)} \cdot h^2$
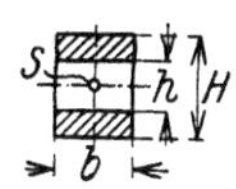	$b \cdot (H - h)$	$\frac{H}{2}$	$\frac{b}{12}(H^3 - h^3)$	$\frac{b}{6H}(H^3 - h^3)$
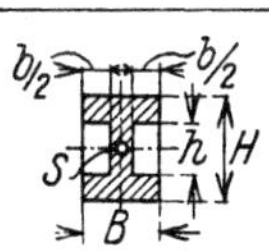	$B \cdot H - b \cdot h$	$\frac{H}{2}$	$\frac{1}{12} \cdot (B \cdot H^3 - b \cdot h^3)$	$\frac{1}{6H} \cdot (B \cdot H^3 - b \cdot h^3)$
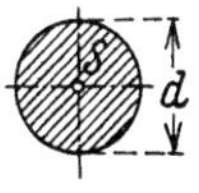	$\frac{\pi \cdot d^2}{4}$	$\frac{d}{2}$	$\frac{\pi\, d^4}{64} = 0{,}0491\, d^4$	$\frac{\pi\, d^3}{32} = 0{,}0982\, d^3$
	$\frac{\pi}{4}(D^2 - d^2)$	$\frac{D}{2}$	$\frac{\pi}{64} \cdot (D^4 - d^4)$	$\frac{\pi}{32} \cdot \frac{D^4 - d^4}{D}$
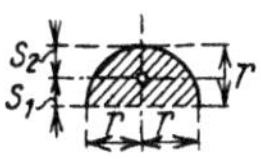	$\frac{\pi \cdot r^2}{2}$	$s_1 = 0{,}4244\, r$ $s_2 = 0{,}5756\, r$	$r^4 \cdot \left(\frac{\pi}{8} - \frac{8}{9\pi}\right) =$ $= 0{,}1098\, r^4$	$W_1 = 0{,}2587\, r^3$ $W_2 = 0{,}1908\, r^3$

Die Querschnittsabmessungen bei einer zulässigen Biegespannung σ ergeben sich in diesem Fall aus dem erforderlichen Widerstandsmoment

(4a) $$W_{erf} = \frac{M}{\sigma_{zul}}.$$

Beispiel: Querschnittsbemessung eines Holzbalkens: Größtmoment $M_{max} = 164.000$ kg·cm, $\sigma_{zul} = 80$ kg/cm²;

$$W_{erf} = \frac{164.000}{80} = 2050 \text{ cm}^3$$

gewählt ein Balkenquerschnitt 20/25 cm, $W = \frac{b \cdot h^2}{6} = \frac{20 \cdot 25^2}{6} = 2083 \text{ cm}^3$

vorhandene Beanspruchung $\sigma = \frac{M}{W} = \frac{164.000}{2083} = 79$ kg/cm².

Schiefe Biegung. Trifft die bisher gemachte Voraussetzung, daß die Biegeebene in einer Hauptachse des Querschnittes liegt, nicht zu, so liegt der Fall der schiefen Biegung vor (Abb. 8).

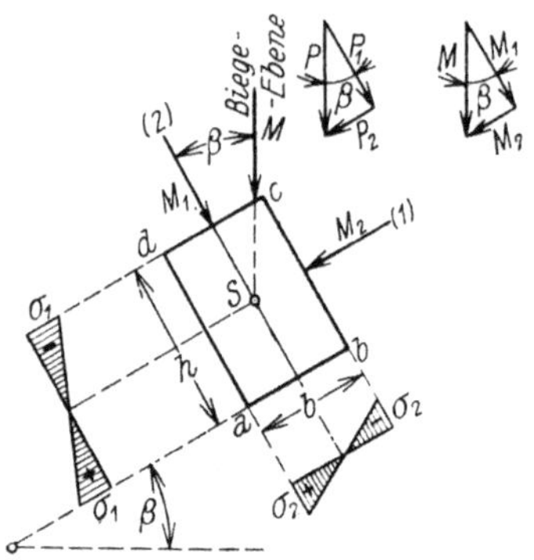

Abb. 8

In diesem Fall werden die einwirkenden äußeren Kräfte P in die Seitenkräfte P_1 und P_2 senkrecht zu den Hauptachsen 1 und 2 des Querschnittes zerlegt, welche die Biegemomente M_1 und M_2 erzeugen. Da $P_1 = P \cdot \cos\beta$ und $P_2 = P \sin\beta$, so sind auch

$$M_1 = M \cdot \cos\beta \quad \text{und} \quad M_2 = M \cdot \sin\beta.$$

Der Träger wird durch zwei aufeinander senkrechte Biegemomente beansprucht, deren Ebenen in den Hauptachsen liegen (Doppelbiegung).

Im Punkt a des Querschnittsrandes mit den Achsabständen y_1 und y_2 beträgt die Spannung infolge M_1

$$\sigma_1 = \frac{M_1 y_1}{J_1},$$

infolge M_2

$$\sigma_2 = \frac{M_2 y_2}{J_2},$$

die Gesamtspannung daher

(5) $$\sigma = \frac{M_1 y_1}{J_1} + \frac{M_2 y_2}{J_2}.$$

Für einen spiegelgleichen Querschnitt mit den auf die beiden Querschnittshauptachsen bezogenen Widerstandsmomenten W_1 und W_2 lautet obige Gleichung

(6) $$\sigma = \frac{M_1}{W_1} + \frac{M_2}{W_2}.$$

Scher- und Schubbeanspruchung. Wird ein Stabquerschnitt F entsprechend Abb. 4 ausschließlich durch den Druck und Gegendruck einer Querkraft Q beansprucht, so entstehen in demselben Scherspannungen

(7) $$\tau_v = \frac{Q}{F},$$

welche, gleichmäßig über den Querschnitt verteilt, in der Richtung der äußeren Kräfte Q wirken.

Bei einem auf Biegung beanspruchten Stab, Abb. 9a), rufen die Querkräfte in jedem Stabquerschnitt Scherspannungen τ_v, gleichzeitig mit diesen aber auch die in der Längsrichtung des Stabes wirkenden Schubspannungen τ_h hervor. Letztere erstreben es, eine Zerstörung des Stabes nach Abb. 9b), somit eine Längsteilung desselben in zwei vollkommen getrennte Stücke zu bewirken. Die unmittelbar nebeneinanderliegenden Faserschichten m—n und m'—n' weisen nach eingetretener Zerstörung verschiedene Längen auf. Die eine (m—n) ist nunmehr auf Zug, die andere (m'—n') auf Druck beansprucht, während vor der Zerstörung beide Faserschichten gleich lang waren und auch in gleichem Sinne angestrengt wurden.

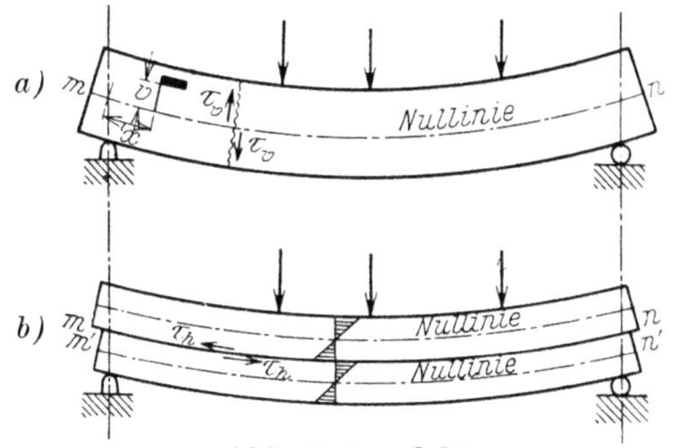

Abb. 9a) und b)

Scher- und Schubbeanspruchung nehmen gleich den Querkräften — unveränderlichen Querschnitt vorausgesetzt — von Stabmitte nach den Auflagern zu und erreichen unmittelbar neben diesen ihre Größtwerte.

Die Schubspannungen verteilen sich nicht gleich den Scherspannungen gleichmäßig über den Stabquerschnitt, sondern sind in den äußeren Fasern gleich Null und erreichen ihren Größtwert in der wagerechten Schwerachse (Abb. 10). Bezeichnet Q die Querkraft im betrachteten Querschnitt,

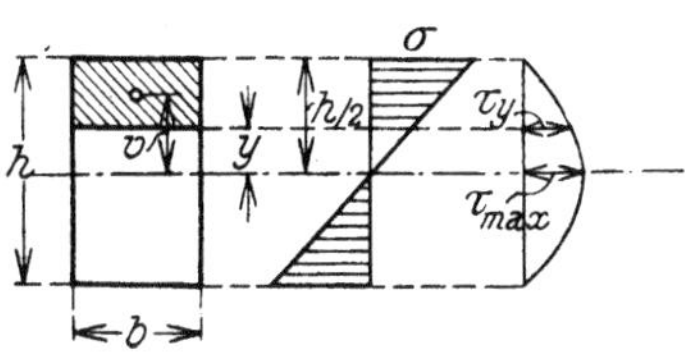

Abb. 10

S_y das Moment des oberhalb der zu untersuchenden Faserschichte (y) liegenden Querschnittsteiles in bezug auf die Nullinie,

J das Trägheitsmoment des gesamten Querschnittes in bezug auf die Nullinie,

b_y die Querschnittsbreite in der Faserschichte y,

so berechnet sich die Größe der Schubspannung aus der Beziehung

$$\boxed{{}_y\tau_h = \frac{Q \cdot S_y}{b_y \cdot J}.} \tag{8}$$

Für den Rechteckquerschnitt mit den Abmessungen b und h (Abb. 10) ist

$$\boxed{{}_y\tau_h = \frac{3}{2} \cdot \frac{h^2 - 4\,y^2}{b \cdot h^3} \cdot Q.} \tag{9}$$

Die Schubspannungen verteilen sich demnach über die Rechteckhöhe nach einer Parabel, deren Scheitel in der Mitte liegt. Für diese ist $y = 0$, und daher

$$\boxed{\tau_{max} = \frac{3}{2} \cdot \frac{Q}{b \cdot h}.} \tag{10}$$

Für den Kreisquerschnitt ist

(11) $$\tau_{max} = \frac{4}{3} \cdot \frac{Q}{r^2 \pi}.$$

2. Zusammengesetzte Beanspruchung[13*])

a) Biegung und Zug bzw. Druck

Wird ein Stabquerschnitt gleichzeitig durch eine Längskraft N und ein Biegemoment M beansprucht, so berechnet sich die gesamte Faserspannung zu

(12) $$\sigma = \frac{N}{F} \pm \frac{M \cdot y}{J}.$$

In den Randfasern betragen die Spannungen

(13) $$\sigma = \frac{N}{F} \pm \frac{M}{W}.$$

Je nach Lage der Längskraft N treten in einem Querschnitt Randspannungen (Kantenpressungen) auf, die

1. beiderseits Druck- bzw. Zugspannungen,
2. einerseits Druck, anderseits die Spannung Null,
3. einerseits Druck, anderseits Zugspannungen hervorrufen.

Soll der Querschnitt nur Druck- bzw. Zugspannungen erhalten, so **muß** der Abstand e der Längskraft N vom Schwerpunkt innerhalb einer bestimmten Fläche, dem Kernquerschnitt, liegen.

Liegt N außerhalb des Kernes, so entstehen sowohl Druck- als Zugspannungen; liegt N aber auf der **Kerngrenze,** so ergeben sich Randspannungen bis zum Werte Null, ohne daß dieselben das Vorzeichen wechseln.

Die Kernpunkte für eine Kraftlinie sind die Schnittpunkte der Kerngrenze mit der Kraftlinie. Mit **Kernweite** (Widerstandshalbmesser) bezeichnet man den Abstand jedes Kernpunktes vom Schwerpunkt.

Kernquerschnitte und Kernweiten einiger Flächen:

Quadrat

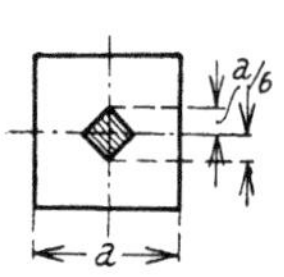

Abb. 11

Rechteck

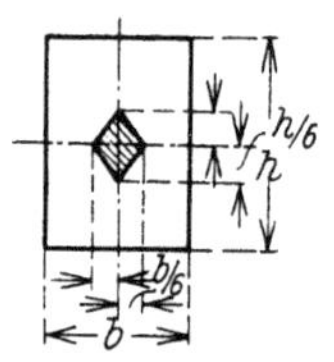

Abb. 12

Kreis

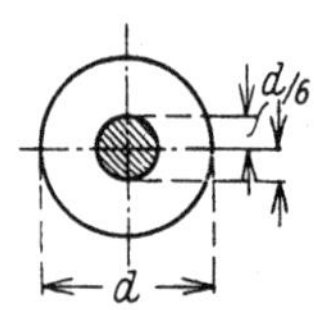

Abb. 13

Kantenpressungen bei rechteckigem Querschnitt

N kg . . . . Längskraft,
b cm . . . . Breite } des untersuchten Querschnittes,
c cm . . . . Länge }
e cm . . . . Kraftabstand.

N **liegt innerhalb des Kernquerschnittes:** $e < \frac{b}{6}$. Es treten nur Spannungen gleichen Vorzeichens auf (Abb. 14)

$$\boxed{\sigma_1 = \frac{N}{b \cdot c}\left(1 + \frac{6\,e}{b}\right),} \qquad \boxed{\sigma_2 = \frac{N}{b \cdot c}\left(1 - \frac{6\,e}{b}\right).} \tag{14}$$

N **liegt auf der Kerngrenze** $\boxed{e = \frac{b}{6}.}$ Eine Kantenpressung wird gleich Null (Abb. 15)

$$\boxed{\sigma_1 = \frac{2\,N}{b\,c},} \qquad \boxed{\sigma_2 = 0.} \tag{14a}$$

N **liegt außerhalb des Kernquerschnittes**:

$\boxed{e > \frac{b}{6}.}$ Es treten Spannungen ungleichen Vorzeichens auf (Abb. 16)

$$\boxed{\sigma_1 = \frac{N}{b\,c}\left(1 + \frac{6\,e}{b}\right),} \quad \boxed{\sigma_2 = \frac{N}{b\,c}\left(1 - \frac{6\,e}{b}\right).} \tag{14b}$$

Baustoff nur gegen Druck (nicht gegen Zug) widerstandsfähig. Diese Annahme wird aus Sicherheitsgründen bei gewöhnlichem Ziegelmauerwerk gemacht, bei dem keine Zugübertragung durch den Mörtel, sondern ein Klaffen der Fugen zu erwarten ist und das durch wagrechte Kräfte (Winddruck, Erddruck usw.) beansprucht wird.

Man setzt im vorliegenden Fall voraus, daß der gedrückte Querschnittsteil (wirksamer Querschnitt) von dem vollständig unwirksamen Teil durch eine Nullinie getrennt ist und die Druckspannungen σ_1 im Verhältnis ihrer Abstände von dieser wachsen.

Greift nun die Kraft *N* (Abb. 17) im Abstand ϱ von der nächsten Kante an, so verteilt sich der Druck auf die Länge $3\,\varrho$; der nutzbare Querschnitt beträgt demnach $(3\,\varrho \cdot c)$ und die Kantenpressung

$$\boxed{\sigma_{1max} = \frac{2\,N}{3\,\varrho \cdot c}.} \tag{15}$$

Die zeichnerische Ermittlung der Kantenpressungen geht aus obigen Abbildungen hervor.

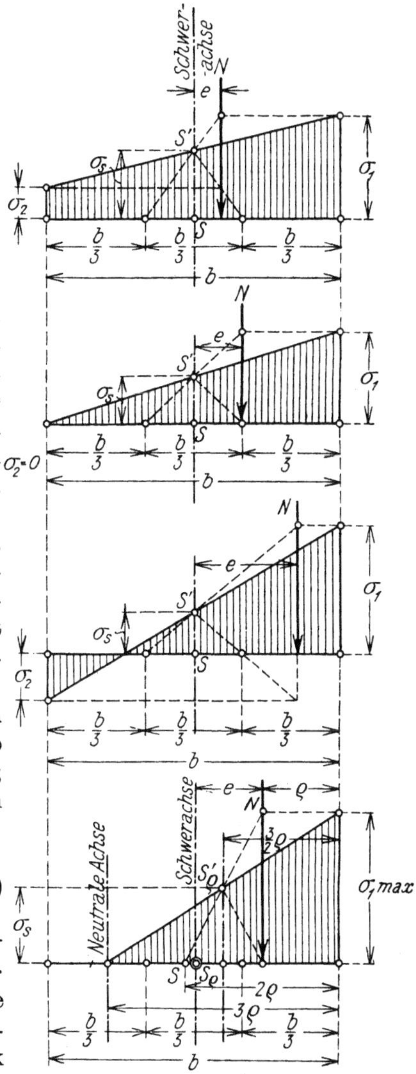

Abb. 14, 15, 16 und 17

Vermittelte zulässige Beanspruchung. Die vermittelte zulässige Beanspruchung bei gleichzeitiger Wirkung von Biegung und Druck (bzw. Zug) kann nach Ellerbeck aus den Beziehungen ermittelt werden:

$$\boxed{\frac{N}{F} + \frac{M}{W} \cdot \frac{\sigma_{d\,zul}}{\sigma_{b\,zul}} \leq \sigma_{d\,zul}} \quad \text{oder} \quad \boxed{\frac{N}{F} \cdot \frac{\sigma_{b\,zul}}{\sigma_{d\,zul}} + \frac{M}{W} \leq \sigma_{b\,zul}.} \tag{16}$$

b) Einfache Knickbeanspruchung

Die Ursachen des Ausknickens. Ein lotrecht gestellter, gerader, vollkommen gleichartiger (isotroper) Stab, der eine Achsenlast P trägt, verkürzt sich und bleibt so lange gerade, als für alle Querschnittsteilchen die Voraussetzung erfüllt ist:

$$\sigma_s = \frac{P}{F}.$$

In Wirklichkeit wird aber mindestens eine der oben gemachten Voraussetzungen (genaue Geradheit, Achsenbelastung, vollkommen gleichartiges Gefüge) nicht erfüllt werden, in welchem Falle die Druckspannungen des Stabes ein Moment in bezug auf die Stabachse ergeben. Aus Versuchen und rechnerischen Untersuchungen ergibt sich nun eine bestimmte Lastgröße, unter deren Einwirkung eine anfangs auch nur sehr geringe (rechnungsmäßig unendlich kleine) Ausmittigkeit eine Ausbiegung der Stabachse verursacht, welche unaufhaltsam wächst und in weiterer Folge die Zerstörung des Stabes durch Knicken verursachen kann.

Diese das Tragvermögen des Stabes darstellende Belastung wird **als Knickkraft (Knickbruchlast)** P_k bezeichnet.

Die Eulersche Knickformel. Für die Ermittlung der Größe der Knickkraft besteht die von Euler aus der Gleichung der Biegelinie des Stabes (Knicklinie) abgeleitete Beziehung

$$P_k = \frac{\pi^2 \cdot E \cdot J}{l^2}, \tag{17}$$

in welcher E ....das Dehnmaß des Baustoffes,
J ....das kleinste Trägheitsmoment des Stabquerschnittes als Maß der kleinsten Steifheit,
l .....die Knicklänge

bezeichnen.

Bei s-facher Sicherheit beträgt die zulässige Stabbelastung

$$P_{zul} = \frac{\pi^2 \cdot E \cdot J}{s \cdot l^2}, \tag{18}$$

aus welcher sich das erforderliche Trägheitsmoment für die Stabkraft P ergibt

$$J_{erf} = \frac{s \cdot P \cdot l^2}{\pi^2 \cdot E}. \tag{19}$$

Setzt man $\pi^2 = 10$, und drückt P in t, l in m und J in cm⁴ aus, so wird mit $s = 7 \div 10$, $E = 100.000$ kg/cm² für Druckglieder aus Holz:

$$J_{erf} = 70 \div 100\, Pl^2. \tag{20}$$

Bestimmung der freien Knicklänge. Die freie Knicklänge eines Stabes (l_k) hängt als Abstand der Wendepunkte der Knicklinie von der Befestigungsart der Stabenden ab und muß daher von Fall zu Fall den obwaltenden Verhältnissen entsprechend in die Knickformel eingeführt werden.

Für das Verhältnis zwischen der tatsächlichen (mathematischen) Stablänge l und der freien Knicklänge l_k gelten (Abb. 18) folgende Beziehungen:

1. Stab an einem Ende eingespannt, am anderen Ende frei beweglich *(a)*:

$$l_k = 2\,l;$$

2. Stab an beiden Enden gelenkartig gelagert *(b)*:

$$l_k = l;$$

3. Stab an einem Ende eingespannt, am anderen Ende gelenkartig gelagert *(e)*:

$$l_k = \frac{l}{\sqrt{2}} = 0{,}71\,l;$$

4. Stab an beiden Enden eingespannt *(c)*:

$$l_k = \frac{1}{2}\,l.$$

Die vollkommene Einspannung eines Stabendes ist in Wirklichkeit nicht erzielbar, sondern nur eine teilweise, so daß die freie Knicklänge in den Fällen 3. und 4. $> 0{,}71\,l$ bzw. $> 0{,}5\,l$ angenommen werden muß.

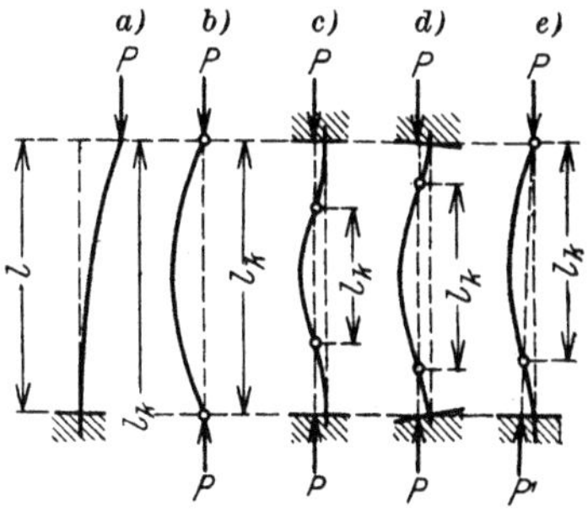

Abb. 18

Teilweise Einspannung wird auch bei Flächenlagerung (z. B. bei Holzsäulen) erzielt, wobei eine Abminderung der Knicklänge auf etwa

$$l_k = 0{,}8\,l$$

angenommen werden kann. In der Regel werden jedoch aus Sicherheitsgründen Säulen im Hochbau durchwegs mit der Knicklänge $l_k = l$ berechnet.

Gültigkeitsgrenzen der Eulerformel. Der Ableitung der Eulerformel liegt die Annahme zugrunde, daß das Dehnmaß E des Baustoffes unveränderlich bleibt. Dies ist jedoch nur bis zur Verhältnisspannung der Fall. Die Eulerformel gilt daher nur für Beanspruchungen unterhalb der Verhältnisgrenze des Baustoffes.

Bezeichnen $\frac{P_k}{F} = S_k$ ......die Knickfestigkeit des Druckstabes,

$i = \sqrt{\frac{J}{F}}$ ....den Trägheitshalbmesser des Querschnittes,

$\frac{l}{i} = x$ ....die Schlankheit des Druckstabes,

so geht mit obigen Werten Gleichung (17) in die Form über:

$$S_k = \pi^2 \cdot E \cdot \left(\frac{i}{l}\right)^2 \quad \text{oder} \quad S_k \cdot x^2 = \pi^2 \cdot E$$

und

$$\boxed{x = \pi \sqrt{\frac{E}{S_k}}.} \qquad (21)$$

Für Druckstäbe aus Holz ergibt sich aus dieser Gleichung mit $S_k = S_p = 100\ \mathrm{kg/cm^2}$ als Größe der Verhältnisspannung und $E = 100.000\ \mathrm{kg/cm^2}$:

die erforderliche Schlankheit für die Gültigkeit der Eulerformel:

$$\boxed{x \geqq 99 \backsim 100.}$$

Knickberechnung nach Tetmajer[14*]). Nach Tetmajer beträgt die Knickfestigkeit S_k eines Druckstabes aus Holz für ein Schlankheitsverhältnis $x = \frac{l}{i} < 100$

(22) $$S_k = S_s - a \cdot x.$$

Diese Gleichung stellt eine Gerade dar, die von der Eulerlinie im Punkt P abzweigt und nach dem Punkt S läuft (Abb. 19). S_s bedeutet eine in der Nähe der Druckfestigkeit liegende Spannung. Das Verhältnis $\left(\frac{S_k}{S_d}\right)$ der Knickfestigkeit S_k eines Druckstabes zur Druckfestigkeit S_d des Baustoffes (nach Tetmajer $S_d = 280$ kg/cm²) bezeichnet Tetmajer als die Abminderung η für die Knickung. Nach Tetmajer beträgt die Knickfestigkeit S_k mit den Werten $S_s = 293$ kg/cm² und $a = 1{,}94$ kg/cm² nach Gleichung (22)

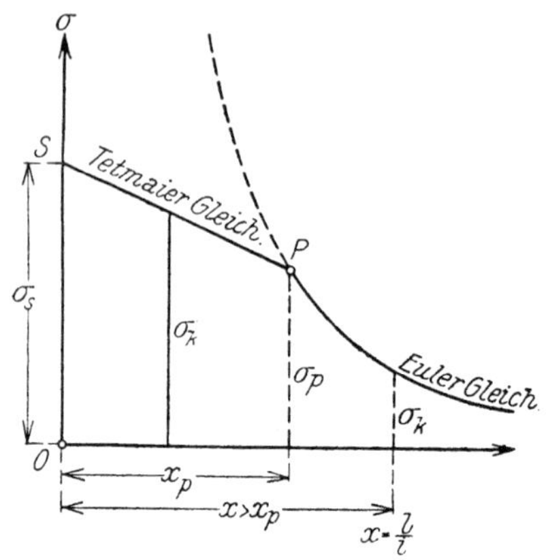

Abb. 19

(23) $$\boxed{S_k = 293 - 1{,}94 \cdot \frac{l}{i}} \quad \ldots\ldots \text{kg/cm}^2$$

und entsprechend

(24) $$\boxed{\eta = 1{,}046 - 0{,}00693 \frac{l}{i}.}$$

Die Knickkraft (Knickbruchlast)

(25) $$\boxed{P_k = F \cdot S_k = \eta \cdot F \cdot S_d}$$

und die zulässige Belastung des Stabes:

(26) $$P_{zul} = \eta \cdot F \cdot \sigma_{d\,zul}.$$

Beträgt $\sigma_d = \frac{P}{F}$ die Druckspannung des Stabes für eine gegebene Belastung P und eine Querschnittsfläche F, so berechnet sich die Knickbeanspruchung desselben zu

(27) $$\boxed{\sigma_k = \frac{1}{\eta} \cdot \frac{P}{F} = \alpha \cdot \frac{P}{F},}$$

wobei $\alpha = \frac{1}{\eta}$ gesetzt ist. Der Sicherheitsgrad beträgt $s = \frac{P_k}{P}$.

Für Stäbe mit $x = \frac{l}{i} > 100$ hat die Berechnung von S_k nach der Eulergleichung zu erfolgen:

(28) $$S_k = \frac{\pi^2 \cdot E}{x^2} = 987.000 \left(\frac{i}{l}\right)^2 \text{kg/cm}^2$$

und

(29) $$\eta = 3525 \left(\frac{i}{l}\right)^2.$$

Die Größe des Trägheitshalbmessers i ergibt sich

für kreisförmigen Querschnitt . . . . $i = \frac{1}{4} d,$

für rechteckigen Querschnitt . . . . $i = 0{,}289 \cdot b$

bzw. $i = 0{,}289 \cdot h.$

In nachstehender Tabelle sind die Abminderungswerte η und α für die Knickberechnung hölzerner Druckstäbe zusammengestellt.

Abminderungswerte*)

$\frac{l}{i}$	η	a	$\frac{l}{i}$	η	a	$\frac{l}{i}$	η	a	$\frac{l}{i}$	η	a
10	0,979	1,02	47½	0,718	1,39	85	0,457	2,18	145	0,168	5,95
12½	0,961	1,04	50	0,700	1,43	87½	0,439	2,28	150	0,157	6,37
15	0,943	1,06	52½	0,682	1,47	90	0,421	2,36	155	0,146	6,85
17½	0,925	1,08	55	0,664	1,51	92½	0,405	2,48	160	0,136	7,26
20	0,907	1,10	57½	0,646	1,55	95	0,387	2,58	165	0,129	7,75
22½	0,889	1,12	60	0,632	1,59	97½	0,371	2,70	170	0,121	8,20
25	0,871	1,15	62½	0,614	1,63	100	0,353	2,83	175	0,114	8,77
27½	0,857	1,17	65	0,596	1,68	105	0,321	3,12	180	0,107	9,19
30	0,839	1,19	67½	0,578	1,73	110	0,293	3,43	185	0,104	9,61
32½	0,821	1,22	70	0,561	1,78	115	0,268	3,74	190	0,096	10,24
35	0,804	1,24	72½	0,543	1,84	120	0,246	4,08	195	0,093	10,74
37½	0,787	1,27	75	0,525	1,91	125	0,225	4,45	200	0,089	11,35
40	0,771	1,30	77½	0,511	1,96	130	0,207	4,79			
42½	0,754	1,33	80	0,493	2,03	135	0,193	5,18			
45	0,736	1,36	82½	0,475	2,10	140	0,179	5,56			

*) Entsprechend Normenblatt B 1002 des „Önig“ (Österr. Normenausschuß für Industrie und Gewerbe) vom 1. Februar 1926

Abminderungswerte für Kant- und Rundholz

$\frac{l}{d}$	Kantholz		Rundholz		$\frac{l}{d}$	Kantholz		Rundholz		$\frac{l}{d}$	Kantholz		Rundholz	
	η	a	η	a		η	a	η	a		η	a	η	a
3	0,973	1,03	0,962	1,04	19	0,589	1,70	0,521	1,92	35	0,240	4,17	0,179	5,59
4	0,949	1,05	0,935	1,07	20	0,566	1,77	0,493	2,03	36	0,227	4,40	0,170	5,89
5	0,925	1,08	0,907	1,10	21	0,542	1,84	0,466	2,14	37	0,215	4,65	0,161	6,21
6	0,901	1,11	0,880	1,14	22	0,518	1,93	0,439	2,28	38	0,203	4,92	0,153	6,54
7	0,877	1,14	0,852	1,17	23	0,494	2,02	0,412	2,43	39	0,193	5,18	0,145	6,90
8	0,853	1,17	0,825	1,21	24	0,470	2,13	0,386	2,60	40	0,184	5,44	0,136	7,35
9	0,829	1,21	0,797	1,25	25	0,446	2,24	0,353	2,84	42	0,167	6,00	0,125	8,00
10	0,805	1,24	0,771	1,30	26	0,422	2,35	0,326	3,07	44	0,152	6,59	0,114	8,77
11	0,781	1,28	0,742	1,35	27	0,398	2,52	0,302	3,32	46	0,139	7,20	0,104	9,61
12	0,757	1,32	0,715	1,40	28	0,374	2,68	0,281	3,56	48	0,127	7,87	0,096	10,41
13	0,733	1,36	0,687	1,46	29	0,350	2,86	0,262	3,82	50	0,118	8,47	0,089	11,22
14	0,709	1,41	0,660	1,52	30	0,327	3,06	0,246	4,07	52	0,109	9,16		
15	0,685	1,46	0,632	1,58	31	0,306	3,27	0,229	4,37	54	0,101	9,90		
16	0,661	1,51	0,605	1,65	32	0,288	3,48	0,215	4,65	56	0,094	10,62		
17	0,637	1,57	0,577	1,73	33	0,269	3,72	0,202	4,95	58	0,088	11,38		
18	0,613	1,63	0,550	1,82	34	0,253	3,96	0,191	5,24	60	0,082	12,20		

d = kleinere Querschnittseite bzw. Durchmesser

Vermittelte zulässige Beanspruchung. Die **zulässige Inanspruchnahme** σ_k auf Knickung beanspruchter Stäbe kann in ähnlicher Weise wie bei gleichzeitig auf Druck und Biegung beanspruchten Stäben als Mittelwert der zulässigen Beanspruchungen für Druck (σ_d) und Biegung (σ_b) ermittelt werden, wobei für die Größe des jeweiligen Anteiles von σ_b das Verhältnis $\frac{l}{i}$ maßgebend ist. Auf Grund dieser Überlegung kann gesetzt werden:

(30)
$$\sigma_{k\,zul} = \frac{\sigma_{d\,zul} + (a - 1)\,\sigma_{b\,zul}}{a}.$$

Die Schwarz-Rankinesche Knickformel. Diese geht im Gegensatz zur Eulerschen und Tetmajerschen Formel nicht von der Bruchlast, sondern von der zulässigen Druckspannung aus und lautet:

(31)
$$\sigma_k = \frac{\sigma_d}{1 + \eta \cdot \left(\frac{l}{i}\right)^2}.$$

Der Beiwert η schwankt zwischen 0,000176 und 0,000693 und wird für den hauptsächlich vorkommenden Bereich von $\frac{l}{i} = 40 \div 120$ am besten mit 0,0002 angenommen.

Mit den in Bayern giltigen Zahlenwerten lautet die Formel:

(32)
$$\sigma_k = \frac{70}{1 + 0{,}0002 \cdot \left(\frac{l}{i}\right)^2}.$$

Nach den Tetmajerschen Versuchen schwanken die Sicherheitszahlen in dem hauptsächlichen Bereich von $\frac{l}{i} < 140$ zwischen 3,5 und 4,5.

Knickberechnung nach dem ω-Verfahren. Dieses Verfahren wurde vom preußischen Ministerium für Volkswohlfahrt mit Erlaß vom 25. Februar 1925 für die Berechnung der zulässigen Knickspannung bei Eisenbauwerken eingeführt. Mit Rücksicht auf seine Einfachheit und Zweckmäßigkeit soll an dieser Stelle an Hand des bezüglichen Erlasses die Anwendung des Verfahrens für die Knickberechnung hölzerner Druckstäbe besprochen werden:

ω ist ein Zahlenwert ≥ 1, der mit $\frac{l}{i}$ veränderlich ist und das Verhältnis angibt, in dem sich die gleichmäßig verteilt gerechnete, reine Druckbeanspruchung $\left(\frac{P}{F}\right)$ durch die Knickung erhöht; $\omega \cdot \frac{P}{F}$ darf die zulässige Druckbeanspruchung $\sigma_{d\,zu}$ nicht überschreiten, also

(33)
$$\omega \cdot \frac{P}{F} \leq \sigma_{d\,zul}.$$

Die Werte ω ergeben sich aus den von Tetmajer aufgestellten Beziehungen:

$$\text{für } \frac{l}{i} < 100: \quad S_k = 293 - 1{,}94\,\frac{l}{i}; \qquad \omega = \frac{151}{151 - \frac{l}{i}}$$

$$\text{für } \frac{l}{i} > 100: \quad S_k = 987.000 \left(\frac{i}{l}\right)^2; \qquad \omega = \frac{1}{3380} \cdot \left(\frac{l}{i}\right)^2.$$

Eine Zusammenstellung der für verschiedene Schlankheitsverhältnisse $\left(\frac{l}{i}\right)$ berechneten ω-Werte bringt nachstehende Tabelle:

Knickzahlen ω

$x = \frac{l}{i}$	ω	$\frac{\Delta\omega}{\Delta x}$	$x = \frac{l}{i}$	ω	$\frac{\Delta\omega}{\Delta x}$	$x = \frac{l}{i}$	ω	$\frac{\Delta\omega}{\Delta x}$
					0,016			0,064
0	1,000		55	1,573		110	3,580	
		0,006			0,018			0,066
5	1,032		60	1,660		115	3,913	
		0,008			0,020			0,070
10	1,070		65	1,756		120	4,260	
		0,008			0,022			0,072
15	1,110		70	1,865		125	4,623	
		0,008			0,024			0,076
20	1,152		75	1,987		130	5,000	
		0,010			0,028			0,078
25	1,200		80	2,125		135	5,392	
		0,010			0,032			0,082
30	1,248		85	2,288		140	5,799	
		0,012			0,038			0,084
35	1,304		90	2,480		145	6,220	
		0,012			0,044			0,088
40	1,360		95	2,700		150	6,657	
		0,012			0,052			0,090
45	1,424		100	2,960		155	7,108	
		0,014			0,060			0,094
50	1,494		105	3,262		160	7,574	
		0,016			0,064			

Zeichnerische Ermittlung der Querschnittsabmessungen bzw. der Tragfähigkeit auf Knickung beanspruchter hölzerner Druckglieder

Die Benützung der nachstehenden, für eine Knickbeanspruchung von 60 bis 70 kg/cm² gültigen, zeichnerischen Darstellung (Abb. 20) ermöglicht ohne Versuchsrechnung eine schnelle und genaue Querschnittsermittlung auf Knickung beanspruchter Stäbe.

Zur näheren Erläuterung mögen an Hand genannter Abbildung die nachstehenden Zahlenbeispiele dienen:

1. Beispiel: **Quadratischer Querschnitt,** Belastung $P = 6{,}5$ t, Knicklänge $l_k = 4{,}75$ m.

Man ermittelt zuerst auf der Ordinatenachse den Punkt A, dessen Abstand von O der gegebenen Knicklänge $l_k = 4{,}75$ m — im Maßstab der Knicklängen gemessen — entspricht. Der Strecke O—A entspricht in Zentimetern eine Länge $a' = 5{,}9$ cm. Hierauf verbindet man den Punkt A mit dem Punkt B der Abszissenachse, dessen Abstand, von O im Kräftemaßstab gemessen, die gegebene Belastung $P = 6{,}5$ t darstellt. Die Länge der Strecke A—B ergibt sich zu $a'' = 10{,}8$ cm, so daß die gesuchte Seitenlänge $a = a' + a'' = 5{,}9 + 10{,}8 = 16{,}7$ cm beträgt.

Probe: $i = 0{,}289 \cdot 16{,}7 = 4{,}82$ cm; $\frac{l}{i} = \frac{475}{4{,}82} = 98{,}5$; $\eta = 0{,}362$;

$$\sigma_k = \frac{6500}{16{,}7^2 \cdot 0{,}362} = 64{,}5 \text{ kg/cm}^2.$$

Querschnittsbemessung auf Knickung beanspruchter Stäbe (Nach Tetmajer)

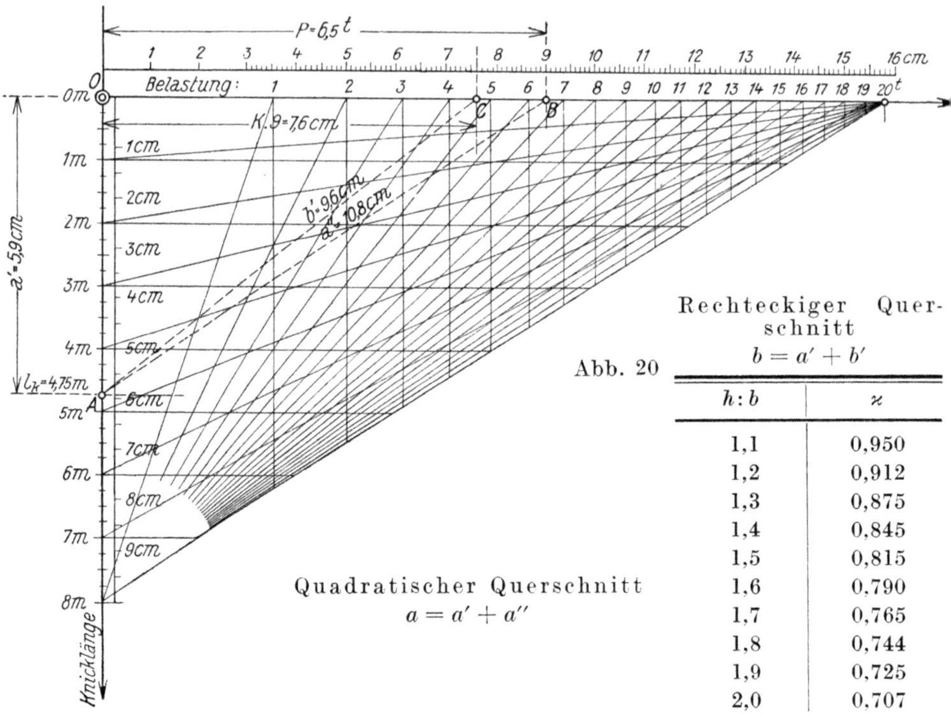

Abb. 20

Rechteckiger Querschnitt
$b = a' + b'$

$h:b$	$\varkappa$
1,1	0,950
1,2	0,912
1,3	0,875
1,4	0,845
1,5	0,815
1,6	0,790
1,7	0,765
1,8	0,744
1,9	0,725
2,0	0,707

Soll die Knickbeanspruchung nicht über 60 kg/cm² betragen, so empfiehlt es sich, den erhaltenen Wert etwas nach oben aufzurunden, im vorliegenden Falle auf $a = 17$ cm, womit sich ergibt

$$\sigma_k = \frac{6500}{17^2 \cdot 0{,}378} = 59{,}5 \text{ kg/cm}^2.$$

2. Beispiel: **Rechteckiger Querschnitt,** Belastung und Knicklänge wie vor, angenommenes Seitenverhältnis $\frac{h}{b} = 1{,}4$.

Der Wert a' bleibt unverändert. Der im Kräftemaßstab aufgetragenen Lastgröße $P = 6{,}5$ t entspricht eine Abszissenlänge von 9 cm, welche, entsprechend dem Verhältniswert $\varkappa = 0{,}845$ auf $0{,}845 \cdot 9 = 7{,}605$ cm verkleinert, den Punkt C auf der Abszissenachse ergibt. Die Strecke A—C vermittelt den Wert $b' = 9{,}6$ cm, so daß die gesuchte Seitenlänge $b = a' + b' = 5{,}9 + 9{,}6 = 15{,}5$ cm beträgt. $h = 1{,}4 \cdot 15{,}5 = 21{,}7$ cm.

Probe: $i = 0{,}289 \cdot 15{,}5 = 4{,}47$ cm; $\frac{l}{i} = \frac{475}{4{,}47} = 106$; $\eta = 0{,}314$;

$$\sigma_k = \frac{6500}{15{,}5 \cdot 21{,}7 \cdot 0{,}314} = 61{,}5 \text{ kg/cm}^2.$$

Dem Querschnitt $^{15}/_{22}$ entspricht eine Knickbeanspruchung

$$\sigma_k = \frac{6500}{15 \cdot 22 \cdot 0{,}29} = 68 \text{ kg/cm}^2,$$

dem Querschnitt $^{16}/_{21}$

$$\sigma_k = \frac{6500}{16 \cdot 21 \cdot 0{,}332} = 58{,}3 \text{ kg/cm}^2.$$

3. Beispiel: Soll die **Tragfähigkeit eines Stabes** von gegebenem Querschnitt und gegebener Knicklänge ermittelt werden, so ist der umgekehrte Weg wie oben einzuschlagen.

Zuerst wird der Wert O—$A = a' = l_k$ bestimmt; hierauf wird von der gegebenen Seitenlänge a der Wert a' in Abzug gebracht: $a'' = a - a' = 16{,}7 - 5{,}9 = 10{,}8$ cm. Wird nun um den Punkt A als Mittelpunkt ein Kreisbogen mit dem Halbmesser a'' beschrieben, so schneidet dieser auf der Abszissenachse den Punkt B ab, welcher als zulässige Knickbelastung im vorliegenden Falle den Wert $P = 6{,}5$ t angibt.

c) Zusammengesetzte Knickbeanspruchung[14*])

Ausmittiger Druck. Der in Abb. 21a dargestellte, einseitig eingespannte Stab werde durch eine an dem Hebelarm e angreifende Kraft P beansprucht. Infolge der ausmittigen Wirkung von P erfolgt eine Ausbiegung des Stabes, welche den Hebelarm e um den Pfeil Δe der Biegelinie in

$$e' = e + \Delta e$$

vergrößert.

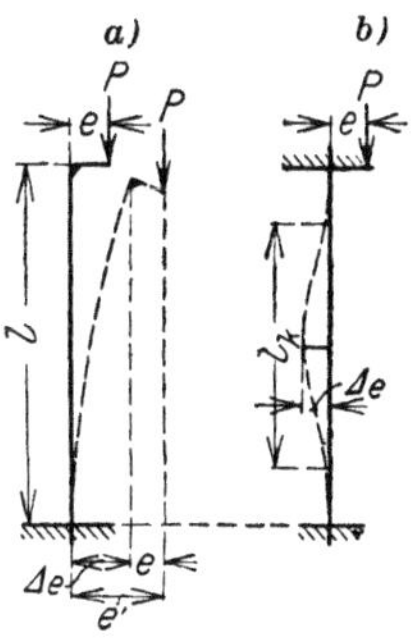

Abb. 21a) und b)

Es bezeichne $i = \sqrt{\frac{J}{F}}$ den Trägheitshalbmesser des Stabquerschnittes in der Richtung der Ausbiegung,

l ...die Länge des Stabes,

E...das Dehnmaß,

$\sigma_s = \frac{P}{F}$ die Schwerpunktsspannung,

dann berechnet sich (vgl. Tetmajer, „Die Gesetze der Knickungs- und zusammengesetzten Druckfestigkeit")

$$e' = \frac{e}{1 - \frac{1}{2}\left(\frac{l}{i}\right)^2 \cdot \left(\frac{\sigma_s}{E}\right) + \frac{1}{24}\left[\left(\frac{l}{i}\right)^2 \cdot \left(\frac{\sigma_s}{E}\right)\right]^2 - \frac{1}{72}\left[\left(\frac{l}{i}\right)^2 \cdot \left(\frac{\sigma_s}{E}\right)\right]^3}. \tag{34}$$

Das größte Biegemoment (an der Einspannstelle) beträgt

$$M_{max} = P \cdot e'.$$

Die Größe Δe ist von der Befestigungsart der Stabenden abhängig. Sind beispielsweise beide Stabenden in der Achse (Abb. 21b) geführt, so ist in Gleichung (34) anstatt l der Wert $\frac{l}{2}$ einzusetzen. In diesem Falle ergibt sich daher

$$e' = \frac{e}{1 - \frac{1}{8}\left(\frac{l}{i}\right)^2\left(\frac{\sigma}{E}\right) + \frac{1}{384}\left[\left(\frac{l}{i}\right)^2 \cdot \left(\frac{\sigma_s}{E}\right)\right]^3 - \dots}. \tag{35}$$

Vermittelte zulässige Beanspruchung bei gleichzeitiger Knickung und Biegung. Die vermittelte zulässige Inanspruchnahme kann nach vorheriger Berechnung der zulässigen Knickbeanspruchung aus der Beziehung ermittelt werden

(36) $$\alpha \cdot \frac{P}{F} + \frac{M}{W} \cdot \frac{\sigma_{k\,zul}}{\sigma_{b\,zul}} \leq \sigma_{k\,zul} \quad \text{oder} \quad \alpha \cdot \frac{P}{F} \cdot \frac{\sigma_{b\,zul}}{\sigma_{k\,zul}} + \frac{M}{W} \leq \sigma_{b\,zul}.$$

Mittiger Druck bei gleichzeitiger Biegung quer zur Stabachse[1*]. Die in der Stabachse angreifende Druckkraft sei P.

Bezeichnet f_o die in der Stabmitte durch eine beliebige spiegelgleich angeordnete Querbelastung Q erzeugte Durchbiegung (für den Fall $P = 0$), so gilt mit genügender Genauigkeit für die Gesamtdurchbiegung

(37) $$f = \sim \frac{s}{s - 1} f_o.$$

In obiger Gleichung bedeutet s den Sicherheitsgrad gegen Knicken für den ausschließlich durch eine Achsenlast P beansprucht gedachten Stab, wobei unter der Voraussetzung der Gültigkeit der Eulergleichung $s = \frac{\pi^2 \cdot E \cdot J}{P\,l^2}$ gesetzt werden soll.

1. Belastungsfall: Achsenlast P und gleichmäßig verteilte Belastung Q (Abb. 22):

$$f_o = \frac{5}{384} \cdot \frac{Q\,l^3}{E\,J} = \frac{5}{48} \frac{\pi^2 \cdot M_o}{s \cdot P}.$$

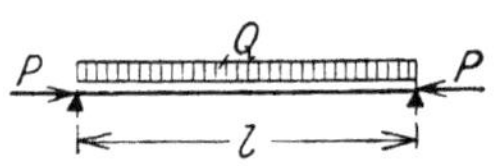

Abb. 22

2. Belastungsfall: Achsenlast P und Einzellast Q in Stabmitte (Abb. 23):

$$f_o = \frac{1}{48} \cdot \frac{Q\,l^3}{E\,J} = \frac{1}{12} \cdot \frac{\pi^2 \cdot M_o}{s \cdot P}.$$

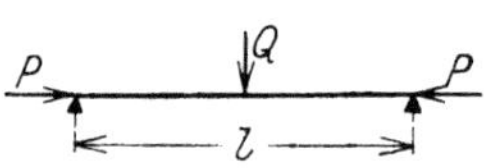

Abb. 23

3. Belastungsfall: Achsenlast P und zwei je im Abstand a von den beiden Auflagerpunkten angreifende Einzellasten $\frac{Q}{2}$ (Abb. 24):

$$f_o = \frac{1}{4} \cdot \frac{Q \cdot a}{E\,J} \left(\frac{l^2}{4} - \frac{a^2}{3} \right).$$

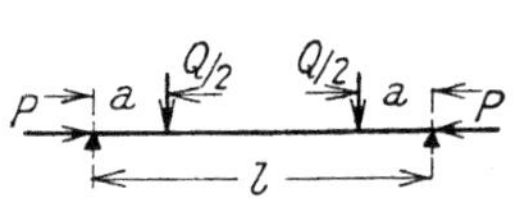

Abb. 24

4. Belastungsfall: Ausmittig an den beiden Stabenden angreifende Einzellast P (Abb. 25 a):

Die den Biegungspfeil f_o erzeugende Querbelastung geht in den durch Abb. 25b) dargestellten Grenzzustand über:

$$f_o = \frac{1}{8} \frac{M_o \cdot l^2}{E\,J} = \frac{P \cdot e \cdot l^2}{8\,E\,J} = \frac{\pi^2 \cdot e}{8\,s} = \sim \frac{5}{4} \frac{e}{s}.$$

Es wird daher in diesem Fall

$$f = \sim \frac{5}{4} \frac{e}{s - 1}.$$

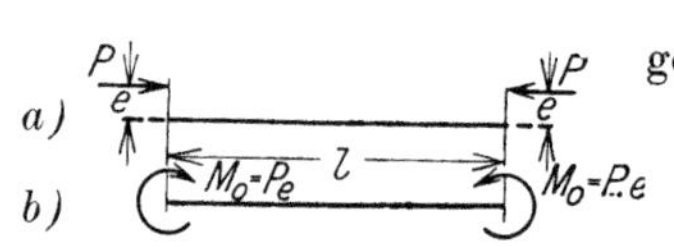

Abb. 25

Das jeweils größte Biegemoment für die Belastungsfälle 1 bis 4 berechnet sich zu

(38) $$M_{max} = M_o + P \cdot f.$$

Querschnittsermittlung. Für den Fall der Knickung und gleichzeitigen Biegung kann unter Voraussetzung der Gültigkeit der Eulergleichung auch von nachstehender Rechnungsweise Gebrauch gemacht werden:

Es bezeichne M das Biegemoment, a den Abstand der äußersten gedrückten Querschnittsfaser, dann kann das erforderliche Trägheitsmoment aus der Beziehung ermittelt werden

$$J_{erf} \geqq 70 \div 100\, P\, l^2 + \frac{M \cdot a}{\sigma_{b\,zul}} \quad \text{oder} \quad W_{erf} \geqq \frac{70 \div 100\, P\, l^2}{a} + \frac{M}{\sigma_{b\,zul}}. \tag{39}$$

Erforderlicher Sicherheitsgrad. Bezeichnet s den Sicherheitsgrad gegen Knicken, s' den tatsächlich vorhandenen Sicherheitsgrad, welcher wegen der zur Knickung hinzutretenden Biegung $> s$ sein muß, so kann gesetzt werden

$$s' \geqq \frac{\sigma_{k\,zul}}{\sigma_{k\,zul} - \frac{M}{W}}\, s \quad \text{bzw.} \quad \frac{M}{W} \leqq \frac{s' - s}{s'} \cdot \sigma_{k\,zul}. \tag{40}$$

C. Balkenträger

1. Träger auf zwei Stützen

Bei Berechnung eines Trägers auf zwei Stützen (Abb. 26) sind zunächst die Auflagerdrücke zu bestimmen

$$\left.\begin{aligned} A &= \frac{1}{l}\,(P_1 \cdot b_1 + P_2 \cdot b_2 + \ldots\ldots P_n \cdot b_n) \\ B &= \frac{1}{l}\,(P_1 \cdot a_1 + P_2 \cdot a_2 + \ldots\ldots P_n \cdot a_n). \end{aligned}\right\} \tag{41}$$

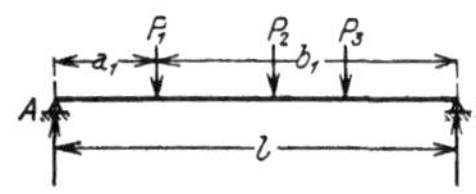

Abb. 26

Der gefährliche Querschnitt ist dann derjenige, für den die Querkraft Null ist bzw. das Vorzeichen wechselt, für den also

$$A - (P_1 + P_2 + \ldots\ldots) \gtrless 0. \tag{42}$$

Ist der gefährliche Querschnitt bestimmt, so läßt sich das größte Moment M_{max} und damit bei einer zulässigen Beanspruchung $\sigma_{b\,zul}$ das erforderliche Widerstandsmoment W_{erf} des Trägers berechnen

$$W_{erf} = \frac{M_{max}}{\sigma_{b\,zul}}. \tag{43}$$

In nachstehender Tabelle sind die Auflagerdrücke, Biegemomente und Durchbiegungswerte für eine Reihe häufig vorkommender Belastungsfälle zusammengestellt: (Tabelle siehe S. 22.)

2. Durchlaufträger

Gehen Träger ungestoßen oder biegesicher gestoßen über mehrere Felder durch, so bezeichnet man sie als Träger auf mehreren Stützen oder Durchlaufträger.

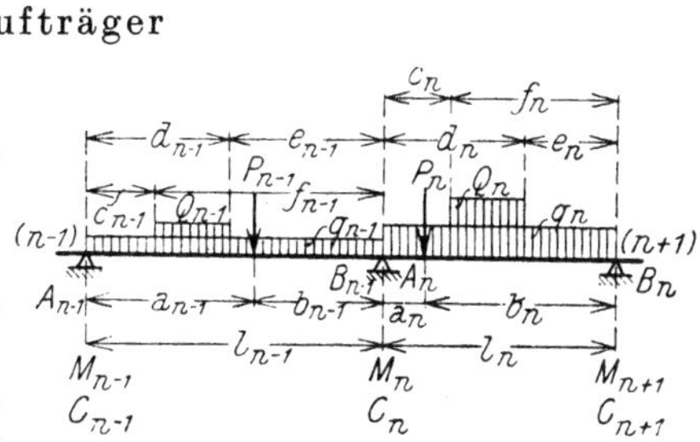

Abb. 27

Biegemomente über den Stützpunkten. Bezeichnen M_{n-1}, M_n, M_{n+1} die Momente über den drei beliebigen aufeinanderfolgenden Stützen $(n-1)$, n, $(n+1)$ eines Durchlaufträgers (Abb. 27), so lautet der Clapeyronsche Dreimomentensatz, unter der Voraussetzung, daß sämtliche Stützen gleich hoch liegen, für den allgemeinen Belastungsfall:

Auflagerdrücke, Momente, Durchbiegung usw. für verschiedene Belastungsfälle

Belastungsfall	Auflagerdrücke	Biegemomente	Größte Durchbiegung	Gefährl. Querschnitt
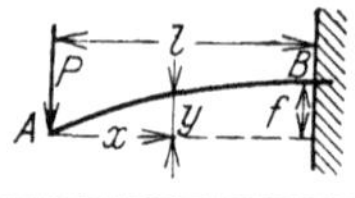	$B = P$	$M_x = P \cdot x$ $M_{max} = P \cdot l$	$f = \frac{P l^3}{3 E J}$	bei B
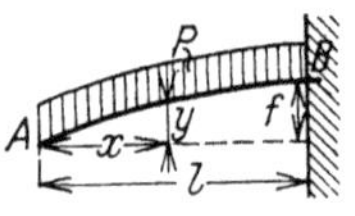	$B = P$	$M_x = \frac{P \cdot x^2}{2 l}$ $M_{max} = \frac{P \cdot l}{2}$	$f = \frac{P l^3}{8 E J}$	bei B
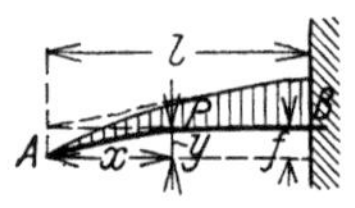	$B = P$	$M_x = \frac{P \cdot x^3}{3 l^2}$ $M_{max} = \frac{P \cdot l}{3}$	$f = \frac{P \cdot l^3}{15 E J}$	bei B
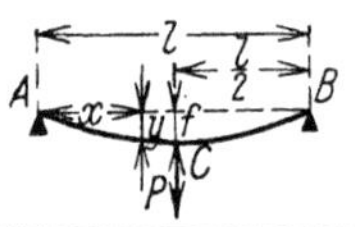	$A = B = \frac{P}{2}$	$M_x = \frac{P \cdot x}{2}$ $M_{max} = \frac{P \cdot l}{4}$	$f = \frac{P l^3}{48 E J}$	in der Mitte
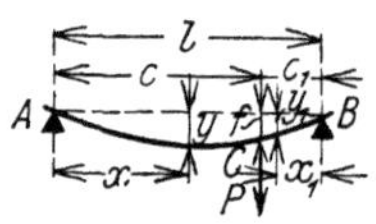	$A = \frac{P \cdot c_1}{l}$ $B = \frac{P \cdot c}{l}$	für AC: $M_x = \frac{P \cdot c_1 x}{l}$ für BC: $M_x = \frac{P \cdot c \cdot x}{l}$ $M_{max} = \frac{P \cdot c \cdot c_1}{l}$	$f = \frac{P}{3 E J} \cdot \frac{c^2 \cdot c_1^2}{l}$ f_{max} bei $x = c\sqrt{\frac{1}{3} + \frac{2}{3}\frac{c_1}{c}}$	bei C
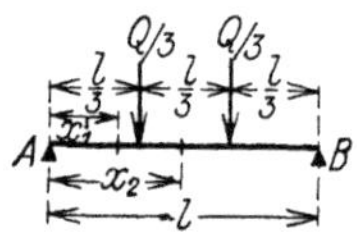	Bei diesen drei Fällen ist die Gesamtlast für ein Feld $Q = b \cdot l \cdot q$	$M_{max} = \frac{Q \cdot l}{9}$	$f = \frac{23 Q l^3}{1944 E J}$	im mittleren $l/_3$
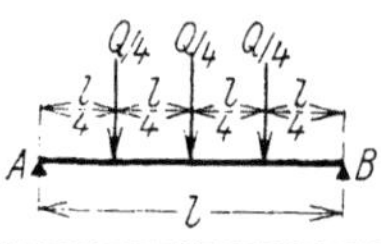		$M_{max} = \frac{Q \cdot l}{8}$	$f = \frac{19 Q l^3}{1536 E J}$	in der Mitte
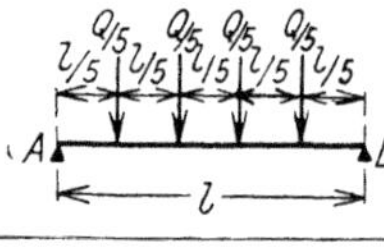		$M_{max} = \frac{3 Q l}{25}$	$f = \frac{63 Q l^3}{5000 E J}$	im mittleren $l/_5$
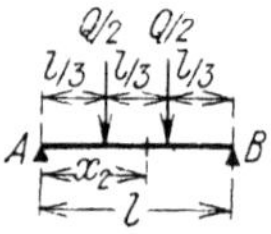	$A = B = \frac{Q}{2}$	$M_{max} = \frac{Q \cdot l}{6}$	$f = \frac{23 Q l^3}{1296 E J}$	im mittleren $l/_3$

Belastungsfall		Auflagerdrücke	Biegemomente	Größte Durchbiegung	Gefährl. Querschnitt
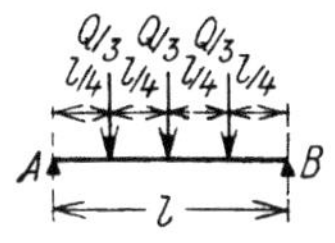		$A = B = \frac{Q}{2}$	$M_{max} = \frac{Q \cdot l}{6}$	$f = \frac{19\,Ql^3}{1152\,EJ}$	in der Mitte
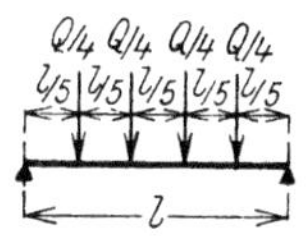		$A = B = \frac{Q}{2}$	$M_{max} = \frac{3\,Ql}{20}$	$f = \frac{63\,Ql^3}{4000\,EJ}$	im mittleren $l/_5$
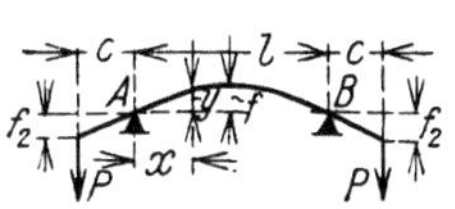		$A = B = P$	Für A und B: $M = P \cdot c$	$f = \frac{Pl^2 \cdot c}{8\,EJ}$ $f_2 = \frac{P}{EJ}\left[\frac{c^3}{3} + \frac{c^2 \cdot l}{2}\right]$	in den Punkten A und B
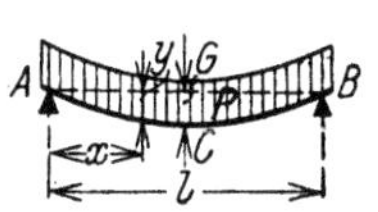		$A = B = \frac{P}{2}$	$M_x = \frac{P \cdot x}{2}\left(1 - \frac{x}{l}\right)$ $M_{max} = \frac{P \cdot l}{8}$	$f = \frac{5\,Pl^3}{384\,EJ}$	in der Mitte
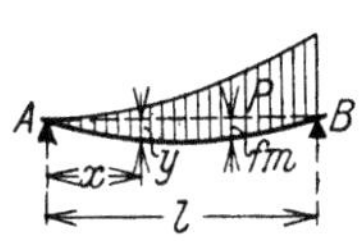		$A = \frac{1}{3}P$ $B = \frac{2}{3}P$	$M_x = \frac{P \cdot x}{3}\left(1 - \frac{x^2}{l^2}\right)$ $M_{max} = \frac{2}{9\sqrt{3}} P \cdot l = 0{,}128\,P \cdot l$	$f_{max} = 0{,}01304 \frac{P\,l^3}{EJ}$ bei $x = 0{,}5193\,l$	bei $x = 0{,}5774\,l$
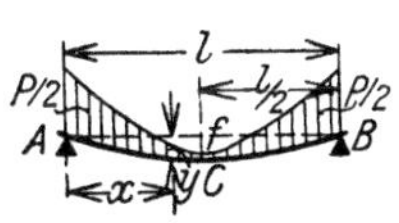		$A = B = \frac{P}{2}$	$M_x = P \cdot x\left(\frac{1}{2} - \frac{x}{l} + \frac{2x^2}{l^2}\right)$ $M_{max} = \frac{P \cdot l}{12}$	$f = \frac{3\,Pl^3}{320\,EJ}$	in der Mitte
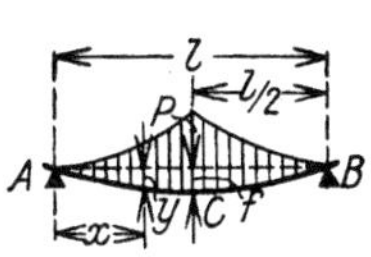		$A = B = \frac{P}{2}$	$M_x = P \cdot x\left(\frac{1}{2} - \frac{2\,x^2}{3\,l^2}\right)$ $M_{max} = \frac{P \cdot l}{6}$	$f = \frac{Pl^3}{60\,EJ}$	in der Mitte
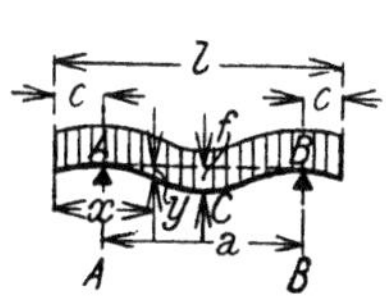		$A = B = \frac{P}{2}$	$M_x = -\frac{P_x}{2}\left(\frac{x}{l} - 1 + \frac{c}{x}\right)$ $M_A = M_B = -\frac{Pc^2}{2\,l}$ $M_c = -\frac{P \cdot l}{4}\left(-\frac{1}{2} + \frac{2\,c}{l}\right)$	$f = \frac{Pl^3}{24\,EJ}\left[\frac{5}{16} - \frac{5}{2}\frac{c}{l} + 6\frac{c^2}{l^2} - 4\frac{c^3}{l^3} - \frac{c^4}{l^4}\right]$	bei A, B oder C

$$M_{n-1} \cdot l_{n-1} + 2\,M_n\,(l_{n-1} + l_n) + M_{n+1} \cdot l_n = -\frac{\Sigma P_{n-1} \cdot a_{n-1}\,(l^2_{n-1} - a^2_{n-1})}{l_{n-1}} -$$

$$(44) \qquad -\frac{\Sigma P_n \cdot b_n\,(l^2_n - b^2_n)}{l_n} - \frac{1}{4}\,(q_{n-1} \cdot l^3_{n-1} + q_n \cdot l^3_n) -$$

$$-\frac{\Sigma Q_{n-1}\,(c_{n-1} + d_{n-1})\,(2\,l^2_{n-1} - c^2_{n-1} - d^2_{n-1})}{4\,l_{n-1}} - \frac{\Sigma Q_n\,(e_n + f_n)\,(2\,l^2_n - e^2_n - f^2_n)}{4\,l_n}.$$

Sind m Felder, also $(m + 1)$ Stützen vorhanden, so lassen sich $(m - 1)$ Gleichungen von obiger Form aufstellen. Aus diesen $(m - 1)$ Gleichungen und den beiden Gleichungen, welche die Auflagerungsart der beiden Balkenenden kennzeichnen (meist $M_0 = M_{mH} = 0$), können dann die $(m + 1)$ Unbekannten, d. s. die Momente über den Stützen, berechnet werden.

Stützendrücke. Bezeichnen A_{n-1}, A_n, A_{n+1} die Anteile der Stützendrücke infolge der rechtsliegenden Felder,
B_{n-1}, B_n, B_{n+1} die Anteile der Stützendrücke infolge der linksliegenden Felder,
C_{n-1}, C_n, C_{n+1} die Gesamtstützendrücke, so daß

$$C_{n-1} = A_{n-1} + B_{n-1}; \qquad C_n = A_n + B_n; \qquad C_{n+1} = A_{n+1} + B_{n+1}$$

ist, so berechnen sich

$$A_n = \frac{M_{n+1} - M_n}{l_n} + \frac{q_n \cdot l_n}{2} + \frac{\Sigma P_n \cdot b_n}{l_n} + \frac{\Sigma Q_n\,(e_n + f_n)}{2\,l_n},$$

$$B_n = \frac{M_{n-1} - M_n}{l_{n-1}} + \frac{q_{n-1} \cdot l_{n-1}}{2} + \frac{\Sigma P_{n-1} \cdot a_{n-1}}{l_{n-1}} + \frac{\Sigma Q_{n-1}\,(c_{n-1} + d_{n-1})}{2\,l_{n-1}};$$

der Gesamtstützendruck über Stütze n beträgt daher

$$C_n = \frac{q_{n-1} \cdot l_{n-1} + q_n \cdot l_n}{2} + \frac{\Sigma P_{n-1} \cdot a_{n-1}}{l_{n-1}} + \frac{\Sigma P_n \cdot b_n}{l_n} + \frac{\Sigma Q_{n-1}\,(c_{n-1} + d_{n-1})}{2\,l_{n-1}} +$$

$$(45) \qquad + \frac{\Sigma Q_n\,(e_n + f_n)}{2\,l_n} + \left[\frac{M_{n-1}}{l_{n-1}} - M_n\left(\frac{1}{l_{n-1}} + \frac{1}{l_n}\right) + \frac{M_{n+1}}{l_n}\right]$$

Mit Hilfe der Gleichungen (44) und (45) lassen sich sämtliche Momente und Stützendrücke des Durchlaufträgers berechnen.

Momente und Stützendrücke

a) bei gleichmäßig verteilter Belastung

Werte	Anzahl der Stützen							Einheiten
	3	4	5	6	7	8	9	
A	0,375	0,400	0,3929	0,3947	0,3942	0,3944	0,3943	$q \cdot l$
B	1,250	1,100	1,1428	1,1317	1,1346	1,1337	1,1340	$q \cdot l$
C			0,9286	0,9736	0,9616	0,9649	0,9640	$q \cdot l$
D					1,0192	1,0070	1,0103	$q \cdot l$
E							0,9948	$q \cdot l$
$(-)\ M_1$	0,125	0,100	0,1071	0,1053	0,1058	0,1056	0,1057	$q \cdot l^2$
$(-)\ M_2$			0,0714	0,0789	0,0769	0,0775	0,0773	$q \cdot l^2$
$(-)\ M_3$					0,0865	0,0845	0,0850	$q \cdot l^2$
$(-)\ M_4$							0,0825	$q \cdot l^2$
$(+)\ M_{1\,max}$	0,0703	0,080	0,0772	0,0779	0,0777	0,0778	0,0777	$q \cdot l^2$
$(+)\ M_{2\,max}$		0,025	0,0364	0,0332	0,0340	0,0338	0,0339	$q \cdot l^2$
$(+)\ M_{3\,max}$				0,0461	0,0433	0,0440	0,0438	$q \cdot l^2$
$(+)\ M_{4\,max}$						0,0405	0,0412	$q \cdot l^2$

b) bei gleich großen und gleichweit entfernten Einzellasten

1. Träger auf 3 Stützen

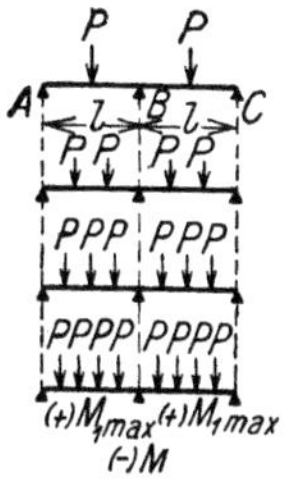

Belastungsfälle	Momente (+) $M_{1\,max}$	Momente (+) $M_{2\,max}$	Momente (—) M	Auflagerdrücke A	Auflagerdrücke B
	$0{,}156\ P \cdot l$	—	$0{,}188\ P \cdot l$	$0{,}312\ P$	$1{,}376\ P$
	$0{,}222\ P \cdot l$	—	$0{,}333\ P \cdot l$	$0{,}667\ P$	$2{,}667\ P$
	$0{,}270\ P \cdot l$	—	$0{,}460\ P \cdot l$	$1{,}040\ P$	$3{,}920\ P$
	$0{,}360\ P \cdot l$	—	$0{,}600\ P \cdot l$	$1{,}400\ P$	$5{,}200\ P$

2. Träger auf 4 Stützen

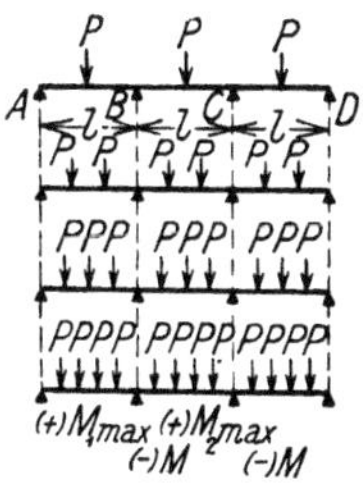

Belastungsfälle	Momente (+) $M_{1\,max}$	Momente (+) $M_{2\,max}$	Momente (—) M	Auflagerdrücke A	Auflagerdrücke B
	$0{,}175\ P \cdot l$	$0{,}100\ P \cdot l$	$0{,}150\ P \cdot l$	$0{,}350\ P$	$1{,}150\ P$
	$0{,}245\ P \cdot l$	$0{,}067\ P \cdot l$	$0{,}267\ P \cdot l$	$0{,}734\ P$	$2{,}270\ P$
	$0{,}317\ P \cdot l$	$0{,}125\ P \cdot l$	$0{,}375\ P \cdot l$	$1{,}125\ P$	$3{,}375\ P$
	$0{,}410\ P \cdot l$	$0{,}122\ P \cdot l$	$0{,}478\ P \cdot l$	$1{,}520\ P$	$4{,}480\ P$

Momente und Stützendrücke für spiegelgleiche Dreifeldbalken

Verhältnis der Feldweiten	Stützendruck $C_{max} = \alpha \cdot q l_1$		Stützenmoment (—) $M_{max} = \beta \cdot q \cdot l_1^2$		Feldmoment (+) $M_{max} = \gamma \cdot q l_1^2$	
	α für		β für		γ für	
$l_1 : l_2 : l_1$	ständige Last	Nutzlast	ständige Last	Nutzlast	ständige Last	Nutzlast
1:0,5:1	0,83036	1,04465	0,08036	0,09464	0,08805	0,09184
1:0,6:1	0,88000	1,05543	0,08000	0,09518	0,08820	0,09427
1:0,8:1	0,98591	1,11375	0,08591	0,10214	0,08574	0,09821
1:1,0:1	1,10000	1,20000	0,10000	0,11667	0,08000	0,10125
1:1,1:1	1,15995	1,25001	0,10995	0,12669	0,07607	0,10253
1:1,2:1	1,22179	1,30363	0,12179	0,13853	0,07152	0,10368
1:1,3:1	1,28547	1,36044	0,13547	0,15216	0,06644	0,10471
1:1,4:1	1,35097	1,42010	0,15097	0,16757	0,06091	0,10565
1:1,5:1	1,41827	1,48238	0,16827	0,18475	0,05502	0,10651

3. Gerbersche Gelenkträger

Der Gerbersche Gelenkträger ist ein Träger auf n Stützen, der durch Anordnung von $(n-2)$ Gelenken standbestimmt gemacht ist.

Hiedurch treten zu den drei Gleichgewichtsbedingungen noch $(n-2)$ Bedingungsgleichungen $(M=0)$ hinzu, so daß im ganzen

$$3+(n-2)=n+1$$

Gleichgewichtsbedingungen, entsprechend den $(n+1)$ unbekannten Auflagerkräften des Balkens auf n Stützen, vorhanden sind. In einer Öffnung dürfen nicht mehr als zwei Gelenke vorhanden sein; in der Regel wechselt eine Öffnung ohne und mit Gelenken ab.

Der Abstand der Gelenke von den benachbarten Stützen ist, wenn möglich, so anzunehmen, daß sich die Stützen- und Feldmomente tunlichst ausgleichen.

Durch Einfügung der Gelenke zerfällt der Durchlaufträger in die eingehängten Träger (Koppelträger) und in die Kragträger (Auslegerträger), auf deren überkragenden Enden die ersteren Träger gelagert sind.

Für **gleichmäßig verteilte Gesamtbelastung** lassen sich bestimmte Werte für die Gelenkanordnung angeben, wobei sämtliche Anordnungen nach folgenden zwei Fällen unterschieden werden:

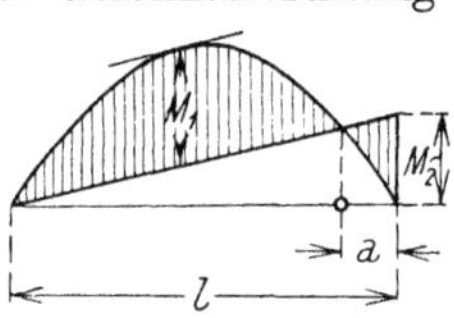

Abb. 28

1. Fall. Anordnung des Gelenkes für ein Außenfeld (Abb. 28):
Bedingung: $M_1 = M_2$

$$\left.\begin{array}{l}\text{Gelenkabstand: } \boxed{a = 0{,}1716\,l,} \\ \boxed{M_1 = M_2 = 0{,}0858\,q\,l^2.}\end{array}\right\} \qquad (46)$$

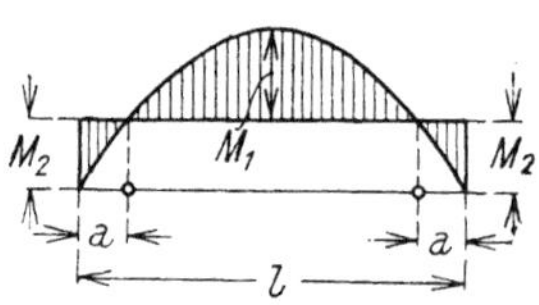

Abb. 29

2. Fall. Anordnung der Gelenke für Mittelfelder (Abb. 29):
Bedingung: $M_1 = M_2$

$$\left.\begin{array}{l}\text{Gelenkabstand: } \boxed{a = 0{,}146\,l,} \\ \boxed{M_1 = M_2 = 0{,}0625\,q\,l^2.}\end{array}\right\} \qquad (47)$$

Soll eine Strecke L in n Felder geteilt werden und dabei, unter Voraussetzung gleichmäßig verteilter Gesamtbelastung, für alle Felder dasselbe Größtmoment zur Bestimmung der Trägerquerschnitte maßgebend sein, so ergeben sich folgende Feldweiten:

$$\left.\begin{array}{r}\text{Mittelfelder: } l = \dfrac{L}{n-0{,}292}, \\ \text{Endfelder: } l_0 = 0{,}854\,l, \\ \text{Gelenkabstand: } a = 0{,}146\,l.\end{array}\right\} \qquad (48)$$

Ausführungsarten von Gelenkträgern:

1. Zwei Felder

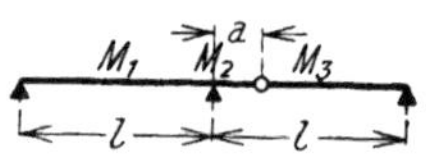

Abb. 30

$$a = 0{,}1716\,l,$$
$$M_1 = M_2 = M_3 = 0{,}0858\,q\,l^2$$

2. Drei Felder

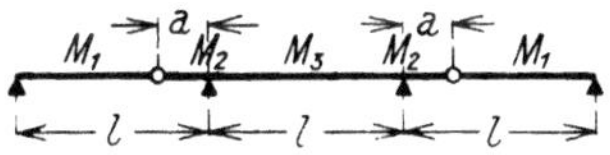

Abb. 31a

$a = 0{,}125\,l,$

$M_1 = 0{,}0957\,ql^2,$

$M_2 = M_3 = 0{,}0625\,ql^2,$

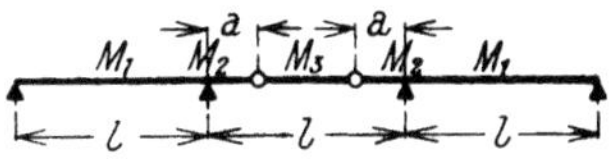

Abb. 31b

$a = 0{,}22\,l,$

$M_1 = M_2 = 0{,}0858\,ql^2,$

$M_3 = 0{,}0392\,ql^2.$

3. Vier Felder

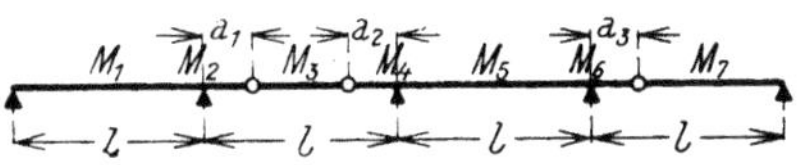

Abb. 32

$a_1 = 0{,}2035\,l,$

$a_2 = 0{,}157\,l,$

$a_3 = 0{,}125\,l,$

$M_1 = M_2 = 0{,}0858\,ql^2,$

$M_3 = 0{,}05111\,ql^2,$

$M_4 = M_5 = M_6 = 0{,}0625\,ql^2,$

$M_7 = 0{,}0957\,ql^2.$

Soll $M_1 = M_2 = M_6 = M_7 = 0{,}0858\,ql^2,$ so muß sein

$a_3 = 0{,}1716\,l$

und

$M_5 = 0{,}05111\,ql^2.$

4. Fünf Felder

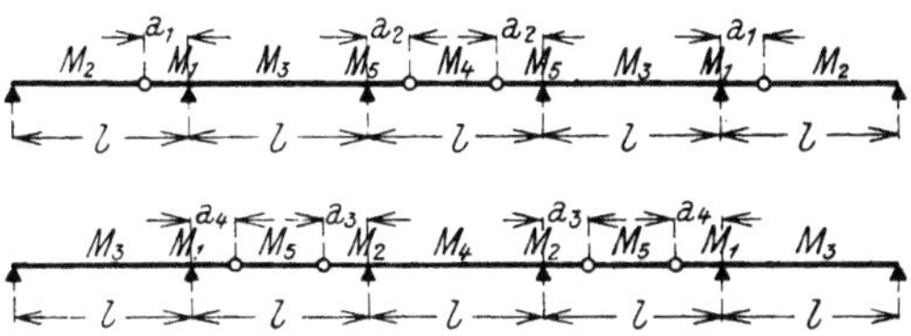

Abb. 33a und 33b

$a_1 = 0{,}125\,l,$

$a_2 = 0{,}1465\,l,$

$M_1 = M_3 = M_5 = M_4 = 0{,}0625\,ql^2,$

$M_2 = 0{,}0957\,ql^2.$

$a_3 = 0{,}157\,l,$

$a_4 = 0{,}2035\,l,$

$M_1 = M_3 = 0{,}0858\,ql^2,$

$M_2 = M_4 = 0{,}0625\,ql^2,$

$M_5 = 0{,}05112\,ql^2.$

5. Mehr als fünf Felder

a) Ungerade Felderzahl

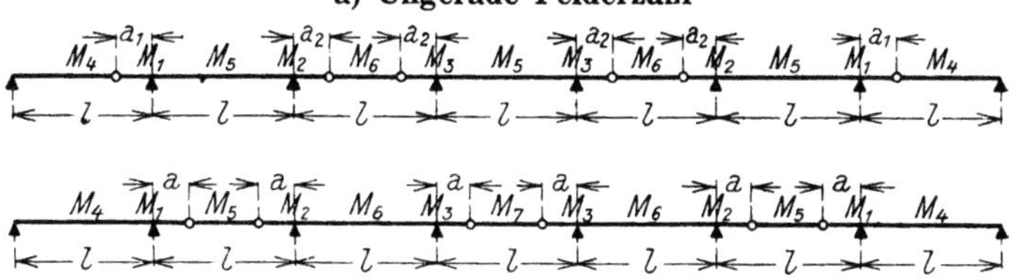

Abb. 34a und 34b

$a_1 = 0{,}125\,l,$
$a_2 = 0{,}1465\,l,$
$M_1 = M_5 = M_2 = M_6 = M_3 = 0{,}0625\,ql^2,$
$M_4 = 0{,}0957\,ql^2.$

$a_1 = 0{,}2035\,l,$
$a_2 = 0{,}157\,l,$
$a_3 = 0{,}1465\,l,$
$M_1 = M_4 = 0{,}0957\,ql^2,$
$M_2 = M_6 = M_7 = M_3 = 0{,}0625\,ql^2,$
$M_5 = 0{,}05112\,ql^2.$

b) Gerade Felderzahl

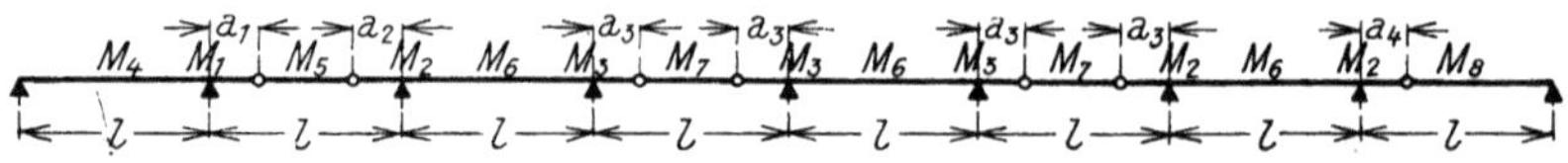

Abb. 35

Wird

$a_1 = 0{,}2035\,l,$
$a_2 = 0{,}157\,l,$
$a_3 = 0{,}1465\,l,$
$a_4 = 0{,}125\,l,$
$M_1 = M_4 = 0{,}0957\,ql^2,$
$M_2 = M_6 = M_3 = M_7 = 0{,}0625\,ql^2,$
$M_5 = 0{,}05112\,ql^2,$
$M_8 = 0{,}0858\,ql^2.$

$a_1 = a_2 = a_3 = 0{,}1465\,l,$
$a_4 = 0{,}125\,l,$ dann ist
$M_1 = M_2 = M_6 = M_3 = M_7 = 0{,}0625\,ql^2,$
$M_4 = M_8 = 0{,}0957\,ql^2.$

Zweckmäßig sowohl wegen des bequemeren Zusammenbaues als wegen der geringeren erforderlichen Trägerlängen ist die Gelenkanordnung nach Abb. 36.

$a_1 = 0{,}1465\,l,$
$a_2 = 0{,}125\,l,$

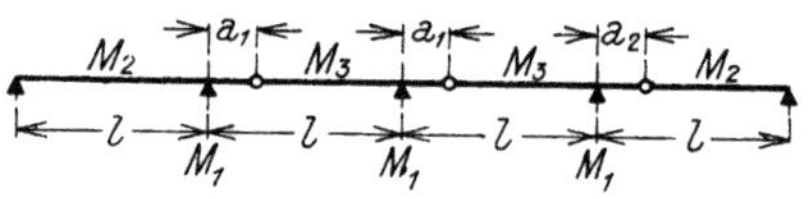

$M_1 = M_3 = 0{,}0625\,ql^2,$
$M_2 = 0{,}0957\,ql^2.$

Abb. 36

D. Hänge- und Sprengwerke[9*)]

Unter Hängewerk versteht man einen Träger, der aus einem Strebenwerk und einem angehängten durchlaufenden Balken besteht. Beim Sprengwerk liegt der durchgehende Balken auf dem Strebenwerk. Nach der Zahl der Hängesäulen bzw. der Auflagerpunkte des Durchlaufbalkens unterscheidet man einfache und mehrfache Hänge- und Sprengwerke.

1. Näherungsformeln für hölzerne Hänge- und Sprengwerke

Einfache Hänge- und Sprengwerke

$$l_1 = \frac{l}{2} \text{(Abb. 37 bis 39).}$$

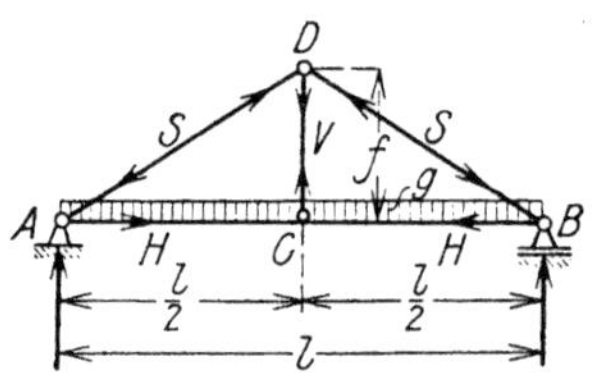

Abb. 37

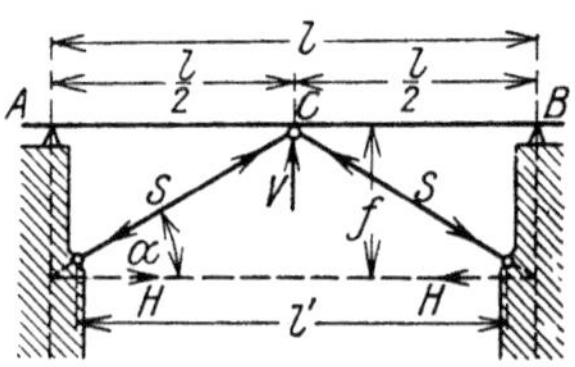

Abb. 38

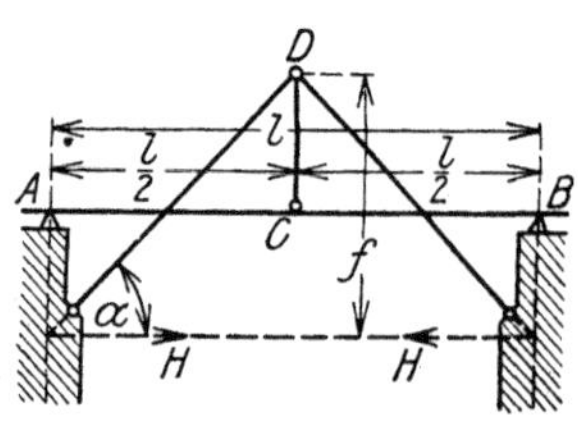

Abb. 39

a) Einzellast *P* in der Mitte:

Last in C... $V = P$; Last in D... $V = 0$.

$$H = \frac{P}{2\,\mathrm{tg}\,\alpha}; \qquad S = \frac{P}{2 \sin \alpha}; \qquad M = 0. \tag{49}$$

b) Ständige Last *g* und Nutzlast *p* auf dem Balken *AB*:

$$g + p = q.$$

Größtwerte:

$$V = \frac{5}{8}\,q\,l; \qquad H = \frac{5\,q\,l^2}{32\,f}; \qquad S = \frac{5\,q\,l}{16 \sin \alpha};$$

$$\boxed{M_c = -\frac{q\,l^2}{32}.} \tag{50}$$

Doppelte Hänge- und Sprengwerke

a) Ständige Einzellasten *G* und veränderliche Einzellasten *P* in den Knoten (Abb. 40 bis 42)

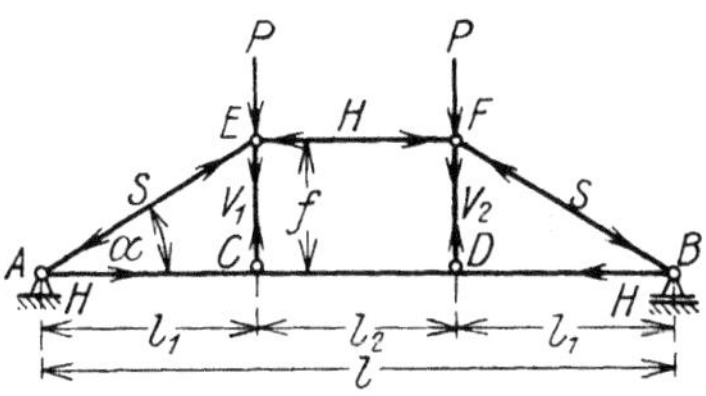

Abb. 40

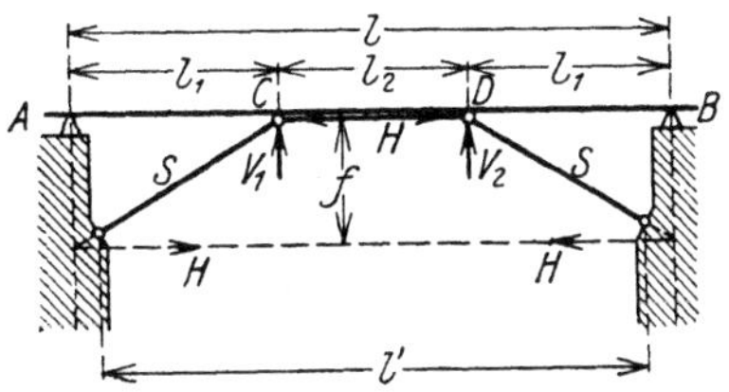

Abb. 41

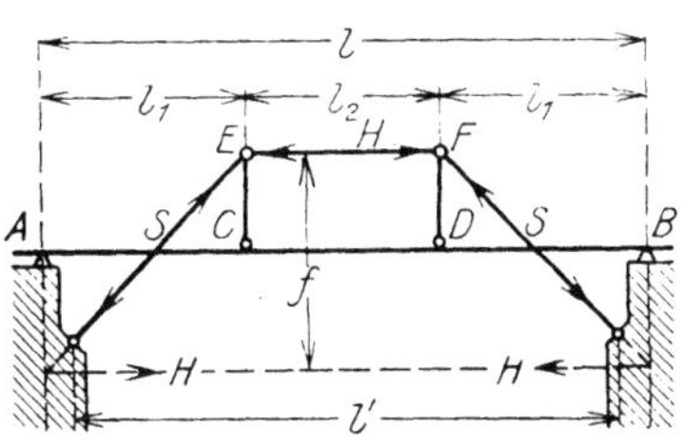

Abb. 42

Lasten in C und D.. $V_1 = V_2 = G + P$,
Lasten in E und F.. $V_1 = V_2 = 0$.

Größtwerte:

$$H = \frac{G + P}{\mathrm{tg}\,\alpha}; \qquad S = \frac{G + P}{\sin \alpha};$$

$$\boxed{M_c = -M_d = \frac{P \cdot l_1 \cdot l_2}{2\,l},} \tag{51}$$

wobei

$$H = \frac{G + \frac{P}{2}}{\mathrm{tg}\,\alpha}.$$

b) Mittelbare Nutzlast *p*, übertragen in den Knoten *A*, *C*, *D*, *B*

Größtwerte:

$$V = V_1 = V_2 = \frac{p\,(l_1 + l_2)}{2}; \qquad H = \frac{V}{\mathrm{tg}\,\alpha}; \qquad S = \frac{V}{\sin \alpha};$$

$$\boxed{M_c = -M_d = \frac{p\,l_1 l_2}{8},} \tag{52}$$

wobei

$$H = \frac{p\,(l_1 + l_2)}{4\,\mathrm{tg}\,\alpha}.$$

c) Eigengewicht g, unmittelbar auf dem Balken AB

$$V = V_1 = V_2 = \frac{g\,[l^3 - (2\,l - l_1)\,l_1^2]}{4\,l_1\,(l + 2\,l_2)}; \qquad H = \frac{V}{\operatorname{tg}\alpha}; \qquad S = \frac{V}{\sin\alpha};$$

(53) $$\boxed{M_c = M_d = -\frac{g\,(l_1^3 + l_2^3)}{4\,(l + 2\,l_2)}.}$$

d) Nutzlast p, unmittelbar auf dem Balken

Größtwerte von V, H und S bei Vollbelastung wie durch g.

Größtwerte von M_c bzw. M_d durch die Nutzlast p annähernd auf die halbe Balkenlänge

(54) $$\boxed{M_c = -\frac{p\,[l_1^3 + l\,(l_1 + l_2)\,l_2]}{8\,(l + 2\,l_2)},}$$

wobei

$$H = \frac{p\,[l^3 - (2l - l_1)\,l_1^2]}{8\,f\,(l + 2\,l_2)}.$$

e) Sonderfall $l_1 = l_2 = \frac{l}{3}$:

mittelbare Belastung:

(55) $$V = \frac{q\,l}{3}, \qquad H = \frac{q\,l^2}{9\,f}; \qquad \boxed{M_c = \pm\frac{p\,l^2}{72}.}$$

Zu M_c gehört $H = \dfrac{\left(g + \frac{p}{2}\right)l^2}{9\,f}$;

unmittelbare Belastung:

$$V = \frac{11}{30}\,q\,l; \qquad H = \frac{11\,q\,l^2}{90\,f};$$

(56) $$\boxed{M_c = -\frac{(4\,g + 7\,p)\,l^2}{360}.}$$

Zu M_c gehört $H = \dfrac{\left(11\,g + \frac{p}{2}\right)\cdot l}{90\,f}$.

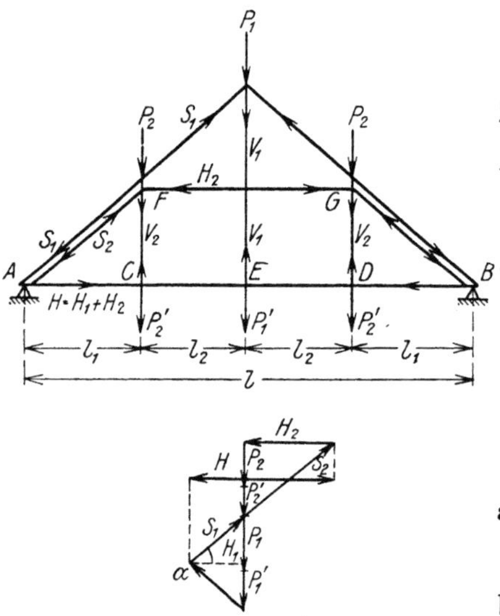

Abb. 43

Mehrfache Hänge- und Sprengwerke

a) Dachbinder mit dreifachem Hängwerk (Abb. 43):

Bei gleichmäßig verteilter Untergurtbelastung sind ${}_uP_1$ und ${}_uP_2$ die Auflagerdrücke des Durchlaufbalkens auf den Stützen A, C, D, E, B.

(57) $$\left.\begin{aligned} V_1 &= {}_uP_1, & S_1 &= \frac{{}_oP_1 + {}_uP_1}{2\,\sin\alpha}, & H_1 &= \frac{{}_oP_1 + {}_uP_1}{2\,\operatorname{tg}\alpha}, \\ V_2 &= {}_uP_2, & S_2 &= \frac{{}_oP_2 + {}_uP_2}{\sin\alpha}, & H_2 &= \frac{{}_oP_2 + {}_uP_2}{\operatorname{tg}\alpha}, \end{aligned}\right\}$$

$$S = S_1 + S_2; \qquad H = H_1 + H_2.$$

b) Dreifaches Sprengwerk (Abb. 44) **mit mittelbar in den Knoten *A*, *C*, *E*, *D*, *B*, übertragenen Gleichlasten *g* und *p*:**

Größtwerte:

$$V_1 = V_2 = \frac{q\,(l_1 + l_2)}{2}, \qquad V_3 = q\,l_2,$$

$$H_1 = H_2 = \frac{V_1}{\operatorname{tg} \alpha_1}, \qquad H_3 = \frac{V_3}{2 \operatorname{tg} \alpha_3},$$

$$S_1 = S_2 = \frac{V_1}{\sin \alpha_1}, \qquad S_3 = \frac{V_3}{2 \sin \alpha_3},$$

$$H = H_1 + H_3$$

$$\boxed{M_c = -M_e = \frac{p \cdot l_1 l_2}{4}} \qquad (58)$$

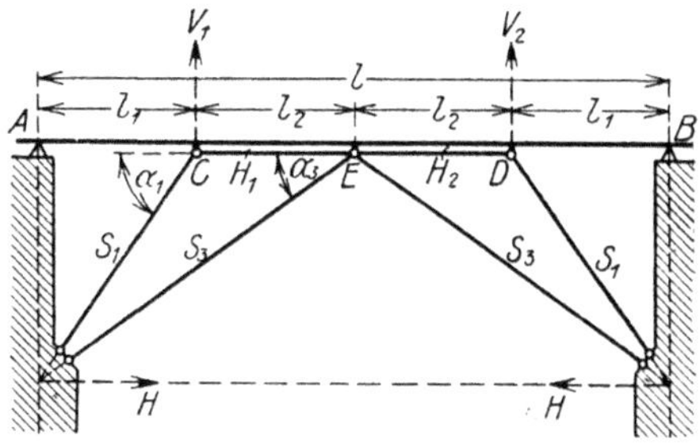

Abb. 44

mit zugehörigem

$$H_1 = \frac{\left(g + \frac{p}{2}\right)(l_1 + l_2)}{2 \operatorname{tg} \alpha_1}.$$

Mit $\boxed{l_1 = l_2 = \frac{l}{4}}$ ergeben sich die Größtwerte

$$V_1 = V_2 = V_3 = \frac{q\,l}{4},$$

$$H_1 = H_2 = \frac{q\,l}{4 \operatorname{tg} \alpha_1}, \qquad H_3 = \frac{q\,l}{8 \operatorname{tg} \alpha_3},$$

$$S_1 = S_2 = \frac{q\,l}{4 \sin \alpha_1}, \qquad S_3 = \frac{q\,l}{8 \sin \alpha_3},$$

$$H = H_1 + H_3 = \left(\frac{1}{\operatorname{tg} \alpha_1} + \frac{1}{2 \operatorname{tg} \alpha_3}\right)\frac{q\,l}{4},$$

$$\boxed{M_c = \pm \frac{p\,l^2}{64}}, \qquad (59)$$

mit zugehörigem

$$H_1 = \frac{\left(g + \frac{p}{2}\right) \cdot l}{4 \operatorname{tg} \alpha_1},$$

2. Das Rahmensprengwerk

Der in *A* und *B* gelenkig gelagerte Rahmen (Abb. 45) sei durch am Querriegel *C D* angreifende lotrechte und am Stiel *A C* angreifende wagrechte Kräfte belastet.

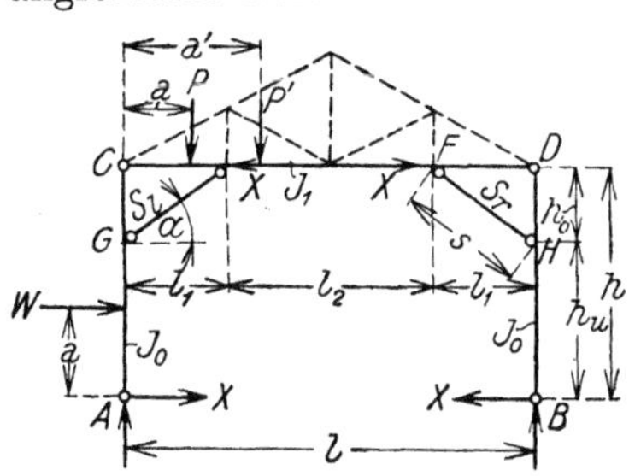

Abb. 45

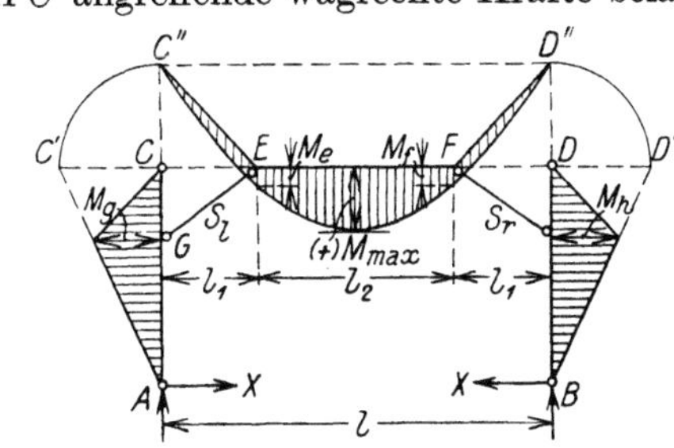

Abb. 46

Der Rahmen ist einfach standunbestimmt. Als standunbestimmte Größe wird der Auflagerseitenschub *X* gewählt.

Die Berechnung wird unter der Annahme unverschieblicher Auflager sowie unter Vernachlässigung des geringfügigen Einflusses der Längskräfte durchgeführt.

Lotrechte Belastung (Abb. 46):

a) Einzellasten $P_1, P_2 \ldots P_n$ zwischen C und E bzw. D und F:

(60) $$X = \frac{3\, l_1 \cdot (l - l_1) \sum_1^n P \cdot a - \sum_1^n P \cdot a^3}{2\,(1 + 2\,c)\, h\, l_1\, (l + 2\, l_2)}$$

$$c = \frac{J_1}{J_o} \cdot \frac{h_u^2}{h\,(l + 2\, l_2)}.$$

b) Einzellasten $P'_1, P'_2 \ldots P'_n$ zwischen E und F:

(61) $$X = \frac{-\, l_1^3 \cdot \sum_1^n P' + 3\, l \cdot l_1 \sum_1^n P' \cdot a' - 3\, l_1 \sum_1^n P' \cdot a'^2}{2\,(1 + 2\,c)\, h\, l_1\, (l + 2\, l_2)}.$$

Momente zwischen C und E bzw. D und F:

$$M = M_o - \frac{h}{l_1} X \cdot x.$$

Momente zwischen E und F:

$$M' = M'_o - X \cdot h.$$

c) Einzellast P in E:

(62) $$X = \frac{l_1}{2\,(1 + 2\,c) \cdot h} \cdot P; \qquad S_l = S_r = \frac{s}{2\,(1 + 2\,c)\, h_o} \cdot P.$$

$$M_g = M_h = -\, X \cdot h_u,$$

$$M_e = \frac{P l_1\,(l + l_1)}{l} - X \cdot h = \left[\frac{l + l_1}{l} - \frac{1}{2\,(1 + 2c)}\right] \cdot P l_1,$$

$$M_f = \left[\frac{l_1}{l} - \frac{1}{2\,(1 + 2c)}\right] \cdot P l_1.$$

d) Einzellasten P in E und F:

(63) $$X = \frac{l_1}{(1 + 2c)\, h} \cdot P; \qquad S_l = S_r = \frac{s}{(1 + 2c)\, h_o} \cdot P; \qquad M_e = M_f = \frac{2c}{1 + 2c} P \cdot l_1.$$

e) Gleichlast $g \cdot l$ auf dem Querriegel CD:

(64) $$X = \frac{g\,[l^3 - l_1^2\,(2\,l - l_1)]}{4\,(1 + 2c)\, h\,(l + 2 l_2)}; \qquad S_l = S_r = \frac{X \cdot h}{h_o \cos \alpha}.$$

$$M_g = M_h = -\, X \cdot h_u,$$

$$M_e = M_f = \frac{g l_1}{2}(l - l_1) - X \cdot h.$$

Sonderfall $l_1 = l_2 = \frac{l}{3}$; $\qquad c = \frac{J_1}{J_o} \cdot \frac{3}{5} \frac{h^2_u}{h \cdot l}.$

(65) $$X = \frac{11}{90} \cdot \frac{g l^2}{(1 + 2c)\, h}; \qquad S_l = S_r = \frac{11}{30} \frac{g \cdot l \cdot s}{(1 + 2c)\, h_o}.$$

$$M_e = M_f = -\, \frac{(1 - 20c)\, g \cdot l^2}{90\,(1 + 2c)},$$

$$A = B = \frac{g\,l}{6} + \frac{3\,M_e}{l} = \frac{(2 + 15\,c)\,g\,l}{15\,(1 + 2\,c)}.$$

Größtmomente zwischen C und E bzw. D und F im Abstand

$$x_m = \frac{(2 + 15\,c)\,l}{15\,(1 + 2\,c)}$$

von C bzw. D:

$$M_{max} = \frac{A \cdot x_m}{2}.$$

Größtmoment in der Mitte des Balkenteiles $E\,F$:

$$M'_{max} = \frac{(1 + 90\,c)\,g\,l^2}{360\,(1 + 2\,c)},$$

$$M_g = M_h = -\,X \cdot h_u.$$

Wagrechte Belastung (Abb. 47): Einzellasten $W_1, W_2 \ldots W_n$ im Abstand $a < h_u$:

$$\boxed{X = \frac{h_u\,[h_u + c\,(2\,h + h_u)]\,\sum_1^n W a - c \cdot \sum_1^n W a^3}{2\,(1 + 2\,c)\,h_u^2 \cdot h}.} \quad (66)$$

$$H_a = X - W; \quad H_b = X; \quad -A = B = \frac{\Sigma W \cdot a}{l}.$$

Strebenkräfte (+ Druck, — Zug):

$$\boxed{S_l = \frac{X \cdot h - \sum_1^n W a}{h_o \cdot \cos\alpha};} \quad \boxed{S_r = \frac{X \cdot h}{h_o \cdot \cos\alpha}.} \quad (67)$$

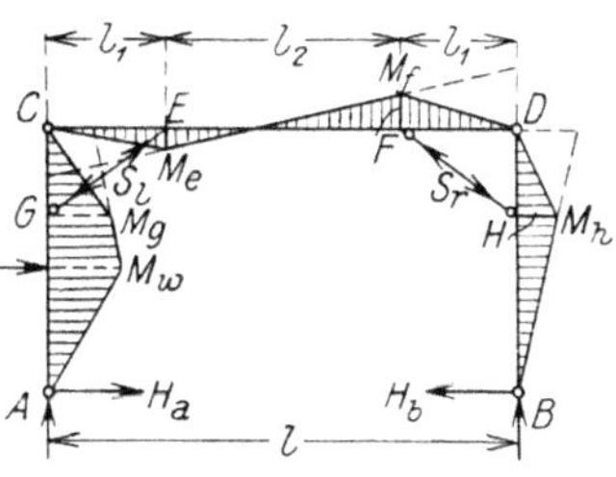

Abb. 47

$$M_g = -\,X \cdot h_u + \sum_1^n W \cdot a; \qquad M_h = -\,X \cdot h_u.$$

$$M_e = \frac{(l + l_1)\sum_1^n W a}{l} - X \cdot h; \qquad M_f = \frac{l_1 \sum_1^n W a}{l} - X \cdot h.$$

Lastangriff in G: $a = h_u$:

$$\boxed{X = \frac{h_u + 2\,c \cdot h}{2\,(1 + 2\,c)\,h} \cdot W.} \quad (68)$$

Lastangriff in C: $a = h$:

$$\left.\begin{array}{l} \boxed{X = \frac{W}{2};} \quad -H_a = H_b = \frac{W}{2}; \quad M_g = -\,M_h = \frac{W \cdot h_u}{2}; \\ M_e = -\,M_f = \frac{W \cdot h \cdot l_2}{2\,l}. \end{array}\right\} \quad (69)$$

E. Fachwerkträger

1. Allgemeines

Unter einem Fachwerk versteht man einen Tragkörper, der im Gegensatz zum vollwandigen Träger aus Einzelstäben zusammengesetzt ist. Die Schnittpunkte der Stäbe heißen die Knoten des Fachwerkes. Die Stäbe sind in der Regel gerade; sie können aber auch krumm sein. Die Anschlüsse in den Knoten werden gelenkig angenommen. 3 Knoten: 1, 2 und 3 sind in ihrer gegenseitigen Lage bestimmt, wenn sie durch 3 Stäbe s_1, s_2 und s_3 verbunden sind (Grunddreieck). Zum Anschluß jedes weiteren Knotens sind je 2 Stäbe erforderlich. Ist die Zahl der an das Grunddreieck angefügten Knoten k', so ist die Zahl der angefügten Stäbe $s' = 2\,k'$; zusammen sind also $k = k' + 3$ Knoten mit $s = s' + 3 = 2\,k' + 3 = 2\,k' + 6 - 3 = 2\,(k' + 3) - 3 = 2\,k - 3$ Stäben vorhanden.

Bei der Bildung des unverschieblichen Fachwerkes durch beliebige Aneinanderfügung von Dreiecken müssen also die Zahl der Stäbe und der Knoten in der Beziehung stehen

(70) $$s = 2\,k - 3.$$

Wird ein solches Fachwerk von beliebigen äußeren Kräften ergriffen, die untereinander im Gleichgewicht stehen, so sind in jedem Knoten die 2 Gleichgewichtsbedingungen $\Sigma H = 0$ und $\Sigma V = 0$ zu erfüllen, in allen k Knoten daher $2\,k$ Gleichgewichtsbedingungen. In diesen sind die 3 Gleichgewichtsbedingungen der äußeren Kräfte enthalten. Für die Ermittlung der Stabkräfte stehen demnach $2\,k - 3$ Gleichungen zur Verfügung. Ist $s = 2\,k - 3$, so ist das Fachwerk innerlich standbestimmt (statisch bestimmt). Hat das Fachwerk mehr Stäbe, wenn also $s > 2\,k - 3$, so reichen die Gleichgewichtsbedingungen zur Ermittlung der Stabkräfte nicht aus; das Fachwerk ist innerlich standunbestimmt (statisch unbestimmt). Wenn $s < 2\,k - 3$, so sind zu wenig Stäbe vorhanden; das Fachwerk ist innerlich verschieblich (labil).

Wird das Fachwerk auf einer festen und einer wagrecht beweglichen Stütze gelagert, so entstehen bei lotrechter Belastung lotrechte Auflagerdrücke wie beim Vollwandträger. Das Tragwerk heißt frei aufliegender Fachwerkträger. Es kommen Kragfachwerke, eingespannte und durchlaufende Fachwerkträger vor. Bei schiefer Lagerung spricht man von Fachwerkbogen; unter lotrechter Belastung entstehen hier schiefe Auflagerkräfte (Kämpferdrücke). Die Auflager können beweglich oder fest sein.

Je nach der Lagerung kann der Fachwerkträger äußerlich standbestimmt oder unbestimmt sein. Ist

a die Zahl der Auflagerunbekannten,
k die Zahl der Fachwerkknoten,
s die Zahl der Fachwerkstäbe,

so stehen in den $2\,k$ Knotengleichungen $(s + a)$ Stab- und Auflagerkräfte. Der Fachwerkträger ist standbestimmt, wenn $s + a = 2\,k$ oder

(71) $$s = 2\,k - a.$$

Im innerlich standbestimmten Dreieckfachwerk mit $s = 2\,k - 3$ ist das Fachwerk äußerlich standbestimmt, wenn $a = 3$ ist.

Der Grad der Standunbestimmtheit eines Fachwerkträgers ist durch die Beziehung gegeben

(71 a) $$s + a - 2\,k.$$

2. Standbestimmte Fachwerkträger

Die Ermittlung der Stabkräfte geschieht unter folgenden

Annahmen: 1. Die Gelenke in den Knoten sind reibungslos. Diese Bedingung wird in der Regel infolge der Steifheit der Knoten nicht erfüllt. Hiedurch entstehen Nebenspannungen, von deren Berücksichtigung jedoch hier abgesehen werden soll.

2. Alle Lasten wirken nur in den Knoten. Greifen Lasten unmittelbar an Stäben des Fachwerkes an, so sind diese Stäbe je nach den Verhältnissen als Freiträger, eingespannte oder Durchlaufbalken zu berechnen; ihre Stützendrücke sind dann die Knotenlasten.

3. Alle Fachwerkstäbe sind gerade. Bei gekrümmten Stäben tritt zur Beanspruchung durch die Stablängskraft noch ein Biegemoment. Derartige Stäbe müssen daher für ausmittigen Druck oder Zug bemessen werden.

4. Der Fachwerkträger liegt in der Ebene der äußeren Kräfte. Da auch zur Fachwerkebene geneigte Kräfte angreifen (bei Dächern, Kranbahnen und Brücken infolge des Windangriffes, bei letzteren auch infolge der Seitenschwankungen beim Befahren, durch Fliehkräfte usw.), so müssen diese durch besondere Tragwerke, den Windverband, die Aussteifung, aufgenommen werden.

Ermittlung der Stabspannungen. Zur Berechnung einer Stabspannung führt man (nach dem Ritterschen Schnittverfahren) durch den betreffenden Stab einen Schnitt im Fachwerk derart, daß nicht mehr als 3 Stäbe getroffen werden. Als Drehpunkt wird der Schnitt der beiden anderen Stäbe gewählt. Aus der Momentengleichung für diesen Schnittpunkt ergibt sich die gesuchte Stabkraft.

Zur Ermittlung der Stabkräfte O_m, U_m, D_m des in Abb. 48 dargestellten Fachwerkträgers wird derselbe in $s - s$ zerschnitten und der rechte Teil weggenommen gedacht. Im linken Fachwerkteil bleibt das Gleichgewicht wie vor der Zerschneidung bestehen, wenn die Kräfte in den Schnittstäben O_m, U_m, D_m hinzugefügt werden. Da die Richtung der Kräfte nicht bekannt ist, sollen vorderhand Zugkräfte angenommen werden. Auf den linken Trägerteil wirken A, P_1, P_2, O_m, U_m und D_m. Sollen die äußeren und inneren Kräfte im Gleichgewicht stehen, so muß die Summe der Drehmomente aller Kräfte in bezug auf einen beliebigen Punkt der Ebene Null sein.

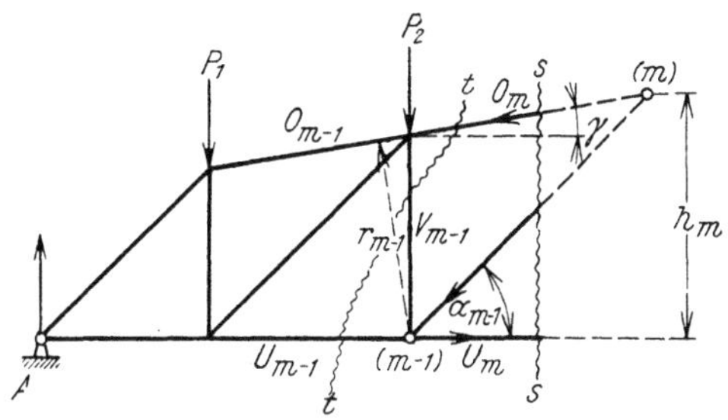

Abb. 48

Für den Drehpunkt $(m - 1)$ gilt daher:

$$M_{m-1} + O_m \cdot r = 0,$$

$$\boxed{O_m = -\frac{M_{m-1}}{r}.} \tag{72}$$

Für den Drehpunkt (m):

$$M_m - U_m \cdot h_m = 0,$$

$$\boxed{U_m = \frac{M_m}{h_m}.} \tag{73}$$

Zur Ermittlung der Stabkraft D_m soll, da der Schnittpunkt der beiden Gurtstäbe als Drehpunkt im vorliegenden Fall ungünstig gelegen ist, von der Gleichgewichtsbedingung $\Sigma V = 0$ Gebrauch gemacht werden, aus welcher sich ergibt

$$A - P_1 - P_2 - O_m \cdot \sin\gamma + D_m \cdot \sin\alpha_{m-1} = Q_{m-1} - O_m \cdot \sin\gamma + D_m \cdot \sin\alpha_{m-1} = 0$$

(74) $$\boxed{D_m = -\frac{1}{\sin\alpha_{m-1}} \cdot (Q_{m-1} - O_m . \sin\gamma).}$$

In ähnlicher Weise ergibt sich für den Schnitt $t-t$:

$$Q_{m-1} - O_m \cdot \sin\gamma - V_m = 0$$

(75) $$\boxed{V_m = Q_{m-1} - O_m \cdot \sin\gamma.}$$

Ableitung einfacher Berechnungsformeln für einige häufig vorkommende Trägerarten

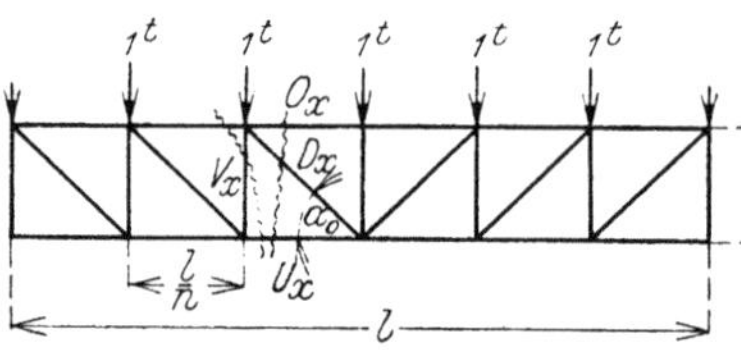

Abb. 49

Voraussetzung: Träger in (n) gleiche Felder $\left(\frac{l}{n}\right)$ unterteilt, lotrechte Belastung der Knotenpunkte mit je $P = 1\,t$ (an den beiden Auflagern mit je $P = \frac{1}{2}\,t$).

Gleichlaufträger. Stützweite l; Höhe $h = \frac{l}{\nu}$; Neigungswinkel der Schräge α_o: $\operatorname{tg}\alpha_o = \frac{n}{\nu}$ (Abb. 49).

(76) $$\left.\begin{aligned} &\text{Untergurt:} && U_x = +\frac{1}{4}\nu\,(n - x) \\ &\text{Obergurt:} && O_x = -\frac{1}{4}\nu\,(n - x) \\ &\text{Pfosten:} && V_x = \pm\frac{n-1}{2} - x \\ &\text{Schräge:} && D_x = \mp\frac{1}{\sin\alpha_o}\cdot\left(\frac{n-1}{2} - x\right) \end{aligned}\right\}$$

Schräge fallend: (+), Schräge steigend: (—).

Der Wert x in obigen Formeln ist veränderlich; derselbe gibt die Felderanzahl $\left(\frac{l}{n}\right)$ an, um welche der für den jeweils geführten Trägerschnitt in Betracht kommende Bezugspunkt vom Auflagerpunkt A entfernt ist. (Näheres siehe Beispiele auf S. 37 und 39.)

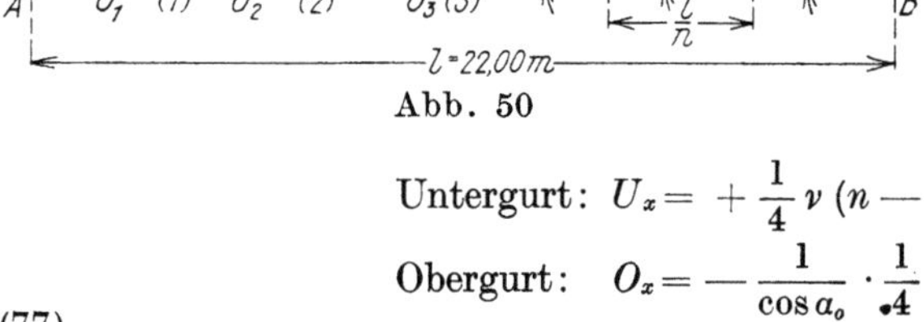

Abb. 50

Satteldachbinder. Stützweite l, Höhe $h = \frac{l}{\nu}$ (Abb. 50):

$$\nu = \frac{l}{h}; \quad \operatorname{tg}\alpha_o = \frac{2}{\nu};$$

$$\operatorname{tg}\alpha_x = \frac{2}{\nu}\cdot x.$$

(77) $$\left.\begin{aligned} &\text{Untergurt:} && U_x = +\frac{1}{4}\nu\,(n - x) \\ &\text{Obergurt:} && O_x = -\frac{1}{\cos\alpha_o}\cdot\frac{1}{4}\nu\,(n - x) \\ &\text{Pfosten:} && V_x = \mp\frac{1}{2}(1 + x) \\ &\text{Schräge:} && D_x = \pm\frac{1}{\sin\alpha_x}\cdot\frac{1}{2}(1 + x) \end{aligned}\right\}$$

Schräge fallend: (—), Schräge steigend: (+).

Für den Fall abwechselnd steigender und fallender Schrägen (Abb. 51) lautet die Berechnungsformel für D_x:

$$D_x = \pm \frac{1}{\sin \alpha_x} \cdot \left[\left(x_1 + \frac{1}{2}\right) - \frac{x_2}{2}\right].$$

Der Wert x_1 in obiger Gleichung bezieht sich entsprechend der Schnittführung $s - s$ in Abb. 51 auf den Einfluß der Querkraft, während sich x_2 auf den Einfluß der für die Berechnung von D_x in Betracht kommenden Obergurtspannung (daher auf den Drehpunkt x_2) bezieht.

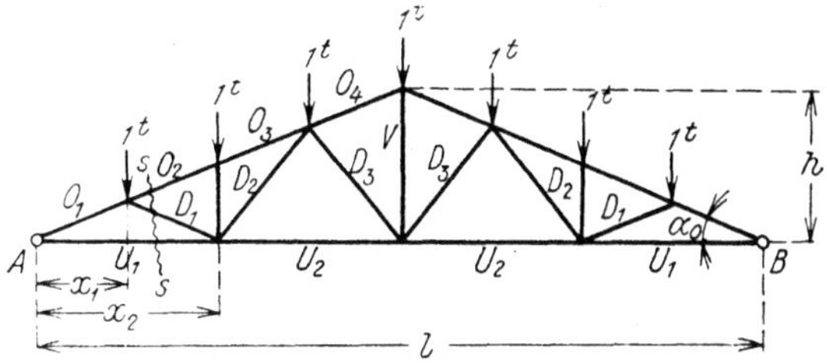

Abb. 51

1. Beispiel (Abb. 50):

$$l = 22{,}0 \text{ m}; \qquad h = 5{,}0 \text{ m}; \qquad n = 6.$$

$$\nu = \frac{l}{h} = \frac{22}{5} = 4{,}4; \qquad \text{tg}\, \alpha_0 = \frac{2}{\nu} = 0{,}455; \qquad \text{tg}\, \alpha_x = 0{,}455\, x.$$

Winkelgrößen (Ermittlung aus der Zusammenstellung der Winkelwerte Seite 238):

	α_0	α_1	α_2
tg	0,455	0,910	1,362
sin	—	0,673	0,805
cos	0,910	—	—

Untergurt: $U_x = \dfrac{\nu (n - x)}{4} = 1{,}1\ (6 - x).$

$U_1: \ldots x = 1 \ldots U_1 = 1{,}1 \cdot 5 = +\ 5{,}5\ t,$
$U_2: \ldots x = 2 \ldots U_2 = 1{,}1 \cdot 4 = +\ 4{,}4\ t,$
$U_3: \ldots x = 3 \ldots U_3 = 1{,}1 \cdot 3 = +\ 3{,}3\ t.$

Obergurt: $O_x = \dfrac{1}{0{,}91} \cdot 1{,}1\ (6 - x).$

$O_1 = O_2: \ldots x = 1 \ldots O_1 = O_2 = 1{,}21 \cdot 5 = -\ 6{,}05\ t,$
$O_3: \ldots x = 2 \ldots O_3 = 1{,}21 \cdot 4 = -\ 4{,}84\ t.$

Pfosten: $V_x = \dfrac{1 + x}{2},$

$V_1: \ldots x = 1 \ldots V_1 = -\ 1{,}0\ t,$
$V_2: \ldots x = 2 \ldots V_2 = -\ 1{,}5\ t.$

Schrägen: $D_x = \dfrac{1}{\sin \alpha_x} \cdot V_x,$

$D_1: \ldots x = 1 \ldots D_1 = \dfrac{1}{0{,}673} \cdot 1{,}0 = +\ 1{,}49\ t,$

$D_2: \ldots x = 2 \ldots D_2 = \dfrac{1}{0{,}805} \cdot 1{,}5 = +\ 1{,}86\ t.$

Mansardbinder. Stützweite l, Höhe h, Neigungswinkel des Oberdaches γ (Abb. 52):

$$\text{tg}\, \gamma = \frac{2 \Delta h}{l}; \qquad \text{tg}\, \alpha_x = \frac{h_o}{\left(\frac{l}{n}\right)} + \text{tg}\, \gamma \cdot x.$$

Sind nach Abb. 52 h und h_1 gegeben, ergibt sich:

$$h_0 = h - \frac{n}{m} \cdot \frac{h - h_1}{2}$$

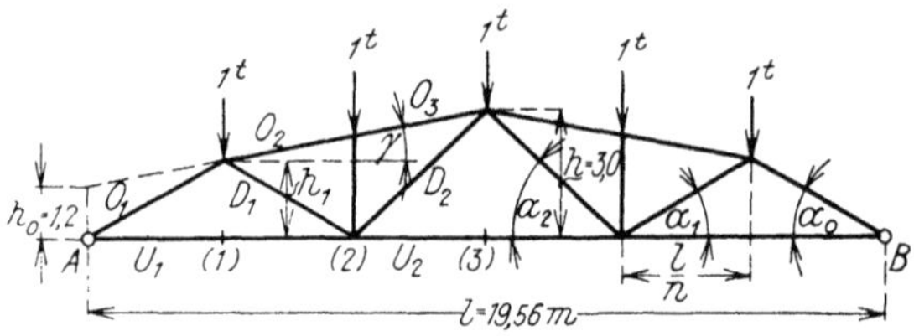

Abb. 52

(m...Anzahl der Felder $\frac{l}{n}$ zwischen h und h_1).

Die Querkraft im Abstand $\left(x \cdot \frac{l}{n}\right)$ vom Auflagerpunkt A beträgt

$$Q_x = \frac{n-1}{2} - x.$$

Wird zur Abkürzung gesetzt:

$C_x = \dfrac{x\,(n-x)}{n \cdot \dfrac{h_0}{\Delta h} + 2\,x}$, so ergeben sich die Stabspannungen zu

$$\left.\begin{aligned} U_x &= + \frac{1}{\operatorname{tg}\gamma} \cdot C_x \\ O_x &= - \frac{1}{\sin\gamma} \cdot C_x \\ V_x &= (Q_x - C_x) \\ D_x &= \pm \frac{1}{\sin\alpha_x}\,(Q_x - C_x) \end{aligned}\right\} \tag{78}$$

Schräge steigend: (—),
Schräge fallend: (+).

U_1 und O_1 berechnen sich am bequemsten aus den Beziehungen:

$$\left.\begin{aligned} U_1 &= + \frac{1}{\operatorname{tg}\alpha_0} \cdot \left(\frac{n-1}{2}\right) \\ O_1 &= - \frac{1}{\sin\alpha_0} \cdot \left(\frac{n-1}{2}\right) \end{aligned}\right\} \tag{79}$$

Für einen Mansardbinder mit Druckschrägen entsprechend Abb. 53 berechnet sich die Stabspannung des in der Spiegelachse gelegenen Pfostens mit Hilfe der Gleichgewichtsbedingung im Firstknotenpunkt zu:

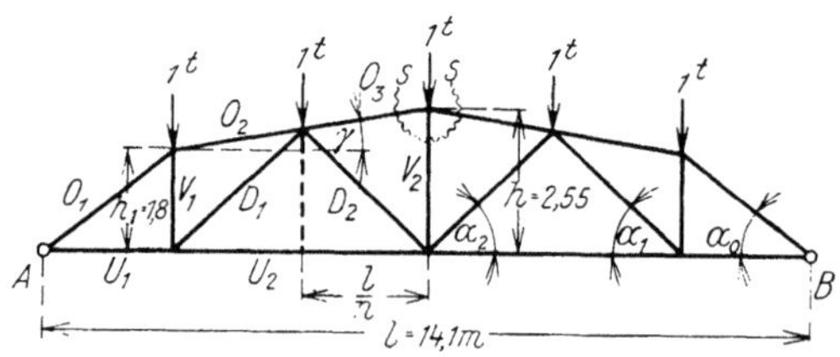

Abb. 53

(80) $V_m = -\,(2\,O_3 \sin\gamma + P)$.

2. Beispiel (Abb. 52):

$= 6 \times 3,26 = 19,56$ m; $h = 3,0$ m;
$h_0 = 1,2$ m; $\Delta h = 1,8$ m;

$$\operatorname{tg}\gamma = \frac{2 \cdot 1,8}{19,56} = 0,184; \qquad \operatorname{tg}\alpha_x = \frac{1,2}{3,26} + 0,184x = 0,368 + 0,184x;$$

$$Q_x = 2,5 - x; \qquad C_x = \frac{x\,(6-x)}{4 + 2\,x};$$

$$x = 1 \;\ldots\; \operatorname{tg} \alpha_0 = \operatorname{tg} \alpha_1 = 0{,}552; \qquad Q_1 = 1{,}5\,t; \qquad C_1 = \frac{5}{6};$$

$$x = 2 \;\ldots\ldots\ldots\ldots \qquad Q_2 = 0{,}5\,t; \qquad C_2 = 1;$$

$$x = 3 \;\ldots\ldots\; \operatorname{tg} \alpha_2 = 0{,}92; \qquad Q_3 = -0{,}5\,t; \qquad C_3 = \frac{9}{10};$$

	γ	α_0	α_1	α_2
tg	0,184	0,552	0,552	0,920
sin	0,180	0,483	0,483	0,677

$$U_1 = \frac{2{,}5}{0{,}552} = +4{,}52\,t, \qquad O_2 = \frac{1}{0{,}18} \cdot C_1 = -5{,}55\,t,$$

$$U_2 = \frac{1}{0{,}184} C_3 = +4{,}89\,t, \qquad D_1 = +\frac{1}{0{,}483}(Q_1 - C_2) = +1{,}04\,t,$$

$$O_1 = \frac{2{,}5}{0{,}483} = -5{,}17\,t, \qquad D_2 = -\frac{1}{0{,}677}(Q_2 - C_2) = +0{,}74\,t.$$

3. Beispiel (Abb. 53):

$$l = 14{,}10\,\text{m}; \qquad h = 2{,}55\,\text{m}; \qquad h_1 = 1{,}80\,\text{m}; \qquad m = 2; \qquad \frac{l}{n} = 2{,}35\,\text{m};$$

$$h_0 = 2{,}55 - \frac{6}{2} \cdot \frac{0{,}75}{2} = 1{,}425\,\text{m}; \qquad \Delta h = 1{,}125\,\text{m};$$

$$\operatorname{tg}\gamma = \frac{2 \cdot 1{,}125}{14{,}10} = 0{,}1596; \qquad \operatorname{tg} \alpha_x = \frac{1{,}425}{2{,}35} + 0{,}1596\,x = 0{,}606 + 0{,}1596\,x.$$

$$x = 1 \;\ldots\ldots\; \operatorname{tg} \alpha_0 = 0{,}766; \qquad Q_1 = 1{,}5\,t; \qquad C_1 = 0{,}520;$$

$$x = 2 \;\ldots\; \operatorname{tg} \alpha_1 = \operatorname{tg} \alpha_2 = 0{,}925; \qquad Q_2 = 0{,}5\,t; \qquad C_2 = 0{,}688;$$

$$x = 3 \;\ldots\ldots\ldots\ldots \qquad Q_3 = -0{,}5\,t; \qquad C_3 = 0{,}660;$$

	γ	α_0	α_1	α_2
tg	0,1596	0,766	0,925	0,925
sin	0,158	0,609	0,678	0,678

$$U_1 = \frac{2{,}5}{0{,}766} = +3{,}26\,t, \qquad V_1 = Q_1 - C_1 = +0{,}98\,t,$$

$$U_2 = \frac{1}{0{,}1596} C_2 = +4{,}31\,t, \qquad V_2 = -(2\,O_3 + 1{,}0) = +0{,}32\,t,$$

$$O_1 = \frac{2{,}5}{0{,}609} = -4{,}11\,t, \qquad D_1 = -\frac{1}{\sin \alpha_1}(Q_1 - C_1) = -1{,}45\,t,$$

$$O_2 = \frac{1}{0{,}158} \cdot C_1 = -3{,}29\,t, \qquad D_2 = +\frac{1}{\sin \alpha_2}(Q_2 - C_3) = -0{,}24\,t.$$

$$O_3 = \frac{1}{0{,}158} \cdot C_3 = -4{,}17\,t,$$

Pultdachbinder. Die für den Mansardbinder angegebenen Berechnungsformeln können unter Benützung der in Abb. 52 eingetragenen Bezeichnungen auch für die Ermittlung der Stabspannungen bei Pultdachbindern Anwendung finden.

Die hier gegebenen einfachen Berechnungsformeln eignen sich besonders für die Ermittlung der Stabspannungen flacher Dachbinder, bei denen der Einfluß des Winddruckes nur in einem Zuschlag zur lotrechten Belastung (durch Eigengewicht und Schneelast) zum Ausdruck kommen darf. Die für die Knotenlasten

$P = 1\,t$ erhaltenen Stabspannungen sind selbstredend entsprechend der tatsächlichen Knotenlast mit dem der letzteren entsprechenden Vielfachen zu vervielfältigen.

Die rechnerische Ermittlung der Stabkräfte erweist sich nur bei einfachen Trägerformen oder bei Bestimmung nur einzelner Stabkräfte als zweckmäßig, in allen anderen Fällen empfiehlt sich die zeichnerische Zusammensetzung und Zerlegung der äußeren Kräfte und der Stabkräfte in einem Kraftplan für den ganzen Fachwerkträger nach dem Verfahren von Cremona.

K-Träger [9*)]

Im K-Träger (Abb. 54) besteht im lotrechten Schnitt, z. B. im zweiten Feld, die Gleichgewichtsbedingung

$$\Sigma V = O = Q_2 + S_2 \cdot \sin \alpha_2 - S'_2 \cdot \sin \alpha'_2 = 0.$$

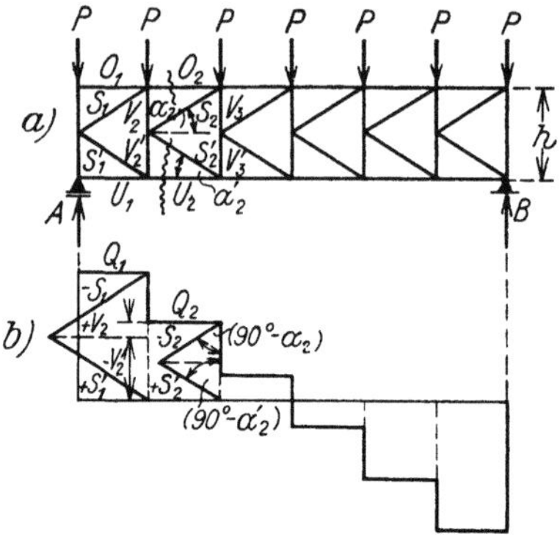

Abb. 54 a) und b)

Im Schnitt der Streben S_2 und S'_2 mit dem Ständer $V_2\,V'_2$ muß sein

$$\Sigma H = O = S_2 \cdot \cos \alpha_2 + S'_2 \cdot \cos \alpha'_2 = 0.$$

Aus diesen beiden Gleichungen folgt

(81)
$$\left.\begin{aligned} S_2 &= -\frac{Q_2 \cdot \cos \alpha'_2}{\sin(\alpha_2 + \alpha'_2)} \\ S_2' &= +\frac{Q_2 \cdot \cos \alpha_2}{\sin(\alpha_2 + \alpha'_2)} \end{aligned}\right\}$$

Die Strebenkräfte ergeben sich daher (vgl. Abb. 54 b) aus der Querkraft des betreffenden Feldes durch Zerlegung derselben in zwei Teilkräfte in den Richtungen der Streben.

In ähnlicher Weise wie oben ergeben sich die Ständerkräfte zu

(82)
$$\left.\begin{aligned} V_2 &= +\frac{Q_1 \cdot \cos \alpha'_1 \cdot \sin \alpha_1}{\sin(\alpha_1 + \alpha'_1)} - P_2 \\ V'_2 &= -\frac{Q_1 \cdot \cos \alpha_1 \cdot \sin \alpha'_1}{\sin(\alpha_1 + \alpha'_1)} \end{aligned}\right\}$$

Die Ständerkräfte ergeben sich daher (vgl. Abb. 54 b) in einfacher Weise unmittelbar aus den Strebenkräften.

Für die Berechnung der Gurtkräfte besteht die Beziehung

(83)
$$U_2 = -O_2 = \frac{M_2}{h}.$$

Für $\alpha_1 = \alpha'_1$, $\alpha_2 = \alpha'_2$ usw. vereinfachen sich die Berechnungsformeln in nachstehender Weise:

(84)
$$\left.\begin{aligned} S_1' &= -S_1 = \frac{Q_1}{2 \sin \alpha_1} \\ S'_2 &= -S_2 = \frac{Q_2}{2 \sin \alpha_2} \\ V_2 &= +\frac{Q_1}{2} - P_2 \\ V'_2 &= -\frac{Q_1}{2} \end{aligned}\right\}$$

3. Standunbestimmte Fachwerkträger

Jedes standunbestimmte Fachwerk läßt sich durch Wegnahme gewisser Stäbe und Stützenkräfte in ein standbestimmtes Grundwerk verwandeln.

Der in Abb. 55 dargestellte beiderseits gelenkig gelagerte Fachwerkrahmen werde durch an den Knotenpunkten angreifende, beliebig gerichtete, aber in der Rahmenebene gelegene Kräfte P_1, $P_2 \ldots P_n$ beansprucht.

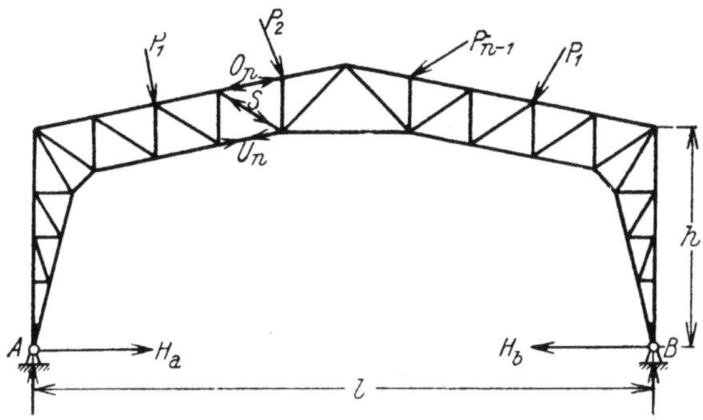

Abb. 55

Infolge der beiderseitigen gelenkigen Lagerung ist der Rahmen äußerlich einfach unbestimmt. Durch Wegnahme der wagrechten Stützenkraft H_b, d. h. durch wagrecht bewegliche Lagerung an der rechten Stütze, entsteht ein standbestimmtes Fachwerk, dessen Stabspannungen S_o und Auflagerdrücke A_o, B_o und H_o unter der gegebenen äußeren Belastung mittels eines Cremonaplanes ermittelt werden können.

Soll durch die Wegnahme der wagrechten Stützenkraft H_b keine Änderung im Gleichgewichtzustand des Tragwerkes eintreten, so muß dieselbe durch zwei in A und B anzubringende, entgegengesetzt gerichtete äußere Kräfte X ersetzt werden, die mit H_b im Gleichgewicht stehen.

Es werden nunmehr für den Belastungszustand $X = 1$ die Stabspannungen S' und Stützenkräfte C' mittels Cremonaplanes bestimmt. Im vorliegenden Belastungsfall werden alle $C' = 0$, weil aus $X = 1$ keine Stützendrücke entstehen.

Die tatsächlich unter dem Einfluß von X entstehenden Stabkräfte und Stützendrücke betragen $(S' \cdot X)$ bzw. $(C' \cdot X)$, und die Stab- und Stützenkräfte im wirklichen Tragwerk:

$$\left.\begin{aligned} S &= S_o + S' \cdot X \\ C &= C_o + C' \cdot X \end{aligned}\right\}$$

Unter der Voraussetzung starrer Widerlager berechnet sich X aus der Abgeleiteten der Formänderungsarbeit zu

$$\boxed{X = -\frac{\sum \frac{S_o \cdot S' \cdot s}{E \cdot F}}{\sum \frac{S'^2 \cdot s}{E F}}.} \tag{85}$$

In obiger Gleichung bedeuten:

$s \ldots$ die Stablänge,
$E \ldots$ das Dehnmaß des Baustoffes,
$F \ldots$ den Stabquerschnitt.

Die Stützenkräfte des Fachwerkrahmens betragen:

$$A = A_o; \qquad B = B_o;$$
$$H_a = H_o - X; \qquad H_b = X.$$

Wird die wagrechte Seitenkraft X durch eine Zugstange mit dem Querschnitt F_a und dem Dehnmaß E_a aufgenommen, so berechnet sich

(86)
$$X = -\frac{\sum \frac{S_0 \cdot S' \cdot s}{E \cdot F}}{\sum \frac{S'^2 \cdot s}{E \cdot F} + \frac{l}{E_a \cdot F_a}}.$$

Bestehen alle Stäbe aus dem gleichen Stoff, so verschwindet E aus Gleichung (85). Mit $\varrho = \frac{s}{F}$ geht dieselbe in die Form über:

(85 a)
$$\boxed{X = -\frac{\Sigma S_0 \cdot S' \cdot \varrho}{\Sigma S'^2 \cdot \varrho}.}$$

Für die Berechnung der Summenwerte empfiehlt sich eine Zusammenstellung von etwa nachstehender Form:

Stab Nr.	Stab-länge s cm	Stab-Querschnitt F cm²	$\varrho = \frac{s}{F}$	S_0 in t	S' in t	$S_0 \cdot S' \cdot \varrho$	$S'^2 \cdot \varrho$	S in t
						$\Sigma S_0 \cdot S' \cdot \varrho$	$\Sigma S'^2 \cdot \varrho$	

F. Bogen und Rahmen

1. Allgemeines

Unter Bogen versteht man im allgemeinen ein Tragwerk, das bei lotrechter Belastung schiefe Auflagerdrücke besitzt. Diese heißen Kämpferdrücke; sie hängen von der Art der Lagerung des Trägers ab.

Die Bogenachse kann beliebige Gestalt, z. B. auch Vieleckform haben. In vielen Fällen ist die Bogenachse eine krumme Linie. Besteht der Bogen aus geraden Teilstäben, so nennt man ein solches Tragwerk auch Rahmen.

Für die Standuntersuchung ist in allen Fällen die Lagerung maßgebend. Beim eingespannten oder gelenklosen Bogen entstehen unter einer Last P schiefe Kämpferdrücke, deren Größen, Richtungen und Angriffspunkte unbekannt sind. Jede Kämpferkraft ist durch drei Zahlenwerte, und zwar durch die Größe der Kraft, den Richtungswinkel und den Abstand des Angriffspunktes (z. B. von der Bogenachse) oder durch die wagrechte und lotrechte Seitenkraft des Kämpferdruckes und das Einspannmoment bestimmt. Für die 6 Auflagerunbekannten stehen nur 3 Gleichgewichtsbedingungen $\Sigma V = 0$, $\Sigma H = 0$, $\Sigma M = 0$ zur Verfügung. Der Bogen ist demnach $6 - 3 = 3$fach standunbestimmt.

Durch die Anordnung von 2 Kämpfergelenken sind die Angriffspunkte der Kämpferdrücke gegeben. Es sind daher nur die Größen und Richtungen unbekannt. Der Zweigelenkbogen ist somit $4 - 3 = 1$fach standunbestimmt.

Durch die Einlage eines Scheitelgelenkes entsteht der Dreigelenkbogen, welcher standbestimmt ist.

Die wagrechte Seitenkraft des Kämpferdruckes heißt Seitenschub des Bogens. Derselbe wird entweder durch seitlich widerstandsfähige Mauerkörper auf den Baugrund übertragen oder durch Zuganker aufgenommen.

Die Beanspruchungen des Bogens in einem Querschnitt $a-b$ sind durch die Größe, Richtung und Lage der Bogendruckkraft R bestimmt (Abb. 56).

R zerlegt sich in die zur Bogenachse gleichlaufende Längskraft N und in die Querkraft Q.

$$N = R \cdot \cos \psi; \qquad Q = R \cdot \sin \psi.$$

Im Schwerpunkt S des Querschnittes entsteht das Biegemoment

$$M = N \cdot e = R \cdot e'.$$

M und N erzeugen die Randspannungen

$$\left.\begin{aligned} \sigma_o &= \frac{N}{F} + \frac{M}{W_o} = \frac{M_u}{W_o} \\ \sigma_u &= \frac{N}{F} - \frac{M}{W_u} = \frac{M_o}{W_u} \end{aligned}\right\} \quad (87)$$

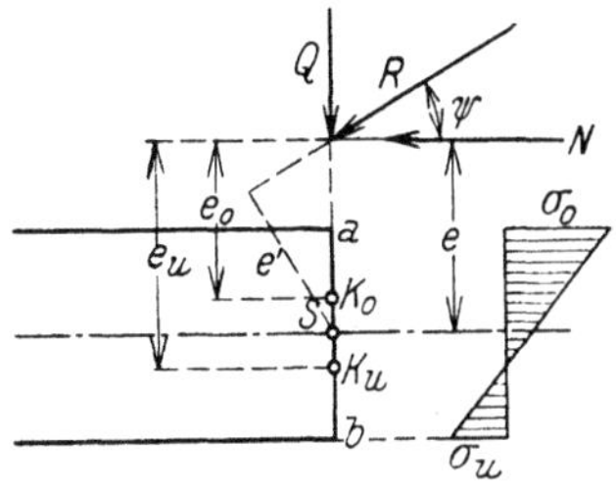

Abb. 56

Hierin bedeuten W_o und W_u die Widerstandsmomente des Querschnittes für den oberen und unteren Querschnittrand, M_o und M_u sind die Kernmomente, also $M_o = N \cdot e_o$ und $M_u = N \cdot e_u$.

2. Dreigelenkbogen [9*])

Günstigste Gestalt der Bogenachse. Die günstigste Gestalt der Bogenachse ist bei gegebener Lage der Gelenke und Lasten jene, für die sich die kleinsten Beanspruchungen ergeben. Dies ist der Fall, wenn für alle Bogenquerschnitte $e = 0$ ist, also die Bogenachse mit der Mittelkraftlinie (Stützlinie) zusammenfällt. Ein Bogen, dessen Stützlinie aus den ständigen Lasten mit seiner Achse übereinstimmt, heißt Stützlinienbogen. Jede hinzukommende Belastung (Nutzlast) verschiebt die Stützlinie aus der Bogenachse.

Bei gleichmäßig verteilter Eigengewichts- und Nutzbelastung ist die Stützlinie eine Parabel und daher diese Linie die günstigste Bogenachse. Nimmt das Eigengewicht gegen die Kämpfer zu, dann ist gemäß der Krümmung der Stützlinie der Kreis- und Ellipsenbogen oder an Stelle des letzteren der Korbbogen die günstigste Bogenachse.

Berechnungsformeln. (Abb. 57.) Lotrechte Auflagerdrücke $A = A_0$, $B = B_0$;

$$\left.\begin{aligned} &\text{Längskraft} \quad N = Q_0 \cdot \sin \varphi + H \cdot \cos \varphi \\ &\text{Querkraft} \quad Q = Q_0 \cos \varphi - H \cdot \sin \varphi \\ &\text{Moment} \quad M_x = M_{o,x} - H \cdot y \\ &\text{Moment im Scheitelgelenk } M_g = M_{o,g} - H \cdot f = 0, \text{ daher } \boxed{H = \frac{M_{o,g}}{f}.} \end{aligned}\right\} \quad (88)$$

Gleichlast g auf dem ganzen Bogen:

$$\left.\begin{aligned} &\boxed{H = \frac{g\, l^2}{8 f}} \\ &M_x = \frac{g}{2}\left[x\,(l-x) - \frac{l^2 \cdot y}{4 f}\right]. \end{aligned}\right\} \quad (89)$$

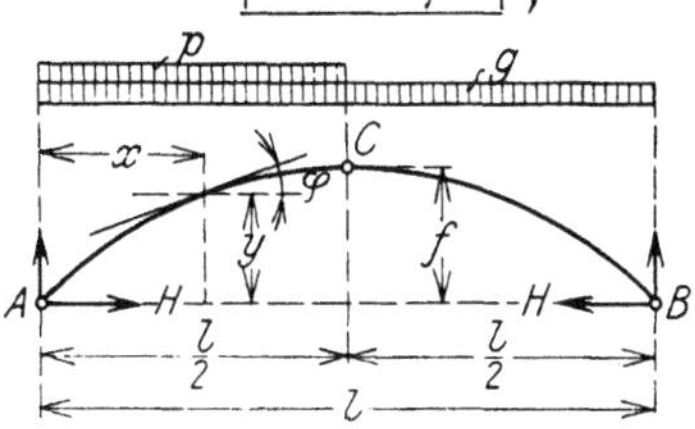

Abb. 57

Teilweise Bogenbelastung p auf die Länge u:

$$\boxed{H = \frac{p \cdot u^2}{4 f}.} \quad (90)$$

Dreigelenk-Parabelbogen

Gleichmäßig verteilte Belastung kg/m	Stützendrücke	Momente im	
		Bogenviertel links	Bogenviertel rechts
ständige Last g auf die Länge l	$A = \frac{g\,l}{2}$ $B = \frac{g\,l}{2}$ $H = \frac{g\,l^2}{8f}$	0	0
Nutzlast p auf die Länge $\frac{2}{5}\,l$	$A = \frac{8}{25}\,p\,l$ $B = \frac{2}{25}\,p\,l$ $H = \frac{p\,l^2}{25f}$	$+\frac{3}{160}\,p\,l^2$	$-\frac{1}{100}\,p\,l^2$
halbseitige Nutzlast p	$A = \frac{3}{8}\,p\,l$ $B = \frac{1}{8}\,p\,l$ $H = \frac{p\,l^2}{16f}$	$+\frac{1}{64}\,p\,l^2$	$-\frac{1}{64}\,p\,l^2$

Dreigelenk-Kreisbogen

$\frac{f}{l}$:	$\frac{1}{2}$	$\frac{1}{3}$	$\frac{1}{4}$	$\frac{1}{5}$	$\frac{1}{6}$	$\frac{1}{7}$	$\frac{1}{8}$	$\frac{1}{10}$
$-M_g$	0,0258	0,0111	0,0061	0,0038	0,0027	0,0019	0,0016	0,0013 $g\,l^2$
$-M_p$	0,0261	0,0206	0,0184	0,0175	0,0169	0,0166	0,0165	0,0163 $p\,l^2$
$+M_p$	0,0000	0,0095	0,0123	0,0136	0,0143	0,0147	0,0148	0,0149 $p\,l^2$
$N \lesssim$	1,41	1,20	1,12	1,08	1,05	1,04	1,03	1,02 · H

3. Zweigelenkbogen [9*])

Der in Abb. 58 dargestellte, in A und B gelenkig gelagerte spiegelgleiche Bogenträger werde durch beliebige, aber in der Ebene der Bogenachse liegende Kräfte P_1, P_2... belastet.

Wird das Gelenk B durch ein bewegliches Auflager ersetzt, so geht das Tragwerk in einen krummen Freibalken auf zwei Stützen mit den Auflagerdrücken A_0 und H_0 links und B_0 rechts über. Unter der gegebenen Belastung entstehen in dem nunmehr standbestimmten sogenannten „Haupttragwerk" oder „Grundwerk" die Biegemomente M_0 und Längskräfte N_0.

Als standunbestimmte Größe wird der Seitenschub H des Bogens angenommen, welcher mit Hilfe des Satzes vom Kleinstwert der Formänderungsarbeit berechnet werden kann.

Das wirkliche Biegemoment M_x und die wirkliche Längskraft N_x im Bogenpunkt x, y sowie die Stützenkräfte sind

$$M_x = M_o - H \cdot y$$
$$N_x = N_o + H \cdot \cos\varphi$$
$$H_a = H_o + H$$
$$A = A_o, \quad B = B_o.$$

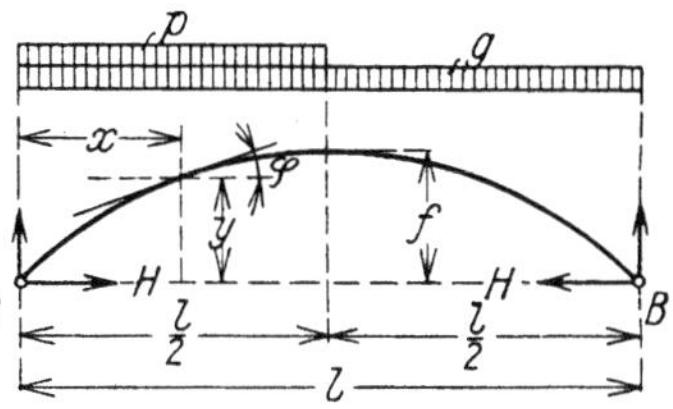

Abb. 58

Unter Annahme unnachgiebiger Kämpfer und unter Vernachlässigung des Einflusses von N_o berechnet sich der Seitenschub des Bogens zu

$$H = \frac{\int \frac{M_o\, y\, ds}{J}}{\int \frac{y^2\, ds}{J} + \int \frac{dx \cdot \cos\varphi}{F}}. \tag{91}$$

Beim Zweigelenkbogen mit Zuggurt, dessen Querschnitt F_1 und Dehnmaß E_1 betrage, wird

$$H = \frac{\int \frac{M_o\, y\, ds}{J}}{\int \frac{y^2\, ds}{J} + \frac{E}{E_1} \cdot \frac{l}{F_1} + \int \frac{dx \cdot \cos\varphi}{F}}. \tag{92}$$

Parabelbogen. Annahmen: J_o... Trägheitsmoment im Scheitel und

$J \cdot \cos\varphi = J_o$;

d... Dicke des mittleren Bogenquerschnittes F,

d_o... Scheitelstärke,

$$H = \frac{\int M_o \cdot y \cdot dx}{\frac{8}{15} f^2 \cdot l \left[1 + \frac{15}{8 f^2} \cdot \frac{J_o}{F} \left(1 + \frac{E}{E_1} \cdot \frac{F}{F_1}\right)\right]} \tag{93}$$

$$1 + \frac{15}{8 f^2} \cdot \frac{J_o}{F} \left(1 + \frac{E}{E_1} \cdot \frac{F}{F_1}\right) = \frac{1}{\eta}.$$

Mit $\frac{J_o}{F} = i^2$ und $E_1 = \infty$ ist

$$\frac{1}{\eta} = 1 + \frac{15}{8} \cdot \left(\frac{i}{f}\right)^2,$$

$$H = \frac{15}{8 f^2 l} \cdot \eta \int M_o\, y\, dx. \tag{94}$$

Für schlanke Bogen ist i klein im Verhältnis zu f und kann daher angenähert $\eta = 1$ gesetzt werden.

Eine Einzellast P im Abstand a von A und b von B erzeugt einen Seitenschub:

$$H = \frac{5\,\eta}{8 f \cdot l^3} \cdot P \cdot a\,(l^3 - 2\, a^2 \cdot l + a^3). \tag{95}$$

Flache Zweigelenk-Parabelbogen

Gleichmäßig verteilte Belastung kg/m	Stützendrücke	Momente im Scheitel	Momente im Bogenviertel
Vollbelastung g	$A = \frac{g\,l}{2}$ $B = \frac{g\,l}{2}$ $H = \eta \cdot \frac{g\,l^2}{8f}$	$(1-\eta) \cdot \frac{g\,l^2}{8}$	$3\,(1-\eta)\,\frac{g\,l^2}{32}$
$\eta = 0$	$H = \frac{g\,l^2}{8f}$	0	0
halbseitige Nutzlast p	$A = \frac{3}{8}\,p\,l$ $B = \frac{1}{8}\,p\,l$ $H = \eta \cdot \frac{p\,l^2}{16f}$	$(1-\eta) \cdot \frac{p\,l^2}{16}$	$(4-3\eta) \cdot \frac{p\,l^2}{64}$ $(2-3\eta) \cdot \frac{p\,l^2}{64}$
$\eta = 0$	$H = \frac{p\,l^2}{16f}$	0	$\pm \frac{p\,l^2}{64}$

4. Biegefeste Rahmen

Unter Rahmen versteht man Tragwerke, die aus geraden Stäben, häufig in Verbindung mit krummen Stäben, in starren Knoten zusammengesetzt sind. Die Rahmen sind meist Sonderformen der Bogenträger; ihre Teile werden wie diese durch Längskräfte (in der Regel Druck) und Biegemomente beansprucht.

Man unterscheidet Gelenkrahmen, mit meist in den Rahmenfüßen liegenden Gelenken (Fußgelenken), und eingespannte (gelenklose) Rahmen. Nach der Zahl der Stützpunkte spricht man von ein-, zwei- und mehrstieligen Rahmen.

Die Berechnung der Biegemomente und Stablängskräfte erfolgt nach den gleichen Regeln wie bei den Bogenträgern. Im allgemeinen tritt der Einfluß der Stablängskräfte auf die Formänderung der Rahmen gegen die Biegewirkung zurück, so daß in den meisten Fällen bei der Ermittlung der standunbestimmten Größen nur die Momente berücksichtigt zu werden brauchen. Ferner ist es in der Regel zulässig, jedem Rahmenstab ein auf seine ganze Länge gleichbleibendes Trägheitsmoment zuzuweisen.

Auf den Seiten 47 bis 51 sind die Berechnungsformeln für einige häufig vorkommende einfache Rahmenformen sowohl für den Fall gelenkiger Auflagerung als vollkommener Einspannung zusammengestellt. Diese Formeln können auch für die überschlägige Ermittlung der Stabspannungen von Fachwerkrahmen bzw. zu dem Zweck verwendet werden, um bei nur annäherungsweise als standbestimmt berechneten Fachwerkträgern in gewissen gefährlichen Querschnitten den Einfluß der Standunbestimmtheit auf die richtige Querschnittsbemessung feststellen zu können.

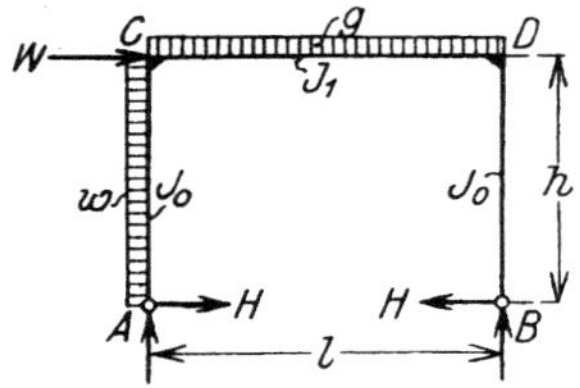

Rechteckige Gelenkrahmen

Belastungs-fall	Hilfswerte	Stützendrücke		Momente			
		$A = B$	H	M_c	M_d	M_x (Querriegel)	M_y (Stiel)
g	$c = \frac{J_1}{J_o} \cdot \frac{h}{l}$	$\frac{g \cdot l}{2}$	$\frac{g\, l^2}{4\, h\, (2\, c + 3)}$	$-\frac{g\, l^2}{4\,(2\, c + 3)}$		$M_{x\,max} =$ $+\frac{g\, l^2}{8} \cdot \frac{2\, c + 1}{2\, c + 3}$	
W		$\frac{W \cdot h}{l}$	$\frac{W}{2}$	$\pm \frac{1}{2}\, W \cdot h$		$+ H \cdot h - A \cdot x$	
w		$\frac{w \cdot h^2}{2\, l}$	$\frac{w \cdot h}{8}\left(5 + \frac{c + 3}{2\, c + 3}\right)$	$+\frac{3}{8}\, w\, h^2 \cdot \frac{c + 2}{2\, c + 3}$	$-\frac{1}{8}\, w\, h^2 \left(2 + \frac{c + 3}{2\, c + 3}\right)$		$M_{y\,max} =$ $+\frac{1}{128}\, w\, h^2$ $\left(5 + \frac{c + 3}{2\, c + 3}\right)$

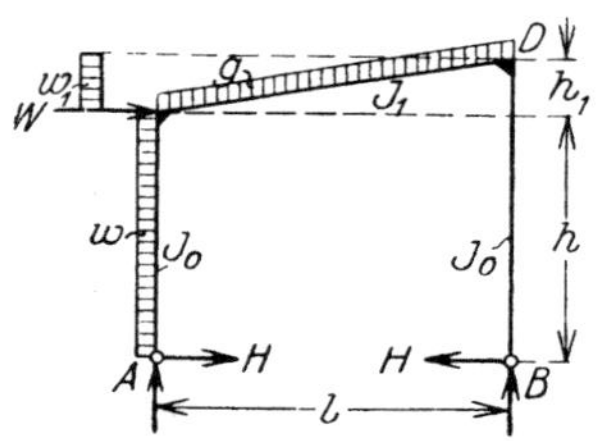

Pultdach-Gelenkrahmen

Belastungsfall	Hilfswerte	Stützendrücke		Momente			
		$A = B$	H	M_c	M_d	M_x (Querriegel)	M_y (Stiel)
g	$n = \frac{h_1}{h}$ $\nu = 1 + n + n^2 + (1 + n^3)\,c$	$\frac{g\,l}{2}$	$\frac{g\,l^2 \cdot (1+n)}{8\,h \cdot \nu}$	$-H \cdot h$	$-H \cdot n \cdot h$	$\frac{g\,x\,(h - x)}{2} - H \cdot h \left[1 + \frac{x}{l}\,(n - 1)\right]$	
W		$\frac{W \cdot h}{l}$	$\frac{1}{2}\,W \cdot \frac{n\,[1 + 2\,n\,(1 + n\,c)]}{\nu}$	$+H \cdot h$	$-[W - H] \cdot n \cdot h$		
w		$\frac{w \cdot h^2}{2\,l}$	$\frac{w \cdot h}{8} \cdot \frac{2\,(n+2) + 5\,c}{\nu}$	$+(w \cdot h - H) \cdot h - \frac{w \cdot h^2}{2}$	$-H \cdot n \cdot h$		$(w \cdot h - H) \cdot y - \frac{w \cdot y^2}{2}$
w_1		$\frac{w_1 \cdot h^2\,(n^2 - 1)}{2\,l}$	$\frac{w_1\,h}{8} \cdot \frac{(n-1)\left[1 + 4n + 8n^2\left(nc + \frac{7}{8}\right)\right]}{\nu}$	$+H \cdot h$	$-[w_1 \cdot h\,(n-1) - H] \cdot n \cdot h$	$+H \cdot h\left(1 + \frac{n-1}{l} \cdot x\right) - A\,x - \frac{w_1\,h}{2\,l^2}\,(n-1)^2 \cdot x^2$	

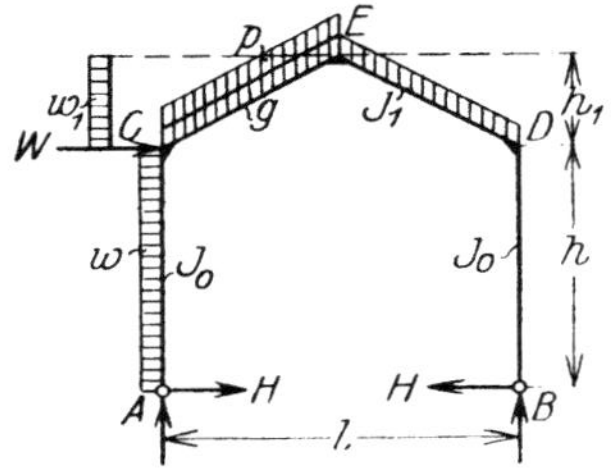

Satteldach-Gelenkrahmen

Belastungsfall	Hilfswerte	Stützendrücke A	Stützendrücke B	Stützendrücke H	Momente M_c	Momente M_d	Momente M_e	Momente M_x (Querriegel)	Momente M_y (Stiel)
g	$c=\frac{J_1}{J_o}\cdot\frac{h}{s}$; $n=\frac{h}{h_1}$ $\nu=1+n[nc+3(1+n)]$	$\frac{g\,l}{2}$		$\frac{gl^2}{4\,h_1}\cdot\frac{\left(n+\frac{5}{8}\right)}{\nu}$	$-H\cdot h$	$+\frac{g\,l^2}{8}-H\,(h+h_1)$		$+\frac{g\,x}{2}(l-x)-H\left(h+\frac{2\,h_1}{l}x\right)$	$-H\cdot y$
p		$\frac{3}{8}p\,l$	$\frac{1}{8}p\,l$	$\frac{p\,l^2}{8\,h_1}\cdot\frac{\left(n+\frac{5}{8}\right)}{\nu}$	$-H\cdot h$	$-H\cdot h$	$+B\cdot\frac{l}{2}-H\,(h+h_1)$	$+A\,x-H\cdot\left(h+\frac{2\,h_1}{l}x\right)-\frac{p}{2}x^2$	
W		$\frac{W\cdot h}{l}$		$\frac{1}{4}W\cdot\frac{n\,[3+2\,n\,(c+3)]}{\nu}$	$+(W-H)\cdot h$	$-H\cdot h$	$+\frac{W}{2}h-H\,(h+h_1)$		
w		$\frac{w\cdot h^2}{2\,l}$		$\frac{3}{8}w\cdot h\frac{n\left[1+n\left(2+\frac{5}{6}c\right)\right]}{\nu}$	$+\frac{w\cdot h^2}{2}-H\cdot h$	$-H\cdot h$	$+\frac{w\,h^2}{4}-H\,(h+h_1)$		$+(wh-H)\cdot y-\frac{w}{2}y^2$
w_1		$\frac{w_1\,h_1(2\,h+h_1)}{2\,l}$		$\frac{\frac{5}{16}w_1\cdot h_1\left[1+4\,n+\frac{8}{5}(3+c)\right]}{\nu}$	$+(w_1\,h_1-H)\cdot h$	$-H\cdot h$	$+A\cdot\frac{l}{2}-H\,(h+h_1)$	$+(w_1\cdot h_1-H)\cdot(h+y)-A\,x-\frac{w_1}{2}\cdot y^2$	

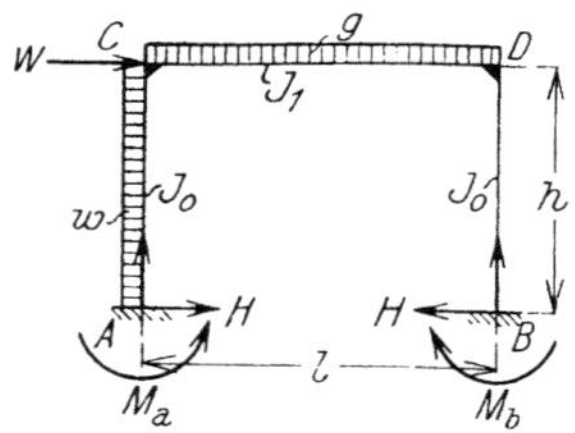

Eingespannte Rechteckrahmen

Belastungsfall	Hilfswerte	Stützendrücke		Momente				
		$A = B$	H	M_a	M_b	M_c	M_d	M_x (Querriegel)
g	$c = \frac{J_1}{J_o} \cdot \frac{h}{l}$	$\frac{g\,l}{2}$	$\frac{g\,l^2}{4\,h\,(c+2)}$	$+\frac{g\,l^2}{12\,(c+2)}$		$-\frac{g\,l^2}{6\,(c+2)}$		$M_{max} = +\frac{g\,l^2}{24} \cdot \frac{3\,c+2}{c+2}$
W		$\mp \frac{W \cdot h}{l} \cdot \frac{c}{2\,c + \frac{1}{3}}$	$\frac{W}{2}$	$\mp \frac{W\,h}{2} \cdot \frac{3\,c+1}{6\,c+1}$		$\pm \frac{W \cdot h}{2} \cdot \frac{3\,c}{6\,c+1}$		
w		$\mp \frac{w\,h^2}{l} \cdot \frac{c}{6\,c+1}$	$\frac{w\,h}{8} \cdot \frac{2\,c+3}{c+2}$	$-\frac{w\,h^2}{24}\left[7 + \frac{1}{c+2} - \frac{2\,c}{c+\frac{1}{6}}\right]$	$+\frac{w\,h^2}{24}\left[5 - \frac{1}{c+2} - \frac{2\,c}{c+\frac{1}{6}}\right]$	$M_a - H \cdot h + \frac{w \cdot h^2}{2}$	$M_b - H \cdot h$	

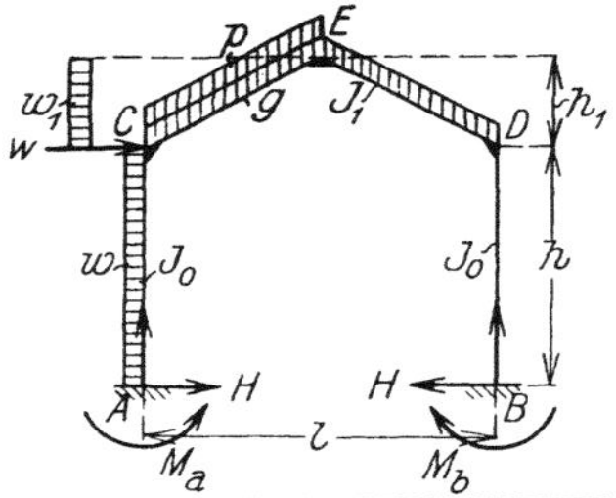

Eingespannte Satteldach-Rahmen

Belastungsfall	Hilfswerte	Stützendrücke A	Stützendrücke B	Stützendrücke H	Momente M_a	Momente M_b	Momente M_c	Momente M_d	Momente M_e
g	$c=\frac{J_1}{J_o}\cdot\frac{h}{s};\quad n=\frac{h}{h_1}$ $\alpha=h_1^2[2n(4nc+3)+$ $+15(nc-1)-2]$	$\frac{gl}{2}$		$\frac{gl^2}{2}h_1\left[\frac{c\left(n+\frac{5}{4}\right)+\frac{1}{4}}{\nu}\right]$	$\frac{gl^2}{48}\cdot\frac{\alpha}{\nu}$		$-H\cdot h+M_a$		$-H(h+h_1)+$ $+M_a+\frac{gl^2}{4}$
p	$\beta=h_1c[n(4-c)+3]$ $\gamma=h_1^2[1+c(n+2)]$	$\frac{3}{8}pl$ $\frac{1}{8}pl$	$\pm\frac{M_b-M_a}{l}$	$\frac{pl^2}{4}h_1\left[\frac{c\left(n+\frac{5}{4}\right)+\frac{1}{4}}{\nu}\right]$	$\frac{pl^2}{96}\left[\frac{\alpha}{\nu}\mp\frac{\frac{1}{6}}{c+\frac{1}{3}}\right]$		$-H\cdot h+M_a$	$-H\cdot h+M_b$	$-H(h+h_1)+$ $+M_b+B\cdot\frac{l}{2}$
W	$\delta=h_1c[n(c+3)+2]$ $\varepsilon=h_1^2[(1+n^2)(c+6)+$ $+15c(1+n)]$	$\frac{W\cdot h}{l}+\frac{M_a-M_b}{l}$		$\frac{W\cdot h}{2}\cdot\frac{\beta}{\nu}$	$\mp\frac{W\cdot h}{2}\left[1\pm\frac{\gamma}{\nu}-\frac{\frac{c}{2}}{c+\frac{1}{3}}\right]$		$(W-H)\cdot$ $\cdot h-M_b$	$-H\cdot h+M_b$	$-H(h+h_1)+$ $+M_b+A\cdot\frac{l}{2}$
w	$\zeta=h_1^2[5c(1+n)+1+$ $+nc(5+2nc+8n)]$ $\eta=h_1^3[(1+4n^2c)+$ $+3n(3c+2)]$	$\frac{wh^2}{2l}+\frac{M_a-M_b}{l}$		$\frac{w\cdot h^2}{4}\cdot\frac{\delta}{\nu}$	$\mp\frac{wh^2}{24}\left[4\pm\frac{\varepsilon}{\nu}+\frac{\frac{2}{3}}{c+\frac{1}{3}}\right]$		$(w\cdot h-H)h-$ $-M_a+\frac{wh^2}{2}$	$-H\cdot h+M_b$	$-H(h+h_1)+$ $+M_b+\frac{wh^2}{4}$
w_1	$\nu=h_1^2[n^2c(c+4)+$ $+6nc+(1+4c)]$	$\frac{w_1h_1}{l}\left(h+\frac{h_1}{2}\right)+$ $+\frac{M_a-M_b}{l}$		$\frac{w_1h_1}{4}\cdot\frac{\zeta}{\nu}$	$\frac{w_1h_1}{24}\Bigg[\pm\frac{\eta}{\nu}+$ $+2h_1\left(3n+\frac{n+\frac{1}{4}}{c+\frac{1}{3}}\right)\Bigg]$		$(w_1h_1-H)\cdot$ $\cdot h-M_a$	$-H\cdot h+M_b$	$-H(h+h_1)+$ $+M_b+B\cdot\frac{l}{2}$

II. Abschnitt

Das Bauholz

A. Der organische Aufbau des Holzes, seine chemischen und physikalischen Eigenschaften [2*])

Unter Holz versteht man den von Bast und Rinde, Ästen und Wurzeln befreiten Teil eines Baumstammes. Die Form des Stammes hängt von der Belastung des Baumes ab. So sind im allgemeinen Stämme, die einzeln stehen, in ihrem Aufbau kegelförmig, während sie im gesammelten Bestand zylindrische Form besitzen.

Auf Grund der Standfestigkeitslehre erkennt man, daß die einzelnen Holzfasern bei der in unseren Gegenden festliegenden Westost-Windrichtung auf der Westseite nur Zug, auf der Ostseite nur Druck erhalten, wobei der Baum als freiauskragender, mit den Wurzeln in die Erde eingespannter Träger anzusehen ist.

Organischer Aufbau [22*]). Der innere Aufbau des Holzes wird am besten durch drei rechtwinklig (bzw. fünf) zueinander geführte Schnitte (Abb. 59) ersichtlich:

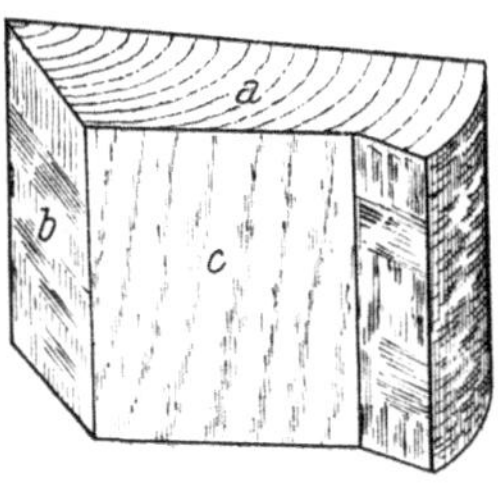

Abb. 59

1. senkrecht zur Stammachse, der Hirn- oder Querschnitt (*a*),
2. durch die Stammachse zwischen zwei Markstrahlen, der Radialschnitt (*b*),
3. durch die Stammachse und einen Hauptmarkstrahl, der Spiegel- oder Spaltschnitt,
4. ein schwach gekrümmter Längenschnitt, annähernd in Richtung der Jahrringe, der Fladenschnitt,
5. ein ebener Längenschnitt, der die Jahrringe schräg schneidet, also außerhalb der Achse liegt, der Sehnen- oder Tangentialschnitt (*c*).

Bei jeder der angeführten Schnittrichtungen zeigt das Holz ein anderes, für die betreffende Holzart bezeichnendes Aussehen.

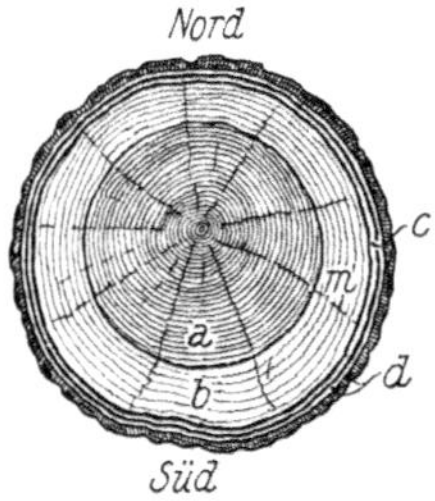

Abb. 60

In der Mitte des Baumes steht das Mark (Abb. 60), welches weicher sein kann, als das Holz. Vom Mark zur Rinde laufen die Markstrahlen oder Spiegel (*m*).

Zwischen Mark und Rinde (*d*) befindet sich die dem Alter des Baumes entsprechende Anzahl von Jahrringen. Ihr Bau, auf dessen Kenntnis die Unterscheidung der einzelnen Holzarten beruht, ist sehr verschieden. Die Hauptmasse der Holzringe besteht aus Fasern, welche nach der Länge des Baumes verlaufen und im Innern hohl sind. Die dunkleren Teile der Jahrringe stammen aus der Sommerzeit und dienen infolge ihrer höheren Festigkeit zur Aufnahme der während der Herbst- und Winterzeit auftretenden Stürme.

Die jüngsten Holzringe sind die lebenstätigsten und saftreichsten und heißen Splint (*b*). Das Wachstum erfolgt von innen nach außen, und nicht, wie man häufig annimmt, umgekehrt. Irrtum ist, zu glauben, der Splint verwandle sich durch Holzablagerung allmählich in Kern. Wenn das Kernholz schwerer ist als der Splint, so hatte diese Eigenschaft schon der junge Baum, solange er noch aus lauter Splint bestand.

Der Zellenaufbau gliedert sich entsprechend seiner Hauptaufgaben, das sind die Wasserleitung, die Stützung und Aussteifung des Stammes und endlich die Ernährung des ganzen Baumes, in

1. Leit- oder Wasserzellen,
2. Stützzellen oder Holzfasern,
3. Nährzellen.

Die Leitzellen dienen als Leitbahn für das aus den Wurzeln nach den Zweigen und Blättern aufsteigende Wasser, die in letzterem gelösten organischen Nährsalze, Farbstoffe sowie für den wichtigen Stickstoff, den die Pflanzen nicht unmittelbar aus der Luft, sondern nur aus dem Boden aufnehmen können. Die Leitzellen liegen in der Richtung des Stammes, der Äste und Zweige. Wagrechte Richtung zeigen nur die Markstrahlen des Stammes.

2. Die Stützzellen oder Holzfasern sind schmale, aber dickwandige, langgestreckte und zugespitzte Zellen mit engem, leerem Hohlraum; sie dienen zur gegenseitigen Aussteifung, um den Stamm zug-, druck- und biegefest zu machen. Im Jahrring der Laubbäume sind sie gleichmäßig verteilt, bei Nadelhölzern fehlen sie vollkommen, da bei letzteren die Aussteifung durch die Leitzellen genügt.

3. Die Nährzellen oder Speicherzellen enthalten die Stoffe zur Ernährung der übrigen Zellen und dienen zur Regelung des Stoffwechsels und zur Aufspeicherung der Nährstoffe während der Winterruhe. Diesen Zellen fällt hauptsächlich die Bildung der Markstrahlen zu. Im Kernholz ist ihr Inhalt bereits abgestorben. Da die Nährzellen während der Wintermonate zum Aufspeichern der Nährstoffe für das Frühjahr dienen und die Fäulniserregung im gefällten Holz durch das Zersetzen der Nährstoffe hervorgerufen wird, sollte ein Baum nur zu einer Zeit gefällt werden, in der diese Zellen saftarm sind. Die Verdickungsschicht *c* (Abb. 60) zeigt einen Ring von teilfähigen Zellen, die zur Zeit des Wachstums nach innen Holzzellen, nach außen Bastzellen abstoßen.

Die Verschiedenartigkeit des Zellenaufbaues ist durch den Standort, das Wachstum, das Alter, die Feuchtigkeit usw. bedingt. Während sich die im Innern des Stammes gelegenen Zellen durch Teilung vermehren, sind die den Bast und die Rinde bedingenden äußeren Zellen sogenannte Dauergewebe, die sich nicht weiter teilen, sondern nur dadurch wachsen, daß sie aus dem Zellsaft neuen Zellstoff bilden.

Die Ernährung des Baumes erfolgt vorwiegend durch Wasser, Kohlenstoff, Sauerstoff, Stickstoff und mineralische Bestandteile des Bodens, unter letzteren namentlich salpeter-, schwefel- und phosphorsaure Salze. Infolge der Verdunstung des Wassers durch die Blätter, Zweige usw., wird ein Aufsteigen des Wassers im Baume von unten nach oben bewirkt, wobei letzteres die vorgenannten Salze bzw. Stickstoffverbindungen den Teilen des Baumes in Lösung zuführt. Zugleich entnimmt der Baum Kohlenstoff aus der Luftkohlensäure und nach deren Zersetzung sowie unmittelbar aus der Luft auch Sauerstoff, der zudem auch durch das Wasser nach dessen chemischer Zerlegung zugeführt wird. Unter allen diesen verschiedenartigen Einflüssen findet die Bildung des vorwiegend aus Kohlenstoff, Wasserstoff, Stickstoff und Sauerstoff bestehenden Nährstoffes in den chlorophyllhaltigen Zellen — also in den Blättern und Nadeln — statt, und zwar in Form von Stärke, die, von hier wieder fortgeführt, in die Wachstumzellen zu erneuter Energieentfaltung gelangt.

Chemische Zusammensetzung. Die Zellwandung des Holzes besteht, chemisch betrachtet, aus reiner Zellulose bzw. in verholztem Zustande aus dem dieser ähnlichen und nur durch einen höheren Kohlenstoff- und geringeren Sauerstoffgehalt bezeichneten Lignin. Zellulose selbst setzt sich aus 44,4 v. H. Kohlenstoff, 6,2 v. H. Wasserstoff und 49,4 v. H. Sauerstoff zusammen.

An organischen Bestandteilen finden sich noch, wenn auch an Gewicht recht unbedeutend, im Holz: Eiweiß, Zucker, Stärke, Dextrin, Gerbsäure, Öle, Harze (Gummi) usw., und zwar meist in gelöster Form und im Safte des Baumes enthalten. Von ihnen sind es die Eiweißstoffe, welche am leichtesten der Zersetzung unterliegen und somit zur Zerstörung des Holzes beizutragen vermögen, während Gerbstoffe, Harze und Öle auf das Holz erhaltend wirken, einerseits durch Überführung der Eiweißstoffe in unlösliche Verbindungen, anderseits durch eine Erschwerung des Eindringens von Fäulniserregern von außen her.

Sehr verschieden ist der Wassergehalt des Holzes, und zwar nicht nur bei verschiedenen, sondern auch bei gleichen Holzarten; im Durchschnitt kann die Wassermenge eines lebenden Baumes zu etwa der Hälfte seines Gewichtes angenommen werden, während bei an der Luft und unter Schutz getrocknetem Holz nach einem Jahr etwa noch $^1/_4$ des Gesamtgewichtes durch Wasser gebildet wird, von dem nach mehrjähriger Lufttrocknung immer noch $^3/_5$ bis $^2/_5$ im Holze verbleiben.

Als mittlere chemische Zusammensetzung des lufttrockenen Holzes kann man in Hundertteilen etwa annehmen: 39,6 Kohlenstoff, 4,8 Wasserstoff, 34,8 Sauerstoff und Stickstoff, 0,8 Asche und 20 Wasser.

Raumeinheitsgewicht und Wassergehalt. Wie bereits erwähnt, ist der Wassergehalt des Holzes eine von den mannigfachsten Verhältnissen abhängige, sehr verschiedene Größe und dementsprechend auch sein Raumgewicht stark veränderlich. Neben dem verschiedenen Gehalt an Wasser kommen noch als auf die Größe des Raumgewichtes einwirkende Umstände in Frage: Einfluß des Standortes des Baumes, Schnelligkeit oder Verlangsamung des Wachstums, Fällzeit.

Über die Raumeinheitsgewichte der Bauhölzer gibt nachstehende Zusammenstellung Aufschluß:

Holzart	Mittleres Raumgewicht in kg/m³ in		
	grünem Zustand 45 v. H. Wasser	lufttrockenem Zustand 10—15 v. H. Wasser	künstlich getrocknetem Zustand bis etwa 110° C
Kiefer	786	520	510
Fichte	628	470	440
Tanne	1000	490	480
Lärche	808	620	460
Eiche	1082	860	660
Buche	990	740	570

Schwinden und Quellen. Eine Eigenart des Holzes, deren Kenntnis für Bauverbände wichtig ist, ist das Schwinden und Quellen. Mit dem Verluste seiner Feuchtigkeit zieht sich das Holz räumlich etwas zusammen, während es sich bei Aufnahme von Wasser etwas ausdehnt.

Die Schwindmaße sind bei den einzelnen Hölzern sehr verschieden, was von ihrem Zellenaufbau und den etwa vorhandenen Zellfüllstoffen abhängt. Bei unseren einheimischen Bauhölzern beträgt das Schwindmaß in der Längsrichtung im Durchschnitt 0,1 v. H., in der Spiegelrichtung 3 bis 5 v. H., in der Umfangrichtung 6 bis 10 v. H.

Zur Berechnung des Schwindmaßes ist es noch wichtig zu wissen, daß grünes Holz etwa 35 bis 50 v. H. Wassergehalt, lufttrockenes Holz nur 10 bis 20 v. H. besitzt und daß sechs Monate nach dem Fällen der Wassergehalt von trocken aufbewahrtem Holz bei Nadelhölzern etwa 30 v. H., bei Laubhölzern etwa 36 v. H. beträgt.

Hieraus erklärt sich auch, daß bei der geringen Zugfestigkeit quer zum Spiegel, beim raschen Austrocknen nasser Hölzer ein Aufreißen in der Spiegelrichtung eintreten muß.

Für trocken gelagerte und dann erst verarbeitete Hölzer sind die Schwindmaße erheblich geringer, aber erfahrungsgemäß immer noch groß genug, um ein Lockern der Verbände herbeizuführen.

Da der organische Aufbau des Holzes ein ungleichartiger ist und die inneren und äußeren Zellen verschiedenen Feuchtigkeitsgehalt besitzen, wird sich beim Austrocknen des Holzes ein Reißen des äußeren Teiles, der sich stärker zusammenzieht als der innere, zeigen. Im Anfang wird sich nämlich die Feuchtigkeit hauptsächlich aus den offenstehenden Holzporen verflüchtigen, ehe die feineren, festeren Holzgewebe anfangen, sich infolge der Austrocknung zusammenzuziehen.

Wird der Kern eines Rundholzes ausgebohrt, so werden beim Schwinden unter Umständen die äußeren Teile nur auf der Oberfläche kleinere Risse aufweisen, da das aus dem Innern herausgenommene Holz die äußeren Fasern nicht mehr hindert, sich gegen den Mittelpunkt zusammenzuziehen.

Der Einfluß des Schwindmaßes bei Balken mit rechteckigem oder quadratischem Querschnitt ist von geringer Bedeutung. Dagegen sollten bei als Tragwerksteile verwendeten Bohlen die Schwindmaße, die ein Wölben der Bohlen hervorrufen können, tunlichst berücksichtigt werden. Werden z. B. zwei Bohlen, die sich infolge Schwindens wölben, durch Heftschrauben zusammengehalten, so müssen entweder entlang den Fasern Zugrisse auftreten, wenn sich beide Bohlen nach außen wölben, oder es werden die zwischen den Bohlen liegenden Verbindungsteile (Dübel) locker (hohle Seite außen) und können nicht mehr in vollem Maße zur Kraftübertragung herangezogen werden*).

In ähnlicher Weise, wie beim Entziehen der Feuchtigkeit, findet bei Wasseraufnahme des trockenen Holzes ein „Quellen" statt, das naturgemäß wiederum am stärksten in der Querrichtung des Holzes, namentlich in Richtung der Jahrringe auftritt.

Da die Kraft sehr groß ist, mit der das Quellen vor sich geht, müssen stets geeignete Maßnahmen getroffen werden, um schädliche Wirkungen desselben zu vermeiden; so müssen aus diesem Grunde beispielsweise die Bohlenbeläge von Brücken, ebenso die Schalbretter von Lehrgerüsten mit ausreichenden Fugen verlegt werden.

*) Ein einfaches Mittel gegen das Schwinden, Werfen und Reissen des Holzes besteht in der Tränkung der zu verarbeitenden Stücke mit einer Kochsalzlösung. Holzstücke, die acht Tage in übersättigter Salzlösung gelegen haben, leiden weder durch die Sonnenhitze noch durch andere Wärmeeinflüsse.

Über die Schwind- und Quellmaße der Bauhölzer gibt nachstehende Zusammenstellung Aufschluß:

Holzart	Wassergehalt des grünen Holzes in Gewichts-Hundertteilen i. M.	Schwindung in Hundertteilen i. M. linear		Quellen bei Wassersättigung in Hundertteilen, linear Größtwerte		Gewichtszunahme in Hundertteilen infolge Durchnässung
		//Faser	⊥ Faser	//Faser	⊥ Faser	
Kiefer	40	0,12	4,5	0,12	5,7	75
Fichte	45	0,08	6,2	0,08	6,2	70 ÷ 170
Tanne	37	0,10	6,1	0,10	8,1	80 ÷ 120
Lärche	26	0,08	6,3	0,08	6,3	60
Eiche	30	0,35	7,6	0,40	7,6	60 ÷ 90
Buche	32	0,25	8,0	0,20	8,1	60 ÷ 100

Die Wärmeleitung und -ausdehnung. Die Wärmeleitung und -ausdehnung des Holzes ist eine sehr geringe; letztere kann in Richtung der Fasern — linear — mit etwa $^1/_4$ der des Stabeisens, d. i. mit 0,0000035, angenommen werden; ihre Berücksichtigung bei Tragwerksberechnungen erübrigt sich daher.

Auf Grund verschiedener Untersuchungen wurden die mittleren linearen Ausdehnungsziffern für die verschiedenen Holzarten wie folgt ermittelt:

Fichte = 0,00000608
Tanne = 0,00000352
Eiche = 0,00000746
Buche = 0,00000716

Sehr gering ist auch die Wärmeleitung des Holzes, das bekanntlich zu den schlechten Leitern gehört. Die Wärmeleitzahl für Kiefernholz wurde längs der Faser zu $\lambda = 0{,}1$, quer zu dieser zu $\lambda = 0{,}03$ ermittelt.

B. Die bautechnisch verwendeten wichtigsten Holzarten und ihre Haupteigenschaften

Für Holzbauten (Zimmererarbeiten) kommen in erster Linie die Nadelhölzer in Betracht, und zwar vornehmlich die Kiefer (Föhre), die Fichte (Rottanne) und Tanne (Weißtanne), seltener die Lärche, da sich dieser Baum bei uns nicht in großen Beständen, sondern nur in vereinzelten Gebieten vorfindet. Ausnahmsweise wird auch das Holz der amerikanischen Kiefern, wie Pechkiefer (Pitchpine) und Gelbkiefer (Jellowpine), verarbeitet. Die Nadelhölzer besitzen schlanken Wuchs, große Länge, geringeres Gewicht als die Laubhölzer und sind außerdem billiger als letztere.

Die Laubhölzer finden im Hochbau nur ausnahmsweise Verwendung, und zwar dort, wo es darauf ankommt, besonders feste, der Fäulnis und dem Wurmfraß widerstehende, wetterbeständige Bauteile herzustellen. Vor allem erfüllt die Eiche diese Bedingungen, während denselben die Buche (Rotbuche) nur unter bestimmten (später noch zu erörternden) Voraussetzungen entspricht.

Die Beantwortung der Frage, welche Holzart sich am besten für einen bestimmten Zweck eignet, richtet sich in erster Linie nach dem Vorkommen derselben in der betreffenden Gegend sowie nach der Möglichkeit, das Bauholz schnell und billig zu beschaffen.

Die Kiefer. Sehr deutlich sichtbare Jahrringe, bei denen sich das Spätholz (Herbstholz) als feiner rötlicher Streifen nach beiden Seiten scharf gegen das Frühjahrsholz des vorhergegangenen und folgenden Jahres absetzt. 5 bis 10 cm breiter Splint, der sich deutlich vom Kernholz unterscheidet. Holzfarbe im Splint gelblich oder rötlichweiß, im Kern bräunlich. Markstrahlen schwer erkennbar. Im engen Bestande wirft der Stamm alle Zweige ab, bis auf die flache, schirmartige Krone. Alter bis zu 300 Jahren, Höhe bis zu 40 m bei 1 m Stammdurchmesser.

Der hohe Harzgehalt läßt nicht selten unter der Einwirkung der Sonne das Harz nach außen treten, weshalb das Kiefernholz sich nicht für die Herstellung von Fensterkreuzen u. dgl. empfiehlt; auch bewirkt die verhältnismäßig große Federkraft des Holzes eine nicht unerhebliche Durchbiegung freiliegender Kieferbalken, weshalb sie für weitgespannte Unterzüge weniger geeignet sind als Fichtenbalken. Trocken stehendes Holz ist meist dem Wurmfraß ausgesetzt.

Infolge seines hohen Harzgehaltes vorzügliche Eignung des Kiefernholzes für alle Fälle, wo dasselbe dem Wechsel von Nässe und Trockenheit zu widerstehen hat. Es findet ganz allgemein als sehr geschätztes Holz des Hoch- und Ingenieurbaues Verwendung zu Balken, Fachwerken, Dachbauten und Wasserbauten aller Art. Infolge seiner größeren Härte und Gleichmäßigkeit wird das Kiefernholz auch zur Herstellung von Fußböden, Wandverkleidungen und Treppenwangen verwendet.

Die Fichte. Holz hellgelblichweiß, grobfaserig und weich. Die Jahrringe treten nur schwach hervor. Stamm sehr regelmäßig, Verjüngung geringer als bei der Kiefer. Die unteren Äste werden nicht abgeworfen, sondern bleiben, wenn abgestorben, als kurze Ansätze am Stamme stehen. Harzgehalt etwas größer als bei der Tanne. Alter bis zu 300 Jahren, Höhe bis zu 60 m, jedoch im Zustand der Reife meist nur 30 m; Stammdurchmesser bis 1,8 m. Große Federkraft, die technischen Eigenschaften denen der Tanne ein wenig überlegen. Verwendung zu allen vor dem Wechsel von Nässe und Trockenheit geschützten Bauteilen. Zu Fußböden und besseren Verschalungen wegen geringer Härte und Grobfaserigkeit nicht geeignet.

Die Tanne. Splint ziemlich breit, kein dunkler gefärbter Kern, Jahrringe deutlich erkennbar. Wuchs und Verjüngung wie bei der Fichte. Die unteren Äste werden ebenfalls nicht abgeworfen. Zahl der Äste gering, daher gut geeignet für astrein gewünschte Schnittwaren. Alter bis zu 300 Jahren, Höhe bis zu 40 m, Stammdurchmesser bis zu 2,5 m. Höchster Wert des Holzes mit 80 bis 120 Jahren. Holz gleichmäßig, langfaserig, rein weiß, etwas ins Gelbliche spielend, Harzgehalt gering.

Gleiche Verwendung wie Fichtenholz, jedoch auch zu Fußböden und Verschalungen, wenn dieselben nicht gegen Abnützung besonders widerstandsfähig sein müssen. In gleichmäßiger Trockenheit oder immer von Wasser umgeben, große Dauerhaftigkeit; im Wechsel von Nässe und Trockenheit wegen des geringen Harzgehaltes noch weniger haltbar als Fichtenholz.

Die Lärche. Deutlich hervortretender rot oder rotbraun und noch dunkler als beim Kiefernholz gefärbter Kern. Die feingewellten und gleichfalls dunkel gefärbten Jahrringe heben sich scharf vom hellen Frühjahrsholz ab. Splint schmal, gelblich- oder rötlichweiß. Unterscheidendes Merkmal vor den vorgenannten Nadelbäumen, daß die Nadeln im Winter abgeworfen werden. Hohes Alter bis zu 400 und

600 Jahren, aber mit etwa 60 Jahren ausgereift. Das harzreichste und daher auch wetterbeständigste und wurmsicherste Holz unter den Nadelbäumen. Leider zu wenig verbreitet, um als vollwertiger Ersatz der Eiche an Stelle des meist verwendeten Kiefernholzes allgemeine Verwendung finden zu können. Das Lärchenholz besitzt eine außerordentliche Federkraft, ist härter und zäher als das Kiefernholz, weshalb es auch zu besseren Fußböden verarbeitet wird.

Die Eiche. Der Farbenunterschied zwischen Kern- und Splintholz ist besonders bei der Wintereiche auffallend. Die Jahrringe sind weniger deutlich als bei den Nadelhölzern. Splint schmal, hellgefärbt. Während der Splint weich ist, häufig durch Wurmfraß angegriffen wird und deshalb kaum zu Bauzwecken verwendet werden kann, wird das Kernholz von keinem anderen einheimischen Holz an Härte, Festigkeit, Federkraft und Dauerhaftigkeit übertroffen. Die Eiche erreicht Höhen bis zu 40 m und Stärken von mehr als 3 m; das Alter der Reife ist etwa 160 Jahre.

Infolge des hohen Preises muß man sich derzeit leider in der Anwendung des Eichenholzes darauf beschränken, nur Einzelteile von Tragwerken und Gerüsten, Fußböden, die einer großen Belastung und Abnutzung standzuhalten haben, Holznägel, Keile, Dübel u. dgl., welche eine besondere Festigkeit besitzen müssen, oder solche Bauteile aus Eichenholz herzustellen, die infolge ihrer Umgebung der Fäulnis ausgesetzt sind, wie Schwellen, Lagerhölzer usw.

Die Rotbuche. Das Holz des rund 30 m Höhe und 2,5 m Durchmesser erreichenden Baumes ist im frischen Zustand hellgelb, später gelblichrot bis rötlichbraun, im Alter rotbraun, hart, schwer, fein und dichtfaserig. Dasselbe kann an Stelle des Eichenholzes überall dort Anwendung finden, wo es nicht dem Wetter oder der Feuchtigkeit ausgesetzt ist. Durch Auslaugung, Dämpfung, Trockenlagerung, überhaupt durch besonders sorgsame Pflege kann das Buchenholz jedoch auch für letztere Verwendungsarten geeignet gemacht werden. Unter der genannten Voraussetzung gibt dasselbe z. B. einen guten und dauerhaften Fußbodenbelag.

C. Fehler und Krankheiten des Holzes[15*]. Holzauslese[11*])

1. Fehler des Holzes bei noch gesunder Holzfaser

Strahlen- und Kernrisse, erstere von außen nach innen in radialer Richtung, letztere (meist an den Enden der Stämme) in entgegengesetzter Richtung, den Markstrahlen folgend, verlaufend. Ursache: Schwinden des Holzes. Da meist nicht bis nach außen durchgehend, am stehenden Baum nicht erkennbar. Minderwertiges Schnittholz, da aus dem Kern geschnittene Bretter oft von oben bis unten durch die „Kernspaltung" aufreißen.

Ringklüfte. Zwei aufeinanderfolgende Jahrringe sind teilweise oder ganz, wenn auch nicht über die ganze Länge, getrennt. Ursache: Frosteinwirkung oder auch starke Erschütterungen durch Stürme. Die Klüfte solcher „kernschälig" genannten Bäume wachsen nicht wieder zusammen, sondern vergrößern sich sogar mit dem Wachstum des Stammes. Am stehenden Baume schwer zu erkennen, bisweilen durch hohlen, dumpfen Klang beim Anschlagen mit der Axt.

Falscher oder doppelter Splint. Ring helleren und weicheren Holzes mitten im Kern.

Astknoten. Diese rühren von abgestorbenen und überwachsenen Ästen her und erzeugen beim Herausfallen die Astlöcher, oder sie sind fest mit dem Stammholz verwachsen. Häufig finden sich im Holz abgebrochene angefaulte Äste, die von neugebildetem Holz „überwallt" sind.

Rotholz- oder Druckholzbildung. Das Mark befindet sich nicht mitten im Holz, die Jahrringe sind auf der einen Seite meist sehr auseinandergezogen. Derartiger ausmittiger Wuchs ist die Ursache, daß sich solches Holz auch nach der Verarbeitung stets verzieht.

Drehwuchs. Die Holzfasern verlaufen schraubenförmig oder mehr oder weniger gewunden. Man unterscheidet Drehwuchs nach rechts (sonnig) und nach links (widersonnig). Ursache Wind- und Bodenverhältnisse. Häufiges Vorkommen bei Kiefer, Fichte und Tanne. Das Holz unterliegt stark dem Werfen und Verziehen.

Harzgallen. Flache Vertiefungen mit Harz gefüllt. Häufig bei Kiefern, Fichten und Lärchen.

Harzbeulen. Ursache abgebrochene Äste (bei Fichten). Kropfbildungen: Ursache von Verletzungen, besonders wenn sich Parasiten an den verletzten Stellen ansiedeln (Krebsbeulen bei der Tanne).

Beschädigungen der Rinde durch Tiere. Falls das Splintholz in größerem Umfange freigelegt wird, hat dies häufig die Fäulnis der darunterliegenden Holzschichten zur Folge. Kleinere Verletzungen sind hingegen belanglos.

Eisklüfte und Frostrisse. Ursachen rascher Witterungswechsel, große Kälte. Risse, von außen nach innen verlaufend, schließen sich bei Eintritt der Wärme wieder; zu beiden Seiten des Spaltes rufen die neuen Jahrringe Wulstbildungen hervor, die sogenannten „Frostleisten". Auch Blitz- und Hagelschlag vermögen Beschädigungen des Holzkörpers zu erzeugen.

2. Krankheiten des Holzes

Der Fäulnisprozeß. Die Folge aller Erkrankungen des Holzes ist das Faulen, welches in einer chemischen Veränderung der Holzsäfte, namentlich in der Zerstörung deren Eiweißbestandteile, besteht; der Fäulnisprozeß geht unter dem Einfluß von Luft und Wasser sowie infolge der Ansiedlung von Pilzen vor sich und hat eine allmähliche Zerstörung der Holzfasern zur Folge. Die holzzerstörenden Pilze lösen die Zellwände durch besondere Fermente auf und überziehen die Holzfasern mit netzähnlichen Bildungen, wobei der Holzstoff als Nahrung dient. Splintholz unterliegt dem Angriff im allgemeinen mehr als Kernholz und letzteres ist um so widerstandsfähiger, je mehr es durch das Vorhandensein harziger Stoffe geschützt ist. Je nach der Stelle, an der der Fäulnisvorgang seinen Anfang nimmt, unterscheidet man die Wurzel-, Stamm-, Splint-, Kern- und Astfäule.

Als erste Spuren einer beginnenden Fäulniszerstörung treten meist nach dem Kern an Stärke zunehmende Verfärbungen der Holzoberfläche auf, vorwiegend in Form von dunklen braunen, blauen, schwarzen oder grünen Streifen, und zwar insbesondere an gefälltem, zu lange feucht gelegenem Holze. Bei Tannen, Fichten, Kiefern, Erlen und Buchen, die längere Zeit in der Rinde feucht gelegen sind, zeigt sich die sogenannte **„Rotstreifigkeit"**, eine rotbraune Verfärbung, die schon die Verwendung des Holzes im Witterungswechsel stark beeinträchtigt; bei Kiefern, namentlich solchen, die bei nassem Wetter geschlagen und verarbeitet sind, zeigt sich häufig eine durch Pilzansteckung hervorgerufene „Verblauung" des Holzes, die sogenannte **„Blaustreifigkeit"**, die aber bei richtiger Behandlung unschädlich gemacht werden kann. Nicht mehr verwendbar für bauliche Zwecke ist ein von der Ringfäule angegriffenes Holz; hier bildet sich, ebenfalls durch Pilze bedingt, eine zur Stammachse ringförmig verlaufende Holzvermoderung, die zunächst an einer hellbraunen Verfärbung mit einzelnen schneeweißen Flecken erkennbar ist.

Je nach der Farbe, die beim Fäulnisvorgang auftritt, und dem mehr oder weniger vorhandenen Wassergehalt unterscheidet man:

1. **Die nasse Fäule oder Rotfäule,** welche durch Einwirkung der Feuchtigkeit (z. B. bei unmittelbar auf der Erde lagerndem Holz) hervorgerufen wird. Das Holz nimmt eine rötliche bis schwarzbraune Farbe an, verliert sehr an Gewicht, an Härte, vollkommen an Festigkeit und verwandelt sich durch Zerspringen in lauter einzelne, kleine, würfelförmige Körper, schließlich in eine pulverförmige Masse. Meist geht hiebei der Fäulnisvorgang — als Kernfäule — vom Innern des Holzes nach außen vor sich.

2. **Die trockene oder Weißfäule,** welche, namentlich im Hinblick auf ihre Endwirkungen der nassen Fäule ähnlich, vorwiegend auf dem Stamm auftritt. Bei der Weißfäule geht das Holz in eine matte, weißlichgelbliche, trockene, durch starken Pilzgeruch ausgezeichnete, leicht zerreibliche Masse über, die infolge des Auftretens besonderer Bakterien im Dunkeln phosphoresziert. Die Trockenfäule tritt auch bei verbautem Holz — namentlich bei jüngerem Laubholz — auf, und zwar in dumpfen, dem Licht nicht zugänglichen, aber trockenen Räumen.

3. **Die Humifizierung,** eine langsame, trockene Zersetzung des Holzes, ähnlich der Torfbildung, welche durch Berührung des Holzes mit Basen, z. B. mit Kalk- und Zementmörtel in hohem Grade befördert wird.

Erkrankungen des lebenden Stammes. Diesen können verschiedene Ursachen zugrunde liegen, wie ungünstige Bodenbeschaffenheit, hohes Alter, Mißbildungen, Insekten, endlich Bakterien und Fadenpilze. Alle diese Erkrankungen zeigen sich als verschiedene Arten der Fäulnis.

1. **Ungünstige Bodenverhältnisse.** Absterben des Stammes vom Zopfende aus, „Wipfeldürre oder Dürrsucht". Die Ursache kann auch in einer Verletzung der freiliegenden Wurzeln liegen. Mangelhafter Boden erzeugt bei jungen Bäumen oft die „Kernfäule". Besonders bei Eichen findet sich die „Ringfäule", die sich durch hellere und dunklere Ringe im Holz kennzeichnet, in denen sich die Zellen zersetzende, in Gärung übergegangene Säfte ansammeln. Feuchter Boden verursacht bei Kiefern den Saft- oder Harzzufluß, bei dem gleich nach dem Ausbruch der Nadeln der Saft durch die Rinde hervordringt. Eine Zersetzung des Holzes in eine schwammige rötlichgelbe Masse ist häufig die Folge der sogenannten Morschheit.

2. **Hohes Alter.** Als Folge hohen Alters tritt außer der Dürrsucht auch Kernfäule, ebenso auch Rotfäule ein. Die Ursache ist bei Fichten und Kiefern häufig der gefährliche Wurzelschwamm. Die Rotfäule erzeugt Schwammbildung zwischen den Jahrringen und eine starke Zersetzung des Holzes. Im fortgeschrittenen Zustand geht Rotfäule meist in Weißfäule über, die das ganze Stammholz unter weißlicher Färbung zersetzt.

3. **Astknoten.** „Astigkeit" bei Stämmen mit vielen Astknoten, die in dem zunehmenden Stamm eingewachsen sind; bei „Astfäule" erkranken die eingewachsenen Astknoten und gehen in eine schwarze pulverige Masse über.

4. **Äußere Verletzungen.** Verletzungen der Rinde bei starker Saftbildung lassen den Saft aus den Gefäßen hervortreten und dieser zerstört bei seiner Zersetzung

häufig die gesunden Teile und Säfte, was sich durch die Bildung schwarzer und rötlicher Flecke erkennen läßt.

Bei Eichen und Lärchen faulen bisweilen die zwischen Rinde und Holz vorhandenen Säfte ohne äußere Veranlassung, wodurch an einzelnen Stellen die „Krebskrankheit" auftritt. Krebsartige Erscheinungen werden auch oft durch Pilze hervorgerufen, zu denen der Laubholzkrebs, der Eichenkrebs, der Lärchenkrebs und der Tannenkrebs gehören.

Bei Beschädigungen der Rinde und ungewöhnlich niedrigem Wassergehalt (etwa durch Raupenfraß oder Wurzelerkrankung hervorgerufen) kann auch lebendes Holz von Blaufäule befallen werden.

Erkrankungen des gefällten Holzes. Diese beruhen ausnahmslos auf Ansteckung durch Holzpilze, die schon im Walde in das gefällte gesunde Holz gelangen, deren Entwicklung aber durch Austrocknen unschädlich gemacht werden kann, während dauernd feuchtes oder abwechselnd feuchtes und trockenes Holz unter Umständen rasch durch sie zerstört wird. Eine Krankheit, von der die meisten Nadelhölzer befallen werden, am häufigsten die Kiefer, ist die Blaufäule. Bei gefällten Stämmen und bei gesägtem Holz ist das dauernde Vorhandensein feuchtigkeitsgesättigter Luft in der Umgebung des Holzes und in seinen Poren wesentlich. Trockenheit oder längere Wasserlagerung verhindern das Wachsen der Bläue vollkommen. Der Beginn des Zersetzungsvorganges zeigt sich in der bereits früher beschriebenen Verfärbung der Holzoberfläche (Rot- und Blaustreifigkeit); bei fortgesetzter Zersetzung tritt Rot- bzw. Weißfäule ein, durch welche der Holzstoff vollkommen zerstört wird.

Die überwiegende Anzahl der in den Häusern vorkommenden Pilzarten wird aus dem Walde eingeschleppt, doch nur eine kleine Anzahl von ihnen hat die Fähigkeit, sich daselbst im Holzwerk auszubreiten. Sie werden als **Trockenfäulepilze** und **Hausschwamm** unterschieden.

Der gefährlichste Feind des Holzes ist der echte Hausschwamm, auch Tränen- oder Holzaderschwamm genannt, weil er eine vollkommene Zerstörung des Holzes bewirkt und sich mit großer Schnelligkeit im Bau weiterverbreitet. Zu den Lebenselementen des Hausschwammes gehören mittlere Wärme, Feuchtigkeit, abgeschlossene Luft, Mangel an Licht; seine Entwicklung wird erheblich befördert durch Ammoniaksalze, kohlensaures Kali, weshalb jede Art von Verunreinigung des Holzes am Bau peinlich vermieden werden soll. Stellen, an denen eine besonders große Gefahr für die Entwicklung des Hausschwammes auftritt, sind: Balken, nahe der Mauer liegend, Balkenköpfe, Kellerbalken bzw. Decken über Waschküchen usw., endlich der gesamte Bau bei nicht genügender Austrocknung und starkem Heizen der Räume.

Der Hausschwamm greift den Holzstoff von außen her an und bewirkt eine von außen nach innen fortschreitende Zersetzung; scheinbar von innen her erfolgt die Zerstörung nur dann, wenn der Schwamm vom Hirnholz her in das Innere der Balken eindringt, während die Seitenflächen des Holzes nicht angreifbar sind.

3. Gesichtspunkte für die geeignete Wahl des Rundholzes[11*])

Im folgenden sollen die hauptsächlichen Gesichtspunkte für die Holzauslese an Hand der bisher bekannten Forschungsergebnisse kurz hervorgehoben werden, wobei gleichzeitig festgestellt werden soll, ob und inwieweit durch dieselben die Verwendbarkeit des Holzes für Bauzwecke beeinträchtigt wird.

Beschaffenheit der Jahrringe. Insbesondere die Untersuchungen Baumanns zeigen, daß der Jahrringbau wegen seiner großen Veränderlichkeit wenig geeignet ist, einen Auslesegesichtspunkt zu bieten, so daß für den Einzelfall aus der Jahrringbreite keine Schlüsse auf die Festigkeitseigenschaften des Holzes gezogen werden können. So gibt Baumann ein Beispiel des raschen Wechsels des Jahrringbaues an einer von ihm untersuchten Bohle aus Pitchpineholz, bei welcher ein vorwiegend breitringiger Körper ein Dehnmaß $E = 147.000$ kg/cm² und eine Biegefestigkeit von 1260 kg/cm², ein vorwiegend schmalringiger ein Dehnmaß $E = 118.000$ kg/cm² und eine Biegefestigkeit von 986 kg/cm² ergaben.

Aus obigen Darlegungen geht hervor, daß Vorschreibungen über die Jahrringbreite in Lieferungs- oder Ausführungsbedingungen nicht zweckentsprechend sind.

Drehwuchs. Drehwüchsiges Holz soll ganz allgemein von der Verwendung ausgeschlossen werden.

Beschädigungen des Holzes durch Tiere. 1. Wildschaden: Größere Verletzungen, die durch Wildschaden, besonders bei Fichten, manchmal auch bei Tannen und Kiefern hervorgerufen werden, können leicht ein Faulen des Holzes bewirken, so daß sich bei derart beschädigten Stämmen eine eingehende Besichtigung empfiehlt.

2. Bohrwürmer: Stark von Bohrgängen durchsetztes Holz erliegt leicht den Fäulnispilzen, ist daher von der Verwendung für Bauzwecke auszuschließen.

3. Nonnenfraß: Stämme, die am Stock abgestorben sind, liefern minderwertiges Holz, das meist bereits von Pilzen befallen ist. Ist der Einschlag noch beizeiten vorgenommen und das Holz nach der Fällung richtig behandelt — womöglich geflößt — worden, so ist gegen die Verwendung desselben nichts einzuwenden. Jedoch ist Vorsicht am Platze, da infolge des großen Umfanges der unvorgesehen notwendig werdenden Fällungen häufig der Nachbehandlung des Holzes nicht die erforderliche Sorgfalt gewidmet werden kann.

Wetterschäden. Diese äußern sich meist in Rissen, die nicht allein in radialer Richtung, sondern auch den Jahrringen entlang verlaufen (Ringklüfte, Kernschäligkeit). Neben der Wertverminderung derartigen Holzes kommen auch häufig Erkrankungen vor. Kernschäliges Holz ist daher von der Verwendung für Tragwerksteile unbedingt auszuschließen.

Für Windschaden großen Umfanges gilt das über Nonnenschaden Gesagte.

Winter- und Sommerfällung. Aus den vorliegenden Versuchsergebnissen kann geschlossen werden, daß der Einfluß der Fällzeit auf die Festigkeit und Dauerhaftigkeit des Holzes ohne große Bedeutung ist. Ein Vorzug des im Winter geschlagenen Holzes besteht allerdings im langsameren Trocknen und daher geringeren Reißen, doch kann auch diesem Nachteil des Sommerholzes durch entsprechende Nachbehandlung begegnet werden.

Eine Lieferungsvorschreibung über die Fällzeit des Holzes erscheint unter den vorliegenden Umständen zwecklos, um so mehr, als selbst erfahrene Holzfachleute nur in Ausnahmefällen auf Grund einer Besichtigung mit einiger Sicherheit anzugeben vermögen, ob ein Rundholzposten einer Sommer- oder Winterfällung entstammt. Mit der sogenannten „Jodprobe“ läßt sich wohl ein etwaiger Stärkegehalt des Holzes feststellen, nicht aber auf die Winter- oder Sommerschlägerung schließen, da im Gegensatz zur landläufigen Ansicht wie im Winter auch im Sommer eine — allerdings nur meist kurze — Zeit der Saftruhe eintritt, nachdem die gebildete Stärke in Fett umgesetzt ist.

Blaustreifigkeit. Die Blaustreifigkeit stellt an sich keine Wertverminderung für die bautechnische Verwendbarkeit dar. Kommt dieselbe jedoch in einer Lieferung in größerem Umfange vor, so bildet sie ein Anzeichen dafür, daß die Pflege des Holzes wenig sorgfältig und sachgemäß war. Einer derartigen Ware gegenüber ist Vorsicht am Platze, da dieselbe bei nicht hinreichend trockener Verwendung dem Befall durch andere Schädlinge weniger zu widerstehen vermag.

D. Festigkeit und zulässige Beanspruchungen[2*])[11*])

Um die zulässigen Höchstbeanspruchungen eines Baustoffes festsetzen zu können, müssen seine durchschnittlichen Bruchfestigkeiten ermittelt werden, eine Aufgabe, deren Lösung beim Holz, dessen Festigkeit infolge seines verwickelten Zellenaufbaues nach den einzelnen Faserrichtungen außerordentlich verschieden ist, auf vielerlei Schwierigkeiten stößt.

Schon unter gleichen Bedingungen, auf gleichem Standort gewachsene Stämme einer Holzart zeigen ansehnliche Festigkeitsunterschiede (bis 20 v. H.). Innerhalb jedes einzelnen Stammes schwankt die Druckfestigkeit der einzelnen Querschnitte derart, daß der Höchstwert meist am unteren Stammende auftritt und der Mindestwert etwa 65 bis 90 v. H. des Höchstwertes ausmacht. Die Festigkeitseigenschaften eines und desselben Stückes verändern sich ferner mit der Zu- und Abnahme des Feuchtigkeitsgehaltes, und zwar etwa in einem derartigen Verhältnis, daß die Einbuße an Festigkeit

im lufttrockenen Zustand (12 v. H.) .... 60 bis 70 v. H.,
„ luftfeuchten „ (17 „ „) .... 40 „ 60 „ „

des Höchstwertes in vollkommen trockenem Zustand beträgt, und daß vom luftfeuchten Zustand bis zu 35 v. H. Feuchtigkeit abermals eine Einbuße von rund $^1/_3$ der Festigkeit eintritt.

Von weiterem Einfluß auf die Festigkeitseigenschaften ist der seit der Fällung verstrichene Zeitraum. So ergaben Druckversuche fünf Jahre nach der Fällung eine Erhöhung der drei Monate nach der Fällung beobachteten Festigkeitswerte um $^1/_6$ bis $^1/_3$.

Aus diesen Gründen ist es auch erklärlich, daß bei den durchgeführten Festigkeitsuntersuchungen Unterschiede der Beobachtungswerte bis zu 50 v. H. festgestellt werden konnten.

1. Die Beanspruchungsarten und Festigkeiten

Zugfestigkeit in der Faserrichtung. Nach Winkler ergeben sich aus einer Reihe durchgeführter Festigkeitsuntersuchungen nachstehende Mittelwerte der Zugfestigkeit in Richtung der Fasern:

Kiefer	Fichte	Tanne	Eiche	Buche
954	618	575	744	721 kg/cm².

Als Mittelwert für luftfeuchten Zustand kann eine Zugfestigkeit von 500 bis 700 kg/cm² angenommen werden, als unterer Grenzwert etwa 250 kg/cm².

Zugfestigkeit senkrecht zur Faserrichtung. Die Zugfestigkeit senkrecht oder schräg zur Faserrichtung beträgt nach Baumann bei Nadelholz kaum 5 v. H. derjenigen in der Faserrichtung, so daß es mit Rücksicht auf die häufig durch Schwindrisse hervorgerufene Lockerung des Faserzusammenhanges geboten erscheint, Zugspannungen senkrecht zur Faser überhaupt nicht zuzulassen. Zu beachten ist allerdings, daß häufig nur scheinbar Zugspannungen schräg zur Faser vorliegen, die sich in Wirklichkeit in örtliche Druckbeanspruchungen umsetzen und belanglos sind (Abb. 61).

Druckfestigkeit in der Faserrichtung. Nach Winkler betragen die Mittelwerte der Druckfestigkeiten in Richtung der Fasern:

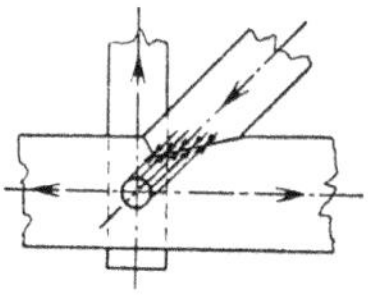
Abb. 61

Kiefer	Fichte	Tanne	Eiche	Buche
305	293	339	393	446 kg/cm².

Nach den neuesten Versuchen wurde bei luftfeuchtem Zustand für Fichte und Tanne eine mittlere Druckfestigkeit von 320 bis 330 kg/cm², bei Kiefer eine solche von 340 bis 350 kg/cm² festgestellt. Als unterer Grenzwert kann eine Druckfestigkeit von etwa 180 kg/cm² angenommen werden.

Druckfestigkeit senkrecht zur Faserrichtung. Von großem Einfluß auf die Bruchfestigkeit ist hier die Stellung der Jahrringe (Abb. 62), auch die Abminderung der Prismenfestigkeit gegenüber der Würfelfestigkeit macht sich senkrecht zur Faser naturgemäß viel stärker geltend als bei Beanspruchung in der Faserrichtung.

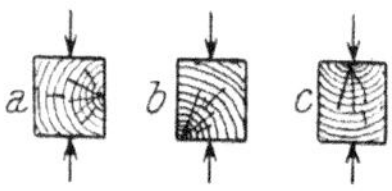

Abb. 62a, b und c

Für die Untersuchung der Druckfestigkeit kommen folgende drei Belastungsfälle in Betracht:

a) Vollbelasteter Querschnitt

Hinsichtlich des Einflusses des Jahrringverlaufes auf die Druckfestigkeit ergibt sich nach Versuchen Baumanns, daß Nadelhölzer bei Belastung tangential zu den Jahrringen die größten Festigkeiten aufweisen. Für das lufttrockene Versuchsmaterial ergaben sich nachstehende Festigkeitsmittelwerte:

Belastung tangential zu den Jahrr.	$70 \div 100$ kg/cm²,	d. h. $^1/_6 \div {}^1/_8$	d. Längsfestigkeit
„ radial „ „ „	$40 \div 60$ „	„ „ $^1/_{10} \div {}^1/_{12}$	„ „
„ schräg „ „ „	$25 \div 35$ „	„ „ $^1/_{16} \div {}^1/_{20}$	„ „

Bedeutend günstiger stellen sich diesen Ergebnissen gegenüber die nachstehenden für Eichen- und Buchenholz erhaltenen Mittelwerte:

tangential zu den Jahrringen	$100 \div 150$ kg/cm²	d. h. $^1/_3 \div {}^1/_5$ der Längsfestigkeit.
radial „ „ „	$135 \div 250$ „	

Auf Grund obiger Versuchsergebnisse erscheint die in Sachsen baupolizeilich zugelassene Druckbeanspruchung senkrecht zur Faser von 30 kg/cm² unbedingt zu hoch. Nach einem Vorschlag von Seitz wäre in Fällen, bei denen kleine Zusammendrückungen belanglos sind, $15 \div 20$ kg/cm² für Nadelholz und $30 \div 35$ kg/cm² für Laubholz zuzulassen; bei Bauteilen hingegen, die durch örtliche Zusammendrückungen schwer übersehbare statische Einflüsse erfahren können, sollten 12 kg/cm² für Nadelholz und 25 kg/cm² für Laubholz nicht überschritten werden.

Der gewählte verhältnismäßig niedrige Sicherheitsgrad erscheint bei der vorliegenden Beanspruchungsart aus dem Grunde ausreichend, weil die im Bauwesen vorkommenden Druckspannungen senkrecht zur Faser bei einer Überanstrengung des Baustoffes bei sonst richtiger Ausbildung des Tragwerkes kaum je unmittelbar schwerwiegende Folgen herbeiführen können.

b) Schwellen- und Stempelfestigkeit

Schwellendruck: Ein Pfosten ruht auf einer Schwelle auf, deren Breite mit der des Pfostens übereinstimmt (Abb. 63a), die aber in ihrer Längsrichtung beiderseits über die Berührungsfläche mit dem Pfosten hinausragt.

Stempeldruck: Die Schwelle ist — unter sonst gleichen Voraussetzungen — wesentlich breiter als der Pfosten (Abb. 63b), mindestens etwa $1^1/_2$mal so breit.

Auf Grund durchgeführter Versuche ergibt sich — insbesondere bei niedrigen Laststufen — kein wahrnehmbarer Unterschied zwischen den Zusammendrückungen bei Schwellen- oder Stempeldruck, und auch innerhalb der Grenzen der zulässigen Beanspruchung beträgt der Unterschied kaum 12 v. H., so daß es berechtigt erscheint, beide Arten der Belastung in gleicher Weise zu behandeln.

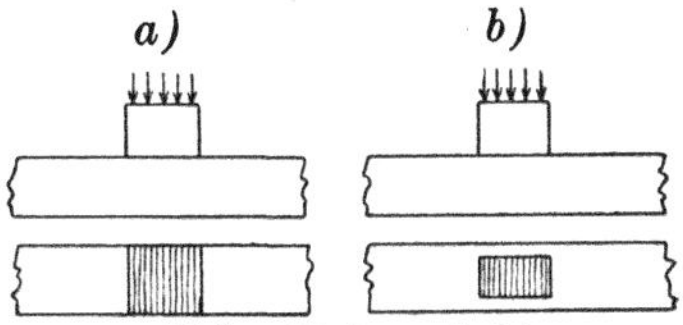

Abb. 63a) und b)

Nach Seitz wären die zulässigen Banspruchungen wie folgt festzusetzen:

1. Fall: Wenn durch örtliche Zusammenpressungen keine schwer übersehbaren statischen Einflüsse hervorgerufen werden und gleichzeitig die Schwelle keine beträchtliche Anstrengung in der Längsrichtung auszuhalten hat, kann für Nadelholz ein Druck von 30 kg/cm², für Laubholz ein solcher von 50 kg/cm² zugelassen werden. Nach Graf kann in diesem Fall mit einer Zusammenpressung von nicht mehr als 3 v. H. der Höhe gerechnet werden.

2. Fall: Liegen gegen Zulassung von kleinen Zusammendrückungen statische Bedenken vor oder ist das Schwellenholz in der Längsrichtung hoch beansprucht, so sollten Schwellendrücke von 20 kg/cm² bei Nadelholz und von 40 kg/cm² bei Laubholz nicht überschritten werden. Derartige Verhältnisse müssen insbesondere bei hölzernen Fachwerkträgern vorausgesetzt werden.

Druckfestigkeit schräg zur Faserrichtung. Die bis heute vorliegenden Angaben über die Druckfestigkeit des Holzes schräg zur Faser stützen sich in erster Linie auf die umfangreichen Versuche Baumanns, deren Ergebnisse nachstehend wiedergegeben sind:

Winkel zwischen Faser- und Druckrichtung	0°	15°	30°	45°	60°	75°	90°
Druckfestigkeit in kg/cm²	484	350	165	75	40	26	22
Zulässige Beanspruchung nach Seitz[11*]) in kg/cm²	(90)	(75)	50	27,5	17	12,6	12

Bei Ansatz der zulässigen Spannungen kann der Umstand berücksichtigt werden, daß, wie bereits früher nachgewiesen wurde, die Wahl verschiedener Sicherheitszahlen für Druck in Faserrichtung und senkrecht zur Faser genügend gerechtfertigt erscheint.

Seitz leitet die (in obiger Zusammenstellung angegebenen) zulässigen Beanspruchungen in der Weise aus den Baumannschen Festigkeitszahlen ab, daß er letztere durch die Sicherheitszahlen $s = 5{,}4$ (für Druck in Faserrichtung) und durch $s = 1{,}8$ (für Druck senkrecht zur Faser) teilt und mit Hilfe der auf diese Weise erhaltenen Zahlen vermittelte Werte zwischen die beiden Grenzwerte 90 bzw. 12 kg/cm² einschaltet.

Da die baupolizeilich zulässigen Druckfestigkeiten in Faserrichtung nur 60 bzw. 50 kg/cm² betragen, anderseits bisher keine baupolizeilichen Vorschriften über die zulässigen Druckfestigkeiten schräg zur Faser bestehen, wird es sich auf Grund der oben angegebenen Versuchsergebnisse und zulässigen Beanspruchungen empfehlen, die Schrägwirkung bis zu einem Winkel von 15° bzw. 30° unberücksichtigt zu lassen, d. h., dieselbe erst dann unter Benützung des betreffenden, in obiger Zusammenstellung angegebenen zulässigen Wertes zu berücksichtigen, wenn dieser Wert kleiner als der baupolizeilich zulässige Druck in Faserrichtung ist. So wäre beispielsweise bei einer zulässigen Druckbeanspruchung in Faserrichtung von $\sigma_{d\,zul} = 60$ kg/cm² die Schrägwirkung erst von einem Winkel von 30° an zu berücksichtigen bzw. von einem Winkel angefangen, der bei geradliniger Einschaltung zwischen 15° und 30° eine kleinere zulässige Druckbeanspruchung als $\sigma_d = 60$ kg/cm² ergibt.

Biegefestigkeit. In der Festigkeitslehre wird bei Biegeberechnungen die Voraussetzung gemacht, daß die Spannungen verhältnisgleich dem Abstand von der Nulllinie sind. Bei Holz trifft diese Annahme mit guter Annäherung nur bei geringen Belastungen zu, da die Dehnmaße für Zug und Druck nicht hinreichend gleich und bei verschiedenen Lasthöhen nicht gleichbleibend sind. Bei Annäherung an die Bruchbelastung verschiebt sich das Spannungsbild gegenüber dieser Annahme in dem Sinne, daß die Druckspannungen am Rande unter der nach den üblichen Formeln errechneten Höhe bleiben, die Zugspannungen dagegen die hienach zu erwartenden Werte stark überschreiten. Gleichzeitig verschiebt sich die Nullinie der Zugseite zu. Ein ungefähres Bild des tatsächlichen Spannungsverlaufes in einem Querschnitt zeigt die dem Werk „Hölzerne Brücken" von Winkler[16*]) entnommene Abb. 64.

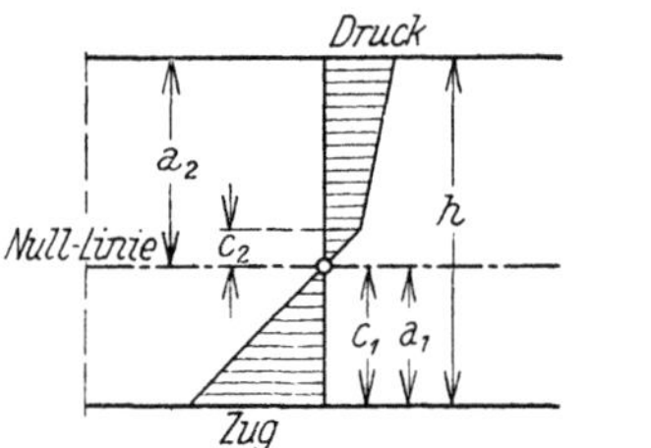

$a_1 = 0{,}4h$ $a_2 = 0{,}6h$ $c_1 = a_1 = 0{,}4h$ $c_2 = \frac{1}{6} a_2 = 0{,}1h$

Abb. 64

Wie bei der Druckfestigkeit senkrecht zur Faser, so zeigt sich auch bei der Biegefestigkeit der Einfluß des Jahrringverlaufes im Balkenquerschnitt. Durchwegs ergibt sich die geringste Festigkeit, wenn das Herz des Stammes in der Zugzone liegt, in welchem Falle durch Versuche eine Festigkeitsverminderung von durchschnittlich 10 v. H. festgestellt wurde.

Mittelwerte der Biegefestigkeit nach Winkler:

Kiefer	Fichte	Tanne	Eiche	Buche
597	488	492	673	719 kg/cm².

Auf Grund der bis heute vorliegenden Versuchsergebnisse kann das Verhältnis zwischen Biege- und Druckfestigkeit mit 1,5:2,0 angenommen werden, so daß die durchschnittliche Biegefestigkeit mit hinreichender Sicherheit gleich der anderthalbfachen Druckfestigkeit gesetzt werden darf.

Scherfestigkeit. Bei Untersuchung der Scherfestigkeit müssen entsprechend den Abb. 65 a), b), c) folgende drei Fälle unterschieden werden:

1. Scherfläche // zur Faser, Kraftwirkung // zur Faser,
2. „ // „ „ „ ⊥ „ „
3. „ ⊥ „ „ „ ⊥ „ „

Unter der Scherspannung // zur Faser ist in den baupolizeilichen Bestimmungen Fall 1 verstanden, der häufig kurzweg als Scherspannung bezeichnet wird.

Nach den vorliegenden Versuchsergebnissen kann die mittlere Scherfestigkeit von Nadelholz mit 60 kg/cm² angenommen werden; als unterer Grenzwert für luftfeuchten Zustand kann etwa 30 kg/cm² gelten.

Die beiden anderen eingangs angeführten Belastungsfälle, bei denen die Kraftwirkung senkrecht zur Faser erfolgt, kommen wohl bei hölzernen Tragwerken vor, doch zeigen Versuche und Erfahrung übereinstimmend, daß auf diese Weise beanspruchte Holzteile nie durch eigentliche Scherwirkung zerstört werden, sondern, daß meist zu hohe Druck- oder Zugspannungen senkrecht zur Faser den Bruch herbeiführen. Diesbezügliche einwandfreie Versuche wurden bisher nirgends veröffentlicht und schwanken die im Schrifttum für „Scherfestigkeit senkrecht zur Faser" vielfach angegebenen Zahlenwerte in weiten Grenzen. In den neuen preußischen Bestimmungen wurde von der Angabe zulässiger Scherspannungen senkrecht zur Faser Abstand genommen, während dieselben früher für Nadelholz mit 70 kg/cm² festgelegt waren.

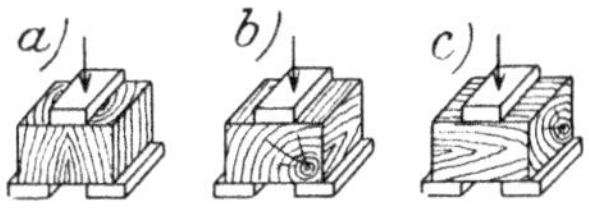

Abb. 65

Dehnmaß. Die Kenntnis der Dehnmaße des Holzes ist im Hinblick auf die Durchbiegung und Knickung sowie auf die Berechnung standunbestimmter Tragwerke von Bedeutung. Wie bei den Festigkeitseigenschaften macht sich auch hier die Vielgestaltigkeit der Verhältnisse beim Holz in großen Schwankungen der Zahlenwerte geltend.

Nach den zahlreichen, insbesondere von Baumann angestellten Untersuchungen darf behauptet werden, daß die Verhältnisgleichheit zwischen Spannungen und Formänderungen bis über die Grenze der zulässigen Beanspruchungen hinaus hinreichend genau zutrifft. Im Verhältnis zur Bruchfestigkeit liegt ferner die Verhältnisgrenze bei Holz ziemlich hoch, was den Gültigkeitsbereich der rechnerischen Annahmen über die Grenze der zulässigen Spannungen hinaus ausdehnt. Anderseits aber ist beim Eintreten größerer Formänderungen die Tragfähigkeit rasch erschöpft, so daß mit einer Anpassung an den Spannungsverlauf, wie sie die Streckgrenze dem Eisen ermöglicht, bei Holz nicht im gleichen Maße gerechnet werden kann.

Die zahlenmäßigen Größen der Dehnmaße für die drei Belastungsarten Zug, Druck und Biegung unterscheiden sich nicht wesentlich von einander.

Bei Biegung macht sich der Einfluß des Jahrringverlaufes auf das Dehnmaß in ähnlicher Weise geltend wie auf die Festigkeit. Stäbe mit dem Herz in der Zugzone ergaben nicht nur geringere Festigkeit, sondern auch größere Durchbiegungen. Bauschinger stellte im allgemeinen bei geringerer Festigkeit auch ein niedrigeres Dehnmaß fest. Auch von dem Feuchtigkeitsgehalt wird das Dehnmaß des Holzes stark beeinflußt; so gibt Rudeloff das Verhältnis der Dehnmaße in lufttrockenem, halbtrockenem und grünem Zustand mit 100:92:67 an.

Auf Grund der vorliegenden Versuchsergebnisse kann als Mittelwert für Nadelhölzer und Eichenholz bei luftfeuchtem Zustand für alle in der Faserrichtung wirkenden Belastungen ein Dehnmaß von 110 bis 120.000 kg/cm² angenommen werden.

Mit Rücksicht auf etwaige Wachstumsunregelmäßigkeiten, die auf die Formänderung in der Faserrichtung vergrößernd einwirken und mit denen im Bauwesen in weit höherem Maße als bei Versuchen gerechnet werden muß, erscheint die Annahme des etwas geringeren Dehnmaßes $E = 100.000$ kg/cm², enstprechend den gegenwärtigen preußischen Bestimmungen, berechtigt.

Das Dehnmaß senkrecht zur Faser bei Druck wurde von Baumann für lufttrockenes Nadelholz mit 4000 bis 5000 kg/cm², für Eichenholz tangential zu den Jahrringen mit etwa 5000 kg/cm², radial mit etwa 10.000 kg/cm² festgestellt.

2. Die bautechnische Prüfung des Holzes [2*])

Die bautechnische Prüfung des Holzes erstreckt sich auf die Ergründung der Festigkeitsverhältnisse, das Verhalten gegen Feuchtigkeit und die Ermittlung des Raumeinheitsgewichtes. Die Prüfung erfolgt nach den Grundzügen, welche durch die Beschlüsse des Internationalen Verbandes für die Materialprüfung der Technik im Jahre 1906 festgelegt wurden.

a) Die Festigkeitsprüfung

Diese erstreckt sich auf die Bestimmung der Druck- und Zug-, der Biege-, Schub- und Spaltfestigkeit des Holzes.

Druckfestigkeit. Die Prüfung erfolgt senkrecht zur Faser und in der Richtung derselben. Die erstere Art der Belastung bezweckt die Ermittlung des Widerstandes gegen örtliche Verdrückungen, wie sie z. B. bei Verwendung hölzerner Eisenbahnschwellen unter den Unterlagsplatten der Schienen auftreten. Dieser Beanspruchung entsprechend werden beim Versuche (Abb. 66) die Holzstücke durch Stempel mit ebener Endfläche belastet, deren Abmessungen erheblich geringer als die des Probestückes sind; beobachtet wird die Zusammendrückung unter dem Stempel.

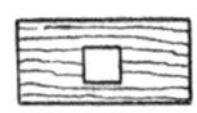

Abb. 66

Der eigentliche Druckversuch in der Richtung der Fasern wird an Würfeln ausgeführt, die zweckmäßig so aus den Querschnitten (Abb. 67 a und b) herausgeschnitten werden, daß sowohl Kern- als auch Splintholz in den Probekörpern vorkommen. Von großem Einfluß ist hier die Lage der Fasern zur Druckrichtung, da, falls beide unvollkommen zusammenfallen, die Bruchlast auch gering ausfällt und in diesem Fall die Schubwirkung einen besonders großen Einfluß ausübt.

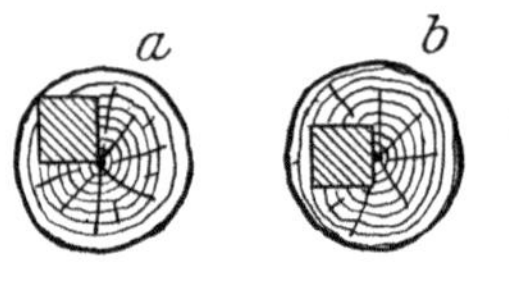

Abb. 67

Das Dehnmaß des Holzes wird gleichzeitig mit der Druckfestigkeit an Prismen quadratischen Querschnittes mit einer Länge gleich der dreifachen Querschnittsbreite bestimmt, um den Einspannungseinfluß an den Druckflächen auszuschalten.

Biegefestigkeit. Bei der Ermittlung der Biegefestigkeit werden prismatische, an den Enden frei gestützte Stäbe in der Mitte belastet; hiebei kann (vgl. Abb. 68 a, b, c) die Richtung der biegenden Kräfte zur Lage der Jahrringe eine sehr verschiedene sein. Die geringste Durchbiegung und größte Bruchlast ergibt die Lage a), bei welcher die Lastrichtung tangential zu den Jahrringen verläuft, die geringste Beanspruchung ergibt die Lage b). Außer der Bruchlast ist auch der Verlauf der Durchbiegung zu bestimmen, aus welcher die Verhältnisgrenze des Materials bestimmt wird.

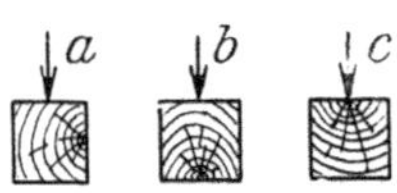

Abb. 68

Abb. 69

Zugfestigkeit. Diese wird fast ausschließlich in Richtung der Fasern an Probekörpern nach Abb. 69 bestimmt; hiebei sind die Proben — soweit möglich — so zu entnehmen, daß Faser- und Zugrichtung möglichst zusammenfallen und innerhalb der Versuchsstrecke keine Jahrringe ausschiefern, da sonst der Bruch leicht durch Abspalten, d. h. durch Aufhebung der Schubfestigkeit zwischen den einzelnen Jahrringen eintreten kann.

Scherfestigkeit. Die Scherfestigkeit wird nur in der Faserrichtung bestimmt, und zwar radial und tangential zu den Jahrringen. Beide Festigkeiten sind voneinander verschieden, jedoch ohne eine erkennbare Gesetzmäßigkeit.

Der Versuch findet durch Einwirkung zweier sich genau gegenüberstehender Messer statt, deren eines fest, das andere an einem beweglichen Preßkolben o. dgl. befestigt ist, und von diesem gegen den Probekörper bis zu dessen Durchscherung gedrückt wird.

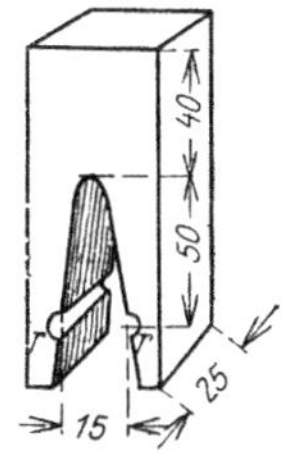

Abb. 70

Spaltbarkeit. Der Versuch wird mittels besonderer Klammern (Abb. 70) ausgeführt; hiebei wird die Kraft in dem Einschnitt „r“ gemessen, welche die beiden keilförmigen Hälften auseinanderreißt; auch hier wird (Abb. 71 a und b) die Spaltbarkeit in der Querschnitts- und Spiegelfläche, je nach dem Herausarbeiten der Klammern, bestimmt.

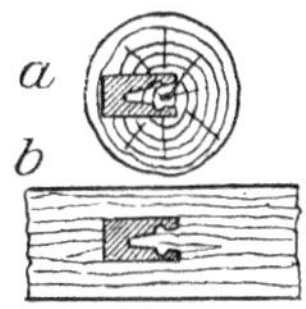

Abb. 71

Alle vorstehend erörterten Proben sind bei lufttrockenem Holz, also bei einem Wassergehalt von etwa 15 v. H. durchzuführen.

b) Verhalten gegen Feuchtigkeit. Schwind- und Quellmaß

Das Verhalten des Holzes gegen Feuchtigkeit wird an Würfeln und Prismen untersucht; hier handelt es sich um die Abnahme der Festigkeit mit vergrößertem Wassergehalt und um die Größe der Formänderungen beim Quellen und Schwinden; es zeigt sich, daß ein erhebliches Schwinden erst eintritt, nachdem der Wassergehalt von 70 auf etwa 20 v. H. zurückgegangen ist. Die Ermittlung des Schwind- und Quellmaßes erfolgt durch lineares Ausmessen, und zwar entweder der Kantenlängen oder besonderer, genau auf den Proben bezeichneter Maßlängen.

c) Bestimmung des Raumeinheitsgewichtes

Diese erfolgt entweder stereometrisch und durch Wägen an der Luft oder mittels des Eintauchverfahrens und der Bestimmung der verdrängten Wassermenge; bei Verwendung des letzteren Verfahrens ist die Holzprobe leicht zu firnissen, um ein Quellen usw. auszuschließen.

3. Baupolizeiliche Bestimmungen über die bei Hochbauten anzunehmenden Raumeinheitsgewichte und zulässigen Beanspruchungen der Bauhölzer

Raumeinheitsgewichte. Nachstehend sind die Raumgewichte der hauptsächlich für Bauzwecke in Frage kommenden Bauhölzer nach den preußischen „Bestimmungen über die bei Hochbauten anzunehmenden Belastungen und die zulässigen Beanspruchungen der Baustoffe“ vom 24. Dezember 1919, nach den in Bayern geltenden „Oberpolizeilichen Vorschriften für die Aufstellung und Prüfung von Tragfähigkeitsnachweisen bei Bauwerken“ vom 14. April 1918 sowie nach der Verordnung vom 31. März 1911 zum Allgemeinen Baugesetz für Sachsen in t/m^3 zusammengestellt:

Holzart	Preußen (baureif)[1]	Bayern (lufttrocken)	Sachsen (lufttrocken)
Fichte	0,600	0,550	0,550
Tanne	0,600	0,650	0,550
Kiefer	0,700	0,650	0,600
Lärche	0,650	0,650	—
Buche	0,800	0,800	0,750
Eiche	0,900	0,900	0,800

[1]) Das Gewicht lufttrockenen Holzes darf um etwa 50 kg/m³ geringer angenommen werden.

Zulässige Beanspruchungen. Diese sind in den vorgenannten Bestimmungen wie folgt festgelegt:

Art der Beanspruchung	Zulässige Beanspruchungen in kg/cm²							
	Preußen[1])				Bayern		Sachsen	
	Fichte	Tanne	Kiefer	Eiche	Nadelholz	Eiche	Nadelholz	Eiche
Zug // zur Faser	90	80	100	100	100	120	100	120
Zug ⊥ zur Faser	—	—	—	—	—	—	—	—
Druck // zur Faser	50	50	60	80	70	90	60	90
Druck ⊥ zur Faser	—	—	—	—	20	40	30	50
Biegung // zur Faser	90	80	100	100	90	110	100	120
Abscherung // zur Faser	8	8	10	10	10	20	15	20
Abscherung ⊥ zur Faser	—	—	—	—	30	60	30	50

[1]) Die angegebenen zulässigen Beanspruchungen beziehen sich auf gesundes trockenes Holz von einwandfreier Beschaffenheit. Dauernd durchnäßtes Holz hat wesentlich geringere Widerstandsfähigkeit. Bei Bauten für vorübergehende Zwecke (Rüstungen, Ausstellungshallen u. dgl.) dürfen obige Zahlen um 25 v. H. erhöht werden (auch nach den bayrischen Vorschriften). Das Dehnmaß ist mit $E = 100.000$ kg/cm² anzunehmen.

Außer den obigen Bestimmungen hat in Preußen für **die Berechnung ingenieurmäßig durchgebildeter Holztragwerke** noch nachstehend angeführter Erlaß des Ministeriums für Volkswohlfahrt vom 10. August 1924, betreffend die Auslegung der Hochbaubelastungsbestimmungen, Geltung:

„Die in den Bestimmungen über die bei Hochbauten anzunehmenden Belastungen usw. vom 24. Dezember 1919 angegebenen zulässigen Druckbeanspruchungen des Holzes gelten im allgemeinen auch für die Lochleibungsdrücke der Bolzen.

In ingenieurmäßig durchgebildeten Holzkonstruktionen, bei Kreis- und Kreisringdübel- bzw. Scheibenverbindungen, wie sie den Spezialbauweisen von Tuchscherer, Kübler, Metzke und Greim u. dgl. entsprechen, kann für Kiefernholz ein Lochleibungsdruck von 100 kg/cm² in Richtung der Faser unter folgenden Bedingungen allgemein zugelassen werden:

1. Das Holz muß sorgfältig ausgesucht, trocken und von einwandfreier Beschaffenheit sein;

2. die Nuten für die einzubringenden Verbindungsmittel sind maschinell genau passend herzustellen;

3. die Dübel müssen auch rechtwinklig zur Faserrichtung noch Vorholz haben, d. h., sie müssen allseitig von Holz eingeschnürt und symmetrisch zur Tragwerkebene angeordnet sein;

4. die zu verbindenden Hölzer müssen durch genügend starke eiserne Bolzen mit großen, kräftigen äußeren Unterlagsplatten zusammengehalten werden;

5. die Standfestigkeit der Knotenpunktverbindung ist in der statischen Berechnung unter Zugrundelegung ungünstigster Belastungsannahmen nachzuweisen;

6. bei dem rechnerischen Nachweis der Lochleibungsspannungen an den Dübeln ist anzunehmen, daß zwischen Bolzen und Holz Lochleibungsdrücke nicht übertragen werden."

In Österreich wurden vom „Önig" (Österreichischer Normenausschuß für Industrie und Gewerbe, Wien III, Lothringerstraße 12) im Einvernehmen mit dem Österreichischen Ingenieur- und Architektenverein mit 1. Mai 1926 folgende zulässige Beanspruchungen des Holzes im Hochbau festgelegt (Önorm B 2103):

A. Allgemeine Vorschriften

1. Zulässige Beanspruchung in kg/cm².

Art	Eiche, Buche	Lärche	Kiefer, Fichte, Tanne	Anmerkung
a) Mittiger Druck in der Faserrichtung	90	80	60	—
b) Örtlicher Druck rechtwinklig zur Faserrichtung auf ganzer Breite (Schwellendruck)	40	30	20	Überstand der Schwellenenden in deren Längsrichtung mindestens gleich dem $1^1/_2$fachen der Schwellenhöhe
c) Örtlicher Druck rechtwinklig zur Faserrichtung auf einem Bruchteil der Breite (Stempeldruck)	60	40	25	Stempelfläche höchstens halb so groß wie das Quadrat aus der Schwellenhöhe. Überstand der Schwelle über dem Stempel in der Breitenrichtung mindestens 2 cm, wenn die gedrückte Fläche geradlinig begrenzt ist. Überstand der Schwelle über dem Stempel in der Längsrichtung mindestens gleich dem $1^1/_2$fachen der Schwellenhöhe
d) Zug in der Faserrichtung, Biegung und ausmittiger Druck in der Faserrichtung	100	100	90	Im Schwerpunkt des Querschnittes darf die nach a) zulässige Beanspruchung nicht überschritten werden
e) Abscherung in der Faserrichtung	15	15	12	—
f) Dehnmaß bei Längsbeanspruchung und Biegung	110.000	110.000	110.000	—

2. Maßgebend für die Querschnittsbestimmung ist jener Belastungsfall, der den größten Querschnitt ergibt.

3. Die in diesem Abschnitt und im Abschnitt B, 1 und 2, angeführten zulässigen Beanspruchungen gelten bei ungünstigster Wirkung der ständigen Last, der Verkehrslast und der Schneelast (nach „Önorm" B 2101). Bremswirkung oder Schrägzug, soweit sie von einem Kran herrühren, Riemenzug u. dgl. sind der Verkehrslast zuzurechnen.

4. Die unter 1. angeführten zulässigen Beanspruchungen beziehen sich auf den ganzen Querschnitt, d. h. Kern- und Splintholz usammen. Sie setzen fehlerfreies, lufttrockenes, geradwüchsiges Holz ohne jede Astbildung im gefährlichen Querschnitt oder in dessen Nähe voraus. Als lufttrockenes Holz gilt im allgemeinen solches mit nicht mehr als 15% Wassergehalt, bezogen auf das Darrgewicht.

5. Für Knickung gilt „Önorm" B 1002.

6. Bei Trägern, die aus zwei oder mehreren Balken zusammengesetzt sind (verdübelte oder verzahnte Träger), ist das Trägheitsmoment des ganzen Querschnittes, und zwar

bei 2 verzahnten oder längsverdübelten Balken bloß mit	80%
„ 3 „ „ „ „ „ „	60%
„ 2 querverdübelten Balken bloß mit	70%
„ 3 „ „ „ „	50%

in Rechnung zu stellen (Querdübel aus hartem Holz vorausgesetzt).

7. Die rechnerisch ermittelte Durchbiegung von Deckenbalken bei mehr als 7 m Stützweite darf $^1/_{500}$ der Stützweite nicht überschreiten. Bei Durchlaufbalken auf 3 oder mehr Stützen darf sich eine Durchbiegung von höchstens $^1/_{230}$ der Stützweite ergeben, wenn der betreffende Balken bei der Berechnung als auf den Stützen unterbrochen angesehen wird. Beim Bau von Kleinwohnungen darf die rechnerisch ermittelte Durchbiegung von Deckenbalken, die auf 2 Stützen ruhen, $^1/_{400}$ der Stützweite nicht überschreiten.

B. Besondere Vorschriften

für erhöhte oder ermäßigte zulässige Beanspruchungen

1. Die Beanspruchungen im Abschnitt A, 1, a) und d), sind bei nicht lufttrockenem oder dauernd durchnäßtem Holz um $^1/_4$ zu ermäßigen.

2. Bei Bauhilfsgerüsten und sonstigen Bauten für vorübergehende Zwecke dürfen die nach Abschnitt A, 1, und B, 1, zulässigen Beanspruchungen um $^1/_4$ erhöht werden. Dächer und Hallenbinder von mehr als 10 m Spannweite sind hievon ausgenommen, selbst wenn sie vorübergehenden Zwecken dienen.

3. Wenn außer den unter Abschnitt A, 3, genannten Lasten die Einwirkung der Windlast und der Bremskräfte von mehr als einem Kran, bei Tragwerken über 20 m Stützweite auch der Einfluß des Quellens und Schwindens gleichzeitig berücksichtigt werden, dürfen die zulässigen Beanspruchungen um $^1/_6$ erhöht werden.

Das Maß des Quellens und Schwindens von lufttrockenem Nadelholz in der Längsrichtung ist mit 0,0003 der Länge in Rechnung zu stellen.

4. Bei Dach- und Hallenbauten ist die Erhöhung der unter Abschnitt A, 1, B, 1 und 2, angeführten zulässigen Beanspruchungen um $^1/_6$ zulässig, wenn für sorgfältige Auswahl des Holzes und für eine den strengsten Anforderungen genügende Durchbildung, Berechnung und Ausführung des Bauwerkes volle Sicherheit gewährleistet ist.

Falls auch die unter Abschnitt B, 3, genannten, also sämtliche möglichen Einwirkungen berücksichtigt werden, so dürfen die Beanspruchungen unter A, 1, und B, 1, um $^1/_3$ gesteigert werden.

Interesses halber sollen an dieser Stelle auch noch die bezüglichen Bestimmungen des polnischen Ministeriums für öffentliche Arbeiten vom 20. Mai 1923 angeführt werden, welche folgende zulässige Beanspruchungen vorschreiben:

Art der Beanspruchung	Zulässige Beanspruchung in kg/cm² für	
	Weichholz	Hartholz
Zug // zur Faser	110	130
Biegung // zur Faser	100	120
Druck // zur Faser	70	80
Druck ⊥ zur Faser	15	35
Abscherung // zur Faser	15	25
Abscherung ⊥ zur Faser	50	60
Größtzulässiger Lochleibungsdruck	120	140

$E = 110000$ kg/cm²

E. Die Dauerhaftigkeit und Haltbarmachung des Holzes[2*)] [15*)]

Am dauerhaftesten ist Holz, welches dauernd den gleichen Einflüssen ausgesetzt ist, das demnach entweder ständig trocken gehalten wird oder sich vollständig unter Wasser befindet. Der Wechsel von Nässe und Trockenheit beeinflußt die Lebensdauer am ungünstigsten. Unter Wasser befindliches Holz verliert durch Auslaugen schnell die zersetzbaren Saftbestandteile, die sonst leicht die Zerstörung herbeiführen, wodurch sich seine große Dauerhaftigkeit erklärt; so hat man z. B. völlig gesundes Eichenholz gefunden, das sich mehr als 2000 Jahre unter Wasser befunden hat. Im Wechsel von Nässe und Trockenheit hält sich Kiefernholz höchstens 20 Jahre, Eichenholz bis zu 50 Jahren.

Einen Anhalt für die Lebensdauer verschiedener Hölzer unter günstigen Bedingungen gibt folgende Zusammenstellung:

Holzart	Im Freien, Wind und Wetter ausgesetzt	Dauernd unter Wasser	Trocken
Fichte	40÷70 Jahre	250÷400 Jahre	120÷200 Jahre
Kiefer	40÷85 „	250÷400 „	120÷200 „
Lärche	40÷85 „	—	—
Eiche	100 „	unbegrenzt	300÷350 „
Buche	10÷60 „	unbegrenzt	300÷800 „

Im allgemeinen muß allerdings betont werden, daß es nicht möglich ist, die Dauer eines Holzes unter bestimmten Verhältnissen im voraus anzugeben, da die Umstände, unter denen dasselbe gewachsen, geschlagen, getrocknet ist, zu verschieden sind; es können daher nur allenfalls einige allgemeine Anhaltspunkte über seine mutmaßliche Lebensdauer gegeben werden.

Über die Dauer von Eisenbahnschwellen sind vielfach Beobachtungen vorhanden; die folgende Zusammenstellung gibt einige Zahlen über die Lebensdauer nicht getränkter Hölzer unter günstigen Umständen:

Eisenbahnschwellen aus	Fichtenholz	4 bis 5	Jahre
,, ,,	Tannenholz	4 ,, 5	,,
,, ,,	Kiefernholz	7 ,, 8	,,
,, ,,	Lärchenholz	9 ,, 10	,,
,, ,,	Eichenholz	14 ,, 16	,,
,, ,,	Buchenholz	$2^1/_2$,, 3	,,

Vorsichtsmaßregeln und Schutzmittel. Diese betreffen einerseits den Schutz des Holzes vor seiner Verwendung — insbesondere gegen den Einfluß der Feuchtigkeit beim Lagern — anderseits den Schutz des bereits verarbeiteten Holzes, um letzterem eine möglichst lange Lebendsauer zu sichern.

Die Vorbedingung für eine längere Dauer des Holzes bildet ein genügendes Austrocknen desselben; erst nach diesem können die verschiedenen besonderen Schutzverfahren eine nachhaltige Wirkung versprechen.

Frischgeschlagenes Holz wird am besten gegen die Angriffe von Insekten und Pilzen geschützt, wenn man es sofort aus dem Walde entfernt. Ist das nicht möglich, so bestreicht man die Schnittflächen mit fäulniswidrigen Mitteln, wie Teeröl oder Chlorzink, und beläßt dem Stamm die Rinde, die Zweige und das Laub, um eine größere Verdunstungsfläche für die wasserhaltigen Saftbestandteile zu schaffen („Auswachsen" des Holzes).

Im Walde bearbeitetes Holz, das nicht entfernt werden kann, muß luftig gestapelt und insbesondere bei anhaltend feuchter Witterung wiederholt umgestapelt werden.

Trocknen des Holzes an der Luft entfernt nur das hygroskopische Wasser, nicht aber die eiweißhaltigen, leicht zersetzbaren Saftbestandteile.

Das Trocknen des Holzes. 1. Natürliche Trocknung: Das frische Holz enthält etwa 50 v. H. Wasser, das „waldtrockene" 25 bis 30 v. H. Zwecks schnellerer weiterer Austrocknung empfiehlt es sich, das Holz bereits zerschnitten in Form von Balken, Brettern, Bohlen usw. zur Aufstapelung zu bringen.

Zweckmäßige Art der Aufstapelung: Die einzelnen, von einander durch kleine Leisten getrennten, gegen die Bodenfeuchtigkeit geschützten Holzlagen sind abwechselnd senkrecht zu einander aufzubringen. Die zwischenliegenden Holzleisten sind an ihrer Ober- und Unterseite ausreichend weit einzukerben, damit über und unter ihnen hinweg die Luft in der Längsrichtung der Hölzer durchstreichen kann. Die Stapel sind namentlich in der ersten Zeit — besonders bei lange anhaltender feuchter Witterung — öfter umzusetzen, da einzelne angefaulte Hölzer sehr leicht andere anstecken. Um das Holz dauernd gegen die Einwirkung von Sonne und Regen zu schützen, sind die Stapel mit einem leichten, ausreichend vorkragenden Dache zu überbauen. Ohne einen derartigen Schutz tritt — abgesehen vom Schwinden, Reißen, Faulen — ein „**Vergrauen**" des Holzes ein, d. i. eine filzige Umwandlung der Holzoberfläche, verbunden mit einer grauen, manchmal seidenartig glänzenden Verfärbung, die ein Anzeichen der Zerstörung der obersten Holzzellen ist.

Weiches Holz braucht 2 bis 3 Jahre, ehe es vollkommen lufttrocken ist, d. h., an die Luft kein Wasser mehr abgibt, hartes Holz 4 bis 5 Jahre. Auch das lufttrockene Holz besitzt immer noch einen Wassergehalt von 15 bis 20 v. H.

2. Künstliche Trocknung: Man unterscheidet drei Arten der künstlichen Trocknung des Holzes, nämlich das Dörren, das Dämpfen und das Auslaugen.

a) Das Dörren

Dieses wird in besonderen Trockenkammern bewirkt, welche an ihrem Boden Heizrohre für Wasser- oder Dampfheizung und an einer der Längswände einen der Luftbewegung dienenden Ventilator besitzen. Bei ganzen Stämmen oder starken Hölzern muß sich die Erwärmung, um ein Reißen des Holzes auszuschließen, zunächst in mittleren Graden (etwa 30 bis 50° C) bewegen, während sie bei mehrfach geteilten Hölzern 80 bis 95° C betragen kann. Wirkt der Luftstrom täglich 12 Stunden, so rechnet man

bei einer Dicke von	2,5	5	7,5	10	15	20 cm
die Trockenzeit zu	1	2	3	4	7	10 Wochen.

b) Das Dämpfen

Das Dämpfen des Holzes geschieht in geschlossenen Behältern oder gemauerten Gruben, wobei demselben überhitzter Wasserdampf von höchstens 100° C möglichst von vielen Seiten zugeleitet wird, um in die Poren einzudringen, die Saftbestandteile aufzulösen und nach eingetretener Verdichtung in Form von Wasser zum Abflusse zu gelangen. Für die Haltbarmachung des Holzes hat das Dämpfen keinen besonderen Wert und hat fast stets eine Festigkeitsverminderung zur Folge. Hingegen läßt sich gedämpftes Holz — namentlich in geringeren Stärken — leicht in beliebige Form bringen, eine Eigenschaft, welche für verschiedene Zwecke, wie für die Herstellung gebogener Möbel, Radfelgen usw. ausgenützt wird.

c) Das Auslaugen

Dieses beruht auf der Lösung und Fortführung der löslichen Bestandteile des Baumsaftes durch Einbringen des Holzes in fließendes Wasser. Die Wirkung ist hier natürlich geringer als bei den früher beschriebenen Trocknungsarten, dafür sind aber auch die Kosten erheblich geringer. Die Baumstämme werden mit dem Kopfende nach unten unter fließendes Wasser gebracht und in demselben je nach der Weichheit oder Härte des Holzes bzw. nach seinem Harzgehalte einige Monate bis (bei der Eiche) zwei Jahre belassen. Nadelhölzer sollen nicht allzulange ausgelaugt werden, da sonst der Harzgehalt und damit die das Holz schützenden Stoffe eine Verminderung erfahren. In ähnlich günstigem Sinne wie das Auslaugen wirkt auch das Flößen auf das Holz ein, weshalb von diesem bei der Holzbeschaffung tunlichst Gebrauch gemacht werden sollte.

Anstriche. Diese können stets nur einen vorübergehenden Schutz gewähren und bedürfen nach gewissen Zeiträumen immer wieder der Erneuerung. Sie können auch nur lediglich dazu dienen, äußere Einflüsse vom Holz fernzuhalten; die von der Zersetzung der Holzfasern ausgehende Zerstörung vermögen sie nicht zu hindern.

Zu den bekanntesten Anstrichmitteln gehören:

Karbolineum-Avenarius (ein Steinkohlenteer-Erzeugnis): 1 kg genügt zum Anstriche von 4 bis 6 m². Empfehlenswert ist ein doppelter oder dreifacher Anstrich, u. zw. unter Erwärmung des Karbolineums, da seine Streichbarkeit hiebei zunimmt.

Barol, ein gekupfertes Patentkarbolineum (der chemischen Fabrik Nördlinger, Flörsheim a. M.): Von sehr guter Wirkung für die Erhaltung des Holzes, der Preis etwa $^2/_3$ des Karbolineum-Avenarius.

Antinonnin (ein Steinkohlenteer-Erzeugnis) der chemischen Fabriken Bayer & Co., Elberfeld: In Form einer orangegelben Paste, welche sich leicht in Wasser löst und in einer Lösung von $^1/_5$ bis 2 v. H. verwendet wird. Das in der Regel mehrmals gestrichene Holz erhält eine stark gelbe Färbung. Gute Ergebnisse bei in den Boden eingerammten Pfählen. Einen guten Oberllächenschutz erhält das Holz auch durch einen nachträglichen Anstrich mit Weißkalk, der in einer Antinonninlösung angerührt wurde.

Everlasting cover (der chemischen Fabrik Otto Friedländer, Zell a. d. Pram, Oberösterreich), ein wasserunlösliches, alkali- und säurefestes Anstrichmittel, das auch in Kittform verwendet wird, haftet untrennbar fest auf dem Holz, bleibt stets elastisch, springt und reißt nicht und folgt bei Wärmeschwankungen der Bewegung seiner Unterlage. Es widersteht allen atmosphärischen Einflüssen (Regen, Sturm, Eis, Schnee), rinnt nicht ab bei Wärmegraden bis zu 70° C und schützt seine Unterlage vor Rauch-, Säuredämpfen usw. In seiner strichfertigen Form findet „Everlasting cover" auch Verwendung als Bedachung auf Holz, woselbst es eine geschlossene Decke bildet. Als Kittmasse dient dasselbe auch zum Einkitten von Oberlichtfenstern, gesprungenen Holz- und Blecheinfassungen usw. 1 kg reicht für etwa 4 m² Anstrich auf Holz bei 1 mm Stärke.

Zur besseren Erhaltung rauher, nicht gehobelter Hölzer, die der Witterung ausgesetzt sind, dienen:

Der schwedische Anstrich: Aus Heringslake, Schlämmkreide, Roggenmehlkleister und etwas Ocker.

Der finnische Anstrich: Aus Tran, Kolophonium, Roggenmehlkleister und Zinkvitriol; 2 kg Zinkvitriol, in 45 l heißem Wasser gelöst, werden dem aus 5 kg Roggenmehl und 15 l kaltem Wasser bereiteten Kleister zugesetzt, sodann die Lösung von 1,5 kg Kolophonium in 10 kg heißem Tran und beliebige Erdfarben beigemischt.

Reiner Holzteer, der dem Holze eine schöne rotbraune Farbe gibt.

Steinkohlenteer, nur für den einzugrabenden Teil von Pfählen zum Schutze gegen Erdfeuchtigkeit.

Anstriche auf gehobeltem Holz:

Ölfarbenanstrich: Vor dem Anstreichen Holzflächen durch Verkitten der Fugen (Ölkitt aus Firnis und Kreide) sowie durch Schellacküberzug auf harzigen Stellen und Ästen vorbereiten. Hierauf — womöglich heiß aufzutragende — Tränkung mit Leinöl. Erwärmung des Öles wegen sonst zu großer Hitzeentwicklung im Wasserbade. In Räumen, in denen schweflige Gase auftreten können, z. B. in Laboratorien, muß der Ölfarbe, falls ein rein weißer Anstrich erzielt werden soll, anstatt Bleiweiß das weniger gut deckende Zinkweiß beigemengt werden. Um den Anstrich glänzender und haltbarer zu machen, Überzug mit Lack, u. zw. auf farbigem Anstrich Kopallack, auf weißem Anstrich Dammarlack.

Leinölersatz: Leimwasser wegen Beeinträchtigung der notwendigen innigen Verbindung zwischen Holz und Ölfarbe schädlich.

Haltbarmachung durch Einbringen fäulniswidriger Stoffe (Imprägnierung): Die Notwendigkeit, Holz gegen vorzeitigen Verfall zu schützen, ergibt sich überall dort, wo dasselbe in großen Mengen verbraucht wird, wie z. B. bei den Masten für Licht-

und Kraftleitungen, Gruben und Bergwerken mit ihren Anlagen über und unter Tage, Eisenbahnschwellen, ferner bei Hafenanlagen, Landungsstegen, Badehäusern, Scheunen, Kühltürmen, Holzpflaster, Holzschiffen usw.

Besonders wirtschaftlich erweist sich die Durchtränkung für solche Verwendungszwecke, bei denen die Lebensdauer der rohen Hölzer nur kurz ist. So beträgt dieselbe bei kiefernen Eisenbahnschwellen 7 bis 8 Jahre, bei Buchenschwellen 2 bis 3 Jahre, bei kiefernen Pflasterklötzen oft nur 3 Jahre, bei Grubenhölzern in Wetterstrecken höchstens 1 Jahr und bei Wasserbauhölzern in den vom Bohrwurm heimgesuchten Gewässern oft nur einige Monate.

Die Lebensdauer durchtränkter Hölzer beträgt dagegen bei kiefernen Schwellen etwa 20 Jahre, bei buchenen Schwellen 30 Jahre, bei kiefernen Pflasterklötzen 10 bis 15 Jahre, bei Grubenhölzern wenigstens 8 Jahre, bei Wasserbauhölzern 20 Jahre und mehr.

Um den günstigen Einfluß der Durchtränkung des Holzes auf seine Lebensdauer zahlenmäßig zu belegen, sollen in der folgenden Zusammenstellung die wegen Fäulnis erforderlichen Auswechslungszeiten nach Versuchen an Eisenbahnschwellen wiedergegeben werden:

Auswechslung wegen Fäulnis	Fichte und Tanne		Kiefer		Buche		Eiche	
	natürlich %	getränkt %	natürlich %	getränkt %	natürlich %	getränkt %	natürlich %	getränkt %
nach 5 Jahren	42,8	28,3	13,36	1,6	100	4,3	4,5	0,2
„ 7 „	93,4	48,7	37,3	3,2	—	10,8	10,6	0,8
„ 10 „	—	—	67,7	11,6	—	11,5	31,1	3,5
„ 13 „	—	—	100	41,8	—	25	34,9	12,1

Die bekanntesten Tränkungsverfahren sind:

Das Boucherisieren: Behandlung mit Kupfervitriol; nur für junge, nicht entrindete Stämme anwendbar. Eine Lösung von 100 Gewichtsteilen Wasser und 1 bis 1,5 Teilen Kupfervitriol wird aus 10 bis 12 m hochstehenden Bottichen durch das Stammende des höchstens 9 bis 10 Tage vorher gefällten Holzes unter dem Druck der Flüssigkeitssäule eingepreßt, wobei das Eintrittsende mit einer luftdicht schließenden Kappe versehen werden muß. Der Zellsaft wird dadurch verdrängt und am Zopfende erscheint die blaue Kupfervitriollösung. Für 100 m^3 Holz sind etwa 95 bis 100 kg Lösung erforderlich. Häufige Anwendung dieses Verfahrens für Eisenbahnschwellen und Telegraphenstangen. Zeitdauer der Tränkung für eine Stammlänge von 10 m etwa 12 bis 14 Tage.

Das Kyanisieren: Behandlung mit Quecksilberchlorid. Das Holz wird in einem Holzbottich, der frei von Eisenteilen sein muß, der Einwirkung der Lauge (300 Teile Wasser und 2 Teile Quecksilberchlorid) ausgesetzt. Im wesentlichen findet hier nur eine Oberflächentränkung statt. Für Nadelhölzer sind etwa 8 bis 10 Tage, für Laubhölzer 12 bis 14 Tage zur Tränkung erforderlich.

Das Burnettisieren: Behandlung mit Chlorzinklösung allein oder unter Zusatz von karbolsäurehaltigem Teeröl. Das Holz wird in luftdicht zu verschließende Kessel eingebracht und durch Dampf von $1^1/_2$ Atm. Spannung

3 Minuten erhitzt. Nach Ablassen des Dampfes wird 10 Minuten lang eine Luftverdünnung von 60 cm am Vakuummeter gehalten, worauf die 65° C warme Chlorzinklösung unter 7 Atm. Druck 30 Minuten lang zur Wirkung kommt.

Mit Zinkchlorid getränktes Holzwerk nimmt später sehr gut Anstriche — namentlich Ölanstriche — an, so daß sich die vorgenannte Tränkungsart auch für besonders gefährdete Holzteile des inneren Ausbaues, wie Fensterkreuze, Türen, Balkenvorköpfe, Verkleidungen u. dgl. eignet.

Das Verfahren der Rüping-Rütgers-Werke (Spartränkung): Auch für nasse Hölzer anwendbar, wenn zu Beginn ein Trocknen durch Erhitzen der Hölzer in heißem Öl erfolgt und das Wasser unter geringer Luftverdünnung verdampft wird.

Zu Beginn wird eine Füllung der Holzporen durch 10 Minuten dauernde Einwirkung von Preßluft unter 1,5 bis 4 Atm. bewirkt, worauf stets unter Luftverdünnung Teeröl von etwa 70° C unter einem Druck von 7 Atm. $^1/_2$ bis 1 Stunde lang zur Wirkung kommt.

Nachdem das Öl durch Preßluft von etwas höherem Druck entfernt ist, wird durch eine darauffolgende Luftverdünnung von 60 cm, die etwa 10 Minuten dauert, die Luft aus dem Holz durch Ausdehnung herausgetrieben, wodurch auch das überschüssige Öl entfernt wird.

Kreosotöl, Holzteer, Karbolsäure, schwere Teeröle: Durch alle diese der Holz- bzw. Steinkohlendestillation entstammenden, fäulniswidrigen Verbindungen werden die Eiweißbestandteile des Holzes in unlösliche Verbindungen übergeführt und zudem die Oberfläche des Holzes wasserabweisend gemacht. Besonders günstig wirkt die Kreosotierung von Hölzern, die im Seebau Verwendung finden, da Kreosot neben der Erhaltung des Holzes zugleich einen bewährten Schutz gegen den Angriff von Seetieren (Bohrwürmern) bildet.

Das Cobra-Verfahren: Patent der „Cobra"-Holzimprägnierungsgesellschaft m. b. H., Bad Kissingen.

Entgegen der in Europa zur Regel gewordenen Behandlung des ganzen zu schützenden Holzteiles, beschränkt diese neuzeitliche Durchtränkung des Holzes den stärksten Schutz auf den am meisten gefährdeten Bereich, wobei sich dieser beispielsweise bei Holzmasten auf eine Strecke von 30 cm über und 80 cm unter Tag, somit insgesamt auf 110 cm beschränkt. Innerhalb dieses Bereiches werden dem Holz durch 180 bis 200 Impfstiche hochfäulniswidrige Stoffe zugeführt, welche nach allen Richtungen in das Holz abwandern und in einem Zeitraum von dreiviertel- bis anderthalb Jahren die vollständige Durchsetzung desselben mit dem Impfstoff bewirken. Um das Holz auch während dieses Zeitraumes vor Fäulnis zu schützen, erfolgt ein stark fäulniswidriger Anstrich der Gefahrzone, welcher das Faulen des Holzes bis nach Beendigung des Durchtränkungsvorganges verläßlich zu verhindern vermag.

Mittels obigen Verfahrens können sowohl noch nicht eingebaute als bereits eingebaute, ebenso aber auch bereits stellenweise von der Fäulnis angegriffene Bauteile mit Erfolg behandelt werden. Die Kosten der Durchtränkung stellen sich wesentlich geringer als bei den üblichen Verfahren, zumal dieselbe an Ort und Stelle und auch durch ungelernte Arbeiter erfolgen kann.

In Amerika, Deutschland, Finnland, Litauen, Polen, Österreich usw. wurden bisher bereits über 160.000 Holzmaste nach dem oben beschriebenen Verfahren behandelt.

Der Feuerschutz des Holzes. Die meisten Brände entstehen bekanntlich aus geringfügigen Ursachen. Durch eine kleine Flamme, ein weggeworfenes brennendes Zündholz, einen glimmenden Körper usw. können nicht entsprechend geschützte Holzteile leicht in Brand geraten. Ebenso sind Schindeldächer, Magazine oder hölzerne Überdachungen in der Nähe von Bahnanlagen bei Fehlen eines Feuerschutzes stets in Gefahr, durch Funkenflug in Brand zu geraten.

Wenn es auch nicht möglich ist, Holz unverbrennlich zu machen, so gibt es heute doch zuverlässige Schutzmittel, durch deren Anwendung das Entflammen des Holzes und damit die Weiterverbreitung eines Schadenfeuers verhütet werden kann.

Um sich ein richtiges Bild von den an ein zuverlässiges Feuerschutzmittel zu stellenden Anforderungen machen zu können, ist es notwendig, sich das Verhalten organischer Stoffe gegen hohe Wärmegrade und Feuer zu vergegenwärtigen:

Die meisten organischen Stoffe bestehen aus Kohlenstoff (als Hauptbestandteil), aus Wasserstoff und Sauerstoff. Bringt man derartige Stoffe (z. B. Holz, Baumwolle) bei Luftzutritt mit auch nur glühenden oder hocherhitzten, aber nicht mit Flamme brennenden Körpern in Berührung, so werden erstere je nach ihren Eigenschaften leichter oder schwerer ins Glimmen kommen (z. B. glühendes Eisen in Berührung mit Holz); ein Teil des Kohlenstoffes verbrennt unter Glühen und die brennbar flüchtigen Gase entweichen anfangs, solange ihr Entzündungspunkt nicht erreicht ist, ohne zu entflammen. Verbreitet sich die Glut unter Luftzutritt, so entzünden sich die flüchtigen Gase infolge der gesteigerten Hitze und bilden dann die Flamme.

Die Aufgabe der Feuerschutzmittel besteht nun darin, zu bewirken, daß die mit ihnen behandelten Gegenstände dort, wo sie der unmittelbaren Flamme ausgesetzt sind, nur glühen und verkohlen und die entweichenden Gase mit nur wenig leuchtender Flamme verbrennen, ohne daß sich jedoch die Flamme weiter verbreiten kann; mit einem zuverlässigen Feuerschutzmittel behandelte Gegenstände dürfen demnach weder durch Anzünden noch durch eine nur auf einen Teil von ihnen wirkende Flamme zum Verbrennen gebracht werden.

Der Vorteil derartiger Schutzmittel für die Feuersicherheit hölzerner Bauwerke ist, wie leicht einzusehen, ein außerordentlich großer, denn wenn das Holzwerk nicht mit Flamme brennen kann, so kann sich auch ein Feuer nicht oder nur durch die etwa entstehenden glühenden Kohlen weiterverbreiten. Aus der Vereinigung der Unentflammbarkeit mit der Verhütung der Weiterverbreitung von Bränden erhellt die hohe Bedeutung guter Schutzmittel gegen Entflammung. Zwar können dieselben nicht für jeden beliebigen Brand ausreichend sein, wohl aber sollen sie kleine oder Entstehungsbrände insoweit beschränken, daß der Feuerherd durch die mit ihnen behandelten Bauteile weder vergrößert noch weiterverbreitet werden kann.

Als Mittel, um die Entflammbarkeit des Holzes zu verringern bzw. zu verhüten, kommen in Betracht:

a) Besondere Bearbeitung des Holzes,

b) Umhüllung des Holzes mit schlechten Wärmeleitern,

c) Schutzanstriche und Imprägnierung.

a) Besondere Bearbeitung des Holzes

Durch eine glatte Bearbeitung nicht nur der Flächen, sondern vor allem der Kanten und durch Rundarbeiten der letzteren wird, wie sowohl Versuche als auch Erfahrungen — insbesondere bei Speicherbränden — gezeigt haben, bewirkt, daß das Holz erst nach längerer Einwirkung des Feuers brennt und auch nur sehr langsam von außen nach innen zu verkohlt, so daß die Holztragwerke ihre Standsicherheit längere Zeit auch im Schadenfeuer bewahren.

b) Umhüllung des Holzes mit schlechten Wärmeleitern

Verkleidung mit etwa 8 mm starker Asbestpappe, auf diese als Schutz gegen Beschädigungen dünnes Eisenblech (Schwarzblech);

Weißkalk- oder Zementmörtelverputz auf einem Rohr- oder Drahtgeflecht;

Korksteinplatten mit Weißkalkmörtelverputz, Gips- oder Tektondielen mit Verputz.

c) Schutzanstriche und Imprägnierung

Im einschlägigen Schrifttum finden sich die verschiedenartigsten Anweisungen über die Herstellung feuerschützender Anstriche und Imprägnierungsmittel, von denen hier Interesses halber einige angegeben werden sollen. Nähere Vorschriften über die Verwendungsweise dieser Schutzmittel, die Art ihrer Aufbringung, die Dauer ihrer Wirksamkeit usw. sind — vermutlich aus Mangel an entsprechenden Erfahrungen — nirgends angegeben, weshalb ihre Verwendung — insbesondere in wichtigen Fällen — ohne vorherige Anstellung entsprechender Versuche kaum ratsam erscheint.

Einen der wichtigsten Bestandteile der erwähnten Feuerschutzanstriche bildet das Wasserglas (eine Verbindung von Kieselsäure mit Alkalien, Kali oder Natron), eine sirupdicke, fast farblose Flüssigkeit, welche beim Trocknen glasartig erhärtet, in feuchter Luft aber schnell zersetzt wird. Die Kohlensäure der Luft verbindet sich mit dem Alkali, wobei die Kieselsäure ausgeschieden wird; dadurch erklärt sich, daß Wasserglasanstriche im Freien, wenigstens auf Holz, nur von sehr kurzer Wirkungsdauer sind. Größer wird ihre Widerstandsfähigkeit, wenn das Wasserglas mit gewissen Farben gemischt wird, was aber nur bei starker Verdünnung des Wasserglases mit Wasser unter Herabminderung der Sicherheit des Feuerschutzes geschehen kann.

Anstrichmittel unter Verwendung von Wasserglas:

1. Wasserglas, mit der halben Gewichtsmenge Wasser verdünnt und etwas Ton oder Kreide beigemengt; zwei- bis fünfmaliger Anstrich, hierauf Überzug mit reinem Wasserglas.

2. 35 v. H. Wasserglas, 35 v. H. Schwerspatpulver, 1,4 v. H. Zinkweiß, 28 v. H. Wasser, mehrmals aufgetragen.

3. 25 Gewichtsteile Schwerspatpulver, 1 Gewichtsteil Zinkweiß, 20 Gewichtsteile Wasser, hierauf 3 Gewichtsteile Wasserglas, dreimal aufgetragen.

4. Holz mit dickflüssiger Lösung von 1 Teil Natriumsilikat in 2 bis 3 Teilen Wasser zwei- bis dreimal gestrichen, wobei jeder Anstrich erst nach Trocknen des vorangegangenen aufzubringen ist; hierauf Anstrich mit Kalkmilch; nach dem Trocknen Anstrich mit 2 Teilen in Wasser gelöstem Wasserglas. Das Holz wird sehr hart und zeigt gegen Stichflamme großen Widerstand.

Anstrichmittel ohne Verwendung von Wasserglas:

1. Gebrannter Kalk mit Chlorkalziumlösung gelöscht.
2. Gesättigte Lösungen von schwefel- und phosphorsaurem Ammoniak.

3. Borsaures Ammonium.
4. Dreifacher Anstrich mit einer Lösung aus 3 Teilen Alaun und 1 Teil Eisenvitriol, zum Schlusse unter Beimengung feinverteilten Tons.

Imprägnierungsmittel:
1. Gut getrocknetes Holz wird in einen mit Kalkmilch gefüllten Kessel gebracht und unter erheblichem Druck mit schwefliger Säure getränkt (Moores Verfahren).
2. Unter Druck erfolgende Tränkung mit phosphor- oder schwefelsaurem Ammonium (Verfahren von Gautsch).
3. Das Holz wird mehrere Stunden in eine kochende Lösung von 3 Teilen Manganchlorür, 2 Teilen Phosphorsäure, 1 Teil Magnesiumkarbonat, 1 Teil Borsäure, 3 Teilen Ammoniumchlorid in 100 Teilen Wasser gebracht, hierauf in einem warmen Raum getrocknet. Bei Verwendung dieses Verfahrens soll die Entflammbarkeit fast gänzlich vernichtet werden.

Ergebnisse feuerpolizeilicher Untersuchungen. Im Hinblick auf die hohe wirtschaftliche Bedeutung, welche dem Feuerschutz des Holzes — besonders in der heutigen kapitalsarmen Zeit — zukommt, ist es außerordentlich zu begrüßen, daß in den letzten Jahren seitens verschiedener maßgebender Behörden eingehende Versuche über die Wirksamkeit und Dauerhaftigkeit verschiedener auf den Markt gebrachter Feuerschutzmittel angestellt wurden, deren Ergebnisse nunmehr fruchtbringend verwertet werden können.

In den genannten Gutachten werden genaue Vorschriften über die erforderliche Art und Weise der Aufbringung der untersuchten Anstrichmittel in wettergeschützten Räumen und im Freien, über die Wirksamkeit der Anstriche und die Notwendigkeit ihrer Wiederholung gegeben.

Als eines der zuverlässigsten derzeit bekannten Feuerschutzmittel kann auf Grund der erwähnten feuerpolizeilichen Untersuchungen der in Deutschland hergestellte Duffag-Anstrich (früher U-Fix-Anstrich genannt) angesehen werden. Derselbe enthält reines Wasserglas ohne jeden Wasserzusatz, welches infolge eines besonderen Verfahrens weder durch die Kohlensäure der Luft noch durch Feuchtigkeit zersetzt wird. Der Anstrich dringt auch in unverdünntem Zustand tief in die Poren des Holzes ein und wird derart fest, daß er von seiner Unterlage nur mit Gewalt entfernt werden kann. Das Auftragen ist nur auf Flächen möglich, die nicht vorher mit Öl- oder Leimfarbe gestrichen waren. Auf gehobelten Flächen haftet der Anstrich ebensogut wie auf rauhen. Ein Abblättern wurde bisher in keinem Falle wahrgenommen.

Einen besonders guten Feuerschutz bildet der sogenannte Duffag-Sandzement, ein Gemenge von etwa 1 Teil Duffag-Bindemittel und 3 bis 4 Teilen feinstem Sand, welches leicht auf der Holzfläche aufgetragen werden kann und nach dem Trocknen so fest sitzt, daß es nur mit Gewalt von der Unterlage losgeschlagen werden kann. Statt Sand kann man auch Torf- oder Korkmehl verwenden.

Die Art und Weise der Aufbringung der Duffag-Anstriche ist durch nachstehend auszugsweise wiedergegebene bau- und feuerpolizeiliche Vorschriften festgelegt:

„Die zu schützenden Holzteile sind allseitig mit einem zweimaligen, soweit sie der Witterung ausgesetzt sind, mit einem dreimaligen Anstrich zu versehen. (Zwischen jeder Wiederholung des Anstriches ist ein Zeitraum von 24 Stunden einzuschalten.) Mechanisch abgenützte Flächen und Stoß- oder Rißfugen müssen laufend rechtzeitig ausgebessert werden. Bei der Herstellung von Bretterwänden sind die Bretter zur Vermeidung ungedeckter Stoßfugen, die infolge von Austrocknung und Hitze entstehen können, *vor ihrer Verwendung* zu streichen. Der Anstrich der mit den Duffag-Präparaten behandelten Gegenstände ist alle 3 Jahre zu wiederholen, bis die Versuche über die Dauer der Wirksamkeit dieses Schutzmittels abgeschlossen sind."

Ähnlich günstige Versuchsergebnisse wie beim Duffag-Anstrich liegen auch über die in Österreich hergestellten *Antipyrogen-Erzeugnisse* vor, deren Schutz sich gleichzeitig auf die Fäulnisverhinderung beim Holz erstreckt.

F. Das Bauholz, seine Bearbeitung und Verwertung

1. Einteilung der Bauhölzer

a) Einteilung nach dem Querschnitt

Das Nutzholz, wie es in den Handel kommt, läßt sich in zwei Gruppen teilen, das *Waldnutzholz*, das ohne besondere Bearbeitung zum Verkauf gelangt, und das *Baunutzholz*, das je nach seinem Verwendungszweck eine bestimmte Form erhalten muß. Je nach der Art der Zumessung, ob eine feste oder geschichtete Holzmasse in den Handel gelangt, wird das Holz im ersteren Falle nach *Kubikmetern* (*Festmetern*), im letzteren Falle nach *Raummetern* berechnet, wobei unter Festmeter 1 m^3 zusammenhängenden Holzes, unter Raummeter 1 m^3 geschichteter Holzmasse verstanden wird.

Das Bauholz wird wesentlich in drei Formen verwendet, als **Rundholz, Kantholz und Schnittholz.** Rundholz ist meist schon der Rinde beraubt (bebeilt). Aus demselben wird das Kantholz erzeugt, welches je nach der Ausbildung der Kanten als scharfkantig, vollkantig oder baumwalzig bezeichnet wird.

Kantholz. Nach den Querschnittsabmessungen wird *extrastarkes*, *Mittel-* und *Kleinbauholz* unterschieden.

Das aus dem Stamm gewonnene Balkenholz wird entweder ungeteilt als *Ganzholz* oder geteilt als *Halbholz*, *Kreuzholz*, *Sechstelholz*, *Achtelholz* usw. [Abb. 72 *a*) bis *d*)] verwendet. Ganzholz erhält entweder einen quadratischen oder rechteckigen Querschnitt, in letzterem Falle in der Regel mit einem Seitenverhältnis $1:\sqrt{2}$ oder 5 : 7, da ein solches die größte Tragfähigkeit des Querschnittes ergibt.

a) *b)* *c)* *d)*

Abb. 72 *a*) bis *d*)

Schnittholz. Beim Schnittholz unterscheidet man

Bretter	1,5	bis	4,5	cm stark,
Pfosten	5,0	,,	7,5	,, ,,
Bohlen	8,0	,,	10,0	,, ,,

Das Schnittmaterial kommt gewöhnlich besäumt in den Handel, d. h., die Baumwalzen an den Längsseiten sind abgeschnitten. Unter **Schwarten** versteht man die seitlichen Abfälle, die sich beim Schneiden des Holzes ergeben. **Latten** sind in Streifen zerlegte Bretter, gewöhnlich 2 bis 3 cm dick, 4 bis 6 cm breit.

Normalabmessungen. Die im Jahre 1898 vom Verbande deutscher Baugewerkmeister unter Zustimmung der staatlichen Verwaltungen und bautechnischen Verbände angenommenen Normalabmessungen für Bau- und Schnitthölzer sind die folgenden:

1. Bauhölzer

Breite in cm ...	8	10	12	14	16	18	20	22	24	26	28
Höhe in cm	8	10	12	14	16	18	20	28	24	25	30
	10	12	14	16	18	20	22		26	28	
		14	16	18	20	22	24		30		
				20	22	24	26				

Die Holzlängen gehen in der Regel von 5 bis 7 m und steigen in geradzahligen Dezimetern; üblich sind: 5,2, 5,4, 6,2 und 6,4 m.

2. Schnitthölzer (Bretter, Pfosten, Bohlen, Latten)

Längen: ...	3,0	4,0	4,5	5,0	5,5	6,0	7,0	8,0 m		
Stärken: ...	1,5	2,0	2,5	3,0	3,5	4,0	4,5	5,0	6,0	7,0
		8,0	9,0	10,0	12,0	15,0 cm.				

b) Einteilung nach der Bearbeitung und Güte

Man unterscheidet gebeilte, geschnittene und gehobelte Hölzer.

Als gebeilt gelten auch nur teilweise mit der Säge bearbeitete Hölzer.

„Baumwalzig": heißen Hölzer mit größerer Baumwalze bzw. Hölzer, bei denen die Säge alle vier Seiten des Querschnittes auf die ganze Länge berührt haben muß;

„Holz mit üblicher Baumwalze": Hölzer, bei denen die Baumwalze, übereck gemessen, bis $^1/_4$ der größeren Querschnittseite an Breite aufweisen darf;

„Vollkantig": Hölzer, bei denen die Baumwalze $^1/_7$ **bis höchstens** $^1/_6$ der größeren Querschnittseite betragen darf;

„Scharfkantig": Hölzer, welche bis 5 m Länge ohne Baumwalze sind; bei größeren Längen ist in diesem Teile Baumwalze an 2 Kanten von $^1/_{10}$ **bis höchstens** $^1/_7$ der Höhe, übereck gemessen, zulässig. Gehobelte scharfkantige Hölzer müssen an allen sichtbaren Flächen ohne Baumwalze sein.

„Möglichst astfreie" Hölzer dürfen kleine gesunde Äste, aber keine durchgehenden, großen, faulen oder losen Äste besitzen.

„Astfreie Balkenhölzer" dürfen bis auf 4 m Länge keine Äste, darüber hinaus nur gesunde, bis 4 cm im Durchmesser große Äste haben.

„Astfreie Kreuzhölzer" dürfen bis 4 m Länge keine Äste, darüber nur gesunde, bis 3 cm im Durchmesser große Äste haben.

„Möglichst astfreie Bretter" dürfen gesunde, bis 3 cm im Durchmesser große Äste besitzen.

„Astfreie Bretter" dürfen auf 4 m Länge keine Äste, darüber hinaus nur gesunde kleine Äste enthalten.

2. Die Bearbeitung des Holzes

Die Bearbeitung des Holzes erfolgt meist auf dem Werkplatz oder im Sägewerk. Manchmal wird das Rundholz noch unmittelbar im Walde mit der Axt roh unter Belassung der Baumwalzen vierkantig beschlagen (bewaldrechtet), damit es für die Zubringung leichter wird. Die eigentlich beabsichtigte Form erhalten die Stämme dann erst auf dem Werkplatz durch Beschlagen mit Axt und Beil oder durch Beschneiden mit der Handsäge (Schrotsäge, Furniersäge); heute erfolgt der Einschnitt des Holzes fast ausschließlich auf maschinellem Wege mittels Sägemaschinen, deren Benützung eine bedeutend bessere Ausnutzung des Holzes gestattet. Die weitere Bearbeitung des Bauholzes für seinen jeweiligen Verwendungszweck erfolgt je nach den obwaltenden Verhältnissen mittels Handarbeit oder auf maschinellem Wege.

a) Handwerkzeug des Zimmerers, Bau- und Möbeltischlers

1. Hobel:

Zum Glatthobeln: Schropp-, Schlicht- und Doppelhobel; Gesimshobel (Hobel mit langer, schmaler Sohle); Falzhobel mit besonderer Messerform zum Hobeln des Falzes; Fug- und Falzhobel, gewöhnlich mit zwei Messern (Hobeleisen) zum Verstellen durch Spindeln; Nut- und Federhobel, zum Hobeln von Nut und Feder;

2. Sägen: Handsäge, Schrotsäge, Fuchsschweif;

3. Stemm- und Stechwerkzeuge: Stemmeisen, Stechbeutel, Einlaßeisen;

4. Raspeln und Feilen;

5. Zangen, Schraubenzieher;

6. Hämmer und Hacken: Handbeil, Waldaxt, Zimmeraxt, Tischlerhammer, Stiftenversenker;

7. Bohrwinden und Bohrer: Schneckenbohrer, Spiralbohrer, Zentrumbohrer;

8. Werkzeuge zum Einspannen: Hobelbänke, Schraubenzwingen, Schraubknecht.

9. Meßwerkzeuge: Streichmaß, Winkel, Gehrungsmaß, Maßstab, Wasserwage.

b) Holzbearbeitungsmaschinen

Zum „Stammabkürzen", d. i. zum Zerteilen der langen Stämme in einzelne Klötze, werden in großen Sägewerken feststehende oder fahrbare „Baumstammquersägen" verwendet, welche entweder mit einem langen Blatt oder einem Kreissägeblatt ausgerüstet sind.

Sägemaschinen. Zum Teilen und Beschneiden des Holzes dienen hauptsächlich die Rahmensägemaschinen (Sägegatter), ferner die Band-, Kreis- und Pendelsägen.

Rahmensägemaschinen. Ein oder mehrere Sägeblätter werden mittels eines rechteckigen Rahmens (Gatter), in welchem sie fest eingespannt sind, geradlinig geführt, u. zw. entweder durch Auf- und Abwärtsbewegung in lotrechter Richtung (Vertikalgatter) oder mittels Hin- und Herbewegung in wagrechter Richtung (Horizontalgatter).

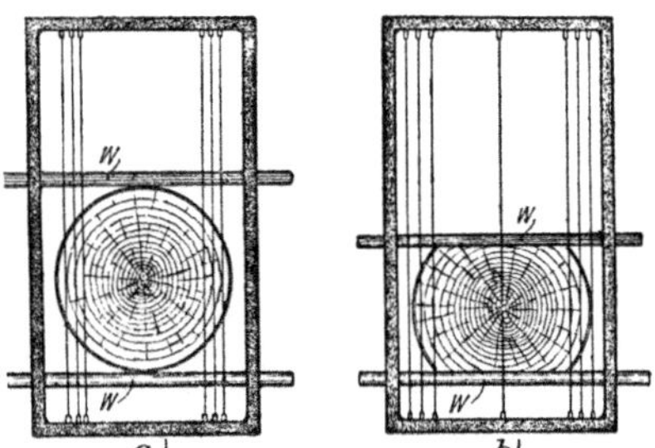

Abb. 73 a) und b)

Die Vertikalgatter [Abb. 73 a) und b)] dienen zum Schneiden von Bau- und Schnittholz jeder Art. Der Vorschub der Stämme erfolgt durch zwei Paar angetriebene Walzen (w), von denen die oberen in der Höhe, dem Stammdurchmesser entsprechend, leicht verstellbar und durch Gewichte belastet sind. Die Stämme werden mittels zweier eiserner Klotzwagen, die auf Schienen laufen, dem Gatter zugeführt. Die Abb. 73 a) und b) zeigen den Rahmen und die Sägeblattanordnung beim Einschneiden von Bauholz. Am meisten verwendet werden heute „schnellaufende Vollgatter", deren Tagesleistung je nach ihrer Größe und dem durch diese bedingten verarbeiteten größten Stammdurchmesser (0,2 bis 2,0 m) etwa 20 bis 50 m³ beträgt. Abb. 74 zeigt den Rahmen und die Sägeblattanordnung eines „Schwartengatters", bei welchem die beim Bauholzeinschneiden abfallenden Seitenteile (Schwarten) in dünne Bretter (Kistenbretter u. dgl.) zerlegt werden. Die Führung erfolgt hier mittels zweier in der Längsrichtung des Holzes wagrecht angeordneter verstellbarer Walzenpaare (w).

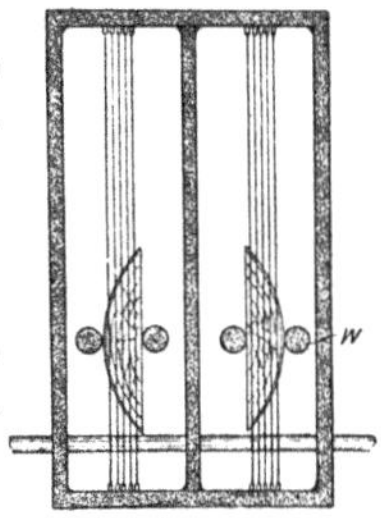

Abb. 74

Die Horizontalgatter (für Stämme bis 1,5 m Durchmesser) erfordern keinen so schweren Unterbau wie die Vertikalgatter, arbeiten in der Regel nur mit einem Blatt, das an einer Seite des Gatterrahmens befestigt ist, besitzen einen sehr sicheren Gang und liefern daher genaue Arbeit. Sie dienen vornehmlich zum Schneiden wertvoller harter Hölzer, Furniere usw.

Bandsägen: Blockbandsägen (lotrecht oder wagrecht gebaut) zum Schneiden starker Stämme, und Tischlerbandsägen. Ein dünnes, biegsames, bandartiges Sägeblatt über zwei Triebscheiben geführt. Die Leistungsfähigkeit ist eine gute, da die Säge niemals leer geht und eine sehr erhebliche Geschwindigkeit erhalten kann. Für Blockbandsägen Sägeblätter von 250 mm Breite und 11 bis 14 m Länge, für Tischlerbandsägen von 3 bis 60 mm Breite und 3 bis 8 m Länge.

Kreissägen: Der Einschnitt erfolgt hier mittels sich mit sehr großer Geschwindigkeit drehender, an wagrechter Achse angeschlossener kreisrunder Blätter. In mit Vollgattern ausgerüsteten Betrieben dient die Kreissäge vorwiegend zum Besäumen des Schnittmateriales. Verschiedenerlei Arten von Kreissägen werden auch zum Einschneiden von Bauholz schwächerer Abmessungen (etwa von $^{15}/_{15}$ abwärts) mit gutem Erfolg verwendet, z. B. die mit zwei Sägeblättern versehene automatische Bauholzkreissäge. Kreissägen finden bei Zimmermanns- und Tischlerarbeiten die mannigfaltigste Anwendung. Durchmesser des Sägeblattes 400 bis 1000 mm, Blattstärke 1 bis 6 mm.

Pendelsägen: Die Pendelsäge ist eine Abart der Kreissäge, bei welcher das Sägeblatt in einem von Hand bewegten Pendel gelagert ist. Diese Säge dient zum Schneiden von Hölzern auf bestimmte Längen.

Vorgang beim Einschneiden von Kant- und Schnittholz mittels Vollgatter:

Kantholz: 1. Schnitt („Das Prismieren"): Einstellung der beiden inneren Sägeblätter nach Abb. 73 a auf die Breite des einzuschneidenden Kantholzes, gleichzeitige Einstellung der äußeren Sägeblätter auf die gewünschten Brettbreiten;

2. Schnitt („Der Rückschnitt"): Der prismierte Klotz wird (Abb. 73 b) um 90° gedreht und in dem in nächster Nähe befindlichen Gatter unter Einstellung der Sägeblätter auf die vorgeschriebene Höhe des Kantholzes bzw. auf die erforderlichen Brettbreiten, durch das Gatter durchgeführt. Beim Einschneiden von Halb- und Kreuzholz, ebenso natürlich von Schnittholz, muß beim Einstellen der Sägeblätter auf den Sägeschnittverlust Rücksicht genommen werden, der für einen Schnitt mit 3 ÷ 5 mm Breite angenommen werden kann.

Seitenware: Die erzeugten Bretter bzw. Bohlen oder Pfosten werden der Kreissäge zum Besäumen zugeführt.

Schnittholz: Der Klotz wird beim einmaligen Durchlaufen durch das Gatter („scharfer Schnitt“) in die gewünschten Teile zerlegt, welche der Kreissäge zugeführt und von dieser besäumt werden.

Der Arbeitsbedarf der Sägemaschinen kann im allgemeinen für Gattersägen mit 0,5 bis 1 PS für das Sägeblatt, für Blockbandsägen mit 10 bis 30 PS (je nach der Holzart und den Holzabmessungen), für Tischlerbandsägen mit 1 bis 3 PS, für Kreissägen mit 2 bis 20 PS (je nach dem Sägeblattdurchmesser und der Holzart) angenommen werden.

Hobelmaschinen. Der wesentlichste Teil dieser Maschinen ist die mit einer großen Umdrehungsgeschwindigkeit (3000 bis 3500 Umdrehungen in der Minute) arbeitende Messerwelle mit im allgemeinen zwei von einem Messerkopf gehaltenen Stahlmessern. Zahl der Messerwellen bis fünf. Arbeitsbedarf je nach Holzart und Holzabmessungen 1 bis 4 PS für eine Messerwelle.

Je nach der Lage der Messerwellen, der Form der Messer und der durch diese bewirkten Schnittverrichtung unterscheidet man: Abrichtmaschinen, Dicken- und Kehl-Hobelmaschinen, Zapfenschneid-, Füge-, Nut- und Spundmaschinen.

Fräsmaschinen. Der wichtigste Teil derselben ist die kräftige, meist lotrecht gelagerte Fräserspindel, die oben den Messerkopf trägt. Umdrehungszahl 4000 bis 6000 in der Minute. Das Werkzeug (der Fräser oder Messerkopf) erhält meist zehn Schnittkanten für Rechts- und Linksgang. Nach der Form des Fräsers (der Messer) können die verschiedensten Arbeiten ausgeführt werden, wie Kehlen, Fügen, Nuten, Runddrehen usw. Arbeitsbedarf für jeden Messerkopf 1 bis 1,5 PS.

Bohr- und Stemmaschinen. Die gewöhnliche, nach Art der Metallbohrmaschine meist mit lotrechter Spindel gebaute Holzbohrmaschine dient zur Herstellung runder Löcher. Umdrehungszahl der Bohrspindel 2500 bis 4000 in der Minute. Arbeitsbedarf rund 1 PS.

Die Stemmaschine dient zur Herstellung rechteckiger Löcher und ist gewöhnlich mit einer Bohrmaschine vereinigt, die das runde Loch vorbohrt, in welchem dann das Stemmeisen das rechteckige Loch ausarbeitet. Hubzahl des Stemmeisens 150 bis 300 in der Minute. Arbeitsbedarf 1 PS.

Elektrisch betriebene Handbohrmaschine. Das Bohren von Löchern mit der Hand und den gewöhnlichen Zimmermannsbohrern ist bekanntlich sehr zeitraubend und anstrengend. Dasselbe kann in bequemer und schneller Weise mittels der leicht zu handhabenden elektrisch betriebenen Handbohrmaschine bewerkstelligt werden, wie sie z. B. die Allgemeine Elektrizitätsgesellschaft, Berlin, in den Handel bringt. Die Maschine besteht aus einem Elektromotor, der für alle Stromarten und Spannungen ausgeführt wird, und einem Zahnradvorgelege zur Herabminderung der Motordrehzahl auf die für den Bohrer erforderlichen Umdrehungen. Das Gewicht der Maschine beträgt 13 bis 15 kg. Dieselbe kann sowohl für lotrechte als für wagrechte Bohrung verwendet werden. In gleicher Weise kann auch das Ausfräsen von kreisförmigen Ausnehmungen, Nuten usw. auf elektrischem Wege erfolgen.

3. Das Ausnützungsverhältnis des Rundholzes und die Preisbildung von Bau- und Schnittholz

Das Ausnützungsverhältnis des Rundholzes ist von der Güte des Einschnittes (je nachdem scharfkantiges, vollkantiges oder baumwalziges Bauholz erzeugt wird), von der erforderlichen Länge des einzuschneidenden Holzes sowie von den verlangten Querschnittsabmessungen abhängig.

Güte des Einschnittes: Abb. 75 zeigt ein Beispiel der Ausnützung eines Rundholzstammes von 25 cm Zopfdurchmesser und 5 m Länge. Diese betrug

bei scharfkantigem Holz etwa 42 v. H.
,, vollkantigem ,, ,, 53 v. H.
,, baumwalzigem ,, ,, 63 v. H.

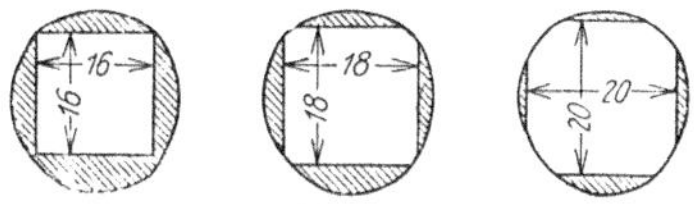

Abb. 75

Erforderliche Länge: Anderseits ergaben Rundholzstämme von verschiedenen Längen

bei 5 m ein Ausnützungsverhältnis von etwa 67 v. H.
,, 10 m ,, ,, ,, ,, ,, 56 v. H.
,, 15 m ,, ,, ,, ,, ,, 46 v. H.

Beim Einschneiden von Schnittware (Abb. 76) kann mit einem durchschnittlichen Ausnützungsverhältnis von etwa 70 v. H. gerechnet werden.

Abmessungen: Beim Einschneiden von Bauholz in den üblichen Längen von 4 bis 6 m kann das durchschnittliche Ausnützungsverhältnis wie folgt angenommen werden:

Abmessungen von 20 cm/20 cm aufwärts:

40 bis 43 v. H. Kantholz
20 v. H. Seitenware (u. zw. 15 v. H. Bretter in üblichen Längen, 5 v. H. Kürzungsware [d. i. unter 3 m]).

Abmessungen unter 20 cm/20 cm:

35 v. H. Kantholz
18 v. H. Seitenware (u. zw. 13 v. H. Bretter, 5 v. H. Kürzungsware).

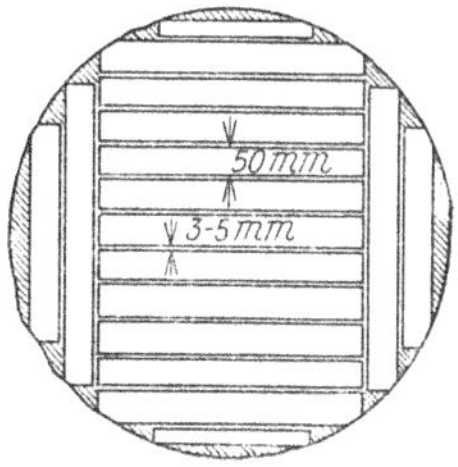

Abb. 76
Zopfdurchmesser
⌀ 65 *cm*
Ausnützung ~ 70 v. H.

Bestimmung des erforderlichen Zopfdurchmessers: Bezeichnen B die Breite, H die Höhe eines scharfkantig einzuschneidenden Kantholzes, mit dem ungefähren Seitenverhältnis 3 : 4 oder 5 : 7, so kann die erforderliche Zopfstärke mittels der Faustformel

$$\boxed{D = 0{,}72\ (B + H)}$$

bestimmt werden. Für Kantholz mit mehr quadratischem Querschnitt kann der Beiwert 0,71 verwendet werden. Beim gleichzeitigen Einschnitt von Halb- und Kreuzhölzern sowie von Schnittholz muß bei Bestimmung von B und H für jeden Sägeschnitt mit einem Schnittverlust von etwa 5 mm gerechnet werden.

Berechnung des Rauminhaltes von Rundholzklötzen: Die Verjüngung des Stammes beträgt bei „stark abschüssigen" Stämmen etwa 1 cm für den Meter, bei „schwach abschüssigen" Stämmen etwa ½ cm für den Meter. Unter dieser Annahme wird der Rauminhalt eines Rundholzklotzes aus seinem mittleren Querschnitt und seiner Länge berechnet.

Ein beispielsweise 6 m langer, stark abschüssiger Klotz von 25 cm Zopfdurchmesser besitzt einen Rauminhalt von

$$\frac{\left(0{,}25 + \frac{0{,}06}{2}\right)^2 \cdot \pi}{4} \cdot 6{,}0 = 0{,}369\ \text{m}^3.$$

Preisbildung von Bau- und Schnittholz: Beträgt der Stockpreis des Rundholzes x, so können die Kosten für die gesamte „Waldmanipulation" (d. s. Fällen, Entwurzeln, Abrinden, Zustreifen bis zu einem fahrbaren Weg) samt Zufuhr zum Sägewerk einschließlich Abladen bzw. Zufuhr bis zur nächstgelegenen Bahnhaltestelle einschließlich Verladen, bei einer Entfernung bis zu 5 km vom Sägewerk bzw. der Bahn mit etwa 100 v. H. des Stockpreises, für jeden Kilometer Mehrentfernung mit weiteren 10 v. H. desselben veranschlagt werden.

Die Kosten des Einschneidens samt allen mit diesem im Zusammenhange stehenden sonstigen Auslagen einschließlich Verladen können

für „laufende Ware" mit 33 v. H. des Preises frei Säge,
für „nach Liste" eingeschnittene Ware mit 45 bis 50 v. H.

angenommen werden.

Beispiel: Holzgewinnung etwa 9 km vom Sägewerk entfernt, Einschnitt laufender Ware:

Stockpreis	10,—
Fällen, Entwurzeln	2,—
Wälzen, Zustreifen	2,—
Zufuhr samt Abladen	10,—
Preis frei Säge	24,—
Einschnitt 33 v. H.	8,—
	32,—

Bei einem Ausnützungsverhältnis des Rundholzes von 60 v. H. berechnet sich der Preis von 1 m³ Kantholz samt Seitenware zu $P = \frac{32.100}{60} = 53{,}30$

4. Gesichtspunkte für den Bauholzeinkauf

Von großer Wichtigkeit bei Abschluß eines Bauholzlieferungsvertrages ist die Festlegung genau umschriebener Lieferungsbedingungen, welche sowohl was die Güte des Materials und des Einschnitts als die Einhaltung der bestellten Abmessungen betrifft, alle Punkte beinhalten sollen, durch deren gewissenhafte Einhaltung allein eine den fallweise zu stellenden Anforderungen vollkommen entsprechende Lieferung gewährleistet werden kann.

Außer den Anforderungen, welche in den nachfolgend angeführten allgemeinen Vorschriften an die Güte des Materials und des Einschnitts gestellt werden sollen, müssen dem Lieferanten je nach dem Verwendungszweck des bestellten Bauholzes — im Ingenieurholzbau beispielsweise bei Lieferung des Materials für die Fachwerkträger, aber auch bei zimmermannsmäßigen Herstellungen, wie Decken, Fußböden, Dach- und Deckenschalungen usw. — gewisse, genau umschriebene Lieferungsvorschriften gemacht werden, auf welche im folgenden ebenfalls kurz eingegangen werden soll.

Allgemeine Vorschriften: Alles Holz muß trocken, aus geradfaserigem Material erzeugt, gesund, namentlich frei von faulen und morschen Stellen*), insbesondere von schwarzen, durchfallenden oder kranken Ästen und von Wurmlöchern sein. Dasselbe soll außer leichten Sonnen- oder Luftrissen ohne Risse und Flecken sein (schwacher Rot- oder Blaustreif kann bei nicht der Witterung ausgesetzten Bauteilen zugelassen werden). Kantholz aus Eiche muß frei von Splint geliefert werden.

Die vorgeschriebenen Querschnittsabmessungen und Längen müssen genau eingehalten und daher Hölzer mit Unterlänge von der Lieferung ausgeschieden werden.

*) Siehe Anmerkung auf Seite 89.

Besondere Vorschriften:

a) Kantholz für Zimmererarbeiten

In der Bestellung ist anzugeben, ob das zu liefernde Kantholz scharfkantig, vollkantig oder baumwalzig sein soll, weiters ist entsprechend den Angaben auf Seite 83 festzulegen, in welchem Umfange unter Umständen eine Baumwalze zugelassen werden kann.

Drehwüchsiges Holz ist von der Lieferung auszuschließen. Hölzer mit einem Querschnitt bis 256 cm^2 müssen aus Kreuz- oder Halbholz bestehen.

Die im allgemeinen zu Zimmererarbeiten verwendeten scharfkantigen und vollkantigen Hölzer müssen in ihrer ganzen Länge eine gleichmäßige Stärke und ebene Flächen besitzen und rechtwinklig bearbeitet sein.

b) Kantholz und Bohlen für Arbeiten des Ingenieurholzbaues*)

Im Ingenieurholzbau darf nur vollkommen einwandfreies, gesundes Material verwendet werden. Alles Holz muß scharfkantig, parallel besäumt und, wenn nicht herzfrei, so wenigstens herzdurchschnitten sein, und darf nur wenige und nur kleine, gesunde, eingewachsene Äste enthalten. Vereinzelte Baumwalze kann auf kurze Längen, jedoch bis höchstens $^1/_{10}$ der größeren Querschnittseite zugelassen werden. Zu vermeiden sind insbesondere Risse an den Holzenden, da solche die Sicherheit der Stabanschlüsse (Dübeleingriffe) gefährden würden.

c) Bretter für Dach-, Wand- und Deckenverschalungen, Latten

Die übliche Verkaufsformel „gesund, faul- und bruchfrei" findet in Händlerkreisen oft eine derart dehnbare Auslegung, daß es sich auch beim Einkauf von Brettern empfiehlt, genaue Übernahmsvorschriften zu machen.

Schwacher Rot- oder Blaustreif kann bei Arbeiten im Innern zugelassen werden, bei äußeren Wandschalungen besteht hingegen unter Umständen die Gefahr einer Fortsetzung des Zersetzungsvorganges. Bretter mit losen oder durchfallenden Ästen sind weder für eine Dachschalung noch für eine Wandschalung geeignet. Dachlatten dürfen keine Astlöcher enthalten.

Bei Bestellung von Brettern sind die Stärke, die erforderliche durchschnittliche Breite und die Länge anzugeben, ferner ob die Bretter scharfkantig (besäumt) oder unbesäumt zu liefern sind. Besäumte Bretter müssen durch die ganze Länge gleich breit und dick sein; die Hirnflächen müssen einen senkrechten Schnitt aufweisen.

Bretter, die gehobelt werden sollen, müssen in der Bestellung ausdrücklich als „hobelfähig" bezeichnet werden.

d) Gespundete Bretter

Bei der Bestellung von gespundeten Brettern empfiehlt es sich, um unter Umständen späteres kostspieliges Nacharbeiten an der Baustelle zu vermeiden, ausdrücklich die Bedingung zu stellen, daß Nuten und Spunde bei sämtlichen Brettern derart gleichmäßig herausgearbeitet sein müssen, daß ein Nacharbeiten (Nachhobeln usw.) an der Baustelle unter allen Umständen ausgeschlossen ist. (Nachprüfung bei der Übernahme.)

---

*) Bei der Übernahme soll jedes Kantholz nicht oberflächlich, sondern von allen vier Seiten genau auf das Vorhandensein etwaiger angefaulter oder sonst erkrankter Stellen untersucht werden.

III. Abschnitt

Die Holzverbindungen

Bei aus einzelnen Hölzern zusammengesetzten Bauteilen müssen die Hölzer derart miteinander verbunden werden, daß kein Verschieben derselben gegeneinander stattfinden kann. Dies erreicht man hauptsächlich durch eine entsprechende Gestaltung der Holzverbindungen, indem die Teile, mit denen die Hölzer aneinanderstoßen, auf besondere Weise zugeschnitten und die Hölzer mit diesen Ausschnitten ineinandergefügt werden. Die auf diese Weise entstehenden Holzverbindungen müssen einfach, ohne großen Materialverlust auszuführen sein und genügende Sicherheit gegenüber den angreifenden Kräften bieten.

Zur Sicherung des Zusammenhaltes sowie zur Verstärkung der Holzverbindungen dient eine Reihe hölzerner und eiserner Befestigungsmittel, auf deren Beschreibung im folgenden eingegangen werden soll.

Bei der Herstellung von Bauteilen, welche große Kräfte zu übertragen haben, wie z. B. bei Fachwerkträgern großer Spannweite, erweisen sich die einfachen, sogenannten zimmermannsmäßigen Holzverbindungen nicht mehr ausreichend widerstandsfähig, weshalb zur Kraftübertragung besondere Verbindungsmittel notwendig werden, wie sie seit einer Reihe von Jahren im neuzeitlichen Ingenieurholzbau Verwendung finden.

I. Die einfachen Holzverbindungen

A. Die Befestigungsmittel

a) Die hölzernen Befestigungsmittel

Dollen. Kreisrunde oder quadratische — 26 bis 30 mm starke — Holzstückchen aus Hartholz (Eiche, Esche, Ahorn), die mit einer Hälfte ihrer Länge in das eine, mit der anderen Hälfte in das andere der beiden zu verbindenden Holzstücke fest eingetrieben, manchmal auch eingeleimt werden.

Dübel. Prismatische Holzstücke aus Hartholz, welche die Verschiebung zweier mit ihren Langseiten aufeinandergelegten Hölzer nach deren Längsrichtung verhindern sollen. Sie reichen fast stets durch die ganze Breite der zu verdübelnden Hölzer. Wegen Lockerung beim Zusammentrocknen schwach konische Form vorteilhaft; desgleichen keilförmige Gestaltung der Einschnitte und größere Länge der Dübel, um dieselben nach dem Austrocknen weiter eintreiben zu können.

Keile. Teils doppelt, teils einfach verwendet. Bei ersteren werden Hölzer mit ihren gleichlaufenden Flächen durch das Antreiben der Keile voneinander entfernt und dadurch in bestimmte Verbindungen fester hineingezwängt, bei letzteren werden Hölzer auseinandergetrieben, sehr häufig gespalten und dadurch in ihrem angewiesenen Lager befestigt. Die Verbindung mit Doppelkeilen ist meist eine lösbare, die durch Einzelkeile nicht.

Holznägel. Quadratisch zugeschnittene Holzprismen mit etwas abgefasten Ecken und einer stumpfen Zuspitzung an einem Ende. Herstellung aus gut federndem Holz (Ahorn, Salweide). Die Holznägel dienen zur Verbindung von Hölzern durch Eintreiben in vorgebohrte Löcher (hauptsächlich bei Zapfenverbindungen). Weite der Bohrung nicht größer als der in den quadratischen Querschnitt eingeschriebene

Kreis. Bei konischer Erweiterung der Bohrung an beiden Mündungen und Auseinandertreiben der Nagelenden durch kleine Keile ist die Verbindung unlösbar.

Federn. Zur Verbindung zweier Holzstücke, in denen zuvor Hohlräume (Nuten) zur Aufnahme des Verbindungsteiles geschaffen sind. Hauptsächliche Verwendung beim Zusammenfügen von nebeneinanderliegenden Brettern. Aus hartem Holz derart geschnitten, daß die Holzfaser quer zur Längsrichtung der Feder, daher auch der Fuge gerichtet ist. Bei langen Fugen bestehen die Federn aus einzelnen nebeneinander eingesetzten Stücken.

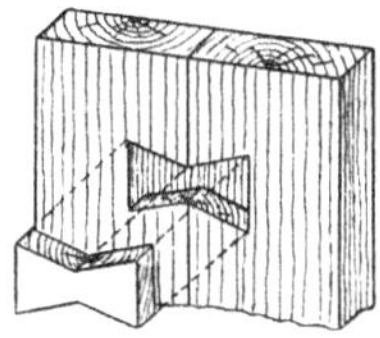

Abb. 77

Klammern. Entweder hakenförmig mit zwei Vorsprüngen in die zu verbindenden Hölzer eingreifend oder in doppelt schwalbenschwanzförmiger Form. (Abb. 77.) Genügende Wirksamkeit nur bei sehr zähem, hartem Holz.

b) Die eisernen Befestigungsmittel

Nägel. 1. Maschinen- (früher handgeschmiedete) Nägel mit quadratischem, verjüngtem Schaft und quadratischem, abgedachtem Kopf;

2. Drahtstifte mit kreisrundem, quadratischem oder dreikantigem Schaft, flachem, abgedachtem, rundem oder kegelförmigem Kopf und kurzer Spitze.

Für die Haltbarkeit der Nagelung sind die Form des Nagels, die Härte des Holzes und die Richtung des Nagels zur Holzfaser von großem Einfluß. Der Nagel hält durch den Reibungswiderstand, der mit dem Drucke wächst, den die reibenden Flächen senkrecht zueinander ausüben. Nägel mit verjüngtem Schaft pressen sich fester gegen das Holz, widerstehen daher der Lockerung stärker. Von den prismatischen Drahtstiften haften diejenigen am besten, deren Haftfläche die größte ist, also am besten die dreikantigen, dann die quadratischen, dann die runden. Für Fußböden, Dachlatten usw. sind daher kantige Stifte vorzuziehen, für vorübergehende Befestigungen, z. B. für Rüstungen, runde.

Je härter das Holz ist, umso geringer wird der Unterschied zwischen Hirn- und Langholznagelung. Bei hartem Holz ist oft ein Vorbohren nötig, um das Holz nicht zu sprengen. Für die Haltbarkeit der Nagelung ist ein solches von keinem Einfluß, wenn die Vorbohrung enger als der Nagelschaft ist und nur bis zu einem Teil der erforderlichen Eindringungstiefe reicht. Der Nagel soll nach alter Zimmermannsregel mit $^2/_3$ seiner Länge im haltenden Holze stecken.

Die Kräfte, die auf ein Herausziehen der Nägel hinwirken, erreichen oft eine sehr bedeutende Größe. Namentlich beim Werfen von Fußbodenbrettern, Dachlatten usw. können Zugkräfte entstehen, denen kein senkrecht zur Fläche eingetriebener Nagel widerstehen würde. In allen solchen Fällen ist deshalb darauf zu achten, daß die Nägel unter etwas gegen die Oberfläche des Holzes geneigtem Winkel, u. zw. in abwechselnden Richtungen eingeschlagen werden, insbesondere beim Annageln wagrechter Bretter an die Unterseite von Balken.

Die handelsüblichen Abmessungen der Nägel sind:

Sparrennägel	120÷300	mm lang,	Durchmesser	10÷12	mm
Bodennägel	96÷110	,,	,,	4÷5	,,
Lattennägel	84÷96	,,	,,	2,5÷4	,,
Drahtstifte	3÷260	,,	,,	0,55÷9,4	,,
Brückennägel	120÷300	,,	,,	6÷15	,,

Holzschrauben. Die stets eingängigen Gewinde sind dünn und scharf auf dem etwas verjüngten Schaft aufsitzend. Die größten Holzschrauben (Schlüsselschrauben) werden mit viereckigem Kopf ausgeführt und sind bis 150 mm Länge erhältlich. Zur Befestigung von Eisenteilen auf Holz werden Schrauben mit versenkten oder Rundköpfen verwendet, die für den Angriff des Schraubenziehers einen entsprechenden Einschnitt erhalten. Vorbohren, jedoch nie mit größerem Durchmesser als dem der Schraubenspindel. Einschlagen der Schrauben nur bis zu geringer Tiefe statthaft.

Schraubenbolzen. Diese bestehen aus dem kreisrunden Bolzenschaft, dem an einem Ende angeschmiedeten runden, quadratischen oder sechseckig bearbeiteten Kopf und der am anderen Ende an das daselbst eingeschnittene Gewinde aufgeschraubten sechseckigen Mutter. Das scharfkantige dreieckige Gewinde ist eingängig. Damit Kopf und Mutter sich nicht in die Holzfasern einpressen, werden zwischen diese und das Holz Unterlagscheiben von quadratischer oder Kreisform eingelegt. Die Löcher sind derart eng vorzubohren, daß die Bolzen nicht schlottern.

Klammern. Geschmiedete Flacheisen von 8 bis 10 mm Dicke, 20 bis 30 mm Breite und 20 bis 30 cm Länge, welche an beiden Enden mit 6 bis 9 cm langen Spitzen versehen sind. Sollen die Klammern zur dauernden Verbindung zweier Hölzer dienen, dann erfolgt ihre Herstellung in der Weise, daß das Flacheisen mit der breiten Seite auf dem Holz aufliegt, nachdem die Spitzen in dasselbe eingetrieben sind. (Zimmermannsklammern.) Zur vorübergehenden, leicht lösbaren Verbindung zweier Hölzer dienen die Gerüstklammern, bei welchen das Flacheisen hochkantig zu liegen kommt. Zur Verbindung zweier sich unter einem Winkel kreuzender, aufeinanderliegender Hölzer (z. B. von Sparren und Pfetten) dienen gedrehte oder Wechselklammern (linke und rechte), bei welchen die eine Spitze gegen die andere um einen Winkel von 90° gedreht ist.

Ähnlich den Klammern sind die Krammen, kurze, aus schwächerem Eisen geschmiedete Klammern mit 6 bis 8 cm langen Spitzen, die zur Befestigung von Flachschienen, deren Enden etwas umgebogen werden, dienen.

Schienen, Laschen. Flacheisen von 10 bis 15 mm Stärke und 40 bis 50 mm Breite, die entweder an den Enden aufgebogen und durch Krammen befestigt werden oder durchlocht sind, um mittels Nägeln, Holzschrauben oder Bolzen, an den Hölzern befestigt zu werden, über deren Fuge sie fortgreifen.

B. Holzverbindungen mit Vergrößerung einer Abmessung

Verlängerungen:

1. Stoß (Abb. 78 $a \div b$)

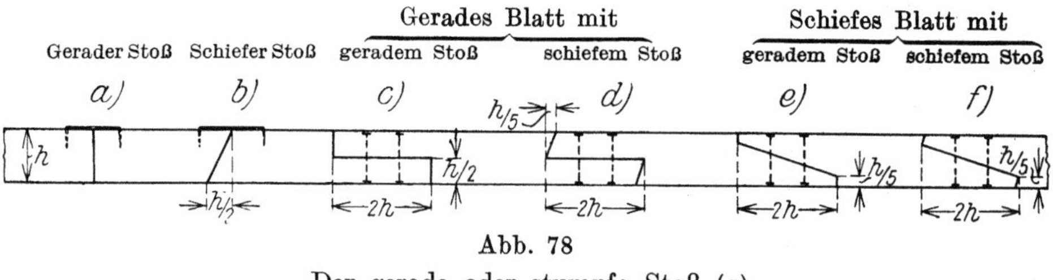

Abb. 78

Der gerade oder stumpfe Stoß (a)
Der schiefe oder schräge Stoß (b)

Verwendung (außer bei ausreichend starker Verlaschung) nur über einer Unterlage; ist dieselbe schmal, schiefer Stoß zweckmäßiger. Sicherung durch oberhalb eingeschlagene Klammer.

2. Blatt (Abb. 78 $c \div h$)

Gerades Blatt	mit geradem Stoß	(*c*)
,, ,,	mit schiefem Stoß	(*d*)
Schiefes Blatt	mit geradem Stoß	(*e*)
,, ,,	mit schiefem Stoß	(*f*)
Gerades Hakenblatt	mit geradem Stoß	(*g*)
Schiefes ,,	mit geradem Stoß	(*h*)

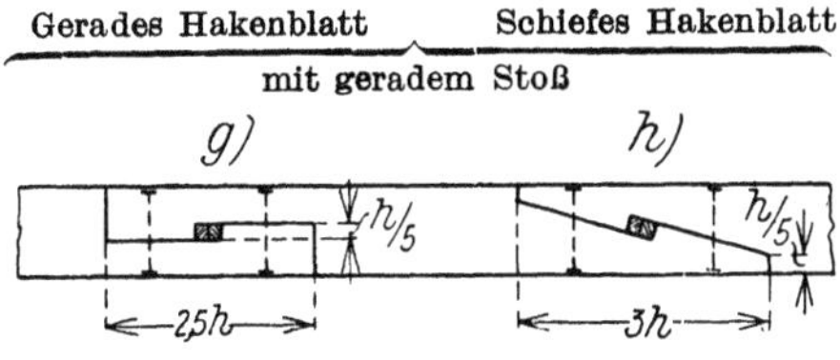

Abb. 78

Verwendung nur über einer Unterlage (wie oben), jedoch auch zur Gelenkausbildung von Gerberträgern (vgl. S. 250). Sicherung beim geraden und schiefen Blatt durch Einziehen gegeneinander versetzter Holznägel oder Schraubenbolzen. Beim Hakenblatt Sicherung nicht unbedingt erforderlich; zwecks Verhinderung einer Lockerung der Verbindung infolge Schwindens, Verwendung von Doppelkeilen.

3. Zapfen

Gerader Zapfen (Abb. 79), selten verwendet.

Schwalbenschwanzförmiger Zapfen mit Brüstung (Abb. 80) manchmal verwendet, wenn das eine Balkenende sicher aufliegt und das andere in ihm eine Unterstützung finden soll.

Nutzapfen

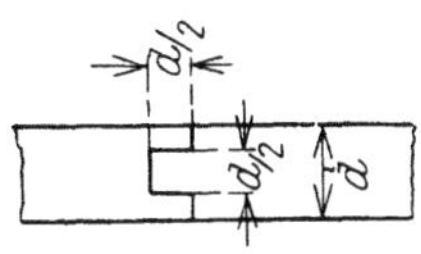

Abb. 79

Schwalbenschwanzförmiger Zapfen mit Brüstung

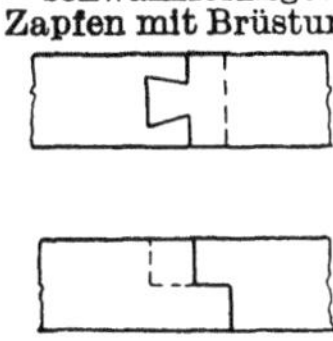
Abb. 80

4. Laschen

Die früher üblichen Verlaschungen mit eingelassenen oder aufgesetzten geraden, Haken-, Zahn- und Dübellaschen werden heute nur noch selten ausgeführt. Die Berechnung und Ausführung der heute üblichen Laschenverbindungen wird unter II. „Holzverbindungen mit eisernen Verbindungsmitteln" besprochen.

5. Aufpfropfungen

Erhöhungen für aufeinanderstehende Hölzer.

a) Stoß und Zapfen: Bei geringer Inanspruchnahme Sicherung gegen seitliches Verschieben durch

α) einfachen Stoß mit vier Klammern; Länge der Klammern $= 1\frac{1}{2}\,d$,

β) einfachen Stoß mit Dorn,

γ) Nutzapfen (Abb. 79).

b) Verlaschungen: Für diese gilt das unter 4. Gesagte.

c) Aufpfropfungen:

α) österreichische Art: An den Rändern der Stoßflächen wird ein schmiedeeiserner 50 mm hoher, 10 mm dicker Ring heiß aufgezogen, darüber kommen drei oder vier Klammern, welche die Balken zusammenhalten;

β) deutsche Art: Nach dem einen Verfahren werden zuerst 3 bis 4 Klammern eingeschlagen, dann 2 Ringe heiß aufgezogen, um ein Loslösen der Klammern zu verhindern; nach dem anderen besteht die Verbindung in 4 durch Holzschrauben befestigten Eisenlaschen;

γ) englische Art: Verwendung eines gußeisernen Ringes an der Stoßstelle;

δ) französische Art: Kreuzzapfen und Aufziehen von 2 schmiedeisernen Ringen. Letztere Verbindung ist die schlechteste, da die Hirnholzflächen kaum gleichmäßig zum Tragen kommen und leicht ein Aufspalten der Hölzer eintreten kann.

Am besten stumpfer Stoß mit Dollen und Schienensicherung.

Verbreiterungen. Verwendung bei Brettern, Pfosten und Bohlen. Zweck: Erzielung der Dichtigkeit von Fugen.

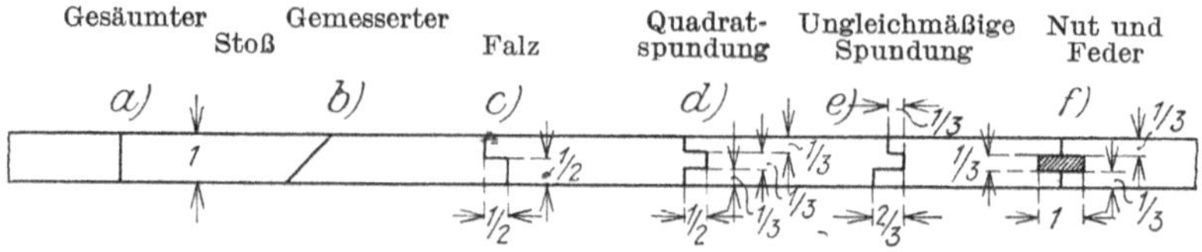

Abb. 81

Gebräuchlichste Ausführungsarten (Abb. 81*a*÷*f*): das einfache Besäumen (*a*), das Messern (*b*), der Falz (*c*), die Spundung (*d*), die ungleichseitige Spundung (*e*) und die Verbindung mittels Nut und Feder (*f*).

Verstärkungen. Mittel zur Verstärkung von Balken sind die Verklammerung, die Verschraubung, die Verschränkung, die Verzahnung und Verdübelung, auf welch' letztere bei den zusammengesetzten Holzträgern ausführlich eingegangen wird.

C. Verknüpfungen von Hölzern

Kreuzungen. Zur Verhinderung von Verschiebungen sowie des Abhebens werden beide Balken an der Kreuzungsstelle durch einen Holznagel oder eine Wechselklammer, am besten jedoch durch einen Schraubenbolzen verbunden.

1. Kreuzung

Einfache Verbindung durch Schraubenbolzen oder Verklammerung ohne jeden Holzverschnitt.

2. Überschneidung

Gerade Überschneidung

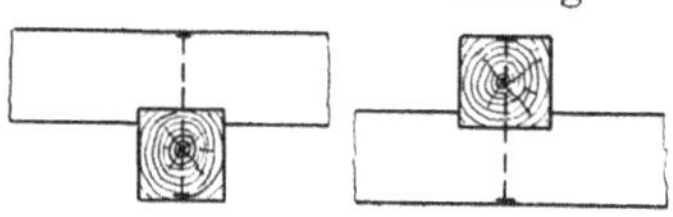

Abb. 82

a) Gerade Überschneidung (Abb. 82): Der obere Balken ist ausgeschnitten, der untere nicht. Die Verbindung ist gegen Verschiebung nach einer Seite gesichert.

b) Schiefe Überschneidung (Aufklauung): Verwendung bei Dachstühlen zur Verbindung von Sparren und Pfetten. Sicherung mittels Wechselklammer. Abb. 83 *a*) gewöhnliche Aufklauung, Abb. 83 *b*) Klaue mit Zapfen im Nest. Am

Schiefe Überschneidung

Aufklauung — Klaue mit Zapfen im Nest

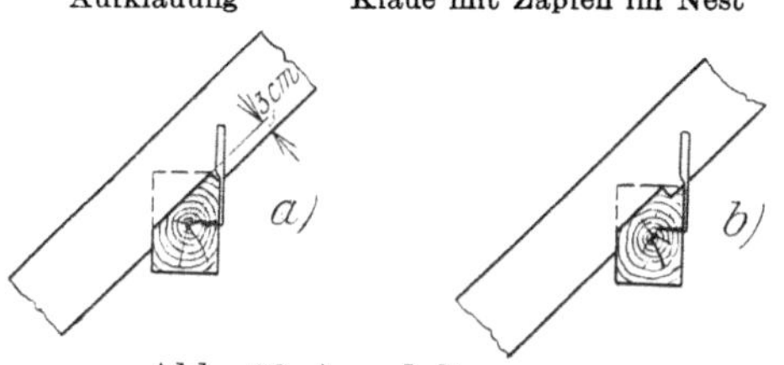

Abb. 83 *a*) und *b*)

Einfache schiefe Überschneidung

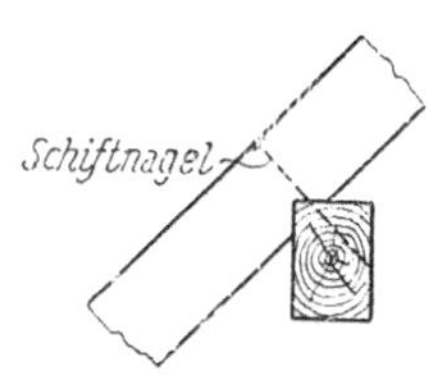

Abb. 84

einfachsten Verbindung nach Abb. 84, jedoch gegen seitliches Verschieben nicht gesichert.

3. Blatt (Abb. 85)

Gegen Verschiebung nach zwei Seiten gesichert.

a) Teilweise Überblattung *a*).
b) Volle Überblattung *b*).

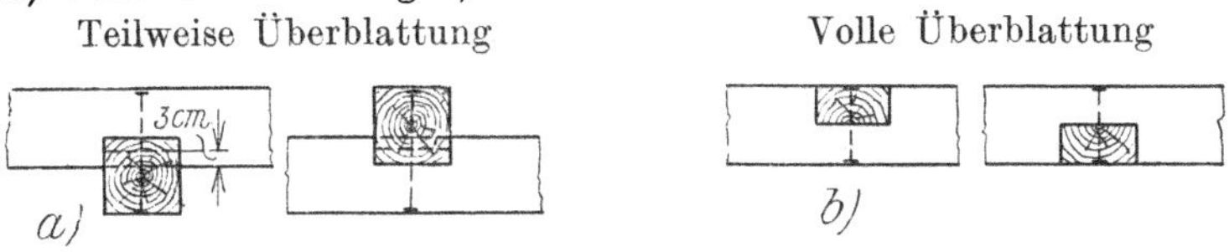

Abb. 85 *a*) und *b*)

4. Kamm (Abb. 86)

a) Einfacher oder bündiger Kamm *a*), am einfachsten.
b) Mittelkamm *b*), für sehr breite untere Balken.
c) Doppelter Kamm *c*), wie vor.
d) Kreuzkamm *d*).

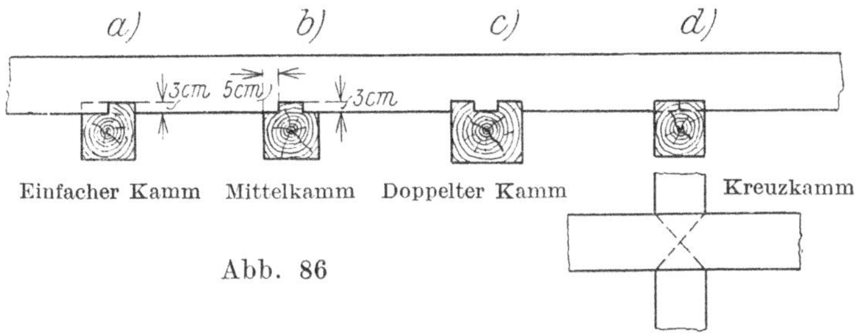

Abb. 86

Abzweigungen

1. Zapfen

Der abzweigende Balken erhält den Zapfen, der anschließende das Zapfenloch. Sicherung durch Holznägel oder Klammern.

a) Rechtwinklige Zapfen

Gerader Zapfen (Abb. 87). Bei Wasserbauten wegen Rostgefahr nur Holznägel zur Sicherung, desgleichen aus Sicherheitsgründen bei Bahnschranken u. dgl.;

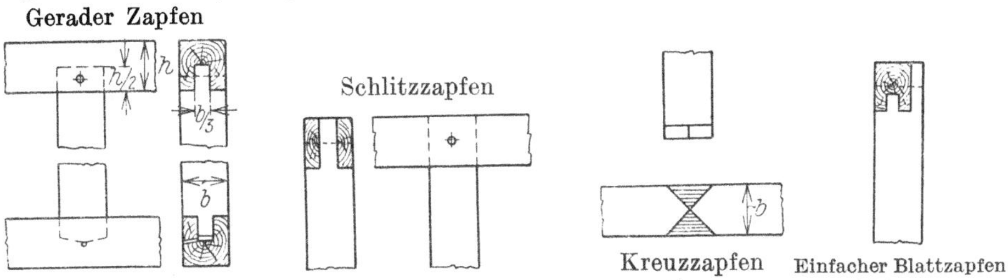

Abb. 87 Abb. 88 Abb. 89 Abb. 90

wegen Gefahr des Faulens erhält die Grundfläche des Zapfenloches meist ein Gefälle, wobei von außen ein schiefes Loch angebohrt wird, durch welches das Wasser abfließen und Luft zutreten kann.

Schlitzzapfen (Abb. 88). Gegen Eindringen von Feuchtigkeit durch Vorholz nicht gesichert, dagegen kräftigerer Anschluß.

Kreuzzapfen (Abb. 89). Vorteil, daß Luft in die Ausschnitte gelangen und eingedrungenes Wasser verdunsten und abfließen kann, wodurch dem Faulen vorgebeugt ist. Schwierige Bearbeitung der Hirnholzfläche.

Brustzapfen

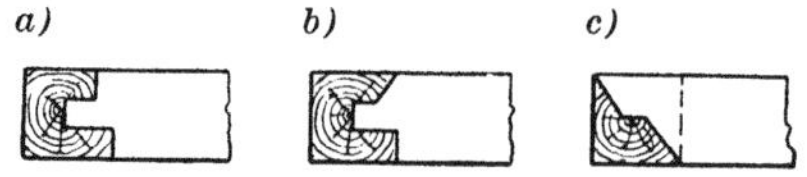

gerade Brüstung mit Zapfen   schiefe Brüstung mit Zapfen   schiefe Brüstung mit Rast

Abb. 91

Einfacher Blattzapfen (Abb. 90).

Brustzapfen (Abb. 91). Verwendung bei Auswechslung von Deckenbalken, Dippelbäumen. Sicherung durch Klammern.

Gerade Brüstung mit Zapfen (*a*), schiefe Brüstung mit Zapfen (*b*), schiefe Brüstung mit Rast (*c*).

b) Schiefwinklige Zapfen

Schrägzapfen. Der Vorkopf muß so groß sein, daß er den Schub des schiefen Balkens aufnehmen kann. Bei ungleich breiten Balken werden diese meist so gelegt, daß ihre Achsen in einer Ebene liegen; manchmal aber auch eine Seite bündig, wobei der Zapfen ausmittig zu liegen kommt (Abb. 92).

Schrägzapfen

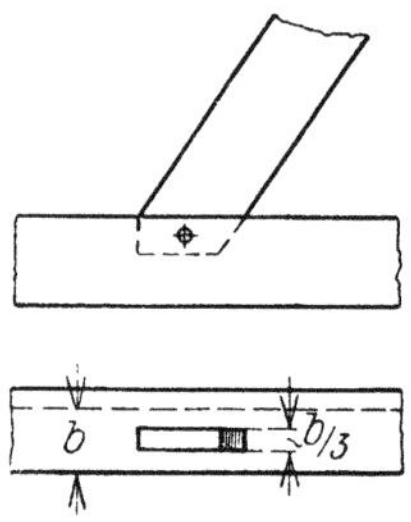

Abb. 92

Jagzapfen

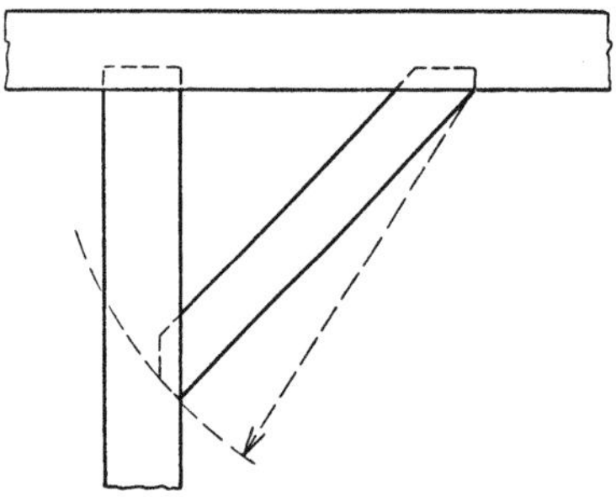

Abb. 93

Jagzapfen. Wird ein Balken (z. B. ein Kopfband) an einen zweiten (Pfette) mittels Schrägzapfens angeschlossen, so kann er mit einem dritten Balken (Säule) nur durch einen Jagzapfen verbunden werden (Abb. 93); die vordere Kante des Zapfenloches der Säule muß in diesem Fall schief abgeschnitten werden, weil man sonst den Zapfen des Kopfbandes nicht in das Zapfenloch der Säule einbringen könnte.

2. Versatzung

a) Schiefwinklige Versatzung (Abb. 94)

Einfache Versatzung. Sicherung mittels Klammer (*a*) oder Schraubenbolzen (*b*). Achse des Schraubenbolzens rechtwinklig zu einem der beiden Balken — meist zum schiefen —, damit Schraubenmuttern und Unterlagscheiben gut auf der Balkenfläche liegen. Am anderen Ende ist im Balken eine Kammer auszuarbeiten. Der Vorkopf muß so groß sein, daß er den Schub des abzweigenden Balkens aufnehmen kann.

Einfache zurückgesetzte Versatzung. Verwendet, wenn der Vorkopf zur Aufnahme des wagrechten Schubes nicht ausreicht (Abb. 94 *c*).

Bei Gerüsten u. dgl. wird auch die in Abb. 94 *d* dargestellte Versatzung angewendet.

Doppelte Versatzung. Verwendung bei flacher Neigung der Strebe und Übertragung größerer Kräfte.

Einfache Versatzung mit Zapfen (Abb. 94*e*). Der Zapfen hindert eine seitliche Verschiebung des abzweigenden Balkens und ermöglicht eine geringere Vorkopflänge.

Doppelte Versatzung mit Zapfen (Abb. 95). Verwendung bei größeren Kräften.

Schiefwinklige Versatzung

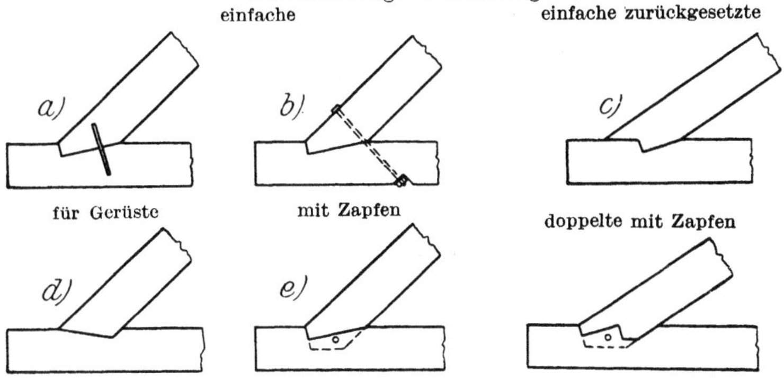

Abb. 94 Abb. 95

b) Rechtwinklige Versatzung

Gerade, schiefe, doppelte und Versatzung mit Zapfen (Abb. 96). Sicherung durch beiderseitige Verklammerung.

Rechtwinklige Versatzung

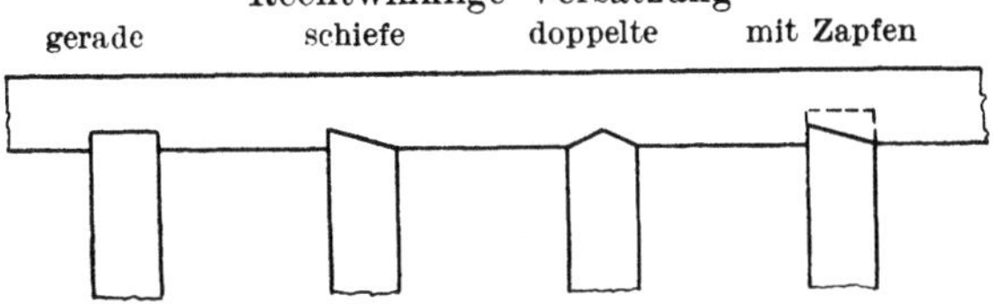

Abb. 96

Aufklauung

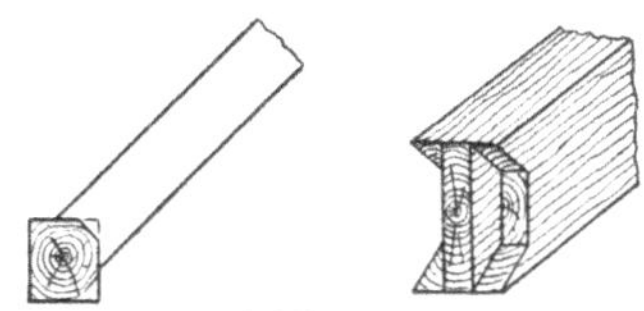

Abb. 97

3. Aufklauung

Gaisfuß (Abb. 97).

4. Blatt (Abb. 98)

Blatt

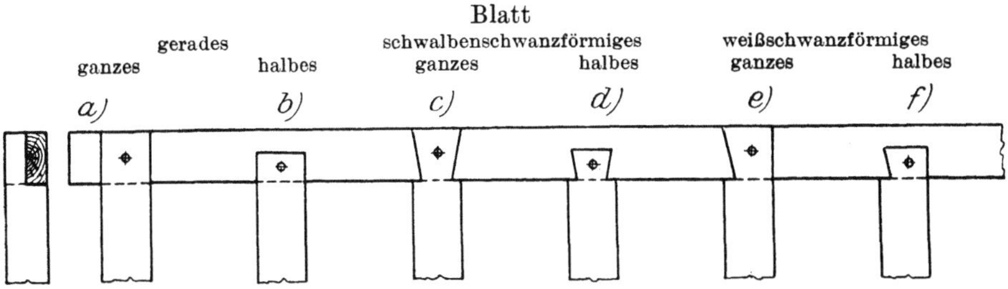

Abb. 98

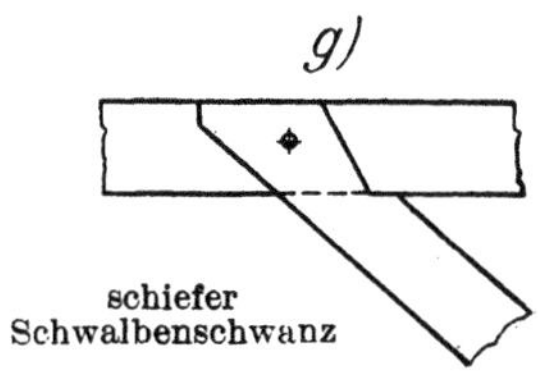

Gerades Blatt, ganzes (*a*), halbes (*b*).

Schwalbenschwanzförmiges Blatt, ganzes (*c*), halbes (*d*).

Weißschwanzförmiges Blatt, ganzes (*e*), halbes (*f*).

Schiefer Schwalbenschwanz (*g*).

Sicherung gegen Verschieben: Holznägel oder Schraubenbolzen; gegen Abheben: Schraubenbolzen oder Klammern.

Die Brust schützt das Hirnholz des abzweigenden Balkens gegen Zutritt von Feuchtigkeit.

Stumpfer Stoß mit Knagge

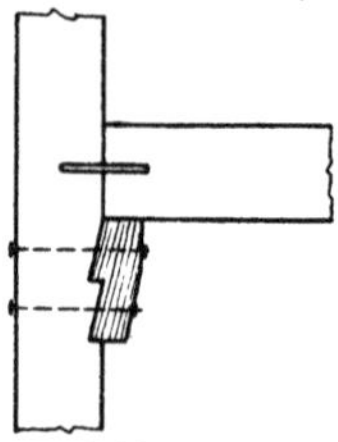

Abb. 99

Stumpfer Stoß mit Knagge (Abb. 99). Um den lotrechten Balken nicht zu schwächen, wird der abzweigende Balken stumpf an den lotrechten gestoßen, durch beiderseitige Verklammerung gesichert und auf der in den lotrechten Balken eingelassenen, mit demselben durch Schraubenbolzen verbundenen Knagge aufgelagert.

Eckverbände (Abb. 100)

1. Stumpfer Stoß

(*a*) Am einfachsten. Sicherung durch Klammer.

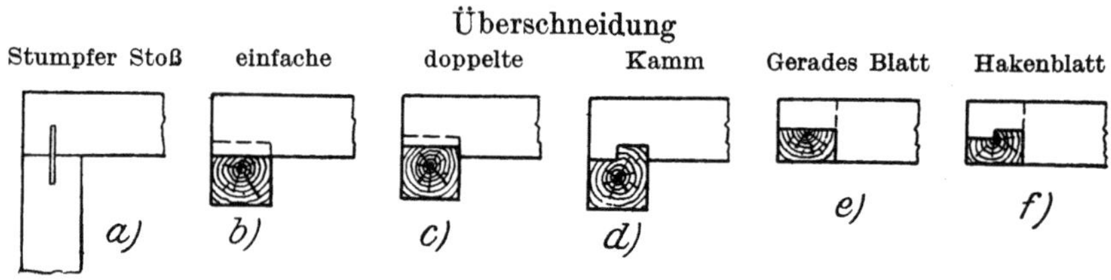

Abb. 100

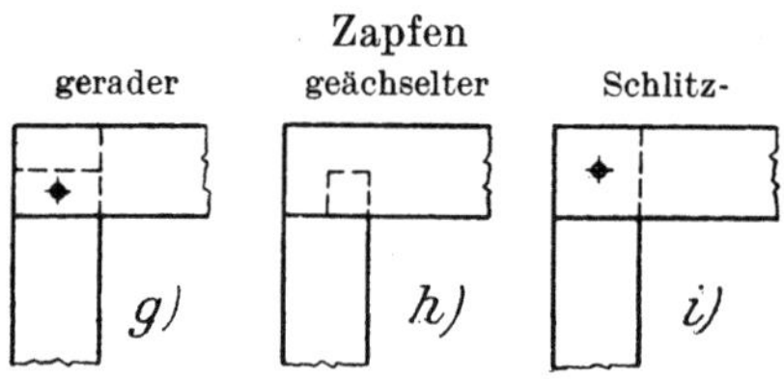

Abb. 100

2. Überschneidung

Einfache (*b*).
Doppelte (*c*).
Beide Balkenenden werden 3 bis 5 cm tief ausgeschnitten.

3. Kamm

Verkämmung (*d*).

4. Blatt

Die Balkenoberflächen liegen in einer Ebene.
Gerades Blatt (*e*), Hakenblatt (*f*).

5. Zapfen

a) Gerade Zapfen

Gerader Zapfen (*g*).
Geächselter Zapfen (*h*).
Schlitzzapfen (*i*).

Winkelzapfen

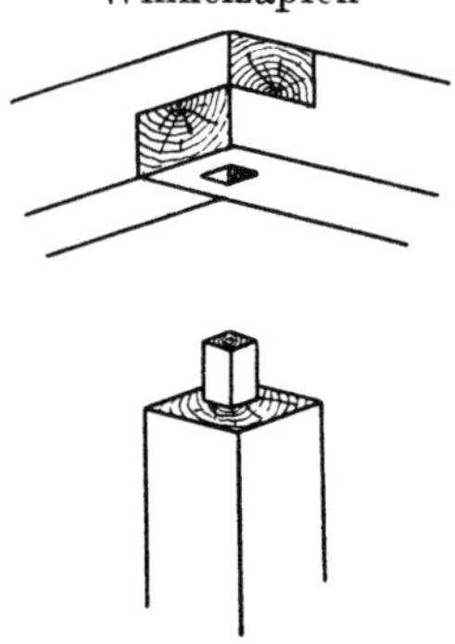

Abb. 101

Winkelzapfen (Abb. 101). Verwendung bei der Eckausbildung von Riegelwänden.

b) Schiefe Zapfen

Zurückgesetzter Schrägzapfen (Abb. 102).

First- oder Scherzapfen (Abb. 103). Verbindung zweier Sparren am First.

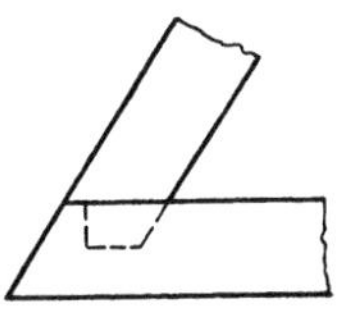

Abb. 102

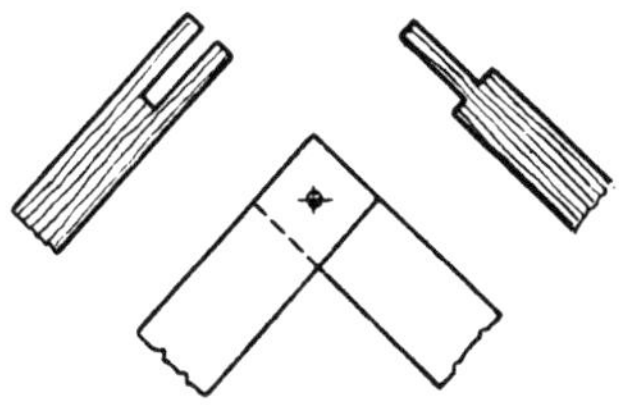

Abb. 103

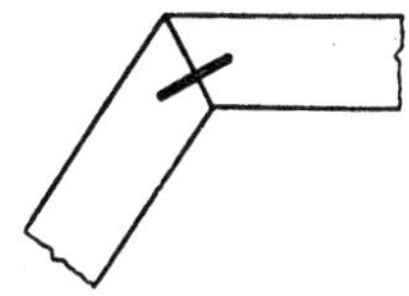

Abb. 104

6. Gehrung

(Abb. 104). Nur für mindere Zwecke.

7. Versatzung (Abb. 105)

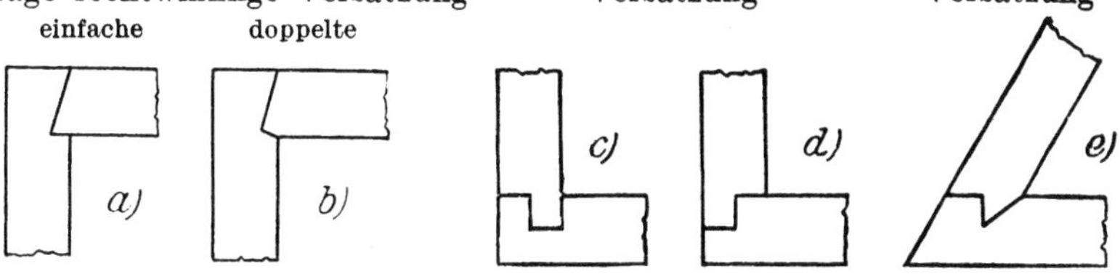

Abb. 105

a) Rechtwinklige: schräge einfache (*a*), schräge doppelte (*b*), gerade innere (*c*), gerade äußere (*d*).

b) Schiefwinklige: (*e*).

II. Holzverbindungen mit eisernen Verbindungsmitteln

Bei gewöhnlichen Zimmererarbeiten werden die Holzverbindungen, wie bereits unter I beschrieben, mittels Versatzung, Überblattung u. dgl. hergestellt. Die einzelnen Hölzer haben hier neben Kräften in der Stabrichtung in der Regel auch Biegemomente aufzunehmen; ihre Querschnitte werden mit Rücksicht hierauf und auf die Unsicherheit des Kräftespieles überhaupt so reichlich bemessen, daß die durch die erwähnten Verbindungsweisen hervorgerufenen Verschwächungen und örtlichen Beanspruchungen kaum zu einer Überbeanspruchung des Materiales führen. Bei der Wahl der Stabanordnung umgeht man es, mehrere Stäbe in einem Punkt zusammen zu führen, man sucht vielmehr stets steife Dreiecke zu erhalten und zugfeste Anschlüsse möglichst zu vermeiden.

Im Gegensatz hiezu werden im Ingenieurholzbau rechnerisch klar erfaßbare Stabanordnungen angestrebt, die es ermöglichen, die seit Jahrzehnten im Eisen- und Eisenbetonbau bewährten Grundsätze der Standfestigkeitsberechnung auf den Holzbau zu übertragen.

Soweit es sich um Fachwerkträger handelt, ergibt sich hieraus die Aufgabe, die Stäbe unter möglichster Vermeidung von Biegespannungen mittig zusammenzuführen, so daß die Festigkeitseigenschaften der einzelnen Hölzer auf ihrer ganzen Länge gleichmäßig ausgenützt werden können. Zur Erreichung dieses Zweckes mußten den althergebrachten Verbindungsweisen, wie Hirnholzdruckstoß, Versatzung, Überblattung usw., die sich in jahrhundertelanger Verwendung bewährt haben, neue an die Seite gestellt werden, deren Aufgabe vor allem darin bestand, die sowohl technisch als wirtschaftlich einwandfreie Herstellung zugfester Stabanschlüsse zu ermöglichen.

Von den zahlreichen neuartigen Verbindungsmitteln, welche im Laufe der letzten Jahre in Vorschlag gebracht wurden, haben sich einige, wie beispielsweise die Ringdübel aus Bandeisen, die gußeisernen Runddübel, die Stahlstifte u. a. m. bereits bei den schwierigsten Bauausführungen bewährt und ist es in erster Linie der so glücklich gelösten Frage der Schaffung einwandfreier Verbindungsmittel zu danken, daß der Ingenieurholzbau in verhältnismäßig so kurzer Zeit seine heutige Bedeutung erlangen konnte.

Im folgenden soll die Wirkungsweise der wichtigsten heute verwendeten eisernen Verbindungsmittel und die Art ihrer Berechnung besprochen werden. Selbstverständlich ist auch bei diesen eine Berechnung der Tragfähigkeit der Verbindung unumgänglich, denn die einwandfreieste Ermittlung genügender Stabstärken ist insolange wertlos, als nicht gleichzeitig die Gewähr geboten ist, daß die errechneten Kräfte auch mit gleicher Sicherheit durch die Stabanschlüsse übertragen werden.

Je nach ihrer Wirkungsweise können die Verbindungsmittel in folgende zwei Gruppen eingeteilt werden:

A. Verbindungsmittel mit vorwiegender Biegebeanspruchung (Bolzenverbindungen).

B. Verbindungsmittel mit vorwiegender Druckbeanspruchung (Dübelverbindungen).

A. Verbindungsmittel mit vorwiegender Biegebeanspruchung (Bolzenverbindungen)

Unter diese Gruppe fallen als gebräuchlichste Arten derartiger Verbindungen die verschiedenen Formen der Nägel sowie die Schraubenbolzen. Um bei geringem Materialaufwand eine große Steifigkeit zu erhalten, werden auch hohle Schrauben („Rohrdübel") verwendet. Ferner gehören hieher auch die Stahlstifte, welche in den Abmessungen kräftiger Nägel in vorgebohrte Löcher eingetrieben werden.

Bei allen diesen Verbindungsmitteln, die im folgenden unter dem Begriff Bolzen zusammengefaßt werden sollen, spielt neben der Verteilung des Druckes entlang der Leibung des Verbindungsmittels die Steifigkeit des letzteren eine wichtige Rolle.

Die Berechnung von Bolzenverbindungen

Die übliche Berechnung von Bolzenverbindungen, bei welcher die Tragfähigkeit der Verbindung aus den Biegespannungen des Bolzens abgeleitet wird, ergibt keinen brauchbaren Maßstab für die Beurteilung der Tragfähigkeit der Verbindung, umsomehr als die auf diese Weise berechneten Spannungswerte mit den Ergebnissen der diesbezüglich in letzter Zeit angestellten Versuche keineswegs im Einklang stehen.

Wesentlich für die Tragfähigkeit ist vielmehr die Größe der Formänderungen des Bolzens, auf welcher die von Jackson und Seitz im Anschluß an die von Schnidtmann entwickelte Nährungsmethode[12*]) aufgestellte Tragfähigkeitsberechnung aufgebaut ist.

Diese Berechnung geht von der Annahme aus, daß die an einer beliebigen Stelle der Unterlage (Holz) auftretende, auf die Flächeneinheit bezogene Pressung p_x einerseits der Eindrückung y daselbst, anderseits einem die Nachgiebigkeit der Unterlage kennzeichnenden Festwert C, der „Bettungsziffer", verhältnisgleich ist, also $p_x = C \cdot y$. Die Bettungsziffer wird von Seitz auf Grund der Versuchsergebnisse von Graf mit $C = 1200$ kg/cm² angenommen. p_x wird als gleichmäßig verteilt auf die Dicke des Bolzens angesehen, d. h., auf den Riß des Umfanges bezogen.

Voraussetzung für die nachstehend wiedergegebenen Ableitungen ist, daß wie gewöhnlich Flußeisenbolzen verwendet werden und diese satt in den Bohrungen sitzen, so daß eine Kraftübertragung in der Kraftrichtung und entgegengesetzt ohne Spielraum möglich ist. Der Faserverlauf ist zunächst gleichlaufend mit der Kraftrichtung vorausgesetzt.

Einschnittige Bolzenverbindung (Abb. 106): Der größte Lochleibungsdruck in der Berührungsfläche der Hölzer (A) ergibt sich nach dem Schnidtmannschen Verfahren mit den Bezeichnungen der Abb. 106 zu

$$\boxed{{}_{x=0}\,p_{max} = \frac{P}{d \cdot l} \cdot \frac{2304\,N + 9{,}4}{576\,N + 1{,}1} = m \cdot \frac{P}{dl}} \qquad (1)$$

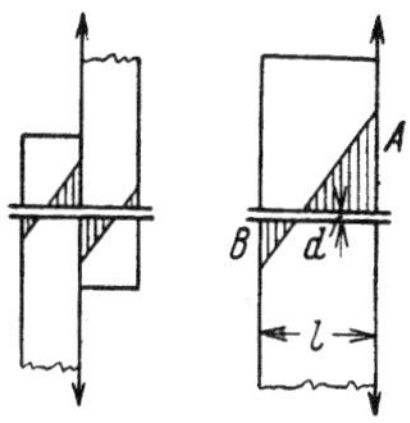

Abb. 106

wobei $N = \frac{E \cdot J}{C \cdot l^4 \cdot d}$ zu setzen ist und E und J auf den Bolzen zu beziehen sind.

Der Wert m, das sogenannte „Randspannungsverhältnis", gibt an, wievielmal die größte Randpressung den gleichmäßig verteilt gerechneten Lochleibungsdruck übersteigt. Für $E = 2{,}100.000$ kg/cm² und $C = 1200$ kg/cm² sind in der Tabelle auf Seite 103 für Bolzen mit verschiedenen Längen l die Werte m angegeben.

Randspannung bei B:

$${}_{x=l}\,p_b = \frac{P}{d \cdot l} \cdot \frac{-1152\,N + 2{,}8}{576\,N + 1{,}1}. \qquad (2)$$

Für einen beliebigen Punkt zwischen $x = o$ und $x = l$:

$$p_x = \frac{P}{d \cdot l} \cdot \frac{2304\,N \cdot l^2 + 9{,}4\,l^2 - 3456\,N \cdot x \cdot l - 38{,}6\,l \cdot x + 30x^2}{576\,N \cdot l^2 + 1{,}1\,l^2}. \qquad (3)$$

Zweischnittige Bolzenverbindung (Abb. 107):

Spannungsverlauf im Mittelholz:

$$\boxed{p_{max} = \frac{2P}{d \cdot l} \cdot \frac{576\,N + 6{,}1}{576\,N + 1{,}1} = n \cdot \frac{2P}{d\,l}}$$

Das Randspannungsverhältnis wird hier mit n bezeichnet; die einzelnen Werte von n sind ebenfalls in der Tabelle auf Seite 103 zusammengestellt.

In der Mitte des Mittelstückes ist

$$p_m = \frac{3 - n}{2} \cdot p.$$

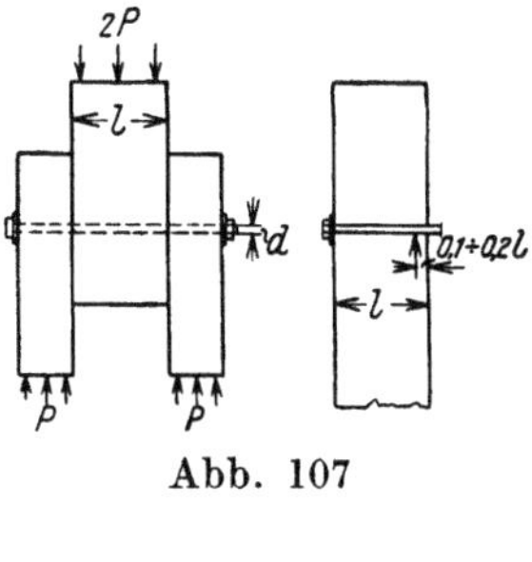

Abb. 107

Allgemein lautet die Bestimmungsgleichung für p_x:

$$(4)\qquad p_x = \frac{2P}{d \cdot l} \cdot \frac{192N \cdot l^2 + \frac{61}{30} l^2 - 10\, l \cdot x + 10x^2}{192 N l^2 + \frac{11}{30} l^2}.$$

Spannungsverlauf in den Seitenhölzern:

Wird P vorläufig in der Fuge wirkend angenommen, so ist der Spannungsverlauf demjenigen bei einschnittiger Bolzenverbindung vollkommen gleich.

Durch das Hinzukommen des zweiten Seitenholzes wird aber die Spannungsverteilung im ersten Seitenholz günstig beeinflußt und wird dieser Einfluß umso wirksamer, je steifer der Bolzen und je geringer die Stärke des Mittelholzes ist.

Für einen Abstand der Mittelkraft P vom Rand $e = 0{,}1\, l$ ergibt sich

$$(5)\qquad \boxed{p'_{max} = \frac{P}{d \cdot l} \cdot \frac{27{,}2N + 0{,}089}{8N + 0{,}015} = m' \cdot \frac{P}{d \cdot l}}$$

und für $e = 0{,}2\, l$:

$$(6)\qquad \boxed{p'_{max} = \frac{P}{d \cdot l} \cdot \frac{22{,}4N + 0{,}05}{8N + 0{,}015} = m'' \cdot \frac{P}{d \cdot l}}$$

Es empfiehlt sich, die Werte m' bzw. m'', welche gleichfalls in der Tabelle auf Seite 103 angegeben sind, nur dann an Stelle von m zu verwenden, wenn sich gleichzeitig im Mittelholz der Wert n in den Grenzen $1{,}1 \div 1{,}3$ bzw. $1{,}0 \div 1{,}1$ bewegt.

Zu den obigen Ableitungen sei bemerkt, daß auch diese keine endgültige Lösung darstellen sollen und daß dieselben auch nicht geeignet sind, die Bruchlasten einer Verbindung zu berechnen, da letztere von zahlreichen, rechnerisch schwer erfaßbaren Nebenumständen abhängen. Zweck der hier gegebenen Formeln ist vielmehr dem Ingenieur, der noch meist mit grundfalschen Annahmen rechnet, in einfacher Weise ein Mittel an die Hand zu geben, das ihm erlaubt, die auftretenden höchsten Spannungen annähernd abzuschätzen.

Zulässiger Lochwanddruck: Nach den bisher veröffentlichten Untersuchungen erscheint es zulässig, bei den üblichen Bolzenabmessungen als größte Randspannung einen Wert von etwa 120 kg/cm² anzunehmen. Bei sehr dünnen Bolzen — etwa unter 10 mm Durchmesser — kann mit Rücksicht darauf, daß derart dünne Stifte verhältnismäßig höheren Widerstand im Holze finden, eine Beanspruchung bis zu 140 kg/cm² zugelassen werden.

Nach den Ausführungsvorschriften der Reichsbahndirektion Stuttgart darf bei nach der Elastizitätslehre untersuchten und bemessenen Bolzenverbindungen an ungünstigster Stelle ein Lochwanddruck bis zu 140 kg/cm² als zulässig angenommen werden. Nach den Vorschriften des polnischen Ministeriums für öffentliche Arbeiten wird für Weichholz eine Randspannung bis zu 120 kg/cm², für Hartholz eine solche bis zu 140 kg/cm² zugelassen.

Die Einhaltung obiger Grenzspannungen bereitet bei den Mittelhölzern zweischnittiger Verbindungen keine Schwierigkeit, bei einschnittigen Verbindungen oder bei den Seitenhölzern mehrschnittiger Anschlüsse lassen sich hingegen die zulässigen Grenzwerte, auch wenn diese Hölzer anstatt mit der halben Stärke des Mittelholzes mit $^2/_3$ oder $^3/_4$ derselben ausgeführt werden, häufig nur schwer und mit einem unverhältnismäßig großen Baustoffaufwand einhalten.

Randspannungsverhältnisse bei Bolzenverbindungen

$l = 6$ cm

⌀ D cm	N	m	m′	m″	n
0,5	0,00823	4,8	3,9	2,9	1,9
1,0	0,0662	4,1	3,5	2,8	1,1
1,5	0,223	4,0	3,4	2,8	1,0
2,0	0,530	4,0	3,4	2,8	1,0
2,5	1,035	4,0	3,4	2,8	1,0
3,0	1,790	4,0	3,4	2,8	1,0
3,5	2,850	4,0	3,4	2,8	1,0
4,0	4,250	4,0	3,4	2,8	1,0

$= 8$ cm

⌀ D cm	N	m	m′	m″	n
0,5	0,00261	5,9	4,5	3,0	2,9
1,0	0,0210	4,4	3,6	2,8	1,4
1,5	0,0708	4,1	3,5	2,8	1,1
2,0	0,168	4,0	3,4	2,8	1,0
2,5	0,327	4,0	3,4	2,8	1,0
3,0	0,566	4,0	3,4	2,8	1,0
3,5	0,902	4,0	3,4	2,8	1,0
4,0	1,345	4,0	3,4	2,8	1,0

$l = 10$ cm

⌀ D cm	N	m	m′	m″	n
0,5	0,00107	6,9	5,0	3,1	3,9
1,0	0,0086	4,8	3,9	2,9	1,8
1,5	0,0290	4,3	3,6	2,8	1,3
2,0	0,0689	4,1	3,5	2,8	1,1
2,5	0,134	4,1	3,4	2,8	1,1
3,0	0,232	4,0	3,4	2,8	1,0
3,5	0,370	4,0	3,4	2,8	1,0
4,0	0,551	4,0	3,4	2,8	1,0

$l = 12$ cm

⌀ D cm	N	m	m′	m″	n
0,5	0,00052	7,6	5,4	3,2	4,6
1,0	0,00415	5,5	4,2	3,0	2,4
1,5	0,0140	4,6	3,7	2,9	1,5
2,0	0,0332	4,3	3,6	2,8	1,3
2,5	0,0648	4,1	3,5	2,8	1,1
3,0	0,112	4,1	3,4	2,8	1,1
3,5	0,179	4,0	3,4	2,8	1,0
4,0	0,266	4,0	3,4	2,8	1,0

$l = 16$ cm

⌀ D cm	N	m	m′	m″	n
0,5	0,000163	8,2	5,8	3,3	5,2
1,0	0,00131	6,7	4,9	3,1	3,7
1,5	0,00432	5,4	4,2	3,0	2,4
2,0	0,01050	4,7	3,8	2,9	1,7
2,5	0,0204	4,4	3,6	2,8	1,4
3,0	0,0355	4,3	3,5	2,8	1,3
3,5	0,0562	4,2	3,5	2,8	1,2
4,0	0,0840	4,1	3,5	2,8	1,1

$l = 20$ cm

⌀ D cm	N	m	n
0,5	0,000067	8,5	5,4
1,0	0,00054	7,6	4,6
1,5	0,00182	6,3	3,3
2,0	0,0043	5,5	2,4
2,5	0,0084	4,8	1,8
3,0	0,0145	4,5	1,5
3,5	0,0231	4,4	1,4
4,0	0,0345	4,2	1,2

$l = 24$ cm

⌀ D cm	N	m	n
0,5	0,000032	8,5	5,5
1,0	0,00026	8,0	5,0
1,5	0,00087	7,1	4,1
2,0	0,00217	6,1	3,1
2,5	0,00404	5,5	2,5
3,0	0,0070	5,0	2,0
3,5	0,0112	4,7	1,7
4,0	0,0166	4,5	1,5

$l = 30$ cm

⌀ D cm	N	m	n
0,5	0,000013	8,5	5,5
1,0	0,000106	8,3	5,3
1,5	0,000358	7,8	4,8
2,0	0,00085	7,1	4,1
2,5	0,00165	6,4	3,4
3,0	0,00286	5,8	2,8
3,5	0,00456	5,3	2,3
4,0	0,0068	5,0	2,0

Erforderliche Bolzenentfernung bzw. Vorholzlänge mit Rücksicht auf die Scherfestigkeit des Holzes: Im Hinblick auf die ungleichmäßige Druckverteilung über die Bolzenlänge müssen vor allem die Scherflächen der Seitenhölzer reichlich bemessen werden. Der Abstand des Bolzens vom Stabende bzw. vom nächsten Bolzen muß so groß sein, daß die zu übertragenden Kräfte in den in Betracht kommenden Scherflächen durch die Scherfestigkeit des Holzes aufgenommen werden.

Kraftangriff ⊥ Faserrichtung: Die früher angegebenen Grenzwerte sind hier auf etwa $^1/_3$ abzumindern. Ein Nachweis der vorhandenen Scherlänge erübrigt sich in diesem Belastungsfall, da der Bruch nie durch Scherung ⊥ Faser, sondern durch andere Überanstrengungen des Holzes herbeigeführt wird.

Rohrdübel. In gleicher Weise wie bei den Bolzenverbindungen hat die Berechnung der Rohrdübel, der Stahlstifte sowie der verschiedenen Formen der Nägel im Hinblick auf die Verteilung des Druckes entlang der Leibung des Verbindungsmittels sowie auf die Steifigkeit desselben zu erfolgen.

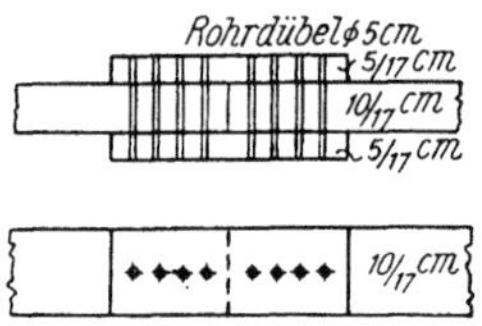

Abb. 108

Die Rohrdübelverbindung zeigt in ihrer ursprünglichen Form die Anordnung von Wasserleitungs- und Gasröhren als Abart der Schraubenbolzenverbindung. Ihre Wirkungsweise ist auf dieselbe Art wie die des Schraubenbolzen zu berechnen.

Beispiel: (Abb. 108) Laschenverbindung, Mittelholz $^{10}/_{17}$, Laschen $2 \times {}^5/_{17}$. Rohrdübel: äußerer Durchmesser 5 cm, innerer Durchmesser 4 cm.

$$J = \frac{\pi}{64}(5^4 - 4^4) = 18{,}1\ \text{cm}^4,\ E = 2{,}100.000\ \text{kg/cm}^2;\ C = 1200\ \text{kg/cm}^2;$$

$$N = \frac{2{,}100.000 \times 18{,}1}{1200 \cdot 10^4 \cdot 5} = 0{,}603.$$

Mittelholz:

$$p_{max} = \frac{576 \cdot 0{,}603 + 6{,}1}{576 \cdot 0{,}603 + 1{,}1} = 1{,}018 \cdot \frac{2\,P}{d \cdot l}.$$

Bei Annahme einer Belastung $Q = 2\,P = 3000$ kg ergibt sich

$$p_{max} = 1{,}018 \cdot \frac{3000}{5 \cdot 10} = 61\ \text{kg/cm}^2.$$

Seitenholz:

$$p_{max} = \frac{2304 \cdot 0{,}603 + 9{,}4}{576 \cdot 0{,}603 + 1{,}1} \cdot \frac{P}{d\,l} = 4{,}0 \cdot \frac{1500}{5 \cdot 5} = 240\ \text{kg/cm}^2$$

bzw.

$$p''_{max} = \frac{22{,}4 \cdot 0{,}603 + 0{,}05}{8 \cdot 0{,}603 + 0{,}015} \cdot \frac{1500}{5 \cdot 5} = 2{,}8 \cdot \frac{1500}{5 \cdot 5} = 168\ \text{kg/cm}^2.$$

Bei Einhaltung eines größten Lochleibungsdruckes von 140 kg/cm² müßte das Seitenholz 6 cm stark gewählt werden.

$$p''_{max} = 2{,}8 \cdot \frac{1500}{5 \cdot 6} = 140\ \text{kg/cm}^2.$$

Rohrdübel finden bei der Bauweise „Cabröl" der Firma C. Brösel, Kassel, Verwendung. Gegenwärtig werden dieselben von der genannten Firma aus wirtschaftlichen Gründen meist nur in Hartholz ausgeführt, da die bedeutend tragfähigeren Eisenrohrdübel heute wegen der hohen Eisenpreise zu teuer werden.

Die aus bestem Eichen- bzw. Eschenholz bestehenden Hartholzdübel werden glattgedreht und erhalten in der Längsachse eine Bohrung für den durchgehenden Schraubenbolzen. An den Enden erhält letzterer kräftige Unterlagsplatten. Die Rohrdübel werden maschinell mit einem Durchmesser von 42, 51, 60, 70 mm usw. hergestellt; die Schraubenbolzen erhalten einen Durchmesser von 16, 18 und 20 mm.

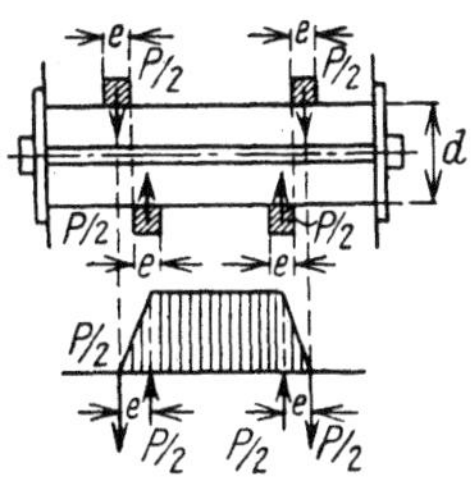

Abb. 109

Die Berechnung erfolgt unter Zugrundelegung folgender zulässiger Beanspruchungen:

Biegung .... $\sigma_b = 150$ kg/cm²
Leibungsdruck ...... $\sigma_l = 70$,,
Abscherung .... $\sigma_s = 60$,,

Nach der üblichen Berechnungsweise wird die Tragkraft P eines zweischnittigen Hartholzrohrdübels wie folgt ermittelt (Abb. 109):

$d = 42$ mm ⌀: $W = 0{,}7854 \cdot 2{,}1^3 = 7{,}27$ cm³; $M = 7{,}27 \cdot 150 = 1090$ kg·cm;

$$e = \sqrt{\frac{2 \cdot 1090}{70 \cdot 4{,}2}} = 2{,}73 \text{ cm}; \qquad \frac{P}{2} = 2{,}73 \cdot 4{,}2 \cdot 70 = 800 \text{ kg}.$$

Abscherung $\tau = \frac{800}{13{,}8} = 58$ kg/cm²; $P = 1600$ kg

$d = 51$ mm ⌀: $W = 0{,}7854 \cdot 2{,}55^3 = 13{,}08$ cm³; $M = 13{,}08 \cdot 150 = 1962$ kg·cm;

$$e = \sqrt{\frac{2 \cdot 1962}{70 \cdot 5{,}1}} = 3{,}32 \text{ cm}; \qquad \frac{P}{2} = 3{,}32 \cdot 5{,}1 \cdot 70 = 1185 \text{ kg}.$$

Abscherung $\tau = \frac{1185}{20{,}5} = 57{,}8$ kg/cm²; $P = 2370$ kg

$d = 60$ mm ⌀: $W = 0{,}7854 \cdot 3{,}0^3 = 21{,}2$ cm³; $M = 21{,}2 \cdot 150 = 3180$ kg·cm;

$$e = \sqrt{\frac{2 \cdot 3180}{70 \cdot 6{,}0}} = 3{,}9 \text{ cm}; \qquad \frac{P}{2} = 3{,}9 \cdot 6{,}0 \cdot 70 = 1635 \text{ kg}.$$

Abscherung $\tau = \frac{1635}{28{,}3} = 57{,}8$ kg/cm²; $P = 3270$ kg.

Stahlstifte. Diese finden bei der Meltzerschen Bauweise Anwendung, bei welcher Stahlstifte von den Abmessungen kräftiger Nägel in vorgebohrte Löcher eingebaut werden. Auf diese Weise werden die Nachteile der Nagelung vermieden und gleichzeitig die Formänderungen infolge der viel höheren Steifigkeit der Stahlstifte gegenüber den gewöhnlichen Nägeln wesentlich herabgesetzt. Für die Berechnung kann $E = 2{,}200.000$ kg/cm² angenommen werden.

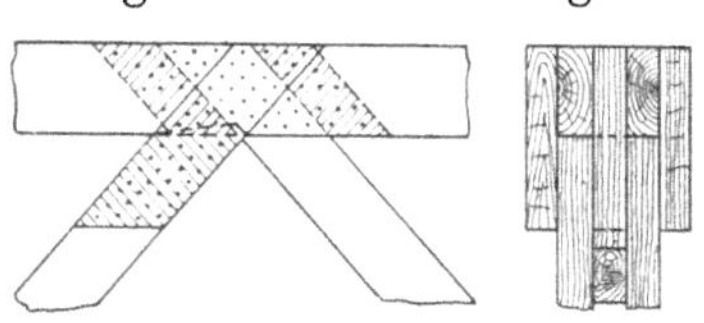

Abb. 110

Abbildung 110 zeigt ein Beispiel der Knotenpunktausbildung bei einem nach genannter Bauweise ausgebildeten Fachwerkträger.

B. Verbindungsmittel mit vorwiegender Druckbeanspruchung (Dübel-Verbindungen)[11*]

Als Grundform der verschiedenen Dübelarten sind die schon seit vielen Jahrhunderten üblichen rechteckigen Holzdübel anzusehen. Mit der Einführung von Eisen an Stelle von Hartholz für die Herstellung von Dübeln kam eine Reihe weiterer Formen auf, die teils wie die erwähnten Holzdübel auf die ganze Breite der Berührungsfläche der zu verbindenden Hölzer eingelegt werden, teils infolge ihrer Scheiben- oder Kreisform nur einen Teil der Breite der Berührungsfläche ausfüllen.

Das Streben, möglichst große Kräfte auf kleinem Raum anzuschließen und gleichzeitig den Verbrauch an Eisen zu vermindern, führte dazu, an Stelle massiver Eisendübel Bandeisen zu verwenden, aus welchem sowohl durchlaufende als kreisförmige Dübel hergestellt werden können.

Für die Beurteilung der Festigkeit einer Dübelverbindung müssen folgende Gesichtspunkte geprüft werden:

die Eigenfestigkeit der Dübel,
die Verteilung der zu übertragenden Kraft auf die Nutzfläche der Dübel,
die zur Herstellung des Gleichgewichtes am Dübel erforderlichen Zusatzkräfte Q,
die Aufnahme der Zusatzkräfte Q.

Die Eigenfestigkeit der Dübel: Zur Herstellung der Holzdübel wird meist Hartholz (Eiche, Esche, gedämpfte Buche, Lärche) verwendet.

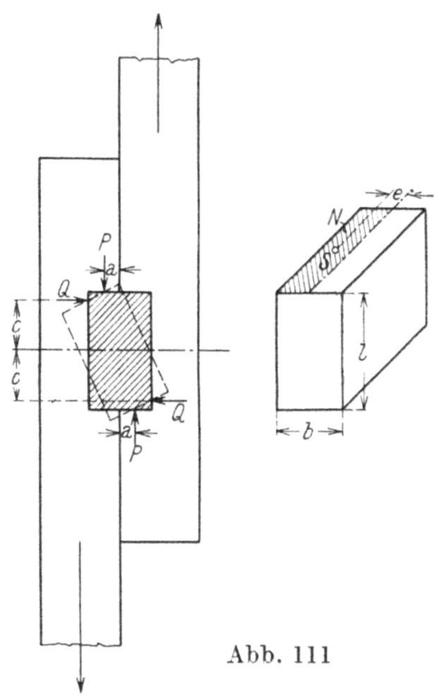

Abb. 111

Die Tragfähigkeit eines Holzdübels wird durch die Größe seiner Nutzfläche N (Abb. 111) und durch den für diese zulässigen Leibungsdruck bestimmt. Bei Verbindung zweier Hölzer, deren Fasern mit der Richtung der anzuschließenden Kraft gleich laufen, wird die Faserrichtung im Dübel zweckmäßigerweise gleich gewählt. Bei sonst günstigsten Verhältnissen des Dübels darf in diesem Fall (Druck von Hirnholz gegen Hirnholz) mit einem Leibungsdruck bis zu 100 kg/cm² (drei- bis vierfache Bruchsicherheit) gerechnet werden. Der bei der angenommenen Faserrichtung des Dübels ungünstigen Scherkraftwirkung muß durch entsprechende Wahl des Verhältnisses von Dübelhöhe und Dübelbreite begegnet werden. Bei Annahme einer größten zulässigen Scherspannung von 30 kg/cm² ergibt sich mit

$$\tau = 30 = \frac{P}{l} \text{ und } P = 100 \cdot \frac{b}{2} \ldots\ldots\ldots l \geqq 1{,}67\, b.$$

Der rechnerische Nachweis genügender Eigenfestigkeit ist bei verschiedenen Formen der eisernen Dübel nur schwer zu erbringen, weshalb in solchen Fällen die Anstellung von Versuchen am zweckmäßigsten erscheint.

Verteilung der zu übertragenden Kraft auf die Nutzfläche der Dübel: Die günstigste Dübelverbindung wäre diejenige, bei welcher die Nutzfläche eine gleichmäßig verteilte Druckbeanspruchung erfährt. Bezeichnet e den Schwerpunktsabstand der Nutzfläche N (Abb. 111) von der Berührungsfläche, P die Mittelkraft der Lochleibungsdrücke, a deren Abstand von der Berührungsfläche, so ergibt sich im Falle gleichmäßiger Verteilung des Lochleibungsdruckes σ_l mit $e = a$ das auf den Dübel wirkende Moment mit

$$M = P \cdot 2\, a = (N \cdot \sigma_l) \cdot 2\, e.$$

Die angenommene gleichmäßige Druckverteilung ist nur denkbar, wenn dieses Moment durch ein zum ersten senkrechtes Kräftepaar Q—Q ohne Eintreten wesentlicher Verschiebungen aufgenommen werden kann. Ist ein solches Kräftepaar nicht oder nicht in ausreichender Größe vorhanden, so verschiebt sich die Mittelkraft P gegen die Berührungsfläche, wobei der Abstand a der Mittelkraft bis auf O abnehmen kann. In letzterem Falle findet eine Spannungsverteilung statt, wie sie derjenigen bei einschnittigen Bolzenverbindungen entspricht. Da der Dübel meist hinreichend genau als starr angesehen werden kann, wird hier im Fall einer rechteckigen Nutzfläche des Dübels die tatsächliche größte Randpressung gleich dem Vierfachen von σ_l, während gleichzeitig an der Innenseite ein Druck von $2\,\sigma_l$ in umgekehrter Richtung wirkt. Diese Verhältnisse treten z. B. bei den einfachen Bandeisendübeln (vgl. S. 110) ein.

Die zur Herstellung des Gleichgewichtes am Dübel erforderlichen Zusatzkräfte: Zum Ausgleich des Lastmoments $P \cdot 2\,a$ muß auf den Dübel ein entgegengesetzt gleiches Moment von Auflagerkräften $Q \cdot 2\,c$ wirken. Dieses kann auf verschiedene Weise zustandekommen.

Bei der üblichen Berechnungsweise wird der größtzulässige Lochleibungsdruck senkrecht zur Faser für die äußersten Kanten festgesetzt, ein geradlinig verlaufender Spannungsabfall bis zur Nullinie angenommen und auf Grund dieser Annahmen die Ermittlung der Kräfte Q sowie ihres gegenseitigen Abstandes $2\,c$ durchgeführt. Für den Fall des Holzdübels nach Abb. 111 ergibt sich mit $\sigma_{d/\!/} = 100$ kg/cm², $\sigma_{d\perp} = 25$ kg/cm²:

$$P = 100 \cdot \frac{b}{2}\,; \quad P \cdot 2\,a = 100 \cdot \frac{b}{2} \cdot \frac{b}{2} = 25\,b^2; \quad Q = \frac{25 \cdot \frac{l}{2}}{2} = \frac{25\,l}{4}\,;$$

$$Q \cdot 2\,c = \frac{25\,l}{4} \cdot \frac{2}{3}\,l = \frac{25\,l^2}{6}$$

$$25\,b^2 = \frac{25\,l^2}{b}\,; \; l \geq b\,\sqrt{6} \stackrel{.}{\geq} 2{,}45\,b.$$

Der Dübel wird also wesentlich flacher, als früher mit Rücksicht auf die Scherfestigkeit gefunden wurde.

Für die beispielsweisen Abmessungen $b = 4$ cm, $l = 8$ cm würde sich zunächst unter Annahme gleichmäßig verteilten Leibungsdruckes für 1 cm Tiefe ergeben:

$$P = 100 \cdot \frac{4}{2} = 200\text{ kg}; \qquad P \cdot 2\,a = 25 \cdot 16 = 400\text{ kg} \cdot \text{cm}; \; Q = \frac{25}{4} \cdot 8 = 50\text{ kg};$$

$$Q \cdot 2\,c = \frac{25}{6} \cdot 64 = 267\text{ kg} \cdot \text{cm}.$$

Da $P \cdot 2\,a$ größer als $Q \cdot 2\,c$ ist, könnte die Last von 200 kg nicht ohne Überwindung der Festigkeit senkrecht zur Faser aufgenommen werden, die angenommene gleichmäßige Verteilung des Leibungsdruckes über die Nutzfläche wäre nicht möglich, daher nicht $a = e$ sondern

$$a = \frac{267}{2\,P} = 0{,}67\text{ cm}.$$

Die tatsächlichen Grenzwerte des Leibungsdruckes würden daher betragen:

$$\sigma_l = \frac{200}{2} \pm \frac{200\left(\frac{2}{2} - 0{,}67\right)}{\frac{1 \cdot 2^2}{6}} = 100 \pm \frac{200 \cdot 0{,}33}{0{,}67} = +\,200\text{ kg/cm}^2 \text{ bzw. } O.$$

Die auf diese Weise berechneten Spannungen sind in den meisten Fällen viel ungünstiger, als es den Versuchsergebnissen entspricht. Den wirklichen Verhältnissen besser entsprechende Werte erhält man, wenn man die in den Nutzflächen wirksamen Reibungskräfte in Betracht zieht. Setzt man die Reibungsziffer von Eisen mit Walzhaut, von Grauguß oder von Hirnholz auf Hirnholz sehr vorsichtig mit $\mu = 0{,}3$ an, so ergibt sich $Q = 0{,}3\,P$. Mit diesem Werte erhält man für den gewöhnlichen Holzdübel aus der Gleichgewichtsbedingung $l \gtrless 1{,}67\,b$, also wie früher bei Berücksichtigung des Verhältnisses zwischen Scherspannung und zulässigem Lochleibungsdruck. Für den in Abb. 111 dargestellten Dübel zeigt sich, daß das erforderliche $Q = 50$ kg durch die Reibungskräfte, welche $0{,}3 \cdot 200 = 60$ kg betragen, aufgenommen werden kann.

Die Berücksichtigung der entlastenden Wirkung der Reibungskräfte ist bei derartigen Berechnungen allerdings nicht üblich. Jedenfalls wird in einem jeden Sonderfall zunächst zu untersuchen sein, ob mit dem Auftreten entsprechend großer Reibungskräfte gerechnet werden kann oder nicht. In letzterem Falle ist die Reibungswirkung zu vernachlässigen und die Mittelkraft P in einem derartigen Abstand a von der Berührungsebene anzunehmen, daß das Moment $(P \cdot 2\,a)$ dem durch die Lochleibungsdrücke aufnehmbaren $(Q \cdot 2\,c)$ entspricht.

Eine weitere Möglichkeit, einem Dübel das erforderliche stützende Moment zu geben, besteht in seiner Anlehnung an den hindurchgesteckten Bolzen, doch ist in diesem Falle der Hebelarm für den Kraftangriff meist sehr kurz, so daß die stützenden Kräfte sehr groß werden.

Aufnahme der Zusatzkräfte Q: Die Aufnahme der Zusatzkräfte Q, einerlei, ob durch Reibung oder Druckfestigkeit senkrecht zur Faser übertragen, geschieht durch die Schraubenbolzen, die dadurch eine Beanspruchung in der Längsrichtung erfahren.

Die Längszugkräfte in den Schrauben ergeben sich bei Verwendung gewöhnlicher rechteckiger Hartholzdübel angenähert [10*])

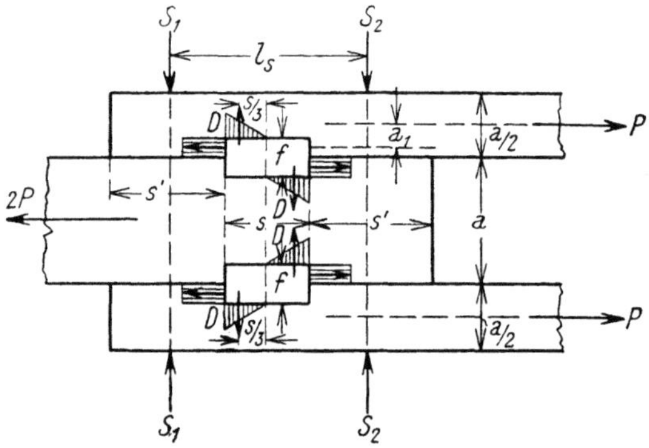

Abb. 112

für 1 Dübelpaar (Abb. 112):

$$P = h \cdot \frac{b}{2} \cdot \sigma_d = h \cdot l \cdot \tau = h \cdot l' \cdot \tau,$$

$$S_1 = \frac{Q\left(\frac{l_s}{2} + \frac{l}{3}\right)}{l_s} + \frac{P \cdot a_1}{l_s},$$

$$S_2 = \frac{Q\left(\frac{l_s}{2} - \frac{l}{3}\right)}{l_s} - \frac{P \cdot a_1}{l_s};$$

für 2 Dübelpaare (Abb. 113):

$$P = 2 \cdot h \cdot \frac{b}{2} \cdot \sigma_d = 2\,h \cdot l \cdot \tau = h\,(l' + l'')\,\tau.$$

Die Kräfte S ergeben sich als Stützendrücke eines durchlaufenden Balkens durch die Lasten Q:

$$S_1 = \frac{Q}{4} \cdot \frac{4\,l_s^2 - 7\,l_s \cdot e + 3\,e^2}{l_s^2}, \qquad S_2 = \frac{Q}{2} \cdot \frac{2\,l_s^2 + 3\,l_s \cdot e - 3\,e^2}{l_s^2},$$

$$S_3 = \frac{Q}{4} \cdot \frac{e\,(l_s + 3\,e)}{l_s^2}.$$

(Hiezu kommt noch der Anteil aus dem Moment $P \cdot a_1$, der aber bei drei Schrauben vernachlässigt werden darf.)

$$Q = \frac{3}{2} \cdot \frac{P \cdot b}{l} \text{ und } e = \frac{l_s}{2} - \frac{l}{3}.$$

Zu beachten ist, daß sich bei der Dübelverbindung ein Teil der Kräfte Q gegenseitig aufheben kann, so daß z. B., wenn 2 oder 4 Dübel durch denselben Bolzen gefaßt sind, für die Berechnung der Spannkraft im Bolzen nur Q und nicht etwa ein Vielfaches von Q in Betracht kommt.

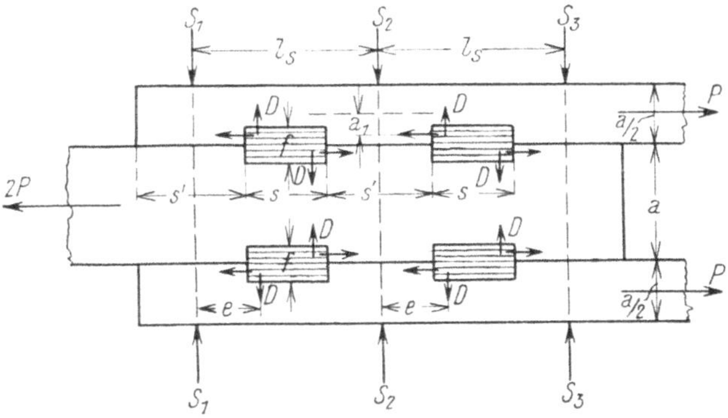

Abb. 113

Die hier besprochene Längsbeanspruchung der Schraubenbolzen zeigt, daß dem Zustand der Schraubenbolzen eine gewisse Bedeutung zukommt. Lockerungen, die durch Schwinden des Holzes, besonders in der ersten Zeit nach Erstellung des Bauwerkes, hervorgerufen werden, sollten durch Nachziehen der Schrauben — etwa im ersten Sommer nach Fertigstellung des Tragwerkes — behoben werden.

1. Bandeiseneinlagen

Bandeiseneinlagen, wie sie schon früher bei der Herstellung verdübelter Balken verwendet wurden, dienen in neuester Zeit auch zum Anschluß der Füllstäbe von Fachwerkträgern.

Die Holzverbindung mittels Bandeiseneinlagen erfolgt in der Weise, daß in den beiden miteinander zu verbindenden Hölzern Nuten in der Breite der Bandeisenstärke und in der Tiefe der halben Bandeisenbreite ausgearbeitet werden, in welche das Bandeisen derart eingelegt wird, daß es wie der gewöhnliche Holzdübel zur Hälfte in jedes der beiden Hölzer eingreift; die Verbindung wird durch Schraubenbolzen gesichert.

Die Form der Bandeiseneinlagen ist eine sehr mannigfaltige, und werden heute von den Holzbaufirmen die verschiedensten Arten gerader, gebrochener, bogenförmiger und kreisrunder Sonderformen verwendet.

Bei Verwendung gerader oder eckig abgebogener Bandeiseneinlagen müssen die Nuten im Holz mittels Sägeschnitten bzw. durch Einstemmen hergestellt werden; viel einfacher und genauer kann die Herstellung der Nuten selbstverständlich bei den in Kreisform gebogenen Bandeiseneinlagen, den sogenannten Ringdübeln erfolgen, bei welchen die erforderlichen Ausfräsungen leicht mit Hilfe der gebräuchlichen Hand- oder elektrischen Fräsmaschinen vorgenommen werden können.

Da die Wirkung der Dübel in hohem Maße davon abhängt, daß ihr Einbau mit größter Genauigkeit erfolgt, ist die maschinenmäßige Herstellung der Nuten selbstverständlich der Handarbeit bei weitem vorzuziehen, und ist man daher in letzter Zeit immer mehr dazu übergegangen, womöglich nur kreisrunde Dübelformen zu verwenden.

a) Bandeiseneinlagen von gerader oder gebrochener Form[5*)]

Gerade Bandeiseneinlage. Als Beispiel soll der Anschluß zweier ausmittig aneinandergeschlossener Stäbe (Abb. 114) gewählt werden.

Es bezeichne:

Z kg..... die durch die Bandeiseneinlage zu übertragende Stabkraft,
h cm..... die Breite des Stabes = Bandeisenlänge,
b cm..... die Stärke des Stabes,
c cm..... die Eingriffstiefe des Bandeisens,
σ_d kg/cm². die gleichmäßig auf die Übertragungsfläche des Bandeisens wirkend angenommene größte zulässige Pressung,
δ cm..... die Stärke des Bandeisens.

Durch die Bandeiseneinlage kann eine größte Zugkraft übertragen werden

$$Z = (h \cdot c) \cdot \sigma_d.$$

Diese Kraft wird in der Fuge der beiden Stäbe übertragen; es entstehen daher entsprechend der Einschnittstiefe c Drehmomente von der Größe $(Z \cdot \frac{c}{2})$, welche

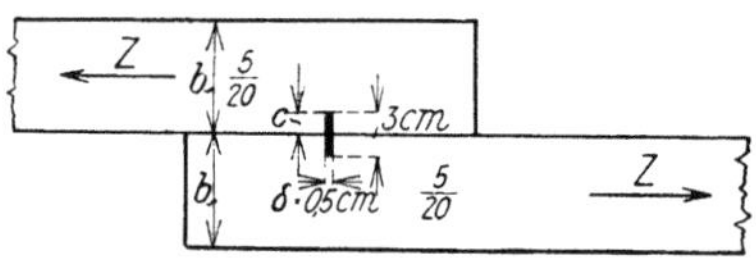

Abb. 114

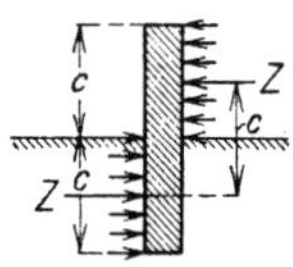

Abb. 115

in den beiderseitigen Einspannstellen aufgenommen werden müssen. (Abb. 115.)

Die in der Einspannstelle auftretenden Randspannungen berechnen sich (bei Vernachlässigung des Verhältnisses der Nachgiebigkeit der Unterlage zum Verbindungskörper) zu

$$\boxed{\sigma_l} = \frac{Z}{h \cdot c} \pm \frac{Z \cdot \frac{c}{2}}{\frac{h \cdot c^2}{6}} = \boxed{\sigma_d \; (1 \pm 3).}$$

Das im Bandeisen selbst auftretende Moment beträgt

$$M = Z \cdot \frac{c}{2},$$

das Widerstandsmoment des Bandeisens $W_e = \frac{h \cdot \delta^2}{6}$, daher seine Beanspruchung

$$\boxed{\sigma_e} = \frac{M}{W_e} = \boxed{3 \left(\frac{c}{\delta}\right)^2 \cdot \sigma_d.}$$

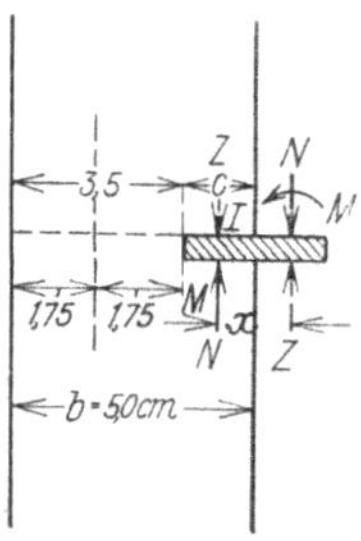

Abb. 116

Die infolge des ausmittigen Anschlusses in den Stäben auftretenden Beanspruchungen berechnen sich in der Fuge I mit den in Abb. 116 eingeschriebenen Bezeichnungen zu:

$$\boxed{\sigma} = \frac{Z}{(b - c) \cdot h} \pm \frac{Z \cdot \frac{b + c}{2}}{\frac{h \cdot (b - c)^2}{6}} = \boxed{\frac{Z}{(b - c)\; h} \left(1 \pm 3\, \frac{b + c}{b - c}\right).}$$

1. Beispiel: $Z = 900$ kg, **Querschnittsabmessungen der beiden zu verbindenden Stäbe** $b = 5$ cm, $h = 20$ cm; verwendetes Bandeisen $^{30}/_{5}$ mm, $2c = 3$ cm, $\delta = 0{,}5$ cm; $\sigma_d = 30$ kg/cm².

Randspannungen an der Einspannstelle:

$$\sigma_l = 30\,(1 \pm 3) = \begin{cases} +\,120\ \text{kg/cm}^2 \\ -\ \ 60\ \text{kg/cm}^2. \end{cases}$$

Beanspruchung des Bandeisens:

$$\sigma_e = 3 \cdot \left(\frac{1{,}5}{0{,}5}\right)^2 \cdot 30 = 810\ \text{kg/cm}^2.$$

Beanspruchung der Stäbe in der Fuge I:

$$\sigma = \frac{900}{3{,}5 \cdot 20}\left(1 \pm 3 \cdot \frac{6{,}5}{3{,}5}\right) = \begin{cases} +\,84{,}5\ \text{kg/cm}^2 \\ -\,58{,}8\ \text{kg/cm}^2. \end{cases}$$

2. Beispiel: Bei einem von der Firma Karl Kübler A. G., Stuttgart, im Materialprüfungsamt Stuttgart vorgenommenen Versuch wurden zwei einfache durchgehende Bandeiseneinlagen $^{40}/_{5}$ mm (demnach mit einer beiderseitigen Eingriffstiefe von 2 cm, 14 cm lang) verwendet (Abb. 117). Zur Sicherung der Verbindung diente eine Schraube von $^{5}/_{8}''$ Durchmesser, deren Tragfähigkeit mit 2500 bis 3000 kg ermittelt wurde.

Der Versuch ergab eine Tragkraft der Bandeisenverbindung von 3500 bis 4000 kg.

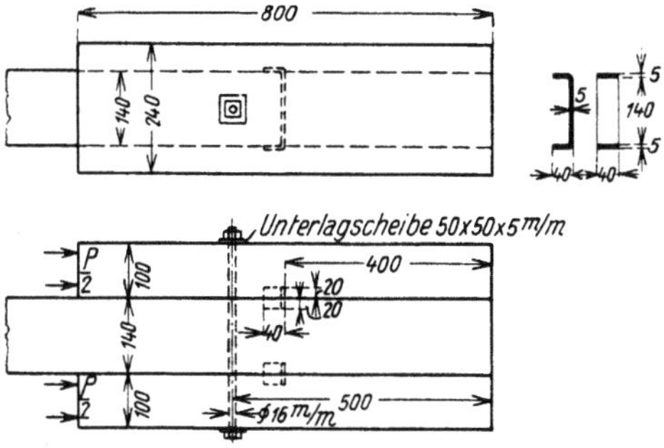

Abb. 117

Bei einer von den beiden Bandeiseneinlagen zu übertragenden Kraft von $P = 4000$ kg beträgt die gleichmäßig über die Bandeisenfläche verteilte Pressung

$$\sigma_{d\,max} = \frac{4000}{2\,(14 \cdot 2)} = 71{,}5\ \text{kg/cm}^2.$$

Die Randspannungen in der Einspannstelle berechnen sich daher zu

$$\sigma_l = \sigma_d\,(1 \pm 3) = \begin{cases} +\,286\ \text{kg/cm}^2 \\ -\,143\ \text{kg/cm}^2, \end{cases}$$

ein Ergebnis, welches mit der Würfelfestigkeit der Hölzer gut übereinstimmt.

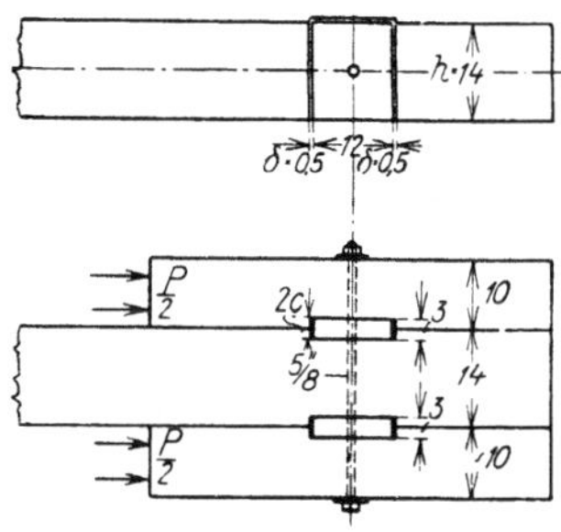

Abb. 118

U-förmige Bandeiseneinlage (Abb. 118). Die Wirkung der U-förmigen Bandeiseneinlage, bei welcher die beiden zur Kraftübertragung dienenden Schenkel durch einen versteifenden Querriegel miteinander verbunden sind, ist eine günstigere als die zweier einfacher Bandeisen, da der Querriegel in der Lage ist, entsprechend der Drehfestigkeit der Schenkel Drehmomente zu übermitteln.

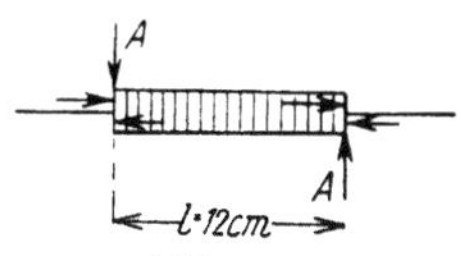

Abb. 119

Die Momente infolge der Drehfestigkeit der Schenkel werden nach Abb. 119 durch ein senkrecht zu den Fasern auftretendes Drehmoment $M_d = A \cdot l$ aufgenommen.

Bei den Querschnittsabmessungen $(2\,c)$ und δ des Bandeisens beträgt die Drehfestigkeit eines Schenkels nach C. Bach

$$M_t = \frac{2}{9} \cdot (2\,c) \cdot \delta^2 \cdot 2520\ \text{kg} \cdot \text{cm}.$$

Bei einer von der Verbindung aufzunehmenden Bruchlast Z kg wird von einem Schenkel der vierte Teil, d. i. $\frac{1}{4}Z$ kg aufgenommen.

Das Moment in der Einspannfuge beträgt

$$M = \frac{1}{4} Z \cdot \frac{c}{2}.$$

Dieses Moment wird durch den steifen Anschluß der Schenkel an den Riegel ermäßigt. Das Drehmoment in einer Fuge beträgt nach Abzug von M_t:

$$M_d = \frac{1}{4} Z \cdot c - M_t \text{ kg} \cdot \text{cm},$$

so daß die Einspannfuge nunmehr

durch die Längskraft $N_r = \frac{M_d}{c}$ und das Moment $M_r = \frac{M_d}{2}$ beansprucht wird.

Auf die Breite h einer Fuge berechnen sich daher die Randspannungen in der Einspannfuge zu

$$\sigma_l = \frac{N_r}{h \cdot c} \pm \frac{M_r}{\frac{h \cdot c^2}{6}} = \frac{M_d}{h \cdot c^2} (1 \pm 3).$$

Das vom Schenkel aufgenommene Moment M_t wird durch den Querriegel nach dem Kräftepaar A—A (Abb. 119) abgegeben, wobei $A = \frac{2 M_t}{l}$ kg ist.

Infolge des einseitigen Anschlusses an den Riegel kann sich diese Kraft nicht gleichmäßig entlang der Schenkellänge verteilen. Wird eine vom Schenkelanfang bis zur Einspannstelle dreieckförmig ansteigende Kraftverteilung angenommen, so berechnet sich die Beanspruchung senkrecht zur Faser zu

$$\sigma_v = \frac{2A}{h \cdot \delta} \text{ kg/cm}^2.$$

Beispiel: $Z = 7500$ kg, Bandeisen $^{30}/_{5}$ mm, 14 cm lang; $c = 1{,}5$ cm, $l = 12$ cm:

$$M_t = \frac{2}{9} \cdot 3 \cdot 0{,}5^2 \cdot 2520 = 420 \text{ kg} \cdot \text{cm},$$

$$M = \frac{1}{4}\, 7500 \cdot \frac{1{,}5}{2} = 1405 \text{ kg} \cdot \text{cm},$$

$$M_d = \frac{1}{4}\, 7500 \cdot 1{,}5 - 420 = 2390 \text{ kg} \cdot \text{cm},$$

$$N_r = \frac{2390}{1{,}5} = 1600 \text{ kg}; \quad M_r = \frac{2390}{2} = 1195 \text{ kg} \cdot \text{cm},$$

$$\sigma_l = \frac{2390}{14 \cdot 1{,}5^2} (1 \pm 3) = \begin{cases} +\ 304 \text{ kg/cm}^2 \\ -\ 152 \text{ kg/cm}^2, \end{cases}$$

$$A = \frac{2 \cdot 420}{12} = 70 \text{ kg}; \quad \sigma_v = \frac{2 \cdot 70}{14 \cdot 0{,}5} = 20 \text{ kg/cm}^2.$$

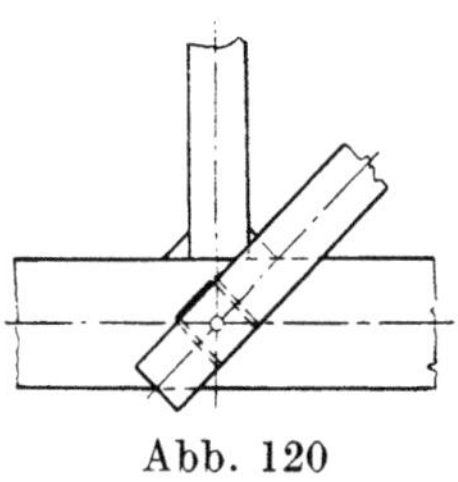

Abb. 120

Abb. 120 stellt die Knotenpunktverbindung eines Fachwerkträgers mit U-förmigen Bandeiseneinlagen (Patent der Firma Karl Kübler A. G., Stuttgart) in einer beispielsweisen Ausführungsform dar.

b) Bandeisenringe (Ringdübel)

Die bekanntesten Formen sind:

a) der geschlossene Ringdübel des Prof. H. Kreüger, Stockholm. (Abb. 121),

b) der geschlossene Ringdübel mit Einwellungen der Firma Dr.-Ing. Carius & Kleinhenz, Holzindustriebau Ges. m. b. H., Leipzig (Abb. 122),

c) der geschlitzte Ringdübel der Firma Carl Tuchscherer A. G., Breslau (Abb. 123).

Die Wirkungsweise geschlossener und offener Ringdübel. Während man eigentlich versucht wäre, anzunehmen, daß der geschlossene Ringdübel vermöge seiner größeren Steifigkeit imstande ist, größere Kräfte als der offene zu übertragen, ist in Wirklichkeit das Umgekehrte der Fall. Bei einer Kraftwirkung nach Abb. 124 preßt sich nämlich beim geschlossenen Ring die eine Ringhälfte an den inneren Holzkern an, die andere Ringhälfte aber hat, da sich der Ring weder auf- noch zusammenbiegen kann, nicht die Möglichkeit, mit an der Kraftübertragung teilzunehmen. Ist, wie es infolge Schwindens, Leibungsdrücken oder ungenauer Arbeit möglich ist, der Bandeisenring dünner als die Ringnut, so wird er wohl den inneren Holzkern fest umschließen, aber ausschließlich nur diesen, nicht auch das Vorholz beanspruchen können. Beim geschlitzten Ringdübel hingegen wird, wie in Abb. 125

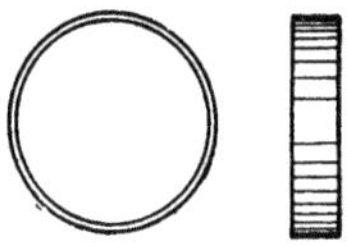
Abb. 121

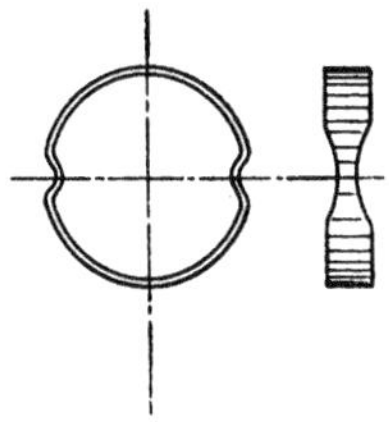
Abb. 122

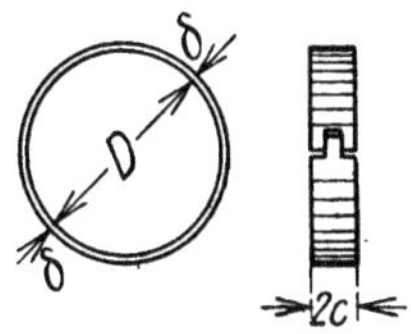

Abb. 123

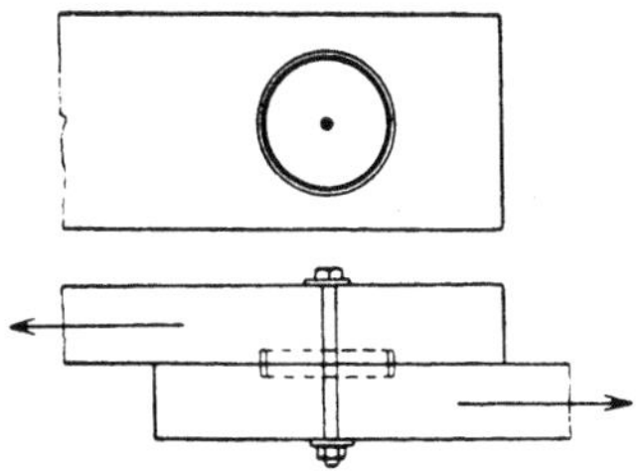
Abb. 124

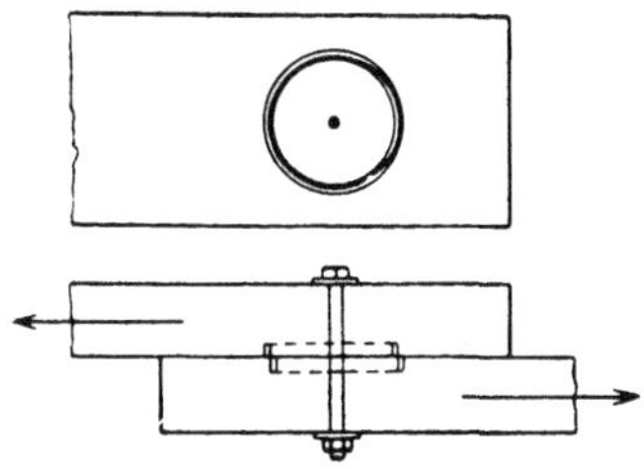
Abb. 125

dargestellt, die zweite Ringhälfte gegen die äußere Nutenwandung gepreßt, so daß die Stabkraft hier sowohl auf den Holzkern als auf die Nutenwandung übertragen werden kann. Beim geschlossenen Ringdübel muß daher die Leibungsfläche der Nutenwandung und ebenso die Scherfläche des Außenholzes bei gleicher Sicherheit doppelt so groß als beim offenen Ring angenommen werden.

Die Richtigkeit obiger Behauptungen haben die von Prof. Kreüger mit geschlossenen und offenen Ringdübeln vorgenommenen Versuche und Belastungsproben erwiesen, die folgende Ergebnisse hatten:

Ringform	Bruchlast in kg	
	Ringdurchmesser	
	$D = 10$ cm	$D = 12{,}5$ cm
Geschlossen	6100	8300
Offen	9380	14350

Die Bruchlast des offenen Ringes betrug im ersten Falle 54 v. H., im zweiten Falle 75 v. H. mehr als die des geschlossenen Ringes.

Der geschlossene Ringdübel mit Einwellungen. Bei dieser Dübelform wird der Ring durch zwei einander gegenüberliegende Einwellungen nachgiebig gemacht. Die Einwellungen liegen in Hilfsbohrungen der Nuten, und zwar derart, daß die Verbindungslinie der Wellen senkrecht zur Kraftlinie steht. An der Einwellungsstelle kann das Material, um die Zusammendrückbarkeit des Ringes zu erhöhen, noch durch Einschnürung oder Bohrungen verschwächt sein.

Die Tragfähigkeit der Ringdübel Bauart Carl Tuchscherer, Ringdübeltabelle. Die Tragfähigkeiten der verschiedenen, je nach der aufzunehmenden Belastung zu wählenden Ringdübelgrößen sind in der nachstehenden Tabelle für eine Schubbeanspruchung des Holzes von 10 kg/cm² und einen Leibungsdruck von 80 bzw. 60 kg/cm² angegeben.

In genannter Tabelle bezeichnen:

P kg... die Tragfähigkeit eines Ringdübelpaares für den Fall, daß die Achsen der beiden miteinander zu verbindenden Stäbe in eine Gerade fallen (Stoßverbindung),

$\sigma_z = 100$ kg/cm² ... die Zugspannung in der Faserrichtung,

$\sigma_l = 80$ bzw. 60 kg/cm² ... den Leibungsdruck,

$\tau = 10$ kg/cm² ... die Schubspannung in der Faserrichtung,

D cm ... den lichten Durchmesser des Ringdübels,

d cm ... den Durchmesser des Heftbolzens,

$c = 0{,}1\,D$ cm ... die halbe Breite des Bandeisens (Eingriffstiefe),

$\delta = 0{,}04\,D$ cm ... die Stärke des Bandeisens,

b, h cm ... die Abmessungen der mittels Ringdübel anzuschließenden Holzstäbe.

Die Tragfähigkeit eines Ringdübelpaares berechnet sich mit obigen Werten zu

$$P = 4\,D \cdot c \cdot \sigma_l = \pi \cdot D^2 \cdot \tau$$

(zu verwenden ist der kleinere Wert).

Die Querschnittsverminderung durch ein Ringdübelpaar beträgt

$$F_r = 2\,c\,(D + 2\,\delta),$$

die Querschnittsverminderung durch den Schraubenbolzen

$$F_s = 2\,(b - c)\,d.$$

Der nutzbare Holzquerschnitt wird somit

$$F_n = 2\,b \cdot h - F_r - F_s.$$

Erforderliche Vorholzlänge von Dübelmitte gemessen $\geqq 1{,}3\,D$, erforderlicher Dübelabstand von Mitte zu Mitte $\geqq 1{,}8\,D$.

Die Breite h der mittels Ringdübel anzuschließenden Holzstäbe ist wie folgt zu bemessen:

$$h = 1{,}08\,D + 2\,\Delta,$$

($\Delta = 1{,}5 \div 2$ cm, je nach Größe des Ringdübeldurchmessers).

Nachstehend sind die Abmessungen und Tragfähigkeiten der gebräuchlichen Ringdübelformen zusammengestellt.

Ringdübeltabelle

Abmessungen des Ringes			Leibungsdruck 80 kg/cm²		Leibungsdruck 60 kg/cm² (Brückenträger)		Querschnittsverminderung durch ein Ringpaar F_r cm²	Gewicht eines Ringes in kg
Innerer Durchmesser D cm	Bandeisen- Breite $2c$ cm	Bandeisen- Dicke δ cm	Erforderl. Schraubendurchmesser d engl. Zoll	Tragfähigkeit P eines Ringpaares in kg	Erforderl. Schraubendurchmesser d engl. Zoll	Tragfähigkeit P eines Ringpaares in kg		
8	1,6	0,35	1/2″	2,011	1/2″	1,536	13,9	0,106
10	2,0	0,4	5/8″	3,142	5/8″	2,400	21,6	0,205
12	2,6	0,5	5/8″	4,524	5/8″	3,752	33,8	0,402
14	2,9	0,65	5/8″	6,158	3/4″	4,872	44,4	0,680
16	3,2	0,65	5/8″	8,042	3/4″	6,144	55,4	0,856
18	3,6	0,8	3/4″	10,179	7/8″	7,776	70,6	1,34
20	4,0	0,8	3/4″	12,566	1″	9,600	86,4	1,65
22	4,5	0,8	3/4″	15,205	1″	11,880	106,2	2,03
24	5,0	1,0	3/4″	18,096	1 1/8″	14,400	130,0	3,09
26	5,2	1,0	7/8″	21,237	1 1/8″	16,224	145,6	3,47
28	5,5	1,2	7/8″	24,630	1 1/4″	18,480	167,2	4,75
30	6,0	1,2	7/8″	28,274	1 1/4″	21,600	194,4	5,54

Bei Benützung der obigen Tabelle sind für die Bemessung der Ringdübel sowohl beim Anschluß von Füllstäben an die (durchgehenden) Gurte, als bei Stoßverbindungen entsprechend Abb. 126, folgende 3 Fälle zu unterscheiden:

1. Fall: $\alpha_1 \geqq 0^0 < 30^0$: Die Achsen der beiden miteinander zu verbindenden Stäbe fallen in eine Gerade ($\alpha_1 = 0^0$, Stoßverbindung) oder der anzuschließende Füllstab (Strebe) schließt mit dem Gurt einen Winkel $\alpha < 30^0$ ein:

Maßgebende Kraft $P = S_1$ (Stabkraft).

2. Fall: $\alpha_2 > 30^0 < 90^0$: Der anzuschließende Füllstab (Strebe) schließt mit dem Gurt einen Winkel $\alpha_2 > 30^0 < 90^0$ ein:

Maßgebende Kraft $P = V_2$ (lotrechte Teilkraft der doppelten Stabkraft S_2).

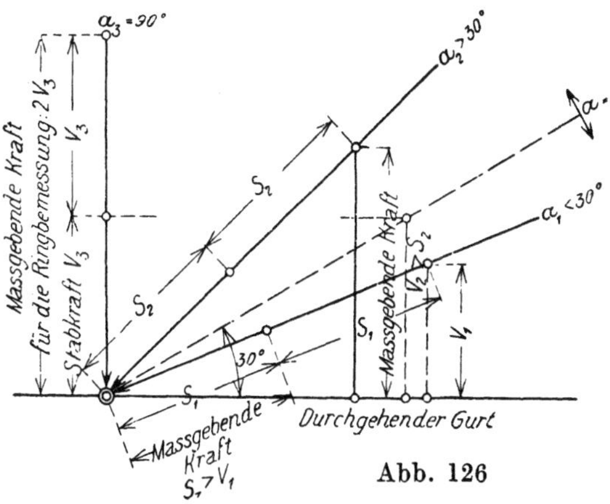

Abb. 126

3. Fall: $\alpha_3 = 90^0$: Der anzuschließende Füllstab (Pfosten) schließt mit dem Gurt einen Winkel $\alpha_3 = 90^0$ ein:

Maßgebende Kraft $P = 2\,V_3$ (lotrechte doppelte Stabkraft V_3).

Beispiel (Abb. 126):

1. Fall: $\alpha < 30^0$ ... $S_1 = 15{,}0$ t ... $P = S_1 = 15{,}0$ t ... Ringdübel $D = 22$ cm
2. Fall: $\alpha > 30^0$ ... $S_2 = 15{,}0$ t ... $P = V_2 = 20{,}8$ t ... „ $D = 26$ cm
3. Fall: $\alpha = 90^0$ ... $V_3 = 8{,}0$ t ... $P = 2\,V_3 = 16{,}0$ t ... „ $D = 24$ cm

Eine neue, in Österreich bereits vielfach mit Erfolg verwendete Ringdübelart stellen die sogenannten „Schüllerschen Dübel" (Abb. 127) dar, das sind Flacheisensegmente, deren Enden gerade (radial) abgebogen sind und in gleicher Richtung liegen; die Dübelenden sind am Außenholz sichtbar (*a*), so daß jederzeit sowohl die richtige Lage der Dübel als jede Veränderung derselben festgestellt werden kann. An der Versuchsanstalt der Technischen Hochschule in Wien mit derartigen Dübelverbindungen durchgeführte Zug- und Druckproben haben sehr günstige Ergebnisse gezeitigt.

2. Gußeiserne Einlagen

(Scheiben, doppelkegelförmige Dübel usw.)[5*])

Die Verwendung kreisrunder gußeiserner Scheiben in Verbindung mit Schraubenbolzen (Abb. 128) ist schon seit längerer Zeit — insbesondere durch amerikanische Brückenausführungen — bekannt. Diese Scheiben (vgl. E. Winkler, Hölzerne Brücken,

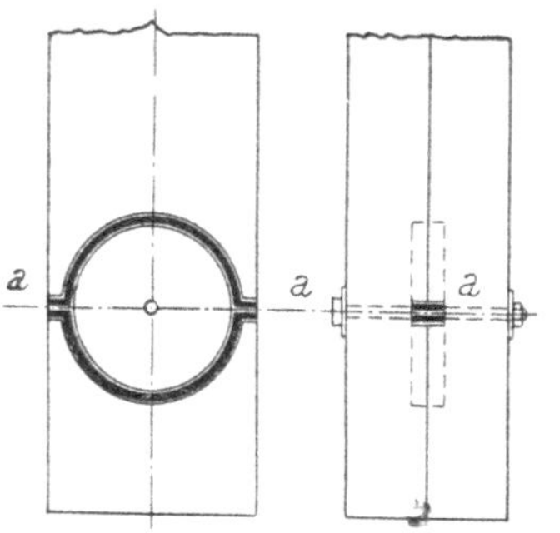

Abb. 127

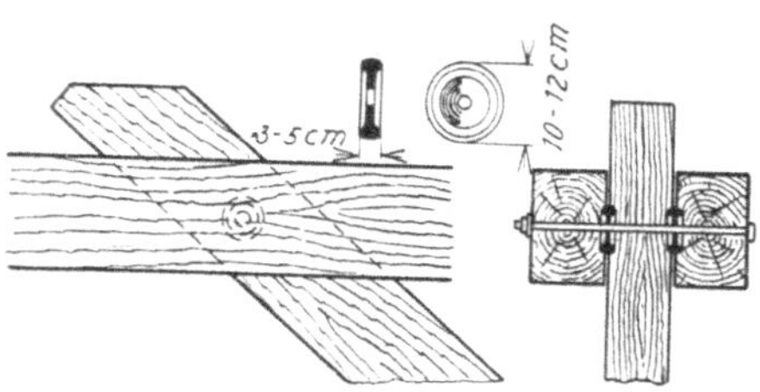

Abb. 128

Wien 1887) besitzen einen Durchmesser von meist 100 bis 120, seltener bis zu 200 mm und eine Dicke von 30 bis 50, seltener bis 80 mm. Sie greifen in die beiden miteinander zu verbindenden Hölzer ein und erhalten beiderseits, von der Mittelebene aus, in der Umfangsfläche eine Verjüngung von etwa 1:20. Die Scheiben besitzen entweder scharfe Ränder und werden durch Anziehen des durch sie hindurchgehenden Schraubenbolzens in das Holz gepreßt (in Amerika verwendetes Verfahren) oder die Hölzer erhalten, was wirksamer ist, flache, mit dem Zentrumbohrer herzustellende Einschnitte, in welche die Scheiben eingesetzt werden.

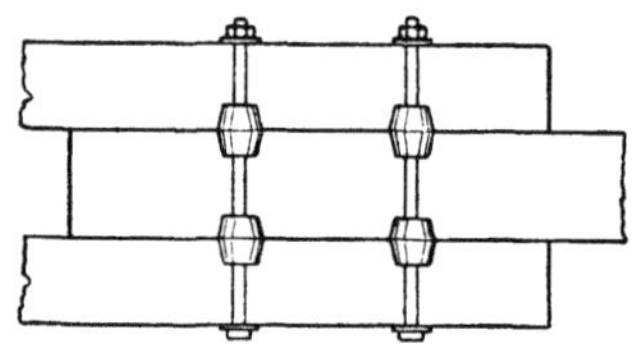

Abb. 129

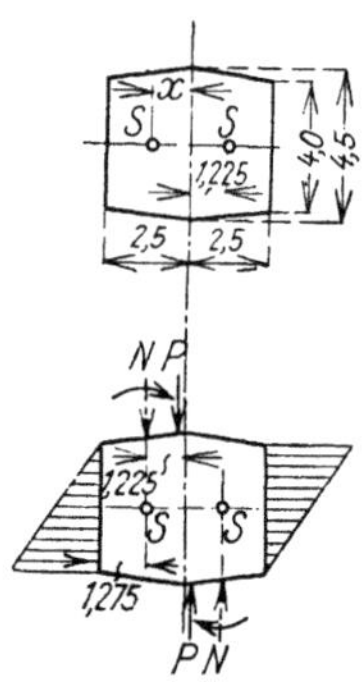

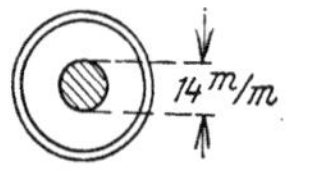

Abb. 129a

Zweck der Scheibeneinlagen ist die Übertragung der Längskräfte. Durch den ausmittigen Kraftangriff entstehen Drehmomente, welche in ähnlicher Weise, wie bei den U-förmigen Bandeiseneinlagen gezeigt wurde, von der Ringfläche aufgenommen werden und Beanspruchungen senkrecht zur Faser hervorrufen.

Der erforderliche Scheibendurchmesser sowie die Einschnittstiefe richten sich nach der zulässigen örtlichen Druckbeanspruchung senkrecht zur Faser.

Runddübel der Firma Karl Kübler A. G. Die Firma Karl Kübler A. G., Stuttgart, bildet die Scheiben als kleine doppelkegelförmige Runddübel (Abb. 129) von verhältnismäßig größerer Dicke (aus Gußeisen oder Hartholz) aus, die genau in die vorgebohrten Löcher passen und daher eine Einspannwirkung ergeben.

Die Berechnung eines derartigen doppelkegelförmigen Dübels nach Jackson sei nachstehend wiedergegeben:

Mit den in Abb. 129a eingetragenen Bezeichnungen berechnet sich das unter der Wirkung einer Last P für jede Dübelhälfte auftretende Drehmoment zu

$$M = P \cdot x,$$

wobei x die Entfernung des Schwerpunktes der Trapezfläche im Grundriß des halben Dübels von der Fuge bedeutet.

Die Querschnittsfläche des halben Dübels beträgt $F_t = 10{,}65\,\text{cm}^2$ (Trapezfläche), das Widerstandsmoment der Trapezfläche $W_t = 4{,}34\ \text{cm}^3$, $x = 1{,}225$ cm.

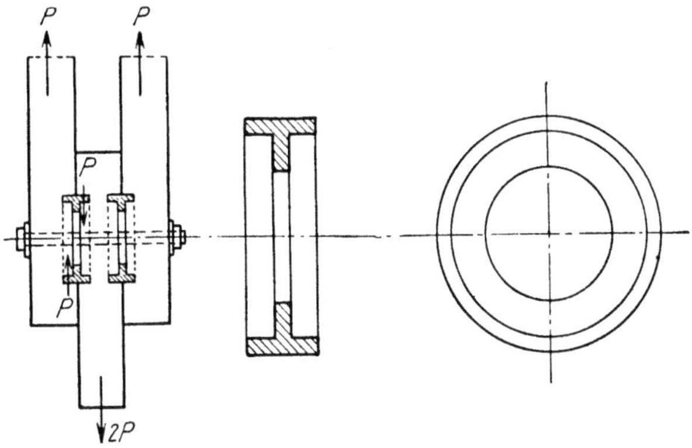

Abb. 130

Die angeordnete Heftschraube liegt in der Dübeldurchlochung nicht satt an und hat bei satter Anlagerung von Kopf und Mutter die Aufgabe, die durch die Kreisringfläche übertragenen Drehmomente aufzunehmen.

Beträgt die größte zulässige örtliche Druckbeanspruchung senkrecht zur Faser σ_v, das Widerstandsmoment der Kreisringfläche $W_r = 5{,}9\ \text{cm}^3$, so berechnet sich das größtmögliche Drehmoment, welches letztere auf die Schraube übertragen kann, zu $M = W_r \cdot \sigma_v$.

Mit obigen Werten ergeben sich die Randspannungen zu

$$\boxed{\sigma = \frac{P}{F_t} \pm \frac{P \cdot x - W_r \cdot \sigma_v}{W_t}} = \frac{P}{10{,}65} \pm \frac{1{,}225\,P - 5{,}9\,\sigma_v}{4{,}34}.$$

Auf Grund durchgeführter Versuche ist die Tragfähigkeit eines Dübels einschließlich $^1/_2$″ Schraube bei 2,5- bis 3facher Bruchsicherheit mit $P = 750$ bis 1000 kg festgestellt worden.

Als zulässige örtliche Druckbeanspruchung darf der Wert $\sigma_v = 25\ \text{kg/cm}^2$ nicht überschritten werden.

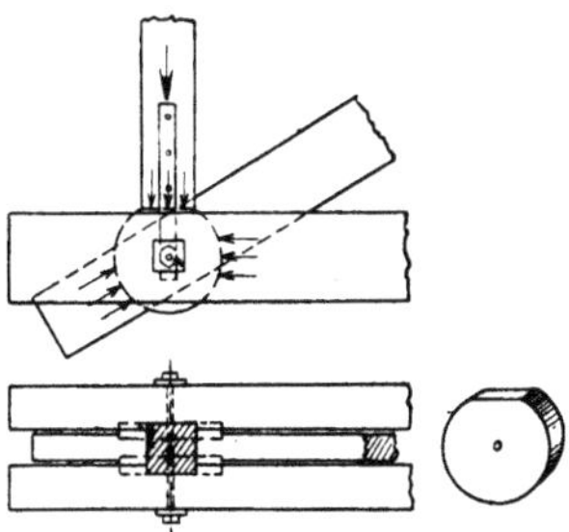
Abb. 131

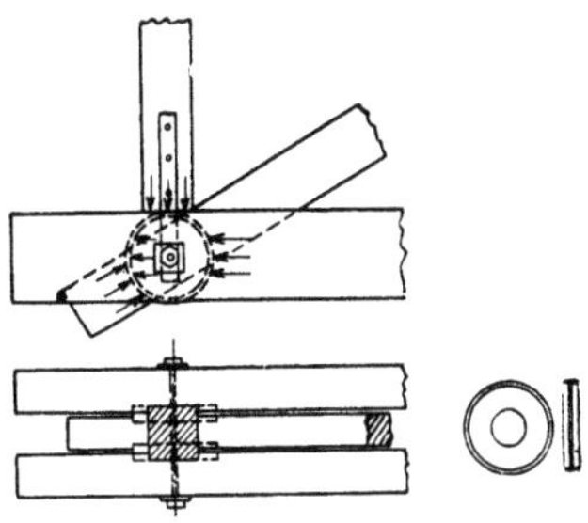
Abb. 132

T-förmige Tellerdübel. Die Firma Christoph & Unmack, Niesky, Oberlausitz, verwendet bei der Herstellung von Fachwerkträgern, sofern große Lasten zu übertragen sind, die in Abb. 130 dargestellten gußeisernen Tellerdübel.

Scheiben-Ringdübel. Die Firma C. H. Jucho, Dortmund, verwendet Scheibendübel aus Hartholz oder Eisen, welche derart gestaltet sind, daß an allen Fachwerkknotenpunkten nur Druckkräfte von Hirnholz auf Hartholz bzw. Eisen übertragen werden, wodurch erreicht wird, daß die Schwinderscheinungen keinen nachteiligen Einfluß auf das Fachwerk ausüben können.

Die beiden von genannter Firma verwendeten Dübelformen zeigen die Abb. 131 und 132.

3. Krallenscheiben der Firma Metzke & Greim

Eine neuartige Dübelverbindung, welche sich aus verschiedenen älteren, von der gleichen Firma verwendeten Dübelformen entwickelt hat, besteht aus den sogenannten Krallenscheiben (Abb. 133), das sind kreisrunde Scheiben aus Temperguß mit Zähnen auf einer Seite des Scheibenumfanges.

Die Krallenscheibe wird in zwei Größen hergestellt, und zwar mit einem Durchmesser von 70 mm bzw. 90 mm. Die 3 mm starke, mit einer bzw. mehreren kreisrunden Aussparungen versehene Scheibe besitzt am Umfang einen Rand von 5 bzw. 6 mm Stärke und 3,5 mm Höhe, welcher keilförmige Zähne von 10,5 mm Höhe trägt. Die gesamte Scheibenhöhe beträgt 17 mm. Am Rücken besitzt die Scheibe im inneren Teil, um die Mitte gleichlaufend angeordnete Rippen bzw. Rillen, die für paarweise zusammengehörige Scheiben ineinandergreifen, wobei letztere dicht zusammenliegen. Mit der Seite, auf welcher die Zähne liegen, sitzen die Scheiben vollkommen in den zu verbindenden Hölzern, so daß in den Rillen der Scheiben die Kräfte von einem Holz auf das andere übertragen werden. Sollen besonders frische Hölzer verwendet werden, so wird durch Anordnung von vollständig ineinandergreifenden Nabenausbildungen auch hier dem möglicherweise stärker auftretenden Schwinden der Hölzer in Querrichtung begegnet. Die Verbindung wird durch einen Schraubenbolzen von $^1/_2''$ Durchmesser, der durch ein Loch im Mittelpunkt jeder Scheibe geht, zusammengehalten.

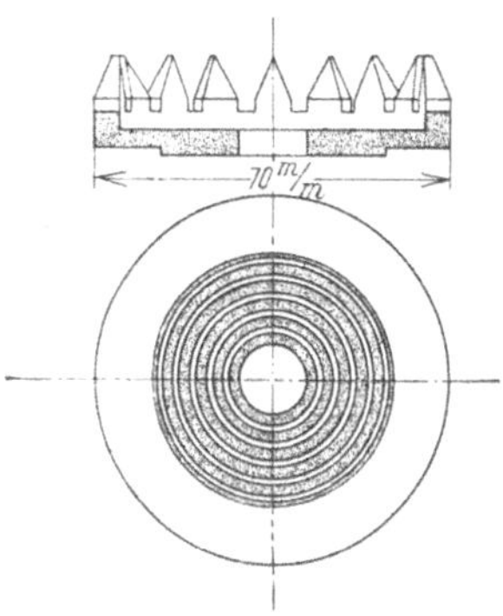

Abb. 133

Die Knotenverbindungen werden in folgender Weise hergestellt:

Zunächst werden die zu verbindenden Hölzer aufeinandergelegt, worauf durch sämtliche Hölzer das Bolzenloch von $^1/_2''$ Durchmesser gebohrt wird. Hierauf werden die Hölzer auseinandergenommen und mittels Zentrumbohrers die Aussparungen für die Scheiben in 6,5 mm Tiefe zwangläufig ausgefräst, wobei das vorher gebohrte Bolzenloch als Führung für den gleich starken Zapfen des Zentrumbohrers bzw. Fräsers dient. Schließlich werden die Zähne mittels eines auf den Rand gehaltenen Aufsetzers durch zwei bis drei kräftige Hammerschläge in die Holzfasern eingetrieben. Durch dieses Herstellungsverfahren wird erreicht, daß die Scheiben genau mittig im Holze sitzen und der Bolzen zwanglos durch Holz und Eisen hindurchgeführt werden kann. Kopf und Mutter des Schraubenbolzens erhalten große Unterlagsplatten, um ein Eindrücken der ersteren in das Langholz beim Anziehen der Mutter zu vermeiden.

Die rechnungsmäßige Tragkraft zweier Krallenpaare, wie sie in der Regel in Gemeinschaft mit dem zugehörigen Schraubenbolzen zur Verwendung gelangen, beträgt

für Scheiben von 70 mm Durchmesser $P = 2900$ kg,
für Scheiben von 90 mm Durchmesser $P = 3900$ kg.

4. Folgerungen aus den Ergebnissen der bisherigen Versuche über die Wirkungsweise und Tragfähigkeit von Dübelverbindungen[10*])

Eichenholzdübel. Bandeisendübel. Die geringsten Verschiebungen treten bei breiten Eichenholzdübeln auf. Die Schrauben nehmen wegen ihrer Nachgiebigkeit an der unmittelbaren Kraftübertragung durch Leibungsdruck nicht teil. Sie halten die Verbindung zusammen und verhindern das Kippen der Dübel. Sobald sich die Schrauben lockern, stellen sich die Dübel schief, eine Erscheinung, die an vielen ausgeführten Bauten beobachtet werden kann. Immerhin ist auch bei schiefgestellten Dübeln noch eine gewisse Sicherheit gegen Bruch vorhanden; die Verschiebungen bleiben in erträglichen Grenzen.

Die abgebogenen Bandeisen (Winkeldübel, U- und Ringdübel) wirken ähnlich wie die Vierkantdübel; das Kippen wird durch die Form und die steifen Ecken erschwert. Örtliche Zerdrückungen durch hohe Kantenpressungen in den Druckübertragungsflächen, namentlich aber quer zur Faser, lassen sich kaum vermeiden. Den Schrauben fällt wieder die Aufgabe zu, die Verbindung zusammenzuhalten, das heißt, die Querkräfte aufzunehmen. Durch Lockern der Schrauben können sich die Bandeisen schief stellen, die Verbindung verliert an Tragfähigkeit. Wichtig ist, daß eine genügende Zahl von Schrauben zwischen und hinter den Bandeiseneinlagen angeordnet wird.

Die Dübel verhalten sich um so günstiger, je größer ihre Breite im Verhältnis zur Höhe ist. Die Kippbewegung wird eingeleitet, sobald die Druckfestigkeit des Holzes an den Kanten überschritten ist. Sie kann nicht fortschreiten, solange gut angezogene Schrauben vorhanden sind, die dem Kippen entgegenwirken, und die Biegefestigkeit der Hölzer im verschwächten Laschenquerschnitt nicht überschritten wird. Bei breiten Dübeln, seien es nun eichene Rechteckdübel, abgebogene Bandeiseneinlagen, Ring- oder Tellerdübel, tritt nach der Quetschung der Holzfasern an den Kanten eine nahezu gleichmäßige Druckverteilung auf der Stirnfläche ein, wie sie in der Näherungsberechnung angenommen wird. Bei schmalen Dübeln bleibt die ungleichmäßige Druckverteilung bestehen, weil die Gegenwirkung von Druckflächen quer zur Faser fehlt. Bei geraden Flacheiseneinlagen treten schon bei niederen Laststufen große Verschiebungen ein.

Massive Runddübel. Die hohen eisernen Runddübel mit durchgesteckter Schraube ergeben größere Verschiebungen als die Flachdübel, gleichzeitig aber hohe Bruchlasten. Die Runddübel sind nachgiebig im Holz eingebettet und stellen sich nach Zerquetschung des Holzes an den Kanten derart ein, daß eine ziemlich gleichmäßige Druckverteilung auf die Stirnflächen stattfindet. Dem weiteren Kippen wird durch den Druck auf die Schraube (Eisen auf Eisen) entgegengewirkt. Die Schrauben nehmen dadurch unmittelbar an der Kraftübertragung teil, was in den hohen Bruchlasten zum Ausdruck kommt.

Die Wirkungsweise der Dübel ist ungünstig, wenn sie ohne durchgesteckte Schrauben verwendet werden, weil die Hölzer durch die Wirkung der Dübel auseinandergedrückt werden.

Reine Schraubenverbindungen. Bei den reinen Schraubenverbindungen treten sehr bald durch die dreieckförmige Druckverteilung beiderseits der Fuge zwischen den Hölzern Quetschungen ein, die Verschiebungen zur Folge haben, sobald die Reibung in den Berührungsflächen überwunden ist. Mit den bei den Zugversuchen mit stark angezogenen Schrauben erreichten Bruchfestigkeiten ist in der Praxis nicht zu rechnen. Durch das Querschwinden des Holzes lockern sich die Schrauben, die Reibung in den Berührungsflächen nimmt ab, große und unzulässige Verschiebungen sind die Folge. Nimmt man die Schrauben so stark, daß die Verschiebungen in den zulässigen Grenzen bleiben, also nicht größer werden als beispielsweise bei Schrauben mit Runddübeln, so ist die reine Schraubenverbindung kaum mehr wirtschaftlich.

III. Holzverbindung durch Verleimung

Allgemeines. Festigkeitsuntersuchungen. Eine ausgeprägte Sonderstellung gegenüber den übrigen Verbindungsmitteln nimmt die Verleimung ein, welche in gewisser Beziehung die ideale Lösung des Verbindens von Holzteilen darstellt.

Als Klebestoff kommen die verschiedenen im Handel erhältlichen Sorten von Warmleim (Knochen- und Lederleim) sowie Kaltleim (Kaseinleim) in Frage. Wegen der gelegentlich zu befürchtenden Durchfeuchtung bei der Beförderung, Aufstellung oder im Betrieb wird meist ein Kaseinleim gewählt, der gegen Feuchtigkeit widerstandsfähiger als Warmleim sein soll. Ausschlaggebend für die Brauchbarkeit eines Leims und die Art seiner Verwendung sind seine Festigkeitseigenschaften sowie seine Haftkraft am Holz. Baumann fand als Eigenfestigkeit von zusammengeleimten Stäben bei Verwendung von Kölner Leim (Warmleim) eine Zugfestigkeit von 650 bis 815 kg/cm^2 und eine Biegefestigkeit von etwa 1500 kg/cm^2.

Bei zweckentsprechendem Ansetzen des Leims und guter Pressung wurden von Rudeloff folgende Festigkeiten von Leimfugen beobachtet:

1. auf Zug beanspruchte Fugen, Hirnholz auf Hirnholz mit Warmleim verleimt: etwa 70 kg/cm^2;
2. auf Herausreißen des Holzes aus der verleimten Fläche beanspruchte Fugen, Längsholz auf Längsholz verleimt: bei Eiche 35 kg/cm^2, bei Kiefer 27 kg/cm^2.

Bei zu dünner Leimlösung, ungenügendem Pressen der Fugen während des Abbindens, Vorhandensein harziger Stellen in den Verbindungsflächen sowie durch Feuchtigkeit wird die Festigkeit der Verbindung wesentlich herabgemindert.

Aus den angestellten Beobachtungen geht hervor, daß Leimfugen in der Richtung der Holzfasern hinsichtlich Zug und Abscheren — zum mindesten bei Nadelholz — die gleiche Festigkeit wie das Holz selbst erhalten können. Es können daher aus einer Reihe von Einzelquerschnitten fast beliebig große Querschnitte in den verschiedensten Formen durch Verleimung zusammengesetzt werden. Durch Wahl entsprechend kleiner Einzelglieder wird die Ausscheidung von groben Ästen und sonstwie fehlerhaften Stellen sehr erleichtert. Die Kraftübertragung, die bei den übrigen Verbindungsmitteln immer mit einem Eingriff in das Gefüge des Holzes verbunden ist, erfolgt bei der Verleimung ohne diese Nachteile.

Den genannten Vorzügen stehen selbstverständlich auch eine Reihe Mängel gegenüber; mehr als bei allen anderen Verbindungsmitteln spielt beim Verleimen die Güte der Verarbeitung und des Verbindungsmittels (Leim) eine Rolle. Dazu kommt, daß Fehler in der Herstellung einer verleimten Verbindung viel schwerer feststellbar sind als bei anderen Verbindungen, die größtenteils ein Auseinandernehmen und eine eingehende Besichtigung der Einzelteile erlauben. Wird die Güte der Verleimung durch Festigkeitsproben untersucht, so befindet man sich bis unmittelbar vor Eintreten des Bruches im unklaren über die Tragfähigkeit der Verbindung, da naturgemäß die Zerstörung sehr plötzlich eintritt.

Geleimte Tragwerke sollten deshalb nur dann angewendet werden, wenn eine unmittelbare Durchfeuchtung nicht zu befürchten ist, und die Ausführung in einem entsprechend eingerichteten Betrieb unter dauernder sachverständiger Aufsicht vorgenommen wird.

Geleimte Verbundträger nach Hetzer. Als Schöpfer des Gedankens, aus einzelnen Hölzern durch Verleimung Verbundträger mit I-Querschnitt herzustellen, ist Otto Hetzer in Weimar anzusehen, über dessen Bauweise im Jahre 1907 die ersten Veröffentlichungen in Fachzeitschriften erschienen sind.

Zur Verbindung der einzelnen Holzlagen verwendet Hetzer ein der Feuchtigkeit gut widerstehendes Bindemittel, mit dem die zusammenzufügenden Flächen bestrichen und unter Druck zusammengepreßt werden. Dieses Bindemittel besitzt die Eigenschaft, die Zellfasern, nachdem es auf die Holzflächen aufgetragen ist, an den benetzten Flächen zunächst aufzuweichen. Es entspricht dem natürlichen Klebestoff der Zwischenzellräume des Holzes. Durch das verwendete Bindemittel und durch den Pressedruck werden die Holzfasern so ineinandergedrückt, daß beim Erhärten des Bindemittels in der Presse ein einheitlicher Verbundträger entsteht, der, beliebig gebogen, dauernd seine Form behält. Durch dieses Verfahren wird es möglich, den Querschnitt eines Holzträgers entsprechend seiner Beanspruchung zu gestalten, z. B. einem auf Biegung beanspruchten Träger die I-Form, ferner entsprechend den auf ihn einwirkenden Biegemomenten veränderliche Höhen zu geben (vgl. Abb. 144), endlich aber auch noch die Verteilung des Materials im Träger gemäß seiner Festigkeit derart vorzunehmen, daß dieselbe den auftretenden Zug- und Druckkräften entspricht. So verwendet Hetzer bei der Herstellung seiner Verbundträger auch verschiedenartige Hölzer; in den druckbeanspruchten Teilen Hölzer von großer Druckfestigkeit (Buche), in den zugbeanspruchten Teilen solche von großer Zugfestigkeit (Fichte).

IV. Zusammengesetzte Holzquerschnitte

Durch Zusammensetzung einzelner Holzquerschnitte zu einem einheitlich wirkenden Verbundquerschnitt wird die Herstellung beliebig gekrümmter Bogen- und Rahmenformen, wie auch von vollwandigen Balkenträgern mit veränderlichem Trägheitsmoment, daher von besonderer Wirtschaftlichkeit, ermöglicht. Derartige Verbundquerschnitte bestehen aus Brettern, Bohlen oder Kanthölzern, die miteinander durch eiserne oder hölzerne Nägel, Dübel, Kopfschrauben, Schraubenbolzen, Bänder oder durch Verleimung verbunden werden. Die genannten Verbindungsmittel müssen in ausreichender Zahl und Stärke vorhanden sein, damit die zwischen den einzelnen Trägerteilen wirkenden Kräfte sicher aufgenommen werden.

A. Ältere Bauweisen

Die ältesten Ausführungen vollwandiger Bogenträger sind die Bohlenbinder, die früher häufig als Bohlensparren, das heißt, in derart geringen Entfernungen von einander (etwa 1 m) hergestellt wurden, daß sie die Schalung oder Lattung für die eigentliche Dachdeckung unmittelbar aufnehmen konnten. Diese Art von Bindern ist aus Bohlen oder Brettern zusammengesetzt, welche entweder hochkantig nebeneinandergesetzt oder flach übereinandergelegt werden.

De l'Ormesche Bogen. Diese Bogen (nach ihrem Erfinder, dem Architekten Philibert de l'Orme, gest. 1570, benannt) bestehen aus mehreren Lagen hochkantig nebeneinanderstehender, nach der Schablone bogenförmig geschnittener Bohlen (Abb. 134), die untereinander durch Nagelung verbunden und abwechselnd gestoßen sind (Abb. 135). Je nach der vorhandenen Bohlenlänge, erhält man aus einer Bohle Bogenstücke von 1,5 bis 2,5 m.

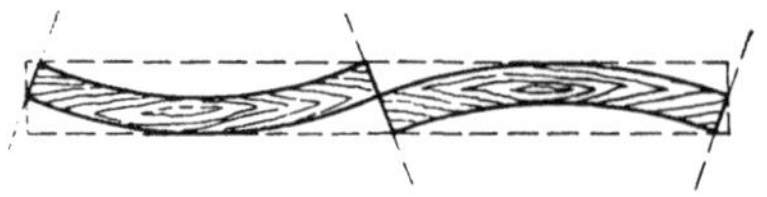

Abb. 134

Die außerordentlich zahlreichen Fugen, die sich aus der Unmöglichkeit, lange Bogenstücke aus geraden Brettern zu schneiden, ergeben, beeinträchtigen die Festigkeit und Steifigkeit derartiger Bogen. Ein weiterer Übelstand besteht darin, daß so viele Holzfasern beim runden Ausschneiden der Brettstücke durchschnitten werden müssen. Um möglichst viele Holzfasern von einem Brettende zum anderen durchgehen lassen zu können, empfiehlt es sich, die Bretter an der inneren Bogenlinie gerade zu belassen (Abb. 136), falls nicht, was allerdings meist der Fall sein dürfte, auch an der Innenseite eine runde Oberfläche vorhanden sein muß. Als ungünstig kommt endlich auch noch der Umstand hinzu, daß beim Schwinden der Hölzer ein Lockern der Nagelung eintreten kann.

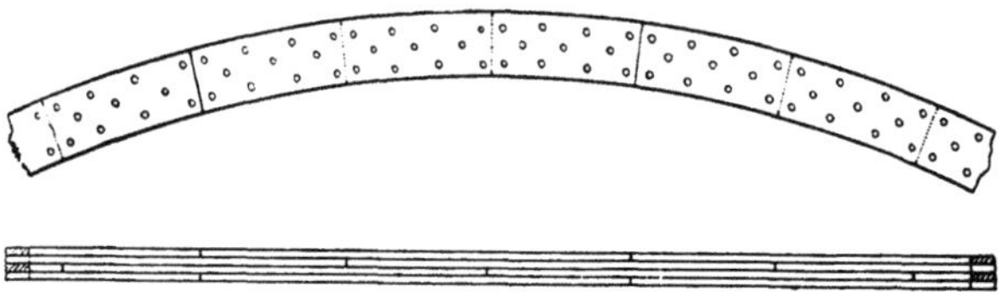

Abb. 135

Infolge der vielen Nachteile, welche die de l'Ormeschen Bogen besitzen und die sich trotz aller Bemühungen nicht ganz beseitigen lassen, werden dieselben heute nur noch selten und meist nur für untergeordnete oder vorübergehende Bauten verwendet.

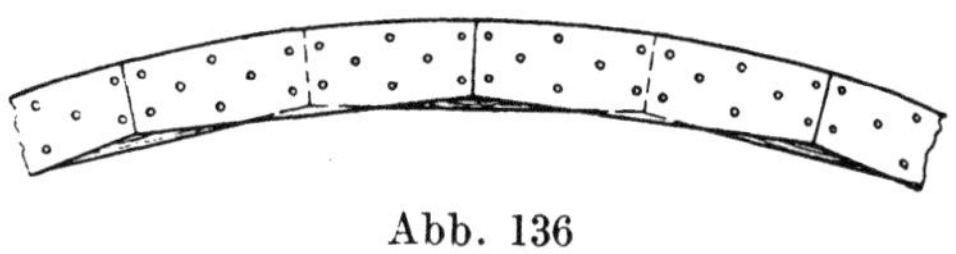

Abb. 136

Emysche Bogen. Einen wesentlichen Fortschritt bedeutete die Erfindung des französischen Obersten Emy (1830), Bogen nach Art der Abb. 137 aus übereinander gelegten und gebogenen Brettern oder Bohlen zu formen. Das ungünstige Durchschneiden der Holzfasern fällt bei diesen Bogen weg; die Bretter oder Bohlen können so lang genommen werden wie sie erhältlich sind, die Zahl der Stöße wird auf das geringste Maß verringert. Zur Anfertigung der Bogen werden die gewaltsam gebogenen Bretter mittels Schraubenzwingen fest aufeinandergepreßt und in etwa 1 m Entfernung durch $^5/_8''$ bis $^1/_2''$ starke Schraubenbolzen zusammengehalten. Zwischen den Schraubenbolzen werden noch Flacheisenbügel angeordnet, welche sämtliche Bretter umfassen und dieselben mittels Schrauben zusammenpressen.

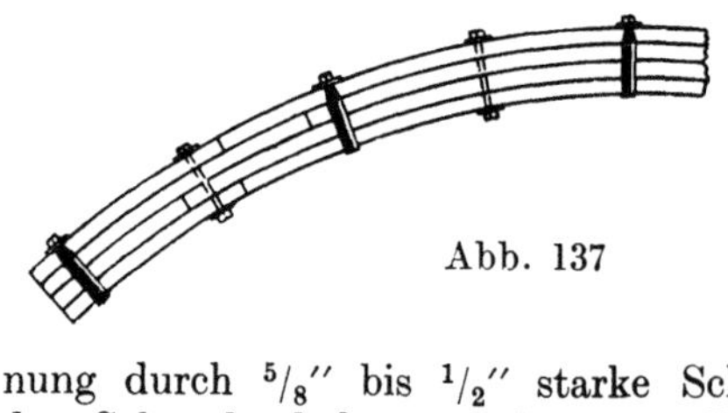

Abb. 137

Emysche Bogen wurden im vorigen Jahrhundert vielfach zur Herstellung weitgespannter Dachbinder und Brücken verwendet. Ein Nachteil dieser Bogen ist die geringe Biegefestigkeit des Querschnittes, welche bei wechselnden Belastungen (Wind) starke Schwingungen zur Folge hat.

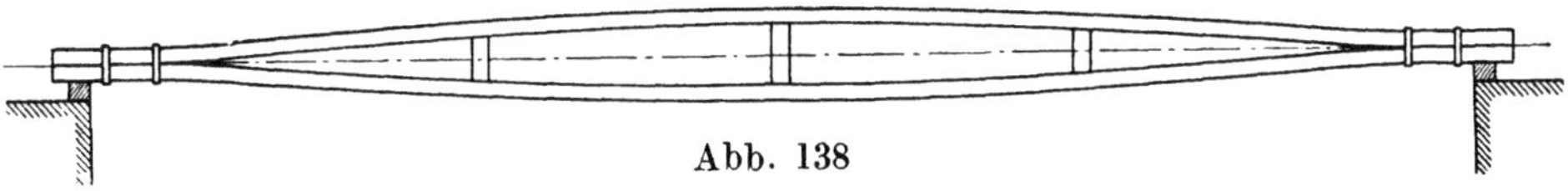

Abb. 138

Lavessche Balken. Unter den Versuchen, die auf eine Verstärkung der Tragfähigkeit des einfachen Balkenträgers abzielen, sind die bemerkenswertesten die von Laves (1840). Dieser schnitt die Balken in der Mitte auf, spreizte sie auseinander, wodurch das Trägheitsmoment in der Balkenmitte erheblich vergrößert wurde und erreichte auf diese Weise eine Anpassung der Tragfähigkeit des Balkens an den Verlauf der Biegemomente (Abb. 138).

Die Hauptschwierigkeit bei der Verwendung der Lavesschen Balken bestand in der Aufnahme der Schub- und Scherkräfte. An den Auflagerenden können dieselben von der nach dem Aufschneiden des Holzes verbleibenden Scherfläche nicht mit Sicherheit aufgenommen werden, und man kam daher bald dazu, diese Fläche durch Bänder und Bolzen zu entlasten oder aber den Träger lieber aus zwei Hälften zusammenzusetzen und diese an den Enden mittels Versatz, umgelegter Eisenbänder und Bolzen sicher zu verbinden. Der innere Teil des Trägers selbst sieht keine Möglichkeit der Übertragung der Scherkräfte zwischen den beiden Gurten vor, wodurch sich eine sehr hohe Beanspruchung beim Zusammenstoß der Gurte ergibt. In neuerer Zeit ist der Lavessche Balken bezüglich der einwandfreien Aufnahme der Scherkräfte neu durchgebildet worden und hat sich in seiner nunmehrigen neuen Form (Bauweise Kaper) bei zahlreichen Ausführungen gut bewährt.

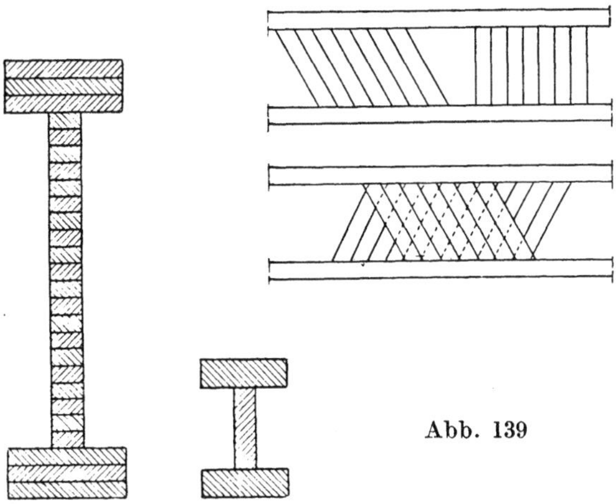

Abb. 139

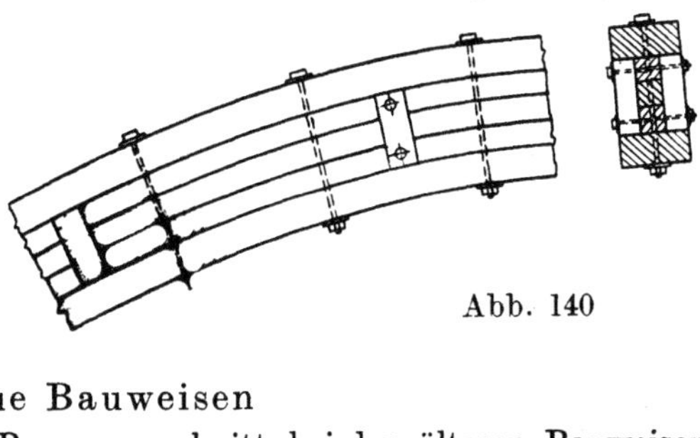

Abb. 140

B. Neue Bauweisen

1. **Vollwandbogen.** Während der Bogenquerschnitt bei den älteren Bauweisen rechteckige Form zeigt, ist man in neuerer Zeit dazu übergegangen, denselben in I-Form auszubilden, wobei man wie bei den Eisenträgern von der Erwägung ausging, daß der I-Querschnitt bei dem hauptsächlich auf Biegung bzw. auf

Biegung und Druck beanspruchten Vollwandträger beim geringsten Stoffverbrauch das größte Widerstandsmoment besitzt.

Bauweise Hetzer. Die heute bei vollwandigen Bogen- und Balkenträgern übliche I-Form wurde, wie bereits an anderer Stelle erwähnt, von Hetzer eingeführt. Dieser setzt den I-Querschnitt aus einer stehenden Wand von etwa 6 cm Stärke bei einer Dicke der einzelnen Lamellen von 2,5 bis 4 cm und einer oberen und unteren Gurtung aus 8 bis 12 cm starken, 16 bis 20 cm breiten Gurtplatten zusammen (Abb. 139). Je nach seiner Höhe besteht der Steg entweder aus stehenden oder schrägliegenden Hölzern oder auch aus einem durchgehenden Längsholz. Wie bei Blechträgern erhält der gerade oder gebogene Vollwandträger in Holz in gewissen Abständen Aussteifungen der beiden Gurtungen durch besondere Querstücke. Die Art der Verbindung der einzelnen Lamellen miteinander durch Verleimen wurde bereits unter III. besprochen.

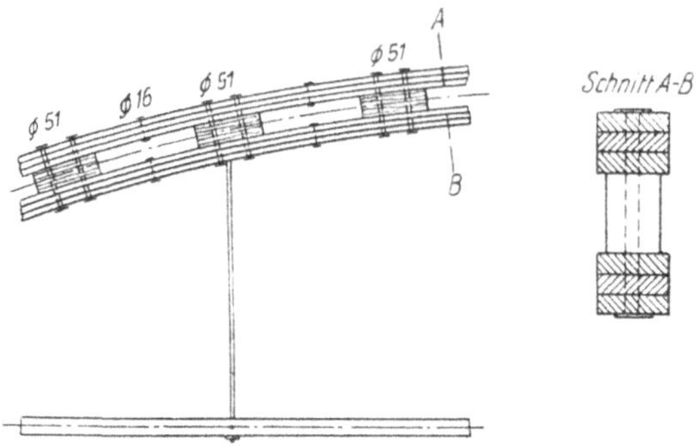

Abb. 141

Bauweise Ambi. Der I-Querschnitt (Abb. 140) besteht aus dem Steg, der von mehreren quadratischen Kanthölzern gebildet wird, und den beiden Flanschen aus flachliegenden Kanthölzern. Sämtliche Kanthölzer, die nach einem Kreisbogen gekrümmt sind, werden durch radial angeordnete Schraubenbolzen zusammengehalten. Steg und Gurte sind miteinander verdübelt. Die Entfernung der Schraubenbolzen beträgt etwa 60 cm. In etwa den doppelten Abständen werden in radialer Richtung Bohlenstücke zwecks Aussteifung der Gurte angeordnet.

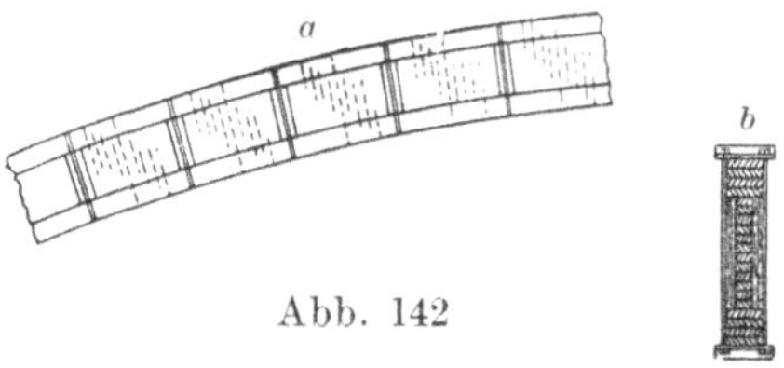

Abb. 142

Bauweise Cabröl. Der Vollwandbogen besteht hier aus zwei Gurten, deren jeder aus mehreren Bohlen zusammengesetzt ist (Abb. 141). Die Gurten sind in Abständen von etwa 1 m durch 50 bis 60 cm lange Klötze und Hartholzrohrdübel verbunden. Die einzelnen Gurtplatten werden miteinander noch besonders verschraubt.

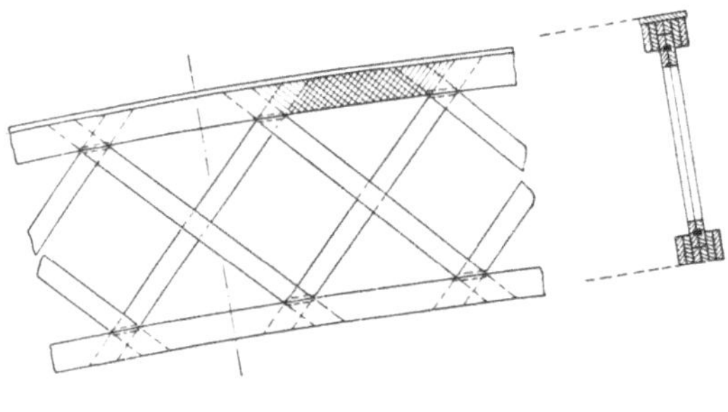

Abb. 143

Bauweise Christoph & Unmack. Die Herstellung des Verbundquerschnittes zeigt Abb. 142 b. Zur Verbindung der einzelnen Lamellen dienen besondere Schraubennägel, bei hohen Querschnitten bzw. bei starker Belastung werden überdies noch in bestimmten Abständen Zugschrauben oder Eisenbänder verwendet. Aus Ersparnisrücksichten wird bei den neuesten Trägerformen die in Abb. 142 dargestellte Hartholzgruppendübelung angewendet. Durch diese Anordnung wird jede Lamellengruppe mit der vorhergehenden fest verbunden, bis die Gesamtträgerhöhe durch die nebeneinander angeordneten Dübel erreicht ist. Bei Trägerquerschnitten von mehr als 40 cm Höhe, welche maschinell nicht mehr auf die ganze Höhe durchgebohrt werden können, werden die Dübel gemäß Abb. 142 in der Länge gestoßen. Die Sicherung der Stoßstelle übernehmen in diesem Fall zu beiden Seiten derselben eingesetzte kürzere, einfach oder doppelt angeordnete Stoßsicherungsdübel. Die Gruppendübel werden, im Falle sie aus Holz hergestellt sind, unter Anwendung einer besonderen Verbundmasse straff in die Bohrlöcher eingeschlagen. Durch die innige und feste Verbindung der Lamellen und Holzdübel bildet der Träger einen Einheitsquerschnitt. Die Zahl und der seitliche Abstand der Dübel sowie der überdies zu verwendenden Schraubnägel werden der Schubspannung entsprechend bestimmt. Die seitliche Versteifung des Trägers erfolgt durch Füllstücke, die auf die Stege aufgeleimt werden.

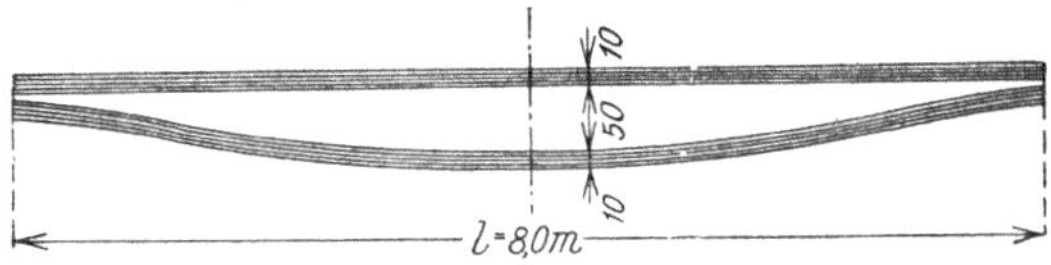

Abb. 144

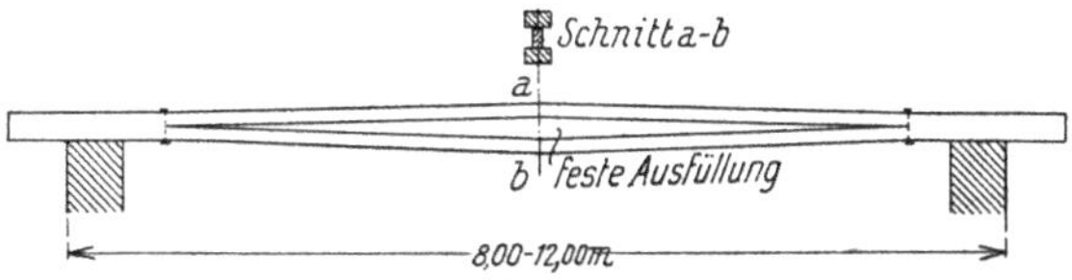

Abb. 145

2. **Fachwerkbogen.** Die Gurtquerschnitte der Fachwerkbogen, welche, um den Anschluß der Füllstäbe zu ermöglichen, rechteckige Form besitzen, werden meist in gleicher Weise wie bei den Vollwandbogen hergestellt.

Bauweise Stephan. Im Gegensatz zu den übrigen Bauweisen wird der Gurtquerschnitt beim Stephanschen Fachwerkbogen aus hochkantig gestellten Bohlen gebildet, die nach einem besonderen Verfahren über die hohe Kante gebogen werden sollen. Wegen der Schwierigkeit des Biegens, insbesondere wegen des großen Holzverlustes infolge Reißens der Bohlen beim Biegen über die hohe Kante, begnügen sich die ausführenden Firmen aber meist damit, die Bohlen der Bogenform entsprechend auszuschneiden. Jeder Gurt ist in zwei Hälften gegliedert, zwischen welche die aus Bohlen bestehenden Streben und verbindenden, statisch mitwirkenden Zwischenstücke eingefügt sind (Abb. 143). Manchmal werden auch noch den Gurt überdeckende wagrechte Brettlamellen, ähnlich den Emyschen Bohlen angeordnet. Die miteinander durch Flacheisendübel verbundenen Gitterstäbe werden durch Zwischenstücke festgehalten, die wiederum mit den Gurtbohlen durch Nagelung gut verbunden sind. In der Nähe der Auflager ist der Träger durch dichte Lage der Schrägbohlen vollwandig ausgestaltet.

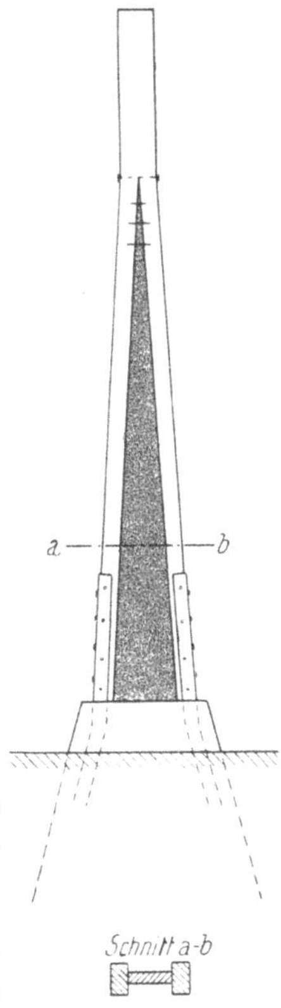

Abb. 146

3. **Vollwandige Balkenträger und Rahmen.** Auch bei den vollwandigen Balkenträgern und Rahmen wird der Gurtquerschnitt im allgemeinen in gleicher Weise wie bei den Bogen mittels Verleimung, Verschraubung oder Verdübelung hergestellt. Eine nach der Bauweise Hetzer ausgeführte vollwandige Pfette mit gegen die Auflager zu abnehmendem Trägheitsmoment stellt Abb. 144 dar.

Bauweise Kaper. Grundsätzlich verschieden von den übrigen Bauweisen sind die von Kaper hergestellten Balkenträger, welche den Lavesschen Balken nachgebildet sind. Sie werden aus Kant- oder Rundhölzern in der Weise hergestellt, daß das Holz mit der Kreissäge der Länge nach geschlitzt, hierauf gespreizt und innerhalb der Spreizung fest ausgefüllt wird (Abb. 145). An den Enden bleibt das Holz unaufgeschlitzt; am Beginn der Spreizung wird dasselbe an jedem Ende durch Einziehen von Schraubenbolzen gegen Reißen gesichert. Die Scherkräfte werden an den Enden durch den natürlichen Zusammenhang der Spreizgurte des Trägers aufgenommen, im übrigen durch die Verbindung der federnden Spreizgurte mit der zwischenbefindlichen festen Ausfüllung. Die Gurte haben von vornherein das Bestreben, sich fest gegen die Ausfüllung zu pressen. Die Pressung nimmt zu, je mehr der Träger belastet wird. Die Herstellung im Grundmauerwerk eingespannter Stützen mit nach unten zu zunehmendem Trägheitsmoment zeigt Abb. 146.

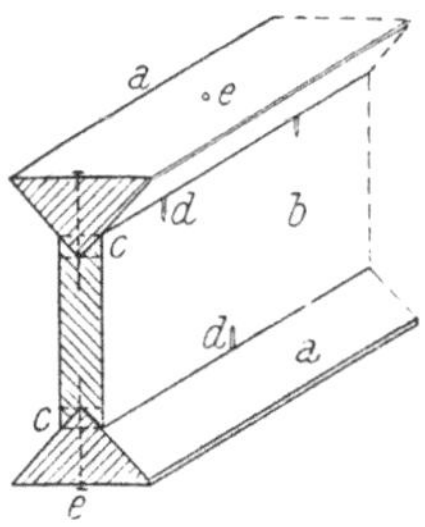

Abb. 147

Durch die beschriebene Ausführungsart sind vollwandige Träger mit I-förmigen Querschnitten gegeben, die den Beanspruchungen entsprechend geformt sind.

Die Aufnahme der Scherkräfte zwischen den inneren Gurt- und Stegflächen erfolgt durch eine besondere Breitnageldübelung, soweit erstere nicht durch die aneinandergepreßten rauhen Sägeflächen gegeben ist.

Bauweise Westermayer-Kaper. Eine besonders sparsame Ausnutzung des Holzes gestattet die Herstellung der in Abb. 147 dargestellten Balkenträger nach der Bauweise Westermayer-Kaper, welche aus zwei Dreikanthölzern oder Rundholzvierteln als Gurten und einer Stegbohle zusammengesetzt werden. Die Verbindung zwischen Gurt und Steg erfolgt mittels Bandeisendübeln und Schlüsselschrauben.

IV. Abschnitt

Die hölzernen Tragwerke

A. Einfache Holzträger

Berechnungsgrundlagen: Die in den einzelnen Querschnitten eines beliebig geformten, auf Biegung beanspruchten Balkens auftretenden Spannungen werden mit Hilfe der Navierschen Gleichung

(1)
$$\sigma_b = \pm \frac{M}{J} \cdot e$$

ermittelt, welche bei einem hinsichtlich der Nullinie spiegelgleichen Querschnitt die Form annimmt

(1a)
$$\boxed{\sigma_b = \pm \frac{M}{W}.}$$

Da die Naviersche Biegegleichung nur für homogene Baustoffe gilt, trifft dieselbe für Holz nicht zu, da bei diesem die Festigkeiten für Druck und Zug verschiedene Werte aufweisen. Der tatsächliche Spannungsverlauf in einem auf Biegung beanspruchten Holzbalken ist nach den Untersuchungen Winklers, Bauschingers und Melans, welche in neuerer Zeit auch durch Versuche Baumanns bestätigt wurden, nach Abb. 64 anzunehmen.

Um die Berechnung mit Hilfe der Navierschen Biegegleichung durchführen zu können, mußten besondere Biegeversuche vorgenommen werden, mit deren Hilfe die zulässigen Biegebeanspruchungen auf mittelbarem Wege ermittelt wurden.

Die Berechnung der Biegespannungen, welche unter den vorgeschriebenen zulässigen Grenzen bleiben müssen, erfolgt zumeist nur in dem durch das Größtmoment beanspruchten Querschnitt. Sind an der Stelle dieses Moments oder in dessen Nähe Verschwächungen vorhanden, so müssen diese bei Berechnung des Trägheits- bzw. Widerstandsmoments entsprechend berücksichtigt werden. Beim Entwurf ist darauf zu achten, daß die äußeren Zugfasern nicht von Verschwächungen betroffen werden.

Für einen Balken mit rechteckigem Querschnitt berechnet sich das erforderliche Widerstandsmoment zu

$$\boxed{W_{erf} = \frac{M_{max}}{\sigma_{b\,zul}},} \tag{2}$$

wobei $W = \frac{b \cdot h^2}{6}$. Für ein Seitenverhältnis $\frac{b}{h} = \frac{5}{7}$ kann der erforderliche Balkenquerschnitt aus der Beziehung ermittelt werden:

$$\boxed{h = \sqrt[3]{8{,}4\, W_{erf}}.} \tag{3}$$

Durchbiegung: Während bei untergeordneten Bauteilen, wie Pfetten, Sparren u. dgl., ohne weiteres eine Durchbiegung von etwa $^1/_{250}$ bis $^1/_{200}$ der Stützweite zugelassen werden kann, muß dieselbe mitunter, insbesondere z. B. bei Balken, welche durch empfindliche Maschinen, Transmissionen u. dgl. belastet werden, in sehr niedrigen Grenzen — etwa $^1/_{400}$ bis $^1/_{600}$ — gehalten werden. Ebenso dürfen Bauglieder, welche gleichzeitig zur Aussteifung eines Bauwerkes dienen und hiebei größere Druckkräfte aufzunehmen haben, wegen der Vergrößerung der Knickgefahr nur geringe Durchbiegungen aufweisen.

In den verschiedenen baupolizeilichen Vorschriften — mit Ausnahme von Polen, wo ganz zu unrecht allgemein für Holzbalken eine Durchbiegung von höchstens $^1/_{400}$ der Stützweite vorgeschrieben wird — erscheint ein zulässiges Höchstmaß für die Durchbiegung in sonstigen Bauvorschriften nirgends festgelegt, da dasselbe eben von Fall zu Fall den jeweiligen Verhältnissen entsprechend bestimmt werden soll.

Die diesbezüglichen preußischen amtlichen Bestimmungen lauten:

„Die Einhaltung eines bestimmten Höchstmaßes für die Durchbiegung von Trägern ist nicht allgemein vorgeschrieben, wird aber in besonders gearteten Fällen zu verlangen sein, so insbesondere bei stark beanspruchten Transmissionsträgern sowie bei denjenigen über 7 m langen Trägern und Unterzügen, die ein Gebäude aussteifen und an Stelle der sonst vorhandenen Quer- und Längswände treten. In solchen Fällen soll die Durchbiegung $^1/_{500}$ der freien Länge nicht überschreiten.“

In nachstehender Tabelle sind für frei aufgelagerte Balken mit gleichmäßig verteilter Vollbelastung die verschiedenen Durchbiegungswerten entsprechenden Verhältniszahlen $\frac{l}{h}$ zusammengestellt. Anschließend gibt eine weitere Zusammenstellung die Änderung der Durchbiegung bei durchlaufenden, eingespannten und Gelenkträgern sowie bei in der Mitte durch eine Einzellast beanspruchten, frei aufgelagerten Balken an. Die für frei aufgelagerte, gleichmäßig belastete Balken angegebenen Werte $\left(\frac{l}{h}\right)$ sind entsprechend der jeweiligen Auflagerungs- bzw. Belastungsart mit dem unten angegebenen entsprechenden Beiwert zu vervielfältigen.

Durchbiegung frei aufgelagerter Balken bei gleichmäßig verteilter Vollbelastung

σ_b kg/cm²	Erforderliches Verhältnis $\frac{l}{h}$ bei einer zul. elast. Durchbieg. von					
	$\frac{1}{200}\,l$	$\frac{1}{250}\,l$	$\frac{1}{300}\,l$	$\frac{1}{400}\,l$	$\frac{1}{500}\,l$	$\frac{1}{600}\,l$
60	40,0	32,0	26,7	20,0	16,0	13,3
70	44,3	27,4	22,9	17,1	13,7	11,4
80	30,0	24,0	20,0	15,0	12,0	10,0
90	26,7	21,4	17,8	13,3	10,7	8,9
100	24,0	19,2	16,0	12,0	9,6	8,0
110	21,8	17,5	14,5	10,9	8,7	7,3
120	20,0	16,0	13,3	10,0	8,0	6,7

Vervielfältigungswert μ der Verhältniszahl $\left(\frac{l}{h}\right)$ bei

	spiegelgleichen Zweifeldbalken	eingespannten Balken	Gelenkträgern mit gleichem Stützen- und Feldmoment	frei aufgelagerten Balken mit Einzellast in der Mitte
	mit gleichmäßig vert. Belastung			
$\mu =$	2,41	3,33	1,25	1,25

Berücksichtigung der Schubspannungen. Das größte Biegemoment tritt an derjenigen Stelle auf, wo die Querkraft $= O$ ist bzw. ihr Vorzeichen wechselt; die größte Querkraft und mit dieser der Höchstwert der Schubbeanspruchung tritt in der Regel über den Auflagern ein und beträgt für den Rechteckbalken

$$\tau_{max} = \frac{3}{2}\,\frac{Q_{max}}{b \cdot h}. \tag{4}$$

Für den Fall gleichmäßiger Lastverteilung besteht die Beziehung

$$h : l = \tau : \sigma_b,$$

welche mit den zulässigen Höchstbeanspruchungen $\tau_{max} = 10$ kg/cm², $\sigma_b = 80 \div$ $\div\, 100$ kg/cm² lautet

$$h : l = 1 : 8 \text{ bzw. } 1 : 10.$$

Solange die Balkenhöhe daher $^1/_8$ bis $^1/_{10}$ der Stützweite nicht überschreitet, braucht die Schubspannung nicht berücksichtigt zu werden.

In gleicher Weise gelten folgende Grenzwerte:

a) Rechteckbalken mit Einzellast in der Mitte ..$h : l = 1 : 4$ bzw. $1 : 5$;

b) gleichmäßig belasteter spiegelgleicher Zweifeldbalken ....$h : l = 1 : 10$ bzw. $1 : 12{,}5$;

c) gleichmäßig belasteter eingespannter Balken...$h : l = 1 : 12$ bzw. $1 : 15$;

d) gleichmäßig belasteter Gelenkträger ....$h : l = 1 : 16$ bzw. $1 : 20$.

Unmittelbare Ermittlung der Querschnittsabmessungen aus der gegebenen Stützweite und Belastung. Bei Benützung der nachstehenden Tabelle können die erforderlichen Querschnittsabmessungen gleichmäßig belasteter, frei aufgelagerter Rechteckbalken ohne vorherige Berechnung des größten Biege- und des erforderlichen Widerstandsmomentes unmittelbar aus der gegebenen Stützweite und Belastung bestimmt werden. Die in der Tabelle für die Ermittlung der Querschnittseiten b und h zu wählenden Beiwerte α und β ergeben sich aus dem jeweiligen Verhältnis $\left(\frac{l}{q}\right)$ der Stützweite l zur Belastung q, wobei b und h ungefähr im Seitenverhältnis 5 : 7 gefunden werden. Die Verwendung der Tabelle bei durchlaufenden oder durch Einzellasten beanspruchten Balken mit Hilfe einer gleichmäßig verteilten Ersatzbelastung wird in den später folgenden Beispielen näher erläutert.

Tabelle zur unmittelbaren Ermittlung der günstigsten Querschnittsabmessungen von Rechteckbalken aus der Stützweite und Belastung.

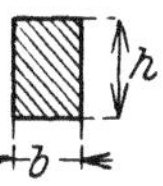

$l \cdots$ Stützweite
$q \cdots$ Belastung für den laufenden Meter

$h = \alpha \cdot l$; (h cm, l m) $b = \beta \cdot q$ (b cm, q kg/cm)

$\sigma_b = 80$ kg/cm²			$\sigma_b = 90$ kg/cm²			$\sigma_b = 100$ kg/cm²			elastische Durchbieg.
$l : q$ cm kg/cm	α	β	$l : q$ cm kg/cm	α	β	$l : q$ cm kg/cm	α	β	f
356	3,33	8,45	222	3,74	5,94	145	4,17	4,32	$\frac{1}{200}$
181	4,17	5,40	115	4,67	3,82	74	5,21	2,76	$\frac{1}{250}$
105	5,00	3,75	66	5,62	2,64	43	6,25	1,92	$\frac{1}{300}$
66	5,84	2,76	41	6,57	1,93	27	7,30	1,41	$\frac{1}{350}$
44	6,67	2,11	26	7,52	1,47	18	8,33	1,08	$\frac{1}{400}$
31	7,50	1,67	19	8,44	1,17	13	9,38	0,85	$\frac{1}{450}$
23	8,33	1,35	14	9,34	0,96	9	10,40	0,69	$\frac{1}{500}$

Anleitung zur Benützung der Tabelle:

1. Beispiel: Frei aufgelagerter Balken mit der Stützweite $l = 4{,}85$ m, gleichmäßig verteilte Belastung $q = 735$ kg/m, zulässige Biegebeanspruchung $\sigma_b = 80$ kg/cm²:

$$\frac{l}{q} = \frac{485}{7{,}35} = 66, \text{ daher laut Tabelle gewählt}$$

$$h = 5{,}84 \cdot 4{,}85 = 28{,}3 \text{ cm},$$

$$b = 2{,}76 \cdot 7{,}35 = 20\ 3{,}\text{cm},$$

$$W = \frac{20{,}3 \cdot 28{,}3^2}{6} = 2700 \text{ cm}^3, \quad \frac{h}{b} = \frac{28{,}3}{20{,}3} = 1{,}4 = \frac{7}{5},$$

Durchbiegung laut Tabelle $\frac{1}{350}$,

Nachprüfung: $M = \frac{735 \cdot 4{,}85^2}{8} = 2160$ kg·m; $W_{erf} = \frac{216000}{80} = 2700$ cm³.

Für die Ausführung wäre ein Balken mit den Abmessungen $^{20}/_{28}$ oder $^{21}/_{28}$ zu wählen.

Selbstverständlich werden die jeweiligen Verhältniszahlen $\left(\frac{l}{q}\right)$ nur in den seltensten Fällen genau mit den in der Tabelle angegebenen übereinstimmen. Zur Ermittlung der günstigsten (d. h. ungefähr einem Seitenverhältnis 7:5 entsprechenden) Querschnittsabmessungen sind vielmehr stets diejenigen Werte α und β zu wählen, deren in der Tabelle angegebener Verhältniswert $\left(\frac{l}{q}\right)$ dem jeweils vorhandenen am nächsten kommt. Zulässig erscheint es natürlich auch, die Beiwerte α und β zwecks Erhaltes des genauen Seitenverhältnisses $\frac{h}{b} = 1{,}4$ mittels Zwischenschaltung zu bestimmen.

2. Beispiel:

$$l = 2{,}4 \text{ m}, \ q = 700 \text{ kg/m}, \ {}_{zul}\sigma_b = 80 \text{ kg/cm}^2:$$

$$\frac{l}{q} = \frac{240}{7{,}0} \infty 34; \quad h = 7{,}5 \cdot 2{,}4 = 18 \text{ cm}; \quad b = 1{,}67 \cdot 7{,}0 = 11{,}7 \text{ cm};$$

$$W = \frac{11{,}7 \cdot 18^2}{6} = 630 \text{ cm}^3; \quad \frac{h}{b} = \frac{18}{11{,}7} = 1{,}54; \quad \text{Durchbiegung } \frac{1}{450}$$

Nachprüfung: $M = \frac{700 \cdot 2{,}4^2}{8} = 504$ kg·m; $W_{erf} = \frac{50400}{80} = 630$ cm³.

In gleicher Weise, wie oben beschrieben, kann die Querschnittsermittlung auch bei Belastung des Balkens durch Einzellasten erfolgen, wobei nur aus dem vorher zu berechnenden größten Biegemoment des Balkens die gleichmäßig verteilte Ersatzbelastung q' bestimmt werden muß

$$q' = \frac{8\,M}{l^2}.$$

3. Beispiel: (Abb. 148)

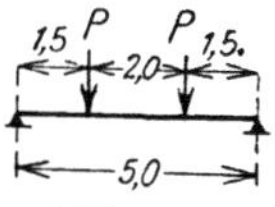

Abb. 148

$$l = 5{,}0 \text{ m}; \ P = 1000 \text{ kg}; \ {}_{zul}\sigma_b = 80 \text{ kg/cm}^2:$$

$$M = 1500 \text{ kg·m}; \quad W_{erf} = \frac{150000}{80} = 1875 \text{ cm}^3;$$

$$q' = \frac{8 \cdot 1500}{5{,}0^2} = 480 \text{ kg/m}; \quad \frac{l}{q} = \frac{500}{4{,}8} = 104;$$

$$h = 5{,}0 \cdot 5{,}0 = 25 \text{ cm},$$

$$b = 3{,}75 \cdot 4{,}8 = 18 \text{ cm}, \quad W = \frac{18 \cdot 25^2}{6} = 1875 \text{ cm}^3.$$

Winke für die bequeme Ermittlung der Balkenabmessungen in den verschiedenen Feldern einer Balkenlage

Es bezeichnen: l_o ....die Stützweite eines Balkenfeldes,

B_o ....die Balkenteilung in diesem Felde,

$q = q_o \cdot B_0$ ..die Belastung des Balkens für das laufende Meter,

b_o und h_o...die Querschnittsabmessungen des Balkens.

1. Beispiel: Im benachbarten Balkenfeld mit der Stützweite l_1 soll die erforderliche Balkenbreite b_1 unter der Annahme ermittelt werden, daß die Balkenteilung B_o sowie die Balkenhöhe h_o unverändert bleiben.

$$b_1 = \varkappa \cdot q \cdot \left(\frac{l_1}{\frac{h_o}{100}}\right)^2. \tag{5}$$

$\sigma_b =$	80 kg/cm²	90 kg/cm²	100 kg/cm²
$\varkappa$	0,9375	0,8325	0,7500

Gegeben $q = 450$ kg/m; $l_1 = 5{,}00$ m; $h_o = 26$ cm; $\sigma_b = 90$ kg/cm²:

$$b_1 = 0{,}8325 \cdot 450 \cdot \left(\frac{500}{\frac{26}{100}}\right)^2 = \infty\ 14 \text{ cm}.$$

2. Beispiel: Gegeben $l_o = 5{,}0$ m, $q = 450$ kg/m; $\sigma_b = 80$ kg/cm²:

$\frac{l_o}{q} = \frac{500}{4{,}5} = 111$, daher nach der Tabelle $h_o = 5{,}0 \times 5{,}0 = 25$ cm; $b_o = 3{,}75 \cdot 4{,}5 = 16{,}9$ cm.

Für das Nachbarfeld mit der Stützweite $\boxed{l_1 = 6{,}0\text{ m}}$ ergibt sich, wenn, wie im 1. Beispiel, die Balkenteilung B_o und Balkenhöhe h_o unverändert belassen werden sollen:

$$b_1 = 0{,}9375 \cdot 450 \cdot \left(\frac{600}{\frac{25}{100}}\right)^2 = 24{,}3 \text{ cm}.$$

Da diese Balkenbreite einen unwirtschaftlichen Querschnitt ergibt, soll die Balkenteilung B_o, welche im Feld l_o mit $B_o = 0{,}9$ m angenommen war, so weit verkleinert werden, daß mit einem Balken $^{20}/_{25}$ das Auslangen gefunden wird:

Aus der Beziehung

$$b_1 = \varkappa \,.\, (q_o \,.\, B_1)\left(\frac{l_1}{\frac{h_o}{100}}\right)^2$$

ergibt sich

$$B_1 = \frac{b_1}{\varkappa \cdot q_o \cdot \left(\frac{l_1}{\frac{h_o}{100}}\right)^2} = \frac{20}{0{,}9375 \cdot 5{,}00 \cdot 0{,}0576} = 74 \text{ cm}.$$

Soll der Trägerquerschnitt des Feldes l_o auch im Feld l_1 beibehalten werden, so ergibt sich die erforderliche neue Balkenteilung in diesem Feld zu:

$$B_1 = \frac{b_o}{\varkappa \cdot q_o \left(\frac{l_1}{\frac{h_o}{100}}\right)^2} = \frac{16{,}9}{0{,}9375 \cdot 5{,}0 \cdot 0{,}0576} = 62{,}5 \text{ cm}.$$

B. Einfache Holzträger mit Sattelhölzern und Kopfbügen [8*)]

1. Sattelhölzer

Zweck und Vorteile der Sattelhölzer: Zweck der Sattelhölzer (Abb. 149) ist die Unterstützung der Tragbalkenenden über den Zwischenstützen.

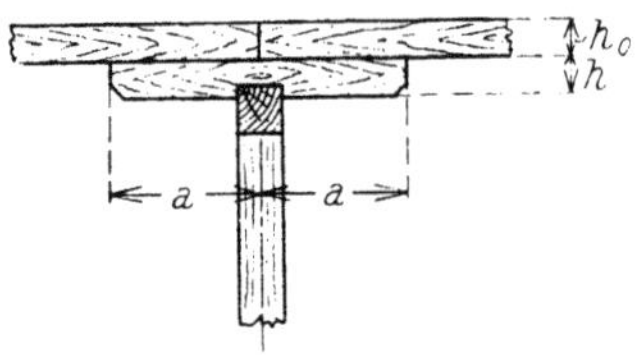

Abb. 149

Vorteile: 1. Bessere Auflagerung beim Balkenstoß, da die Tragbalken sonst wegen der geringen Auflagerfläche gegeneinander verschoben aufgelegt (Abb. 150) oder durch die in diesem Fall unzweckmäßige schiefe Überblattung verbunden werden müßten.

2. Verminderung der Stützweite und hiedurch günstigere Beanspruchung der Tragbalken bei freier Auflagerung.

3. Bei durchlaufenden Tragbalken erhalten diese durch das Sattelholz gerade am Ort der größten Beanspruchung (Stützenmoment) eine Verstärkung, welche derart bemessen werden kann, daß die Querschnittsermittlung nach dem größten (+) Feldmoment genügt.

Verbindung des Sattelholzes mit den Tragbalken: Je nach dem beabsichtigten Zweck der Verbindung einfache Verschraubung, Verdübelung (Abb. 151) oder Verzahnung.

Abb. 150

Berechnung bei freier Auflagerung der Tragbalken. Es bezeichnen:

A_{max} ....den größten Druck auf das Sattelholz bei voller Belastung beider Öffnungen,

b_0, h_0 ...die Abmessungen der Tragbalken,

b, h ....die Abmessungen des Sattelholzes.

Das größte Biegemoment des Sattelholzes infolge A_{max} beträgt:

$$_sM_{max} = A_{max} \cdot a.$$

Mit $b = b_0$ wird

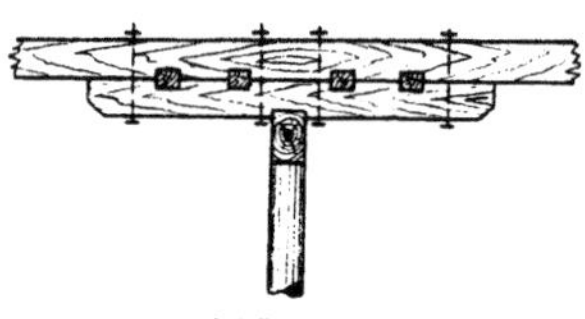
Abb. 151

$$h = \sqrt{\frac{6\,A_{max} \cdot a}{b_0 \cdot \sigma_b}} \qquad (6)$$

Für

$h = h_0$ .... $a = 0{,}125\,l$,

$h = 0{,}77\,h_0$................ $a = 0{,}10\,l$,

$h = 0{,}5\,h_0$................. $a = 0{,}07\,l$.

Größtes Biegemoment des Tragbalkens:

g kg/m .....ständige Belastung,

M_p kg · m...Biegemoment infolge der Nutzlast

$$M_{max} = \frac{g\,l^2}{8} + M_p - \frac{g\,l}{2} \cdot a. \qquad (7)$$

Berechnung bei durchlaufendem Tragbalken. 1. Tragbalken: Die Tragbalken dürfen nach dem größten (+) Feldmoment bemessen werden, da sie für die Aufnahme des Stützenmoments durch das Sattelholz verstärkt sind. Besteht die Nutzlast aus Einzellasten, so kann anstatt dieser eine gleichmäßig verteilte Ersatzbelastung

$$p = \frac{8\,M_p}{l^2}$$

eingeführt werden.

Um der ungenauen Höhenlage und allfälligen Stützensenkung Rechnung zu tragen, empfiehlt Winkler, anstatt mit den genauen Formeln für Durchlaufträger mit den nachstehenden etwas vergrößerten Momentenwerten zu rechnen:

$$\left.\begin{aligned}(+)\,M_{max} &= 0{,}097\,q\cdot\lambda^2\\ (-)\,M_{max} &= 0{,}135\,q\,\lambda^2\end{aligned}\right\} \qquad (8)$$

$q = g + p$ bezeichnet die Summe aus ständiger und Nutzlast, λ die Stützweite, die sich bei gleicher Teilung der Gesamtlänge ergeben würde.

Die Abmessungen des Tragbalkens ergeben sich aus

$$h_o = \sqrt{\frac{6\,M_{max}}{b_o\cdot\sigma_b}} \qquad (9)$$

2. Sattelholz: Die Berechnung kann unter der Annahme erfolgen, daß Tragbalken und Sattelholz gemeinsam das Moment $(-)\,M_{max}$ aufnehmen. Da die Schubkräfte durch die Verbindung zwischen Tragbalken und Sattelholz nicht in ausreichendem Maße übertragen werden können, bildet sich keine gemeinsame Nullachse aus, $(-)\,M_{max}$ verteilt sich daher auf beide Balken infolge ihrer gleichen Durchbiegung nach dem Verhältnis ihrer Trägheitsmomente, d. h.

$$(-)\,M_s = \frac{h^3}{h_o^3 + h^3}\,M'; \qquad (-)\,M_t = \frac{h_o^3}{h_o^3 + h^3}\,M'.$$

Soll im Tragbalken an der Zwischenstütze keine größere Beanspruchung als in Feldmitte auftreten, so muß

$$M_t = M = \frac{h_o^3}{h_o^3 + h^3}\,M' \text{ oder mit } \frac{M'}{M} = 1{,}4$$

$\frac{h^3}{h_o^3} = 0{,}4$ sein, womit sich ergibt

$$\boxed{h = 0{,}74\,h_o.} \qquad (10)$$

Die Inanspruchnahme des Sattelholzes (σ) berechnet sich, wenn σ_o jene des Tragbalkens bezeichnet, aus der Beziehung

$$\boxed{\frac{\sigma}{\sigma_o} = \frac{h}{h_o} = 0{,}74.} \qquad (11)$$

2. Sattelhölzer mit Kopfbügen

Die Wirkung der Sattelhölzer wird durch Anbringung von Kopfbügen wesentlich erhöht, weil durch letztere eine Verdrehung des Sattelholzes verhindert wird.

Verbindung des Kopfbuges mit dem Sattelholz bzw. dem Ständer:

a) Anblatten, Zapfen mit Versatzung, Versatzung,

b) Verbindung nach Abb. 152 und 153 (bei Brückenjochen).

Verbindung des Sattelholzes mit dem Tragbalken: Für die Übertragung des Schubes der Kopfbüge auf den Tragbalken genügt je ein Dübel an den Enden des Sattelholzes, im übrigen gewöhnliche Verbolzung.

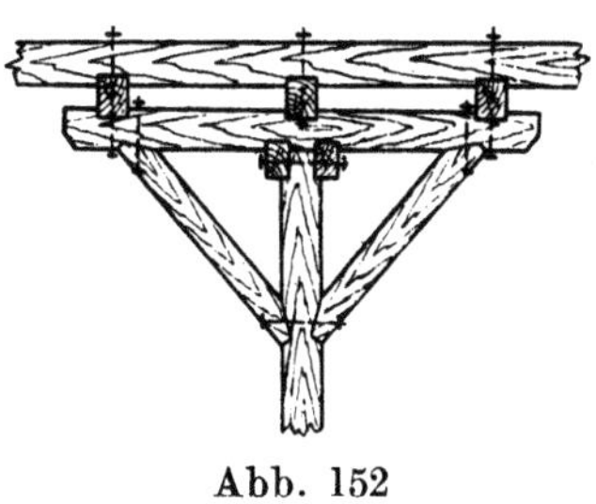

Abb. 152

Neigung der Kopfbüge gegen die Wagrechte: $35^0 \div 60^0$, gewöhnlich 45^0.

Länge des Sattelholzes: $a = 0{,}15 \div 0{,}20\, l$.

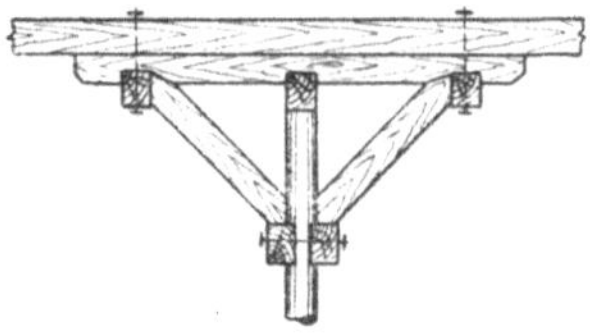

Abb. 153

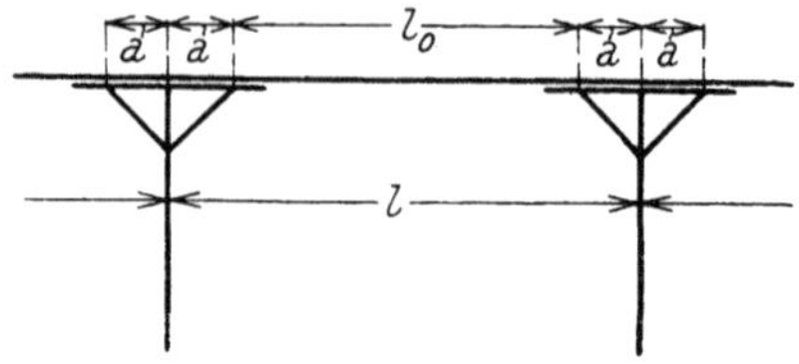

Abb. 154

Berechnung der Tragbalken (Abb. 154):

Bezeichnet g kg/m... die ständige Belastung des Tragbalkens,

M_p kg·m... das Größtmoment der Nutzlast für die Stützweite l_0,

so ist das größte auf den Tragbalken einwirkende Moment

$$M_{max} = M_p + \frac{1}{8}\, g\, l_0^2 - \frac{1}{2}\, g\, a^2$$

und bei gleichmäßig verteilter Nutzlast p kg/m:

$$M_{max} = \frac{1}{8}\,(p + g) \cdot l_0^2 - \frac{1}{2}\, g \cdot a^2. \tag{12}$$

Im Falle dieser von Melan empfohlenen vorsichtigen Berechnung, bei welcher auf die vorhandene teilweise Einspannung der Tragbalken keine Rücksicht genommen wird, genügt zur Verbindung derselben mit dem Sattelholz je ein Schraubenbolzen nahe den Sattelholzenden.

Berechnung des Sattelholzes und der Kopfbüge: Ungünstigste Beanspruchung, wenn auf den Sattelkopf der größte Druck A_{max} übertragen wird, d. i. bei Vollbelastung des Feldes l mit $(g + p)$, wobei die schwersten Lasten über den Sattel zu stellen sind. Infolge der Biegefestigkeit des Sattelholzes werden die Kopfbüge nur durch einen gewissen Teil von A_{max} beansprucht, welcher $\mu \cdot A_{max}$ gesetzt werden soll.

Nach Melan beträgt, wenn mit b_1, h die Querschnittseiten des Sattelholzes, mit b_1, h_1 die der Kopfbüge bezeichnet werden:

$$\mu = \frac{2\left(4 + 3\,\frac{h}{a}\,\mathrm{tg}\,\alpha\right)}{\left(2 + \frac{h}{a}\cdot \mathrm{tg}\,\alpha\right)^3 - \left(\frac{h}{a}\,\mathrm{tg}\,\alpha\right)^3 + 6\,\frac{F}{F_1}\cdot\left(\frac{h}{a}\right)^2\cdot\frac{\sec^2\alpha}{\sin\alpha}}, \tag{13}$$

wobei α den Neigungswinkel des Kopfbuges gegen die Lotrechte bedeutet.

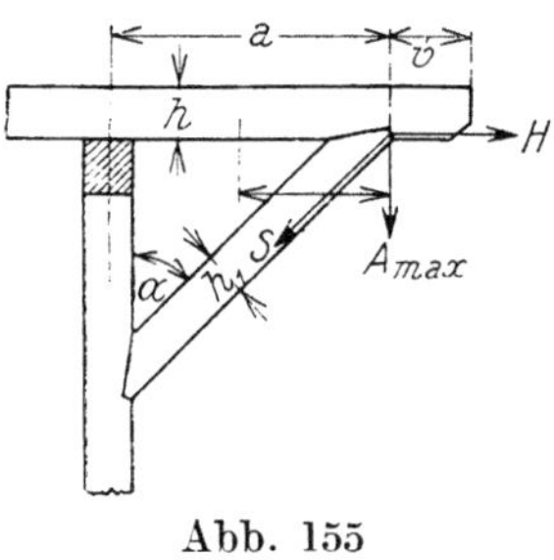

Abb. 155

Der in der schmalen Druckfläche des Versatzes, also sehr nahe der Kopfbug- und Sattelholzkante übertragene Druck $\mu \cdot A_{max}$ erzeugt (nach Abb. 155)

im Sattelholz einen ausmittigen Zug $H = \mu \cdot A_{max} \cdot \mathrm{tg}\,\alpha$,

im Kopfbug einen ausmittigen Druck $S = \frac{\mu \cdot A_{max}}{\cos\alpha}$.

Das Sattelholz erfährt daher außer der Zugbeanspruchung durch H eine Biegung durch das Moment

$$M_s = \left[1 - \mu\left(1 + \frac{h}{2\,a}\,\mathrm{tg}\,\alpha\right)\right] \cdot A_{max} \cdot a. \tag{14}$$

Für $h = h_1 = \frac{1}{4} a$ und $\alpha = 45^0$ wird $\mu = 0{,}764$, $H = 0{,}764\, A_{max}$, $S = 1{,}08\, A_{max}$, $M_s = 0{,}14\, A_{max} \cdot a$.

Querschnittsbemessung der Kopfbüge. Diese folgt aus der ausmittigen Druckbeanspruchung

$$\sigma_1 = \frac{4\,S}{b_1\,h_1}. \tag{15}$$

Querschnittsbemessung des Sattelholzes. Die erforderliche Höhe des Sattelholzes berechnet sich aus der zulässigen Beanspruchung desselben

$$\sigma = \frac{4\,H}{b\,h} + \frac{6\,M_s}{b\,h^2}$$

zu

$$\boxed{h = \frac{2\,H}{\sigma \cdot b} + \sqrt{\left(\frac{2\,H}{\sigma \cdot b}\right)^2 + \frac{6\,M}{\sigma \cdot b}}}. \tag{16}$$

Bezeichnen b_o, h_o die Querschnittsabmessungen des Tragbalkens, so wählt man meist

$$b = b_1 = b_o \quad \text{und} \quad h = 0{,}7 \div 0{,}75\, h_o.$$

Die erforderliche Länge v des Vorkopfes des Sattelholzes ergibt sich mit Rücksicht auf die zulässige Schubbeanspruchung, welche gewöhnlich $\tau = 10$ kg/cm² gesetzt wird, zu

$$v = \frac{H}{b \cdot \tau}.$$

Beispiel: Einstweilige Hauptbahnbrücke aus einfachen Balken mit Sattelhölzern und Kopfbügen nach Abb. 154:

$$l = 6{,}5\text{ m};\ a = 1{,}3\text{ m};\ \operatorname{tg}\alpha = 0{,}9;\ \sigma_b = 100\text{ kg/cm}^2;\ \sigma_d = 70\text{ kg/cm}^2,$$

$$g = 250\text{ kg/m},\ M_p = 7075\text{ kg}\cdot\text{m},\ A_{max} = 8340\text{ kg},$$

$$M_{max} = 7075 + 250\left(\frac{3{,}9^2}{8} - \frac{1{,}3^2}{3}\right) = 7340\text{ kg}\cdot\text{m},$$

$$\text{gewählt } {}^{30}/_{38}\ W = 7220\text{ cm}^3;\ \sigma_b = \frac{734.000}{7220} = \backsim/100\text{ kg/cm}^2.$$

Wird vorläufig $\operatorname{tg}\alpha = 1$, $\mu = 0{,}764$ angenommen, so ergibt sich

$$H = 0{,}764 \cdot 8340 = 6370\text{ kg},$$

$$S = \frac{6370}{0{,}707} = 9000\text{ kg},$$

$$M_s = 0{,}14 \cdot 8340 \cdot 1{,}3 = 1520\text{ kg}\cdot\text{m}.$$

Wird für den Kopfbug $b_1 = 25$ cm gewählt, so wird $h_1 = \frac{49 \cdot 000}{70 \cdot 25} = 20$ cm. Sattelholz: Mit $b = 30$ cm ergibt sich

$$h = \frac{2 \cdot 6370}{70 \cdot 63} + \sqrt{\left(\frac{2 \cdot 6370}{70 \cdot 30}\right)^2 + \frac{6 \cdot 1520}{70 \cdot 30}} = 28\text{ cm}.$$

Für den genauen Wert $\operatorname{tg}\alpha = 0{,}9$, $\cos\alpha = 0{,}743$ und die angenommenen Abmessungen ergibt sich

$$\mu = 0{,}755;\ H = 0{,}755 \cdot 8340 \cdot 0{,}9 = 5660\text{ kg};$$

$$S = \frac{0{,}755 \cdot 8340}{0{,}743} = 8460\text{ kg};$$

$$M_s = 1797\text{ kg}\cdot\text{m},$$

Die Beanspruchung des Kopfbuges wird somit

$$\sigma_1 = \frac{4\cdot 8460}{20\cdot 25} = 68 \text{ kg/cm}^2,$$

die Beanspruchung des Sattelholzes

$$\sigma = \frac{4\cdot 5660}{30\cdot 28} + \frac{6\cdot 179.700}{30\cdot 28^2} = 73 \text{ kg/cm}^2.$$

Wird die Höhe des Sattelholzes mit Rücksicht auf seine etwas zu hohe Beanspruchung auf $h = 30$ cm vergrößert, so ergibt sich

$$\sigma = \frac{4\cdot 5660}{30\cdot 30} + \frac{6\cdot 179.700}{30\cdot 30^2} = 65{,}2 \text{ kg/cm}^2.$$

C. Zusammengesetzte Holzträger[8*])

Allgemeines. Reichen die üblichen Querschnittsabmessungen eines auf Biegung beanspruchten einfachen Balkens nicht mehr aus und läßt sich aus irgendwelchen Gründen — beispielsweise wegen Einhaltung gegebener Lichtraumgrenzen — eine Entlastung des Balkens durch Anordnung von Kopfbügen, Sprengwerken u. dgl. nicht durchführen, so können zwei, drei und auch noch mehr Balken übereinandergelegt und zu einem Verbundbalken zusammengesetzt werden.

Der Unterschied zwischen zwei einfach übereinandergelegten und zwei zu einem Verbundbalken vereinigten Holzbalken besteht darin, daß in der Trennfuge der letzteren zur Verbindung Dübel aus Hartholz oder Bandeisen, Klebemittel usw. verwendet oder die Balken durch gegenseitige Verzahnung miteinander verbunden werden. Ein derart zusammengesetzter Holzträger wirkt wie ein einziger Balken von der Gesamthöhe.

Werden die Balken hingegen ohne jede weitere Verbindung einfach übereinandergelegt, so kann nur mit dem Wirkungsgrad des einzelnen Balkens gerechnet werden. Das gesamte Widerstandsmoment ist in diesem Falle gleich der Summe der Einzelwiderstandsmomente.

Eine vollkommene Verbindung der Einzelbalken miteinander läßt sich allerdings mit den bisher bekannten Hilfsmitteln nicht erzielen, so daß das Tragvermögen eines Verbundbalkens in Wirklichkeit dasjenige eines einheitlichen Balkens von der gleichen Gesamthöhe nicht ganz erreicht.

Die bei Verbundbalken eingeschalteten Dübel, Verzahnungen usw. haben die Aufgabe, die auftretenden Schubspannungen aufzunehmen. Hiebei ist darauf Rücksicht zu nehmen, daß die für Holz zulässigen Beanspruchungen in Faserrichtung oder senkrecht zu dieser nicht durch Kippen der Hartholzkeile, durch die Einspannung der Bandeisen usw. überschritten werden.

Schraubenbolzen. Zur Sicherung der vorgenannten Verbindungsmittel dienen Schraubenbolzen, deren Durchmesser an den Trägerenden mit etwa 0,13, im mittleren Trägerteile mit etwa 0,10 der Balkenbreite zu bemessen ist. Die Stärke der Unterlagscheiben soll 8 bis 12 mm, ihr Durchmesser bzw. ihre Seitenlänge das Drei- bis Vierfache des Bolzendurchmessers betragen.

Sprengung. Zwecks Erhöhung der Tragfähigkeit und des dichteren Anschlusses der Dübel bzw. Zähne soll der Verbundbalken vor seinem Zusammenbau eine Sprengung erhalten, die jedoch nur so groß sein darf, daß in der äußersten Faserschichte die zulässige Beanspruchung erreicht wird.

Nach Winkler kann die Sprengung mit etwa $^1/_{400}$ der Spannweite angenommen werden.

Die aufeinandergelegten Balken werden gesprengt, indem man sie in der Mitte unterklotzt und die Enden durch Ketten, Keile oder Schrauben so weit herunterzieht, bis die verlangte Sprengung erreicht ist. In dieser Lage werden die Zähne oder Dübeleinschnitte vorgerissen, die Balken hierauf auseinandergenommen und nach Ausschnitt der Zähne oder Dübelausnehmungen wiederum gebogen (die Dübel eingelegt) und die Bolzen eingezogen, welch letztere dann die Hölzer in dem vorgespannten Zustande mit Sprengung erhalten.

Die Sprengung geht zwar infolge Schwindens des Holzes nach einiger Zeit wieder verloren, muß jedoch angeordnet werden, weil sonst gleich vom Anfang an eine stärkere Senkung eintreten würde.

Anordnung zusammengesetzter Holzträger als Einzel- oder Durchlaufträger. Erfolgt der Stoß sämtlicher Balken eines über mehrere Öffnungen durchgehenden Verbundträgers über den Stützen (Abb. 156), so ist derselbe als frei aufgelagerter Träger zu berechnen. Zweckmäßig erscheint im Hinblick auf die Auflagerverbreiterung die Anordnung von Sattelhölzern, welche mit dem Träger nur verschraubt zu werden brauchen.

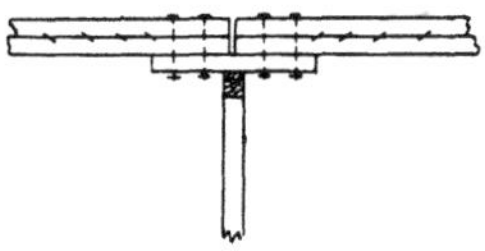

Abb. 156

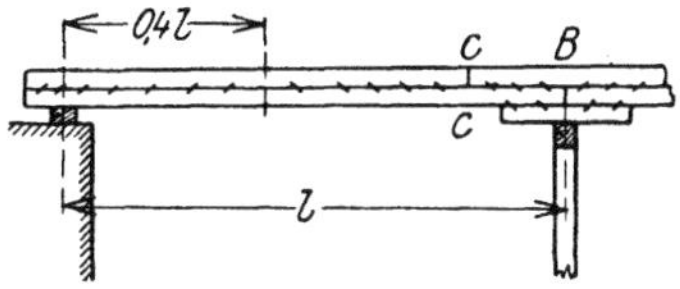

Abb. 157

Werden die Stöße der einzelnen übereinanderliegenden Balken nach Abb. 157 versetzt angeordnet, so daß beispielsweise der obere Balken am Ort der kleinsten Biegebeanspruchung, der untere über der Stütze gestoßen wird, so kann der untere Balken allein das im Querschnitt C auftretende Biegemoment, im Querschnitt B hingegen der obere Balken im Verein mit dem Sattelholz die Beanspruchung durch das Stützenmoment aufnehmen. Noch zweckmäßiger erscheint es, einen derartigen Durchlaufträger nach Abb. 158 durch Zusammenlegung der Stöße in beiden Balken in einen Gelenkträger zu verwandeln, wodurch der Vorteil erzielt wird, daß die einzelnen Trägerteile für sich abgebunden werden können.

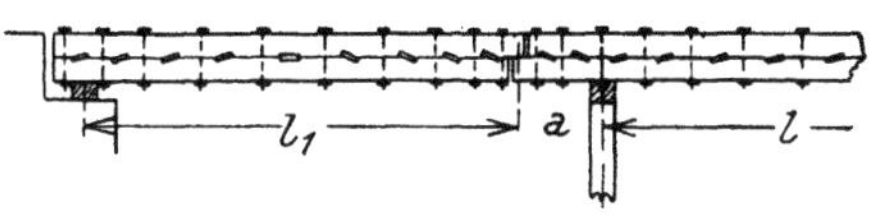

Abb. 158

Die verschiedenen Arten zusammengesetzter Holzträger. Je nach der Verbindungsart der einzelnen Holzbalken miteinander unterscheidet man verzahnte Balken, verdübelte Balken mit Längsdübeln oder Querdübeln aus Hartholz oder mit eisernen Dübeln, Klötzelholzträger usw.

Verzahnte Balken: Diese bestehen gewöhnlich aus drei Balkenstücken, einem durchgehenden unteren Balken und zwei darüberliegenden Stücken von halber Länge (Abb. 159). Die Richtung, in der sich die Balken gegenseitig zu verschieben suchen, somit die Richtung der Zähne, hängt vom Vorzeichen der Querkräfte ab. Da sich bekanntlich beim frei aufliegenden Träger in der Mitte eine Wechselstrecke für die Querkraft ergibt, so sollte die Verzahnung an dieser Stelle eigentlich nach beiden Richtungen hin wirksam sein. Dies

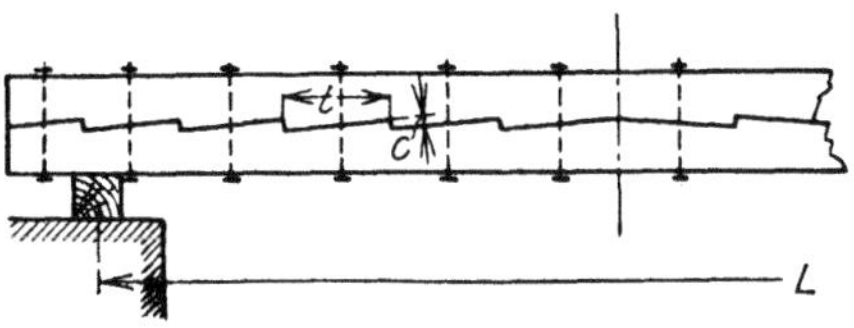

Abb. 159

ist natürlich nicht möglich, doch wird an diesen Stellen der nur geringen Schubkraft hinreichend durch die Reibung begegnet, welche durch Verschraubung der Balken hervorgerufen wird. Die Umkehr in der Zahnrichtung legt man an jene Stelle, wo die kleinste Querkraft auftritt, im Endfelde eines Durchlaufträgers beispielsweise in die Entfernung $0{,}4\,l$ vom Auflager. An dieser Stelle kann der obere Balken auch stumpf gestoßen werden. In der Regel werden nicht mehr als zwei Balken durch Verzahnung miteinander verbunden.

Nachteile der Verzahnung: Schwierige Bearbeitung, Verlust an Balkenhöhe durch den Zahneingriff, daher heute nur selten angewendet.

Verdübelte Balken: Material für die Dübel Eiche oder Buche, glatt gehobelt.

1. Hölzerne Dübel:

a) Quer- oder Keildübel (Abb. 160), deren Längsfasern quer zur Balkenachse liegen,

b) Längs- oder Zahndübel (Abb. 161), welche in zahnförmigen Einschnitten der Balken und mit den Längsfasern in der Richtung der Balkenachse liegen,

c) Runddübel in Scheiben- oder doppelkegelförmiger Form gedreht (s. S. 117).

a) Querdübel: Entweder einteilig von schwacher Keilform (beiderseitiger Anzug 1:200) oder zweiteilig aus zwei gegeneinanderliegenden schlanken Keilen (Anzug 1:40 bis 1:20). Balken entweder dicht aufeinander, oder Belassung geringen Zwischenraumes bis zu etwa $^1/_{10}$ der Höhe eines Balkens. Bei mehr als zwei Balken Dübel gegeneinander versetzen. Schraubenbolzen in der Mitte zwischen je zwei Dübeln, bei Balkenzwischenraum hölzerne Futterstücke anordnen.

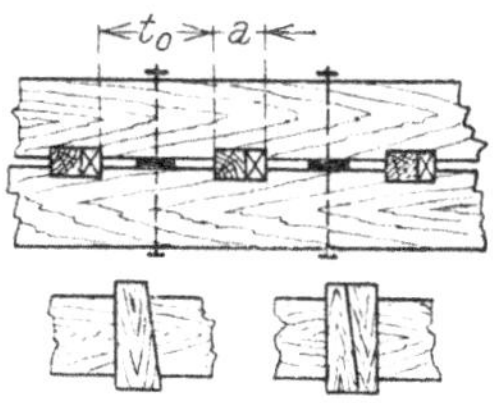

Abb. 160

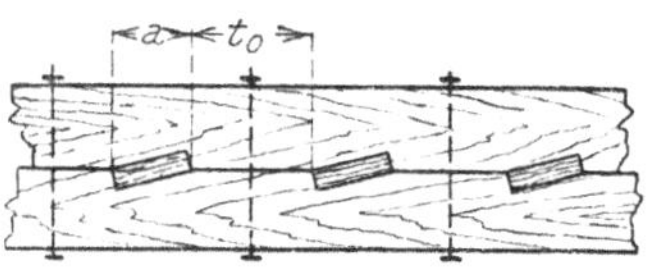

Abb. 161

b) Längsdübel: Meist einteilig, Balken in der Regel dicht aufeinander. In Balkenmitte bzw. am Ort des Wechsels der Querkraftrichtung Querdübel anordnen.

Vor- und Nachteile der Quer- und Längsdübel: Auch bei weniger genauer Herstellung läßt sich bei Querdübeln durch Eintreiben von Keilen ein guter Schluß erzielen, die Balkenhöhe ist voll ausgenützt. Nachteile: leichtes Lockern der Keile infolge Schwindens des Holzes und durch Erschütterungen, vor allem aber geringer Wirkungsgrad der Verbindung, da die quer zur Faser gepreßten Dübel leicht Formänderungen erleiden und daher eine — wenn auch geringe — Verschiebung der Balken zulassen. Die Verbindung mit Längsdübeln und die Verzahnung sind hingegen, wie auch Bruchversuche bewiesen haben, wesentlich wirksamer.

2. Eiserne Dübel

Diese werden im III. Abschnitt unter „Eiserne Verbindungsmittel" behandelt. Über den Wirkungsgrad verschiedener Dübelformen geben Versuchsergebnisse Aufschluß, nach welchen derselbe

für gußeiserne Dübel mit .... 0,7 bis 0,9,
für Runddübel aus Rundeisen mit .... 0,8 bis 0,85,
für Bandeisenverbindungen mit .... 0,67 bis 0,7

angenommen werden kann.

Klötzelholzträger (Abb. 162 und 163): Bei diesen sind die miteinander zu verbindenden Balken durch dazwischengelegte und in die Balken eingelassene Holzbalkenstücke (Klötzel) voneinander getrennt und durch eine entsprechende

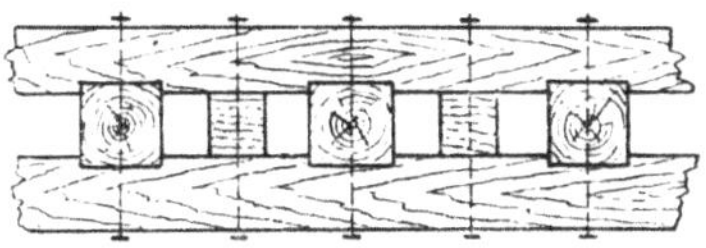

Abb. 162

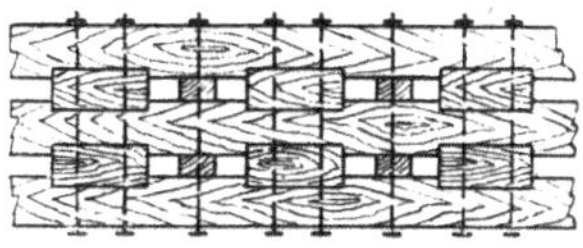

Abb. 163

Anzahl Schraubenbolzen miteinander verbunden. Wo letztere zwischen die Klötzel zu liegen kommen, sind Holzzwischenlagen zu geben, um ein festes Anziehen der Schrauben ohne Biegung der Balken zu ermöglichen.

Vorteile: Bedeutender Gewinn an Trägerhöhe durch die Einlagen. Billigkeit, da die Einlagen aus Balkenabschnitten hergestellt werden können. Voraussetzung sorgfältige Ausführung, genaues Einpassen der Klötzel, reichliche Verschraubung.

Die Berechnung zusammengesetzter Holzträger

Zulässige Inanspruchnahme, Wirkungsgrad. n übereinanderliegende Balken seien derart miteinander verbunden, daß sie sich nicht gegeneinander verschieben können, daß also Schubkräfte zwischen den sich berührenden Balkenflächen übertragen werden und sich infolgedessen eine gemeinsame Nullachse bildet. Die Tragfähigkeit der einen zusammengesetzten Tragbalken bildenden n Balken müßte sich somit auf das n^2-fache erhöhen. Da jedoch mit den zur Verfügung stehenden Hilfsmitteln eine vollkommene Unverschieblichkeit der Balken gegeneinander nicht erzielt werden kann, muß der zusammengesetzte Balken eine geringere Tragfähigkeit besitzen als ein einheitlicher Balken von der gleichen Gesamthöhe $H = n \cdot h$.

Diesem Umstand wird in der Weise Rechnung getragen, daß man anstatt der zulässigen Inanspruchnahme σ_b einen verkleinerten Wert die „reduzierte Biegespannung" σ_{red} in die Biegeformel einführt:

$$\frac{1}{6} B \cdot H^2 \cdot \sigma_{red} = M_{max}. \qquad (1)$$

Nach Melan kann gesetzt werden:

$$\boxed{\sigma_{red} = \sigma_b - \frac{n-1}{2n} \cdot \beta \cdot z.} \qquad (2)$$

Hierin bedeuten:

β einen Beiwert, der von der Art der Verbindung sowie der Güte der Arbeitsausführung abhängt und welcher auf Grund von Versuchsergebnissen für
verzahnte Träger und Längsdübelträger in guter Ausführung mit....... $\beta = 2$,
Klötzelholzträger .... $\beta = 3$,
Querdübelträger.. $\beta = 3 \div 5$
angenommen werden kann;

z kg/cm² den Druck auf die Flächeneinheit der Stirnfläche des Zahnes oder Dübeleingriffes (Zahndruck).

Melan empfiehlt für
verzahnte und Längsdübelträger .... $z = 0{,}4 \div 0{,}6\, \sigma_b$,
Klötzelholzträger .... $z = 0{,}6\, \sigma_b$,
Querdübelträger .... $z = 0{,}3\, \sigma_b$.

Wird das erforderliche Widerstandsmoment eines zusammengesetzten Balkens wie für einen einheitlichen Querschnitt berechnet, so muß zur Erzielung der gleichen Sicherheit der Berechnung die zulässige Inanspruchnahme σ_{red} zugrundegelegt werden. Das Verhältnis $\boxed{\eta = \frac{\sigma_{red}}{\sigma_b}}$ wird als „Wirkungsgrad" der Verbindung bezeichnet.

Nach der österreichischen Brückenverordnung vom Jahre 1904 darf als Wirkungsgrad angenommen werden:

für 2 verzahnte oder längsverdübelte Balken . . . . $\eta = 0{,}8$,
für 3 verzahnte oder längsverdübelte Balken . . . . $\eta = 0{,}6$,
für 2 querverdübelte Balken . . . . $\eta = 0{,}7$,
für 3 querverdübelte Balken . . . . $\eta = 0{,}5$.

Querschnittsermittlung. Es bezeichnen:

M_{max} . . . . das größte Biegemoment des Trägers,
Q_{max} . . . . . die größte Querkraft des Trägers,
B . . . . die Breite des Trägers bei Abzug der Querschnittsverschwächung durch das Schraubenloch,
H . . . . die gesamte Trägerhöhe,
σ_{red} . . . . . . die zulässige Biegespannung,
τ_{zul} . . . . . . die zulässige Schubbeanspruchung in der Faserrichtung.

Dann ergeben sich:

(3)
$$\left.\begin{aligned} &\text{das erforderliche Widerstandsmoment} \ldots\ldots\ldots W_o = \frac{M_{max}}{\sigma_{red}} \\ &\text{der erforderliche Querschnitt} \ldots\ldots\ldots\ldots\ldots\ldots F_o = \frac{Q_{max}}{\tau_{zul}} \end{aligned}\right\}$$

Zur Berechnung der Querschnittsabmessungen mit Hilfe obiger Werte dienen die beiden Gleichungen:

(4)
$$\left.\begin{aligned} H &= C_1 \cdot \frac{W_o}{F_o} \\ B \cdot H &= C_2 \cdot F_o \end{aligned}\right\}$$

Die Größe der Beiwerte C_1 und C_2 ist von der Anzahl und Verbindungsart der zusammengesetzten Balken abhängig; nähere Angaben finden sich in der später folgenden Zusammenstellung.

Erzielung zweckmäßiger Querschnittsabmessungen. Ergeben die Bestimmungsgleichungen (4) unter Zugrundelegung der größtzulässigen Beanspruchungen unzweckmäßige Abmessungen für B und H, so muß das Verhältnis $\frac{\sigma_{red}}{\tau_{zul}}$ geändert werden.

Soll beispielsweise die berechnete Höhe H auf H' verkleinert und infolgedessen B auf B' vergrößert werden, so muß σ_{red} beibehalten und τ_{zul} entsprechend herabgesetzt werden. Die der endgültigen Berechnung zugrunde zu legende Schubbeanspruchung ergibt sich zu

$$\tau' = \frac{H'}{H} \cdot \tau_{zul} \text{ und somit } F_o = \frac{Q_{max}}{\tau'}$$

Soll hingegen H auf H' vergrößert und dementsprechend B auf B' verkleinert werden, so ist σ_{red} herabzumindern und τ_{zul} beizubehalten. Es wird dann

$$\sigma'_{red} = \frac{H}{H'} \cdot \sigma_{red} \text{ und } W_0 = \frac{M_{max}}{\sigma'_{red}},$$

womit die gesuchten Abmessungen H' und B' gegeben sind.

Erforderliche Zahn- bzw. Dübelteilung. Die Austeilung der Zähne, Dübel oder sonstigen Verbindungsmittel muß von der Schubkraft ausgehen, welche zwischen den verbundenen Balken auftritt und in den Stirnflächen der Zähne oder der Balkeneinschnitte eine Druckbeanspruchung hervorruft.

Bezeichnen: t_0 ...die Zahnlänge bzw. den Abstand der Balkeneinschnitte,
b ...die volle Balkenbreite ($b = B + d$),
c ...die Tiefe der Balkeneinschnitte bzw. Zähne,
z ...den Zahndruck auf die Flächeneinheit,
$R = 0{,}65 \cdot \frac{\pi\, d^2}{4} \cdot 400 = \sim 200\, d^2$ (kg) den Reibungswiderstand eines Schraubenbolzens (bei einer Reibungsziffer $f = 0{,}65$, Bolzendurchmesser d, Bolzenbeanspruchung 400 kg/cm²),
m ..die Anzahl der Schraubenbolzen, welche auf die Länge t_0 mit $1 \div 2$ angenommen werden kann,
so kann gesetzt werden:

$$t_0 = \frac{H}{C_2 \cdot Q}[z \cdot b \cdot c + 200\, m\, d^2]. \tag{5}$$

Zeichnerische Ermittlung der Zahn- bzw. Dübelteilung. Zur Ermittlung der Zahnteilung oder Dübelentfernung berechne man für einzelne Querschnitte des Trägers aus der Querkraft Q die Länge t_0 nach Gleichung (5) und trage dieseLänge, bei Dübel- oder Klötzeleinlagen noch um deren Länge a vergrößert (demnach die Länge $t = t_0 + a$), zur Hälfte nach oben und unten von der Balkenachse auf (Abb. 164). Zieht man zwischen den so erhaltenen krummen Linien einen gebrochenen Linienzug, der aus unter 45⁰ geneigten Linien und Senkrechten besteht, so bestimmen dessen Schnittpunkte mit der Trägerachse die Austeilung der Zähne bzw. der Dübel oder Klötzel.

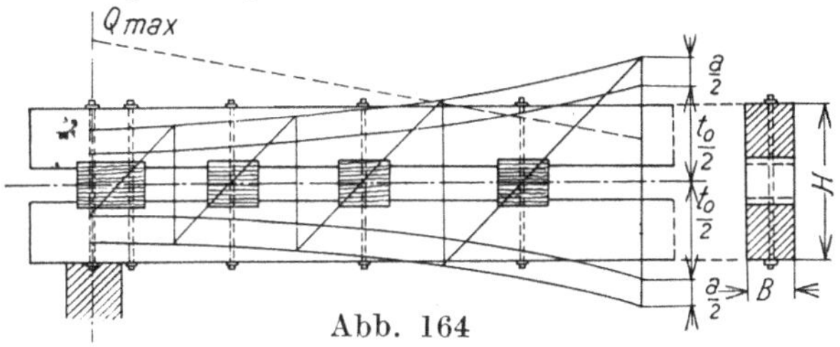

Abb. 164

Erforderliche Länge der Dübel und Klötzel. Diese muß so groß angenommen werden, daß der Druck ($b \cdot c \cdot z$) ohne Gefahr des Abspaltens aufgenommen wird, so daß bei einer zulässigen Schubbeanspruchung τ der Einlagen gesetzt werden kann:

$$a \cdot b \cdot \tau > b\, c\, z \text{ und hieraus } a > \frac{z}{\tau} c.$$

Anderseits muß selbstverständlich auch $a < t_0$ sein.

Es berechnet sich beispielsweise

für Längsdübel	mit $z = 50$ kg/cm²,	$\tau = 10$ kg/cm²	:	$a > 5\,c$,
,, Querdübel	,, $z = 30$,,	$\tau = 10$,,	:	$a > 3\,c$,
,, Klötzeleinlagen	,, $z = 70$,,	$\tau = 10$,,	:	$a > 7\,c$.

Höhe der Zähne oder Balkeneinschnitte. Die Höhe der Zähne oder der Balkeneinschnitte muß so groß gewählt werden, daß sich nicht gar zu kurze Zähne oder zu eng gestellte Dübel ergeben, um der Gefahr des Abspaltens zu begegnen und die Arbeitskosten nicht unnötig zu vergrößern.

Zusammenstellung der Berechnungsformeln. In nachstehender Tabelle sind die für die Berechnung zusammengesetzter Holzträger erforderlichen Angaben zusammengestellt.

Zusammenstellung der Berechnungsformeln für zusammengesetzte Holzträger

Trägerart	β	$z = \gamma \cdot \sigma_b$ γ	$\sigma_{red} = \sigma_b - \frac{n-1}{2n} \cdot \beta \cdot z$ Balkenanzahl $n=2$	 $n=3$	$W_o = \frac{M_{max}}{\sigma_{red}}$; $F_o = \frac{Q_{max}}{\tau_{zul}}$; $H = C_1 \cdot \frac{W_o}{F_o}$; $B = C_2 \cdot \frac{F_o}{H}$; $n=2$ C_1	 C_2	 $n=3$ C_2	τ_{zul} kg/cm²	c Einlaßtiefe cm	h_1 Dübel- bzw. Klötzelhöhe cm	a Dübel- bzw. Klötzellänge cm	t Zahn- bzw. Dübelteilung (von Mitte zu Mitte) cm	kleinst- zulässige Dübelteilung cm	größt- zulässige Dübelteilung cm
Verzahnter Träger	2	0,4	$0{,}80 \cdot \sigma_b$	$0{,}73 \cdot \sigma_b$	4	$\frac{3}{2}$	$\frac{4}{3}$	7 ÷ 8	0,1 ÷ 0,2 h	—	—	$t = \frac{H}{C_2 \cdot Q}[c \cdot b \cdot z + 200\, m \cdot d^2] + a$	—	—
	2	0,5	$0{,}75 \cdot \sigma_b$	$0{,}67 \cdot \sigma_b$										
	2	0,6	$0{,}70 \cdot \sigma_b$	$0{,}60 \cdot \sigma_b$										
Querdübelträger	3	0,3	$0{,}775 \cdot \sigma_b$	$0{,}70 \cdot \sigma_b$	4	$\frac{3}{2}$	$\frac{4}{3}$	10	0,1 ÷ 0,13 h oder am Ende 0,13 ÷ 0,16 h Mitte 0,03 ÷ 0,06 h	$0{,}1\,h + 2\,c$	$\geqq 3\,c$		$\geqq 9\,c$	$\leqq 20\,c$
	4	0,3	$0{,}70 \cdot \sigma_b$	$0{,}60 \cdot \sigma_b$										
	5	0,3	$0{,}625 \cdot \sigma_b$	$0{,}50 \cdot \sigma_b$										
Längsdübelträger	2	0,4	$0{,}80 \cdot \sigma_b$	$0{,}73 \cdot \sigma_b$	4	$\frac{3}{2}$	$\frac{4}{3}$	10 ÷ 12	$\frac{1}{8}$ h > 4 cm	—	$\geqq 5\,c$		$\geqq 11\,c$	$\leqq 20\,c$
	2	0,5	$0{,}75 \cdot \sigma_b$	$0{,}67 \cdot \sigma_b$										
	2	0,6	$0{,}70 \cdot \sigma_b$	$0{,}60 \cdot \sigma_b$										
Klötzelholzträger	3	0,6	$0{,}55 \cdot \sigma_b$	$0{,}40 \cdot \sigma_b$	s. die folgende Zusammenstellung der Werte C_1 und C_2			8 ÷ 10	0,07 ÷ 0,2 h	$0{,}9 \div 1{,}2\,h$	$\geqq 7\,c$		$\geqq 11\,c$	< 120 cm
	3	0,7	$0{,}475 \cdot \sigma_b$	$0{,}30 \cdot \sigma_b$										
	3	0,8	$0{,}40 \cdot \sigma_b$	$0{,}20 \cdot \sigma_b$										

Zusammenstellung der Beiwerte C_1 und C_2 für Klötzelholzträger

a) 2 Balken mit einem Zwischenraum $h_1 = \alpha \cdot H$

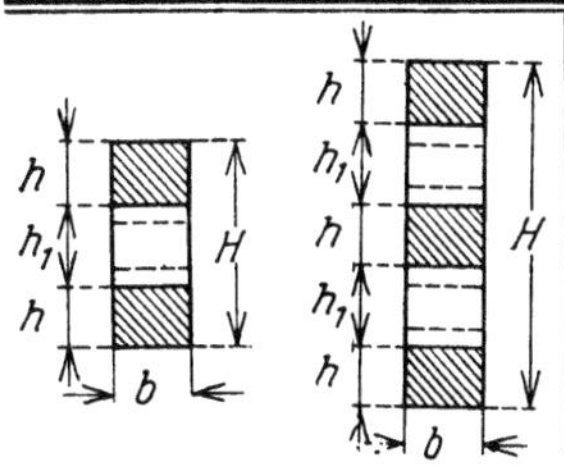

α	0	0,1	0,15	0,20	0,25	0,30	0,35	0,40
C_1	4,0	4,017	4,044	4,086	4,150	4,238	4,356	4,514
C_2	1,5	1,495	1,489	1,480	1,469	1,455	1,439	1,420

b) 3 Balken von der Höhe des Einzelbalkens $h = \alpha \cdot H$

α	0,3	0,29	0,28	0,27	0,26	0,25	0,24	0,23	0,22	0,21	0,20
C_1	4,388	4,472	4,564	4,666	4,777	4,899	5,035	5,184	5,350	5,533	5,739
C_2	1,420	1,412	1,403	1,394	1,385	1,375	1,365	1,354	1,343	1,332	1,320

Beispiel: Die verschalte Giebelwand eines Riegelwandbaues sei durch in Abständen von 3,0 m angeordnete, im Mittel 7,8 m hohe Säulen unterteilt, welche als frei aufgelagerte Klötzelholzträger berechnet werden sollen.

Der Winddruck betrage $w = 125\ \mathrm{kg/m^2}$, $\sigma_b = 80\ \mathrm{kg/cm^2}$:

$$M_{max} = \frac{(3 \cdot 125) \cdot 7{,}8^2}{8} = 2850\ \mathrm{kg \cdot m},$$

$$Q_{max} = 3 \cdot 125 \cdot \frac{7{,}8}{2} = 1460\ \mathrm{kg}.$$

Mit $\sigma_b = 80\ \mathrm{kg/cm^2}$, $n = 2$, $\beta = 3$, $z = 0{,}6\,\sigma_b$, $\tau = 10\ \mathrm{kg/cm^2}$

wird
$$\sigma_{red} = 80 - \frac{1}{4} \cdot 3 \cdot 0{,}6 \cdot 80 = 44\ \mathrm{kg/cm^2},$$

$$W_o = \frac{28.5000}{44} = 6500\ \mathrm{cm^3}; \qquad F_o = \frac{1460}{10} = 146\ \mathrm{cm^2}.$$

Wird $\alpha = 0{,}3$ gewählt, d. h., Höhe des Klötzelholzes $h_1 = 0{,}3\,H$, so ergibt sich mit $C_1 = 4{,}238$ und $C_2 = 1{,}455$

$$H = 4{,}238 \cdot \frac{6500}{146} = 189\ \mathrm{cm}; \qquad B = 1{,}455 \cdot \frac{146}{189} = 1{,}12\ \mathrm{cm}.$$

Diese Werte sind natürlich unbrauchbar. Wird als zweckmäßige Höhe des Trägers beispielsweise $H' = 50$ cm gewählt, so wird

$$\tau' = \frac{50}{189} \cdot 10 = 2{,}64\ \mathrm{kg/cm^2},$$

$$F_o = \frac{1460}{2{,}64} = 553\ \mathrm{cm^2} \quad \text{und} \quad B = \frac{1{,}455 \cdot 553}{50} = 16{,}1\ \mathrm{cm}.$$

Bei einem Schraubendurchmesser $d = 20$ mm wird $b = 16{,}1 + 2{,}0 = \infty\ 18$ cm, $h_1 = 0{,}3 \cdot 50 = 15$ cm. Klötzelholzquerschnitt $^{15}/_{18}$.

Gewählte Eingriffstiefe des Klötzelholzes $c = 2{,}5$ cm,

Klötzellänge $a \gtrless 7\,c = \infty\ 20$ cm,

Klötzelabstand ohne Berücksichtigung der Schraubenwirkung:

$$t_o = \frac{50}{1{,}455 \cdot 1460} \cdot 2{,}5 \cdot 18 \cdot 48 = \infty\ 51\ \mathrm{cm}.$$

D. Einfache und zusammengesetzte Rundholzträger[4*])

Im Hinblick auf die vielfache Verwendung von Rundholzträgern nicht nur für die Herstellung von Brücken im Bereich des forstlichen Bringungswesens, sondern auch für Not-, Hilfs- und Kriegsbrücken soll deren Berechnung hier kurz besprochen werden.

Als Rundholzträger sind Rundhölzer anzusehen, die eine teilweise Bearbeitung aufweisen. Die übliche Breite der Bearbeitung schwankt zwischen *0* und dem halben Durchmesser *d*, und kann entsprechend den auf Seite 145 abgebildeten 4 Querschnittsformen, welche in den folgenden Untersuchungen kurz mit I, II, III, IV bezeichnet werden sollen, eine ein,- zwei- und vierseitige sein.

Einfache Rundholzträger. Bezeichnet M_{max} kg·cm das größte Biegemoment des Trägers, σ_b kg/cm² seine zulässige Biegebeanspruchung, so ergibt sich das erforderliche Widerstandsmoment aus

$$W_{erf} = \frac{M_{max}}{\sigma_b}.$$

Der in Trägermitte bzw. im höchstbeanspruchten Querschnitt erforderliche Durchmesser *d* des Rundholzträgers kann mit Hilfe der in folgender Tabelle angegebenen Beiwerte $\varkappa$ oder β unmittelbar aus den Formeln bestimmt werden:

$$\boxed{d_{erf} = \varkappa \sqrt[3]{M_{max}} = \sqrt[3]{\frac{1}{\beta} \cdot \frac{M_{max}}{\sigma_{b\,zul}}}.}$$

Ebenso können die Querschnittsfläche, der Stamminhalt sowie das Widerstandsmoment des gewählten Querschnittes mit Hilfe der in genannter Tabelle angegebenen Beiwerte unmittelbar angegeben werden.

Beispiel: Das größte Biegemoment eines Brücken-Rundholzträgers (Querschnittsform III) betrage $M_{max} = 5200$ kgm. Es sollen die erforderlichen Rundholzdurchmesser für die zulässigen Biegespannungen $\sigma_b = 60$ kg/cm² bzw. $\sigma_b = 80$ kg/cm² berechnet werden:

$$\sigma_b = 60 \text{ kg/cm}^2: \quad d_{erf} = \sqrt[3]{\frac{520.000}{0{,}093 \cdot 60}} = \infty 45 \text{ cm}; \quad h = 0{,}866\,d = \infty 39 \text{ cm}$$

$$\sigma_b = 80 \text{ kg/cm}^2: \quad d_{erf} = 0{,}513 \sqrt[3]{520.000} = \infty 42 \text{ cm}; \quad h = 0{,}866\,d = \infty 36{,}4 \text{ cm}.$$

(Tabelle siehe S. 145.)

Zusammengesetzte Rundholzträger. Wie Balken von Rechteckquerschnitt können auch Rundholzträger als verzahnte, verdübelte oder Klötzelholzträger Verwendung finden.

Der erforderliche Rundholzdurchmesser berechnet sich ebenfalls mit Hilfe der in nachstehender Tabelle angegebenen Beiwerte, jedoch nach der Formel

$$\boxed{d_{erf} = \varkappa \sqrt[3]{\frac{1}{\mu} \cdot M_{max}} = \sqrt[3]{\frac{1}{\mu} \cdot \frac{1}{\beta} \cdot \frac{M_{max}}{\sigma_{b\,zul}}},}$$

in welcher μ einen von der Trägerart und der Anzahl der zu verbindenden Hölzer abhängigen Beiwert bedeutet. Die Beiwerte μ sowie die für die Berechnung der Zähne, Dübel usw. erforderlichen Angaben enthält die folgende Zusammenstellung. Die Berechnung erfolgt genau wie bei den zusammengesetzten Rechteckbalken.

Ermittlung des erforderlichen Durchmessers auf Biegung beanspruchter, frei aufgelagerter Rundholzbalken

	Querschnittsfläche cm^2	Widerstandsmoment $W = \beta \cdot d^3$ cm^3	Erforderlicher Rundholzdurchmesser $d_{cm} = \varkappa \cdot \sqrt[3]{M_{kg \cdot cm}}$ cm $\sigma_b = 80 kg/cm^2$	$\sigma_b = 90 kg/cm^2$	$\sigma_b = 100 kg/cm^2$
I 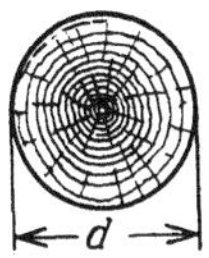	$0{,}785\, d^2$	$0{,}102\, d^3$	0,500	0,481	0,463
II 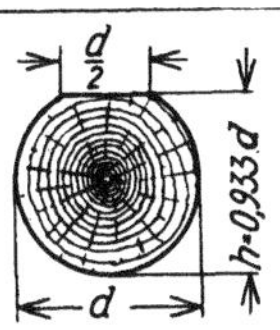	$0{,}774\, d^2$	$0{,}097\, d^3$	0,505	0,485	0,470
III 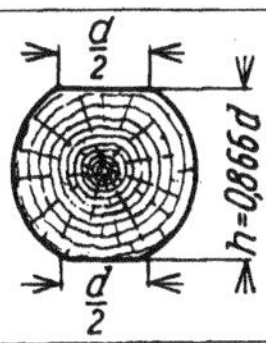	$0{,}746\, d^2$	$0{,}093\, d^3$	0,513	0,493	0,476
IV 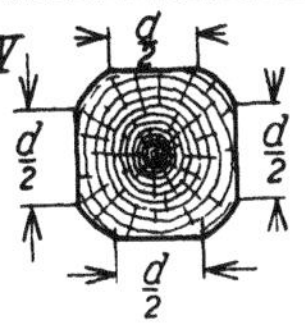	$0{,}693\, d^2$	$0{,}087\, d^3$	0,524	0,505	0,487

Tabelle für die Berechnung zusammengesetzter Rundholzträger

Trägerart	Anzahl der Träger	Beiwert μ	Abstand der geometrischen Querschnittsachsen	Höhe der Zähne, Dübel oder Klötzel – Querschnittsform I – unbearbeitet	Querschnittsform II bis IV – bearbeitet auf $d/3$	bearbeitet auf $d/2$	Einschnittstiefe c	Dübel- oder Klötzellänge	Zahnteilung, Dübel- oder Klötzelabstand
Verzahnte Träger	2 3	3 5	$\frac{3}{4} d$	$\frac{1}{4} d$	$\frac{1}{5} d$	$\frac{1}{10} d$			
Verdübelte Träger	2 3	3,5 6	d	$\frac{1}{5} d$	$\frac{1}{4} d$	$\frac{3}{10} d$	$0{,}1 \div 0{,}2\, d$	$\geq \frac{z \cdot c}{\tau}$	$t = \frac{H}{C_2 Q} [z b c + 200\, m d^2]$
Klötzelholzträger	2 3 4	5 10 15	$\frac{3}{2} d$	$\frac{3}{4} d + \frac{2}{10} d$					

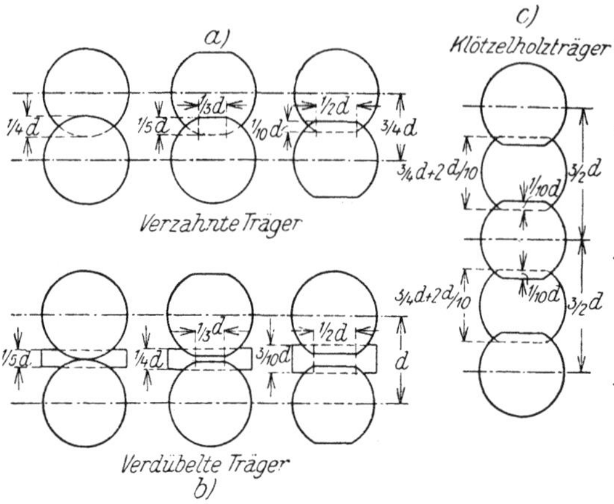

Beiwerte C_2

Anzahl	2	3	4 innere Träger	4 äußere Träger
Ohne Zwischenraum	1,6	1,4	1,5	1,3
Zwischenraum bis $\frac{3}{10} H$	1,5	1,4	1,5	1,3
Zwischenraum bis $\frac{2}{10} H$	—	1,3	1,4	1,2

E. Hänge- und Sprengwerke

1. Das Hängewerk

Ein weiteres Mittel zur Verstärkung eines Balkens besteht in der Anordnung eines Hängewerkes, bei welchem der Balken in einem oder mehreren Punkten an einem über ihm befindlichen Tragwerk aufgehängt wird. Durch eine derartige Aufhängung wird die Stützweite des Balkens in zwei oder mehrere kleine Stützweiten zerlegt, so daß der einfache Balkenquerschnitt wieder ausreicht. Der Balken (Streckbalken) kann in einem Stück durchgehen oder in den Aufhängepunkten gestoßen werden. Je nach der Anzahl der Aufhängepunkte unterscheidet man einfache, doppelte und mehrfache Hängewerke.

Die einzelnen Bestandteile eines Hängewerks (Abb. 40) sind der Streckbalken ($A B$), die Hängesäulen ($C E$, $D F$), die Streben ($A E$, $B F$) und der Brustriegel ($E F$).

Bei Anordnung des Stabnetzes ist dafür Sorge zu tragen, daß die Stabachsen über der Auflagermitte womöglich in einem Punkte zusammenlaufen, da sonst das Ende des Streckbalkens durch ein Zusatzmoment beansprucht wird. Läßt sich ein solches nicht vermeiden, so muß der Streckbalken entweder durch ein Sattelholz oder durch einen oberhalb angeordneten hölzernen Schuh unter gleichzeitiger, sorgfältiger Verdübelung und Verbolzung verstärkt werden.

Die Verbindung der Streben mit der Hängesäule erfolgt beim einfachen Hängewerk durch einfachen oder doppelten Versatz mit oder ohne Zapfen. Zur Sicherung der Verbindung, insbesondere wegen des Schwindens des Holzes in der Querrichtung, empfiehlt sich die Anordnung eines wagrechten Bolzens. Manchmal wird die Hängesäule auch als Doppelzange ausgeführt. Statt der Hängesäule aus Holz wird häufig auch eine Rundeisenstange mit einer an den beiden Enden abgebogenen eisernen Unterlagsplatte verwendet. In ähnlicher Weise werden die Knotenpunktverbindungen auch bei doppelten und mehrfachen Hängewerken ausgeführt.

Die Aufhängung des Streckbalkens an den Hängesäulen erfolgt meist durch Hängeeisen. Diese bestehen entweder aus Flacheisen, die in einem Stück um den Balken gelegt werden oder aus zwei Laschen, die in Rundeisen mit Gewinde endigen und durch ein Eisenquerstück gesteckt sind, welches durch die Muttern gehalten wird. Letztere Anordnung hat den Vorteil, daß sich die Aufhängung nachstellen läßt; um ein Heben des Streckbalkens zu ermöglichen, muß die Hängesäule im Zapfen spielen. Am einfachsten ist die Aufhängung bei Verwendung von Hängesäulen aus Rundeisen. Bei größerer Last muß anstatt einer einfachen eine Doppelmutter verwendet werden. Wird der Streckbalken an der Stelle der Aufhängung gestoßen, so muß hiezu ein Sattelholz verwendet werden, mit welchem der Balken zu verdübeln und zu verbolzen ist.

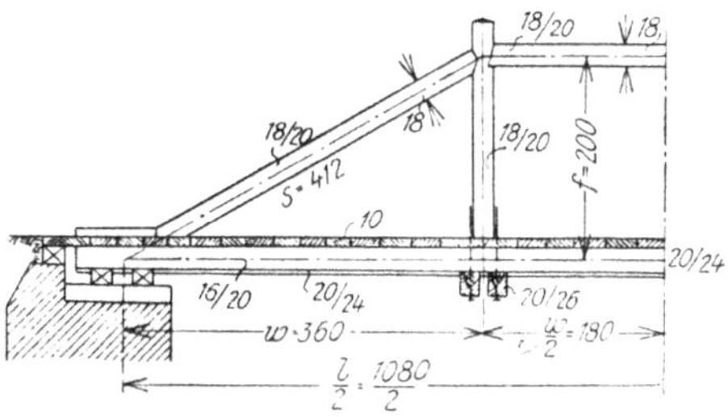

Abb. 165

Beispiel. Berechnung eines Brückenhängewerks (Abb. 165) für die Spannweite $l = 10{,}8$ m und die Nutzlast 400 kg/m. Lichtbreite der Brücke $B = 4{,}0$ m.

Eigengewicht der Brücke einschließlich Belag:

$$g = 382 \text{ kg/m Hängewerk,}$$

$$\text{Nutzlast:} \quad p = \frac{4{,}0}{2} \cdot 400 = 800 \text{ kg/m Hängewerk.}$$

Nach den Gl. (51), I. Abschnitt, wird mit

$$w = 3{,}6 \text{ m}; \qquad \sin\alpha = \frac{2{,}0}{4{,}12} = 0{,}488; \qquad \operatorname{tg}\alpha = \frac{2{,}0}{3{,}6} = 0{,}557:$$

$$V_{max} = (g + p)\, w = (382 + 800) \cdot 3{,}6 = 4250 \text{ kg,}$$

$$H_{max} = \frac{V_{max}}{\operatorname{tg}\alpha} = \frac{4250}{0{,}557} = 7650 \text{ kg,}$$

$$S_{max} = \frac{V_{max}}{\sin\alpha} = \frac{4250}{0{,}488} = 8740 \text{ kg,}$$

$$M_{max} = \frac{p \cdot w^2}{8} = \frac{800 \cdot 3{,}6^2}{8} = 1300 \text{ kg}\cdot\text{m mit } H = \frac{\left(g + \frac{p}{2}\right) w}{\operatorname{tg}\alpha} = \frac{(382+400) \cdot 3{,}6}{0{,}557} = 5050 \text{ kg.}$$

Querschnittsbemessung:

Strebe: $S = -8740$ kg, gewählt 18/20, $F = 360$ cm², $l_k = 412$ cm.

$$\text{Für } \frac{l}{b} = \frac{412}{18} = 23 \text{ ist } \eta = 0{,}49 \text{ und } \sigma_k = \frac{8740}{0{,}49 \cdot 18 \cdot 20} = 50 \text{ kg/cm}^2.$$

Streckbalken: $M = 1300$ kg·m, $H = 5050$ kg, gewählt 20/24, $F = 480$ cm², Querschnittsverschwächung durch $^3/_4''$ Hängebolzen $f = 2 \times 24 = 48$ cm², $F_n = 432$ cm².

$$\sigma = \frac{130000}{\frac{18 \cdot 24^2}{6}} + \frac{5050}{432} = 87 \text{ kg/cm}^2.$$

2. Das Sprengwerk

Im Gegensatz zum Hängewerk wird der Streckbalken beim Sprengwerk durch ein unter ihm liegendes Tragwerk unterstützt. Je nachdem diese Unterstützung in einem oder mehreren Punkten stattfindet, unterscheidet man einfache, doppelte und mehrfache Sprengwerke. Während der von den Streben ausgeübte wagrechte Seitenschub beim Hängewerk unmittelbar in den Streckbalken übergeht, muß derselbe beim Sprengwerk von den Widerlagern oder sonstigen Unterstützungen aufgenommen werden. Werden mehrere Sprengwerke nebeneinander angeordnet, deren Streben gegen gemeinsame Zwischenpfeiler abgestützt sind, so heben sich die wagrechten Schübe unter Voraussetzung gleichmäßiger Belastung und spiegelgleicher Anordnung auf, so daß die Zwischensäulen nur lotrechte Lasten erhalten.

In der Regel wird das Sprengwerk für sich abgebunden und der Streckbalken ohne Schwächung über dasselbe geführt. Trapezsprengwerke erhalten daher einen die Streben verbindenden Sprengriegel und nur bei ganz kleinen Spannweiten und leicht belasteten Sprengwerken können die Streben mit Weglassung des Sprengriegels unmittelbar in den Streckbalken eingelassen werden (z. B. Pfetten mit Kopfbändern, Sprengwerke bei Gerüsten usw.).

Verbindung zwischen Strebe und Streckbalken bzw. Sprengriegel. Beim einfachen Sprengwerk ohne Sprengriegel läßt man die Streben stumpf zusammenstoßen und mit Schrägzapfen in den Streckbalken eingreifen. Ist ein Unterzug vorhanden, so fassen die Streben denselben durch Klauen. Die Verbindung wird gegen Verschieben durch Klammern, Winkelbänder oder gebogene eiserne Laschen mit Bolzen gesichert.

Beim doppelten Sprengwerk läßt man die Streben entweder stumpf gegen den Sprengriegel stoßen oder in denselben mit einfachem oder doppeltem Versatz eingreifen, wobei die Verbindung in ähnlicher Weise wie oben gegen Verschieben gesichert wird. In die Ecken eingesetzte und in die Streben eingelassene Keile, womöglich aus Hartholz, verbessern den Strebenanschluß. Wird ein Unterzug in der Sprengwerkecke angeordnet, so kann derselbe zwischen Strebe und Sprengriegel gelegt werden oder man lagert ihn auf dem Sprengriegel auf.

Streckbalken. Soll der Streckbalken in seinem Biegewiderstand im mittleren Teil durch den Sprengriegel verstärkt werden, so sind beide Balken durch Dübel und Schraubenbolzen zu verbinden. In der Regel ist aber eine solche Verstärkung nicht notwendig. Die Streckbalken werden, je nach der Größe des auf sie entfallenden Momentes, als einfache oder zusammengesetzte Balken (verdübelt oder verzahnt) ausgeführt. Bei Trapez- und mehrfachen Sprengwerken mit größerem Mittelfelde und im Verhältnis zum Eigengewicht hoher Nutzlast kann es vorkommen, daß der Druck auf die Endstützen für gewisse Belastungsfälle negativ wird. Man muß dann dem Abheben der Enden durch eine Verankerung vorbeugen. In der Regel wird es jedoch genügen, die Enden der Streckbalken mit den Streben durch Zangen zu verbinden. Die Auflagerung der Streckbalken auf den Zwischenstützen erfolgt meist mittels Sattelhölzern, die bei größerer Länge durch Kopfbänder gestützt werden.

Auflagerung des Strebenfußes. Die Auflagerung des Strebenfußes erfolgt bei gemauerten Widerlagern oder Pfeilern entweder in einer Mauernische oder auf einem Mauerabsatze, wobei die Strebe mit Zapfen in ein wagrechtes Auflagerholz eingreift. Besser ist die Anordnung eines Auflagerquaders mit einer zur Strebe senkrechten Aufstandfläche.

Gegen eine Holzstütze kann der Anschluß mit doppeltem Versatz und Verbolzung oder auch mittels seitlich angebolzter und verzahnter Knaggen geschehen. Steht die Stütze an einer Wand (sogenannter Klebpfosten), so kann die Verbindung in gleicher Weise erfolgen, wobei der Druck durch den Klebpfosten auf das Mauerwerk verteilt wird.

Aussteifung des Sprengwerkes. Braucht der Raum unter dem Sprengwerk nicht freigehalten zu werden, so kann man die Stützen bei nicht allzu großer Öffnungsweite mittels durchgehender wagrechter Zangen verbinden. Zur Verminderung der freien Knicklänge der Streben und zur Aussteifung des Sprengwerkes dienen Doppelzangen, die die Streben etwa in ihrer Mitte fassen und mit dem Streckbalken verbinden. Diese Doppelzangen werden an der Kreuzung mit der Strebe und dem Streckbalken eingeschnitten und verbolzt.

3. Das Hängesprengwerk

Das Hängesprengwerk (Abb. 42) stellt eine sowohl im Brückenbau als auch im Hochbau — bei der Herstellung von Dachstühlen — viel verwendete Vereinigung von Hänge- und Sprengwerk dar, bei welcher die Streben ihren ganzen Druck an die Widerlager abgeben, so daß der Streckbalken nur seine eigene Belastung zu tragen hat. Die Ausbildung der einzelnen Knotenpunkte erfolgt in gleicher Weise wie früher, mit Ausnahme der Verbindung von Streckbalken und Strebe, welch letztere hier den Streckbalken kreuzt. Dieser wird doppelt ausgeführt, damit die Streben ungestoßen durchgeführt werden können. Ist der Streckbalken unbelastet, wie es häufig bei Dachstühlen der Fall ist, so spricht man einfach nur von ,,Zangen“. Die Ausbildung kann auch in der Weise erfolgen, daß der Streckbalken und die Hängesäulen einfach und die Streben doppelt angeordnet werden.

4. Die Berechnung der Holzverbindungen bei Hänge- und Sprengwerken

Auflagerausbildung. Die Mittellinien von Streckbalken, Strebe und Auflagerschwelle müssen sich in einem Punkt schneiden. Bei der Auflagerausbildung ist beim Aufsetzen der Strebe auf den Streckbalken zu berücksichtigen, daß letzterer bei Herstellung der Verbindung mittels Versatzung stark verschwächt wird. Sollen daher größere Kräfte mittels Versatzung auf den Streckbalken übertragen werden, so ist es notwendig, denselben durch ein Sattelholz (Abb. 166 a) oder durch seitliche Aufsattlung zu verstärken. Eine weitere Möglichkeit zur Aufnahme der Strebenkraft besteht in der Anordnung eines Aufsattlungsstückes auf dem Streckbalken (Abb. 166 b).

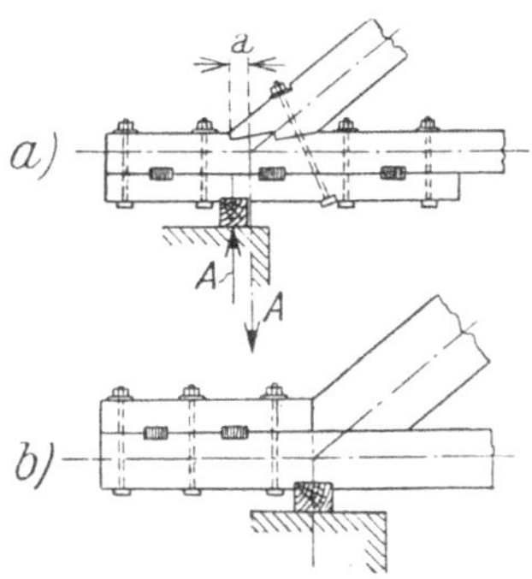

Abb. 166

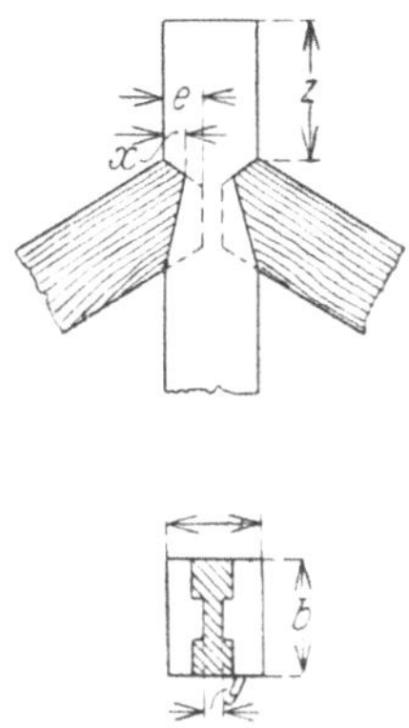
Abb. 167

Laufen die Mittellinien der Hölzer nicht über der Auflagermitte zusammen, so muß der entsprechend zu verstärkende zusammengesetzte Querschnitt imstande sein, das in diesem Falle entstehende zusätzliche Biegemoment $M = A \cdot a$ (Abb. 166a) aufzunehmen.

Verbindung zwischen Streben und Hängesäule (einfaches Hängewerk). Die Verbindung (Knotenpunkt D, Abb. 37) erfolgt meistens mittels einfacher Versatzung und Zapfen (Abb. 167):

1. Erforderliche Tiefe x des Versatzeinschnittes:

V...kg Pfostenzugkraft, ${}_d\sigma_{zul}$...kg/cm² zulässige Druckbeanspruchung, erforderliche Druckfläche $F_d = \frac{V}{{}_d\sigma_{zul}}$.

Bezeichnet b cm die Strebenbreite und wird die Breite des Zapfens mit $\frac{b}{3}$ angenommen, so ergibt sich mit den in Abb. 167 eingeschriebenen Bezeichnungen

$$2\,b\,x + \frac{2}{3}\,b\,(e - x) = F_d,$$

$$x = \frac{3}{4}\,\frac{F_d - \frac{2}{3}\,b\,e}{b}.$$

2. Erforderlicher Querschnitt der Hängesäule:
Bezeichnet ${}_z\sigma_{zul}$ kg/cm² die zulässige Zugbeanspruchung der Hängesäule, so ergibt sich der erforderliche Nutzquerschnitt

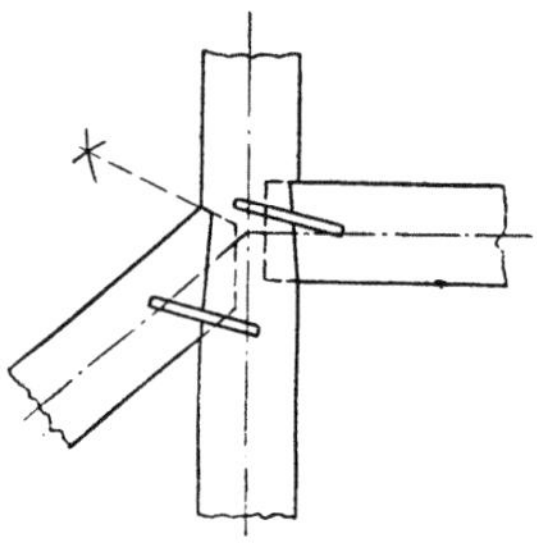

Abb. 168

$$F_z = \frac{V}{{}_z\sigma_{zul}} = [2\,(e - x) + y]\cdot b - 2\cdot\frac{b}{3}\,(e - x)$$

und hieraus die erforderliche Holzstärke y zwischen den beiden Zapfen

$$y = \frac{F_z - \frac{4}{3}\,b\,(e - x)}{b}.$$

3. Erforderliche Vorholzlänge z der Hängesäule:

$$F_\tau = \frac{V}{\tau_{zul}} = 2\,b\cdot z + 4\,(e - x)\cdot z,$$

$$z = \frac{F_\tau}{2\,[b + 2\,(e - x)]}.$$

Abb. 168 zeigt die Verbindung zwischen Strebe, Spannriegel und Hängesäule beim doppelten Hängewerk (Knotenpunkt E, Abb. 40).

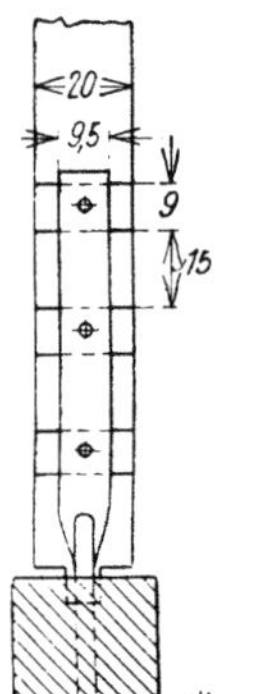

Abb. 169

Verbindung zwischen Streckbalken und Hängesäule. Eine beispielsweise Ausführungsart zeigt Abb. 169, bei welcher die Verbindung des Streckbalkens mit der Hängesäule (Knotenpunkt C, Abb. 40) durch Unterlagsplatten und Hängeeisen mittels Schraubenmuttern erfolgt.

Die aufzunehmende Zugkraft betrage z. B. $V = 18.000$ kg.

1. Erforderlicher Querschnitt der Befestigungsschrauben des Hängeeisens: Zulässige Beanspruchung gewöhnlicher Schraubenbolzen auf Abscheren 750 kg/cm², daher erforderlicher Gesamt-Kernquerschnitt

$$F_k = \frac{18000}{750} = 24\,\text{cm}^2.$$

Werden $1^1/_8''$ Schrauben ($d = 28{,}57$ mm) mit einem Kernquerschnitt $f_k = 4{,}498$ cm² gewählt, so ergibt sich die erforderliche Bolzenanzahl zu

$$n = \frac{24}{2\cdot 4{,}498} = \infty\,3.$$

2. Erforderlicher Querschnitt des Hängeeisens:

$$\sigma_z = 1200\,\text{kg/cm}^2,\quad F = \frac{18000}{1200} = 15\,\text{cm}^2 = 2\times 7{,}5\,\text{cm}^2,\quad (b - 2{,}9)\cdot\delta = 7{,}5).$$

Wird die Blechstärke $\delta = 1{,}2$ cm gewählt, so ergibt sich die erforderliche Breite des Hängeeisens zu $b = 9{,}15 \backsim 9{,}5$ cm.

Der Kerndurchmesser d_1 des Rundeisens, in welches das Flacheisen übergeführt werden muß, ergibt sich aus

$$\frac{d_1^2 \pi}{4} = 7{,}5$$

zu $d_1 = 3{,}1$ cm, daher gewählt $1^1/_2''$ Schraube $d = 3{,}81$ cm (auch unmittelbar aus der Schraubentabelle).

3. Flacheisendübel: Zulässige Druckbeanspruchung des Holzes // zur Faser ${}_d\sigma_{zul} = 60$ kg/cm² (Kiefer), erforderliche Druckfläche

$$F_d = \frac{18000}{60} = 300 \text{ cm}^2,$$

erforderliche Eingriffstiefe z der Dübel (Breite der Hängesäule 20 cm):

$$6 \cdot 20 \cdot z = 300; \qquad z = 2{,}5 \text{ cm},$$

Breite der Flacheisendübel $b = 3\,d = 3 \cdot 2{,}9 = \backsim 9{,}0$ cm.
Erforderlicher Abstand e der Dübel mit Rücksicht auf die Scherkraft:

$$\tau_{zul} = 10 \text{ kg/cm}^2; \qquad 6 \cdot 20 \cdot e = \frac{18000}{10}; \qquad e = 15 \text{ cm},$$

Bolzenabstand daher $15 + 2 \cdot \frac{9{,}0}{2} = 24$ cm,

Abstand des letzten Bolzens vom unteren Rand: $15 + \frac{9}{2} = 19{,}5$ cm.

4. Unterlagsplatte: Zulässige Pressung des Holzes senkrecht zur Faser 25 kg/cm²

$$F = \frac{18000}{25} = 720 \text{ cm}^2,$$

$$F = b \cdot l - 2 \cdot \frac{3{,}81^2 \cdot \pi}{4} = 720; \qquad b \cdot l = 742{,}8 \text{ cm}^2.$$

Erforderliche Mindestlänge der Unterlagsplatte bei den Querschnittsabmessungen $^{20}/_{24}$ der Hängesäule

$$l_{min} = 24 + 2 \cdot \frac{3{,}81}{2} + 2 \cdot (2 \cdot 3{,}81) = \backsim 43 \text{ cm}$$

daher

$$b = \frac{742{,}8}{43} = 17{,}3 \backsim 17{,}5 \text{ cm},$$

angenommene Stärke der Unterlagsplatte 2,5 cm.

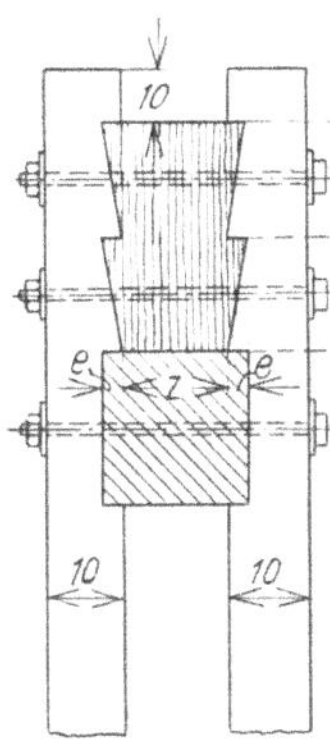

Abb. 170

Hängesäule als Doppelzange. Die von der Zangenverbindung $2 \times {}^{10}/_{20}$ (Abb. 170) aufzunehmende Zugkraft betrage $V = 18.000$ kg.

Erfolgt der Anschluß mittels einer Anblattung von 4 cm unter Verwendung eines Schraubenbolzens von 1″ Durchmesser, so ergibt sich der Nutzquerschnitt an der Anschlußstelle zu

$$F = 2\,(20 - 2{,}54)\,(10 - 4) = \backsim 210 \text{ cm}^2,$$

daher die Zugbeanspruchung

$$\sigma_z = \frac{18000}{210} = 86 \text{ kg/cm}^2.$$

Die Druckfläche bei der Anblattung beträgt $F_d = 2 \cdot 4 \cdot 20 = 160$ cm². Bei einer zulässigen Druckbeanspruchung ${}_d\sigma_{zul} = 60$ kg/cm² können demnach durch die Druckfläche nur $60 \cdot 160 = 9600$ kg übertragen werden. Die Beanspruchung des von der Doppelzange umfaßten Balkens (Brustriegels) senkrecht zur Faser beträgt hier

$$\sigma_{d\perp} = \frac{18000}{160} = 125 \text{ kg/cm}^2,$$

während dieselbe höchstens mit 30 kg/cm² angenommen werden darf. Die noch erforderliche Druckfläche beträgt daher

$${}_{d\perp}F_{erf} = \frac{18000}{30} - 160 = 440 \text{ cm}^2.$$

Dieselbe erhält man am besten durch Einsetzen eines Klotzes zwischen die beiden Zangen (Abb. 170).

Wird die Klotzhöhe ebenfalls mit 20 cm angenommen, so berechnet sich der erforderliche Zangenzwischenraum zu $z = \frac{440}{20} = 22$ cm, so daß die erforderliche Breite des Brustriegels $22 + 2 \cdot 4 = 30$ cm beträgt. Durch die Anblattung wurde eine Kraft übertragen $2 \cdot 4 \cdot 20 \cdot 30 = 4800$ kg, so daß der Einsatzklotz noch 18.000 — — 4800 = 13.200 kg aufnehmen und auf den Brustriegel übertragen muß. Zur Überführung dieser Kraft werden zahnförmige Einschnitte vorgesehen. Es sollen n Absätze von $e = 4$ cm Tiefe nötig werden, so daß sich ergibt

$$2\,n \cdot 4 \cdot 20 \cdot 60 = 13.200 \quad \text{und hieraus} \quad n = \infty\, 2.$$

Die erforderliche Zahnlänge ergibt sich mit Rücksicht auf die Scherfestigkeit aus

$$(2 \cdot 2) \cdot x \cdot 20 \cdot 10 = 18.000 \quad \text{zu} \quad x = 22{,}5 \text{ cm}.$$

Für den Fall, daß der Zangenzwischenraum zu gering ist, kann der Einsatzklotz an der Anlagestelle am Brustriegel entsprechend verbreitert werden.

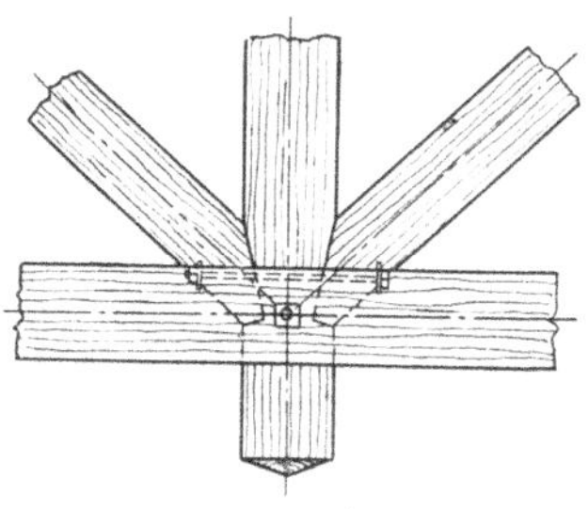

Abb. 171

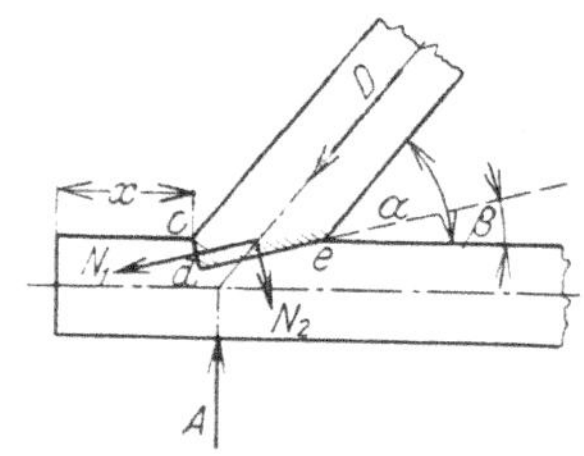

Abb. 172

Abb. 171 zeigt die Verbindung zwischen Hängesäule, Streckbalken und Streben bei einem dreifachen Hängewerk, bei welchem der Streckbalken als Doppelzange ausgebildet ist.

Einfache Versatzung[5]*). Die Strebenkraft D wird durch die auf die Einschnittsflächen $\overline{cd}$ bzw. $\overline{de}$ wirkenden Kräfte N_1 und N_2, die senkrecht auf den letzteren stehen, übertragen.

Mit den in Abb. 172 eingetragenen Bezeichnungen wird

$$N_1 = D \cdot \cos(\alpha - \beta),$$
$$N_2 = D \cdot \sin(\alpha - \beta).$$

Die Seitenkraft N_1 versucht das am Balkenende vorhandene Vorholz herauszuschieben, während die Kraft N_2, die eine Reibung hervorruft, einen Druck auf die Fläche $\overline{de}$ erzeugt. Diese Reibung darf bei Berechnung der Vorholzlänge x mit

$$R = f \cdot N_2$$

in Ansatz gebracht werden, wobei f die Reibungsziffer bedeutet, welche nach Jackson mit $\boxed{f = 0{,}2 \div 0{,}3}$ angenommen werden kann.

Die auf die Fläche $\overline{c\,d}$ wirkende Kraft besitzt bei Berücksichtigung der Reibung nur noch eine Größe

$$\boxed{N_r = N_1 - f \cdot N_2.}$$

Durch Zerlegung von N_r in eine wagrechte und lotrechte Teilkraft berechnet sich die erforderliche Vorholzlänge x bei einer zulässigen Schubbeanspruchung τ in der Faserrichtung und einer Breite des Balkens b zu

$$x = \frac{Nr \cdot \cos\beta}{b\,\tau},$$

oder, da der Winkel β sehr klein ist, zu

$$\boxed{x = \frac{Nr}{b \cdot \tau}.}$$

Die Beanspruchungen in den Fugen $c\,d$ und $d\,e$ ergeben sich aus

$$\sigma_{\overline{cd}} = \frac{N_r}{(\overline{c\,d}) \cdot b} \quad \text{und} \quad \sigma_{\overline{de}} = \frac{N_2}{(\overline{d\,e}) \cdot b},$$

wobei für $\sigma_{\overline{cd}}$ und $\sigma_{\overline{de}}$ die zulässigen Beanspruchungswerte für Druckfestigkeit schräg zur Faser maßgebend sind.

Festlegung der Größe der Reibungsziffer. Diesbezüglich angestellte Versuche ergaben bei einer Neigung der Strebe von 45^0 $f = 0{,}6$, bei einer Neigung von 60^0 $f = 0{,}67$; bei einer Neigung von 90^0 fand Melan $f = 0{,}8 \div 1{,}0$.

Für die Berechnung von Versatzungen empfiehlt es sich aus Sicherheitsgründen die Reibungsziffer nicht zu groß, sondern entsprechend dem Vorschlage Jacksons mit nicht mehr als $f = 0{,}2 \div 0{,}3$ anzunehmen.

Doppelte Versatzung[5*]: Wird der erste Zahn, wie üblich, mit der Neigung der Winkelhalbierenden, der zweite senkrecht zur Faserrichtung angelegt, so wird der Balken nicht nur wesentlich verschwächt, sondern auch durch ausmittige Lastangriffe sehr hoch beansprucht.

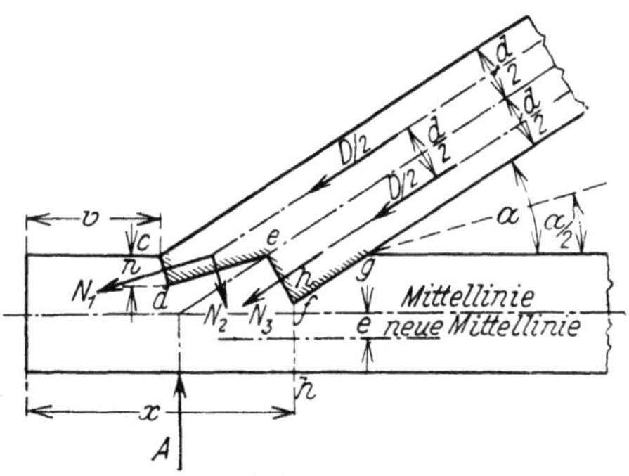

Abb. 173

Der erste Zahneinschnitt (Abb. 173) zeigt durchschnittlich nur $2 \div 3$ cm Tiefe, während die Einschnittstiefe des zweiten Zahnes durch die Höhe des Strebenquerschnittes bestimmt wird.

Wird angenommen, daß der erste Versatz (Flächen $\overline{c\,d}$ und $\overline{d\,e}$) wie auch der zweite (Fläche $\overline{e\,f}$) gleichzeitig Kräfte übertragen können, so haben beide je eine Kraft $\frac{1}{2}\,D$ aufzunehmen. Die Zerlegung erfolgt wie bei der einfachen Versatzung.

Liegt der erste Zahn in der Fläche $\overline{c\,d}$ nicht satt an, so kann nur die Fläche $\overline{e\,f}$ Kräfte übertragen.

Auf letztere wirkt demnach außer $\frac{1}{2}\,D$ noch die ausmittig liegende Kraft $\frac{1}{2}\,D$. Die Beanspruchungen in der Fuge $e\,f$ berechnen sich demnach aus

$$\sigma_{d,z} = \frac{P}{F} \pm \frac{M}{W}$$

mit
$$P = D$$
$$M = \frac{1}{2} D \cdot \frac{h}{2}, \qquad F = b \cdot \frac{h}{2}$$
$$W = \frac{b \cdot \left(\frac{h}{2}\right)^2}{6}$$
zu
$$\sigma_d = 8 \frac{D}{b \cdot d}; \qquad \sigma_z = -4 \frac{D}{b\,d}.$$

Die Vorholzlänge x vom Punkte f bis zum Balkenende beträgt
$$x = \frac{D \cdot \cos\alpha}{b \cdot \tau}.$$

Liegt der erste Zahn in der Fläche $\overline{c\,d}$ voll an, so wäre zu untersuchen, ob die Vorholzlänge v vor dem ersten Zahn zur Übertragung der Kraft D genügt.
$$v = x - \left[\frac{\frac{d}{2}}{\sin\alpha} + \frac{d}{2} \cdot \sin\alpha - \overline{c\,d} \cdot \sin\frac{\alpha}{2}\right],$$
die Schubbeanspruchung
$$\tau = \frac{\frac{1}{2} D \cdot \cos\alpha + N_r \cdot \cos\beta}{v \cdot b}$$
oder, da der Winkel β sehr klein ist,
$$\tau = \frac{D \cdot \cos\alpha}{v \cdot b},$$
d. i. gegenüber dem vorangegangenen Fall eine im Verhältnis $\frac{x}{v}$ größere Schubspannung.

Infolge der geringen Einschnittstiefe $\overline{c\,d}$ wird bei Auftreten der gesamten Last in dieser Fuge eine örtliche Überbeanspruchung eintreten, welche eine Zerstörung der Fasern in derselben verursachen und damit eine satte Anlagerung in der Fuge $e\,f$ gewährleisten wird.

Berücksichtigung der Verschwächungen bei der Querschnittsbemessung des Balkens: Sind bei der Kräfteübertragung beide Fugen wirksam und sind Balken- und Strebenachse im Auflagerpunkt zusammengeführt, so treten für den Balken bei Berechnung der Beanspruchungen im geschwächten Querschnitt h—h außer der inneren Längskraft (Z) noch Zusatzbeanspruchungen infolge der Ausmittigkeit der neuen Mittellinie gegenüber der Mittellinie des Balkens auf (Abb. 173). Bezeichnet e den Abstand der beiden Mittellinien, so berechnen sich die Beanspruchungen in der Fuge h—h zu
$$\sigma = \frac{Z}{(\overline{h\,h}) \cdot b} \pm \frac{Z \cdot e}{b \cdot \frac{(\overline{h\,h})^2}{6}}.$$

Drei- und mehrfache Versatzungen. Die Anordnung von drei und mehr Versatzungen ist unstatthaft, da mehrere Sägeschnitte nie so geführt werden können, daß alle Fugen gleichzeitig satt anlagern.

Mitwirkung der Schraubenbolzen: Diese arbeiten infolge des Schwindens des Holzes nicht immer in dem günstigen Sinne, wie häufig angenommen wird. Die Berechnung der Versatzung sollte daher stets derart erfolgen, daß die Kräfte durch die Einschnitte übertragen werden und die Schraubenbolzenverbindungen lediglich als Sicherung zur Erzielung höherer Bruchlasten dienen.

F. Fachwerkträger

1. Allgemeines[8*])

Die hölzernen Gitter- und Fachwerkträger bildeten die Vorläufer der eisernen. Sie gelangten zuerst in Amerika in den Jahren 1820 bis 1830 zur Anwendung und traten ziemlich gleichzeitig in drei verschiedenen Formen auf, die nach ihren Erfindern als Townsche, Longsche und Howesche Bauart bezeichnet werden. Von diesen Bauweisen wird die Howesche heute noch am häufigsten verwendet.

Der Townsche Träger ist ein engmaschiger Gitterträger. Derselbe besitzt zwei oder mehrere Gurtbalken, welche durch eine einfache, bei stärkeren Trägern durch eine doppelte Gitterwand verbunden sind. Die Wand wird durch zwei gekreuzte Lagen von unter 45° oder etwas steiler geneigten Bohlen oder Brettern gebildet, die zwischen den Gurtbalken liegen und mit denselben durch Nägel oder Schraubenbolzen verbunden sind. Das durchwegs gleich starke Gitterwerk nimmt auf die Veränderlichkeit der Querkraft keine Rücksicht; es ist in der Trägermitte überstark, wogegen in der Nähe der Auflager bei höheren und stärker belasteten Trägern lotrechte Pfosten in Abständen, etwa gleich der Trägerhöhe, an die Wand angelegt werden müssen, um sie auszusteifen und gegen Ausknicken zu sichern. Der Holzaufwand bei diesen Trägern ist ein sehr bedeutender und werden dieselben deshalb heute nur selten und nur für kleinere Spannweiten, wie für leichte Brücken (Fußgängerstege usw.) verwendet. Werden die Schrägbohlen des Townschen Trägers ganz dicht zusammengerückt, so entsteht ein vollwandiger Holzträger, der mitunter für kleine Wasserleitungsbrücken, aber auch in anderen Fällen, wo der Holzaufwand keine Rolle spielt, z. B. bei Kriegsbrücken, Anwendung gefunden hat.

In einem engmaschigen Townschen Gitterträger kommt auf eine einzelne Strebe nur eine geringe Kraft und es reicht daher hier die Verbindung durch Nägel oder Schraubenbolzen in den Knotenpunkten noch aus. Bei einem weitmaschigen Netz hingegen müssen nicht nur die einzelnen Streben des Gitterwerkes durch stärkere Balken ersetzt, sondern es muß auch eine zuverlässigere Verbindung mit den Gurtbalken geschaffen werden.

Die einfachen großmaschigen hölzernen Fachwerke haben den Übelstand, daß bei nicht ganz genauer Ausführung, insbesondere aber durch das unvermeidliche Schwinden des Holzes größere Formänderungen entstehen, welche eine bleibende und allmählich zunehmende Durchbiegung des Trägers zur Folge haben. Man muß daher diesen Trägern bei der Ausführung eine entsprechende Sprengung geben; bei manchen Ausführungen wird auch durch Nachtreiben von Keilen unter den Zugstreben ein besseres Zusammenpassen der Teile erzielt. Jedenfalls erfordern aber auch solche nachstellbare einfache oder mehrteilige Fachwerke eine sorgfältige Anarbeitung, da sonst durch das Nachkeilen leicht örtliche Formänderungen, Biegebeanspruchungen der Gurtbalken usw., hervorgerufen werden können und ein vollkommener Schluß der Teile nicht unter allen Umständen zu erreichen ist. In dieser Hinsicht bietet für die Ausführung das standunbestimmte Fachwerk mit gekreuzten und lotrechten Füllstäben, auch Doppelfachwerk genannt, das eine künstliche Anspannung zuläßt, größere Vorteile. Ein derartiges Fachwerk gelangt bei den Bauweisen von Long und Howe zur Verwendung.

Die heute veralteten und kaum mehr angewandten Longschen Träger zeigen zwei verschiedene Ausführungsarten. Bei der einen (Abb. 174a) sind in ein Strebenfachwerk lotrechte Pfosten eingesetzt, in welche durch Keile ein Druck gebracht wird, der gleichzeitig in den Streben Zug erzeugt; bei der anderen, verbesserten

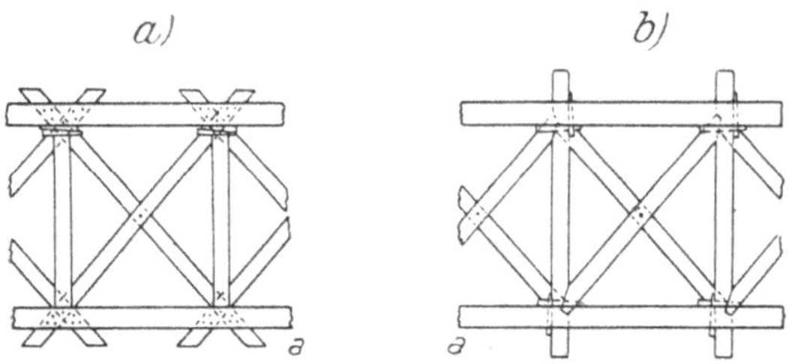

Abb. 174

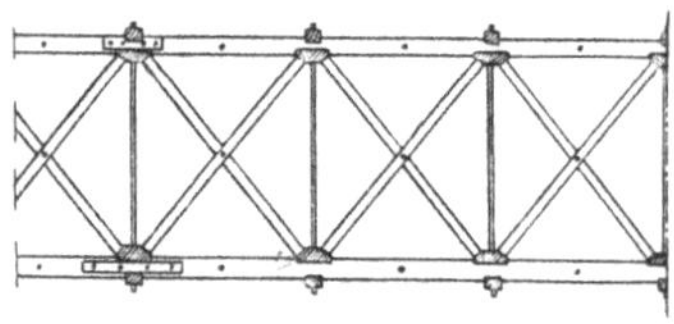

Abb. 175

Ausführungsart (Abb. 174b) liegen die Keile unterhalb des Strebenfußes; hiedurch wird in den Streben Druck hervorgerufen, während die lotrechten Pfosten gezogen werden. Das Ankeilen muß so stark vorgenommen werden, daß die Streben auch unter der Belastung nicht locker werden.

Die Träger nach Howe (Abb. 175) entsprechen in ihrer Wirkungsweise der verbesserten Ausführungsart von Long. Die lotrechten hölzernen Hängesäulen werden aber hier durch eiserne, zum Anspannen eingerichtete Zugstangen ersetzt, wodurch sich die Einzelheiten der Ausführung unter Vermeidung schwieriger Zimmererarbeit wesentlich einfacher gestalten lassen. Die Bauart nach Howe ist deshalb auch heute noch die üblichste und beliebteste für hölzerne Fachwerkbrücken.

Da sich die Streben des Howeschen Trägers nur stumpf an die Gurtungen anstemmen, muß in dieselben durch Anspannen der Zugstangen ein Anfangsdruck gebracht werden, der genügend groß ist, um die bei einseitiger Belastung in ihnen auftretenden Zugspannungen vollständig aufzuheben, so daß die Streben nicht locker werden. Die künstliche Anspannung der Zugstangen ist demnach so groß zu machen, daß der durch sie in den Streben erzeugte Druck der durch die Belastung hervorgerufenen größten Streben-Zugspannung gleichkommt.

Außer den Howeschen Gitterträgern, die, wie bereits bemerkt, im Holzbrückenbau noch immer die gebräuchlichste Ausführungsform darstellen, sind noch einige andere Arten hölzerner Fachwerkträger zur Ausführung gekommen, die besondere Knotenpunktausbildungen zeigen. Insbesondere sind hier die in Polen zur Ausführung gekommenen Holzbrücken der Ingenieure Pintowski, Ibjanski und Rychter zu erwähnen.

Die beiden ersten wenden ein Strebenfachwerk, letzterer ein Pfostenfachwerk, ohne künstliche Anspannung und mit Ausschluß von Eisenteilen an. Die Zugstäbe sind als Zangen ausgebildet und mit entsprechend langem Vorkopfe und Keilanordnung versehen.

Diese Bauweisen beschränken zwar den Eisenaufwand auf ein Mindestmaß, erfordern aber dafür mehr Holz und schwierige Zimmererarbeit. Sie werden daher nur dort am Platze sein, wo man mit billigen Holzpreisen und niedrigen Arbeitslöhnen rechnen kann.

Bei den im Hochbau zu Dachbindern, Unterzügen usw. vielfach verwendeten Fachwerkträgern Howescher Bauart (Abb. 176) können die Gegenschrägen im Gegensatz zu den Brückenträgern, da man es hier vorwiegend mit ruhender Belastung zu tun hat, entfallen. Durch den Entfall der Gegenschrägen wird der vorher standunbestimmte Fachwerkträger standbestimmt, so daß seine Berechnung in einfacher Weise erfolgen kann.

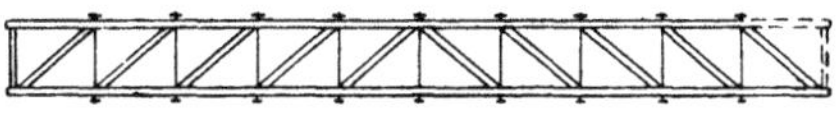

Abb. 176

Im Gegensatz zu den Fachwerkträgern Howescher Bauart, bei welchen grundsätzlich die (aus Rundeisen hergestellten) Pfosten auf Zug, die Schrägen auf Druck beansprucht werden, wird bei den neuen Bauweisen die lange gesuchte Lösung der Aufgabe, auch großen Kräften gewachsene zugsichere Knotenanschlüsse hölzerner Stäbe herzustellen, durch Verwendung besonderer Dübeleinlagen gefunden, mittels welcher entweder sämtliche Füllstäbe oder allein die auf Zug beanspruchten Stäbe an die Gurte angeschlossen werden. Die Vorläufer dieser Dübeleinlagen waren die in Amerika schon vor längerer Zeit im Brückenbau zur Entlastung der Schraubenbolzen verwendeten gußeisernen Scheibendübel, welche beiderseits in die zu verbindenden Hölzer eingelassen und durch einen durchgehenden Schraubenbolzen in das Holz eingepreßt wurden (Abb. 128).

Durch Verwendung der verschiedenartigsten Dübelformen und der durch diese bedingten verschiedenartigsten Knotenpunktverbindungen hat die Herstellung hölzerner Fachwerkträger im Laufe der letzten Jahre zu einer großen Zahl neuer Bauweisen geführt, deren erfolgreiche Verwendung bei zahlreichen Ausführungen für die Entwicklung des Ingenieurholzbaues und seine Heranziehung selbst zu den schwierigsten Bauaufgaben von entscheidender Bedeutung gewesen ist.

2. Das Stabnetz

Die Berechnung der Fachwerkträger beruht bekanntlich auf der Verwendung eines Liniennetzes für das Stabgebilde. Die einzelnen Linien desselben stellen die Schwerachsen der Stäbe dar, in denen die Stabkräfte wirken, und schneiden sich im allgemeinen genau in den Knotenpunkten des Fachwerkes (Abb. 177a). Die in den einzelnen Knotenpunkten wirkenden Kräfte sind im Gleichgewicht, d. h., die wagrechten wie die lotrechten Mittelkräfte heben sich auf.

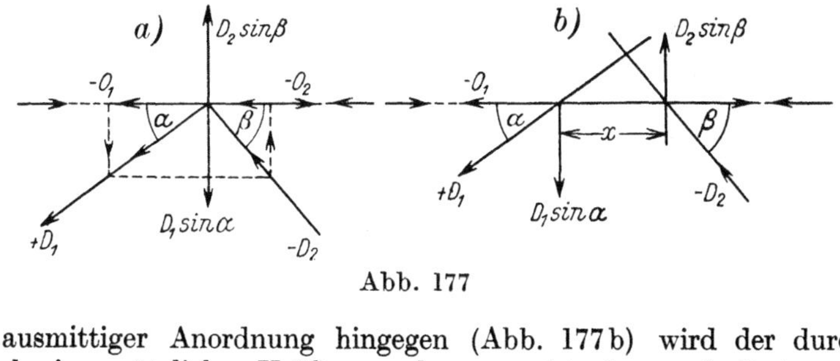

Abb. 177

Bei ausmittiger Anordnung hingegen (Abb. 177b) wird der durchgehende Gurt durch ein zusätzliches Kräftepaar beansprucht, dessen Auftreten eine mehr oder weniger erhebliche Vergrößerung der inneren Kräfte zur Folge hat.

In dem in Abb. 178b dargestellten Falle beispielsweise entfällt auf den Gurtbalken ein Biegemoment $M = H \cdot z$, — (das bei mittigem Anschluß (Abb. 178a) durch das Gegenmoment $[V \cdot x]$ aufgehoben wird) — und es ergibt sich in ersterem Falle bei einem Widerstandsmoment W des Gurtquerschnitts eine Zusatzspannung des Gurtes $\sigma = \frac{H \cdot z}{W}$, wobei $H =$ der größten Strebenkraft mal sin α ist.

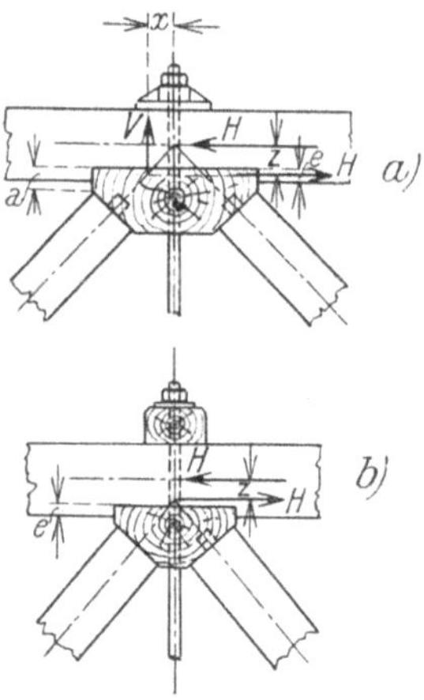

Abb. 178

Bei einer Anordnung nach Abb. 177b tritt für den durchgehenden Gurt ein Kräftepaar $D_1 \cdot \sin\alpha$, $D_2 \cdot \sin\beta$ mit dem Hebelarme x auf.

Bei der Ausbildung der Knotenpunkte ist angenommen, daß die einzelnen Stäbe miteinander drehbar verbunden sind und Formänderungen des Stabgebildes leicht vor sich gehen können.

Bei hölzernen Fachwerkträgern werden Ober- wie Untergurt fast durchwegs durchlaufend ausgebildet und die Füllstäbe an dieselben gelenkartig angeschlossen. Infolge der durchlaufenden Gurte treten bei Durchbiegungen bzw. Verschiebungen der Knotenpunkte weitere zusätzliche Beanspruchungen auf, desgleichen bedingt die Flächenlagerung der Füllstäbe geringe Zusatzspannungen.

Betreffs der Berechnung von Fachwerken mit durchlaufendem Ober- und Untergurt vgl. Müller-Breslau, Graphische Statik, Bd. II, 2. Abteilung. In genanntem Werke nimmt Müller-Breslau bei Berechnung eines eisernen Fachwerkträgers mit gleichlaufenden Gurten einen Zuschlag von 15 v. H. für Zusatzspannungen an.

3. Die Wahl der Trägerform[11*])

Im folgenden sollen einige für die Wahl der Trägerform wichtige Gesichtspunkte näher besprochen werden:

Untergurt: Es erweist sich im allgemeinen nicht empfehlenswert, verschiedene Trägerformen des Eisenbaues, wie z. B. den Polonceau-Dachbinder mit gesprengtem Untergurt, ohne weiteres auf den Holzbau zu übertragen. Die unter einem Winkel zueinander verlaufenden Gurtstäbe können ohne besondere Vorkehrungen nicht einfach mittels Laschen verbunden werden, da sich der Winkel zu strecken sucht und dabei in den Laschen Spannungen hervorgerufen werden, denen ein unhomogener Baustoff wie Holz nicht gewachsen ist. Ist der Winkel, den die zu verbindenden Zugstäbe miteinander bilden, groß, so ergeben sich sehr breite Holzlaschen, die von Anfang an sehr stark der Gefahr, Schwindrisse zu erhalten, ausgesetzt sind. Soll ein derartiger Knotenpunkt einwandfrei ausgebildet werden, so müssen alle unter einem Winkel beanspruchten Laschen mindestens an diejenigen Füllstäbe angeschlossen werden, die die wirkenden Gurtkräfte zum Gleichgewicht ergänzen. Selbst dann sind die Laschen noch reichlich zu bemessen und am besten in Hartholz auszuführen.

Obergurt: Auch beim Obergurt empfiehlt es sich, die Zahl der Knicke sowohl wegen der sonst unvermeidlichen örtlichen Verschiebungen als wegen der umständlichen Sicherung der Druckstöße beim Aufziehen möglichst einzuschränken. Parabelbinder erweisen sich aus diesem Grunde, wenn sie nicht mit durchlaufenden gebogenen Gurtungen ausgeführt werden, als wenig vorteilhaft; ein weiterer Nachteil dieser Binder besteht darin, daß bei denselben sämtliche Füllstäbe Wechselspannungen erhalten, wenn einseitige Belastung durch Wind und Schnee in Betracht gezogen wird.

Knotenpunktanschlüsse: Diese gestalten sich am einfachsten, wenn von den in einem Knotenpunkt angeschlossenen Füllstäben ein Teil ausschließlich auf Druck beansprucht wird, da dann die Druckkraft ohne eigentliche Verbindungsmittel durch unmittelbares Aufsetzen der Endflächen auf die Gurthölzer übertragen werden kann.

Trägerhöhe: Von Wichtigkeit ist es, zu beachten, daß sich bei sehr geringen Trägerhöhen wesentliche zusätzliche Durchbiegungen infolge Schwinderscheinungen und Knotenpunktsverschiebungen ergeben können, wenn bei der Durchbildung der Knotenpunkte nicht besonderes Augenmerk auf den Erhalt möglichst unnachgiebiger Anschlüsse gelenkt wird. So führt Seitz das Beispiel eines Satteldachbinders von 20 m Stützweite mit einer Neigung des Obergurtes von 1:7 an, bei welchem schon vor Aufbringung des ganzen Eigengewichtes derart starke Durchbiegungen auftraten, daß unmittelbare Einsturzgefahr drohte.

4. Die Querschnittsbemessung der Fachwerkstäbe[11*])

Wahl der Stabquerschnitte. Mit Rücksicht auf Zufälligkeiten beim Verladen, der Verfrachtung und beim Aufstellen von hölzernen Tragwerken sind Stabquerschnitte von weniger als 60 cm² möglichst zu vermeiden. Auch Blindstäbe und Einzelquerschnitte zusammengesetzter Stäbe sollten keine wesentlich geringeren Abmessungen erhalten. Die Ausführungsbestimmungen der Reichsbahndirektion Stuttgart sehen als Mindestmaß einen Stabquerschnitt von 36 cm² vor und verlangen gleichzeitig für eingliedrige Stäbe, daß die kleinste Querschnittsabmessung $^1/_{50}$ der Stablänge nicht überschreitet.

Da dünne, dielenmäßige Holzabmessungen erfahrungsgemäß häufig durch Trockenrisse in ihrer Tragfähigkeit beeinträchtigt werden und sich leicht werfen, wodurch die Wirkung der Verbindungsmittel unter Umständen in Frage gestellt werden kann, empfiehlt es sich überhaupt, Holzstärken unter 6 cm zu vermeiden und Querschnitte mit Seitenverhältnissen 1:1 bis 1:3 zu bevorzugen. Querschnitte mit einer größeren Höhe als 30 cm sind möglichst zu vermeiden, da dieselben zur Herstellung sehr hochwertiges Rundholz benötigen und bei geringerer Stärke zu Schwindrissen neigen.

Zugstäbe. Bei der Querschnittsbemessung von Zugstäben müssen selbstverständlich die Verschwächungen durch die Verbindungsmittel in Abzug gebracht werden, wobei bezüglich der Ermittlung des Nutzquerschnittes und der in Rechnung zu stellenden Verschwächungen folgendes zu beachten ist:

Bei einem Verschwächungsbild, wie beispielsweise dem in Abb. 179 dargestellten, tritt der Bruch meist in der Weise ein, daß etwa auf den Strecken *a—b*, *c—d* und *e—k* die Zugfestigkeit, auf der Strecke *d* bis *g* die Scherfestigkeit überwunden wird. Der Bruch wird erst dann von *d* nach *h* eintreten, wenn die Scherfestigkeit längs *d—g* größer als die Zugfestigkeit eines Querschnittes von der Größe der Verschwächung *g—e* ist. Entsprechend dem Verhältnis dieser zwei Festigkeiten muß also die abzuscherende Fläche 8 bis 10 mal größer sein als die eine Verschwächung, falls der Abzug nur einer Verschwächung ausreichen soll.

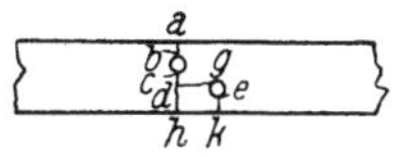

Abb. 179

Bei mehrteiligen Zugstäben ist zu beachten, daß der Bruch in jedem Stabteil an anderer Stelle erfolgen kann, daß also in der Längsrichtung gegeneinander versetzte Verschwächungen trotzdem wie in einem Querschnitt liegend behandelt werden müssen. Auch zufällige Verschwächungen, wie Äste, können in dieser Weise wirken, so daß im allgemeinen ein einteiliger Querschnitt höhere Sicherheit bietet als ein aus demselben Holz durch Unterteilung gewonnener mehrteiliger Stab gleichen Querschnittes (Abb. 180a und b). Durch Zufälligkeiten besonders stark gefährdet sind Zugstäbe von kleiner Querschnittsfläche, die deshalb reichlicher bemessen werden müssen. Dies kann dadurch erreicht werden, daß, abgesehen von sonstigen Verschwächungen, bei Zugstäben überall ein weiterer ständiger Abzug in angemessener Höhe — etwa 20 cm² — für Äste, Verwachsungen usw. vorgenommen wird. Bei gegliederten Stäben muß dieser Abzug an jedem Einzelquerschnitt vorgesehen werden.

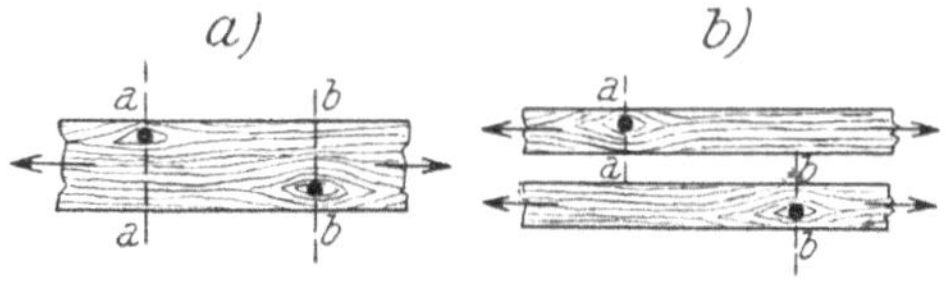

Abb. 180

Beim Einbau hölzerner Zugstäbe ist zu beachten, daß die Herzseite derselben nach außen zu liegen kommt, damit weder etwaige Dübeleinlagen noch die Stellen stärksten Leibungsdruckes der Bolzen ins Herzholz zu liegen kommen.

Einfache Druckstäbe. Die Wahl der Querschnitte von Druckstäben wird durch die zulässige Druckspannung und die Knickgefahr bestimmt.

Der Abzug etwaiger Querschnittsverschwächungen ist in solchen Fällen am Platze, wo die verschwächte Stelle nicht durch anderes Material satt ausgefüllt ist, oder wo das auszufüllende Material leichter zusammendrückbar ist als das Holz des Stabes selbst, z. B. bei senkrecht zur Faser verlaufenden Holzeinlagen.

Knickung

Preußische „Bestimmungen über die bei Hochbauten usw.“:

„Bei der Berechnung von Baugliedern aus Eisen oder Holz, die der Gefahr des Knickens unterworfen sind, ist nachzuweisen, daß der nach der zweiten Eulerformel berechnete Sicherheitsgrad den im folgenden gestellten Anforderungen entspricht. Die Anwendung anderer Berechnungsarten soll nicht ausgeschlossen sein, doch bedarf es daneben des Nachweises der Knicksicherheit nach der Eulerschen Formel.

Überschreitet die nach der Eulergleichung sich ergebende sogenannte Knickspannung $\sigma_k = \frac{\pi^2 \cdot E \cdot J}{l^2 \cdot F}$, worin E das Dehnmaß des Baustoffes, l die Länge, F den Querschnitt und J das Trägheitsmoment des Stabes bedeuten, die Verhältnisgrenze des Baustoffes, so verliert die Formel ihre Geltung, da das Verhältnis $\frac{\text{Spannung}}{\text{Dehnung}}$, das unterhalb der Verhältnisgrenze durch den in der Gleichung enthaltenen Festwert E dargestellt wird, dann veränderliche Werte annimmt.

Überschreitet bei druckbeanspruchten Bauteilen die nach der Eulergleichung sich ergebende Knickspannung wesentlich die Verhältnisgrenze, so ist eine Nachprüfung der Knicksicherheit nach einem anderen Verfahren zu empfehlen und in wichtigen Fällen zu verlangen. Die im folgenden gegebenen Regeln beschränken sich auf die Anwendung der Eulergleichung.

Bei der Berechnung der Knickfestigkeit eines Stabes hat als Knicklänge seine z. B. aus dem Liniennetz eines Fachwerkes zu entnehmende volle Länge zu gelten, wobei eine etwaige Einspannung unberücksichtigt bleibt.

Stehen Stützen in mehreren Stockwerken übereinander und werden sie durch anschließende Deckenträger unverrückbar gehalten, so ist die Geschoßhöhe als Knicklänge anzunehmen.

Bei der Berechnung der Knicksicherheit sind mit besonderer Sorgfalt alle in Betracht kommenden Belastungsfälle zu untersuchen. Dabei dürfen, wenn nur mittig wirkende Belastung angenommen wird und die Knicksicherheit nur eben den vorgeschriebenen Mindestwert erreicht, die unteren Werte der zulässigen Spannungen nicht überschritten werden.

Liegt neben Knickung exzentrischer oder quer gerichteter Kraftangriff vor oder ist bei einer Stütze die Möglichkeit vorhanden, daß sie einem solchen ausgesetzt wird (z. B. in Fabriken und Lagerhäusern), so hat die Untersuchung der Standfestigkeit sich auch auf die hiebei eintretenden größten Kantenpressungen zu erstrecken. Nur unter dieser Voraussetzung dürfen die unteren Werte der Spannungszahlen überschritten werden. In besonders wichtigen Fällen kann verlangt werden, daß bei der Ermittlung der infolge von exzentrisch oder quer gerichteten Kraftangriffen eintretenden Beanspruchungen das Maß der Ausbiegung berechnet und als Hebelsarm der Längskraft eingeführt, bzw. dem Hebelsarm der exzentrisch wirkenden Längskraft zugerechnet, oder daß statt dessen das Angriffsmoment um den Wert $\frac{P \cdot l}{200}$ vermehrt wird, wobei P die Längskraft bedeutet.

Stützen und gedrückte Bauglieder müssen nach der Eulerschen Formel mit $E = 100.000$ kg/cm^2 eine sieben- bis zehnfache Knicksicherheit besitzen ($J_{min} = 70\, P \cdot l^2$ bis $100\, P \cdot l^2$). Die untere Grenze von J gilt aber nur für Bauten zu vorübergehenden Zwecken."

Nach einem Rundschreiben des preußischen Ministeriums für Volkswohlfahrt vom 21. April 1922 an die Baupolizeiämter wird bei Knickuntersuchungen nach Tetmajer die Forderung einer $2^1/_2$fachen Sicherheit als ausreichend erachtet.

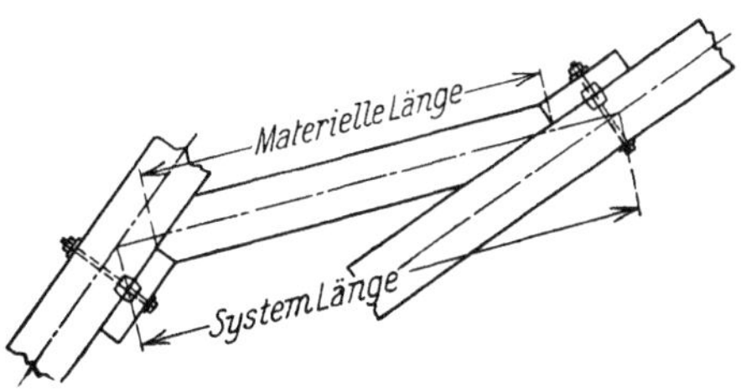

Abb. 181

Bei Ermittlung des vorhandenen Trägheitsmoments werden Querschnittsverschwächungen, soweit sich diese nicht über eine größere Länge erstrecken, vernachlässigt, da sie dann auf die Formänderungen des Stabes ohne Einfluß sind.

Die in die Rechnung einzuführende Knicklänge (vgl. Abb. 181) ist bei Holz vorsichtig zu wählen. Eine Verringerung derselben bei über mehrere Felder durchlaufenden Stäben (die sächsischen Baupolizeibestimmungen lassen beispielsweise in diesem Fall eine Verringerung der Knicklänge auf $^9/_{10}$ der Stabnetzlänge zu) erscheint nur dann gerechtfertigt, wenn die Knickfestigkeit in den angrenzenden Feldern wenig ausgenützt ist, so daß letztere tatsächlich aussteifend wirken. Bei der Wahl der in der Berechnung zu berücksichtigenden ungünstigsten Knickrichtung ist auf etwa vorhandene Zwischenfestpunkte des Stabes zu achten, durch welche unter Umständen das Ausknicken gerade in der ungünstigeren Richtung verhindert werden kann.

Betreffs der Querschnittsbemessung wird auf die im ersten Abschnitt — auch für den Fall zusammengesetzter Knickfestigkeit — gegebenen ausführlichen Erläuterungen verwiesen.

Gegliederte Druckstäbe[11*]). Die Berechnung gegliederter Druckstäbe erfolgt zumeist in der Weise, daß dieselben für eine gegebene Belastung P wie einteilige Querschnitte auf Knickung berechnet werden und nach Ermittlung der erforderlichen Querschnittsabmessungen lediglich noch untersucht wird, auf welche Länge der Einzelstab um seine freie Achse $x—x$ (Abb. 182) knicksicher ist, wenn er mit demjenigen Teil der Gesamtkraft belastet wird, der auf ihn nach seinem Anteil am Gesamtquerschnitt entfällt. Entsprechend dem Ergebnis wird dann die ganze Stablänge durch Anordnung von Zwischenhölzern so unterteilt, daß die zulässige Knicklänge des Einzelstabes nicht überschritten wird.

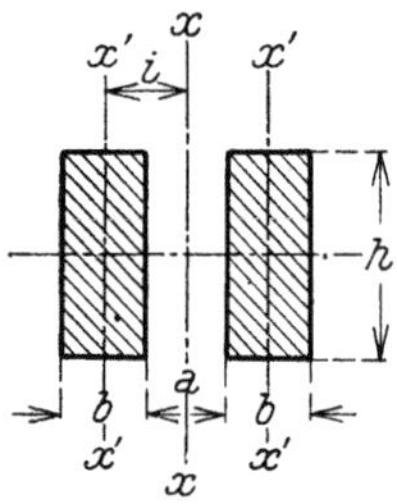

Abb. 182

Die Knickfestigkeit eines gegliederten Stabes ist aber in Wirklichkeit geringer als die eines Vollwandstabes von gleichem Trägheitsmoment. Insbesondere wird der Lastanteil P_1, welcher dem Einzelstab nach seinem Anteil am Gesamtquerschnitt zukäme, in Wirklichkeit erheblich größer.

Derselbe kann für einen aus zwei gleichen Querschnitten zusammengesetzten Stab aus der Beziehung ermittelt werden:

$$P_1 = \alpha \cdot \frac{1}{2} P \tag{1}$$

und bei einem aus einer Anzahl von Einzelquerschnitten $F_1 + F_2 + \ldots = F$ zusammengesetzten Stab für den äußersten Einzelstab mit dem Querschnitt F_1 aus:

$$P_1 = \alpha \cdot \frac{F_1}{F} P, \tag{2}$$

wobei die Abminderungswerte α der Zusammenstellung auf Seite 15 zu entnehmen sind. Bei Bestimmung der Werte α ist zu beachten, daß die Verhältniszahlen $\frac{l}{i}$ auf den Gesamtquerschnitt zu beziehen sind.

Die Gleichungen (1) und (2) gelten streng genommen nur für den Bereich der Tetmajer-Formel, — das heißt für $\frac{l}{i} \gtrless 100$ — können jedoch näherungsweise auch über diese Grenze hinaus verwendet werden.

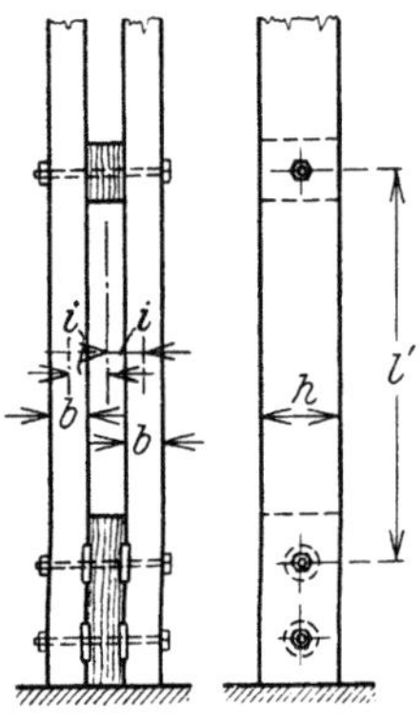

Abb. 183

Einfluß der Querkräfte. Schubfeste Ausbildung der Enden gegliederter Druckstäbe. Entsprechend dem Verlauf der Schubspannungen in einem auf Biegung beanspruchten Balken treten die größten Schubkräfte an den Enden des Stabes auf (Abb. 183), weshalb gerade dort eine sichere Verbindung am nötigsten ist. Zwischenhölzer in der Stabmitte werden beim Ausknicken überhaupt nicht beanspruchen, sondern haben lediglich den Zweck, dafür zu sorgen, daß die Einzelstäbe gleichzeitig und in der gleichen Richtung ausknicken.

Unter der Bruchbelastung Q, welche $Q = 6{,}1 \frac{W}{i}$ und für einen aus zwei gleichen Querschnitten zusammengesetzten Stab $Q = 6{,}1\,F$ gesetzt werden kann, berechnet sich die an den Stabenden auftretende Schubkraft zu

$$T = Q \cdot \frac{S}{J} \cdot l'. \tag{3}$$

In dieser Gleichung bedeuten:

S ... das Standmoment eines Stabquerschnittes in bezug auf die Schwerlinie,
J ... das Trägheitsmoment des Gesamtquerschnittes,
l' ... den Abstand bis zum nächsten Zwischenholz.

Für einen aus zwei gleichen Querschnitten zusammengesetzten Stab ergibt sich die im Falle der Bruchlast eintretende Schubkraft zu

$$T = 3{,}05\,F \cdot \frac{l'}{i}. \tag{4}$$

Soll der gegliederte Stab für Knickung um die freie Achse x—x die volle dem gewählten Querschnitt entsprechende Tragfähigkeit erhalten, so muß gleichzeitig auch die Verbindung der einzelnen Stabglieder am Stabende eine derart sichere sein (unter Umständen Anschluß der Zwischenhölzer an die Einzelstäbe mit Dübeln), daß dieselben in der Lage sind, die berechnete Schubkraft T aufzunehmen. Kann die Knickfestigkeit um die freie Achse nicht ausgenützt werden, weil der Stab vorher um die Materialachse ausknicken würde, so kann die Schubkraft T im gleichen Verhältnis abgemindert werden, in dem die zulässige Knickbelastung des Stabes zur rechnungsmäßig vorhandenen Last steht.

Beispiel: Stabkraft $P = 18000$ kg, Knicklänge $l = 500$ cm; Querschnitt $2 \times {}^8/_{28}$, Abstand $a = 12$ cm, $i = 10$ cm; ${}_{zul}\sigma_d = 70$ kg/cm².

a) Knickung des zusammengesetzten Stabes:

$$\frac{l}{i} = 50, \quad \eta = 0{,}7, \quad \alpha = 1{,}43,$$

$$\sigma_k = \frac{18000}{2 \cdot 8 \cdot 28} \cdot 1{,}43 = 57{,}5 \text{ kg/cm}^2.$$

b) Knickung des Einzelstabes:

Abstand der Zwischenhölzer $l' = 75$ cm, $i' = 2{,}31$ cm.

$$P_1 = 1{,}43 \cdot \frac{18000}{2} = 12900 \text{ kg},$$

$$\frac{l'}{i'} = 32{,}5; \quad \eta = 0{,}82; \quad \alpha = 1{,}22;$$

$$\sigma_k = \frac{12900}{8 \cdot 28} \cdot 1{,}22 = 70 \text{ kg/cm}^2.$$

Zulässige Knickbelastung des zusammengesetzten Stabes:

$${}_{zul}P_k = 0{,}7 \cdot 70 \cdot (2 \times 8 \times 28) = 22000 \text{ kg}.$$

c) Größte Schubkraft am Stabende:

$$T = 3{,}05 \cdot \frac{2 \times 8 \times 28}{10} \cdot 75 = 10300 \text{ kg};$$

$\frac{P}{P_k} = \frac{18000}{22000} = 0{,}82$, daher abgeminderte Schubkraft

$$T' = 0{,}82 \cdot 10300 = \backsim 8450 \text{ kg}.$$

Diese Schubkraft muß an den Stabenden durch geeignete Maßnahmen aufgenommen werden.

Zugstöße. Zugstoßverbindungen durch gegenseitige Versatzungen der Hölzer (Abb. 184) sind wegen der Schwierigkeit genauer Anarbeitung und ihres infolgedessen nur geringen Wirkungsgrades nicht zu empfehlen. Eine andere Stoßverbindung stellt die Verdübelung mit Holzlaschen und Hartholzdübeln dar (Abb. 185).

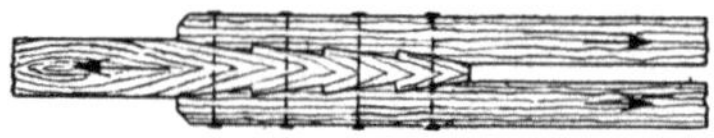

Abb. 184

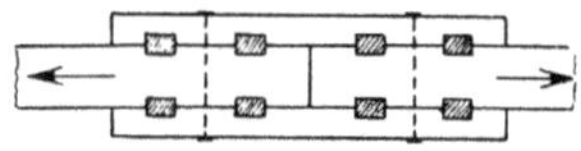

Abb. 185

Die Verbindung wird durch schwache Bolzen zusammengehalten. Die Dübel können etwas Anlauf erhalten, so daß sie nachgetrieben werden können, falls Lockerung infolge Schwindens eintritt.

Eisenlaschen mit Flacheisendübeln. Sehr empfehlenswert sowohl wegen ihres günstigen Wirkungsgrades als wegen ihres gegenüber den plump wirkenden Holzlaschen wesentlich gefälligeren Aussehens ist die Stoßverbindung mit Eisenlaschen und geraden oder U-förmig abgebogenen Flacheisendübeln (Abb. 186), bei welcher die Zugkraft der Hölzer mittels der Flacheisendübel und der durch sie hindurchgehenden Schraubenbolzen auf die Laschen übertragen wird. Die Bolzen werden im vorliegenden Falle nur auf Abscheren beansprucht.

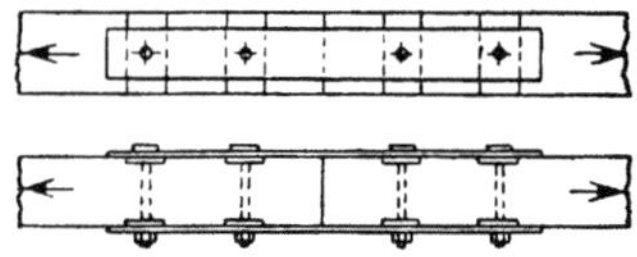

Abb. 186

Beispiel: Die zu übertragende Zugkraft betrage $Z = 18\,t$, der Querschnitt der zu stoßenden Hölzer $^{14}/_{18}$. Werden die Flacheisendübel 2,5 cm tief eingelassen und beträgt die zulässige Druckbeanspruchung des Holzes || zur Faser $_d\sigma_{zul} = 60$ kg/cm², so ergibt sich die erforderliche Anzahl Dübelpaare (n) auf jeder Seite des Stoßes zu

$$2\,n\,(2{,}5\cdot 18\cdot 60) = 18000,$$

$$n = \frac{18000}{5400} = \sim 4.$$

Ihr Abstand e ergibt sich aus der Scherfestigkeit des Zwischenstückes. Nimmt man die Dübelbreite mit 7 cm, $\tau_{zul} = 10$ kg/cm² an, so muß sein

$$8\cdot 18\cdot 10\cdot e = 18000 \quad \text{und hieraus } e = 12{,}5 \text{ cm}.$$

Der Abstand der Dübel von Mitte zu Mitte beträgt somit 19,5 cm, von der Stoßfuge 16,0 cm.

Holzlaschen mit Dübeln. Zur Herstellung von Stoßverbindungen mittels Holzlaschen und Dübeln dienen in neuerer Zeit vorzugsweise die in Abschnitt III B behandelten verschiedenen Verbindungsmittel, deren Berechnung bereits besprochen wurde. Mit Rücksicht auf die hohe Beanspruchung der Holzlaschen empfiehlt es sich, die Breite derselben mit mindestens $^2/_3$ der Breite der gestoßenen Hölzer anzunehmen.

Mindestschraubenstärke. Als Mindestschraubenstärke für Holzverbindungen ist $^1/_2''$ anzusehen, in welcher Stärke die nur als Heftschrauben angesehenen Bolzen bei Dübelverbindungen fast überall ausgeführt werden. Wo Schraubenbolzen als rechnungsmäßig tragende Bauteile angeordnet sind, ist ihre Stärke durch die Berechnung zu bestimmen.

Abmessungen der Unterlagscheiben. Bei allen Schraubenbolzenverbindungen erweist sich die Verwendung kräftiger Unterlagscheiben als zweckmäßig, bei deren Verwendung beim Lösen eines Tragwerkteiles nach Überschreiten des zulässigen Lochleibungsdruckes und des Reibungswiderstandes erst noch eine weitere Zerstörung der Faserteile im Bereich der Mutter und Unterlagscheiben eintreten muß.

Als Mindestmaße für die Unterlagscheiben schreibt die Reichsbahndirektion Stuttgart eine Seitenlänge bzw. einen Durchmesser = dem vierfachen Bolzendurchmesser und eine Stärke von 4 bis 6 mm vor, Abmessungen, die sich bei einer Reihe umfangreicher Bauten gut bewährt haben.

Federringe. Vielfach wird empfohlen, die Schraubenbolzen mit Federringen oder Federplatten auszustatten, wodurch ein dauernd sattes Aneinanderliegen der zu verbindenden Hölzer gewährleistet werden soll. Eine Reihe von Beobachtungen der letzten Jahre hat die Wertlosigkeit der Federringe erwiesen, so daß dieselben heute fast nirgends mehr Anwendung finden.

Nachziehen der Schrauben. Um den Zusammenhalt der Holzverbindung sicherzustellen, muß dafür gesorgt werden, daß die Bolzen von Zeit zu Zeit nachgezogen werden, da im Laufe der Zeit eine Lockerung der Verbindung eintritt. Dies gilt insbesondere für die Heftschrauben der Holzverbindungen mit dübelartigen Einlagen. Bei Lockerung der Heftschrauben tritt ein Kanten der Einlagen ein, so daß eine Lockerung hier weit schädlicher als bei Tragbolzen und den ihnen verwandten Rohrdübeln wirkt, bei denen das Verbindungsmittel in einem Stück durch die zu verbindenden Hölzer geht.

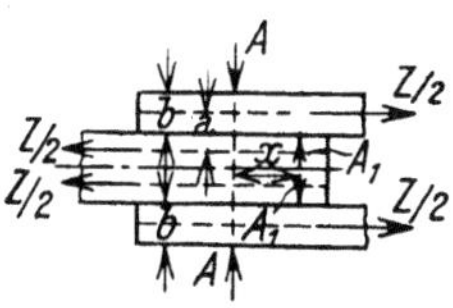

Abb. 187

Berechnung der Laschen. Bei einer Zugstoßverbindung mit beiderseitigen Laschen treten infolge ausmittigen Kraftangriffes Zusatzbeanspruchungen auf. Die in der Achse der gestoßenen Hölzer wirkende Kraft Z ist infolge der beiderseits angeordneten Laschen genötigt, sich an der Übertragungsstelle in die Achsen der Laschen zu verschieben. Jede Lasche hat eine Kraft $P = \frac{Z}{2}$ aufzunehmen (Abb. 187). Denkt man sich die von der Lasche zu übertragende Kraft $\frac{Z}{2}$ in der Übertragungsstelle, das heißt, in der Fuge wirkend, so kommt für die Querschnittsbemessung der Lasche außer der Kraft $\frac{Z}{2}$ noch ein zusätzliches Drehmoment $M_d = \frac{Z}{2} \cdot \frac{b}{2}$ in Frage, wobei b die Stärke der Lasche bezeichnet.

Die tatsächlichen Beanspruchungen berechnen sich daher zu

$$\sigma = \frac{N}{F} \pm \frac{M}{W} = \frac{\frac{1}{2} Z}{b \cdot h} (1 \pm 3)$$

und nicht, wie meist angenommen wird, zu $\sigma = \frac{\frac{1}{2} Z}{b \cdot h}$.

Die Aufnahme der Drehmomente M_d durch ein in der Achsrichtung der Schraubenbolzen wirkendes Kräftepaar $A\ A_1$ mit dem Abstand x kann aus dem Grunde nicht in Berücksichtigung gezogen werden, weil die Schraubenbolzen nur insolange die auf sie infolge der Drehmomente entfallenden Zugkräfte aufnehmen können, als sie satt angezogen sind, eine Voraussetzung, die infolge des unvermeidlichen Schwindens der Hölzer bereits kurze Zeit nach Herstellung der Verbindung nicht mehr zutreffen wird.

Bis zu einem gewissen Grad hängen die in den Laschen sowie in den durch sie zu verbindenden Holzteilen auftretenden Spannungen auch von der Form und Größe des verwendeten Verbindungsmittels ab, was aus den bereits im Abschnitt III B bei den Verbindungsmitteln durchgeführten Rechnungsbeispielen hervorgeht.

Druckstöße. Gedrückte Bauglieder in Holz werden in einfacher Weise dadurch gestoßen, daß man die Kraftübertragung von Hirnholzfläche zu Hirnholzfläche unmittelbar vor sich gehen läßt und nur die notwendigen Vorkehrungen trifft, um eine Verschiebung der Hölzer aus ihrer planmäßigen Lage zu verhindern.

Ist die Stoßstelle, die im übrigen womöglich in nächster Nähe eines Knotenpunktes angeordnet werden soll, gegen seitliches Ausweichen gesichert, so wird es oft genügen, in den Stoßflächen einfach Dollen anzuordnen.

Die Anordnung von Laschen dient lediglich dazu, die zu verbindenden Hölzer in ihrer gegenseitigen Lage festzuhalten. Starke Verlaschungen mit Bolzen und Dübeln sind nur dort zu verwenden, wo nicht allein Druckkräfte zu übertragen sind, sondern auch das sonst vorhandene Trägheitsmoment nicht verringert werden darf.

Die vielfach verbreitete Ansicht, daß bei Einbringung von Blecheinlagen zwischen den Hirnflächen eine günstigere Druckverteilung eintritt oder die zulässige Druckbelastung in der Fuge viel höher gewählt werden darf, ist nach den Ergebnissen der diesbezüglich von Trauer und Graf angestellten Versuche als eine irrige zu bezeichnen.

5. Die Durchbiegung von Fachwerkträgern [11*]

Im Gegensatz zum Eisenbau, bei dem die Durchbiegungen rechnerisch mit Hilfe der allgemein gebräuchlichen Verfahren vorausbestimmt werden können, liefern letztere in der bisherigen Weise auf den Holzbau angewandt, keine zuverlässigen Werte. Die Formänderung und die durch diese verursachte Durchbiegung der hölzernen Fachwerkträger hängen nämlich bekanntlich nicht wie beim Eisenfachwerk allein von den durch die Federung des Materiales und durch die Wärmeschwankungen bewirkten Längenänderungen der Fachwerkstäbe, sondern in viel höherem Maße vom Schwindmaß der Hölzer sowie von den Verschiebungen in den Stabanschlüssen ab.

Die Längenänderungen infolge der Federwirkung des Materials können bei eisernen Fachwerkträgern mit etwa 0,05 v. H., bei hölzernen Fachwerkträgern mit etwa 0,06 v. H. angenommen werden. Die sich aus den Formänderungen der Stäbe infolge Federung berechnenden Durchbiegungen sind demnach bei hölzernen Fachwerkträgern nicht viel größer als bei eisernen.

Der Einfluß von Wärmeschwankungen kann im Hinblick auf die geringe Ausdehnungszahl des Holzes (3.10^{-6} bis 7.10^{-6}) durchwegs vernachlässigt werden.

Als Maß für das Schwinden des Holzes senkrecht zur Faser empfiehlt Seitz auf Grund von Versuchsergebnissen einen Durchschnittswert von etwa 4 v. H. anzunehmen. Für die Untersuchung des Einflusses des Schwindens auf eine bestimmte Einzelheit eines Tragwerkes, z. B. die Gewindelänge einer Schraube, die entsprechend dem Schwinden nachgezogen werden muß, empfiehlt Seitz die Annahme eines entsprechend höheren Schwindmaßes, etwa 6 v. H.

Der Einfluß des Schwindens senkrecht zur Faser verteilt sich nicht gleichmäßig über die Länge der Fachwerkstäbe, sondern tritt ausschließlich an den Anschlußpunkten auf, von deren Ausbildungsart seine Größe in erster Linie abhängig ist.

Beispiel: Auflagerknotenpunkt eines Dachbinders (Abb. 188). Stablängen im Liniennetz gemessen: $o_1 = 2500$ mm, $u_1 = 2000$ mm, $v_1 = 1500$ mm: Schwindet das 20 cm hoch angenommene Untergurtholz um 4 v. H., d. h. um 8 mm, so verkürzt sich v_1 um 4 mm, bei einer gleichzeitigen Auflagersenkung um weitere 4 mm, während u_1 unverändert bleibt. Die Stablänge o_1 verkürzt sich um $\backsim$ 2,5 mm, während die Längenänderung infolge Federung bei einer Druckbeanspruchung des Obergurtstabes von 60 kg/cm² nur $\triangle\, l = \frac{l \cdot \sigma_d}{E} = \frac{2500 \cdot 60}{100000} = 1{,}5$ mm beträgt.

Zur Bestimmung der Formänderung eines Fachwerkträgers müssen für jeden Einzelstab die auf obige Weise errechneten Längenänderungen infolge Schwindens den durch die Federung des Materiales entstehenden Längenänderungen zugeschlagen werden.

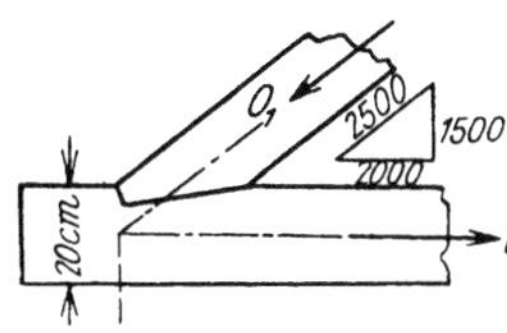

Abb. 188

Die Feststellung des Einflusses von Verschiebungen in den Stabanschlüssen auf die Formänderung eines Fachwerkträgers stößt wegen des derzeit noch sehr lückenhaften Versuchsmateriales auf Schwierigkeiten. Für Hirnholzstöße, Versatzungen, Verzahnungen und andere derartige Verbindungen kann man im Bereich der Gebrauchslast mit zusätzlichen örtlichen Zusammendrückungen von 0,3 bis 0,4 mm rechnen. Bei Druckspannungen senkrecht zur Faser muß bei Annahme eines zulässigen Schwellendruckes von 20 kg/cm² mit einer Einpressung von 1 bis 2 mm, bei einem Schwellendruck von 30 kg/cm² mit einer Einpressung von etwa 2 bis 5 mm gerechnet werden.

In den meisten Fällen wird sich der Einfluß des Schwindens und der Knotenpunktsverschiebung mit etwa 50 bis 150 v. H. des Einflusses der Federwirkung des Materiales ergeben.

Um dem aus den oben angeführten Gründen unvermeidlichen Einsacken Rechnung zu tragen, empfiehlt es sich, Fachwerkbalken mit wagrechtem Untergurt von vornherein eine Sprengung von etwa $^1/_{100}$ bis $^1/_{50}$ der Stützweite zu geben, durch welche Maßnahme gleichzeitig ein leichteres Aussehen des Tragwerkes erzielt wird.

G. Vorläufige Vorschriften der Reichsbahndirektion Stuttgart für Holztragwerke

Holzbeschaffenheit, Holzauswahl, Grundlagen für das Entwerfen und Berechnen, Werkstattarbeit, Aufstellung der Tragwerke, Abnahme, Schutzmittel.

I. Beschaffenheit; Holzauswahl

1. Stammholz. Das Nutzholz muß möglichst fest und dicht, gerade gewachsen, äußerlich gesund und im allgemeinen fehlerfrei sein.

Die Abnahme kann verweigert werden bei Verstockung, Rot- und Weißfäule im Stamm, an den Astansätzen, im Kern oder Splint sowie deren Vorboten, bei roten oder hellgefärbten Streifungen, bei Krebs-, Maser- und Mistelbeulen, bei Stock- und Wipfeldürre (Überständigkeit), ferner bei Drehwuchs, Doppelkernigkeit, Kern-, Ring- oder Schälrissen, wenn das Holz eisklüftig, frost-, wind- und blitzrissig, wurmstichig ist oder Beschädigungen durch Raupenfraß, Spechtlöcher und Zwiefel aufweist.

Die Stämme müssen nach der Winterfällung (vor Eintritt des Saftes), spätestens bis Ende März entrindet werden.

Bei Sommerfällung hat das Entrinden und Abfahren des Holzes aus dem Wald sofort zu erfolgen.

2. Schnittholz. Das Schnittholz muß gesund, scharfkantig, rotfrei, zartästig sein und darf keine durchgehenden Risse aufweisen.

Gesunder Splint, soweit er beim Zuschneiden nicht in Fortfall kam, ist wie Kernholz zu bewerten, Hölzer mit nur kleinen und fest verwachsenen Ästen sind benutzbar. Hölzer mit losen oder faulen Ästen sind zu verwerfen.

Die zur Ausführung von Fachwerken, Stützen und sonstigen wichtigen Konstruktionsgliedern erforderlichen Hölzer sind tunlichst herzfrei zu schneiden, müssen aber mindestens im Herz aufgespalten werden (Halbhölzer, Kreuzhölzer).

Die Herzseite ist bei zusammengesetzten Baugliedern nach außen zu legen.

3. Lagerung des Schnittholzes. Das geschnittene Holz muß bis zu seiner Verwendung in luftigen Schuppen gelagert werden, in denen es vor Nässe und einseitiger Sonnenbestrahlung geschützt ist.

4. Schnittklassen. Das Bauholz wird in vier Schnittklassen geliefert:

a) scharfkantiges Holz, bei dem keine Waldkante vorkommen darf;

b) vollkantiges Holz, bei dem vereinzelt auf kürzere Längen Waldkante, und zwar bis 15% der größeren Querschnittseite vorkommen darf;

c) Holz mit üblicher Waldkante, die bis 25% der größeren Querschnittseite betragen darf;

d) baukantiges Holz, das auf die ganze Länge Waldkante besitzen darf, doch auf jeder Seite von der Säge gestreift sein muß.

Soweit keine andere Bestimmung getroffen ist und z. B. bei gewöhnlichen Zimmermannsbauten, die unter b), c) und d) benannten Hölzer zur Verwendung ausdrücklich zugelassen sind, muß für alle freitragenden Holzkonstruktionen das unter a) aufgeführte scharfkantige Holz verwendet werden. Balken mit schräglaufenden Holzfasern sind von der Verwendung ausgeschlossen.

5. Bretter und Bohlen. Bretter und Bohlen müssen frei von Kernröhren, gerade, auf der ganzen Länge von gleicher Stärke und parallel besäumt sein. Bretter und Bohlen, die an den Längskanten bearbeitet werden, dürfen an diesen Kanten nur kleine und gut verwachsene Äste haben. Geringe Baukante ist zulässig, wenn sie bei der Bearbeitung fortfällt. Von den Stirnseiten auslaufende Luftrisse sind zulässig, wenn sie nicht größer als die Breite des Holzes sind.

6. Holzbedarf. Die Hölzer sind genau nach Maßliste zu liefern; Abweichungen in den Abmessungen nach unten sind nicht zulässig. Beim Nachtrocknen dürfen die Hölzer nicht unter die vorgeschriebenen Maße schwinden.

7. Holzlisten. Für jedes Holztragwerk ist auf Grund der behördlich genehmigten Zeichnungen und Berechnungen ein Verzeichnis der erforderlichen Hölzer mit Angabe der Holzart (Kiefer, Fichte, Tanne, Lärche, Eiche, Buche usw.), der Länge, des Querschnittes, der Sorte (Schnittklasse a, b usw.) und der Zweckbestimmung auszufertigen.

8. Außenbesichtigung. An Hand der Holzliste, die mit der zugehörigen Massenberechnung der Eisenbahnverwaltung vorzulegen ist, werden sämtliche Stücke besichtigt und solche mit äußerlich erkennbaren Fehlern zurückgewiesen.

Zu diesem Zweck müssen die Hölzer so gelagert werden, daß alle Stücke der Besichtigung zugänglich sind.

9. Güteproben. Die Güteprüfung durch Zerreiß-, Biege-, Druck- und Bearbeitungsproben bleibt nach den „Allgemeinen Vertragsbedingungen für die Ausführung von Leistungen und Lieferungen“ der Reichsbahn überlassen.

Aus jedem Posten Schnittholz können bis zu drei Proben aus 1 m^3 entnommen werden. Die Probestücke müssen unentgeltlich vom Unternehmer ersetzt werden. Ergibt eine Probe weniger als das Dreifache der für den Bauteil zugelassenen Höchstbeanspruchungsziffer, so sind hiefür zwei neue Proben aus anderen Stücken auszusuchen. Entspricht mehr als ein Drittel der vorgenommenen Proben den gestellten Anforderungen nicht, so kann die Teillieferung verworfen werden.

10. Vor Abnahme. Das Schnittholz wird auf Antrag des Lieferers auf dem Lieferwerk, sonst am Empfangsort abgenommen. Dem Lieferer steht es frei, bei der Abnahme zugegen zu sein oder sich vertreten zu lassen.

Das für die Verwendung zugelassene Holz ist mit einem Stempelhammer durch den Abnahmebeamten zu bezeichnen. Für die von der Abnahme ausgeschlossenen Hölzer ist bedingungsgemäßer Ersatz zu leisten.

Wenn der Lieferer vor der Genehmigung der rechnerischen und zeichnerischen Unterlagen Holz beschaffen und bearbeiten läßt, so wird ihm für die infolge von Änderungen der Pläne nicht verwendbaren Teile keinerlei Schadenersatz geleistet.

11. Lieferung. Der Körperinhalt beim Nutzholz, das die Eisenbahnverwaltung zur Weiterverarbeitung übernimmt, wird nach dem Verfahren des Berliner Holzkontors berechnet. Für die Stärke sind stets die bestellten Maße einzusetzen. Werden Balken, Bretter und Bohlen stärker als vorgeschrieben geliefert, so wird hiefür eine besondere Vergütung nicht geleistet. Bei Hölzern mit kleineren Mängeln, die aber sonst gesund sind und den Anforderungen entsprechen, kann das Aufmaß entsprechend gekürzt werden.

II. Grundlagen für das Entwerfen und Berechnen der Holztragwerke

12. Normen. Für die Querschnittabmessungen der Holzkonstruktionen werden folgende Abmessungen empfohlen:

Alle Maße in Zentimetern

Tafel 1

Profil												
6	8	10	12	14	16	18	20	22	24	26	28	30
6/6	6/8	6/10	6/12	6/14	6/16	6/18	6/20	6/22	6/24	6/26	6/28	6/30
7/7	7/8	7/10	7/12	7/14	7/16	7/18	7/20	7/22	7/24	7/26	7/28	7/30
	8/8	8/10	8/12	8/14	8/16	8/18	8/20	8/22	8/24	8/26	8/28	8/30
	9/9	9/10	9/12	9/14	9/16	9/18	9/20	9/22	9/24	9/26	9/28	9/30
		10/10	10/12	10/14	10/16	10/18	10/20	10/22	10/24	10/26	10/28	10/30
			12/12	12/14	12/16	12/18	12/20	12/22	12/24	12/26	12/28	12/30
				14/14	14/16	14/18	14/20	14/22	14/24	14/26	14/28	14/30
					16/16	16/18	16/20	16/22	16/24	16/26	16/28	16/30
						18/18	18/20	18/22	18/24	18/26	18/28	18/30
							20/20	20/22	20/24	20/26	20/28	20/30
								22/22	22/24	22/26	22/28	22/30

Für Bretter, Bohlen, Pfosten und Latten sollen die Dicken: 1,5 — 2,0 — 2,5 — 3,0 — 3,5 — 4,0 — 4,5 — 5,0 — 6,0 — 7,0 — 8,0 — 0,9 — 10,0 — 12,0 und 15,0 cm und die Längen: 3,5,— 4,0 — 4,5 — 5,0 — 5,5 — 6,0 — 7,0 und 8,0 m betragen.

Die Bauhölzer müssen sauber geschnitten sein, so daß im allgemeinen vom Behobeln Abstand genommen werden kann. Wird das Behobeln einer oder mehrerer Seiten von der Eisenbahnverwaltung vorgeschrieben, so muß für jede zu behobelnde Seite ein Zuschlag von mindestens 3 mm gemacht werden, damit nach dem Behobeln der rechnungsmäßig festgelegte Querschnitt vorhanden ist.

13. Raumeinheitsgewichte. Das Eigengewicht baureifer Hölzer beträgt im Mittel:

Kiefer (Föhre)	700 kg/m³	Lärche	650 kg/m³
Fichte (Rottanne)	600 „	Eiche	900 „
Tanne (Weißtanne)	600 „	Buche	800 „

Das Gewicht lufttrockenen Holzes ist um etwa 50 kg/m³ niedriger anzusetzen.

14. Schwindmaße. Das Schwindmaß für die einheimischen Bauhölzer kann angenommen werden:

in der Längsrichtung (Faserrichtung)	0,1 %
in der Spiegelrichtung	3 bis 5 %
für den Umfang	6 „ 10 %

15. Feuchtigkeitsgehalt, Trocknung. Der Feuchtigkeitsgehalt des lufttrockenen Holzes beträgt rund 15% des Trockengewichtes. Grünes Holz bedarf einer mindestens zweijährigen geschützten Lagerung, um genügend lufttrocken zu werden.

Die künstliche Trocknung des Holzes ist gestattet, darf aber nur langsam erfolgen. Bei weichen Hölzern ist eine Temperatur von 50 bis 60°, bei Harthölzern von höchstens 40° zulässig.

Das Dämpfen und Auslaugen des Holzes ist verboten.

16. Zulässige Spannungen. Für freitragende Holzkonstruktionen aus lufttrockenem fehlerfreiem Bauholz mit geringer Astbildung, bei denen sich die auftretenden Kraftwirkungen zuverlässig rechnerisch erfassen lassen und die Übertragung der Kräfte durch einwandfreie Verbindungen und Verbindungsmittel sichergestellt ist, gelten folgende zulässige Spannungen:

Tafel 2

Art der Beanspruchung	Holzart		Bemerkungen
	Eiche u. Buche kg/cm²	Kiefer und Fichte kg/cm²	
a) Druck in der Faserrichtung	100	60 bis 80	
b) Druck in der Faserrichtung durch Druck und Biegung (Kantenpressung)	110	90	Gleichzeitig darf im Schwerpunkt des Querschnittes die unter a) zugelassene Spannung nicht überschritten werden.
c) Örtlicher Druck rechtwinklig zur Faserrichtung auf geringer Breite ohne Kantenbelastung (Schwellendruck)	30	12 bis 15	Überstand in der Faserrichtung mindestens gleich dem $1^1/_2$ fachen der Schwellenhöhe..
d) Örtlicher Druck rechtwinklig zur Faserrichtung auf einen Bruchteil der Breite ohne Kantenbelastung (Stempeldruck)	45	20	Überstand auf jeder Seite des Stempels mindestens 2 cm.
e) Zug in der Faserrichtung	110	100	Nur für herz- und splintfreies, vollkommen scharfkantig geschnittenes Holz mit nur kleinen, fest verwachsenen Ästen.
f) Biegung	100	90	
g) Abscherung in der Faserrichtung	15	10	An den Stabenden soll die Mindestscherlänge 15 cm betragen.
h) Abscherung rechtwinklig zur Faserrichtung	30	20	

Bei Ermittlung der Spannungen sind alle Verschwächungen im gefährlichen Querschnitt durch Dübel, Bandeisen, Bolzen, Schrauben, Platten, Einkämmungen usw. sowohl bei Druck- als bei Zuggliedern zu berücksichtigen.

Bei schräg zur Faser gerichteten Kräften können die jeweils zulässigen Spannungen nach der Spannungsellipse ermittelt werden.

Das Elastizitätsmaß bei Druck in der Faserrichtung kann für Laub- und Nadelholz zu $E = 100000$ kg/cm² angenommen werden.

Bei Weißtanne sind die zulässigen Beanspruchungen um mindestens 10% niedriger als für Fichte zu wählen. Bei Holztragwerken ohne Eindeckung oder Verschalung, die der Feuchtigkeit und Nässe ausgesetzt sind und nicht durch Tränkung oder Schutzanstrich gegen Fäulnis geschützt sind, dürfen die zulässigen Beanspruchungen höchstens zwei Drittel der unter a) bis h) aufgeführten Werte erreichen. Für dauernd durchnäßtes Holz sind die Beanspruchungen auf ein Drittel zu ermäßigen.

Die zulässigen Spannungen gelten bei gleichzeitiger ungünstiger Wirkung der ständigen Last, der Verkehrs- und Betriebslast, der Schneebelastung und des Winddruckes.

17. Stoßzahl. Bei Brücken, Stegen, Kranbahnen ist die Verkehrslast mit einer Stoßzahl φ zu multiplizieren.

Tafel 3

Belastungsart	Straßen- und Bahnbrücken	Fußgängerstege, Kranbahnen
Schwellen, Fahrbahnträger und unmittelbar belastete Hauptträger	1,5	1,2
Mittelbar belastete Träger	1,2	

Bei Baugerüsten, Lehrgerüsten usw. ist die Stoßziffer nach der Art der im Betrieb auftretenden Lasten und Stöße anzunehmen.

Die Stoßzahl ist auch einzuführen, wenn mit einer gleichförmig verteilten Verkehrslast gerechnet wird.

18. Druckstäbe. Bei gedrückten Holzstäben muß mit Rücksicht auf die Art der Anschlüsse die Einspannung an den Stabenden fast stets unberücksichtigt bleiben. Bei Abstützung von Zwischenpunkten gedrückter Bauglieder gegen festliegende andere Punkte darf die Knicklänge entsprechend verringert werden.

Bei zentrischem Kraftangriff ist die errechnete Stabkraft mit der dem Schlankheitsgrad entsprechenden Knickzahl (Tafel 4) zu multiplizieren und dann hinsichtlich der zulässigen Spannungen wie ein Zugstab zu behandeln.

Für $\lambda < 100$ ist: $\sigma_k = 300 - 2\lambda$;

für $\lambda < 100$ ist: $\sigma_{d\,zul} = \dfrac{300 - 2\lambda}{3{,}75 + 0{,}0075\,\lambda}$ (Näherungswert $= 80 - 2\varrho$);

für $\lambda > 100$ ist: $\sigma_k = \dfrac{1{,}000000}{\lambda^2}$;

für $\lambda > 100$ ist: $\sigma_{d\,zul} = \dfrac{1}{\lambda^2} \cdot \dfrac{1{,}000000}{3{,}75 + 0{,}0075\,\lambda}$.

Knicksicherheit $\psi = 3{,}75 + 0{,}0075\,\lambda$.

Tafel 4

Schlankheitsgrad $\lambda = s_k : i$	Knickspannung $\sigma_k = 300$ kg/cm² $\lambda < 100$; $\sigma_k = 300 - 2\lambda$ $\lambda \geq 100$; $\sigma_k = \frac{1000000}{\lambda^2}$	Knickzahl $\omega = \frac{\sigma_{zul}}{\sigma_k} \cdot \psi$	$\frac{\Delta\,\omega}{\Delta\,\lambda}$
0	300	1,00	
			0009
10	280	1,09	
			0011
20	260	1,20	
			0013
30	240	1,33	
			0015
40	220	1,48	
			0017
50	200	1,65	
			0022
60	180	1,87	
			0027
70	160	2,14	
			0035
80	140	2,49	
			0046
90	120	2,95	
			0065
100	100	3,60	
			0083
110	82,6	4,43	
			0093
120	69,4	5,36	
			0103
130	59,2	6,39	
			0114
140	51,0	7,53	
			0124
150	44,4	8,77	
			0135
160	39,1	10,12	
			0150
170	34,6	11,62	
			0160
180	30,9	13,22	
			0172
190	27,7	14,94	
			0186
200	25,0	16,80	

Für die praktisch am häufigsten vorkommenden Stäbe von rechteckigem Querschnitt ist näherungsweise

$$\sigma_k = 80 - 2\,\varrho,$$

worin $\varrho = l : b$ das Verhältnis der freien Knicklänge zur Breite b der kleineren Querschnittseite bezeichnet.

Für ein bekannt vorausgesetztes Seitenverhältnis $\frac{b}{h}$ läßt sich der erforderliche Querschnitt berechnen aus:

$$b = \frac{l}{80} + \sqrt{\left(\frac{l}{80}\right)^2 + \frac{P_k}{80} \cdot \frac{b}{h}},$$

worin die Knicklänge l in Zentimetern, die größte Stabdruckkraft P_k in Kilogramm einzuführen ist.

Für den quadratischen Querschnitt gilt:

$$b = \frac{l}{80} + \sqrt{\left(\frac{l}{80}\right)^2 + \frac{P_k}{80}}.$$

Geteilte Stäbe werden für Knickung in bezug auf die x-Achse ($\overline{xx} \,//\, b$) wie Vollstäbe behandelt, wobei die Gesamtbreite B der Einzelstäbe $B = 2\,b$, $B = 3\,b$ usw., das Schlankheitsverhältnis $\varrho = \frac{l}{h}$ gesetzt wird.

Für Knickung in bezug auf die y-Achse ($\overline{yy} \,//\, h$) ist sowohl die Knickfestigkeit des einzelnen als die des Gesamtstabes zu berücksichtigen.

19. Durchbiegung. Die rechnerisch ermittelte Gesamtdurchbiegung von Balken auf zwei Stützen soll $^1/_{500}$ der Stützweite nicht übersteigen.

20. Verbindungsmittel. Die verschiedenen Verbindungsmittel (Schrauben, Bandeisen, Bleche, Runddübel, Keile) dürfen, soweit nachstehend keine besonderen Vorschriften gegeben sind, auf Grund von Versuchsergebnissen staatlicher Versuchsanstalten berechnet werden.

Bei biegungsfesten Schraubenbolzen darf die gleichmäßig auf die Druckübertragungsfläche bezogene Pressung in der Faserrichtung 50 kg/cm², senkrecht zur Faserrichtung 10 kg/cm² nicht überschreiten.

Bei kräftigen Bandeisenverbindungen in U-Bügel- oder Ringform von mindestens 8 mm Stärke darf mit einer gleichmäßig auf die Druckübertragungsfläche verteilten Pressung bis zu 40 kg/cm² in der Faserrichtung und 8 kg/cm² quer zur Faser gerechnet werden.

Bei Dübeln und Keilen sind die Beanspruchungen entsprechend der gewählten Einschnittstiefe mit dem auftretenden Kippmoment zu rechnen, wobei die örtlichen Druckspannungen unter Tafel 2 b, c und d senkrecht und in der Faserrichtung nicht überschritten werden dürfen.

Die Wirkung der Dübel und Keile muß hiebei durch eine genügende Anzahl Schrauben gewährleistet sein.

III. Holzverarbeitung und Aufstellung der Tragwerke

21. Bereitstellung, Proben, Versuche. Der Unternehmer hat der Eisenbahnverwaltung nach Bereitstellung der Baustoffe in seiner Werkstatt oder auf einer im Vertrag besonders vorgesehenen Werkstelle Mitteilung zu machen, damit diese etwaige Proben rechtzeitig ausführen kann.

Die zu den Proben benötigten Baustoffe, Geräte und Arbeitskräfte hat der Unternehmer unentgeltlich zu stellen.

Wird von der Eisenbahnverwaltung die Prüfung von zusammengesetzten Baugliedern, Bindern, Pfetten, Stützen usw. oder von Knotenpunktausführungen verlangt, so werden dem Unternehmer die Arbeitslöhne und Baustoffselbstkosten auf Nachweis vergütet.

Die Versuche werden an einer staatlichen Versuchsanstalt ausgeführt; die Kosten sind vom Unternehmer und der Verwaltung je hälftig zu tragen.

22. Eigenartige Verbindungsmittel. Werden vom Unternehmer neue, eigenartige Verbindungsmittel für die Ausführung eines Tragwerkes vorgeschlagen, so hat er mit dem Angebot Versuchsergebnisse einer staatlichen Prüfungsanstalt vorzulegen.

Die Eisenbahnverwaltung ist berechtigt, weitere Versuche in dem ihr notwendig erscheinenden Umfange vornehmen zu lassen, wozu der Unternehmer die Baustoffe kostenfrei zu liefern hat.

23. Werkstattarbeiten. Alle Teile eines zusammengesetzten Tragwerks, Stützen, Binder, Pfetten usw., sind auf einem überdachten Reißboden auf unverschieblichen Unterlagen planmäßig derart zusammenzufügen, daß kein Teil eine Spannung erleidet, abgesehen von gekrümmten Baugliedern und von durch künstliche Anspannung erzeugten Überhöhungen. Alle Verbindungen müssen gelöst werden können, ohne daß die verbundenen Stücke federn.

Die planmäßig vorgesehenen Überhöhungen müssen bereits auf der Zulage aufgerissen werden.

Die Löcher für die Trag- und Verbindungsschrauben sollen tunlichst unter Verwendung von Bohrmaschinen mit Führung gebohrt werden, so daß Abweichungen von der vorgeschriebenen Richtung auch bei mehreren Holzlagen aufeinander vermieden werden.

24. Stabanschlüsse. Zur Vermeidung von Nebenspannungen sind bei Holztragwerken die Stäbe zentrisch anzuschließen. Wo dies nicht möglich ist, müssen die durch den exzentrischen Anschluß entstehenden Zusatzkräfte berücksichtigt werden.

25. Querschnittsverschwächungen. Querschnittsverschwächungen wichtiger tragender Bauglieder durch Versatzungen, Anplattungen bei Bügen usw. müssen tunlichst vermieden werden.

Das Versenken von Bolzenköpfen und Schraubenmuttern ist nicht zulässig.

26. Verbindungsschrauben. Kein Stab oder Futterstück darf mit weniger als zwei Verbindungsschrauben angeschlossen oder befestigt werden. Dübel und Schraube sind symmetrisch, jedoch im Stabquerschnitt gegeneinander versetzt anzuordnen. Durch geschickte Verteilung der Verbindungsmittel soll erreicht werden, daß bei Luftrissen nicht gleichzeitig alle Befestigungsmittel gelockert werden und an Tragfähigkeit einbüßen.

Dünnere Schrauben als 13 mm Durchmesser dürfen nicht verwendet werden.

Zwischen Holz und Schraubenkopf ist eine quadratische Eisenscheibe von 4 bis 6 mm Dicke und einer Seitenlänge vom viermaligen Schraubendurchmesser einzulegen. Zwischen Schraubenmutter und Holz ist außer der quadratischen Eisenscheibe noch ein starker Stahlfederring mit quadratischem Querschnitt unter der Mutter zu verwenden.

27. Nägel, Greifplatten. Das Nageln ist bei wichtigen Baugliedern und Verbindungen wegen der Zersprengung der Holzfasern verboten.

Verbindungsmittel, die ohne Bohr-, Nut- und Fräswerkzeuge eingebaut werden und eine Zerstörung der Holzfasern beim Einschlagen bedingen, dürfen nicht verwendet werden.

28. Stoß. Jeder Stabstoß — auch der reine Druckstoß — muß durch Laschen voll gedeckt werden.

29. Lager. Für die Lager ist Eisen oder mit Teeröl getränktes Hartholz zu verwenden.

Das Vermauern der Lager ist zu vermeiden, alle Holzteile müssen dauernd der Außenbesichtigung zugänglich sein.

Die Hartholzlager der Träger und Stützen auf Mauerwerk sind mit einer Asphalt- oder Bleiunterlage zu versehen und gegen Verschieben durch Anker zu sichern.

30. Eisenteile. Das bei Holztragwerken zur Verwendung kommende Eisen muß den Mindestforderungen genügen, die in den Normalbedingungen für die Lieferung von Eisenbauwerken, Ausgabe 1923, enthalten sind.

Für die Laschen, Bandeisen, Schrauben, Anker wird Flußeisen von 3700 bis 4400 kg/cm² Bruchspannung bei 20% Bruchdehnung verwendet.

Alle Eisenteile müssen vor der Verwendung gründlich von anhaftendem Rost und von Schmutz befreit, mit heißem Leinölfirnis gestrichen und nach dessen Trocknung mit zweimaligem Bleimennige oder Ölfarbanstrich versehen werden.

31. Versand der Bauglieder. Das Verladen, Befördern, Abladen und Lagern der Holzbauteile hat vom Unternehmer mit größter Vorsicht und Sorgfalt zu geschehen. Jede vorkommende Beschädigung ist sofort der Eisenbahnverwaltung zu melden.

32. Aufstellung der Tragwerke. Die Art der Aufstellung der Holztragwerke bleibt — soweit nicht seitens der Eisenbahnverwaltung besondere Vorschriften gegeben werden — dem Unternehmer überlassen. Über etwaige Hilfsgerüste sind Zeichnungen vorzulegen. Die Eisenbahn übernimmt in keinem Falle die Verantwortung für die Haltbarkeit des vom Unternehmer vertragsmäßig herzustellenden Gerüstes, vielmehr haftet der Unternehmer für alle aus Versäumnis der gebotenen Sicherheitsmaßnahmen sich ergebenden Unfälle und deren Folgen auch dritten Personen gegenüber.

Glaubt der Unternehmer, für eine von der Eisenbahnverwaltung an den Gerüstzeichnungen vorgenommene Änderung die Verantwortung hinsichtlich der Haltbarkeit nicht übernehmen zu können, so ist er verpflichtet, sofort begründete Gegenerinnerungen zu erheben.

Der Beginn der Rüstungsarbeiten ist vom Unternehmer der Eisenbahnverwaltung rechtzeitig mitzuteilen.

33. Besichtigung der Baustelle. Für die Richtigkeit der Mauerwerkabmessungen, insbesondere der Auflageroberflächen, trägt die Eisenbahnverwaltung die Verantwortung. Zu den Obliegenheiten des Unternehmers gehört es jedoch, vor Beginn der Arbeit sich über Form, Art und Ausführung des Mauerwerkes und die einzuhaltenden Hauptmaße an Ort und Stelle zu überzeugen und etwaige Abweichungen von den Entwurfzeichnungen der Eisenbahnverwaltung rechtzeitig mitzuteilen.

34. Probebelastung. Innerhalb 8 Wochen nach vollkommen vertragsmäßiger Fertigung des Tragwerkes muß die Probebelastung vorgenommen werden.

Die Probebelastung ist mit den der Berechnung zugrunde liegenden Höchstlasten vorzunehmen. Die Lasten sind so aufzubringen, daß unzulässige Spannungen vermieden und die Durchbiegungen genau festgestellt werden können.

Die Probelast muß bei jedem Belastungsfall mindestens $^1/_4$ Stunde wirken, danach ist erst die größte Durchbiegung zu messen. Die bleibende Durchbiegung des Tragwerkes ist 24 Stunden nach Beseitigung der Probelasten nochmals festzustellen.

Während der Probebelastungen ist das Tragwerk genau zu beobachten, insbesondere sind auftretende Risse und sonstige Veränderungen am Holz und an den Verbindungsmitteln aufzunehmen.

Die Ergebnisse der Probebelastung sind in einer Niederschrift zusammenzustellen und mit dem rechnungsmäßig ermittelten Durchbiegungswerte zu vergleichen.

35. Nachziehen der Schrauben. Der Unternehmer ist verpflichtet, dreimal, und zwar erstmals nach Ablauf eines halben Jahres nach Fertigstellung des Überbaues, dann nach einem Jahr und nach zwei Jahren, sämtliche Schrauben des Tragwerkes fest nachzuziehen.

36. Gewährzeit. Für alle Schäden und Mängel des Holztragwerkes infolge schlechten Baustoffes oder fehlerhafter Ausführung bleibt der Unternehmer bis zum Ablauf einer fünfjährigen Gewährzeit nach der Abnahme haftbar.

Kurz vor dem Ende dieser Gewährzeit ist die Schlußuntersuchung vorzunehmen. Ergeben sich hiebei keine Beanstandungen, so wird die für den Vertrag hinterlegte und haftbar erklärte Sicherheit freigegeben.

37. Pläne und Berechnungen. Nach Fertigstellung des ganzen Bauwerkes sind von den nach der wirklichen Ausführung ergänzten Plänen und Berechnungen je drei Abzüge (Weißpausen) sowie die Originalpläne und Berechnungen der Eisenbahnverwaltung kostenfrei zu überlassen.

38. Schutz der Holztragwerke. Tragende Bauglieder müssen gegen Fäulnis und Witterungseinflüsse geschützt werden. Wo eine Überdachung nicht vorgesehen oder eine Schutzverkleidung nicht möglich ist, kommt Teerölhochdrucktränkung oder Kyanisieren des Holzes in Frage. Bei Bauten für vorübergehende Zwecke genügt ein Schutzanstrich von Karbolineum oder mit wetterfesten Farben.

Zum Schutz der Holztragwerke gegen Feuer wird eine Tränkung des Bauholzes mit Salzlösungen empfohlen. Weiterhin kommen Verputze in Gips oder Rabitz, Verkleidungen mit Tektondielen, Torkretieren usw. in Frage. Gehobeltes Holz fängt weniger leicht Feuer als Holz mit rauher Oberfläche, hat aber den Nachteil, daß ein Schutzanstrich weniger haftet.

II. Teil

Berechnung und Ausführung hölzerner Bauwerkteile

V. Abschnitt

Holzdecken

A. Belastungsangaben nach den preußischen „Bestimmungen über die bei Hochbauten anzunehmenden Belastungen usw."

1. Eigengewichte einiger Lagerstoffe

Gegenstand	Durchschnittsgewicht kg/m³	Bemerkungen
Asche	900	
Gerste	690	
Gras	350	
Hafer	550	
Hausmüll	660	
Heu	70	bei einer Packhöhe bis zu ∼ 3 m
Heu, gepreßt	280	
Holz in Scheiten	400	
Kaffee	700	
Kartoffeln	750	
Klee	350	
Kohle: Braunkohle	750	
„ Steinkohle	900	
„ Preßkohle	1000	
Koks: Zechenkoks	500	
„ Gaskoks	450	
Malz	530	
Malzkeime	200	
Mehl (lose)	500	
Obst	350	
Papier	1100	
Roggen	680	
Rüben	650	
Salz	1250	
Stroh	45	bei einer Packhöhe bis zu ∼ 3 m
Torfstreu	230	
Weizen	760	
Wolle	1300	
Zement, lose	1400	
„ eingerüttelt	2000	
Zucker	750	

2. Eigengewichte von Bauteilen

Nr.	Gegenstand	Gewicht kg/m²
	a) Holzbalkendecken	
1	Balken, 24/26 cm stark, bei 1 m Entfernung (von Mitte zu Mitte) ..	41
	Bei einer Verminderung der Entfernung um je 5 cm mehr, je	2,5
2	Balken (Halbholzbalken), 12/26 cm stark, bei 0,80 m Entfernung (von Mitte zu Mitte)	26
	Bei einer Verminderung der Entfernung um je 5 cm mehr je	2
3	Lagerhölzer, 10/10 cm stark, bei 1 m Entfernung (von Mitte zu Mitte)	7
	Bei einer Verminderung der Entfernung um je 5 cm mehr, je	0,4
4	Kieferner Bretterfußboden bzw. Schalung:	
	2,0 cm stark	13
	2,5 „ „	16
	3,0 „ „	20
	3,5 „ „	23
	6,0 „ „	40
5	Gestreckter Windelboden aus Schleetstangen, 7 cm Durchmesser (25 kg), Lehm und Stroh dazu (160 kg	185
6	Stülpdecke aus 3 cm starken Brettern mit 8 bis 11 cm starkem Lehmschlag mit Stroh	168
7	Halber Windelboden bei 1 m Balkenentfernung:	
	Stakhölzer, 3 cm stark	13
	Latten, 4/6 cm stark........	3
	Lehmschlag, 11 cm stark, einschließlich Stroh	134
8	Ganzer Windelboden desgleichen:	
	Stakhölzer, 4 cm stark	16
	Latten, 4/6 cm stark........	3
	Lehmschlag (ausschließlich Stakhölzer, 26 cm stark)	274
9	Rohrung und Putz	20

Bemerkung: Die Zahlen gelten für ein Holzgewicht von 650 kg/m³, entsprechend dem Durchschnittsgewicht lufttrockenen Kiefernholzes.

Nr.	Gegenstand	Gewicht kg/m²
	b) Deckenfüllstoffe	
1	Je 1 cm Auffüllung mit Sand	16
2	„ 1 „ „ „ Lehm	16
3	„ 1 „ „ „ Koksasche	7
4	„ 1 „ „ „ Kesselschlacke	10
5	„ 1 „ „ „ Kesselschlackenbeton mit Sandzusatz, und zwar im Mischungsverhältnis 1 : 4 : 4	19
	c) Estriche und Fußbodenbeläge	
1	Je 1 cm Tonfliesen	20
2	„ 1 „ Korkplatten (als Unterlage)	3
3	„ 1 „ Steinholzfußboden (Torgament)	18
4	„ 1 „ Xylolith	18
5	„ 1 mm Linoleum	1,30

Nr.	Gegenstand	Gewicht kg/m²
	d) Putz und Drahtputz	
1	Rohrdeckenputz einschließlich Rohr	20
2	Je 1 cm Putz in Kalkmörtel	17
3	„ 1 „ „ „ Kalkzementmörtel	19
4	„ 1 „ „ „ Zementmörtel	21
5	„ 1 „ „ „ Traßmörtel	20
6	„ 1 „ „ „ Gipsmörtel	10
7	„ 1 „ Rabitz- oder Drahtputz	15
8	„ 1 „ Monier- oder Zementdrahtputz	24

3. Nutzlasten

Für Werkstätten und Fabriken mit schwerem Betrieb, für stark belastete Lagerräume u. dgl. ist die Nutzlast in jedem Einzelfall zu ermitteln.

Für das Gewicht von geputzten Holzwänden, Gipsdielen- und Drahtputzwänden und ähnlichen Wandanordnungen kann statt eines genauen Nachweises der Wandgewichte ein Zuschlag zur gleichförmig verteilten Deckennutzlast eingeführt werden. Dieser Zuschlag muß bei Wänden bis 6,5 cm Stärke mindestens 75 kg/m², bei Wänden bis 13 cm Stärke mindestens 150 kg/m² betragen. Neben Nutzlasten, die nach Ziffer 4 zu 500 kg/m² anzunehmen sind, erübrigt sich ein solcher Zuschlag.

Im übrigen sind mindestens die nachfolgenden Belastungen zugrunde zu legen:

Nr.	Art der Nutzlast	kg/m²	Bemerkungen
1	Für Dachbodenräume in Wohngebäuden	125	Die Gewichtsangaben zu 1 bis 3 gelten, soweit die Belastung ausschließlich aus Menschen, Möbeln, Geräten, unbeträchtlichen Warenmengen u. dgl. besteht, ohne die in einzelnen Räumen etwa vorkommenden besonderen Belastungen durch Akten, Bücher, Warenvorräte, Maschinen, Zwischenwände usw. Für Klein- und Mittelhäuser gelten besondere baupolizeiliche Erleichterungen.
2	Für Wohngebäude, für Kontorhäuser und Dienstgebäude sowie für Läden mit weniger als 50 m² Grundfläche	200	
3	Für Holztreppen in Klein- und Mittelhäusern, einschließlich der Podeste und Zugänge, für Klassenzimmer in Schulen und für Hörsäle	350	
4	Für Geschäftshäuser, Warenhäuser, Läden von mehr als 50 m² Grundfläche, Theater, Lichtspielhäuser, Versammlungsräume, Turnhallen, Tanzsäle, größere Gastwirtschaften, in Werkstätten und Fabriken für leichteren Betrieb, in Schlächtereien, Bäckereien, in Büchereien, Archiven und Aktenräumen (soweit nicht die Nutzlast auf Grund der Angaben unter A1 besonders nachgewiesen wird), in Kraftwagenschuppen, Großviehställen, für Flure, die zu Unterrichts- und Versammlungsräumen führen, für Balkone, für Treppen, Treppenpodeste und Treppenzugänge jeglicher Art, mit Ausnahme der unter Ziffer 3 bezeichneten, für Decken unter nicht befahrbaren Höfen	500	

4. Ergänzende Eigengewichtsangaben zu den amtlichen Vorschriften (Nichtamtliche Angaben)

Mittleres Gewicht verschiedener Lagerstoffe*)

Art	kg/m³	Art	kg/m³
Äpfel	300	Linsen	850
Birnen	350	Leinsaat	650
Bohnen	850	Malz	550
Braunkohlen	650÷780	Malzkeime	200
Buchenholz in Scheiten	400	Mehl, lose	400÷500
Buchweizen	550	„ zusammengepreßt	700÷800
Eichenholz in Scheiten	420	Mist	750÷950
Erbsen	850	Möhren	650÷850
Fichtenholz in Scheiten	320	Nadelholz in Scheiten	330
Gerste, große	640	Pflaumen	350
„ kleine	510	Roggen	680
Gras	350	Rüben	570÷630
Grieß	650	Rübenschnitzel, getrocknet	200÷250
Hafer	430	Rübsaat	650
Hanfsamen	550	Salpeter	1000
Hausmüll	660	Samen v. Klee, Lein u. Rübsen	600÷800
Heu, lose	100	Siedesalz	750÷800
„ gepreßt	280	Soda	1000
Hirse	850	Spreu	200÷250
Holzkohlen von weichem Holze	150	Steinsalz, gemahlen	1000
Holzkohlen von hartem Holze	220	Steinkohlen	900
Hülsenfrüchte, im Mittel	800	Stroh, lose	100
Kaffee, geringe Sorten, roh oder geröstet	310	„ Preßstreu	280
Kaffee, feinste Sorten, roh	650÷700	„ von Hülsenfrüchten	50÷60
„ „ „ geröst.	350	„ „ Gerste und Hafer	70÷80
Kartoffeln	700	„ „ Roggen und Weizen	90÷100
Kernobst	350	Thomasmehl	1900÷2000
Klee	350	Torf, lufttrocken	325÷410
Kleie, von Roggen	450÷600	„ feucht	550÷650
„ „ Weizen	450÷600	Weizen	760
Kohlrüben	650÷850	Wicken	850
Kohlen, Zwickauer	770÷800	Winterraps	680÷850
„ oberschlesische	760÷800	Zement, je nach Dichte der Lagerung	1350÷2000
„ niederschlesische	820÷870	Zucker	750
„ Saar-	720÷800	Zuckerrüben	600
„ Ruhr-	800÷860	„ -Preßlinge	800
Koks, Gas-	360÷470		
„ Zechen-	380÷530		

*) In Säcken geschichtet beträgt das Gewicht nur $^4/_5$ von dem angegebenen.

Holzbalkendecken

Nr.	Benennung	Einzelteile	Eigengewicht für 1 m² einzeln kg	Eigengewicht für 1 m² zusammen rund kg
1	Balkenlager mit gestrecktem Windelboden darüber, unter Annahme einer Entfernung der Balken von 1 m von Mitte zu Mitte und einer Abmessung derselben von 24/26 cm	Balken 24/26 cm	41	
		Schleetstangen 7 cm Durchm.	25	
		Lehm	160	
		zusammen	226	230
2	Balkenlage mit darüberliegendem Fußboden von 3,5 cm Dicke	Balken 24/26 cm	41	
		Dielen 3,5 cm dick	23	
		zusammen	64	70
3	Balkenlage mit Stülpdecke und Lehmschlag	Balken 24/26 cm	41	
		Dielen 3 cm dick	20	
		Lehmschlag	148	
		zusammen	209	210
4	Balkenlage mit halbem Windelboden, bestehend aus Stakung mit Lehmstroh umwickelt oder aus Füllbrettern auf angenagelten Latten und aus Lehmschlag oder Sandschüttung sowie einem 3,5 cm dicken Fußboden	Balken 24/26 cm	41	
		Stakhölzer 3 cm	15	
		Latten 4/6 cm	3	
		Dielen 3,5 cm dick	23	
		Lehmschlag 11 cm hoch	134	
		zusammen	216	220
5	Balkenlage wie vor, jedoch an der unteren Seite mit 2 cm dicker Schalung, gerohrt und geputzt	Balken 24/26 cm usw., wie zu Nr. 4	216	
		Schalung 2 cm dick	13	
		Rohrung und Putz	20	
		zusammen	249	250
6	Balkenlage wie Nr. 4, jedoch oberhalb statt des Fußbodens mit einem 5÷7 cm dicken Gips- oder Lehmestrich versehen	Balken usw., wie zu Nr. 4 ..	216	
		ab die Dielen mit	23	
		bleiben	193	
		dazu Estrich 7 cm dick.....	112	
		zusammen	305	310
7	Balkenlage mit ganzem Windelboden, unterhalb mit Lehm verstrichen, oberhalb mit 3,5 cm dickem Fußboden	Balken 24/26 cm	41	
		Dielen 3,5 cm dick	23	
		Stakhölzer 4 cm Durchm. ..	16	
		Latten 4/6 cm.............	3	
		Lehmschlag einschl. d. Stakhölzer 26 cm hoch	274	
		zusammen	357	360

B. Die Balkenlagen

Unter der Bezeichnung „Balkenlage" versteht man die Gesamtheit der Balken, die, in einer wagrechten Ebene liegend, das tragende Gerüst einer Decke oder aller gleich hohen Decken eines Stockwerkes bilden.

Man unterscheidet:

1. die Stockwerksbalkenlagen, die zwischen zwei selbständigen Geschossen eines mehrstöckigen Gebäudes liegen;

2. die Dachbalkenlage, die das oberste selbständige Stockwerk vom Dachraum trennt;

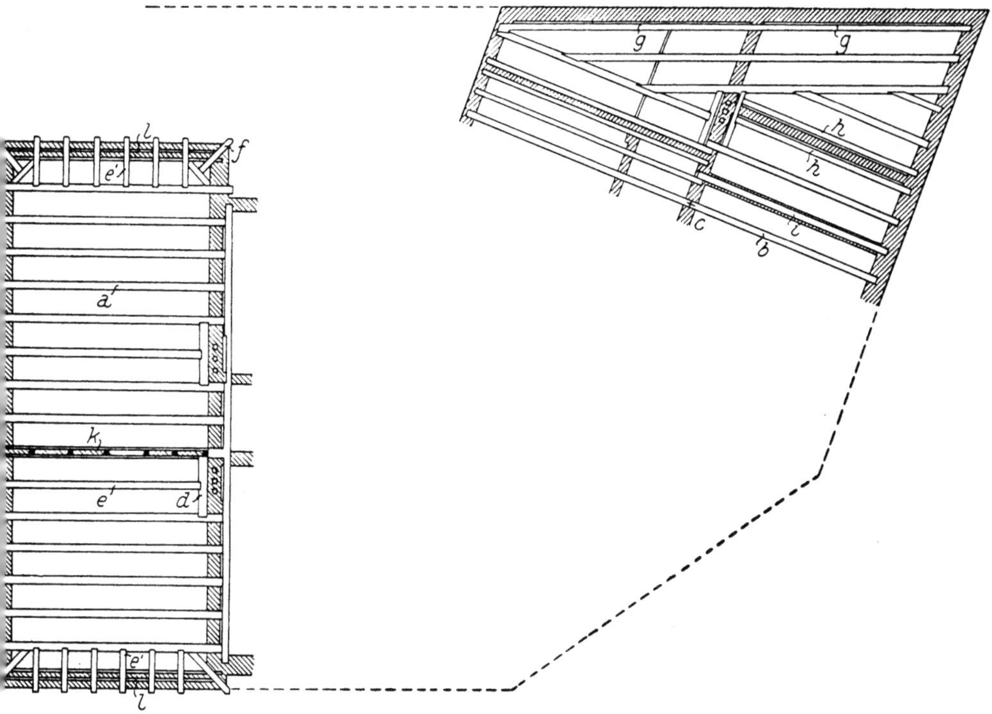

Abb. 189

3. die Kehlbalkenlage, durch die innerhalb des Daches eine Trennung des Dachraumes in übereinanderliegende Geschosse bewirkt wird.

Lage und Anordnung der Balken. Bei einer Balkenlage (Abb. 189) unterscheidet man folgende Teile:

1. Ganze Balken *(a)*, welche von einer Außenwand des Baues bis zur anderen ungestoßen durchgehen;

2. Gestoßene Balken *(b)*, welche über einer Zwischenmauer oder sonstigen Unterstützung aus einzelnen Teilen zusammengesetzt werden. Werden derartige Balken zur Verankerung der Mauern benützt, so muß die Stoßstelle *(c)* zugfest ausgebildet werden.

3. Wechsel *(d)* ,das sind kürzere Balkenstücke, welche unter einem Winkel zur Hauptrichtung der Balken zwischen diese eingelegt werden, um zum Auflager der sogenannten „Stichbalken" zu dienen, die ihrerseits wieder in der Hauptrichtung der Balkenlage liegen.

Verbindung zwischen Wechsel und Balken: Brustzapfen oder schwalbenschwanzförmiges Blatt mit Brüstung.

4. Stichbalken *(e)* und Wechsel dienen zu den sogenannten „Auswechslungen", deren Anordnung notwendig wird, sobald ein Balken aus irgend einem Grunde, z. B. wegen in der Mauer vorhandener Rauchfangöffnungen, nicht auf derselben aufgelagert werden kann.

Abb. 189 zeigt auch eine andere Form von Stichbalken *(e')*, welche nicht auf einem Wechsel, sondern auf einem der Hauptbalken aufgelagert sind, eine sogenannte Stichbalkenlage, welche es beispielsweise ermöglichen soll, auch an der mit der Hauptrichtung der Balken gleichlaufenden Außenmauer zwecks Auflagerung einer auskragenden Fachwerkwand die gleichen Balkenvorsprünge wie an der vorderen Mauer zu gewinnen. Verbindung zwischen Stichbalken und Wechsel bzw. Balken wie beim Wechsel.

5. Gratstichbalken *(f)* sind die zur Stichbalkenlage gehörigen, nach den Ecken zu gerichteten Balken. Gratbalken sind in der Diagonale eines Raumes liegende Balken, in welche von beiden Seiten her Balken schräg eingezapft sind (hauptsächlich bei Dachbalkenlagen).

6. Ortbalken *(g)* nennt man denjenigen Hauptbalken, der als letzter an der Giebelwand liegt.

7. Streichbalken *(h)* werden zu beiden Seiten einer durchgehenden massiven Scheidewand angeordnet, um den Fußbodenbelag, die untere Deckenverkleidung usw. befestigen zu können. Die Balken liegen entweder bei einer gleichstark durchgehenden Scheidewand frei oder bei einer im oberen Stockwerk abgesetzten Scheidewand auf den beiderseitigen Mauerabsätzen auf. Zwischenraum zwischen Streichbalken und Mauer 2 cm; eine Berührung mit der Mauer ist unbedingt zu vermeiden.

8. Wandbalken *(i)*: Ist nur im unteren Geschoß eine Scheidewand vorhanden, so wird der Balken unmittelbar auf dieselbe gelegt. Ist der Balken jedoch schmäler als die Wand, so muß erst die Deckenschalung angenagelt werden, dann erst darf die vollständige Untermauerung des Balkens erfolgen.

Befindet sich die Scheidewand nur im Obergeschoß, so müssen zwei Streichbalken zu beiden Seiten derselben angeordnet werden. Auf einen Holzbalken darf nie eine massive Mauer gesetzt werden, wohl aber darf ein Hauptbalken als Unterlage für eine Fachwerk- oder Bretterwand dienen, mit welcher er in diesem Falle verbunden wird, und heißt dementsprechend „Bundbalken".

9. Bundbalken *(k)*: Derselbe erhält meist eine größere Breite, u. zw. sowohl aus Standfestigkeitsgründen als insbesondere, um zu beiden Seiten der Wand die Fußbodenbretter befestigen zu können.

10. Füllhölzer *(l)*: Laufen die Balken unter einem spitzen Winkel gegen die Umfassungsmauern oder liegen dieselben infolge von Auswechslungen zu weit von den Mauern entfernt, so werden zwecks Auflagerung des Fußbodenbelages zwischen die Balken Füllhölzer, das sind etwa 5 cm starke, hochkantig gestellte Bohlen, eingefügt.

Balkenauflager. Übliche Auflagerlänge = Balkenhöhe. Zwecks Verteilung des Auflagerdruckes der Balken auf eine größere Mauerfläche werden mitunter besondere Unterlagshölzer verwendet, u. zw. entweder sogenannte „Mauerklötze“, flache Bohlenstücke, die an beiden Seiten des Balkens etwas vortretend unter jedem einzelnen Balken angeordnet werden oder „Mauerlatten“ (Rastschließen), die als schwache Balken längs der Mauervorderkante verlegt und mit allen in ihr endigenden Balken verkämmt werden.

Nachteile der Mauerlatte: Sie stört den Mauerverband, schwächt die Mauer und ist, da sie an drei Seiten vollständig ummauert ist, der Gefahr des Verfaulens stark ausgesetzt. Einigen Schutz gegen letzteren Nachteil bietet die Verwendung von Eichen-, Lärchen- oder bestem Kiefernholz.

Aus obigen Gründen sollte die Mauerlatte nur dort Verwendung finden, wo ein schädlicher Einfluß nicht zu befürchten ist, beispielsweise an denjenigen Stellen, wo sich die Mauerstärke über der Balkengleiche verringert, wo die Mauerlatte nicht ummauert zu werden braucht, sondern frei auf dem Mauerabsatz aufliegt. Auf jeden Fall ist die Verwendung von nur bestem kerndurchschnittenem (niemals einstieligem) Holz geboten.

Notwendig wird die Verwendung einer Mauerlatte bei Stichbalkenlagen, wo sie zur besseren Festlegung der kurzen, leichten Stichbalkenhölzer dient, ebenso unter der Dachbalkenlage, bei welcher ohne Schwierigkeit ein Mauerabsatz für die freie Auflagerung der Mauerlatte angeordnet werden kann.

Eine andere Auflagerungsweise der Balken besteht darin, daß die Balkenköpfe nicht in die Mauer hineingeführt werden, sondern auf einem Unterzuge aufliegen, der frei vor der Mauer auf einem Gesims oder auf einzelnen Kragsteinen (Konsolen) aufruht. Vorteile einer solchen Auflagerung sind die größere Dauerhaftigkeit der Balken und die leichte Auswechslungsmöglichkeit.

Schutz des Balkenkopfes: Festes Einmauern desselben unstatthaft. Ziegel an den Seiten des Balkenkopfes trocken und mit geringem Zwischenraum von diesem verlegen, der nicht mit Mörtel gefüllt werden darf. Mauerwerk von der Hirnholzfläche etwa 2 cm entfernt, ebenfalls ohne Ausfüllung der Fuge mit Mörtel. Oberhalb des Balkenkopfes seitliche Anmauerung über die Höhe des Balkens hinaus führen und dieselbe mit einem Stein überdecken, oder, falls dies nicht möglich, die Überdeckung mittels zwei sich strebenartig gegeneinander stützender Ziegel ausführen.

Im Mauerwerk vor dem Balkenkopf, das möglichst nicht unter $^1/_2$ Ziegel betragen soll, offene Fuge lassen, die erst nach Austrocknung des Mauerwerkes mit Mörtel gefüllt wird. Zum Schutz der Unterfläche des Balkenkopfes Asphaltpappe, Zinkblech u. dgl., welche beiderseits einige Zentimeter vorstehen sollen. Anstrich der Balkenköpfe mit Teer, Asphalt, Karbolineum oder Umkleidungen mit Asphaltpappe usw. haben sich nicht bewährt, da dieselben das Austrocknen des meist noch reichlich Feuchtigkeit enthaltenden Balkenholzes behindern.

Verankerungen. Da jede innige Berührung des Mauerwerkes mit den Holzbalken wegen der Gefahr des Faulens der letzteren sorgfältig vermieden werden muß, ergibt sich, um für die Standsicherheit des Gebäudes den notwendigen Zusammenhang zwischen der Balkenlage und dem Mauerwerk zu schaffen, die Notwendigkeit einer Verankerung. Durch zugfeste Verbindung der Außenmauern unter sich muß ein Neigen derselben nach außen wirksam verhindert werden.

Verankerung der Längsmauern: In einer gerade verlaufenden Balkenlage erhält jeder dritte oder vierte Balken an seinen beiden Enden eine Verankerung. Gestoßene Balken müssen zugfest miteinander verbunden werden, wenn dieselben zur Verankerung dienen sollen. Balken, die nicht von Außen- zu Außenwand durchgehen, erhalten die eine Endverankerung in der Zwischenmauer.

Abmessungen und Befestigung der Anker: Flacheisen $^{40}/_{8}$ oder $^{40}/_{10}$, Länge 75÷100 cm, mittels starker Nägel, das etwas aufgebogene Ende mittels einer letzteres umfassenden Kramme, befestigt; das über das Balkenende hinausreichende Ende zu einer Öse umgeschmiedet, durch welche der Splint, das ist ein Flacheisen $^{40}/_{10}$ oder $^{50}/_{10}$, 60÷100 cm lang, durchgesteckt wird. Um das Mauerwerk fest zu packen, Splint möglichst nahe der Außenmauer anordnen. Wo Sichtbarwerden des Splintes zulässig, denselben am zweckmäßigsten ganz auf die Außenfläche der Mauer legen, um eine Störung des Steinverbandes zu vermeiden. Insbesondere bei Ziegelbauten, die nicht geputzt werden, häufig Ausbildung der Splinte als architektonischer Schmuck.

Verankerung der Giebelmauern: In den Giebelwänden, in denen sich keine Balkenauflager befinden, müssen sogenannte „Giebel- oder Zuganker" angeordnet werden, welche die drei oder vier letzten, mit der Wand gleichlaufenden Balken mit der Giebelwand verknüpfen. Um das Aufbringen des Fußbodenbelages nicht zu erschweren, muß das Ankereisen in die Oberfläche der Balken eingelassen werden.

Balkenlagen mit Unterzügen und Zwischensäulen. Die größte freie Länge, auf die unter gewöhnlichen Verhältnissen einfache Holzbalken verwendet zu werden pflegen, beträgt etwa 6 m. Sind die Abmessungen des zu überdeckenden Raumes

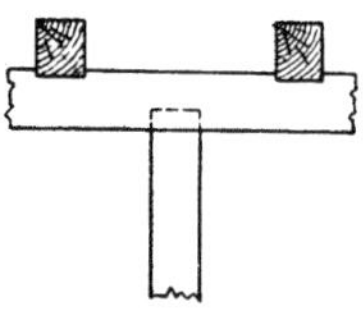

Abb. 190

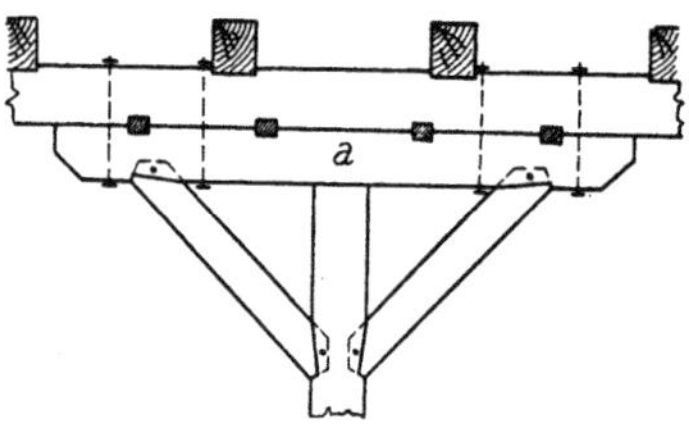

Abb. 191

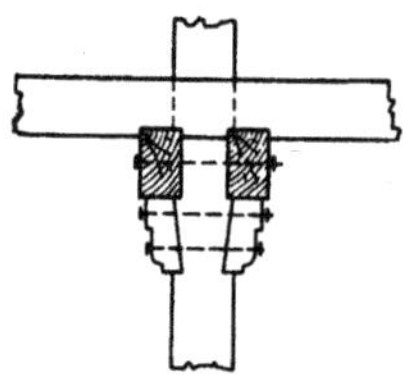

Abb. 192

größer und ist die Verwendung von Holzbalken beabsichtigt, so müssen dieselben an einem oder mehreren Zwischenpunkten unterstützt werden. Dies geschieht durch rechtwinklig zu den Balken angeordnete Unterzüge, die ihrerseits wieder entweder auf den Umfassungsmauern frei aufliegen können oder selbst einer oder mehrerer Zwischenunterstützungen bedürfen.

Wird ein Unterzug durch eine darunter stehende hölzerne Säule unterstützt, so kann die Verbindung der beiden erfolgen durch:

a) bloße Einzapfung der Säule in den Unterzug (Abb. 190), selten angewendet;
b) Anordnung eines Sattelholzes;
c) Anordnung von Kopfbügen;
d) Anordnung eines Sattelholzes mit Kopfbügen (Abb. 191).

Durchgehende Säulen: Sobald sich die Säulen in mehreren Stockwerken übereinander wiederholen, darf die obere Säule nicht auf dem unter ihr liegenden

Balken oder Unterzug aufgestellt werden, da derselbe sonst in ungünstiger Weise quer zur Faserrichtung beansprucht würde. Man läßt deshalb die Säule aus einem Stück durchgehen oder stellt Säule auf Säule, Hirnholz auf Hirnholz. Solange nur eine nur aus einem Holzquerschnitt bestehende Säule verwendet wird, müssen die dann doppelt zu nehmenden Unterzüge und Balken seitlich an der Säule befestigt werden. Eine derartige Verbindung ist aber, selbst wenn dem Balken auf seitlich angeschraubten Holzknaggen ein Auflager gegeben wird, keineswegs einwandfrei, weil die Kraftübertragung hauptsächlich in der schmalen Druckfläche zwischen dem Schaft der Bolzen und dem Holze oder in dem gleichfalls schmalen Berührungsstreifen der etwas in die Säulen eingelassenen Hölzer erfolgt (Abb. 192).

Am zweckmäßigsten erscheint im vorliegenden Falle die Verdoppelung der Säulen. Indem man diese aus zwei nebeneinandergestellten Stücken bildet, gewinnt man gleichzeitig die Möglichkeit, sie in beliebig großer Höhe herzustellen, wenn die Stöße der übereinandergestellten Hölzer entsprechend abwechseln und beide Teile durch Verdübelung und Schrauben zu einem einheitlichen Ganzen verbunden werden. Der Unterzug wird ungeschwächt durch einen Ausschnitt zwischen beiden die Säule bildenden Hölzern hindurchgeführt. Eine weitere Verstärkung durch ein Sattelholz, desgleichen die Anordnung von Kopfbügen ist hiebei ohne weiteres möglich. Eine besonders feste Verbindung aller Teile wird erzielt, wenn nach Abb. 193 die auf dem Unterzug ihre Unterstützung findenden Balken der eigentlichen Balkenlage derart angeordnet werden, daß zwei von ihnen, dichter aneinandergelegt, die Säulen zangenartig umfassen. Derartige Doppelbalken, zu denen dann meist Halbhölzer verwendet werden, gestatten die Anbringung von Kopfbügen auch an den beiden anderen Seiten der Säule.

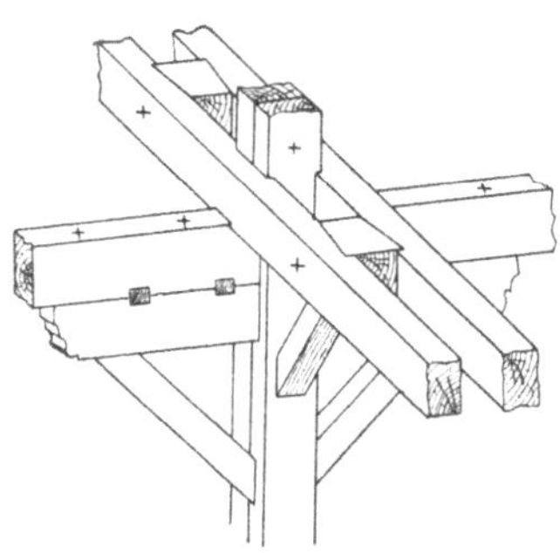

Abb. 193

Die angenäherte und die genaue Berechnung von Deckentragwerken bei Anordnung von Unterzügen nach Herzka[21*]. In der Praxis erfolgt die Berechnung der Balken und Unterzüge eines Deckentragwerkes — einerlei, ob die Balken beiderseits frei aufgelagert oder über den Unterzügen durchgehend als Durchlaufträger angeordnet werden — unter der Annahme, daß der Unterzug für die durch ihn gestützten Balken eine unverschiebliche Auflagerung bildet, daß somit jeder Balken dem Unterzuge den gleichen Lastanteil aufbürdet.

Die wesentliche Aufgabe, die der Unterzug zu erfüllen hat, liegt bekanntlich darin, die auf ihm aufgelagerten Deckenbalken wirksam zu entlasten. Diese Entlastung ist jedoch, wie im nachstehenden gezeigt werden soll, nur bis zu einem gewissen Grade möglich und ist das Maß derselben wesentlich von der dem Unterzuge innewohnenden Biegesteifheit abhängig, die ihn befähigt, dem aus dem elastischen Kräftespiel der Gesamtanordnung hervorgehenden Lastenangriff einen gewissen Biegewiderstand entgegenzusetzen.

Die übliche Annahme, nach welcher die Deckenbalken wie Durchlaufträger mit unverschieblicher Mittelstütze berechnet werden, während anderseits die Querschnittsermittlung des Unterzuges, der mit den für den Durchlaufbalken berechneten Auflagerwerten der Balken belastet gedacht wird, unter der Bedingung einer vollkommen freien Auflagerung erfolgt, steht mit den tatsächlichen Verhältnissen in schärfstem Widerspruch und liefert Ergebnisse, welche bei gewissen Anordnungen zu einer erheblichen Überbeanspruchung des Materiales führen.

Es ist einleuchtend, daß Balken und Unterzug derart zusammenwirken müssen, daß die Durchbiegungen beider an den gemeinsamen Kreuzungsstellen gleich groß werden; andernfalls würde ja, wenn sich etwa der Unterzug unabhängig von den auf ihm aufgelagerten Balken durchbiegen würde, die Wirkung der in Frage stehenden Tragwerksanordnung gänzlich in Frage gestellt.

Ein einfaches Beispiel soll die Ergebnisse einer derartigen unter den oben erwähnten falschen Grundannahmen, sowie der richtig durchgeführten Berechnung vor Augen führen.

Eine Balkendecke sei durch einen im Abstand von je 6 m von Säulen unterstützten Unterzugstrang einmal unterteilt.

Säulenentfernung = freie Stützweite des Unterzuges $L = 6{,}00$ m, die Balkenentfernung (2 Zwischenbalken in je 1 Säulenfeld) betrage $\lambda = 2{,}00$ m, daher $L = 3\lambda$, die freie Stützweite der als Durchlaufträger auszubildenden Balken (gemessen zwischen Endauflager und Unterzugsmitte) sei $\frac{l}{2} = 1{,}00$ m, die Nutzlast einschließlich Eigengewicht des Fußbodenbelages und der Balken $q = 500$ kg/m²:

Die Gesamtbelastung eines Balkens auf seine Gesamtlänge $2\,l$ beträgt

$$Q = q \cdot \lambda \cdot (2\,l) = 500 \cdot 2{,}0 \cdot 2{,}0 = 2000 \text{ kg}.$$

Nach der üblichen Berechnung ergibt sich:
das größte Biegemoment des Balkens

$$M_{b\,max} = \frac{\frac{Q}{2} \cdot \frac{l}{2}}{8} = \frac{\frac{2000}{2} \cdot 1{,}0}{8} \cdot 100 = 12.500 \text{ kg} \cdot \text{cm},$$

das größte Biegemoment des Unterzuges ohne Berücksichtigung seines Eigengewichtes

$$M_{u\,max} = \left(\frac{5}{8} Q\right) \cdot \lambda = \frac{5}{8} \cdot 2000 \cdot 2{,}0 \cdot 100 = 250.000 \text{ kg} \cdot \text{cm}.$$

Für ein Seitenverhältnis $\alpha = \beta = \frac{5}{7}$ des Balkens und des Unterzuges und eine beispielsweise angenommene größte Biegebeanspruchung $\sigma_b = \sigma_u = 60$ kg/m² ergibt sich die erforderliche Balkenhöhe $h = 12{,}1$ cm, die Höhe des Unterzuges $H = 37{,}2$ cm.

Der bei den gewählten Querschnittsabmessungen tatsächlich auftretende Stützenwiderstand berechnet sich ohne Rücksicht auf das Eigengewicht nach Herzka mit Hilfe der Gleichung

$$X = \frac{5 \cdot \left(\frac{l}{\lambda}\right)^3 \cdot \left(\frac{E_u}{E_b}\right) \cdot Q}{8\left(\frac{l}{\lambda}\right)^3 \cdot \left(\frac{E_u}{E_b}\right) + 320\left(\frac{\alpha}{\beta}\right) \cdot \left(\frac{h}{H}\right)^4}, \tag{1}$$

in welcher im vorliegenden Falle $\frac{l}{\lambda} = \frac{E_u}{E_b} = \frac{\alpha}{\beta} = 1$ zu setzen ist, zu $X = 863$ kg das größte Biegemoment des Balkens aus

$$M'_{b\,max} = \frac{Q\,l}{8}\left(1 - \frac{X}{Q}\right)^2 = \left(\frac{1}{6}\alpha \cdot h^3 \cdot \sigma_b\right) \tag{2}$$

zu $M'_{b\,max} = 16.160$ kg · cm,

das größte Biegemoment des Unterzuges aus

$$M'_{u\,max} = Q \cdot \lambda \cdot \left(\frac{X}{Q}\right) = \left(\frac{1}{6}\beta \cdot H^3 \cdot \sigma_u\right) \tag{3}$$

zu $M'_{u\,max} = 172.600\ \text{kg} \cdot \text{cm}$.

Während der Unterzug demnach unter den vorliegenden Verhältnissen eine Entlastung erfährt, wird der Balken in Wirklichkeit eine viel höhere Biegebeanspruchung erfahren, und beträgt diese nach dem Verhältnis der Biegemomente $\frac{16160}{12500} = 1{,}29$ nicht weniger als 29 v. H. **mehr** als die ursprünglich „**angenähert**" berechnete.

Zur Ermittlung richtiger Querschnittsabmessungen führt im vorliegenden Falle nach Herzka folgender einfacher Rechnungsweg:

Die bestmögliche Ausnützung des Unterzugsmateriales besteht nur für ein ganz bestimmtes Verhältnis

$$\frac{h}{H} = 0{,}31716 \sqrt[4]{\left(\frac{l}{\lambda}\right)^3 \cdot \left(\frac{E_u}{E_b}\right) \cdot \left(\frac{\alpha}{\beta}\right)^{-1}}; \tag{4}$$

den bestmöglichen Grad der Ausnützungsmöglichkeit (ν) des Unterzugsmateriales drückt die Gleichung aus

$$\nu_{max} = 0{,}36858 \cdot \left(\frac{\sigma_b}{\sigma_u}\right) \sqrt[4]{\left(\frac{l}{\lambda}\right)^5 \cdot \left(\frac{E_u}{E_b}\right)^3 \cdot \left(\frac{\alpha}{\beta}\right)}. \tag{5}$$

Dem obigen Ausnützungsgrade entspricht als Festwert ein Unterzugswiderstand

$$X_o = 0{,}4449\, Q. \tag{6}$$

Damit berechnet sich

$$X = X_o = 0{,}4449 \cdot 2000 = 890\ \text{kg}.$$

Aus Gleichung (2) wird mit $\sigma_b = 60\ \text{kg/cm}^2$, $h = 12{,}9$ cm und aus Gleichung (4) $H = \frac{12{,}9}{0{,}31716} = 40{,}7$ cm, weiters mit $\nu_{max} = \sim 0{,}369$ die Beanspruchung des Unterzuges

$$\sigma_u = 0{,}369 . 60 = 22\ \text{kg/cm}^2.$$

Durchschneidet man die Balken über dem Unterzuge, so ergeben sich bei der nunmehr standbestimmten Gesamtanordnung

$$h = 12{,}1\ \text{cm}, \quad H = 30{,}4\ \text{cm},$$

man wird daher der Teilung der Balken, falls eine solche zulässig sein sollte, bei der Ausführung den Vorzug geben.

Bei Verwendung von Walzträgern für den Unterzugstrang geht Gleichung (1) unter Berücksichtigung des Eigengewichtes des Unterzuges, das für die Länge λ mit P_λ bezeichnet werden soll, in die Form über

$$X = \frac{\frac{5}{8}\left(\frac{l}{\lambda}\right)^3 \cdot \left(\frac{E_u}{E_b}\right) \cdot \left(\frac{J_u}{J_b}\right) \cdot Q - 44\, P_\lambda}{\left(\frac{l}{\lambda}\right)^3 \cdot \left(\frac{E_u}{E_b}\right) \cdot \left(\frac{J_u}{J_b}\right) + 40} \tag{1 a}$$

Mit $\sigma_u = 1000\ \text{kg/cm}^2$ ergibt sich jetzt nach der üblichen Berechnungsweise für den Unterzug $W_{u\,erf} = \frac{250\,000}{1000} = 250\ \text{cm}^3$, gewählt I 21 (österr. NP) $J = 2865\ \text{cm}^3$, Eigengewicht des Walzträgers $p = 31{,}8$ kg/m. Die Balkenhöhe beträgt wie früher $h = 12{,}1$ cm.

Die Gleichungen (1 a), (2) und (3) ergeben bei den jetzigen Abmessungen

$$X = 611{,}7 \text{ kg}, \quad M''_b = 24\,092 \text{ kg} \cdot \text{cm}, \quad M''_u = 122\,340 \text{ kg} \cdot \text{cm}.$$

Die tatsächliche Beanspruchung der Balken beträgt demnach in diesem Falle gegenüber der mit 60 kg/cm² als zulässig angenommenen

$$\sigma_b = \frac{24\,092}{\frac{5}{7} \cdot \frac{12{,}1^3}{6}} = \boxed{114 \text{ kg/cm}^2},$$

die Beanspruchung des Unterzuges $\sigma_u = 490$ kg/cm².

Der genaue Rechnungsgang ist im vorliegenden Falle folgender:

Wird in Gleichung (1 a) vorläufig $X = \frac{Q}{2}$ angenommen, so kann dieselbe auch geschrieben werden

$$\frac{1}{8}\left(\frac{l}{\lambda}\right)^3 \cdot \frac{E_u}{E_b} \cdot \frac{J_u}{J_b} = 44\,\frac{P\lambda}{Q} + 20 = \xi; \tag{7}$$

J_b ergibt sich wie früher mit Hilfe der Gleichung (2) zu $J_b = 1276$ cm⁴.

In Gleichung (7) das Glied $\left(44\,\frac{P\lambda}{Q}\right)$ vorderhand vernachlässigt, ermöglicht die Beziehung

$$\xi' = \frac{1}{8} \cdot 1 \cdot \frac{2\,100\,000}{110\,000} \cdot \frac{J'_u}{1276} = 20$$

die Berechnung von $J'_u = 10\,745$ cm³; gewählt I 30, $J = 10\,870$ cm⁴; somit

$$p = 60{,}1 \text{ kg/m}, \quad P_\lambda = 60{,}1 \cdot 2 = 120 \text{ kg}.$$

Genau ergibt sich nunmehr aus Gleichung (7) mit $\xi = \frac{1}{8} \cdot 1 \cdot 19{,}1 \cdot \frac{J_u}{1276} = 22{,}64$

$$J = 12\,164 \text{ cm}^4.$$

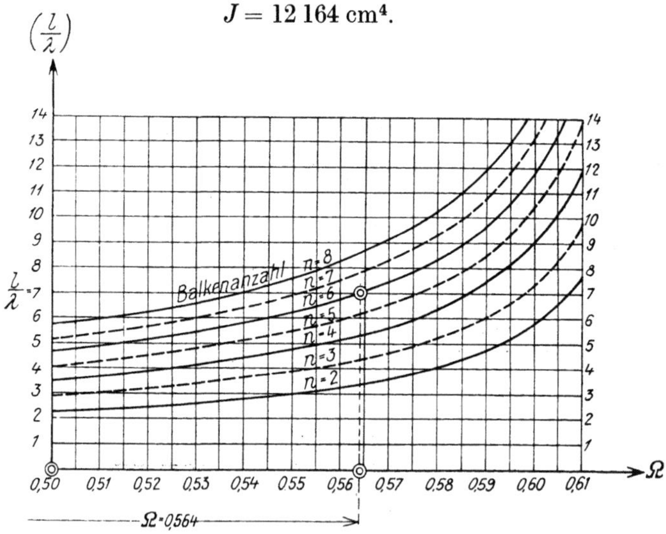

Abb. 194

Da die Biegebeanspruchung des Balkens, und nur diese kann hier in Frage kommen, wie die Nachrechnung zeigt, die zulässige Grenze nur wenig überschreitet, kann das gewählte Walzträgerprofil beibehalten werden.

Aus den Gleichungen (1 a), (2) und (3) ergibt sich

$$X = 976 \text{ kg}, \quad M_b = 13\,107 \text{ kg}\cdot\text{cm}, \quad M_u = 195\,200 \text{ kg}\cdot\text{cm},$$

daher

$$\sigma_b = 62 \text{ kg/cm}^2, \quad \sigma_u = 226 \text{ kg/cm}^2.$$

In ähnlicher Weise wie bei den bis jetzt behandelten einfachen Beispielen erfolgt auch die Berechnung bei einer größeren Anzahl von Balkenfeldern.

Für die praktische Verwendung wurden die Berechnungsformeln in einer Tabelle (s. Seite 191) zusammengestellt. Zur unmittelbaren Ermittlung der in den genannten Formeln vorkommenden Ω-Werte dient die Tafel, Abb. 194.

$$\frac{E_u}{E_b} = n; \quad \frac{\sigma_u}{\sigma_b} = \varphi$$

Die zweckmäßige Benützung der Berechnungsformeln soll an Hand der folgenden Beispiele erläutert werden.

1. Beispiel:

$$L = l = 8{,}4 \text{ m}; \qquad \lambda = 1{,}2 \text{ m}; \qquad q_o = 500 \text{ kg/m}^2; \qquad \sigma_b = 80 \text{ kg/cm}^2.$$

$$Q = 500 \cdot 8{,}4 \cdot 1{,}2 = 5040 \text{ kg};$$

$$\text{mit } \alpha = \frac{5}{7} \text{ wird } h = 24, \qquad b = 17{,}2 \text{ cm}, \qquad J_b = 19\,814 \text{ cm}^4;$$

$$\frac{l}{\lambda} = 7{,}0, \qquad l = 7\,\lambda \text{ (6 Balken)}.$$

Für $\frac{l}{\lambda} = 7$ und 6 Balken ergibt sich aus der Tafel Abb. 194 $\Omega' = 0{,}564$, daher das Unterzugsmoment bei vorläufiger Vernachlässigung des Eigengewichtes P_λ des Unterzuges aus

$$M''_u = [0{,}58572 + 5{,}06284 \cdot 0{,}564] \cdot 5040 \cdot 120 = 2\,081\,210 \text{ kg}\cdot\text{cm},$$

$$\text{woraus } H' = 60 \text{ cm } \left(\beta = \frac{5}{7}\right).$$

$$P'_\lambda = \frac{5}{7} H''^2 \cdot \gamma \cdot \lambda = \frac{5}{7} \cdot 60^2 \cdot 0{,}0008 \cdot 120 = 247 \text{ kg},$$

somit

$$M'_u = \left[6{,}125 \frac{P'_\lambda}{Q} + 3{,}44116\right] Q \cdot \lambda = 2\,262\,756 \text{ kg}\cdot\text{cm und } H = 62 \text{ cm}.$$

Der genaue Ω-Wert berechnet sich nunmehr zu

$$\Omega = 0{,}625 \frac{\xi - 31{,}64 - 292{,}8 \cdot \frac{P_\lambda}{Q}}{\xi + 148{,}36} = 0{,}5655,$$

$$\text{wobei } \xi = \frac{1}{8} \cdot \left(\frac{l}{\lambda}\right)^3 \cdot \frac{J_u}{J_b} = 1903{,}5, \quad P_\lambda = 264\ kg, \quad J_u = \frac{1}{12} \cdot \frac{5}{7} \cdot H^4 = 879\,544 \text{ cm}^4.$$

Das tatsächliche Unterzugsmoment beträgt

$$M_u = \left[6{,}125 \frac{P_\lambda}{Q} + 0{,}58572 + 5{,}06284 \cdot 0{,}5655\right] = 2\,279\,850 \text{ kg}\cdot\text{cm}$$

und die Inanspruchnahme des Unterzuges

$$\sigma_u = 80{,}4 \text{ kg/cm}^2.$$

2. Beispiel:

$L = 9{,}00 \text{ m}$; $l = 5{,}0 \text{ m}$; $\lambda = 1{,}0 \text{ m}$; $q_o = 500 \text{ kg/m}^2$; ${}_{Holz}\sigma_{zul} = 80 \text{ kg/cm}^2$, ${}_{Eisen}\sigma_{zul} = 1000 \text{ kg/cm}^2$

a) Holzunterzug:

$$\frac{l}{\lambda} = 5{,}0; \quad \frac{\alpha}{\beta} = 1; \quad \varphi = 1; \quad n = 1.$$

Balkenstützweite $\frac{l}{2} = 2{,}5$ m; für $\frac{\frac{l}{2}}{q} = \frac{250}{5} = 50$ ergibt sich mit Hilfe der Tabelle, S. 129:

$$h = \left[6{,}67 - \frac{6.0{,}83}{22}\right] \cdot 2{,}5 = 16{,}0 \text{ cm.}$$

Wie aus der Tafel Abb. 194 zu ersehen, wird für $\frac{l}{\lambda} = 5{,}0$ und 9 Balkenfelder (8 Balken) $\Omega < 0{,}5$, es kann daher mit den Formeln für $\Omega = 0{,}5$ gerechnet werden:

$$Q = 500 \cdot 5{,}0 \cdot 1{,}0 = 2500 \text{ kg}, \quad X = \tfrac{1}{2} Q = 1250 \text{ kg}.$$

$$\frac{h}{H'} = 0{,}0879 \sqrt[4]{5{,}0^3} = 0{,}2938, \quad H' = 54{,}5 \text{ cm}.$$

$$\nu' = 0{,}1132 \sqrt[4]{5{,}0^5} = 0{,}8494; \quad \sigma'_u = 80 \cdot 0{,}8494 = 68{,}0 \text{ kg/cm}^2.$$

Eigengewicht des Unterzuges für die Länge λ angenähert:

$$P'\lambda = \frac{5}{7} H'^2 \cdot \gamma \cdot \lambda = 170 \text{ kg, wobei } \gamma = 0{,}0008 \text{ kg/cm}^3.$$

$$4040 \left(\frac{P\lambda}{Q}\right) = 274{,}03; \quad \frac{1}{8}\left(\frac{l}{\lambda}\right)^3 \cdot n \cdot \frac{H^4}{h^4} = 2369{,}81 \text{ und hieraus } H = 56{,}2 \text{ cm.}$$

Das genaue Gewicht des Unterzuges $P\lambda = \frac{5}{7} \cdot 56{,}2^2 \cdot 0{,}0008 \cdot 100 = 180$ kg.

Das tatsächliche Unterzugsmoment ergibt sich nunmehr zu

$$M_u = \left[10{,}125 \frac{P\lambda}{Q} + 5{,}21052\right] Q \cdot \lambda = 1\,485\,200 \text{ kg} \cdot \text{cm}, \quad \sigma_u = \frac{1\,485\,200}{\frac{5}{7} \cdot \frac{56{,}2^3}{6}} = 71 \text{ kg/cm}^2.$$

Nachprüfung des Ω-Wertes:

Mit $\xi = 2369{,}81$ und $P\lambda = 180$ kg wird

$$\Omega = 0{,}625 \frac{2369{,}81 - 94{,}49 - 808 \cdot \frac{180}{2500}}{2369{,}81 + 405{,}51} = 0{,}499$$

b) Eiserner Unterzug:

$$n = \frac{E_u}{E_b} = 20, \quad h = 16, \quad J_b = \frac{1}{12} \cdot \frac{5}{7} \cdot 16^4 = 3901 \text{ cm}^4.$$

Aus $2095{,}781 = \frac{1}{8} \cdot 5{,}0^3 \cdot 20 \cdot \frac{J_u}{3901}$ ergibt sich

$J_u = 26\,162$ cm⁴, gewählt I 40 (österr. Profil) $J = 32\,317$ cm⁴, $p = 102{,}3$ kg/m.

$$\xi = \frac{1}{8} \cdot 5{,}0^3 \cdot 20 \cdot \frac{32\,317}{3901} = 2588{,}2, \quad P\lambda = 102{,}3 \text{ kg}.$$

Mit diesen Werten wird $\Omega = 0{,}514 > \frac{1}{2} Q$, das tatsächliche Unterzugsmoment ist daher mittels der Formel zu berechnen:

$$M_u = \left(10{,}125 \frac{P\lambda}{Q} + 1{,}0526 + 8{,}31584\,\Omega\right) \cdot Q \cdot \lambda = 1\,435\,315 \text{ kg} \cdot \text{cm}$$

und mit $W_u = 1615{,}8$ cm³ ergibt sich

$$\sigma_u = 888 \text{ kg/cm}^2.$$

Tabelle für die Berechnung durch einen Unterzug gestützter Deckentragwerke

Stützweite l des Unterzuges = Anzahl der Balkenfelder	$\xi = \frac{1}{8}\left(\frac{l}{\lambda}\right)^3 \cdot \frac{E_u}{E_b} \cdot \frac{J_u}{J_b} =$	**Unterzugswiderstand** in oder nächst der Unterzugsmitte $X_m = \Omega \cdot Q$	Für $\Omega > 0,5$ **Unterzugsmoment** $M_u = \left[\frac{p\,L^2}{8\,Q\,\lambda} + a + b \cdot \Omega\right] \cdot Q \cdot \lambda$			Für $\Omega = 0,5$ **Unterzugsmoment** $M_u = \left[\frac{p\,L^2}{8\,Q\,\lambda} + c\right] Q \cdot \lambda$		$\frac{h}{H} = A \sqrt[4]{\left(\frac{l}{\lambda}\right)^3 \cdot \frac{E_u}{E_b} \cdot \frac{\beta}{\alpha}}$	$\nu_{max} = \frac{B}{\sqrt[4]{\left(\frac{l}{\lambda}\right)^5 \cdot \left(\frac{E_u}{E_b}\right)^3 \cdot \frac{\alpha}{\beta}}} \cdot \frac{\sigma_u}{\sigma_b}$
		$\Omega =$	$\frac{p\,L^2}{8\,Q\,\lambda}$	a	b	$\frac{p\,L^2}{8\,Q\,\lambda}$	c	A	B
$2\,\lambda$	$4 + 10\,\frac{P\lambda}{Q}$	$\frac{5}{8} \cdot \frac{\xi - 2\,\frac{P\lambda}{Q}}{\xi + 1}$	$0,5\,\frac{P\lambda}{Q}$	—	0,5	$0,5\,\frac{P\lambda}{Q}$	0,25	0,4205	0,5946
$3\,\lambda$	$20 + 44\,\frac{P\lambda}{Q}$	$\frac{5}{8} \cdot \frac{\xi - 8,8\,\frac{P\lambda}{Q}}{\xi + 5}$	$1,125\,\frac{P\lambda}{Q}$	—	1	$1,125\,\frac{P\lambda}{Q}$	0,5	0,2812	0,3557
$4\,\lambda$	$79,09 + 160\,\frac{P\lambda}{Q}$	$\frac{5}{8} \cdot \frac{\xi - 3,16 - 32\,\frac{P\lambda}{Q}}{\xi + 15,84}$	$2,0\,\frac{P\lambda}{Q}$	0,179688	1,7125	$2,0\,\frac{P\lambda}{Q}$	1,035938	0,1994	0,2628
$5\,\lambda$	$186,31 + 372\,\frac{P\lambda}{Q}$	$\frac{5}{8} \cdot \frac{\xi - 6,4 - 74,4\,\frac{P\lambda}{Q}}{\xi + 38,6}$	$3,125\,\frac{P\lambda}{Q}$	0,235215	2,623656	$3,125\,\frac{P\lambda}{Q}$	1,54704	0,1609	0,2064
$6\,\lambda$	$414,82 + 810\,\frac{P\lambda}{Q}$	$\frac{5}{8} \cdot \frac{\xi - 18,86 - 162\,\frac{P\lambda}{Q}}{\xi + 80,14}$	$4,5\,\frac{P\lambda}{Q}$	0,472222	3,7444	$4,5\,\frac{P\lambda}{Q}$	2,34444	0,1318	0,1716
$7\,\lambda$	$751,79 + 1464\,\frac{P\lambda}{Q}$	$\frac{5}{8} \cdot \frac{\xi - 31,64 - 292,8\,\frac{P\lambda}{Q}}{\xi + 148,36}$	$6,125\,\frac{P\lambda}{Q}$	0,585724	5,062840	$6,125\,\frac{P\lambda}{Q}$	3,11714	0,1135	0,1461
$8\,\lambda$	$1327,28 + 2560\,\frac{P\lambda}{Q}$	$\frac{5}{8} \cdot \frac{\xi - 62,73 - 512\,\frac{P\lambda}{Q}}{\xi + 253,27}$	$8,0\,\frac{P\lambda}{Q}$	0,88086	6,590625	$8,0\,\frac{P\lambda}{Q}$	4,17617	0,0985	0,1278
$9\,\lambda$	$2095,78 + 4040\,\frac{P\lambda}{Q}$	$\frac{5}{8} \cdot \frac{\xi - 94,49 - 808\,\frac{P\lambda}{Q}}{\xi + 405,51}$	$10,125\,\frac{P\lambda}{Q}$	1,05260	8,315842	$10,125\,\frac{P\lambda}{Q}$	5,21052	0,0879	0,1132

Dübelbalken (Dippel).[18*]) Im Gegensatz zu den bisher besprochenen Balkenlagen, welche lediglich das Gerüst der Zwischendecken bilden, stellt das Dübelgebälk zugleich eine geschlossene Decke (die sogenannte Dübel- oder Dippeldecke) dar. Diese besteht aus unmittelbar nebeneinanderliegenden, unten und an beiden Seiten eben zugehauenen oder zugesägten, oben aber nur von der Rinde und dem Bast befreiten („baumwalzig“ belassenen) Balken, den „Dübelbäumen“ (aus Fichten- oder Tannenholz), welche etwa alle 2 m durch Hartholzdübel (Abb. 195a) verbunden werden.

Querschnittshöhe der Dübelbalken bei gewöhnlicher Belastung etwa $^1/_{30}$ der freiliegenden Länge. Auflager bei 3 m langen Balken mindestens 8 cm, bei längeren Balken mindestens 12 cm.

Zwecks Abhaltung der Mauerfeuchtigkeit von den Balkenköpfen muß zwischen dem Hirnende der Dübelbäume und dem Mauerwerk stets ein Luftraum von $1^1/_2$ bis 2 cm verbleiben, der auch durch trocken verlegte, aufrechtstehende Dachziegel oder durch lärchene „Hirnladen“ ausgefüllt werden kann.

Auflagerung der Dübelbäume: Bei 3 bis 4 m langen Bäumen flache Mauerlatten („Rastladen“) 8 bis 10 cm breit, 4 bis 5 cm hoch, bei längeren stärkere Mauerlatten („Rastschließen“) bis 10 cm hoch, welche am Ende mit dem Mauerwerk verankert einen guten Längsverband bilden. Für Mauerlatten wegen Fäulnisgefahr Eichen-, Buchen- oder Lärchenholz verwenden.

Auswechslungen: Bei Rauchfängen und dort, wo in der Decke Öffnungen ausgespart werden sollen, müssen die Balken ausgewechselt werden. Kleinstzulässiger Zwischenraum zwischen Wechsel und Rauchfangmauerwerk 3 cm. Befestigung des Wechsels in den Dübelbäumen mittels Brustzapfen (Abb. 195b). Ebenso sind die Stichbalken mit dem Wechsel zu verzapfen und mit demselben durch Klammern zu verbinden. Wegen der Umständlichkeit der Auswechslung und, um auch bei größeren Spannweiten schwache Dübelbäume verwenden zu können, werden die Dübelbäume auch zwischen, in Entfernungen von 2,5 bis 3,0 m angeordnete Walzträger eingelegt, die dann gleichzeitig zur Anbringung der erforderlichen Verankerungen verwendet werden.

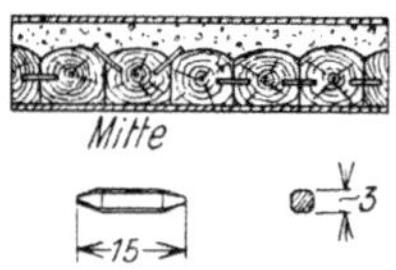

Abb. 195a

Abb. 195b

Verputz: Die Unterfläche der Dübelbäume wird berohrt und verputzt.

Verlegung der Dübelbäume: Diese erfolgt von beiden Enden des Raumes aus, gegen die Mitte zu. Damit man den letzten (mittleren) Dübelbaum einbringen kann, steckt man seine Dübel schief von oben ein (Abb. 195a).

Vorteile der Dübeldecken: Große Widerstandsfähigkeit gegen Feuersgefahr. Nach österreichischer Vorschrift wird auf die Dübeldecke eine 8 cm starke Überschüttung von Sand oder Lehm aufgebracht und auf dieser erst der Fußboden verlegt. In Wien ist für diejenige Decke, die das Dach vom obersten bewohnten Geschoß trennt, eine Massiv- oder aber eine Dübeldecke vorgeschrieben. Die Dübelbäume dürfen nirgends mit den zum eigentlichen Dachverbande gehörenden Hölzern zusammenstoßen, so daß auf diese Weise ein Brand des Dachstuhles von den darunterliegenden Geschossen ferngehalten wird.

Nachteile der Dübeldecken: Großer Aufwand an Mauerwerk, da die Mauern in jedem Geschoß um 15 cm verstärkt werden müssen; großes Gewicht der Decke und erhöhte Fäulnisgefahr für die Balkenköpfe.

C. Die Zwischendecken[20*])

Die Balkenzwischenräume werden durch die Zwischendecken ausgefüllt. Diese Ausfüllung hat den Zweck, die Decken wärmeundurchlässig, schalldicht und feuersicherer zu machen; auch soll durch die Ausfüllung das Eindringen oben auftreffender Feuchtigkeit verhindert werden. Hohlräume in Balkenlagen sind mit der Außenluft in Verbindung zu bringen.

Die Einschubdecke. Die gebräuchlichste Zwischendecke ist die Einschubdecke (Abb. 196). Diese besteht aus rauhen, gesäumten, 2,5 cm starken Brettern oder Schwarten von 3 bis 4 cm mittlerer Stärke, welche auf seitlich an die Balken genagelten $^4/_6$ cm starken Latten liegen. Die Fugen zwischen den einzelnen Brettern

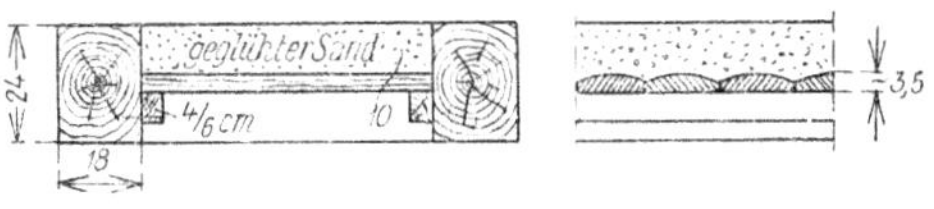

Abb. 196

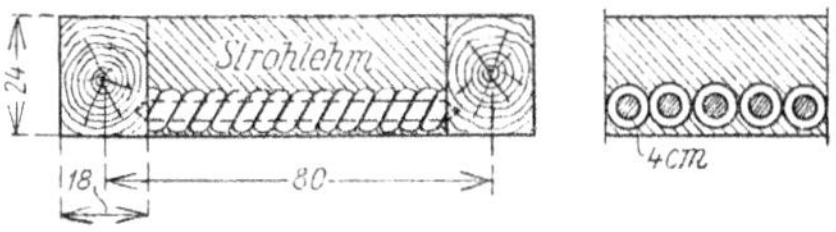

Abb. 197

werden mit Lehm verstrichen oder es wird über die Brettlage Dachpappe gelegt. Die bis Balkenoberkante reichende Ausfüllung muß mindestens 10 cm hoch sein.

An Stelle der Bretter oder Schwarten werden häufig auch Gipsdielen, Tektondielen, Hohlkörper aus Gips und Ton u. dgl. verwendet.

Windel- oder Wickelböden. Zwecks Bildung der Zwischendecke werden auch 5 bis 6 cm starke Stakhölzer (Holzstangen) mit seilartigen (in Lehmbrei getauchten)

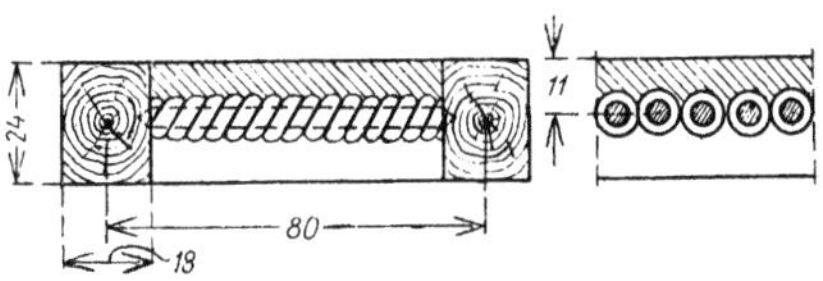

Abb. 198

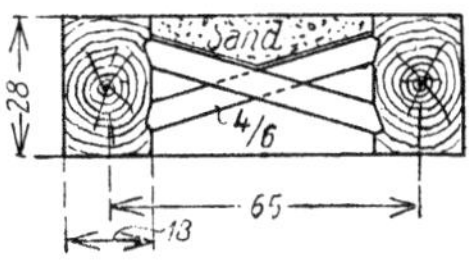

Abb. 199

Strohbündeln (Lehmstroh) umwickelt, zwischen die Balken, in welchen entsprechende Nuten ausgearbeitet werden, eingeschoben und fest aneinandergetrieben. Darüber erfolgt eine Ausfüllung mit Strohlehm.

a) Der ganze Windelboden: Diese Ausführung (Abb. 197) ist selten, da die Decke wohl dicht und warm, aber sehr schwer ist. Die Stakung befindet sich hier 6 cm von der Balkenunterkante.

b) Der halbe Windelboden: Die Nuten werden etwa 10 bis 12 cm von der Balkenoberkante entfernt angeordnet (Abb. 198).

c) Der gestreckte Windelboden: Über die Balken werden schwache Hölzer (häufig gespaltene Lattstämme von 8 bis 14 cm Durchmesser) mit der Spaltfläche nach unten möglichst dicht nebeneinandergelegt. Hierauf wird eine dünne Schichte mit Lehm gemengten Krummstrohes und auf dieser ein fest geschlagener Lehmestrich von 8 bis 10 cm Dicke aufgebracht.

Die Kreuzstakung. Diese wird bei hohen Balken, die weit freiliegen, verwendet, um die Tragfähigkeit und Steifigkeit der Decke zu vergrößern (Abb. 199). Jeder Balken erhält oben und unten Falze, in die kreuzweise die nicht umwickelten Stakhölzer eingesetzt werden. Auf die Stakhölzer kommt Dachpappe und darüber eine Auffüllung von Lehm oder geglühtem Sand. Die Balken müssen untereinander und mit den Wänden verankert werden.

Verkleidung der unteren Deckenfläche

Unverputzte Decken.

a) Schalung aus gesäumten Brettern mit Deckleisten: Die einzelnen Schalbretter sind 14 bis 16 cm breit und 2,5 cm stark (Abb. 200). Die Deckleisten (2,5/5 cm) sind einfach profiliert (Schräge, Hohlkehle); die Nagelung der Deckleisten darf nur an einem Brett erfolgen.

b) Stülpschalung: Die erste 2,5 cm starke Brettlage wird mit 8 ÷ 10 cm breiten Zwischenräumen verlegt. Die Deckbretter sind 2,5 cm stark, 12 ÷ 14 cm breit und erhalten ein einfaches Profil (Schräge, Hohlkehle, Rundstab), Abb. 201. Die Nagelung erfolgt, sollen Risse in den Deckbrettern möglichst vermieden werden, in der aus Abb. 231 zu ersehenden Weise.

c) Gestäbte und gespundete Schalung: Die einzelnen Schalbretter sind 2,5 bis 3 cm stark und 14 bis 16 cm breit. Entweder wird die ganze Deckenfläche

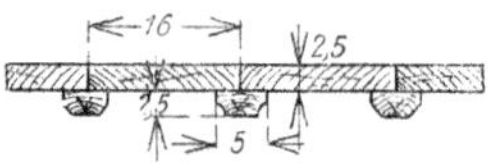

Abb. 200

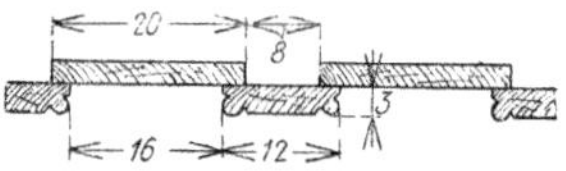

Abb. 201

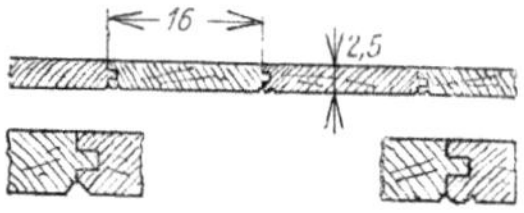

Abb. 202

aus gespundeten Brettern gebildet (Abb. 202) oder nur der zwischen den Balken gelegene Teil derselben. In letzterem Falle bleiben die Balken sichtbar und werden gehobelt und profiliert. Die Bretter können auch zu einfachen Mustern zusammengesetzt werden.

Geputzte Decken. Bei der gebräuchlichen Herstellungsweise geputzter Decken wird zunächst eine Schalung aus 1,5 bis 2 cm starken Brettern an die Unterfläche der Balken senkrecht zu deren Richtung genagelt. Die Nägel müssen in abwechselnden Richtungen etwas schräg eingetrieben werden, damit das Herausziehen derselben aus den Balken und damit das Abfallen ganzer Deckenflächen sicher vermieden wird. Die Breite der Bretter darf nur gering sein, zu breite Bretter müssen daher gespalten werden, damit das Arbeiten des Holzes, welches beim Putzen Feuchtigkeit aufnimmt und später wieder trocknet, auf kleine Flächen beschränkt bleibt. Als eigentliche Putzträger werden Schilfrohrstengel verwendet. Das Rohr muß gut ausgereift, von gelber Farbe und von allen Blättern befreit sein. Die etwa 0,7 cm starken Stengel werden durch ausgespannte Drähte derart unter der Schalung befestigt, daß sie senkrecht zur Faserrichtung der Schalung liegen. Der 1,3 bis 1,6 mm starke Draht muß gut ausgeglüht sein und wird mit breitköpfigen Nägeln so befestigt, daß er einmal um die in 10 cm Entfernung eingetriebenen Nägel herumgewickelt wird. Die Entfernung der Drähte beträgt 10 bis 15 cm.

An Stelle der Berohrung aus einzelnen Rohrstengeln werden vielfach auch Rohrmatten (d. s. fertige Rohrgewebe) verwendet, welche sowohl mit einfacher als mit doppelter Rohrlage hergestellt werden. Die Befestigung erfolgt entweder auf Schalung oder auch an einzelnen, in 20 cm Entfernung von einander an die Balken genagelten Latten ($^4/_6$). Beim Nebeneinandernageln der einzelnen Rohrmatten ist darauf zu achten, daß die Stengel der einen Rolle über die der anderen hinübergreifen, damit die Bildung von Putzrissen an den Stoßstellen sicher vermieden wird. Ganz besonders haltbar und für Decken mit reicheren Stuckverzierungen zu empfehlen ist die Anbringung zweier einfacher Rohrgewebe übereinander mit rechtwinkliger Kreuzung der Rohrstengel.

Außer auf Schilfrohr kann der Deckenputz auch auf Gipsdielschalung, Drahtziegelgewebe (Staußsche Decke) oder Drahtgewebe (Rabitzdecke) ausgeführt werden. Weniger gut eignen sich Holzlatten (Holzmatten) als Putzträger; diese nehmen beim Putzen Feuchtigkeit auf, trocknen später zusammen und halten den Putz dann nicht mehr sicher.

D. Balkendecken zwischen Eisenträgern

Diese Decken sind wesentlich dauerhafter und widerstandsfähiger als gewöhnliche Holzbalkendecken, weil bei ihnen die Balkenköpfe mit dem Mauerwerk überhaupt nicht in Berührung kommen und die wenigen, an den Auflagern ganz eingemauerten Eisenträger die tragenden Mauern nicht schwächen. Die Decken schwingen auch weniger, haben geringere Stärken, sind aber etwas teurer als gewöhnliche Balkendecken.

Das erforderliche Walzträgerprofil kann nach Berechnung des der gegebenen Belastung und der Balkenanordnung entsprechenden größten Biegemoments unmittelbar der Tafel Abb. 203 entnommen werden.

Bestimmung des erforderlichen Walzträgerprofiles aus dem Biegemoment

($\sigma_e = 1200$ kg/cm²)

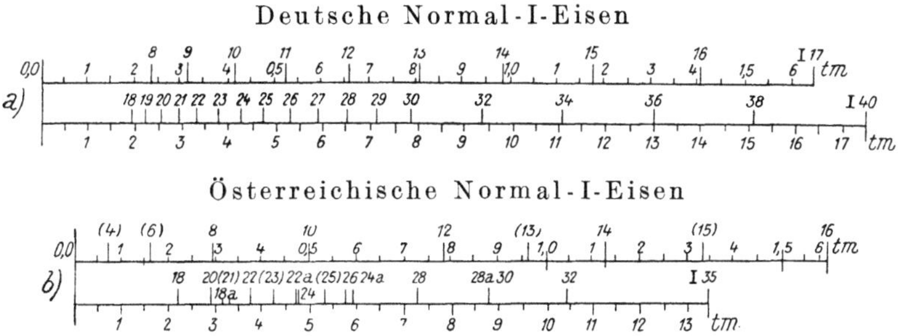

Abb. 203

Die Eisenträger (I- oder [-Träger) werden in Abständen von 2 bis 4 m voneinander angeordnet und reichen etwa 30 cm tief in die tragenden Mauern, woselbst sie auf entsprechend große Stein- oder Eisenplatten gelegt und mittels Schließen mit den Mauern verankert werden. Der Trägerabstand richtet sich nach der Tiefe des überspannten Raumes und nach der Verteilung der Fensterpfeiler; je tiefer der Raum, desto enger soll im allgemeinen der Trägerabstand gewählt werden, um keine zu schweren Träger verwenden zu müssen.

Zwischen den versetzten Trägern werden die Holzbalken in 0,75 bis 1,05 m Entfernung voneinander angeordnet. Je nachdem die Deckenuntersicht vollständig eben sein soll oder die Eisenträger mehr oder weniger sichtbar sein können, ergeben sich verschiedene Möglichkeiten der Auflagerung der Holzbalken auf den Eisenträgern und der Verbindung der beiden miteinander.

Ist es zulässig, die Holzbalken unmittelbar auf die Träger zu legen (Werkstätten, Fabriken, Lagerräume usw.), so werden erstere an der Unterseite so weit ausgeschnitten, daß der obere Trägerflansch in das Holz hineingreift und von diesem fest umspannt wird. Auf diese Weise erhalten die Eisenträger eine sehr wirksame Aussteifung und eine Sicherung gegen das seitliche Ausweichen ihres oberen gedrückten Flansches.

Sollen Eisenträger und Holzbalken oben bündig gehen (wobei für erstere eine wesentlich größere Höhe angenommen sein soll als für die Holzbalken), so kann die Auflagerung der Holzbalken mittels an die Träger genieteter und mit den Balken verschraubter Winkeleisen erfolgen.

Gewöhnlich liegen jedoch die Holzbalken auf den Unterflanschen der Eisenträger auf (Einschubdecken), in welche sie an Ort und Stelle genau eingepaßt werden müssen, und zwar derart, daß sie sich an die Träger ganz anschmiegen und mit den Trägerunterkanten bündig liegen. Je zwei einander am Träger gegenüberliegende Balken werden unter dem Unterflansch hinweg durch Flachklammern verbunden und, um ein Verschieben zu verhindern, gegen die Träger verkeilt.

Soll an der Unterseite der Balken und Eisenträger eine einheitlich geputzte Decke hergestellt werden, so muß bei Anbringung der Deckenschalung und Berohrung dafür gesorgt werden, daß die Berohrung nicht unmittelbar an dem Träger anliegt, da sonst wegen der guten Wärmeleitung des Eisens Streifen im Putz entlang der Eisenfläche unvermeidlich sind. Zur Vermeidung dieses Übelstandes, der sich häufig sehr unangenehm bemerkbar macht, muß zwischen Eisen und Berohrung eine schlecht leitende Zwischenschichte (Asbestpappe) eingeschaltet werden. Gut bewährt hat sich diesbezüglich die vom Verfasser mehrfach verwendete Verkleidung der Trägerunterschicht mit einem gewöhnlichen Schalbrett, welches in der aus Abb. 204 zu ersehenden Weise (unter Einschaltung einer Luftzwischenschichte zwischen Träger und Schalbrett) mittels durch die entsprechend gelochten Klammern gesteckter, mit dem umgebogenen Ende in das Holz geschlagener verzinkter Eisenstifte befestigt wird.

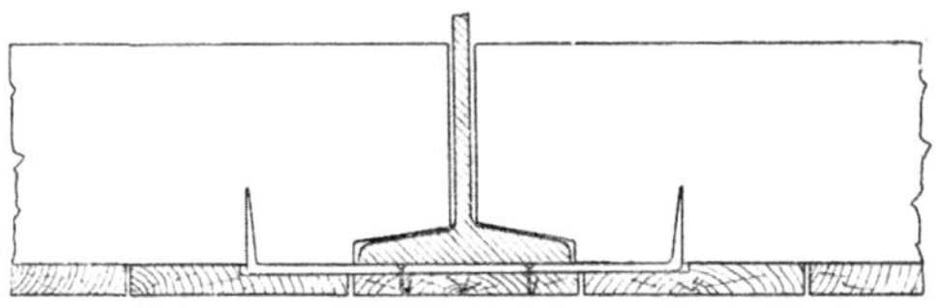
Abb. 204

Für die Auflagerung der Holzbalken am Trägerflansch eignen sich naturgemäß am besten breitflanschige Träger. Sollten bei gewöhnlichen Walzträgern die Flanschen zu schmal sein, so können die gegenüberliegenden Balken auch über den oberen Trägerflansch hinweg mittels Hängeeisen verbunden werden.

Die Balken der Endfelder dürfen keinesfalls eingemauert werden, da die eingemauerten Balkenköpfe leicht anfaulen. Bei vorhandenem Mauerabsatz legt man einen Rastladen auf den Absatz und auf diesen die Balkenköpfe; fehlt der Mauerabsatz, so ordnet man für die Auflagerung der Endbalken [-Träger an.

Die sonstige Ausführung von Balkendecken zwischen Eisenträgern erfolgt in gleicher Weise wie bei gewöhnlichen Balkendecken.

E. Österreichische Balkendecken[17*])

Unter obiger Bezeichnung sollen die in den Ländern der früheren österreichisch-ungarischen Monarchie gebräuchlichen Ausführungsweisen hölzerner Balkendecken verstanden werden, welche gegenüber den in Deutschland üblichen einige bemerkenswerte Unterschiede aufweisen.

Zwecks Erhöhung der Widerstandsfähigkeit der Decken gegen die Fortpflanzung eines Feuers von einem Stockwerk zum andern, werden die Fußbodenbretter (bzw. Blindbodenbretter) bei den österreichischen Balken- (Tram-) Decken im allgemeinen nicht unmittelbar auf den Trämen befestigt, sondern auf besonderen Polsterhölzern (Fußbodenlagern), welche in die Beschüttung eingebettet sind.

Die Träme erhalten gewöhnlich eine obere durchgehende 2,5 bis 3,5 cm dicke Sturzschalung aus gestülpten oder enganschließenden Brettern mit Fugendeckleisten ($^2/_6$ cm), auf welche die mindestens 8 cm starke Deckenbeschüttung aufgetragen wird. Die Sturzschalung soll nicht unmittelbar auf die Träme gelegt werden, sondern auf dünne, schmale Latten auf diesen, damit auch zu den Tramoberflächen Luft gelangen kann. Ist die oberste Decke (gegen das Dach) eine Tramdecke, so erhält sie eine doppelte Sturzschalung, um bei einem Brand genügend Sicherheit gegen das Durchschlagen etwa niederstürzender Dachstuhlhölzer zu bieten.

Einfache Tram- oder Sturzdecke. Die einfache Tram- oder Sturzdecke mit entsprechend starker Sturzschalung, aber ohne untere Putzschalung, wird häufig bei Fabriks-, Magazinsräumen u. dgl. angewendet. Die Sturzschalung wird hier meist gleichzeitig als Fußboden ausgebildet, wobei die Fugen durch darunter genagelte Deckleisten geschlossen werden (Abb. 205). Einen besseren Fußbodenbelag bildet eine doppelte, voll auf Fug genagelte Bretterlage.

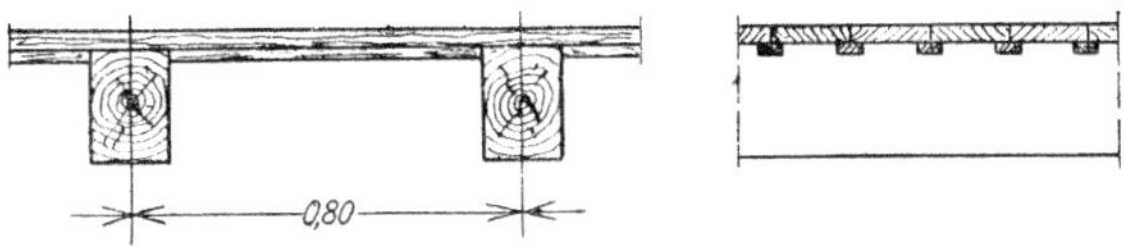

Abb. 205

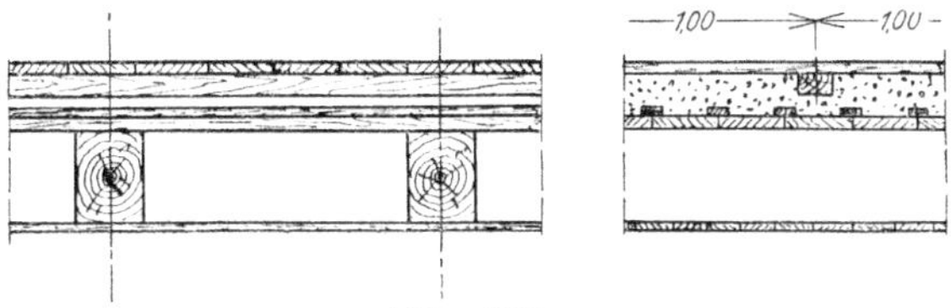

Abb. 206

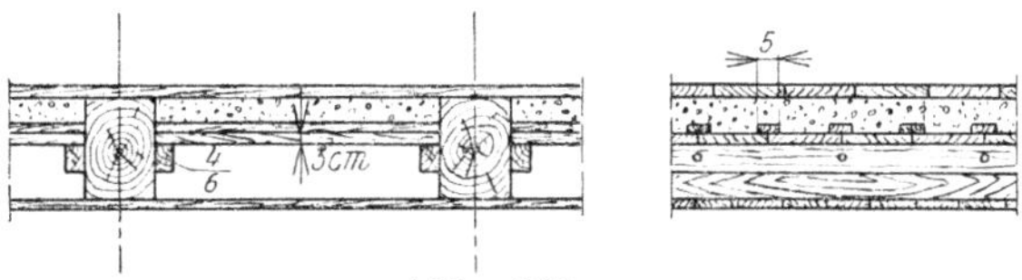

Abb. 207

Bei Verwendung dieser Deckenart im Wohnhausbau wird auf dem Sturzboden die Beschüttung und auf dieser der Fußbodenbelag auf Polsterhölzern aufgebracht. Die Anbringung der Putzschalung erfolgt in der üblichen Weise an der Unterseite der Träme (Abb. 206).

Tramdecken mit Fachausfüllung (Einschubdecken). Die Höhe der einfachen Tramdecke kann dadurch vermindert werden, daß man die Sturzschalung nicht auf die Träme auflegt, sondern sie zwischen die Träme einschiebt und an seitwärts an den Trämen festgeschraubten oder angenagelten Leisten ($^4/_6$) befestigt (eingeschobener Fehlboden Abb. 207). Die Befestigung der Sturzschalung kann auch in der Weise erfolgen, daß an beiden Seiten der Träme in der erforderlichen Höhenlage ein durchgehender (2 cm tiefer) Falz herausgearbeitet und der Fehlboden in diesen eingeschoben wird.

Erfolgt die Beschüttung nur bis zur Oberkante der Träme, so kann der Bretterfußboden unmittelbar auf die Träme genagelt werden. Gewöhnlich erfolgt die Beschüttung jedoch zwecks Erzielung einer größeren Feuersicherheit so hoch, daß sie die Oberkante der Träme um mindestens 4 cm überragt. Die Polsterhölzer müssen in diesem Falle in der gleichen Richtung wie die Träme verlegt werden, da sonst eine größere Beschüttungshöhe erforderlich würde.

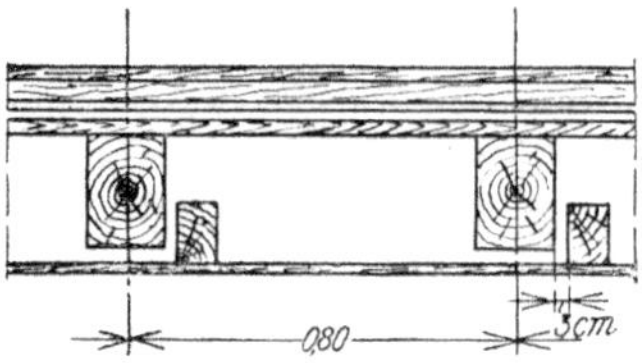

Abb. 208

Tramdecke mit Fehlträmen. Befindet sich unter dem Tramboden eine wertvolle Decke (Deckengemälde, Stuck- oder Bildhauerarbeiten), so kann man dieselbe gegen Beschädigungen durch Schwankungen der Träme infolge von Erschütterungen (rasches Gehen, Tanzen usw.) schützen, indem man Sturzschalung, Beschüttung und Fußboden auf die eigentlichen Träme legt, während Putzschalung und -decke von einer zweiten Balkenlage, den sogenannten Fehlträmen, getragen werden (Abb. 208). Letztere sind wesentlich schwächer als die Hauptträme; sie liegen etwa 3 cm neben und unter den Haupträmen.

Auszug aus den Belastungsvorschriften des „Önig"

(Österr. Normenausschuß für Industrie und Gewerbe) vom 31. Juli 1926

A. Eigengewichte

Decken in kg/m²:

Gewöhnliche Tramdecke mit 8 cm Beschüttung, Blind- und Brettelboden, Stukkaturschalung und Stukkaturung 230

Gewöhnlicher Dippelboden, sonst wie vor 330

Dasselbe, jedoch mit 4-cm-Ziegelpflaster 350

Einschubtramboden zwischen Trägern mit 8 cm Beschüttung, Blind- und Brettelboden, Stukkaturschalung und Stukkaturung samt eisernen Trägern 250

Für je 1 cm höhere Beschüttung mehr um 14

15 cm starke Gewölbe aus Mauerziegeln samt Trägern mit 8 cm Beschüttung am Gewölbescheitel, Verputz und Fußboden bei einer Verlagsweite der Träger bis 1,40 m 480

Dasselbe bei einer Verlagsweite der Träger von 1,50 bis 3,00 m 550

B. Verkehrslasten

1. Allgemeine Vorschriften

a) Sofern sich aus der Benutzung der Räume in besonderen Fällen nicht größere Lastwirkungen ergeben, sind folgende ruhige Verkehrslasten in kg/m² für 1 bis 11, in kg/m für 12 und 13, in kg/m³ für 14 anzunehmen:

1. Leichte Scheidewände (geputzte Holzwände, Gipsdielen, Schlackenwände, Drahtputzwände u. dgl. bis 7 cm Dicke einschließlich des beiderseitigen Putzes) als gleich verteilter Zuschlag zur Verkehrslast, sofern er bei dieser nicht schon berücksichtigt ist (P. 7 und 10) 75

2. Flache Dächer zum zeitweiligen Betreten durch einzelne Menschen, einschließlich Schnee und Wind 100

3. Dachbodenräume für hauswirtschaftliche Zwecke 125

4. Wohn- und Nebenräume in Kleinhäusern durch Hausrat, Menschen usw. nach behördlicher Genehmigung 150

5. Wohn- und Nebenräume in anderen Wohnhäusern durch Hausrat, Menschen usw. 200

6. Flache Dächer zum Aufenthalt von Menschen einschließlich Schnee und Wind 250

7. Kanzleien und Diensträume, Krankensäle, Schulzimmer, Hörsäle, weiter Laden-, Verkaufs- und Ausstellungsräume bis 50 m² Grundfläche, Dachbodenräume zu anderen als hauswirtschaftlichen Zwecken, sämtliche Räume einschließlich des Gewichtes leichter Scheidewände (P. 1) 300

8. Treppen und Zugänge in Kleinhäusern 350

9. Zugänge und Treppen jeder Art mit Ausnahme P. 8, Hausbalkone, Versammlungssäle, Schau- und Lichtspielhäuser, Tanzsäle, Turnhallen, Gastwirtschaften, ferner Laden-, Verkaufs- und Ausstellungsräume mit mehr als 50 m² Grundfläche, nicht befahrbare Höfe, Räume zur Einstellung unbeladener Kraftwagen 400

10. Geschäfts-, Waren- und Kaufhäuser, Fabriken, Werkstätten, sämtliche einschließlich des Gewichtes leichter Scheidewände (P. 1)..................... 500

11. Befahrbare Höfe und Durchfahrten 800

12. Wagrechter Geländerholmdruck bei Hausbalkonen und Treppen mit Ausnahme P. 13, in kg/m 40

13. Geländerholmdruck in Versammlungsräumen, Schau- und Lichtspielhäusern, in kg/m 100

14. Von Aktengerüsten und Schränken umschlossene Räume in Kanzleien, Diensträumen, Büchereien, Urkundensammlungen usw. in kg/m³ umschlossenen Raum 500

15. Winkelrecht in der Mitte jedes Tragteiles (z. B. Fachwerkstabes, Dachhaut, Pfetten, Sprossen), ohne Berücksichtigung von anderen Beanspruchungen als vom Eigengewicht, eine Einzellast von.. 100

16. Die Bremskraft bei Laufkranen mit $^1/_7$ der abgebremsten größten Raddrücke, der Schrägzug mit $^1/_{15}$ der abgebremsten Tragkraft eines Kranes, bei mehreren Kranbahnen der Schrägzug eines, und zwar des größten Kranes.

b) Die zulässige verteilte Belastung, Einzel-, Rad- oder Wagenlast der Decken in Fabriken, Lagerräumen, befahrbaren Höfen, von Kranbahnen usw. ist durch eine dauerhafte Aufschrift anzugeben.

2. Lastvermehrung

Für Tragteile, auf die Stöße, Erschütterungen oder Schwingungen einwirken, sind die ruhigen Verkehrslasten je nach der Stärke dieser Einflüsse auf das 1,2- bis 1,5fache, ausnahmsweise auf das 2fache zu erhöhen. Die Lastvermehrung ist für unmittelbar betroffene und leichte Bauteile größer anzunehmen als für mittelbar beanspruchte und schwerere. Beispielsweise wird die Abstufung unruhiger Verkehrslasten im Verhältnis 1,5:1,3:1,1:1,0 für Deckenplatten, Deckenbalken, Unterzüge und Säulen erfolgen, wenn 1 die ruhige Verkehrslast bedeutet.

3. Lastverminderung

Unter der Veraussetzung, daß die Bauart und Gründung des Bauwerkes den strengsten Anforderungen genügt, ist eine Ermäßigung der Verkehrslasten in der Regel in folgenden Fällen zulässig:

a) Die Biegemomente von Trägern, die ein Lastfeld mit wenigstens 30 m² Fläche und 400 kg/m² ruhiger Verkehrslast aufnehmen, dürfen auf 0,9 der Vollwerte aus den Verkehrslasten ermäßigt werden.

b) In mehrgeschossigen Gebäuden ist für die unteren Bauteile (Säulen, Mauerpfeiler, Unterzüge, Grundkörper), welche die Lasten aus den oberen Geschossen tragen, eine nach unten wachsende Ermäßigung der Verkehrslastsumme nach der Regel zulässig:

Bei Verkehrslasten aus 2 Geschossen ist die volle Summe zu rechnen,
bei Verkehrslasten aus 3 Geschossen ist 0,9,
bei Verkehrslasten aus 4 Geschossen ist 0,8,
bei Verkehrslasten aus 5 Geschossen ist 0,7,
bei Verkehrslasten aus mehr Geschossen ist $^2/_3$ der Verkehrslastsumme zu rechnen.

Belastete Dachböden gelten als Geschoß.

Schnee und Wind sind hiebei der ständigen Last zuzurechnen, leichte Scheidewände nach 1. a, 1, dagegen gelten als Verkehrslast. Die ständige Last ist überall mit dem vollen Betrag einzusetzen.

F. Weichholzfußböden

Materialauslese, Brettstärken. Von den Nadelhölzern eignet sich das Kiefernholz am besten zur Herstellung von Fußböden; Fichte und Tanne wegen ihrer Weichheit weniger. Wichtig für die Dauerhaftigkeit des Holzbelages ist die Lage, die das Brett im Stamm gehabt hat. Breite, durch die ganze Dicke des Stammes reichende Bretter werfen sich leicht; das aus der Stammitte geschnittene Kernstück muß immer in zwei Teile zerlegt werden. Je weiter vom Herz entfernt die Bretter liegen, um so mehr weiches Splintholz enthalten sie. Bei einer Schnittführung tangential zu den Jahrringen verläuft die Brettoberfläche bei den äußersten Brettern, die aus dem Stamme gewonnen werden, nahezu gleich mit den Jahrringen. Solche Bretter müssen stets mit der dem Kern zugekehrten Seite nach unten verlegt werden, weil sie sonst — insbesondere beim Hobeln — leicht aussplittern. Je mehr der Verlauf der Jahrringe — von der Hirnholzseite des Brettes aus betrachtet — senkrecht zur Oberfläche der Bretter steht, um so geringer und gleichmäßiger wird ihre Abnützung sein.

Die zu wählende Brettstärke richtet sich nach der Beanspruchung des Fußbodens und beträgt meist 2,5 bis 3 cm. Wegen des späteren Nachhobelns empfiehlt es sich, dieselbe nicht zu dünn zu wählen. In stark belasteten Räumen gelangen stärkere Bretter oder Bohlen zur Verwendung. Als vorzügliches Mittel zur Erhöhung der Feuersicherheit haben sich zwei unmittelbar aufeinander genagelte Brettschichten bewährt.

Verbindungsarten der Bretter miteinander, Brettbreiten, Längsstöße. Beim gewöhnlichen Bretterfußboden gelangen nur einfach besäumte, d. h. an den Seitenflächen scharfkantig abgehobelte Bretter zur Verwendung. Gefalzte Fußböden (Abb. 209b) werden selten verwendet, meistens solche mit quadratischer oder ungleichseitiger Spundung (Abb. 209a). Auch die Verbindung mit Nut und Feder kommt wegen ihres wesentlich höheren Preises selten in Frage. (Spund und Feder wegen späteren Nachhobelns mehr nach unten verlegen.)

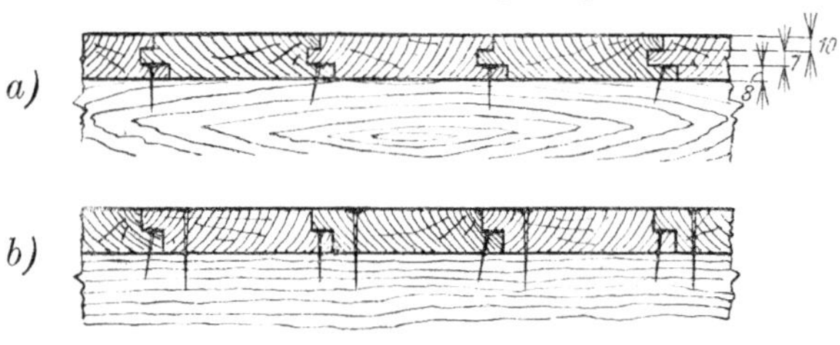

Abb. 209

Auch beim sorgfältigsten Verlegen der Bretter ist die Öffnung von Fugen im Laufe der Zeit unvermeidlich, deren Breite mit der Brettbreite zunimmt; es empfiehlt sich daher, für Fußböden nur schmale, etwa 12 ÷ 15 cm breite Bretter zu verwenden, wodurch auch die Gefahr des Werfens derselben wesentlich verringert wird. Als Mittel gegen das Werfen wird von mancher Seite ein Durchschneiden der Bretter an der Unterseite in der Längsrichtung auf eine Tiefe von etwa $^1/_2$ cm empfohlen. Als besonderer Vorteil der gespundeten Bretter gegenüber den gefalzten wäre zu erwähnen, daß sich bei ersteren die Belastung auf mehrere Bretter gleichzeitig verteilt, ein Umstand, der besonders bei stark belasteten Fußböden von Wichtigkeit ist.

In großen Räumen wird es notwendig, die Bretter in der Längsrichtung zu stoßen. Dies geschieht durch Anordnung von Friesbrettern nach Abb. 210, welche mit den

Hirnenden der Längsbretter überfalzt werden. Im Balkenfeld der Friesbretter ist die Anlage eines Blindbodens erforderlich.

Verlagsrichtung der Bretter. Gleichlaufend mit der Hauptverkehrsrichtung, damit sich die Bretter gleichmäßig abnützen. Ist eine ausgesprochene Hauptverkehrsrichtung nicht vorhanden, dann ist die Verlagsrichtung gleichgültig, bei Balkendecken liegt dieselbe selbstverständlich senkrecht zur Balkenrichtung.

Verlegen der Polsterhölzer. Das Verlegen der in Deutschland meist $^{10}/_{10} \div {}^{10}/_{12}$, in Österreich $^{5}/_{8} \div {}^{8}/_{10}$ starken Polsterhölzer (Fußbodenlager, Ripphölzer) in die vorher geebnete Beschüttung erfolgt derart, daß dieselben flachkantig — je nach der Belastung — in 80 bis 90 bis 100 cm Entfernung voneinander ganz eingegraben, genau wagrecht verlegt und mit dem Beschüttungsmaterial unterstampft werden. Die Stöße müssen abwechselnd angeordnet werden. Nur bestes Kreuzholz verwenden, da Holz von schwachen jungen Stämmen leicht der Schwammbildung ausgesetzt ist, namentlich bei Fußböden unmittelbar über dem Erdreich. Mauerabstand der Polsterhölzer etwa 3 cm; Hirnholz mit Pappe bedecken und in die Zwischenräume mit Teer getränkte schlanke Holzkeile eintreiben, durch welche die Polsterhölzer unverrückbar festgehalten werden. Karbolineumanstrich der Polsterhölzer empfehlenswert.

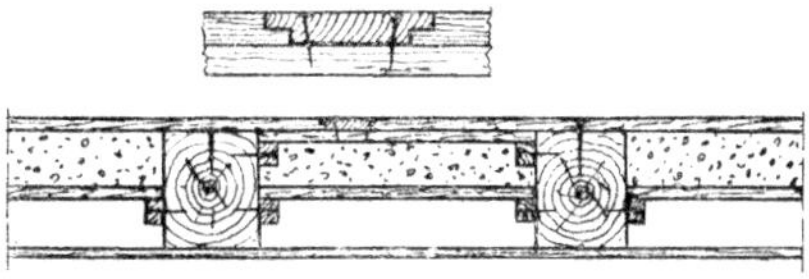

Abb. 210

In ebenerdigen, nicht unterkellerten Räumen empfiehlt es sich, den Fußboden stets hohl zu verlegen. Der Luftraum ist womöglich mit der Außenluft in Verbindung zu bringen. Als Unterlage womöglich mindestens ein geschlagener Lehmestrich, über dem die Polsterhölzer hohl auf einzelnen unterlegten Ziegeln oder bei höherer Lage des Fußbodens auf kleinen gemauerten Pfeilerchen verlegt werden. Die Hölzer sind durch Dachpappe gegen Feuchtigkeit zu schützen. Ein wesentlich wirksamerer Schutz gegen aufsteigende Erdfeuchtigkeit als Lehmestrich ist eine Unterlage aus flach- oder hochkantig gestellten Ziegeln oder ein 10 bis 12 cm starker Unterbeton mit Asphaltestrich.

Verlegen und Nageln der Bretter. Kernseiten der Bretter stets nach oben legen, damit beim Werfen die hohle Seite nach unten gekehrt ist und die sich hebenden Ränder nicht die Nägel herausziehen.

Fußbodenbretter und Polsterhölzer erst verlegen, wenn Räume geputzt sind und der Putz getrocknet ist. Das Verlegen darf nur im Trockenen erfolgen. Bretter nur bei trockenem Wetter auf den Bau schaffen. Auf vollkommene Austrocknung der Füllmasse achten.

Vorgang beim Verlegen: Erstes Brett neben der Wand senkrecht zur Balkenrichtung befestigen, dann 4 bis 5 Bretter lose aneinanderlegen, je eine Klammer in geringer Entfernung von der Brettkante in das Polsterholz einschlagen und zwischen Klammer und Brettkante einen Doppelkeil eintreiben. Sind die Bretter auf diese Weise fest zusammengetrieben, nach der Schnur nageln, und zwar je nach Brettbreite mit 2 oder 3 Nägeln. Etwa vorstehende Kanten und Unebenheiten mit dem Schlichthobel beseitigen. Nagellänge erfahrungsgemäß gleich der dreifachen Brettstärke. Nägel am besten mit geringer Neigung in wechselnder Richtung einschlagen. Bei nicht verdeckter Nagelung müssen die Köpfe wegen des späteren Nachhobelns durch passende Aufsatzeisen einige Millimeter tief in die Brettoberfläche versenkt werden. Am besten Nägel mit Spitzköpfen, deren Verwendung ein besseres Verkitten der Löcher gestattet. Verdeckte Nagelung (Abb. 209a) nur bei ungleichseitiger Spundung möglich.

Beim Verlegen der Bretter unmittelbar auf den Balken, Oberfläche der Balken durch schmale Leisten verschiedener Dicke ausgleichen. Höhenlage des Fußbodens gleich der Oberkante der letzten Stufe des Treppenlaufes. Dient der Bretterbelag nur als Unterlage (Blindboden) für den eigentlichen Fußboden, so muß die Balkenlage in dem betreffenden Raum entsprechend tiefer liegen. Wurde dies versäumt, so kann der Blindboden nach Abb. 211 mit seiner Oberfläche bündig mit der der Balken gelegt werden. Einlassen des Blindbodens auf Abschrägungen der Balken wegen der hohen Kosten nicht empfehlenswert.

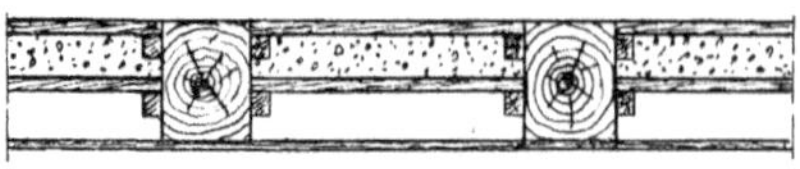

Abb. 211

Vertieft eingelassener Blindboden notwendig unter Kachelöfen (sogenannte „Ofenausbohlung"), damit bei etwaiger Herausnahme eines Fußbodenbrettes nicht der Ofen abgetragen werden muß. Die Ofenausbohlung hat sich über diejenigen Balkenfelder zu erstrecken, die von der Fläche des Ofens ganz oder auch nur zum Teil bedeckt werden. Auf die bündig mit der Balkenoberfläche liegende 4 bis 5 cm starke Ausbohlung wird die Ofenzarge, bestehend aus einem genau der Form des zu setzenden Ofens entsprechenden Rahmen von flachgelegten $3^1/_2$ bis 4 cm starken Brettstreifen, gelegt, an den sich der Fußbodenbelag des Raumes anschließt.

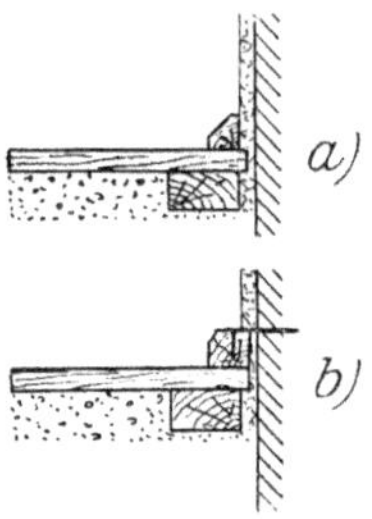

Abb. 212

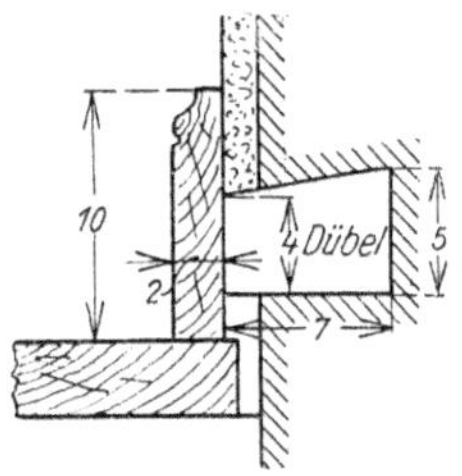

Abb. 213

Beseitigung entstandener Fugen, Fugendichtung. Bei vielen offenen Fugen Nagelung durchtiefen und Bretter nach gehörigem Zusammentreiben neu befestigen. Für die Dichtung nur einzelner Fugen gibt es eine Reihe von Mitteln, z. B.:

a) in die vorher gereinigten Fugen keilförmig zugehobelte, mit Leim bestrichene Holzleisten eintreiben und diese eben mit dem Fußboden abhobeln;

b) Ausfüllung der Fugen (Ausspandeln) mit vorher mit Firnis getränkten Hirnholzspänen;

c) bei kleineren Fugen einfaches Auskitten oder Gemisch aus feinem Sand und Tischlerleim oder Werg in Öl bzw. Firnis.

Fußleisten, Sesselleisten. Anschluß des Holzfußbodens an die Wände mittels Holzleisten, und zwar:

a) bei geringer Höhe Sessel- oder Scheuerleiste (Abb. 212 a und b),

b) bei größerer Höhe profilierte Fußleiste oder Sockelleiste (Abb. 213),

c) in besseren Räumen Fußleiste mit Sockelleiste und aufgeleimter Deckprofilleiste.

Die Fußleiste wird manchmal schräg angebracht und wegen Durchlüftung der Balkenzwischenräume mit kleinen Löchern versehen. Sehr sorgfältig versetzen, damit an der Mauer kein Spalt entsteht, durch welchen Feuchtigkeit in die Decke eindringen kann. Befestigung mittels langer Drahtstifte.

Holzfußböden in Werkstätten. Polsterhölzer $^{16}/_{16}$, die in 25 bis 30 cm hoher Schlackenschichte (in einzelnen Lagen aufbringen und walzen) oder in Magerbeton verlegt werden, hierauf 1 oder 2 Lagen Bohlen, und zwar je nach der Belastung bei einfacher Lage gespundet, 4 bis 6 cm stark, bei zwei gekreuzten Lagen die untere 3 bis 5 cm, die obere 2 bis $2^1/_2$ cm stark. Spundung im letzteren Falle nicht unbedingt notwendig. Anordnung mit 2 Lagen wirtschaftlicher, da in der Regel die Auswechslung der oberen Lage genügt.

Ölen der Fußböden. Gute Dienste gegen das Eindringen von Feuchtigkeit in die Poren des Holzes leistet ein Ölfarbanstrich, doch darf dieser erst aufgebracht werden, wenn sowohl Holz- wie Füllmaterial vollkommen ausgetrocknet sind, da sonst der Austritt der Feuchtigkeit gehindert und das Werfen der Bretter unvermeidlich wird. Das gleiche gilt für die Aufbringung eines Linoleumbelages oder Steinholzfußbodens.

VI. Abschnitt

Die Wände

Je nach der Herstellungsart hölzerner Wände unterscheidet man:

1. Block- oder Schrotwände. Diese bestehen aus nur wagrecht übereinander aufgeschichteten, im wesentlichen gleichen Hölzern, deren Zusammenhalt hauptsächlich durch ihre Verknüpfung beim Zusammenstoß der Wände an den Ecken der einzelnen Räume erzielt wird.

2. Bohlenwände oder Reiswerk. Bei diesen wird aus wagrechten Schwellen, lotrecht stehenden Stielen und den oberen Abschluß bildenden Rahmhölzern, ferner Streben und Riegeln nur ein Traggerüst gebildet, während die Ausfüllung der zwischen den das Gerüst bildenden Hölzern verbleibenden Wandflächen durch wagrecht oder lotrecht angeordnete Füllhölzer (Balken oder Bohlen) erfolgt.

3. Riegel- oder Fachwerkswände. Werden die Lücken des Holzgerüstes mit einem anderen Material, Ziegel, Bruchstein u. dgl. ausgefüllt, so entsteht eine Riegel- oder Fachwerkswand.

A. Die Blockwand[17*])

Herstellungsart. Verschiedene Ausführungsformen von Blockwänden zeigen die Abb. 214 a bis d. Ganz unbearbeitete Stämme sind, sobald es sich um Herstellung bewohnbarer Räume handelt, für die Herstellung derartiger Wände ungeeignet, wohl aber können dieselben beim Bau von Schuppen oder solchen Anlagen Verwendung finden, bei denen ein Durchstreichen der Luft durch die Wand erwünscht ist. Ausführung a) gestattet eine Dichtung der Hölzer unter sich, wobei zu beachten ist, daß immer die Unterseite des Stammes ausgehöhlt werden muß. In Deutschland, namentlich in Gebirgsgegenden verwendete Ausführungsarten zeigen b) und c), während sich die Anordnung d) vielfach in Schweden findet.

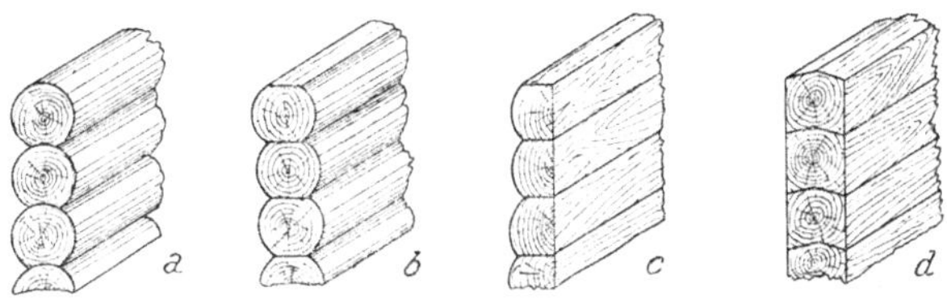

Abb. 214

Fugendichtung. Bei Wohnhauswänden wird die Unterfläche der einzelnen Hölzer zwecks Dichtung der Fugen etwas ausgehöhlt und der dadurch entstehende Hohlraum gleich beim Verlegen der Balken mit Moos und Lehm ausgefüllt. Der obere Balken ruht somit eigentlich nur mit den beiden scharfen Kanten auf dem darunterliegenden auf, und diese pressen sich elastisch so zusammen, daß keine Fuge sichtbar bleibt. Andere Dichtungsmittel bestehen aus Werg, Filz, aufgedrehten Stricken, die mit stumpfen Meißeln von außen in die Fugen getrieben werden, und zwar gleichfalls unter Zusatz von Lehm, Teer u. dgl. Dabei ist natürlich Voraussetzung, daß die Balken nicht, wie vorgeschrieben, auf zwei unteren Kanten ruhen, sondern daß die Fugen nach außen klaffen.

Stöße. Bei großer Länge einer Wand wird ein Stoßen der Hölzer notwendig, was natürlich in den einzelnen Lagen abwechselnd geschieht. Vielfach angewendet wird der gerade Stoß, wobei die zusammentreffenden Enden mit den darüber und darunter befindlichen Hölzern verdübelt werden (Abb. 215). Die Dübel (Lärche, Eiche) bestehen aus etwa 3 cm starken, 16 cm langen, an beiden Seiten schwach zugespitzten, im Querschnitt länglich (elliptisch) geschnitzten Stäben.

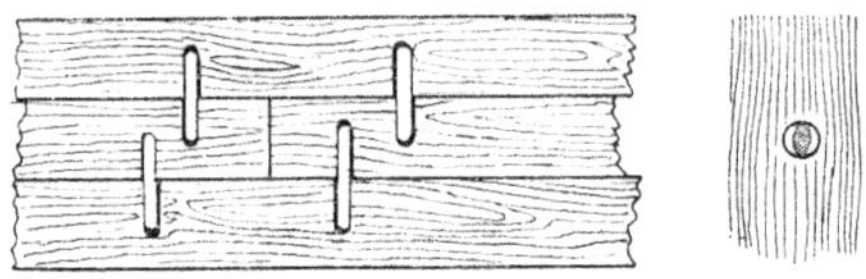

Abb. 215

Die Dübellöcher werden schwach gegeneinander versetzt und die lange Achse des Dübelquerschnittes in die Richtung der Langhölzer gebracht; auf diese Weise erreicht man ein scharfes Zusammenziehen der beiden zu verbindenden Enden und vermeidet eine Keilwirkung des Dübels gegen die Langholzfasern der kreisrund gebohrten Dübellöcher, also ein Aufspalten der Balken.

Eckverbindung. Ihren eigentlichen Halt bekommen die Hölzer durch die Verbindungen an den Ecken der Wände. Setzen sich die Hölzer zweier zusammenstoßender Wände noch über ihren Treffpunkt fort, so spricht man von einem „Vorstoß“ vor der Wand und nennt dieselbe „Schurzwand“. Sie findet bei Rundhölzern oder nur wenig bearbeiteten Stämmen stets, bei vollkantig bearbeiteten Hölzern nur selten Anwendung, da bei letzteren meist ein einfacher Winkelverband ausgeführt wird. Verschiedene Ausführungsarten beider Verbindungen zeigen die Abb. 216, 217 und 218.

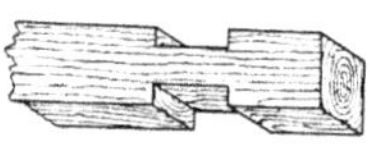

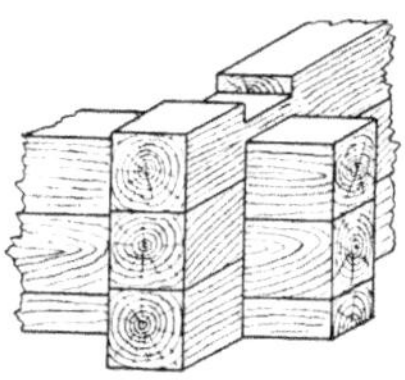

Abb. 216

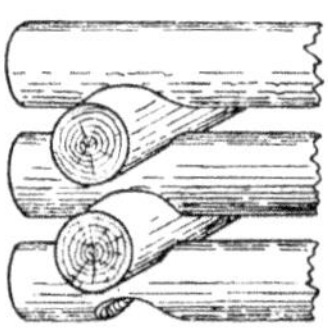

Abb. 217

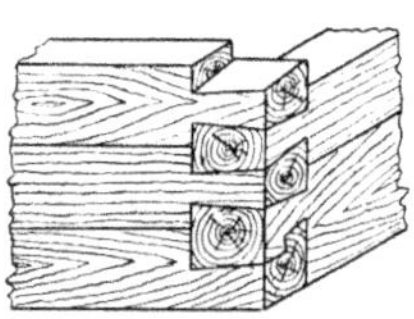

Abb. 218

Blockwerk aus Rundhölzern ergibt eine auch wärmetechnisch ausgezeichnete Wand — sicherlich die beste, die man sich wünschen kann — aber nur bei sachgemäßer und einwandfreier Ausführung. Das Wärmeschutzvermögen einer solchen Wand steht und fällt mit der Ausführung. Die Ausführung von Blockwänden kommt heute, da sie sehr kostspielig ist, höchstens in sehr waldreichen Gegenden und da auch wohl nur bei der Errichtung kleinerer Nutzbauten in Frage.

B. Die Bohlenwand[17*])

Das Gerippe der Bohlenwand besteht aus der Schwelle, die — oft von sehr starken Abmessungen — auf der Grundmauer aufliegt, den in sie eingezapften senkrechten Ständern und dem wagrechten, den oberen Abschluß bildenden Rahmholz. Die Ständer werden überall da angeordnet, wo zwei Wände zusammentreffen. Die Richtung der stets mit Nuten in die Ständer und Schwellen eingreifenden Füllhölzer kann wagrecht oder senkrecht sein.

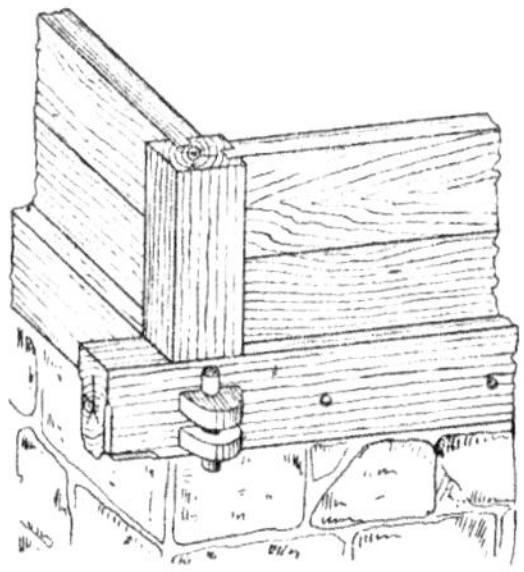

Abb. 219

Das Aussehen der Wände ist sehr verschieden, je nachdem die Balken oder Bohlen mit ihrer Vorderfläche in derselben Ebene liegen wie die Ständer, oder gegen die Hauptgerüstbalken zurücktreten, wie in Abb. 219. Damit das Regenwasser beim Schwellenvorsprung nicht stehen bleibt, kann die Längsnut der Schwelle mit kleinen schrägen Anbohrungen versehen werden. Die beste Sicherheit gegen das Faulen der Schwelle bietet jedoch die Wahl widerstandsfähigen Holzes (Eiche oder Lärche) und eine möglichst breite Dachausladung.

Die Eckverbindung der Schwellen erfolgt mit geradem oder schrägem Blatt oder mittels der in Abb. 219 dargestellten Keilverbindung.

Auch die Bohlenwand ist wie die Blockwand auf die holzreichen Gegenden beschränkt und findet heute wegen ihrer hohen Kosten nur wenig Anwendung.

C. Die Riegel- oder Fachwerkswand[17*])

1. Herstellung

Die Bestandteile einer einfachen Fachwerkswand. Die Bestandteile einer einfachen Fachwerkswand (Abb. 220) sind: die Sohl- oder Fußschwellen (*a*), die Stiele oder Ständer (*b*), die Kapp- oder Kopfschwellen (Rahmhölzer) (*c*), die Streben (*d*), die Riegel, und zwar unterscheidet man einfache Wandriegel (*e*), Sturzriegel (*f*) und Brustriegel (*g*).

a) Sohlschwelle: Wegen Gefahr des Faulens und schwieriger Auswechslung nur bestes Holz verwenden (Lärche oder Kiefer).

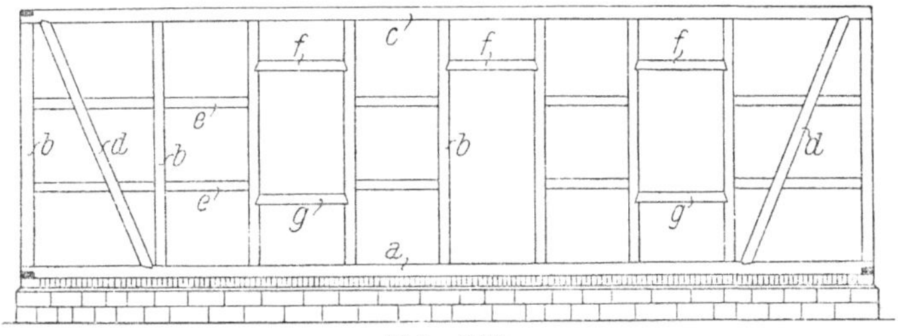

Abb. 220

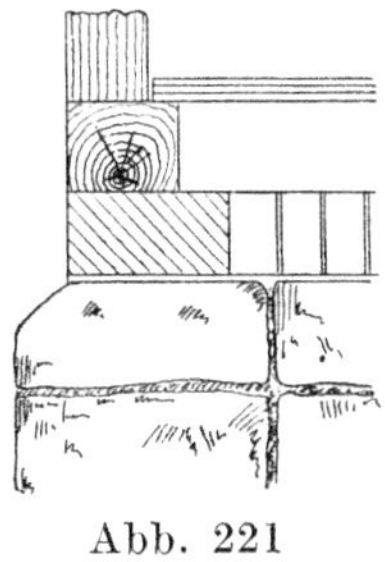

Abb. 221

Ausbildung der Sockelmauer: Diese gut abgleichen, damit die Sohlschwelle ihrer ganzen Länge nach satt aufliegt. Sockelhöhe derart wählen, daß das Spritzwasser der Dachtraufe die Schwelle nicht erreichen kann, je nach Vorhandensein oder Fehlen eines schützenden Dachvorsprunges oder einer Dachrinne

50÷60 cm. Vorsprung des Sockels vor der Fachwerkswand vermeiden, damit sich nicht Regen oder Schnee ansammeln und in die Fuge zwischen Holz und Stein eindringen kann (Abb. 221).

Abmessungen: Da bei satt aufliegender Schwelle keinerlei Biegebeanspruchung vorhanden, kann Flachholz verwendet werden, wegen Gefahr des Faulens widerstandsfähigere Kernseite nach unten. Breite der Schwelle gleich dem stärksten Ständer; falls Fußbodenbretter auf der Schwelle aufgelagert werden sollen, Breite 3÷4 cm stärker. Zur Sicherung gegen aufsteigende Feuchtigkeit einfache oder doppelte Asphaltpappe. Wo das Gewicht des Gebäudes nicht hinreicht, seine Unverschieblichkeit zu sichern, z. B. bei leichten Schuppen usw. Verankerung der Schwelle mit dem Grundmauerwerk vorsehen.

Eckverbindung: Einfache gerade oder schräge Überblattung, Hakenblatt.

Stöße: Entweder stumpfer Stoß unter einem Ständer (an der Innenseite der Wand Verklammerung), oder zwischen zwei Ständern einfaches gerades oder schräg eingeschnittenes Blatt, gerades Hakenblatt oder schräg eingeschnittenes Hakenblatt mit Keil usw. Liegt eine Tür unmittelbar über Sockeloberkante, so wird die Schwelle unterbrochen und, um den Längsverband zu sichern, im Grundmauerwerk verankert. Befindet sich die Tür in einer inneren Scheidewand, welche auf einer Balkenlage aufliegt, so wird die Schwelle entweder teilweise ausgeschnitten oder zwischen den Balken ein Wechsel eingezogen.

b) Stiel: Befestigung in der Sohlschwelle mit vernageltem Zapfen; Nachteil, daß sich Wasser im Zapfenloch ansammeln kann. Kreuzzapfen (Abb. 222) wohl besser, aber am Hirnende des Stieles schwer herzustellen. An den Enden des Schwellenstranges (beim Eckstiel) den Zapfen zurücksetzen. Befestigung an Kappschwelle wie bei Sohlschwelle.

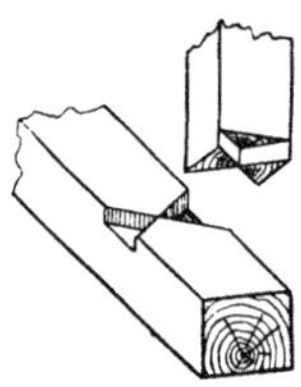

Abb. 222

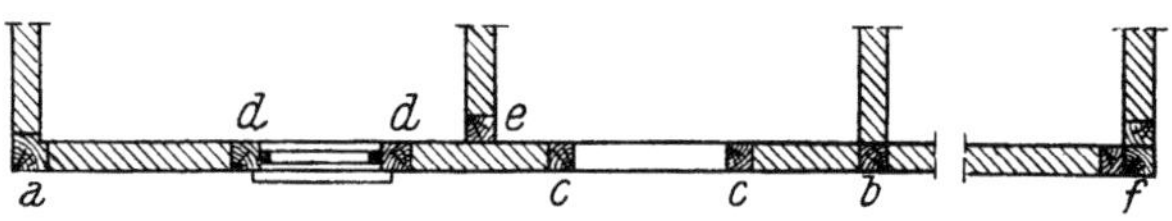

Abb. 223

Arten der Stiele (Abb. 223): Eckstiel (*a*), Bundstiel (*b*) beim Anschluß einer Zwischenwand, Türstiel (*c*), Fensterstiel (*d*); Klebstiel oder Klebpfosten (*e*),

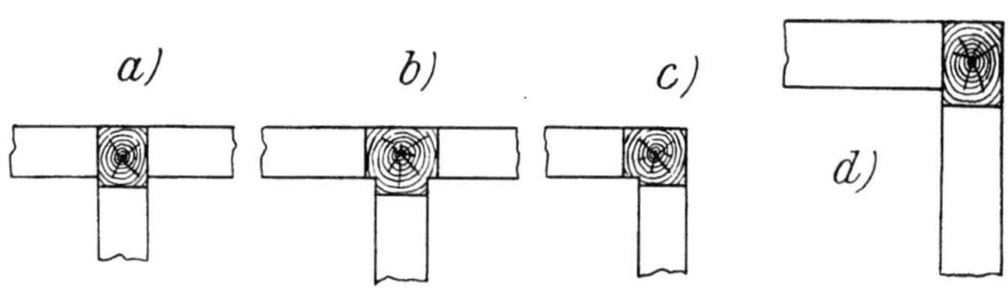

Abb. 224

welcher zu einer anschließenden Wand gehört, ohne in der durchgehenden Wand selbst zu stehen, mit deren Riegeln er verbunden wird.

Ausbildung der Stiele: Diese ist aus Abb. 224 a) bis d) zu entnehmen.

c) Kappschwelle: Diese bildet das Auflager der oberen Balkenlage. Liegen die Balkenköpfe genau über den Ständern, so erfährt die Kappschwelle keinerlei Beanspruchung und kann die gleichen Abmessungen wie die Sohlschwelle erhalten;

andernfalls sind die Abmessungen entsprechend der vorhandenen Biegebeanspruchung zu ermitteln.

d) Strebe: Durch die geneigte Lage der Streben soll die Unverschieblichkeit der Wand gegenüber dem Windangriff gesichert werden. Eine Aussteifung durch Streben, Kopfbüge u. dgl. soll bei keiner Fachwerkswand fehlen. Zweckmäßige Neigung der Strebe in der in Abb. 220 angedeuteten Richtung mit dem oberen Ende nach der Ecke zu, so daß die Strebe als Druckstab wirkt.

Verbindung mit Sohl- und Kappschwelle durch Versatz mit Zapfen, welcher soweit vom nächsten Stiel zu halten ist, daß 8÷10 cm Holz zwischen den Zapfenlöchern von Stiel und Strebe vorhanden sind, damit ersterer nicht seitlich verdrückt werden kann.

Um die Wand in ihrer ganzen Länge unverschieblich zu gestalten, müssen alle Stöße der Kappschwelle zugfest ausgebildet werden. Bei gekreuzten Streben

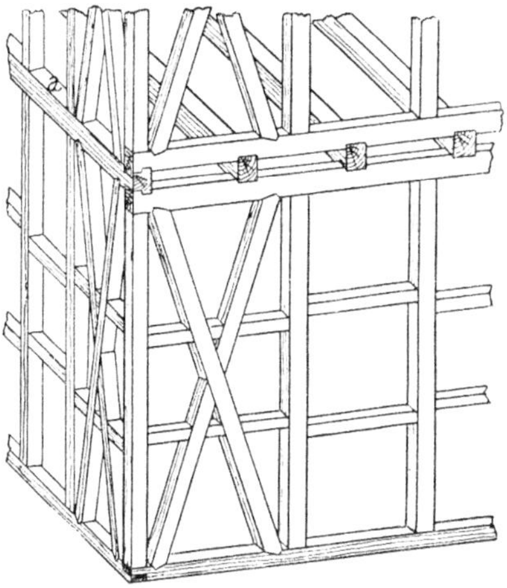

Abb. 225

Abb. 226

soll der als Druckstab wirkende Teil durchgehen, der zweite Stab kann aus zwei Stücken zusammengesetzt und einfach angenagelt werden.

e) Riegel: Sturz- und Brustriegel sind mit den Stielen durch Versatz und Zapfen zu verbinden, da namentlich ersterer das Gewicht der darüberliegenden Ausmauerung zu tragen hat. Für den Brustriegel, welcher, wie die Sohlschwelle, stark der Feuchtigkeit ausgesetzt ist, nur bestes Holz verwenden. Zweck der gewöhnlichen Riegel ist die Teilung der einzelnen Fache, welche bei $^1/_2$-Stein-Ausmauerung nicht mehr als 1,5 bis 2,0 m^2 betragen soll. Bei gewöhnlichen Ausführungen Entfernung der Stiele 1,0 m, der Riegel 1,5 m. Auch wegen Setzens des Mauerwerkes kleinere Fachteilung günstiger. Die Stiele werden durch die Zapfenlöcher der Riegel stark geschwächt, daher empfehlenswert, die Riegel in den nebeneinander liegenden Fachen in der Höhenlage abzuwechseln und ihnen, falls sie nicht Öffnungen begrenzen, nur kurze Zapfen zu geben, die auch nicht verbohrt werden.

Mehrgeschossige Fachwerkswände. Die Abb. 225 bis 227 zeigen drei verschiedene Lösungsmöglichkeiten:

1. Die Wände der einzelnen Geschosse werden nach Abb. 225 für sich selbständig gebildet und sind durch die Stockwerksbalkenlage voneinander getrennt. Die Kappschwelle jeder Wand hat das Gewicht der auf ihr ruhenden Balkenlage aufzunehmen. Die Deckenbalken sind mit den Kappschwellen zu verkämmen, wobei für eine genügende Vorholzlänge der ersteren Sorge zu tragen ist. Die Sohlschwelle der oberen Wand ist ihrerseits wieder auf die Köpfe der Balkenlage aufzukämmen.

Abb. 225 zeigt die Eckausbildung zweier zusammenstoßender Wände für den Fall, daß alle Balken in einer Richtung durchlaufen und der äußerste, der Ortbalken (*a*), in der Seitenwand liegt. Letzterer muß so breit sein, daß er vor den Wandstielen entsprechend weit vorspringt, um die Befestigung des Fußbodenbelages und der Deckenschalung zu ermöglichen; er bildet gleichzeitig die Kappschwelle der unteren und die Sohlschwelle der oberen Wand. Seine Höhe muß der der übrigen Deckenbalken gleich sein. Nachteil einer derartigen Ausbildung der Fachwerkswand ist insbesondere, daß auf der einen Gebäudeseite drei Balken mit ihrem Langholz übereinanderliegen, auf der anderen hingegen nur ein Balken, so daß beim Schwinden des Holzes eine ungleichmäßige Setzung der Wände zu befürchten ist.

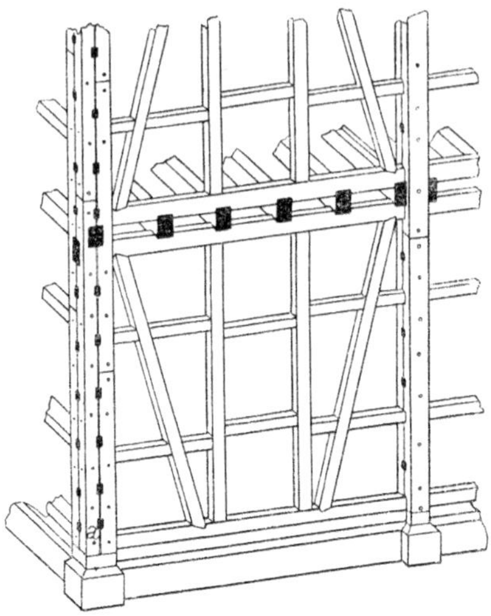

Abb. 227

2. Bei der Ausführung nach Abb. 226 ist letzterer Nachteil vermieden, indem im letzten Deckenfeld eine Stichbalkenlage eingefügt ist; dies gilt aber nur für den Fall, daß nicht im Innern des Gebäudes Tragteile vorhanden sind — wie z. B. durch mehrere Geschosse durchgehende Säulen — welche mit ihren Hirnflächen aneinanderstoßen und daher naturgemäß an dem Schwinden des Holzes senkrecht zu den Fasern nicht teilnehmen. Zur Erzielung einer gleichmäßigen Setzung des Gebäudes müssen in diesem Falle auch die Hauptglieder der Wände durch mehrere Stockwerke hindurch einheitlich durchgehen.

3. Die Anwendung von lauter durchgehenden Wandsäulen ist nicht zweckmäßig; sehr empfehlenswert erweist sich hingegen eine Verdoppelung der Hauptständer nach Abb. 227, bei welcher die Eckständer zwecks leichterer Verbindungsmöglichkeit mit dem übrigen Tragwerk vierfach angenommen werden. Kapp- und Sohlschwellen werden hier durch die Doppelsäulen hindurchgeführt und die Deckenbalken derart angeordnet, daß zwei Halbholzbalken zangenartig die inneren Doppelsäulen sowie die Hauptsäulen der Wand umfassen. Die Doppelsäulen sind mit versetzten Stößen aus einzelnen übereinandergestellten Stücken hergestellt, die miteinander verdübelt und verschraubt werden.

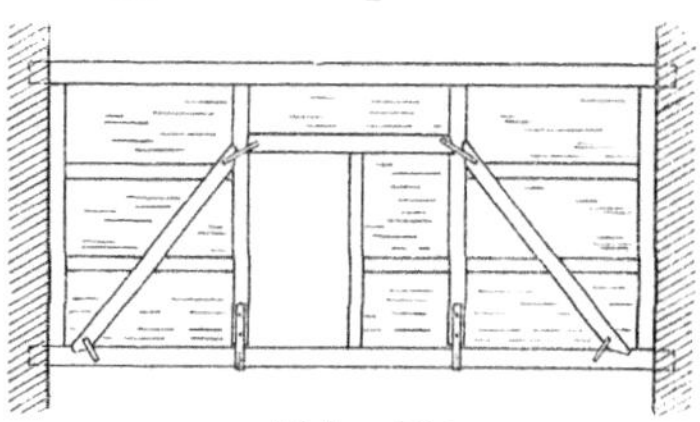

Abb. 228

Freitragende Fachwerkswände. Muß eine Fachwerkswand an einer Stelle angeordnet werden, an der sich im darunterliegenden Geschoß keine Wand befindet, so muß die Sohlschwelle der Fachwerkswand entweder so stark bemessen werden, daß sie in der Lage ist, die Gesamtlast der Wand aufzunehmen, oder die Wand muß — am besten in der Form eines einfachen oder doppelten Hängewerkes — für sich freitragend ausgebildet werden (Abb. 228). Zu beachten ist, daß die zum Hängewerk gehörigen Hölzer nicht durch Zapfenlöcher usw. der Fachwerkswand geschwächt werden dürfen, daß vielmehr Stiele und Riegel stumpf gegen dieselben zu führen und an ihnen nur mit Nägeln oder Klammern zu befestigen sind. Für eine Ausmauerung ist naturgemäß das allerleichteste zur Verfügung stehende Steinmaterial zu verwenden.

2. Schluß der Wandöffnungen

Ausmauerung in Ziegeln: Die $^1/_2$Stein starke Ausmauerung der Wandöffnungen erfolgt, wenn nicht besondere Musterungen beabsichtigt werden, im Läuferverband. Holzeinteilung möglichst derart wählen, daß eine ganze Zahl Steinschichten zwischen zwei Verriegelungen eingepaßt werden kann, ohne daß man genötigt ist, zu weite oder zu enge Fugen zu wählen. Starke Lagerfugen wegen des schädlichen Einflusses größerer Setzungen auf die Dichtigkeit der Wände und die Verbindung zwischen Holz und Ausmauerung vermeiden. Am besten verlängerter Weißkalkmörtel, da dieser wenig schwindet.

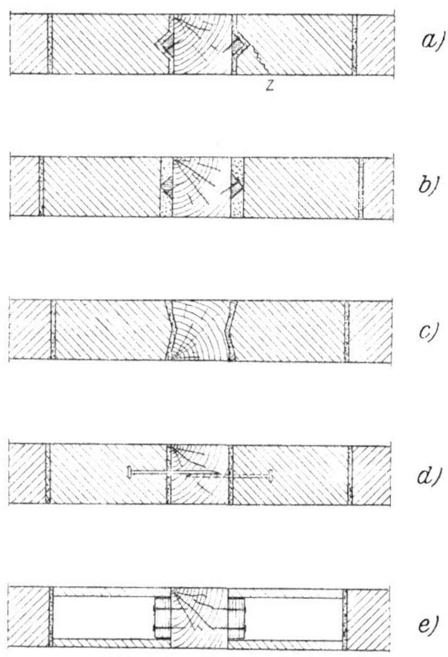

Abb. 229

Bei unverputzten Riegelwänden sollen die Holzteile an der Außenwand mit der Ausmauerung bündig gehen. Abfasungen mit 1 bis 2 cm vorstehenden Holzteilen vermeiden, da sich das Regenwasser an den vorspringenden, nicht abgefasten Teilen — also besonders in der Nähe der Zapfen und Versatzungen — ansammeln kann.

Die Befestigung der Ausmauerung an dem Holzgerippe (Abb. 229):

1. Dreikantleisten $^4/_4$ nach Abb. a) seitlich gegen die Ständer genagelt. Ziegel müssen entsprechend ausgeklinkt werden; schwierige und undankbare Arbeit, da sehr viele Ziegel beim Ausklinken in der in genannter Abbildung angedeuteten Weise (*z*) zerspringen. Der Maurer erspart sich deshalb gerne das zeitraubende Ausklinken der Ziegel und versetzt dieselben bei Vorhandensein der Dreikantleisten nach Abb. b), also mit derart breiten Fugen, daß die Verbindung zwischen Ziegel und Holz erst recht schlecht gesichert erscheint.

2. Die Ständer werden nach Abb. c) ein wenig ausgebeilt — was ganz roh durch Beilschläge erfolgen kann — und die Ziegel in einfacher Weise durch Wegschlagen der Kanten zugepaßt.

Sehr empfehlenswert für die wirksame Festlegung der Ziegelausmauerung ist auch ein Verkeilen durch kleine Keile aus Hartholz, die in die Fugen zwischen Ständer und Ziegel getrieben werden.

3. In jeder dritten oder vierten Fuge — abwechselnd links und rechts vom Ständer — werden gleichzeitig mit dem Aufmauern lange starke Drahtstifte seitlich in das Holz getrieben (Abb. d), deren 8 bis 10 cm vorstehende Enden vom Fugenmörtel umhüllt werden. Voraussetzung Verwendung von Zementzusatz zum Mörtel.

4. Nach jeder vierten oder fünften Ziegelschichte wird nach Abb. e) ein Hohlziegel derart in den Verband eingelegt, daß er an einem an den Ständer angenagelten, in den Hohlraum des Ziegels passenden Holzklötzchen festsitzt. Diese Verbindung (nach Professor Obminski, Lemberg) hat sich bei zahlreichen Ausführungen gut bewährt.

Innerer Wandputz: Zwecks Haltbarmachung des Kalkmörtelverputzes an den Holzflächen müssen diese eine Berohrung erhalten. Sehr sorgfältige Arbeit erforderlich, wenn das Auftreten unschöner Risse vermieden werden soll. Die Rohrstengel müssen senkrecht zur Faserrichtung der Hölzer liegen, an denen sie mit verzinktem Draht und Nägeln zu befestigen sind. Liegen Ausmauerung und Holz bündig, so können die Rohrstengel etwas über die Fuge zwischen Stein und Holz hinübergestreckt werden, wodurch der Rissebildung besonders wirksam vorgebeugt werden kann. Empfohlen wird in letzterem Falle auch, die Berohrung mittels Draht und verzinkter Nägel nur in den Mauerfugen zu befestigen, wodurch erzielt wird, daß der Verputz durch Schwindrisse im Holz nicht in Mitleidenschaft gezogen werden kann.

Äußerer Wandputz und Schutz der äußeren Holzteile: Eine dauerhafte Anbringung von Kalkmörtelputz, der über das Holzwerk fortgreift, stößt insbesondere wegen der bereits früher erwähnten schwer zu beseitigenden Gefahr der Rissebildung auf Schwierigkeiten, anderseits wären die Holzteile, falls auch die Innenwand vollkommen verputzt würde, nahezu vollkommen vom Luftzutritt abgeschlossen, so daß die im Holz stets noch vorhandene Feuchtigkeit überhaupt nicht mehr entweichen und hiedurch die Gefahr eines Erstickens des Holzes eintreten könnte.

Die gleichen Gründe sprechen gegen die Verwendung von Ölfarbenanstrichen als Schutz des Holzes gegen Witterungseinflüsse, wogegen für den vorliegenden Fall die Verwendung von Tranfarbenanstrichen — es sind dies der sogenannte „schwedische“ und „finnische“ Anstrich — (vgl. S. 76) empfohlen werden kann.

Zwecks Vermeidung der überaus unschönen und für die Erhaltung des Holzwerkes schädlichen Kernrisse ist dringend anzuraten, für alles Fachwerksholz nur Kreuzholz zu verwenden.

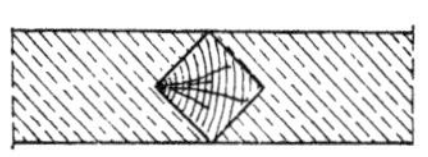

Abb. 230

Ausfüllung der Wandöffnungen mit Heraklith, Gipsbeton usw.: In neuerer Zeit hat sich die Ausfüllung der Wandfache durch Ausstampfen mit verschiedenen gut wärmehaltenden Baustoffen, wie z. B. Heraklith, oder bei inneren Scheidewänden mit Gipsbeton, vielfach bewährt (Abb. 230).

1. Holzverschalung

Äußere Verkleidung der Wandöffnungen: Nur vollkommen gesunde (weder rotstreifige noch angeblaute) Bretter verwenden, Stärke 2 bis 2,5 cm, durchschnittliche Breite der Bretter etwa 16 cm; wegen besseren Aussehens möglichst gleiche Brettbreiten wählen.

a) Lotrechte Schalung:

1. Gesäumte Bretter mit Fugendeckleisten (Abb. 231 a): Deckleisten (2/5 cm) wegen Gefahr des Reißens der Bretter nur einseitig nageln.

2. Übergreifung der Bretter zur Fugendeckung nach Abb. 231b): Nagelung zweckmäßig in der Weise, daß nur ein Nagel durch beide Bretter, der zweite knapp am Brett der unteren Lage vorbei geht.

3. Gespundete Bretter.

Bretterstöße: Diese sollen in einer wagrechten Linie verlaufen und werden am zweckmäßigsten durch Übergreifen der Brettlängen gedeckt.

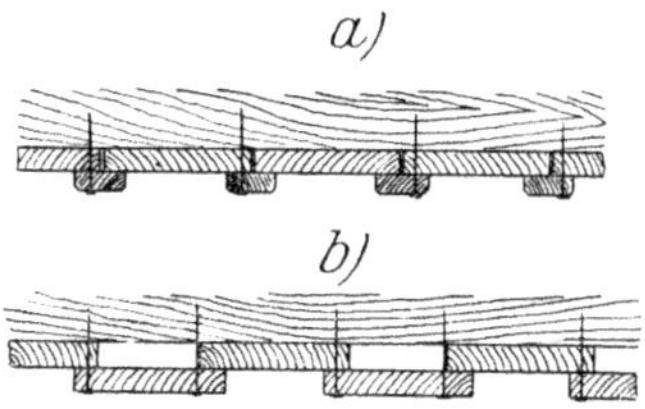

Abb. 231

b) Wagrechte Schalung: Bei Verwendung dieser können die untersten, dem Schlagregen mehr ausgesetzten Teile leicht ersetzt werden, was bei lotrechter Schalung schwer möglich ist. Um ein Reißen der Bretter zu verhüten, Nagelung nach Abb. 232 a) angezeigt; die Nagelung trifft hier immer nur ein Brett, so daß das Zusammentrocknen der Bretter ungehindert von statten gehen kann.

Bretterstöße: Alle Stöße müssen übereinander liegen, wobei die gestoßenen Bretter womöglich gleiche Breite haben sollen. Die senkrechte Fuge aller Stöße wird mit einem in die Abstufungen fest eingedrückten Streifen Dachpappe bedeckt und zu deren Schutz ein weit übergreifendes Deckbrett übernagelt.

In manchen Fällen dürfte auch die Ausführung nach Abb. 232b) am Platze sein, bei welcher durch Einlegen von kleinen Klötzchen zwischen die Bretter ein Zwischenraum geschaffen wird, der einen Durchzug der Luft gestattet.

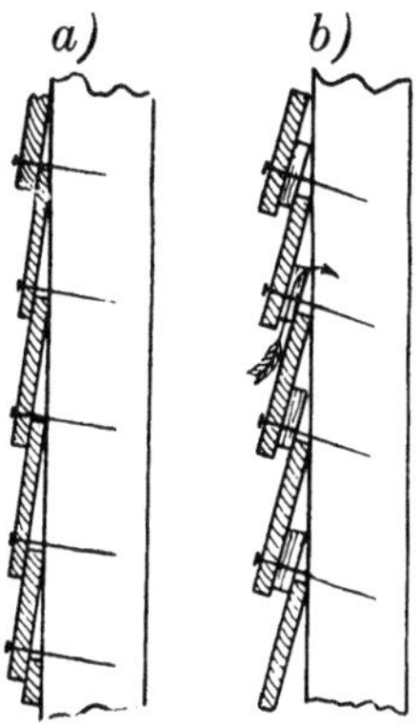

Abb. 232

2. Korkersatz- (KB-) Platten, Tektondielen usw.

Anstatt mit Brettern erfolgt sowohl die äußere als auch die innere Verkleidung von Fachwerkswänden häufig mit fertigen, einen guten Wärmeschutz bietenden Bauplatten von der Art der bekannten KB-Platten, Tektondielen usw., welche mittels verzinkter Nägel im Verband an den Fachwerkständern befestigt, unmittelbar den Putzträger bilden.

Innere Verkleidung der Wandöffnungen: Da Fachwerkswände mit der üblichen $^1/_2$ Stein starken Ausmauerung nicht genügend Schutz gegen Kälte bieten, erhalten dieselben häufig noch eine innere Verkleidung aus dichtgefügten (gespundeten) Brettern, Gipsdielen oder sonst gut wärmehaltenden Bauplatten. Durch Vorspringen der Holzteile der Fachwerkswand vor der Innenseite der Ausmauerung ist in diesem Falle dafür zu sorgen, daß zwischen der Verkleidung und dem Mauerwerk noch eine wärmeschützende Luftschichte verbleibt.

Erhält die Wand keine Ausmauerung, sondern nur eine äußere und innere Verkleidung, so erfolgt die Ausführung in der bereits früher beschriebenen Weise.

Wegen der richtigen Wahl der mit Rücksicht auf den Wärmeschutz erforderlichen Stärken des Verkleidungsmateriales, ebenso wegen der zweckmäßigen Dicke der Hohlräume, der Fachteilung usw. empfiehlt sich die Berechnung der Wärmedurchlässigkeit der in Aussicht genommenen Wandausbildung nach den im 10. Abschnitt, B) gegebenen Regeln.

Die Herstellung von Gipsdielenwänden

Die Erfahrung lehrt, daß die Herstellung von Gipsdielenwänden, sollen dieselben nicht schon kurze Zeit nach Fertigstellung infolge Rissebildung — insbesondere wegen unrichtigen Einbaues der Türstöcke — Anlaß zu Unzukömmlichkeiten geben, nach bestimmten, heute noch viel zu wenig allgemein bekannten Regeln erfolgen muß.

Abb. 233

Material: Für leichte Zwischenwände kommen gewöhnlich Dielen von 5 cm Stärke und 25 cm Breite oder von 7 cm Stärke und 20 cm Breite bei einer Länge von etwa 2,5 m zur Verwendung. Die übliche Form der Dielen zeigt Abb. 233.

Einbau von Türstöcken: Von großer Wichtigkeit ist die richtige Anlage und die Art des Einbaues der Türstöcke. Diese dürfen unter keinen Umständen aus zwei mit Fußboden und Decke verbundenen Pfosten mit dazwischenliegendem Sturzriegel hergestellt werden (Abb. 234), da eine derartige Verbindung infolge der Erschütterungen der Pfosten beim Zuwerfen der Türe unter allen Umständen zu Rissebildungen in der Wand führen muß.

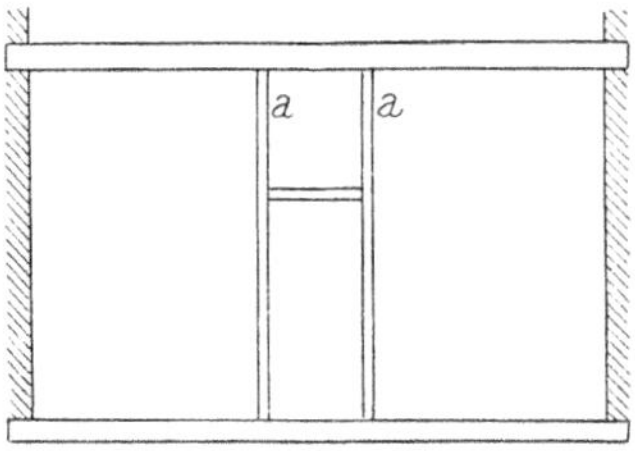

Abb. 234

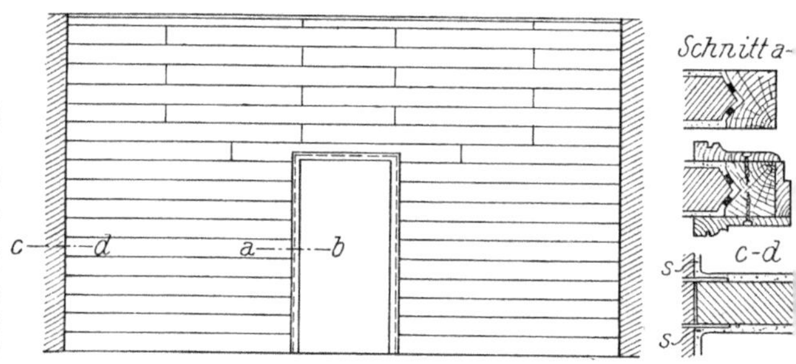

Abb. 235

Für den Türstock darf nur ein die Öffnung umrahmendes Gerüst, wie in Abb. 235 angedeutet, verwendet werden. Beträgt beispielsweise die Wandstärke einschließlich beiderseitigem schwachen Putz 9 cm, so erhält der Türstock dieselbe Stärke. Die Pfostenbreite kann mit etwa 8 cm angenommen werden. Ringsum erhält der Türstock eine Ausklinkung entsprechend Schnitt *a* — *b*, Abb. 235. Derselbe wird durch Strebelatten in seiner richtigen Lage genau festgestellt und auf einem Dielenfußboden mittels schräg eingeschlagener Nägel befestigt; bei massivem Boden müssen die Pfosten einige Zentimeter tief eingelassen werden.

Verlegen der Gipsdielen: Ist beiderseitiger Putz erforderlich, so sind die rauhen Seiten der Gipsdielen abwechselnd nach der einen und nach der anderen Wandseite zu kehren. Verlegung der Gipsdielen mit der Rinne nach oben. Bei der untersten Diele den halbrunden Vorsprung abschlagen, auf hölzerner Unterlage beiderseits der Diele schräge Nägel einschlagen, bei massivem Boden eingedübelte Stifte. Bei Verbindung mit Türstock Diele entsprechend zuspitzen und mit kleinen Keilen gegen denselben verkeilen. Mörtel ziemlich dünnflüssig aus angemachtem Gips mit etwas Sand- und Kalkzusatz. Nachdem die unterste Diele befestigt ist, Mörtel aus einem mit Schnabel versehenen Gefäß in die Rinne gießen, die neue Diele in die Rinne eindrücken und mit langen, schräg eingeschlagenen verzinkten Nägeln am Türpfosten befestigen und verkeilen. Anschluß an massive Wände wie bei Fußboden durch Stifte sichern. Besondere Sorgfalt auf das Zuschneiden der über dem Türstock zu verlegenden Diele verwenden. Diese muß so genau als möglich in die obere Höhlung passen und sich nach beiden Seiten im Verband in die Wand erstrecken. Oberster Wandabschluß mit passend zugeschnittenem Dielenstreifen; Verkeilung gegen die Decke mit kleinen Holzkeilen.

Verputz: Gipskalkmörtel mit feinem Sand, 1 cm stark. Vor Auftragen die glatten Flächen etwas mit Messer aufrauhen.

Auf die beschriebene Art hergestellte Gipsdielenwände besitzen eine ausgezeichnete Festigkeit, ebenso erhält der Türstock eine vollkommen dauerhafte Befestigung.

D. Bretter- und Lattenwände. Einfriedungen

1. Bretter- und Lattenwände

Bretterwände. Aus Brettern lassen sich auch ohne ein Traggerippe leichte Wände herstellen, die sich bei guter Befestigung an Fußboden, Decke und Wänden eines Raumes sogar frei tragen können. Man benützt dazu zwei Lagen von Brettern, deren Stärke je nach Größe der Wand mit $2^1/_2$ bis $3^1/_2$ cm angenommen wird.

Die Bretter der einen Lage werden nach Abb. 236 in schräger Richtung wie die Streben eines Hängewerks auf die senkrecht stehenden Bretter der anderen Lage genagelt, welche gewissermaßen als Hängesäulen wirken, so daß eine derartige Wand einen senkrecht stehenden Träger bildet. Steht die Wand auf einem Balken, so wird dieser nur die Aufgabe des Streckbalkens beim Hängewerk zu erfüllen haben und kann in senkrechter Richtung belastet werden, sobald die schräg angeordneten Bretter durch Nagelung gegen Ausweichen in Richtung der Wand geschützt sind. Kleinere Öffnungen brauchen nur ausgeschnitten zu werden, größere erhalten einen Einfassungsrahmen. Liegt die Wand nicht über einem Balken, also entweder ganz ohne Unterstützung oder quer zur Balkenrichtung, so empfiehlt sich in allen Fällen, wo sich eine Türöffnung in der Wand befindet, an ihrem unteren Rande die Anordnung von Zugbändern, die durch die Türschwelle verdeckt werden können und den Schub der freitragenden Wand von den vielleicht nicht immer genügend starken Hauptmauern fernhalten. Die Befestigung der Wand an Holzfußboden oder Deckenschalung erfolgt mittels starker Leisten, an den seitlichen Mauern durch Bankeisen.

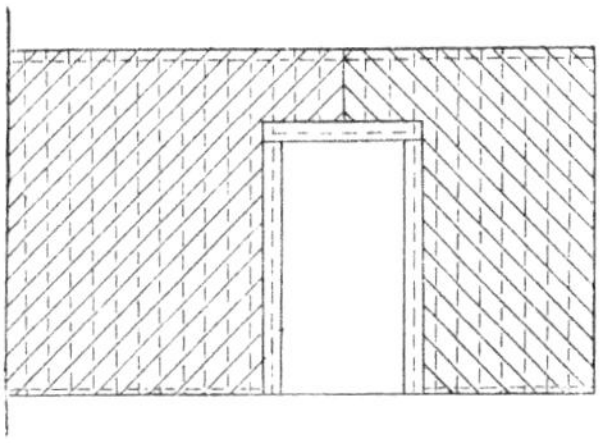

Abb. 236

Soll die Wand auf beiden Seiten einen Verputz erhalten, so sind nur schmale (etwa 12 cm breite) Bretter zu verwenden oder breitere Bretter aufzuspalten, damit ein starkes Schwinden und Werfen ohne schädliche Folgen bleibt. Die Berohrung muß sehr fest und sorgfältig hergestellt werden, wenn man der Bildung von Putzrissen vorbeugen will. Solche sich häufig zeigende Risse in Verbindung mit den Hohlräumen der Berohrung, die einen Schlupfwinkel für Ungeziefer bilden, sind ein Hauptmangel derartiger Wände.

Für Boden- und untergeordnete Räume genügt es, gesäumte rauhe, 25 mm starke Bretter senkrecht nebeneinander zu nageln. Je nach der Höhe können dieselben durch ein aufgenageltes Querbrett verriegelt werden. Bei weitergehenden Ansprüchen müssen die Bretter mindestens 3 cm stark und gehobelt sein, wobei der Fugenschluß durch Falz, Deckleisten oder Spundung hergestellt wird. Deckleisten sind stets nur auf einer Seite der Fuge zu nageln. Bei großer Höhe stellt man in Entfernungen von 1,5 bis 2,0 m Pfosten auf und schaltet nach Bedarf in ähnlichen Abständen Querriegel ein. Die Bretter werden in diesem Falle inmitten der Holzstärke der Pfosten und Riegel mittels beiderseitiger Anschlußleisten befestigt.

Eine besondere Ausführungsweise von Holzwänden ist bei den Siloabteilungen von Getreidespeichern (vgl. 11. Abschnitt C) gebräuchlich. Die Wände werden hier je nach der Schütthöhe des Getreides aus 10, 12 oder 16 cm breiten, 2,5 cm starken, lotrecht hintereinandergestellten Brettern gebildet. Jedes Brett wird an das nächste in Abständen von etwa 50 bis 60 cm genagelt, so daß sich eine der Brettbreite entsprechend starke, massive Holzwand ergibt. Querwände und Ecken werden mittels wechselweise durchgreifender Bretter beider Wände verbunden.

Lattenwände. Zur Herstellung von Lattenwänden für einfache Verschläge in Keller- oder Bodenräumen ist stets ein Gerüst aus Schwellen und Rahmen oder oberen und unteren Querlatten erforderlich, an welches die Latten (3/5) senkrecht — am besten mit einem Zwischenraum gleich der Lattenbreite — angenagelt werden.

Bodenabteilungswände werden gewöhnlich vom Fußboden an bis zu 2 m Höhe als Bretterwände (2 bis 2,5 cm starke, rauhe Bretter, Gerippe aus 8/8 cm starken Kreuzhölzern), von 2 m ab als Lattenwände ausgeführt.

2. Zäune und Einfriedungen

Eine weitgehende Anwendung finden Bretter- und Lattenwände zur Herstellung von Zäunen und Einfriedungen aller Art. Ihre Ausführung ist sehr verschieden, je nachdem es sich um vorübergehende Benützung, wie bei Bauzäunen, oder um dauernde Abschlüsse von Höfen, Gärten, Plätzen u. dgl. handelt.

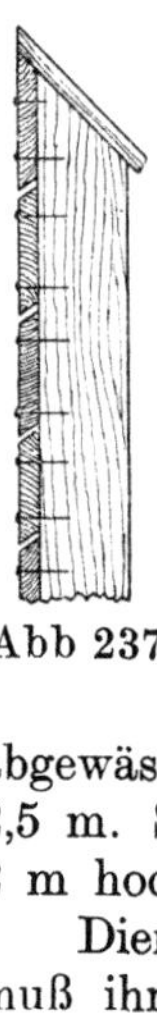

Abb 237.

Bretterzäune oder Planken. Bei der einfachsten Ausführung werden die Bretter wagrecht an die eingegrabenen Pfosten genagelt. Soll ein Durchsehen verhindert werden, so erreicht man dies durch die sogenannte gerollte Verschalung (jalousieartig übereinandergreifende Bretter) oder einfacher und billiger durch Messern der Bretter (Abb. 237). Letztere Anordnung wird mit Vorteil auch bei der Verschalung einfacher Schuppen verwendet, die zur vorübergehenden Lagerung von gegen Nässe zu schützenden Stoffen dienen sollen, z. B. von Zement. Die nach innen ansteigenden Fugen verhindern dann das Einregnen.

Die Pfosten sollen nicht unter 20 bis 22 cm stark sein, werden oben abgewässert, erhalten ein Deckbrett und stehen in Abständen von etwa 2 bis 2,5 m. Sie müssen 1 bis 1,2 m tief eingegraben sein, wenn die Planke 1,8 bis 2 m hoch werden soll.

Dient eine Einfriedung als Abgrenzung gegen ein Nachbargrundstück, so muß ihre gegen letzteres gekehrte äußere Begrenzungslinie mit der Grenze zusammenfallen, über welche hinaus keinerlei Vorsprünge gehen dürfen. Die Abwässerung muß nach der Seite des eingefriedeten Grundstückes erfolgen.

Bei weiter gehenden Ansprüchen an die Art der Herstellung werden die Bretter lotrecht an wagrechten, zwischen die Ständer eingezapften oder angeblatteten Riegeln ($^8/_{10}$) befestigt. Die Ständerköpfe werden nicht einseitig abgewässert; die Riegel erhalten am besten oben eine Schrägfläche, damit das Regenwasser nicht stehen bleibt. Soll die Verbretterung bis an die Erde reichen, so ist ein wagrechtes Sockelbrett anzuordnen, damit die öfter notwendige Erneuerung dieses der Fäulnis am meisten ausgesetzten Teiles leicht erfolgen kann. Das obere Hirnholz der Bretter muß entweder mit einer aufgenuteten Deckleiste geschützt werden oder die Brettenden werden in Form einer Verzierung entsprechend zugeschnitten.

Lattenzäune. Lattenzäune dienen hauptsächlich zur Abgrenzung des Gartens gegen die Straße. Höhe 1,2 bis 1,5 m. Die Latten ($^3/_5$ oder $^4/_6$) werden mit kleinen Zwischenräumen an die Riegel ($^8/_{10}$) genagelt. Die Riegel werden in Abständen von 2,3 bis 2,5 m durch 0,8 bis 1 m tief in die Erde eingegrabene und mit Steinen fest verspannte Holzpfosten ($^{14}/_{14}$) oder durch Mauerpfeiler unterstützt. In letzterem Falle wird meist ein massiver Sockel angeordnet. Die Hölzer dürfen aber nicht in das Mauerwerk reichen, sondern müssen durch angeschraubte Flacheisen mit demselben verbunden werden. Die Riegel werden in die Pfosten halb eingelassen und werden von unten auf 0,25 m und von oben auf 0,30 m (von Riegelmitte gemessen) angebracht.

Schutz der Pfostenfüße. Das Hauptaugenmerk ist auf Schutz und Erhaltung der Pfosten zu richten. Als besonders dauerhaft hat sich Akazienholz erwiesen. Vielfach wird für die Pfosten wie für die Riegel Lärchenholz verwendet. Teeren und Ankohlen haben sich wenig bewährt. Empfehlenswert ist ein amerikanisches Verfahren, nach dem die Pfostenenden einige Zeit in heißes Leinöl getaucht werden; in noch feuchtem Zustande bestreut man dieselben dann mit Holzkohlenstaub und wiederholt dieses Verfahren, bis sich eine leichte Kruste gebildet hat. Ein Anstrich mit Karbolineum kann gleichfalls empfohlen werden, jedoch nur bei bereits gut ausgetrocknetem Holz.

Vorgang beim Versetzen der Pfosten. Bei (runden) Naturpfosten ist die Rinde vor dem Einstampfen in die Erde bis etwa 5 cm oberhalb der Erdoberfläche zu entfernen. Die Pfostenlöcher sind zunächst nur bis etwa 10 cm unter der Erdoberfläche anzufüllen und auch die zum Verspannen bestimmten Steine unter diese Höhe zu bringen. Wenn die Pfosten fest sitzen, so müssen dieselben an der sogenannten „Erdstelle“ auf etwa 15 bis 20 cm, ferner sämtliche Schnittflächen der Pfosten, Querriegel und Latten zwei- bis dreimal mit Karbolineum getränkt werden. Tränkt man die Pfosten vor dem Aufstellen, so wird die Erdstelle beim Verspannen der Steine und Feststampfen der Erde verletzt und die Tränkung hat wenig Erfolg. Die Rinde an Pfosten (über dem Erdreich), Querriegeln usw. braucht nicht entfernt werden.

E. Türgerüste, Türen und Tore

Die Herstellung der Türen selbst ist, abgesehen von den einfachsten Formen derselben bei Bretterwänden, Lattenwänden, Einfriedungen u. dgl., meist Sache des Tischlers; der Zimmermann jedoch hat für die Verbindungsglieder zu sorgen, mittels welcher die hölzerne Tür an der gemauerten Wand befestigt wird.

Türgerüste.[17*]) Diese Verbindungsglieder werden nur dann entbehrlich, wenn die Tür unmittelbar stumpf gegen die gemauerte Öffnung oder in einen Falz des Mauerwerks schlägt (Abb. 238 a und b); eine Dichtheit des Abschlusses kann in diesem Falle natürlich nicht erzielt werden.

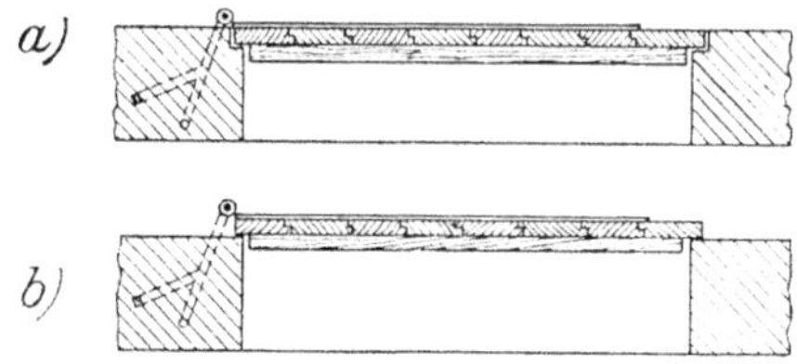

Abb. 238

Für die Art der Türbefestigung ist vor allem maßgebend, ob die gemauerte Türöffnung einen Anschlag erhält oder mit geradlinigen Begrenzungen durch die Mauer geführt ist. Es sind drei Fälle zu unterscheiden (Abb. 239 a, b, c):

1. Die Türöffnung bleibt ohne Anschlag, wird an den Innenflächen durch ein besonderes Futter *a* (Abb. a) ausgekleidet und von den in beiden Wandflächen liegenden Bekleidungen *b* umrahmt. Diese Anordnung ist die allgemein übliche bei Türen zwischen Wohnräumen.

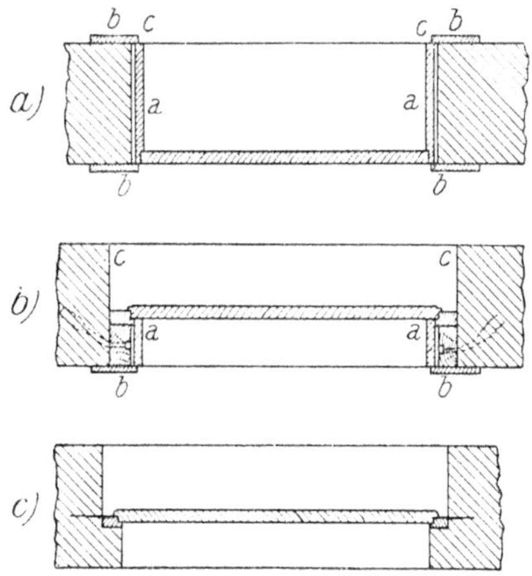

Abb. 239

2. In der ohne Anschlag gemauerten Türöffnung wird durch Einstellen einer starken Holzzarge ein Anschlag gebildet. Futter und Bekleidung finden sich in diesem Falle nur an der einen Wandseite (Abb. b), während die breitere Seite der Türnische ohne Futter und Bekleidung bleibt.

3. Die Türöffnung besitzt einen gemauerten Anschlag. Futter und Bekleidungen fallen auf beiden Seiten weg. Dies ist der Fall bei den ins Freie führenden Türen (Abb. c). Die Tür erhält dann nur einen Futterrahmen, der erst nach Herstellung der Mauern zugleich mit der Tür vom Tischler eingebaut wird.

Soll hingegen ein Futter nebst Bekleidung angebracht werden, so sind die Befestigungshölzer zugleich mit dem Aufmauern einzubauen und werden vom Zimmermann geliefert.

Die einfachste Befestigungsweise besteht im Einmauern sogenannter **Dübel** (auch Holzziegel genannt), die aus möglichst kernigem, trockenem Holz hergestellt sein müssen und gewöhnlich nach dem Innern der Mauer zu schwalbenschwanzförmig stärker werden.

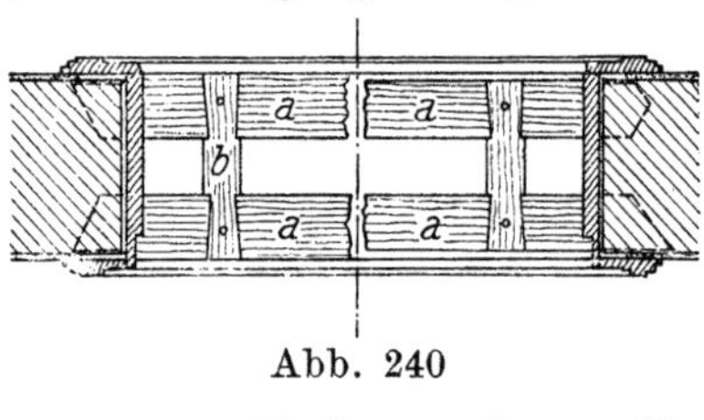

Abb. 240

Der obere Abschluß der Türöffnung, an dem der Oberteil des Futters befestigt werden muß, erfolgt durch eine übergelegte Bohle, oder durch mehrere Überlagshölzer (Abb. 240). Diese erhalten oberhalb einen gemauerten Entlastungsbogen. Der Zwischenraum zwischen Bogen und Überlagsholz wird erst dann leicht ausgemauert, wenn keinerlei Bewegungen im Mauerwerk mehr zu befürchten sind. Die Überlagshölzer sollen nicht zu stark (hoch) angenommen und der Bogen so flach gewölbt werden, daß die Verkleidung noch über seine Unterkante hinwegreicht; andernfalls machen sich fast stets Putzrisse unangenehm bemerkbar. Wird hingegen über der Türverkleidung noch ein Aufsatz in Holz angeordnet, so kann der Entlastungsbogen beliebig hoch gewölbt werden, in welchem Falle man den verdeckten Hohlraum zwischen Bogen und Überlagshölzern ohne Ausmauerung beläßt. Die Überlagshölzer erhalten, um sie gegen seitliches Herausfallen aus der Mauer zu schützen, oft eine nach innen zu laufende Abschrägung. Die durch angeblattete Leisten *(b)* verbundenen Überlagshölzer *(a)* erhalten am besten einen Zwischenraum von 12 bis 13 cm, so daß noch ein Ziegel zwischen sie eingreifen und den Zusammenhalt mit der Mauer vermehren kann. Die Breite der Überlagshölzer ist so zu wählen, daß ihre Vorderkante mit der Putzfläche bündig liegt und die Verkleidung daher unmittelbar auf ihnen befestigt werden kann. Die Länge der Überlagshölzer darf aber dann nicht über den Rand der Verkleidung vorstehen.

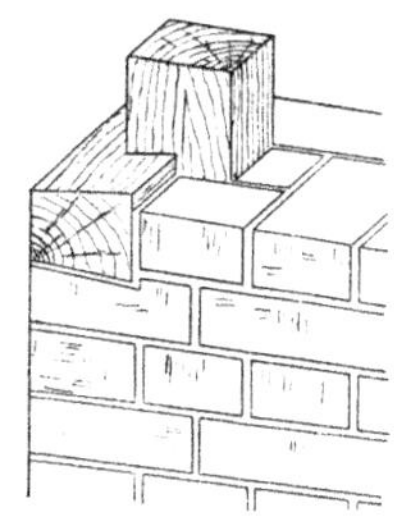

Abb. 241

Zur besseren Sicherung der Dübel gegen seitliches Ausweichen und Lockerwerden werden mit Erfolg sogenannte **Kreuzdübel** (Abb. 241) verwendet, welche besonders bei starken Mauern eine gute Haltbarkeit gewährleisten.

Ungleich dauerhafter als bei Anwendung der Dübel erfolgt die Befestigung der Türen durch besondere Zargen, die zugleich mit der Aufführung der Mauern, in die Öffnungen eingebaut werden. Man unterscheidet **Bohlenzargen** und **Kreuzholzzargen** oder **Türgerüste.**

Die **Bohlenzargen** werden bei schwachen Mauern bis 25 cm Stärke angewendet. Eine solche Zarge besteht (Abb. 242) aus zwei seitlichen Pfosten, dem unteren Schwellholz und der Deckbohle. Die Hölzer werden durch Zapfen verbunden. Um letzteren genügend Halt zu geben, müssen Schwellholz und Deckbohle seitlich vorstehen. Die Deckbohle darf aber nicht über die anzubringende Türbekleidung vortreten. Sie ist in der in Abb. 242 angedeuteten Art auszuschneiden, um festeren Halt in der Wand zu gewinnen. Bei Türen, die stark geworfen werden, empfiehlt sich zur Sicherung gegen Lockerung der Zarge im Mauerwerk die Anbringung von Eisenankern, die mit Zementmörtel zu ummauern sind. Die Art der Befestigung des unteren Schwellholzes ist aus Abb. 242 für den Fall zu entnehmen, daß die Zarge rechtwinklig zur Balkenrichtung liegt. Ist dieselbe mit dem Balken gleichgerichtet, so stellt man sie auf die Mauer zwischen die beiden sie begleitenden Streichbalken, an denen sie seitlich befestigt wird.

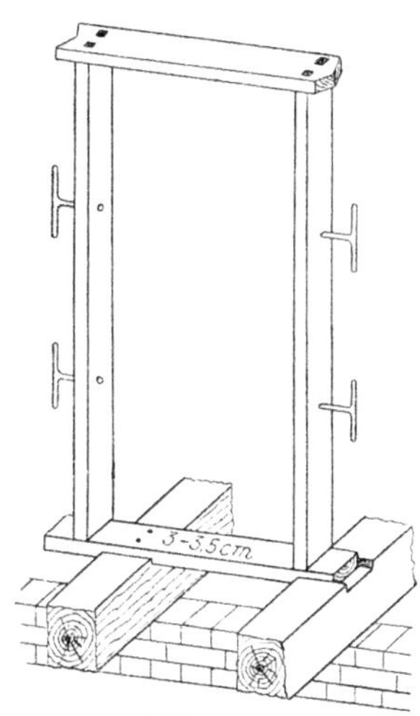

Abb. 242

Beim **Türgerüst** werden die Schwellhölzer wie bei den Bohlenzargen in die Balken eingelassen, der Zwischenraum zwischen ihnen bleibt besser ohne Ausmauerung, solange das Haus nicht eingedeckt und vor Regen geschützt ist. An den oberen Hölzern müssen wieder die seitlichen „Ohren“ stehen bleiben und sind so zurückzuschneiden, daß sie nicht vor der Bekleidung vorragen, damit der Putz noch auf einem vorgemauerten Steinstück Platz findet.

Sowohl Bohlenzargen als Türgerüste sind infolge der nötigen festen Einmauerung und Abschließung der Luft besonders stark der Fäulnis- und Schwammgefahr ausgesetzt. Es empfiehlt sich daher, für beide nur bestes, kerniges Holz zu verwenden. Ein Anstrich mit Karbolineum ist — gute Austrocknung des Holzes vorausgesetzt — namentlich für die Schwellhölzer zu empfehlen, die während des Baues am stärksten der Feuchtigkeit ausgesetzt sind.

Türen. Material für innere Türen Tannen- oder Kiefernholz, für äußere Türen Kiefernholz, Pitchpine- oder Eichenholz.

Einfache Türen für untergeordnete Räume schlagen stumpf vor die Wand; sie sind daher entsprechend größer als die Maueröffnungen auszuführen.

Lattentüren. Lattentüren (1,0 m × 2,0 m) für Keller- und Dachbodenräume (Abb. 243) bestehen aus rauhen oder gehobelten, 2,5 bis 3,5 cm starken, 4 bis 5 cm breiten Latten, welche in Abständen gleich der Lattenbreite auf 3 cm starke und 10 bis 12 cm breite Quer- und Strebeleisten genagelt sind. Die Nagelung erfolgt am besten durch geschmiedete Nägel, deren Spitzen auf der Rückseite der Tür quer zur Holzfaser umgeschlagen werden. Die Strebeleiste muß nach dem unteren Stützpunkte gerichtet sein.

Beschlag: Langbänder mit Kloben (Abb. 244). Die Langbänder werden durch Nägel oder Schrauben auf den Querriegeln befestigt und drehen sich um

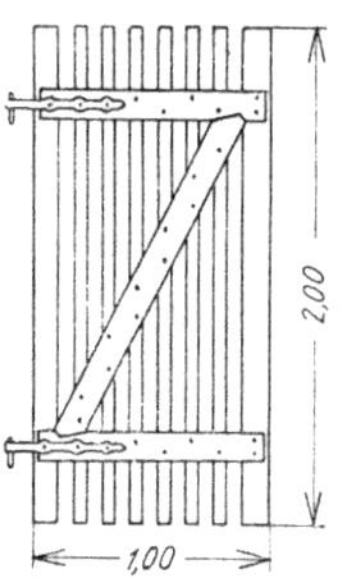

Abb. 243

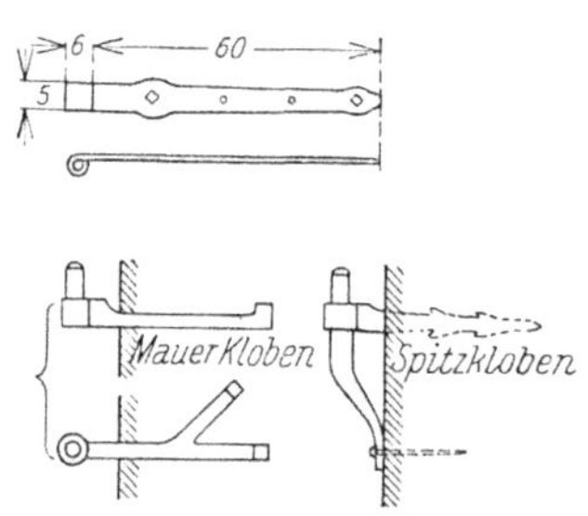

Abb. 244

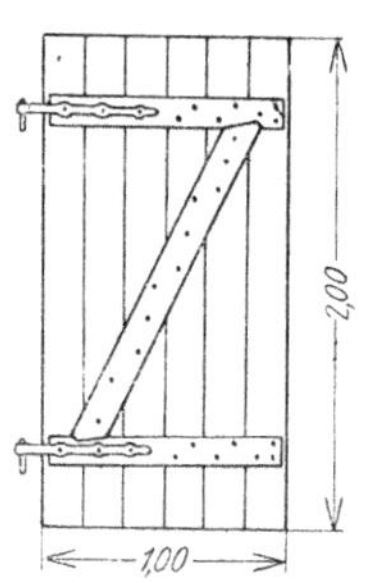

Abb. 245

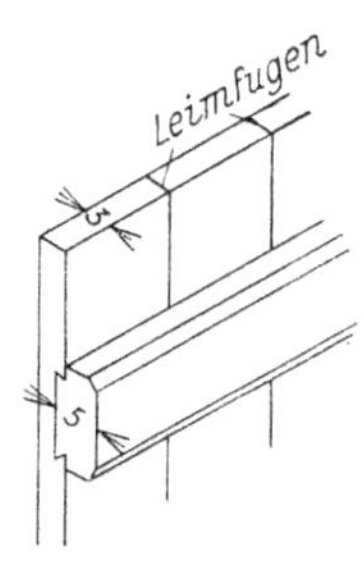

Abb. 246

einen Dorn des Klobens. Der Kloben wird bei massivem Mauerwerk ankerartig eingemauert; bei Fachwerkwänden werden Spitzkloben in die Türstiele eingeschlagen. Zum Verschluß dienen Vorhängeschlösser, die den an der Tür befestigten Anwurf mit der eingemauerten Krampe verbinden.

Brettertüren. Brettertüren (1,0 m × 2,0 m) werden aus rauhen oder gehobelten 2,5 bis 3 cm starken, 12 bis 16 cm breiten Brettern zusammengesetzt (Abb. 245) und durch Nagelung mit den 3 cm starken und 12 cm breiten Quer- und Strebeleisten verbunden. Die Bretter werden entweder stumpf gestoßen, gefalzt oder gespundet und erhalten meist eine Abfasung, manchmal auch eine Profilierung. Die Nagelung erfolgt wie bei den Lattentüren. Die Strebeleiste muß nach dem unteren Stützpunkte gerichtet sein. Beschlag wie vor.

Dienen Brettertüren als Stalltüren (übliche Abmessungen 1,25 m × 2,20 m), so müssen die Quer- und Strebeleisten auf der Innenseite der Tür liegen.

Stumpf verleimte Türen. Glatte Brettertüren (1,0 m × 2,0 m), die aus 3 cm stärken und 12 cm breiten Brettern hergestellt werden (Abb. 246). Die Bretter werden stumpf aneinandergeleimt und miteinander durch zwei auf Grat eingeschobene Querleisten von 4 cm Stärke und 12 cm Breite verbunden. Die Querleisten dürfen nicht eingeleimt, auch nicht aufgenagelt werden. Die Strebeleisten können entfallen.

Verdoppelte Türen. Diese dienen meist als untergeordnete Außentüren (Waschküchen, Ställe). Sie schlagen entweder stumpf vor die Wand oder auf einen Blendrahmen. Der Blendrahmen besteht aus zwei senkrechten Rahmenstücken, die mit dem oberen zusammengeschlitzt und verbohrt sind. Der Blendrahmen liegt hinter einem Maueranschlag und wird durch Bankeisen oder eingemauerte Ankerschrauben befestigt.

Die Tür selbst besteht aus zwei aufeinandergenagelten Brettlagen (Abb. 247). Die Innenseite (Blindtür) wird aus senkrechten, schmalen, gespundeten Brettern zusammengesetzt. Darauf werden die wagrecht oder schräg verlaufenden Bretter derVerdoppelung aufgenagelt. Zur Nagelung verwendet man schmiedeeiserne Nägel mit besonders geformten Köpfen. Ein Falz kann bei diesen Türen dadurch hergestellt werden, daß man die Verdoppelung an den Seiten 2,5 cm zurücktreten läßt.

Bei besserer Ausführung wird die Verdoppelung durch einen glatten Fries eingefaßt. Die einzelnen Bretter der Verdoppelung stoßen entweder stumpf zusammen oder sie sind überfalzt und profiliert. Sehr haltbar sind die sogenannten Jalousietüren, bei denen die Verdoppelung aus profilierten, übereinandergreifenden Brettern besteht.

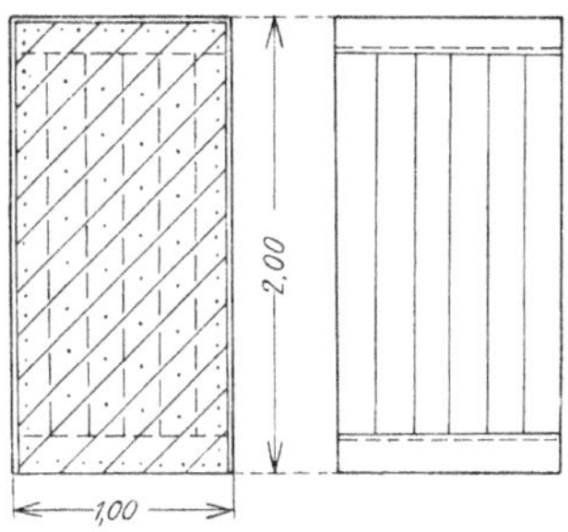

Abb. 247

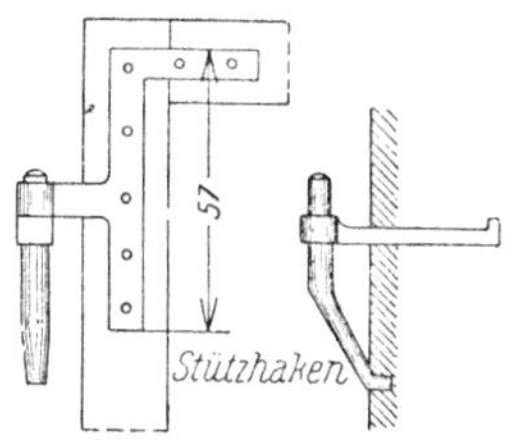

Abb. 249

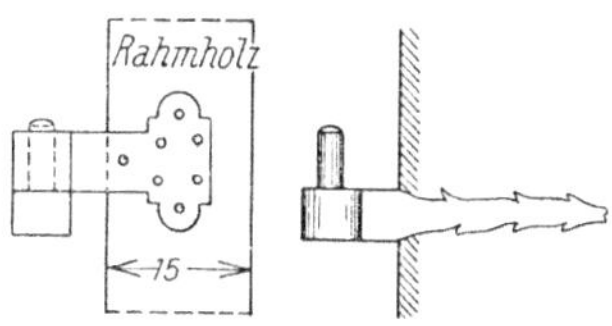

Abb. 248

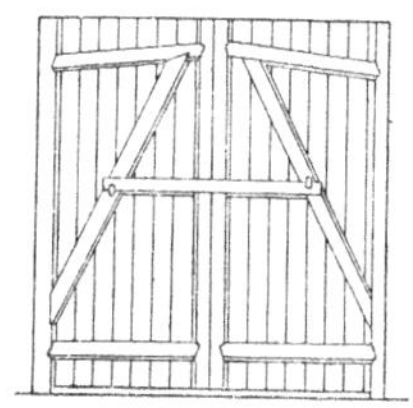
Abb. 250

Beschlag: Für leichtere Türen das Schippenband (Abb. 248). Dieses besteht aus einem kräftigen Lappen und daransitzender Hülse, welche auf einem Kloben läuft. Der Lappen wird auf die Türfläche gelegt und durch Nägel oder Schrauben befestigt.

Für schwere Türen das Winkelband (Abb. 249). Dieses besteht aus einem kräftigen Eisenwinkel, der auf die Türfläche gelegt und durch Nägel oder Schrauben befestigt wird. An dem senkrechten Teile des Winkels sitzt eine Hülse, die auf einem Kloben (Stützhaken) läuft.

Tore. Öffnungen mit Breitenabmessungen von 3 bis 4 m und entsprechender Höhe werden als Tore bezeichnet. Dieselben werden meistens als sogenannte Riegeltore aus Kreuzhölzern hergestellt. Jeder Torflügel erhält (nach Abb. 250) an der Seite eine Wendesäule, in der Mitte eine Schlagsäule, einen Unter- und Oberriegel und eine Strebe. Weitere Hölzer können nach Bedarf und besonderen Anforderungen hinzugefügt werden. Die Bewegung des Torflügels erfolgt auf einem unteren Dorn, der in einer Eisenplatte auf einem Werkstein befestigt ist (Abb. 250 a); oben wird der Torflügel durch ein Halsband gehalten, mit welchem er in dem Stützhaken (Abb. 250b) hängt. An der linken Seite zeigt Abb. 251 eine kleine Tür zum Durchschlüpfen, durch welche jedoch die Strebe nicht unterbrochen werden darf. Die rechts gezeigte Anordnung teilt den ganzen Torflügel in wagrechtem Sinne in zwei Teile; sie wird hauptsächlich bei Scheunentoren ausgeführt. Der Verschluß geschieht mittels eines Schwengels, der entweder die Verlängerung eines Mittelriegels ist oder sich als sogenannter Drehschwengel an der einen Schlagsäule bewegen läßt. Die Außenseite der Tore wird mit 4 cm starken gespundeten Brettern benagelt.

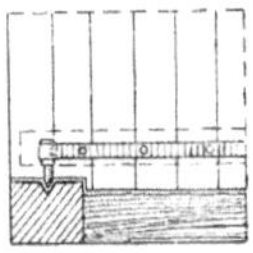

Abb. 250a

Abb. 251

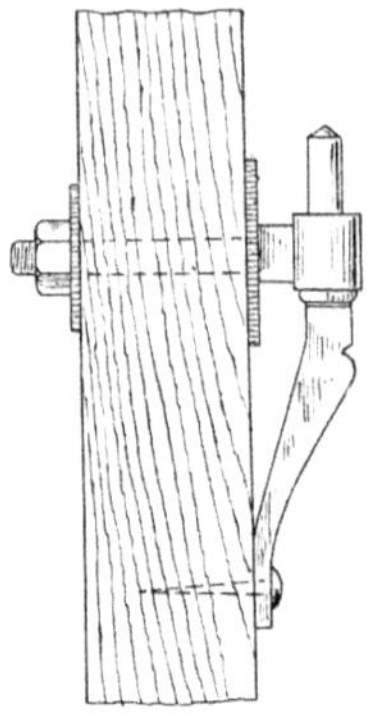

Abb. 250b

VII. Abschnitt

Die Dächer

A. Allgemeine Anordnung

Die Dächer bilden den oberen Abschluß der Gebäude. Die Dachflächen sollen Schutz gegen die Einflüsse der Witterung gewähren und müssen deshalb mit einer undurchlässigen Deckung versehen sein. Um die Niederschläge schnell ableiten zu können, müssen die Dachflächen mehr oder weniger geneigt sein. Je dichter die Deckung ist, desto flacher kann die Dachfläche angelegt werden.

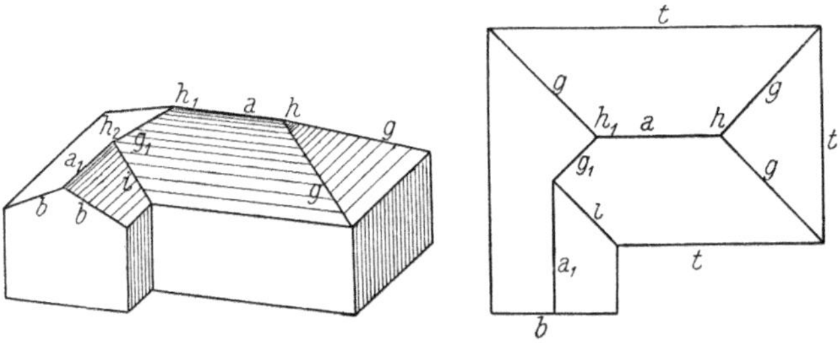

Abb. 252

Benennungen der einzelnen Dachteile. Die **Traufe** oder **der Dachsaum** (*t*) bildet die untere wagrechte Begrenzung der Dachfläche (Abb. 252).

Der First (*a* und a_1) ist die obere wagrechte Begrenzung der Dachfläche oder die Schnittlinie zweier Dachflächen, deren Traufen in gleicher Richtung verlaufen.

Der Grat (*g*) ist die Schnittlinie zweier Dachflächen, deren Traufen eine ausspringende Ecke bilden.

Die Kehle oder **Ixe** (*i*) ist die Schnittlinie zweier Dachflächen, deren Traufen eine einspringende Ecke bilden.

Die **Borte** oder **Giebelkanten** (*b*) bilden die seitliche Begrenzung der Dachflächen

Ein **Anfallspunkt** (h, h_1 und h_2) ist ein Punkt der Firstlinie, in welchem drei oder mehr Dachflächen zusammenstoßen.

Eine **Verfallung** (g_1) ist eine Gratlinie, welche zwei verschieden hochliegende Firste verbindet.

Die Dachformen. Nach der äußeren Form der Dächer unterscheidet man folgende Dacharten:

Das Sattel- oder Giebeldach. Dieses stellt die einfachste Dachform über rechteckigem Grundriß dar. Die Dachflächen haben rechteckige Form, die Giebel Dreieckform, falls die Dachflächen über die Giebelwände herausragen. Werden die Giebel über die Dachflächen hochgeführt, so können sie auch anders gestaltet sein.

Das Walmdach. Beim Walmdach sind alle Umfassungsmauern gleich hoch und auch an den Giebelseiten Dachflächen (Walmflächen) angeordnet. Die beiden Hauptflächen haben Trapezform, die beiden Walmflächen Dreiecksform. Die Traufe läuft in derselben Höhe rings herum.

Das Krüppelwalmdach. Bei diesem sind nur kleine Walmflächen angeordnet, so daß die Gebäudeumfassungsmauern ungleich hoch aufgeführt werden müssen.

Das Mansarddach. Das Mansarddach besitzt nach außen gebrochene Dachflächen und kann als Sattel- oder Walmdach ausgeführt werden. Die unteren Dachflächen (Unterdach) werden steil, die oberen (Oberdach) flach angelegt. Diese Dachform eignet sich gut zur Anlage von Wohnräumen im Dachgeschoß.

Das Pultdach. Das Pultdach ist ein halbes Satteldach, welches auf einer oder auf beiden Giebelseiten auch abgewalmt werden kann. Es wird besonders über den Seitenflügeln eingebauter Wohngebäude und bei anderen Bauwerken, die an der Nachbargrenze errichtet werden, angeordnet.

Das Säge- oder Sheddach. Dieses kann man sich dadurch entstanden denken, daß mehrere Pultdächer mit den Langseiten aneinanderschließen; alle Firstlinien müssen dann gleich hoch liegen. Die rückwärtigen Pultwände sind entweder lotrecht oder geneigt angeordnet, sie werden zum Zwecke der Belichtung meist ganz verglast. Die Ausführung dieser Dachform erfolgte früher häufig bei der Überdachung größerer ebenerdiger Fabriksräume.

Das Zeltdach. Das Zeltdach ist ein Walmdach ohne Firstlinie. Der Grundriß kann ein Quadrat, Rechteck, Vieleck oder Kreis sein; in letzterem Falle entsteht ein Kegeldach, in den übrigen Fällen ein Pyramidendach. Ist die Höhe des Zeltdaches ein Mehrfaches der Grundfläche, so nennt man ein solches Dach ein Turm- oder Helmdach.

Das Kuppeldach. Kuppeldächer können in der Form eines Kugelabschnittes über kreisförmigem Grundriß oder über vieleckigem Grundriß aus Zylinderflächen zusammengesetzt sein, die sich in nach außen konvex gekrümmten Gratlinien schneiden. Die letztere Form kann auch als Zeltdach mit gekrümmten Seitenflächen angesehen werden.

Die Dachausmittlung. Soll ein Dach über zusammengesetztem Grundriß ausgeführt werden, so muß vorerst die Dachausmittlung, d. h. die Bestimmung der Größe und gegenseitigen Lage der Dachflächen und der sich aus derselben ergebenden Verschneidungslinien (Grat-, Ixen- und Firstlinien) erfolgen. Hiezu ist ein vollständiger Grundrißplan des Dachgeschosses mit allen Gesimskanten, Rauchfängen, Stiegen, Brandmauern usw. notwendig.

Der Neigungswinkel der Dachflächen (Dachreschen) muß dem zur Anwendung kommenden Deckmaterial entsprechen.

Bei der Dachausmittlung ist dafür Sorge zu tragen, daß das Niederschlagswasser auf dem kürzesten Wege und niemals gegen den Nachbargrund abgeführt wird, daß alle Dachflächen gegen den Horizont möglichst gleich geneigt sind und wagrechte Ixen (Zwischenrinnen) möglichst vermieden werden.

Bei gleichgeneigten Dachflächen und gleichhohen wagrechten Saumlinien werden die Grat- und Ixenlinien durch Winkelhalbierung der Saumlinien gefunden. An die Schnittpunkte der Grat- und Ixenlinien schließen die Firstlinien an.

Bei nicht gleichgerichteten Dachsäumen (trapezförmiger Grundriß) und gleichen Dachneigungen würde die Firstlinie nicht wagrecht verlaufen, was unschön und für die Ausführung unbequem wäre; sie wird daher in diesem Falle meist mit der Hauptseite des Gebäudes gleichlaufend gelegt und die gegenüberliegende Dachfläche windschief angeordnet.

Stoßen verschieden hohe Dachflächen zusammen, so entstehen sogenannte Verfallungsgrate. Die Richtung der Verfallungsgrate erhält man dadurch, daß man sich das Gebäude entsprechend den verschiedenen Hausbreiten geteilt denkt und für jede Hausbreite für sich die Ausmittlung macht.

Die Bestandteile des Dachstuhles. Ein Dach besteht aus dem tragenden Teile, dem **Dachgerüst** oder **Dachstuhl,** und dem deckenden Teile, der **Dachdeckung** mit der dieselbe unterstützenden **Dachlattung** oder **Dachschalung.**

Bei den üblichen Dachstuhlausführungen hat man zu unterscheiden: das eigentliche Dachtragwerk, das sind die **Bundgespärre** (Binder) und die **Pfetten**; ferner die **Leergespärre** oder **Leersparren**, welche die Dachlattung oder Dachschalung unterstützen und gewöhnlich auf den Pfetten aufruhen. Die letzteren werden von den Bundgespärren unterstützt. Die Sparren, die senkrecht zur Traufe bzw. zum First liegen, können auch fehlen, so daß dann die Dachtafel unmittelbar von den mit der Traufe gleichgerichteten Pfetten (Pfettensparren) aufgenommen wird. Die Dachbinder müssen durch besondere Verbände (Windverbände, Montageverbände) räumlich festgehalten werden, wenn hiezu die Dachtafel mit Sparren und Pfetten nicht ausreicht.

Bei Dachbindern von kleinerer Spannweite genügt meist der durch die Pfetten mit Kopfbändern oder Andreaskreuzen gebildete Längsverband, um im Verein mit den steifen Dachflächen den auf die Giebelwände wirkenden Winddruck aufzunehmen.

Sind jedoch die Gebäudewände für sich nicht standfest, wie dies bei Hallenbauten häufig der Fall ist, so sind besondere Windverbände nötig, welche die auf Dach und Außenwände wirkenden Winddrücke auf feste Stützpunkte übertragen müssen, von denen aus sie in das Grundmauerwerk geleitet werden.

Die Anordnung des Dachgerüstes richtet sich nach der Art des Gebäudes oder der Räume, welche überdacht werden sollen, insbesondere danach, welche Wände, Pfeiler usw. als Stützpunkte des Dachstuhles verwendet werden dürfen. Zwischenwände oder sonstige Punkte, die belastet werden dürfen, sind selbstverständlich zum Mittragen heranzuziehen, da das Tragwerk ja dann leichter und deshalb billiger wird.

Weite Räume ohne Zwischenwände bezeichnet man als Hallen und die Dächer als Hallendächer. Werden für letztere durch Einschaltung von Stützenreihen Zwischenpunkte geschaffen, so entstehen zwei-, drei- und mehrschiffige Hallen.

Die Dachneigung. Die Wahl des Dachdeckungsmaterials richtet sich nach der vorhandenen Dachneigung, unter Umständen ist aber auch die Dachneigung nach dem gewählten Dachdeckungsstoff anzunehmen.

Die Neigung eines Daches wird durch das Verhältnis

$$\operatorname{tg} \alpha = \frac{f}{\frac{l}{2}} = \frac{\text{Pfeilhöhe}}{\text{halbe Stützweite}}$$

ausgedrückt (Abb. 253), wobei α als Neigungswinkel des Daches (Neigung der Dachfläche gegen die Wagrechte) bezeichnet wird. Beim Winkeldach ($\operatorname{tg} \alpha = 1$) sind die Dachflächen unter 45^0 geneigt und bilden im First einen rechten Winkel. Steilere Neigungswinkel als 60^0 werden selten ausgeführt.

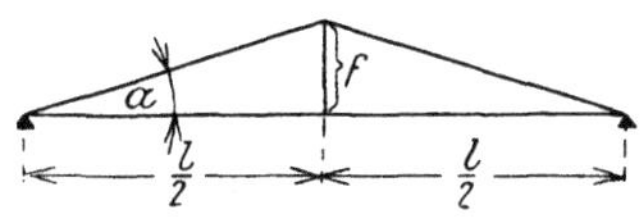

Abb. 253

In der nachstehenden Zusammenstellung sind die für bestimmte Dachdeckungsmaterialien in Frage kommenden Dachneigungen angegeben.

Zusammenstellung der bei bestimmten Dachdeckungsarten üblichen Dachneigungen.

Art der Dachdeckung	Dachneigung $\operatorname{tg} \alpha$ von	Dachneigung $\operatorname{tg} \alpha$ bis	Neigungswinkel α in Graden von	Neigungswinkel α in Graden bis
Asphaltdach	1:30	1:12	1 $^{8}/_{9}$	4 $^{3}/_{4}$
Bleiblechdach	1: 1,75	und flacher	29 $^{3}/_{4}$	und weniger
Bretterdach	1: 1,5	—	33 $^{2}/_{3}$	—
Eisenblechdach	1: 3	1: 5	18 $^{1}/_{2}$	11 $^{1}/_{4}$
Eternitdach	1: 3,5	1: 1	15	45
Glasdach	1: 3,5	1: 1	16	45
Holzzementdach	1:12,5	1:10	4 $^{1}/_{2}$	5 $^{2}/_{3}$
Kiespappdach, doppellagig	1: 7,5	—	7 $^{1}/_{2}$	—
Kupferblechdach	1:12,5	1:10	4 $^{1}/_{2}$	5 $^{2}/_{3}$
Magnesitplattendach	1: 2	1: 1,5	26 $^{1}/_{2}$	33 $^{2}/_{3}$
Pappdach	1:10	1: 5	5 $^{2}/_{3}$	11 $^{1}/_{4}$
Rohrdach	1: 1	3: 2,5	40	50 $^{1}/_{6}$
Schieferdach	1: 2	1: 1,5	26 $^{1}/_{2}$	33 $^{2}/_{3}$
„ englisches	1: 2,5 mindestens	—	21 $^{3}/_{4}$	—
Schindeldach	1: 1,5	—	33 $^{2}/_{3}$	—
Strohdach	1: 1	3: 2,5	40	50 $^{1}/_{6}$
Wellblechdach	1: 1,5	1: 1,25	33 $^{2}/_{3}$	38 $^{2}/_{3}$
Ziegeldächer: doppelte	1: 2,5	1: 1,5	21 $^{3}/_{4}$	33 $^{2}/_{3}$
einfache	1: 1,5	1: 1	33 $^{2}/_{3}$	45
Falzziegeldach	1: 3	1: 1,5	18 $^{1}/_{2}$	33 $^{2}/_{3}$
Kronendach	1: 2,5	1: 1,5	21 $^{3}/_{4}$	33 $^{2}/_{3}$
Pfannendach	1: 1,25	1: 1	38 $^{2}/_{3}$	45
Zinkblechdach	1:17,5	1: 5	7 $^{1}/_{2}$	11 $^{1}/_{4}$

B. Belastungsannahmen. Amtliche Bestimmungen

Für Dächer kommen folgende Belastungen in Betracht: Eigengewicht, Schnee, Winddruck und sonstige Zusatzlasten. Die in den einzelnen Staaten maßgebenden baupolizeilichen Vorschriften enthalten die diesbezüglich erforderlichen Angaben. Allgemein ist zu bemerken, daß diese Angaben der Natur der Sache nach überschlägig sind und gewissermaßen untere Grenzen bilden, unter die nicht hinuntergegangen werden darf.

a) Eigenlast

Die lotrecht wirkende Eigenlast der Dächer setzt sich aus dem Gewicht der Dachdeckung, der Sparren, Pfetten, Binder, Verbände und etwa angehängter Decken zusammen. Die für die verschiedenen Dachdeckungsarten anzunehmenden Eigenlasten einschließlich des Gewichtes der Sparren sind in den nachstehend wiedergegebenen preußischen amtlichen Bestimmungen festgelegt. Bei Dächern, bei welchen keine Sparren vorhanden sind (Pfettensparren), kann das Gewicht der Pfetten als in den angegebenen Gewichten mitinbegriffen angenommen werden.

Eigengewicht der Dachdeckungen

nach den „Bestimmungen über die bei Hochbauten anzunehmenden Belastungen usw." des preußischen Ministeriums der öffentlichen Arbeiten vom 24. Dezember 1919.

Dachdeckungs-material		Für 1 m² geneigter Dachfläche ohne die Pfetten und Dachbinder, jedoch einschließlich der Sparren, die im allgemeinen in 1 m Abstand 12/16 cm stark angenommen sind	Gewicht kg/m²
Glas	1	Glasdach auf Sprosseneisen einschließl. der letzteren bei 4 mm starkem Glase	22
	2	Dasselbe bei 5 mm starkem Rohglas	25
	3	„ „ 5 mm starkem Drahtglas	30
	4	„ „ 6 mm Rohglas	30
	5	„ „ 6 mm Drahtglas	35
	6	Für jedes Millimeter Mehrstärke des Glases Mehrgewicht	3
	7	Desgleichen bei Verwendung von Drahtglas	5
	8	Gewölbtes Dach aus Glasbausteinen (Bauweise Falconnier und ähnliche)	65
Holzzement		Holzzementdach einschließl. Schalung, Sparren und einer 7 cm starken Kiesschicht bei 14/18 cm Sparrenstärke	180
Kupfer		Kupferdach, mit doppelter Falzung eingedeckt einschließl. der Schalung, Sparren usw. (Kupferblech 0,6 mm stark)	40
Leinwand		Leinwanddach (Weber-Falkenberg und ähnliche) einschließl. Lattung und Sparren	25
Pappe	1	Einfaches Teerpappdach einschließl. Schalung und Sparren	35
	2	Doppelpappdach wie vor	55

Dachdeckungs-material		Für 1 m² geneigter Dachfläche ohne die Pfetten und Dachbinder, jedoch einschließlich der Sparren, die im allgemeinen in 1 m Abstand 12/16 cm stark angenommen sind	Gewicht kg/m²
Rohr		Rohrdach einschließl. Lattung und Sparren	80
Schiefer	1	Englisches Schieferdach auf Lattung einschließl. Sparren	45
	2	Englisches Schieferdach auf Schalung einschließl. Schalung und Sparren	55
	3	Deutsches Schieferdach auf Schalung und Pappunterlage einschließl. Pappe, Schalung und Sparren (aus Steinen von rund 35 cm Länge und 25 cm Breite)	65
	4	Deutsches Schieferdach wie vor (aus kleineren Steinen von rund 20 cm Länge und 15 cm Breite)	60
Schindel		Schindeldach einschließl. Lattung und Sparren	35
Stroh		Strohdach einschließl. Lattung und Sparren	75
Wellblech		Wellblechdach aus verzinktem Eisenblech auf Winkeleisen	25
Ziegel	1	Einfaches Ziegeldach aus Biberschwänzen von Normalform einschließl. Lattung und Sparren (Spließdach)	75
	2	Dasselbe, aber böhmisch gedeckt, in voller Mörtelbettung	85
	3	Doppeldach wie Nr. 1	95
	4	Dasselbe, aber böhmisch gedeckt	115
	5	Kronendach wie Nr. 1	105
	6	Dasselbe, aber böhmisch gedeckt	130
	7	Pfannendach auf Lattung in böhmischer Deckung einschließl. Lattung und Sparren, bei Verwendung kleiner, sog. holländischer Pfannen	80
	8	Pfannendach wie vor, aber mit großen Pfannen	85
	9	Pfannendach wie vor, aber auf Stülpschalung einschließl. Schalung, Strecklatten, Dachlatten und Sparren (verschaltes Pfannendach)	100
	10	Falzziegeldach einschließl. Lattung usw. wie Nr. 1	65
	11	Mönch- und Nonnendach einschließl. Lattung usw. wie Nr. 1	100
	12	Dasselbe, böhmisch gedeckt	115
Zink		Zinkdach in Leistendeckung einschließl. der Schalung, Sparren usw. (Zinkblech Nr. 13)	40

Ergänzende Eigengewichtsangaben zu den amtlichen Bestimmungen
(Nichtamtliche Angaben)
(Für 1 m² Dachfläche, in der Neigungslinie, nicht im wagrechten Grundriß gemessen)

Nr.	Benennung	Einzelteile	Eigengewicht für 1 m² einzeln kg	Eigengewicht für 1 m² zus. rd. kg
1	Einfaches Ziegeldach aus Biberschwänzen von Normalform einschl. Lattung und Sparren (Spließdach)	Sparren 12/16 cm in 1 m Mittenabstand	13	
		Latten 4,5/6,5 cm	8	
		Dachsteine 36,5/15,5/1,2 cm, 35 Stück auf 1 m²	49	
		Mörtel	3	
		Spließe	1	
		Zusammen	74	75
1 a	Dasselbe, aber böhmisch gedeckt, in voller Mörtelbettung	Mehrgewicht für Mörtel	10	
		Zusammen		85
2	Doppeldach, wie Nr. 1	Sparren 12/16 cm	13	
		Latten 4,5/6,5 cm	11	
		Dachsteine, 45 Stück auf 1 m²	63	
		Mörtel	6	
		Zusammen	93	95
2 a	Dasselbe, aber böhmisch gedeckt	Mehrgewicht für Mörtel	20	
		Zusammen		115
3	Kronendach, wie Nr. 1	Sparren 12/16 cm	13	
		Latten 4,5/6,5 cm	7	
		Dachsteine, 55 Stück auf 1 m²	77	
		Mörtel	6	
		Zusammen	103	105
3 a	Dasselbe, aber böhmisch gedeckt	Mehrgewicht für Mörtel	25	
		Zusammen		130
4	Pfannendach auf Lattung, in böhmischer Deckung einschl. Lattung und Sparren, bei Verwendung kleiner, sogenannter holländischer Pfannen	Sparren 12/16 cm	13	
		Latten 4,5/6,5 cm	6	
		Pfannen 34/24/1,5 cm, 20 Stück auf 1 m²	43	
		Mörtel	16	
		Zusammen	78	80
5	Pfannendach, wie vor, aber mit großen Pfannen	Sparren 12/16 cm	13	
		Latten 4,5/6,5 cm	5	
		Pfannen 40/24/1,5 cm, 16 Stück auf 1 m²	50	
		Mörtel	16	
		Zusammen	84	85

Nr.	Benennung	Einzelteile	Eigengewicht für 1 m² einzeln kg	Eigengewicht für 1 m² zus. rd. kg
6	Pfannendach wie vor, aber auf Stülpschalung nebst darübergenagelten Strecklatten einschl. Schalung, Strecklatten, Dachlatten und Sparren	Wie unter Nr. 4	78	
		2,5 cm dicke gestülpte Schalung u. Strecklatten	20	
		Zusammen	98	100
7	Falzziegeldach einschl. Lattung usw. wie Nr. 1	Sparren 12/16 cm	13	
		Latten 4,5/6,5 cm	5	
		Dachziegel 40/20 cm, 15 Stück auf 1 m²	42	
		Mörtel zum Verstrich	3	
		Zusammen	63	65
8	Mönch- und Nonnendach einschließlich Lattung usw. wie Nr. 1	Sparren 12/16 cm	13	
		Latten 4,5/6,5 cm	5	
		16 Mönche, je 43 cm lang, und 16 Nonnen, je 41 cm lang	66	
		Mörtel	17	
		Zusammen	101	100
8 a	Dasselbe, böhmisch gedeckt	Mehrgewicht für Mörtel	15	
		Zusammen		115
9	Mönch- und Nonnendach einschließlich wie vor, aber Mönch und Nonne aus einem Stück (15 Steine 42 cm lang, 20 cm breit für 1 m², sichtbar nach der Eindeckung)	Sparren 12/16 cm	13	
		Latten 4,5/6,5 cm	5	
		Dachsteine	69	
		Mörtel	3	
		Zusammen	90	90
9 a	Dasselbe, böhmisch gedeckt	Mehrgewicht für Mörtel	15	
		Zusammen		105
10	Mönch- und Nonnendach wie Nr. 9, jedoch aus Steinen kleineren Formates (18 Mönch- und Nonnensteine, 40 cm lang, 18 cm breit für 1 m², sichtbar nach der Eindeckung)	Sparren 12/16 cm	13	
		Latten 4,5/6,5 cm	5	
		Dachsteine	63	
		Mörtel	4	
		Zusammen	85	85
10 a	Dasselbe, böhmisch gedeckt	Mehrgewicht für Mörtel	15	
		Zusammen		100

Nr.	Benennung	Einzelteile	Eigengewicht für 1 m² einzeln kg	Eigengewicht für 1 m² zus. rd. kg
11	Englisches Schieferdach auf Lattung	Sparren 12/16 cm	13	
		Latten 4,5/6,5 cm	6	
		Schiefer einschließlich Nägel	25	
		Zusammen	44	45
12	Englisches Schieferdach auf Schalung	Sparren und Schiefer wie vor	38	
		Schalung 2,5 cm	16	
		Zusammen	54	55
13	Deutsches Schieferdach auf Schalung und Pappunterlage (aus Steinen von rund 35 cm Länge und 25 cm Breite)	Sparren 12/16 cm	13	
		Schalung 2,5 cm	16	
		Dachpappe	3	
		Schiefer einschließlich Nägel	32	
		Zusammen	64	65
14	Deutsches Schieferdach wie vor (aus Steinen von rund 20 cm Länge und 15 cm Breite)	Sparren 12/16 cm	13	
		Schalung 2,5 cm	16	
		Dachpappe	3	
		Schiefer einschließlich Nägel	28	
		Zusammen	60	60
15	Zinkdach in Leistendeckung einschließlich Schalung, Sparren usw.	Sparren 12/16 cm	13	
		Schalung 2,5 cm	16	
		1,20 m² Zinkblech Nr. 13	7	
		Zusammen	36	40
16	Kupferdach, mit doppelter Falzung eingedeckt, wie vor	Sparren 12/16 cm	13	
		Schalung 2,5 cm	16	
		1,15 m² Kupferblech, 0,6 mm dick	7	
		Zusammen	36	40
17	Wellblechdach aus verzinktem Eisenblech, auf Winkeleisen	Wellblech 150 × 40 × 1,5 mm	16	
		Winkeleisen 2,0 m freitragend mit 2,0 m Abstand	7	
		Niete, Anstrich usw.	2	
		Zusammen	25	25
18	Wellblechdach aus Zinkwellblech auf Schalung einschließlich Schalung und Sparren	Sparren 12/16 cm	13	
		Schalung 2,5 cm	16	
		1,20 m² Wellblech	8	
		Zusammen	37	40

Nr.	Benennung	Einzelteile	Eigengewicht für 1 m² einzeln kg	Eigengewicht für 1 m² zus. rd. kg
19	Einfaches Teerpappdach einschließlich Schalung und Sparren	Sparren 12/16 cm	13	
		Schalung 2,5 cm	16	
		1,05 m² Pappe	3	
		Asphalt, Teer, Leisten und Nägel	2	
		Zusammen	34	35
20	Doppelpappdach	Sparren 12/16 cm	13	
		Schalung 2,5 cm	16	
		Erste Lage (dicke) Pappe einschließlich Nägel	6	
		Zweite Lage	4	
		Zwei Teeranstriche	4	
		Kies	9	
		Zusammen	52	55
21	Holzzementdach einschließlich Schalung und Sparren	Sparren 14/18 cm	16	
		Schalung 3,5 cm	23	
		1 Lage dicke Pappe und 3 Lagen Papier	7	
		Kies, 7 cm hoch	126	
		Holzzement	8	
		Zusammen	180	180
22	Leinwanddach (Weber-Falkenberg und ähnliche) einschließlich Lattung und Sparren	Sparren 12/16 cm	13	
		Lattung 4,5/6,5 cm	6	
		Leinwand	2	
		Anstrich und Klebemasse sowie Nägel	2	
		Zusammen	23	25
22 a	Dasselbe auf Schalung	Mehrgewicht	10	
		Zusammen	33	35
23	Schindeldach einschl. Schalung und Sparren	Sparren 12/16 cm	13	
		Schalung 2,5 cm	16	
		Schindeln einschl. Nägel	16	
		Zusammen	45	45

Nach dem Normenblatt des „Önig“ (Österr. Normenausschuß für Industrie und Gewerbe) vom 31. Juli 1926 gelten folgende Belastungsvorschriften:

Dacheindeckungen in kg/m² schiefe Dachfläche einschließlich Schalung oder Lattung und Sparren, jedoch ohne Tragwerk:

Einfaches Ziegeldach (Biberschwänze)	100
Doppeltes Ziegeldach	125
Falzziegeldach	65
Einfaches Schieferdach, diagonale Eindeckung	70
Doppeltes Schieferdach, parallel zum First eingedeckt	80
Kunstschieferdach (Eternit) mit Dachpappenunterlage	41
Einfaches Teerpappendach	35
Doppelpappdach, 2 Papplagen und 2 Teeranstriche	40
Holzzementdach, 1 Lage starke Pappe, 3 Lagen Papier in Holzzementmasse, 5 cm lehmigen Sand und 5 cm Kies	240
Zinkblechdach, auf Schalung (Zinkblech Nr. 13)	48
Eisenblechdach	38
Wellblechdach aus verzinktem Eisenblech auf Winkeleisen	25
Glasdach auf Sprosseneisen einschließlich dieser, bei 6 mm starkem Rohglas	30
Dasselbe bei 6 mm starkem Drahtglas	35
Für jeden Millimeter Mehrstärke des Glases mehr um	3

Das Gewicht der Dachbinder für 1 m² Grundrißfläche kann je nach dem Gewicht der Deckung und bei Stützweiten bis 16 m angenommen werden für:

eiserne Tragwerke	10 ÷ 20
hölzerne Tragwerke	20 ÷ 30

Wird die Eigenlast des Daches auf 1 m² Grundfläche bezogen, so ergibt sich dieselbe aus dem für 1 m² Dachfläche angegebenen Gewicht g, wenn α den Neigungswinkel des Daches bedeutet (Abb. 254), zu

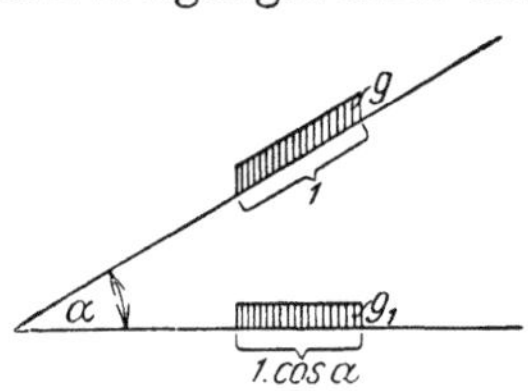

Abb. 254

$$g_1 = \frac{1}{\cos\alpha} \cdot g \quad \text{kg/m}^2 \text{ Grundfläche} \tag{1}$$

Eigengewicht der Pfetten: Das Eigengewicht der Pfetten wechselt je nach der Binderentfernung und der Art der Dacheindeckung bzw. Dachneigung. Dasselbe kann bei Doppelpappdach mit einer Gesamtlast von etwa 150 kg/m² angenommen werden

bei 4,50 ÷ 5,00 m	Binderentfernung mit etwa	10 ÷ 12 kg/m²
„ 5,00 ÷ 5,50 m	„ „ „	12 ÷ 14 „
„ 5,50 ÷ 6,00 m	„ „ „	14 ÷ 16 „

Eigengewicht der Binder: Das Eigengewicht der Binder schwankt ebenfalls mit der Binderentfernung und Dachneigung bzw. Eindeckung.

Im Mittel kann bei Bindern mit etwa 5 m Entfernung voneinander (Pappeindeckung vorausgesetzt) unter Annahme eines mittleren Raumgewichtes des Holzes von 750 kg/m³ einschließlich Eisenzeug angenommen werden:

von 7 ÷ 15 m	Stützweite	10 ÷ 15 kg/m² Grundfläche
„ 15 ÷ 20 m	„	15 ÷ 18 „ „
„ 20 ÷ 25 m	„	18 ÷ 20 „ „
„ 25 ÷ 30 m	„	20 ÷ 22 „ „

b) Dachnutzlasten

α) Die Schneelast

Preußische „Bestimmungen usw." vom 24. Dezember 1919:

„1. Die Schneebelastung einer wagrechten Fläche ist zu mindestens 75 kg/m² anzunehmen.

2. Bei Dachflächen mit erheblicher Neigung kann die Schneelast, sofern nicht etwa einzelne Dachteile Schneesäcke bilden, geringer angenommen, bei einer Neigung von mehr als 45° ganz außer acht gelassen werden.

3. Die auf 1 m² der wagrechten Projektion einer Dachfläche entfallende Schneelast S ist dabei mindestens nach Maßgabe der nachfolgenden Zusammenstellung zu bemessen, in der α den Neigungswinkel der Dachfläche gegen die Wagrechte bedeutet.

α = 20°	25°	30°	35°	40°	45°	> 45°
S = 75	70	65	60	55	50	0 kg/m².

Zwischenwerte sind geradlinig einzuschalten.

4. Die Möglichkeit einer Bildung von Schneesäcken ist zu prüfen und gegebenenfalls bei erheblichem Gewicht zu berücksichtigen.

5. Die Möglichkeit einer vollen oder einer einseitigen Schneebelastung ist zu berücksichtigen.

6. Bei Bauten im Gebirge ist die Schneelast den örtlichen Verhältnissen entsprechend höher anzunehmen."

Nach dem Normenblatt des „Önig" (Österr. Normenausschuß für Industrie und Gewerbe) vom 31. Juli 1926, gelten folgende Belastungsvorschriften:

„Die Schneelast einer wagrechten oder bis 25° geneigten Fläche ist mit 75 kg/m² Grundriß anzunehmen.

Bei einer Dachneigung von	30°	35°	40°	45°	50° und mehr
ist die Schneelast auf......	70	65	60	50	0 kg/m²

Grundriß zu vermindern. Zwischenwerte sind geradlinig einzuschalten.

Bei gleichzeitigem Wind- und Schneedruck ist die Schneelast auf der Windseite auf zwei Drittel obiger Werte zu ermäßigen.

Wenn sich auf steilen Dachflächen Schneesäcke bilden können, ist von der Verminderung der Schneelast abzusehen.

In Hochgebirgsgegenden sind die Schneedrücke den örtlichen Verhältnissen entsprechend höher anzunehmen."

Für eine in unseren Gegenden beobachtete Schneehöhe von 0,60 m berechnet sich die Schneebelastung bei einem Raumgewicht des Schnees von 125 kg/m³ für 1 m² Grundfläche zu $s = 125 \cdot 0{,}6 = 75$ kg. Auf steilen Dächern rutscht der Schnee teilweise oder ganz ab und darf daher der Schneedruck entsprechend der Dachneigung verringert, bei steileren Dachflächen als 45° mit 0 angenommen werden.

Bei flachen Dächern hingegen erscheint die Annahme einer Schneelast von 75 kg/m² Dachfläche für manche Gegenden (beispielsweise in Süddeutschland) unzureichend. Bei derartigen Dächern besteht nämlich die Gefahr, daß der Schnee länger liegen bleibt als bei steilen Dächern, unter Sonnenbestrahlung zusammensickert und sich zwischen Schneedecke und Dach eine Eisschichte bildet. Anläßlich des Einsturzes der Bahnsteigdächer in Chur (587 m über dem Meeresspiegel) wurden Schneelasten von 180 bis 250 kg/m² bei einer Schneehöhe von 60 bis 70 cm festgestellt (Schweiz. Bauztg. 1924, Nr. 3). In der Höhenlage Stuttgarts wird heute auf Grund obiger Erfahrungen bei flachen Dächern mit einer Neigung unter 1:6 eine

Belastung durch Schnee- und Winddruck von 100 kg/m² Grundfläche, im Schwarzwald, auf der Rauhen Alb und im Allgäu eine solche von 150 kg/m² angenommen.

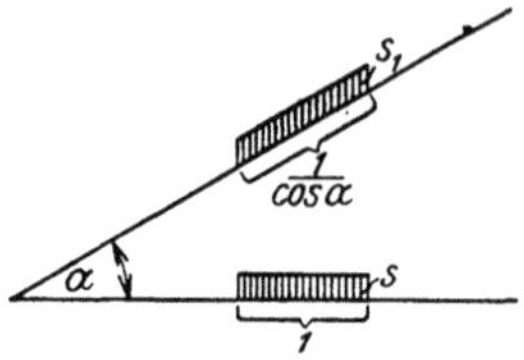

Abb. 255

Der Schneedruck kann für 1 m² Grundfläche nach der Formel

(2) $$s = 75 \cdot \cos\alpha \text{ (kg/m}^2\text{)}$$

für 1 m² Dachfläche nach der Formel

(3) $$s_1 = 75 \cos^2\alpha \text{ (kg/m}^2\text{)}$$

berechnet werden.

β) Der Winddruck

Preußische „Bestimmungen usw." vom 24. Dezember 1919:

„1. Die Windrichtung kann im allgemeinen wagrecht angenommen werden.

2. Bezeichnet w_0 den Winddruck auf 1 m² einer zur Windrichtung senkrechten ebenen Fläche F, so ist bei beliebigem Anfallswinkel α der auf F entfallende, senkrecht zu ihr wirkende Winddruck mit $W = w_0 \cdot F \cdot \sin^2\alpha$ in Rechnung zu stellen.

3. Für w_0 gelten folgende Werte:

Nr.	Vom Winde getroffene Fläche	w_0 kg/m²	Bemerkungen
1	2	3	4
1	Wandteile bis zu einer Höhe von 15 m	100	Zu 1. Bei Bauwerken in geschützter Lage kann der unter Nr. 1 angegebene Wert des Winddruckes dem dauernd vorhandenen Windschutz entsprechend ermäßigt werden, jedoch nicht unter 75 kg/m².
2	Wandteile in der Höhe von 15 bis 25 m und Dächer in weniger als 25 m Höhe	125	Zu 2. Bei Dachneigungen unter 25° genügt in der Regel unter Vernachlässigung der wagrechten Seitenkraft ein Zuschlag zur senkrechten Belastung.
3	Über 25 m hoch liegende Wandteile und Dächer	150	
4	Eisengitterwerk, Holzgerüste und Masten	150	Zu 4. Für die Berechnung elektrischer Freileitungen sind die Normalien des Verbandes deutscher Elektrotechniker maßgebend.
5	Für Schornsteine gelten besondere Bestimmungen (vgl. den Runderlaß vom 30. April 1902 — Zentralblatt der Bauverwaltung, 1902, S. 297).		Zu 5. Bei hohen Bauwerken mit kleiner Grundfläche kann die sinngemäße Anwendung der unter Nr. 5 angeführten Bestimmungen verlangt werden.

4. In Gegenden mit besonders großen Windstärken, namentlich an der Küste oder im Gebirge, sind die Winddruckzahlen um 25 bis 50 v. H. zu erhöhen.

5. Gebäude, die durch Wände und Decken hinreichend ausgesteift sind, brauchen in der Regel nicht auf Winddruck untersucht zu werden.

6. Bei offenen Hallen ist ein auf Dach und Wände von innen nach außen, bei freistehenden Dächern ein von unten nach oben wirkender Winddruck von 60 kg für 1 m² rechtwinklig getroffene Fläche zu berücksichtigen."

Nach Vorschrift des deutschen Reichsmarineamtes ist für Flugzeughallen im Küstengebiet ein innerer Winddruck in Rechnung zu stellen, der von der Saugwirkung des an der Halle vorbeistreichenden Winddruckes herrührt. Die Größe dieses inneren Überdruckes ist bei einer äußeren Windkraft von 175 kg/m² senkrecht getroffener Fläche durch Versuche zu 120 kg/m² bestimmt worden; er ist sowohl auf die Seitenwände von innen nach außen drückend als auch auf das Dach gleichsam als Auftrieb wirkend anzunehmen.

Winddruck und Windgeschwindigkeit. Der Winddruck W, d. i. der Widerstand, den eine mit der Geschwindigkeit v bewegte Luftmasse m beim Auftreffen auf eine Fläche F findet, die senkrecht zur Windrichtung steht, ergibt sich aus der Beziehung

$$\frac{m \cdot v^2}{2} = W \cdot v.$$

Wenn die Luftmasse $m = \frac{F \cdot v \cdot \gamma}{g}$ gesetzt wird, worin γ das Einheitsgewicht der Luft bei 15° C und 760 mm Luftdruck und g die Beschleunigung der Schwere bedeutet, ist hieraus

$$\boxed{W} = \frac{m \cdot v}{2} = \boxed{\frac{F \cdot v^2 \cdot \gamma}{2\,g}} \tag{3}$$

Versuche haben erwiesen, daß der Winddruck von der Form und Größe der Fläche abhängt, so daß noch eine Erfahrungsziffer einzufügen ist, die $\varkappa = 1$ bis 3 beträgt; es ist daher

$$W = \varkappa \cdot \frac{F \cdot v^2 \cdot \gamma}{2\,g} \tag{3 a}$$

Der Winddruck auf die Flächeneinheit beträgt

$$w = \frac{W}{F} = \frac{\varkappa \cdot \gamma}{2\,g} \cdot v^2 \tag{3 b}$$

Für dünne ebene Platten ist nach Grashof $\varkappa = 1{,}86$ zu setzen; mit $\gamma = 1{,}293$ kg/m³ und $g = 9{,}81$ m²/sec ist $w = 0{,}122\,v^2$.

Damit ergibt sich die Beaufortsche Windskala:

$v =$	10	20	30	40	50	100 m
$w =$	12	49	110	195	305	1220 kg/m²

Nach anderen Messungen gibt der Wert $\varkappa = 1$ bessere Übereinstimmung zwischen der gemessenen Geschwindigkeit und dem gemessenen Winddruck; darnach wäre $w = 0{,}066\,v^2$.

Ein Winddruck von 40 kg/m² macht das Stehen eines Mannes unmöglich; ein Winddruck von 100 kg/m² weht ihn fort und übt in der Natur zerstörende Wirkungen aus. Bei Wirbelstürmen kommen örtliche Winddrücke von 500 kg/m² und mehr vor.

Die abströmende Luft verursacht im Windschatten (auf der Leeseite) des Bauwerkes eine Saugwirkung, d. i. einen Druck vom Gebäudeinnern nach außen, der ebenso groß wie der anfallende Winddruck sein kann. Kann der Wind in das Innere eines Gebäudes eindringen (z. B. in offene Hallen), so muß mit einem Innenwinddruck gerechnet werden, der meist mit 60 kg/m² angenommen wird.

Neuere Forschungen auf dem Gebiete des Winddruckes haben gegenüber den früheren zu wesentlich veränderten Auffassungen über die Art des Windangriffes geführt und insbesondere gezeigt, daß auch die auf der Leeseite eintretende Saugwirkung des Windes unter Umständen von erheblichem Einfluß ist (vgl. Grüning, Versuche über Winddruck, „Der Bauingenieur", Jahrgang 1920, S. 39). Wenn es auch bis heute noch nicht möglich war, auf Grund dieser neueren Erkenntnisse allgemein gültige Regeln aufzustellen, so wird man beim Bau größerer Luftschiffhallen u. dgl. auf die Ergebnisse dieser Forschungen — insbesondere hinsichtlich der Saugwirkung des Windes — Rücksicht nehmen müssen, aus welchem Grunde auch bereits in dem Begleiterlaß zu den preußischen Bestimmungen darauf hingewiesen wird, daß seitens der Baupolizei bei Bauten der oben erwähnten Art — insbesondere hinsichtlich der Belastung durch Wind und Schnee — höhere Anforderungen gestellt werden können.

Amtliche Bestimmungen in anderen Staaten

Bayern: Die bayerischen Bestimmungen sehen durchgängig einen Winddruck $w = 150\ \text{kg/m}^2$ vor, ergeben daher im allgemeinen höhere Windkräfte als die preußischen Bestimmungen.

Österreich (Bestimmungen aus der Vorkriegszeit): Der Winddruck senkrecht zur Dachfläche ist nach der Formel $w_n = 150 \sin^2 \alpha$ für $1\ \text{m}^2$ Dachfläche zu berechnen. In Gegenden mit besonders starken Winden (Bora) ist statt 150 ein Winddruck von $250\ \text{kg/m}^2$, bei dauernd windgeschützten Bauwerken ein solcher von $75\ \text{kg/m}^2$ anzunehmen. Für offene Hallen, Perronüberdachungen usw. ist mit einem von innen nach außen wirkenden Winddruck von 60 kg, in Gegenden starken Windanfalles (Bora) von $100\ \text{kg/m}^2$ Dachfläche zu rechnen.

Nach dem Normenblatt des „Önig" (Österr. Normenausschuß für Industrie und Gewerbe) vom 31. Juli 1926 gelten folgende Belastungsvorschriften:

„Die Windrichtung ist im allgemeinen wagrecht anzunehmen. Der Winddruck auf $1\ \text{m}^2$ winkelrecht getroffene Fläche ist einschließlich der Saugwirkung im Windschatten

für Wände und Dächer bis 15 m Höhe mit $w = 100\ \text{kg/m}^2$

für Wände und Dächer bis 25 m Höhe mit $w = 125\ \text{kg/m}^2$

für höhere Bauwerke als 25 m sowie für alle Gerüste, Gitterwerke, Maste und Schornsteine mit $w = 125 + 0{,}6\,h$ zu berechnen, worin h die Höhe des Bauwerkes über dem Erdboden in Metern bedeutet. In Hochgebirgsgegenden ist der Winddruck um 25 bis 50% größer.

Auf die Fläche, die mit der Windrichtung den $\sphericalangle\,\alpha$ einschließt, ist ein rechtwinklig zur Fläche wirkender Winddruck von $w_n = w \sin^2 \alpha$ auf $1\ \text{m}^2$ der Fläche anzunehmen.

Bei offenen Hallen und freistehenden Dächern ist außerdem eine von innen nach außen wirkende Windbelastung von 60 kg auf $1\ \text{m}^2$ Wand- und Dachfläche in der ungünstigsten Gesamtwirkung zu berücksichtigen.

Gebäude, die durch Wände und Decken in der bauüblichen Weise ausgesteift sind, müssen in der Regel nicht auf Wind berechnet werden.

Für wagrechte und schwach geneigte Dächer ist mit einer lotrechten Windbelastung von mindestens $25\ \text{kg/m}^2$ Grundriß zu rechnen."

Polen: $w_n = w \cdot \sin \alpha$; in geschlossenen Orten $w = 50\ \text{kg/m}^2$; in nicht geschlossenen Orten bis zu einer Höhe von 15 m $w = 100\ \text{kg/m}^2$, bei einer Höhe über 30 m $w = 130\ \text{kg/m}^2$; Zwischenwerte bei Höhen zwischen 15 und 30 m sind durch geradlinige Einschaltung zu ermitteln. Von innen nach außen wirkender Winddruck bei offenen Hallen $w = 70\ \text{kg/m}^2$.

Winddruck auf ebene Dachflächen. Stößt der Wind auf eine Fläche F, die mit der Windrichtung den Winkel α bildet (Abb. 256), so ist, wenn F'' den Aufriß der Fläche senkrecht zur Windrichtung bedeutet und w den Winddruck auf die Einheit dieser getroffenen Fläche:

$$W = F'' \cdot w = F \cdot w \cdot \sin \alpha .$$

W zerlegt sich in eine zur Fläche F senkrechte Kraft W_n und in eine Kraft W_s in der Richtung der Dachfläche; diese verursacht das Abströmen der Luft längs der Fläche, jene einen Flächendruck

$$W_n = W \cdot \sin \alpha = F \cdot w \cdot \sin^2 \alpha .$$

Der Druck auf die Einheit der schiefen Fläche ist

$$\boxed{w_n = \frac{W_n}{F} = w \cdot \sin^2 \alpha} \quad \text{(nach Newton).} \qquad (4)$$

Für **1 m² Dachfläche** beträgt (Abb. 257)

$$\left.\begin{array}{ll} \text{die lotrechte Teilkraft:} & \boxed{w_v = w \cdot \sin^2 \alpha \cos \alpha} \\ \text{die wagrechte Seitenkraft:} & \boxed{w_h = w \cdot \sin^3 \alpha .} \end{array}\right\} \qquad (5)$$

Für **1 m² Grundfläche** beträgt:

$$\left.\begin{array}{ll} \text{die lotrechte Teilkraft:} & \boxed{w'_v = w \cdot \sin^2 \alpha} \\ \text{die wagrechte Seitenkraft:} & \boxed{w'_h = w \cdot \sin^2 \alpha \cdot \operatorname{tg} \alpha .} \end{array}\right\} \qquad (6)$$

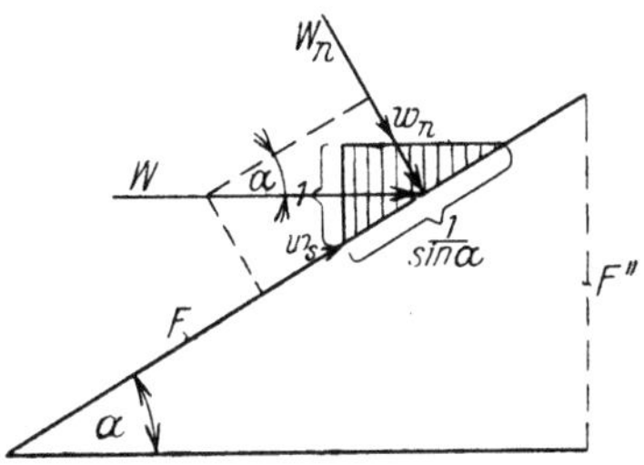

Abb. 256

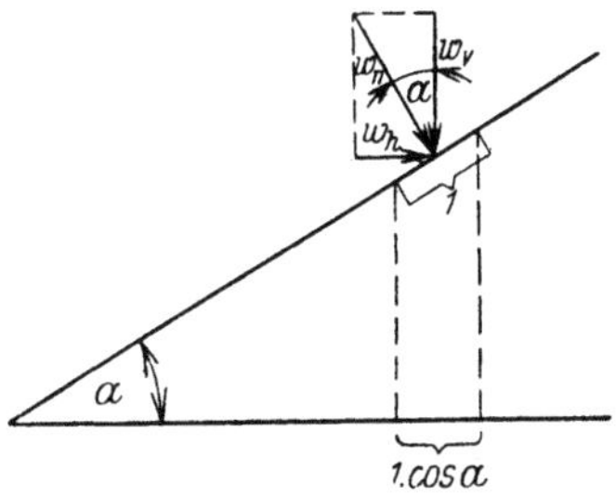

Abb. 257

Manchmal ist es zweckmäßig, die zur Dachfläche senkrechte Windkraft w_n in eine lotrechte Teilkraft w_{v_1} und eine unwirksame, mit der Dachfläche gleichgerichtete Seitenkraft zu verlegen.

Es beträgt dann

$$\left.\begin{array}{ll} \text{für 1 m}^2 \text{ Dachfläche:} & w_{v_1} = w \cdot \sin \alpha \cdot \operatorname{tg} \alpha \\ \text{für 1 m}^2 \text{ Grundfläche:} & w'_{v_1} = w \cdot \operatorname{tg}^2 \alpha \end{array}\right\} \qquad (7)$$

Für ebene Flächen gibt die Formel

$$\boxed{w_n = w \cdot \sin \alpha} \quad \text{(nach F. R. v. Lößl)} \qquad (8)$$

bessere Übereinstimmung mit den Versuchsergebnissen. Manchmal — insbesondere bei geringen Dachneigungen — wird die Windrichtung auch unter 10° gegen die Wagrechte geneigt angenommen, in welchem Falle die Formel (8) lautet:

$$w_n = w \sin (\alpha + 10^0) \qquad (8\,a)$$

Für die Formel nach v. Lößl unter Annahme wagrechter Windrichtung betragen

für 1 m² Dachfläche:

(9) $$\begin{cases} \text{die lotrechte Teilkraft} & w_v = w \cdot \sin\alpha \cdot \cos\alpha \\ \text{die wagrechte Seitenkraft} & w_h = w \cdot \sin^2\alpha \end{cases}$$

für 1 m² Grundfläche:

(10) $$\begin{cases} \text{die lotrechte Teilkraft} & w'_v = w \cdot \sin\alpha \\ \text{die wagrechte Seitenkraft} & w'_h = w \cdot \sin\alpha \cdot \operatorname{tg}\alpha \end{cases}$$

Unter Annahme einer unter $\alpha = 10^0$ gegen die Wagrechte geneigten Windrichtung wirkt auf ein Dach mit der Neigung $\alpha = 0$ eine lotrechte Windlast

$$w_v = w \cdot \sin 10^0 = 0{,}174\ w.$$

Winddruck auf Bogendächer. Kreisförmiges Bogendach (Abb. 258) mit dem Halbmesser r, dem Mittelwinkel φ, der Bogenweite l, dem Bogenpfeil f und der Breite b.

Mit den Abkürzungen $b \cdot f = F''$, $b \cdot l = F'$; $\frac{f}{l} = n$ ergeben sich die lotrechte und wagrechte Teilkraft des auf das Dach wirkenden Gesamtwinddruckes W_n unter Verwendung der Newtonschen Winddruckformel zu

(11) $$\begin{cases} W_v = \dfrac{8\,n^2}{3\,[1 + 4\,n^2]^2} \cdot F' \cdot w \\[2ex] W_h = \dfrac{8\,n^2 \left[1 + \dfrac{4}{3} n^2\right]}{[1 + 4\,n^2]^2} \cdot F'' \cdot w \end{cases}$$

Der schräge Winddruck W_n als Mittelkraft von W_v und W_h geht durch den Kreismittelpunkt. Die Lage von W_v und W_h ist gegeben durch

(12) $$x_0 = \frac{3}{8}\, l; \qquad z_0 = \frac{1 + 2\,n^2}{1 + \dfrac{4}{3} n^2} \cdot \frac{f}{3}.$$

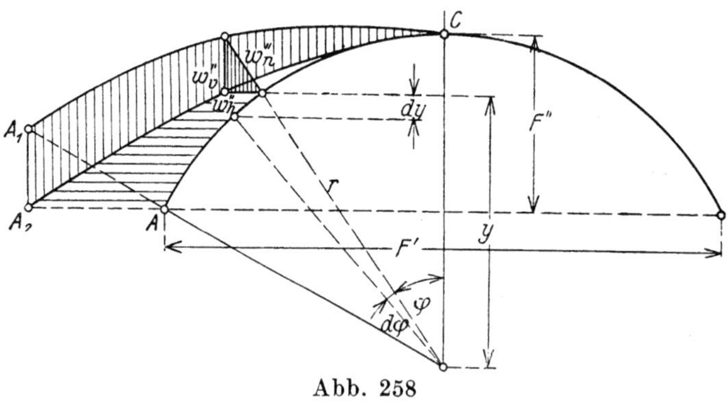

Abb. 258

Die Verteilung von W_n, W_v und W_h auf die Dachfläche ist in Abb. 258 dargestellt. Der senkrechte Winddruck auf die Einheit der Dachfläche beträgt

$$w''_n = \frac{w}{r} \cdot x,$$

die lotrechte Teilkraft

$$w''_v = w''_n \cdot \cos\alpha$$

und die wagrechte Seitenkraft

$$w''_h = w''_n \cdot \sin\alpha.$$

Halbkreisdach:

$$W_h = \frac{2}{3} F'' \cdot w; \qquad W_v = \frac{1}{2} W_h.$$

$$x_0 = \frac{3}{4} r.$$

$$z_0 = \frac{3}{8} r.$$

Flaches Bogendach mit kleinem Pfeilverhältnis $\frac{f}{l}$:

$$W_h = 8\, n^2 \cdot F'' \cdot w; \qquad W_v = \frac{8}{3} n^2 \cdot F' \cdot w.$$

$$x_0 = \frac{3}{8} l.$$

$$z_0 = \frac{1}{3} f.$$

Zeichnerische Ermittlung der Winddruckfläche

Die beiden Abb. 259 *a)* und *b)* zeigen, in welcher Weise sich die Winddruckfläche auf Grund einer der vorangegebenen Winddruckformeln (4), (8) oder (8 a) zeichnerisch auftragen läßt.

Für einige mittlere Punkte des Obergurtes, 1, 2, 3, 4, werden die Neigungswinkel bestimmt, hierauf in Abb. 259 *b)* die Werte w_n mit den Geraden $a_1 c_1$, $a_2 c_2$ usw.

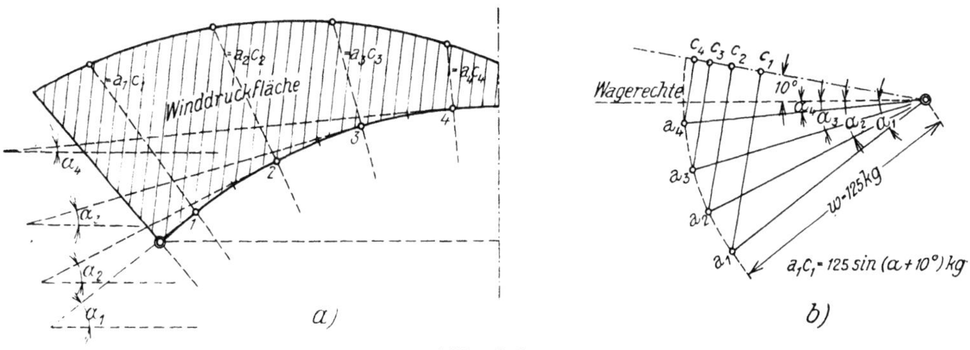

Abb. 259

gefunden und dieselben nunmehr zur Auftragung der Belastungsfläche infolge einseitigen Winddruckes in Abb. 259 *a)* verwendet. Das zeichnerische Verfahren empfiehlt sich besonders bei gekrümmter Dachfläche und verwickelten Verhältnissen.

Winddruck auf lotrechte Flächen.

a) Regelmäßig achteckige Säule, eine Seite senkrecht zur Windrichtung (Abb. 260), kleinster Aufriß der Säule $= F''$, Zugrundelegung der Newtonschen Winddruckformel:

$$\boxed{W = \frac{1}{\sqrt{2}} F'' \cdot w = 0{,}707\, F'' \cdot w;}$$

Tafel zur Ermittlung der Eigengewichte, Schneelasten und

Eigengewicht:

g . . . kg/m² Dachfläche

$g_1 = g \cdot \frac{1}{\cos \alpha}$ kg/m² Grundfläche

Schneelast:

s_o . . . kg/m² Grundfläche bei wagrechtem Dach

$s = s_o \cos \alpha$ kg/m² Grundfläche b. geneigtem Dach

$s_1 = s_o \cdot \cos^2 \alpha$ kg/m² Dachfläche

Neigungsverhältnis $h : b = \mathrm{tg}\,\alpha$	sin α	Δ	sin² α	Δ	sin³ α	Δ	cos α	Δ	cos² α	Δ
0,0	0,000		0,000		0,000		1,000		1,000	
		0,010		0,001		0,000		0,000		0,000
0,1	0,100		0,010		0,001		1,000		1,000	
		0,010		0,003		0,001		0,002		0,004
0,2	0,196		0,038		0,007		0,980		0,960	
		0,009		0,004		0,002		0,002		0,004
0,3	0,290		0,084		0,024		0,957		0,916	
		0,008		0,005		0,003		0,003		0,006
0,4	0,372		0,138		0,051		0,928		0,861	
		0,008		0,006		0,004		0,003		0,006
0,5	0,449		0,202		0,090		0,894		0,799	
		0,007		0,006		0,005		0,004		0,006
0,6	0,515		0,265		0,137		0,857		0,734	
		0,006		0,006		0,005		0,004		0,006
0,7	0,574		0,329		0,189		0,819		0,671	
		0,005		0,006		0,005		0,004		0,006
0,8	0,625		0,391		0,244		0,781		0,610	
		0,004		0,006		0,005		0,004		0,006
0,9	0,669		0,448		0,299		0,743		0,552	
		0,004		0,005		0,005		0,004		0,005
1,0	0,707		0,500		0,353		0,707		0,500	
		0,003		0,005		0,005		0,003		0,005
1,1	0,739		0,546		0,404		0,673		0,453	
		0,003		0,004		0,005		0,003		0,004
1,2	0,768		0,590		0,453		0,641		0,411	
		0,002		0,004		0,005		0,003		0,004
1,3	0,793		0,629		0,499		0,609		0,371	
		0,002		0,003		0,004		0,003		0,003
1,4	0,814		0,663		0,539		0,581		0,338	
		0,002		0,003		0,004		0,003		0,003
1,5	0,832		0,692		0,576		0,554		0,307	
		0,002		0,003		0,003		0,002		0,003
1,6	0,848		0,719		0,610		0,530		0,281	
		0,001		0,003		0,003		0,002		0,003
1,7	0,863		0,745		0,643		0,505		0,255	
		0,001		0,002		0,003		0,002		0,002
1,8	0,875		0,766		0,670		0,485		0,235	
		0,001		0,002		0,002		0,002		0,002
1,9	0,885		0,783		0,693		0,466		0,217	
		0,001		0,002		0,002		0,002		0,002
2,0	0,895		0,801		0,717		0,446		0,199	

Winddrücke bei verschiedenen Dachneigungen $h : b = \operatorname{tg} \alpha$.

$\frac{1}{\cos \alpha}$	Δ	$\sin \alpha \cdot \cos \alpha$	Δ	$\sin^2 \alpha \cdot \cos \alpha$	Δ	$\sin \alpha \cdot \operatorname{tg} \alpha$	Δ	$\sin^2 \alpha \cdot \operatorname{tg} \alpha$	Δ	Neigungswinkel α^0
1,00		0,000		0,000		0,000		0,000		0° 00′
	0,000		0,010		0,001		0,001		0,000	
1,00		0,100		0,010		0,010		0,001		5° 50′
	0,002		0,009		0,003		0,003		0,001	
1,02		0,193		0,038		0,039		0,008		11° 20′
	0,002		0,008		0,004		0,005		0,002	
1,04		0,277		0,080		0,087		0,025		16° 50′
	0,004		0,007		0,005		0,006		0,003	
1,08		0,345		0,128		0,149		0,055		21° 50′
	0,004		0,006		0,005		0,007		0,005	
1,12		0,401		0,180		0,224		0,101		26° 40′
	0,005		0,004		0,005		0,008		0,006	
1,17		0,441		0,228		0,309		0,159		31° 00′
	0,005		0,003		0,005		0,009		0,007	
1,22		0,470		0,270		0,402		0,230		35° 00′
	0,006		0,002		0,004		0,010		0,008	
1,28		0,488		0,306		0,500		0,312		38° 40′
	0,007		0,001		0,003		0,010		0,009	
1,35		0,497		0,332		0,602		0,403		42° 00′
	0,007		0,000		0,002		0,010		0,010	
1,42		0,500		0,353		0,707		0,500		45° 00′
	0,007		0,000		0,001		0,011		0,010	
1,49		0,498		0,367		0,813		0,601		47° 40′
	0,007		0,001		0,001		0,011		0,011	
1,56		0,492		0,378		0,922		0,708		50° 10′
	0,008		0,001		0,000		0,011		0,011	
1,64		0,483		0,383		1,031		0,817		52° 25′
	0,008		0,001		0,000		0,011		0,011	
1,72		0,473		0,385		1,140		0,927		54° 25′
	0,008		0,001		0,000		0,011		0,011	
1,80		0,462		0,384		1,248		1,038		56° 15′
	0,009		0,001		0,000		0,011		0,011	
1,89		0,449		0,380		1,357		1,150		58° 00′
	0,009		0,001		0,000		0,011		0,011	
1,98		0,437		0,378		1,467		1,265		59° 35′
	0,008		0,001		0,001		0,011		0,011	
2,06		0,424		0,371		1,575		1,379		60° 55′
	0,008		0,001		0,001		0,011		0,011	
2,14		0,412		0,364		1,681		1,490		62° 15′
	0,010		0,001		0,001		0,011		0,011	
2,24		0,400		0,358		1,790		1,602		63° 25′

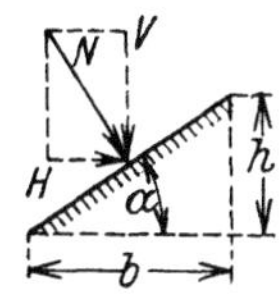

Winddruck:

w ... kg/m² senkrecht getroffene Fläche

$w_n = w \sin^2 \alpha$ kg/m² Dachfläche

$w_v = w \sin^2 \alpha \cdot \cos \alpha$ kg/m² Dachfläche

$w_h = w \sin^3 \alpha$ kg/m² Dachfläche

$w_v = w \cdot \sin^2 \alpha$ kg/m² Grundfläche

$w_h = w \sin^2 \alpha \cdot \operatorname{tg} \alpha$ kg/m² Grundfläche

$w_n = w \cdot \sin \alpha$ kg/m² Dachfläche

$w_v = w \sin \alpha \cdot \cos \alpha$ kg/m² Dachfläche

$w_h = w \cdot \sin^2 \alpha$ kg/m² Dachfläche

$w_v = w \sin \alpha$ kg/m² Grundfläche

$w_h = w \sin \alpha \cdot \operatorname{tg} \alpha$ kg/m² Grundfläche.

b) regelmäßig sechseckige Säule, eine Kante und Säulenachse in Windrichtung,

$$W = \frac{3}{4} F'' \cdot w = 0{,}75\, F'' \cdot w;$$

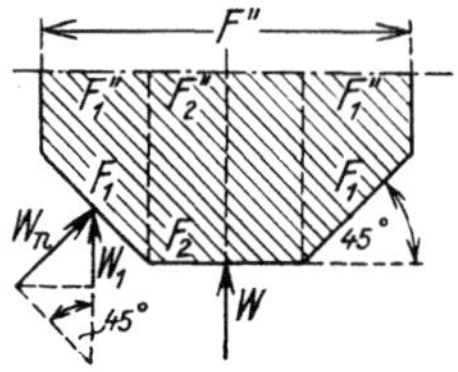

Abb. 260

c) quadratische Säule:

1. Eine Seite senkrecht zur Windrichtung:

$$W = F'' \cdot w;$$

2. eine Kante und Säulenachse in Windrichtung:

$$W = \frac{1}{\sqrt{2}} F'' \cdot w = 0{,}707\, F'' \cdot w;$$

d) kreisförmige Säule:

$$W = \frac{2}{3} F'' \cdot w = 0{,}667\, F'' \cdot w.$$

γ) Besondere Nutzlasten

Preußische „Bestimmungen usw.“ vom 24. Dezember 1919:

„Für wagrechte oder bis 1/20 geneigte Dächer ist mit einer Nutzlast von 250 kg/m² einschließlich Wind- und Schneedruck zu rechnen, wenn zeitweiliger Aufenthalt von Menschen, z. B. zu Spiel-, Beobachtungs- und Erholungszwecken, nicht ausgeschlossen ist.

Für alle Dächer ist in der Mitte der einzelnen Pfetten, Sparren oder Sprosseneisen, sofern die auf sie wirkende Wind- und Schneelast weniger als 200 kg beträgt, unter Außerachtlassung dieses Schnee- und Winddruckes eine Nutzlast von 100 kg anzunehmen für Personen, die das Dach bei Reinigungs- oder Wiederherstellungsarbeiten betreten. Ein gleiches gilt für die Dachhaut, soweit ein Betreten dieser überhaupt in Frage kommen kann.“

Weitere in den obigen Bestimmungen nicht besonders angeführte Nutzlasten bestehen in Einzellasten von gewöhnlich 1 bis 5 t, herrührend von einzelnen, sich unter den Bindern bewegenden Laufkatzen, oder in Transmissionslasten, die gewöhnlich mit 75 bis 100 kg/m² Grundfläche vorgeschrieben sind.

Die in den Formeln (1) bis (10) für die Ermittlung des Eigengewichtes der Schnee- und Windlasten bei gegebener Dachneigung $tg\,\alpha$ vorkommenden Winkelwerte können der Tabelle auf Seite 238 unmittelbar bzw. durch geradlinige Einschaltung entnommen werden.

C. Dachschalung und Dachlattung.

Bretterdächer. Verwendung nur für untergeordnete Bauten von geringer Dauer. Brettstärke 1″, Sparrenabstand bis zu $1^1/_4$ m. Am First oberste Bretter an der Wetterseite vorstehen lassen. Am Giebel Windbretter anbringen, die an die Außenseiten der Sparren zu nageln sind.

Bretterlage:

a) // First „gestürztes Bretterdach“; Bretter mit 6 bis 8 cm Übergriff übereinandergelegt, unter Übergriff einseitig genagelt, unterstes Brett beim Dachsaum unterkeilt, Bretterstöße auf den Sparren, durch Latten ⊥ First gedeckt.

b) ⊥ First: Kernseite der Bretter nach unten, damit, wenn sich dieselben werfen, hohle Seite nach oben gerichtet ist. Fugendeckung durch zweite Bretterlage (Stülpschalung). Übergriff etwa 6 cm, oder Fugendeckleisten. Zur Unterstützung der Bretterlage in Entfernung von 1,25 bis 1,50 m quergenagelte starke Dachlatten oder Sparren pfettenartig // First gelegt.

Manchmal Anstrich mit Karbolineum, Kreosotöl, Teer und nachfolgende Bestreuung mit Sand oder Hammerschlag.

Schindeldächer. Besser, aber noch feuergefährlicher als Bretterdächer. Verwendung meist nur bei alleinstehenden oder zeitweiligen Gebäuden gestattet. Befestigung der Schindeln manchmal auf Schalung, meist auf Lattung. Lattenentfernung bei flachen Dächern etwa 30 cm, sonst etwa 47 cm. Material Tannen- und Fichten-, am besten Lärchenholz.

Die Schindel besitzt einen keilförmigen Querschnitt und ist an der einen Kante 1,5 bis 2 cm stark, an der anderen zugeschärft, damit man sie beim Eindecken in die an der stärkeren Kante befindliche, etwa 2 bis $2^1/_2$ cm tiefe Nut der anschließenden Schindel einschieben kann. Die übliche Breite einer Schindel beträgt 8 bis 15 cm, die Länge 40 bis 70 cm. Beim Verlegen darauf achten, daß die Nut der Wetterseite abgekehrt ist.

Nagelung: Jede Schindel wird dort, wo sie die untere überdeckt, zusammen mit letzterer auf der Schalung oder Lattung mit einem in die Nut getriebenen flachköpfigen, 40 bis 70 mm langen (Schindel-) Nagel befestigt, während am oberen Ende nur immer jede fünfte oder sechste Schindel angenagelt wird.

Pappdächer. Erforderliche Stärke der Dachschalung 1″; gesäumte, wenn möglich gespundete Bretter verwenden, damit das Durchbiegen derselben beim Betreten des Daches verhindert wird, durch welches sonst leicht ein Reißen der Pappe verursacht werden kann. Nur bei sehr enger Sparrenlage und entsprechend biegesteifen Sparren Verwendung besäumter $^3/_4$″ Bretter anzuraten.

Ansprüche an die Güte der zu verwendenden Bretter: Gleichmäßige Stärke (hervorstehende Kanten abhobeln), an der Oberfläche keine Baumwalzen, Astlöcher oder sonstigen Unebenheiten, wegen Gefahr des Werfens größte zulässige Breite höchstens 16 cm.

Ausführung: Mit versetzten Stößen nageln. Bei weit ausladenden Sparren sorgfältige Verankerung derselben mit der Dachbalkenlage, um ein Abheben durch Sturm zu verhindern. Beim Anschluß an Schornsteine, Giebelmauern, Oberlichte, Aussteigluken usw. schräge Anschlußbretter vorsehen, an denen die Pappe bzw. das Einfassungsblech aufgebogen werden kann. Wird die Unterseite der Sparren geschalt (und geputzt) oder bleibt bei ganz flachen Dächern der Raum unmittelbar unter der Dachhaut unbenutzt, durch entsprechende Anordnung von Öffnungen für Durchlüftung der Tragteile sorgen. Um ein öfteres Durchnässen der letzteren zu verhindern, unmittelbar nach Fertigstellung der Schalung Dachdeckung veranlassen.

Holzzementdächer. Das Tragwerk, insbesondere die Sparren müssen derart steif ausgebildet werden, daß Verschiebungen und Durchbiegungen vollkommen ausgeschlossen sind (enge Sparrenlage, 70 bis 80 cm), Schalung aus 1″, besser $^5/_4$″ rauhen, gesäumten, womöglich gespundeten Brettern. Alle Unebenheiten an der Oberfläche der Bretter (vgl. oben), um ein Zerreißen der Papierlage zu verhüten, vermeiden. Breite der Bretter nicht über 16 cm. Zwecks Verhinderung der Fäulnis und Schwammbildung, welche insbesondere bei mangelnder Lüftung leicht auftreten, Tränkung der Schalung mit Zinkchlorid oder Karbolineum empfehlenswert.

Beim doppellagigen Kiespappdach genügt eine 1″ starke gesäumte Schalung.

Ziegeldächer. Befestigung der Ziegel auf flachliegenden Latten, den Dach- oder Ziegellatten. Letztere müssen möglichst astrein sein und oben scharfe Kanten besitzen. Die obersten Latten werden ganz nahe dem First verlegt. Längs der Traufkante 0,6 bis 1,0 m breiter Streifen Schalung als Unterlage für das Saumblech. Bei Giebeln, Ixen, Maueranschlüssen, Öffnungen usw. 20 cm breiter Streifen Schalung als Unterlage für Zinkblechabdeckung. Sparrenunterseite nicht verschalen, damit Schäden leicht entdeckt und ausgebessert werden können.

Anordnung der Dachlatten

bei verschiedenen Eindeckungsarten:

Ziegelart	Sparren-Entfernung in m	Latten- Abstände in cm	Latten- Querschnittsabmessungen in cm	Latten- Bedarf für 1 m²	Nägel für 1 m²	
1. Flachziegel: einfach: Spließdach	1,0 ÷ 1,25	20*)	4/6 1/2	5,3 m	10 St.	100 mm
doppelt: Doppeldach	0,9 ÷ 1,1	15*)	4/6 1/2	7,0 m	13 St.	100 mm
doppelt: Kronen- oder Ritterdach	0,9 ÷ 1,1	24*)	5/8	4,2 m	8 St.	120 mm
2. Falzziegel:	0,9 ÷ 1,1	30 ÷ 34*)	4/6 1/2	3,5 ÷ 3,0 m	7 ÷ 6	100 mm

*) Vor Anbringung der Lattung stets Naturmaße der zur Verwendung gelangenden Ziegel nehmen.

Magnesitplattendächer. Die Magnesitplatten werden unmittelbar auf die Sparren oder Pfetten geschraubt, so daß Schalung und Lattung entfallen können.

Zementplattendächer. Platten mit Nasen in die Latten gehängt oder auf dieselben genagelt. Lattenabstand je nach Form der Platten 15 bis 45 cm.

Eternitdächer. Schalung 1,8 bis 2 cm stark, möglichst schmale Bretter ($\leq$ 12 cm) mit 5 mm Fugen. Auch Deckung auf Latten 3/5 cm.

Dachneigung	Erforderliche Unterlage der Platten	Platten: Mindestmaß des Plattenübergriffes	Platten: Erforderliche Stückzahl 40/40 cm	Platten: Erforderliche Stückzahl 40/44 cm
30 ÷ 45°	Schalung oder Lattung	8 cm	10	9
25 ÷ 30°	Schalung oder Lattung	9 cm	10 1/2	9 1/2
20 ÷ 25°	möglichst Schalung	10 cm	11	10
15 ÷ 20°	nur Schalung, möglichst m. Dachpappenunterlage	11 ÷ 12 cm	12	11

Schieferdächer. Eindeckung mit großen Platten kann auf Lattung oder Schalung, mit kleinen Platten nur auf Schalung erfolgen. Bei Verwendung großer Platten Verwendung schmaler Schalbretter angezeigt, damit die Platten durch das unvermeidliche Werfen der Bretter nicht zersprengt werden. Nachteil der Lattung: Eindringen von Ruß und Schnee zwischen den Fugen des Schiefers in den Dachraum. Nachteil der Schalung, daß Undichtigkeiten der Deckung von innen aus schwer gefunden und auch schwer ausgebessert werden können, weiters, daß die Bretter infolge der Durchnässung durch die sich beim Witterungswechsel am Schiefer bildenden Niederschläge leicht faulen können. Zur Verhinderung dieses Übelstandes eine Unterlage aus dünner Pappe (Nr. 100) anzuraten, welche das Eindringen der Feuchtigkeit verhindert, gleichzeitig aber auch dem Durchnässen der Bretter durch Schwitzwasser begegnet.

Stärke der Latten 4/6 cm; Schalbretter 1″, nicht breiter als 16 cm, Nägel 100 bzw. 70 mm, Nagelung höchstens 20 bis 25 mm von der Langfuge entfernt, um das Verziehen und Werfen der Bretter möglichst zu verhindern.

An der Traufkante 0,6 bis 1,0 m breiter Schalungsstreifen für das Saumblech. First, Grate, Ixen ebenfalls auf 20 cm Breite einschalen.

Englische Deckung: Meist Lattung, seltener Schalung. Bei schräger Deckung an den Firsten, Traufkanten und Rändern 30 cm breite Schalung, sonst schief angeordnete Latten.

Deutsche Deckung: Eindeckung stets auf Schalung.

Französische Deckung: Latteneindeckung.

Metalldächer. Mit Ausnahme der Eindeckung mit gewelltem Eisenblech, welches unmittelbar auf den Pfetten befestigt werden kann, ist bei mit Blech gedeckten Dächern stets eine Schalung erforderlich. Gerbsäure enthaltendes Holz darf wegen des zersetzenden Einflusses derselben bei Blei- und Zinkdeckung nicht verwendet werden, daher Verwendung von Tannenholz anzuraten. Bretter 1″ bis $^5/_4$″ stark, höchstens 16 cm breit, bei Tafelblecheindeckung mit 1 cm, bei Formblecheindeckung mit 5 mm weiten Fugen.

D. Sparren und Pfetten

1. Sparren

Die Sparren liegen senkrecht zur Dachtraufe bzw. zum Dachfirst. Bei kleinen Spannweiten können sie unmittelbar von Mauer zu Mauer in der gegebenen Dachneigung verlegt werden; oder je zwei gegenüberliegende Sparren, die sich am First gegeneinander stemmen, bilden mit dem Dachbalken (Bundtram), der die beiden Sparren an den Enden aufnimmt, ein unverschiebliches Dreieck (Gespärre), während die Unverschieblichkeit in der Längsrichtung des Daches durch die Lattung oder Schalung erzielt wird. Eine derartige Verbindung setzt voraus, daß unter jedem Sparren ein Dachbalken liegt, was aber häufig, z. B. bei offenen Hallen, Schuppen u. dgl., nicht der Fall ist; ebenso ist nach den in Österreich bestehenden Bauvorschriften jeder Zusammenhang zwischen den Dachverbandhölzern und der Balkenlage des letzten Wohngeschosses verboten, so daß hier zur Aufnahme der Dachverbandhölzer besondere, von der Balkenlage feuersicher getrennte Bundträme verwendet werden müssen, deren Entfernung meist

4 bis 5 m beträgt. In solchen Fällen muß bei einem nur aus Sparren bestehenden Dach eine Stichbalkenlage angeordnet werden, bei welcher in die Bundträme Wechsel eingezapft und die Stichbalken an letzteren mittels schwalbenschwanzförmiger Verblattung und Klammern befestigt werden. Besser ist jedoch das Aufkämmen einer besonderen Sparrenschwelle auf den Bundtram, mit welchem sie zwecks sicherer Aufnahme des Sparrenschubes womöglich zu verschrauben ist. Die Sparren werden auf dieser Schwelle aufgeklaut und an derselben mit langen Nägeln (Sparrennägeln) befestigt. Die Verbindung der Sparren am First erfolgt mittels Scherzapfen und Holznagel. Ein einfaches Annageln der Sparren ist nur dann zulässig, wenn sie auch an ihrem oberen Ende auf ein wagrecht liegendes Holz aufgeklaut sind.

Diese hier beschriebene einfachste Form eines Satteldaches — das Sparrendach — wie es sich aus der Aneinanderreihung mehrerer Gespärre ergibt, kann bis zu einer Sparrenlänge von etwa 3 m angewendet werden. Bei größeren Gebäudebreiten müssen die Sparren eine Zwischenunterstützung erhalten; diese erfolgt in der Weise, daß über den Bundträmen Tragwerke angeordnet werden, welche die Unterlage dieser Zwischenunterstützung, der Pfetten, bilden.

Die Befestigung der Sparren auf den Pfetten erfolgt durch Aufsattlung und starke Nägel. Auch können die Sparren mit den sogenannten Kehlbalken oder mit den Bundträmen schwalbenschwanzförmig verblattet oder verzapft oder auch mittels Doppelzangen verbunden werden. Ist eine Firstpfette vorhanden, so werden die beiden gegenüberliegenden Sparren meist auf Gehrung gestoßen, auf die Firstpfette aufgesattelt und an ihr durch starke Nägel befestigt. Beim Fehlen einer Firstpfette (die größte übliche Auskragung über die letzte Zwischenpfette beträgt etwa 2,5 m) werden die gegenüberliegenden Sparren miteinander durch Scherzapfen, seltener durch Verblattung verbunden.

Grat- und Kehlsparren. Bei allen Walm- und zusammengesetzten Dächern müssen unter den Graten und Kehlen, in denen die verschiedenen Dachflächen zusammenstoßen, besondere Sparren, die Gratsparren und Kehlsparren (Abb. 261), angeordnet werden. Die den angrenzenden Dachflächen zunächst liegenden Sparren, die von Traufe aufwärts bis zum Gratsparren oder von First abwärts bis zum Kehlsparren reichen, heißen einfache Schiftsparren oder Schifter. Schiften sie sich jedoch unten an einen Kehlsparren und oben an einen Gratsparren, so heißen sie doppelte Schifter. Die Gratsparren (Abb. 262 a) haben einen fünfeckigen Querschnitt, sie sind an der oberen Seite abgegratet, so daß die beiden schrägen Flächen in den Ebenen der anschließenden Dächer liegen. Auch die Kehlsparren können fünfeckig gestaltet, d. h. an der oberen Fläche ausgekehlt werden (Abb. 262 b), die Schiftsparren lehnen sich dann mit den genau passend angeschnittenen Schmiegflächen einfach an die Grat- und Kehlsparren an, mit denen sie durch Nagelung verbunden werden. Statt der schwierigen Auskehlung der Kehlsparren wird häufig eine derartige Anordnung gewählt, daß die Schiftsparren auf die rechteckig belassenen Kehlsparren (Abb. 262 c)

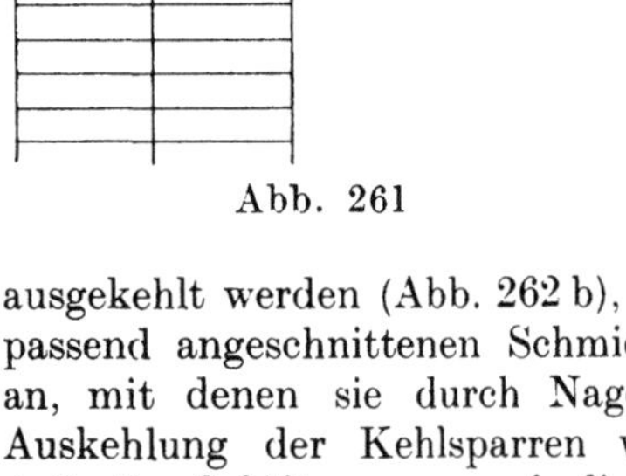

Abb. 261

aufgeklaut werden. Die Grat- und Kehlsparren erhalten selbstverständlich eine wesentlich größere Belastung als gewöhnliche Sparren; sie müssen daher entweder entsprechend stärker als letztere ausgeführt werden oder noch besondere Zwischenunterstützungen durch Anordnung von Zwischenbindern, Säulen u. dgl. erhalten.

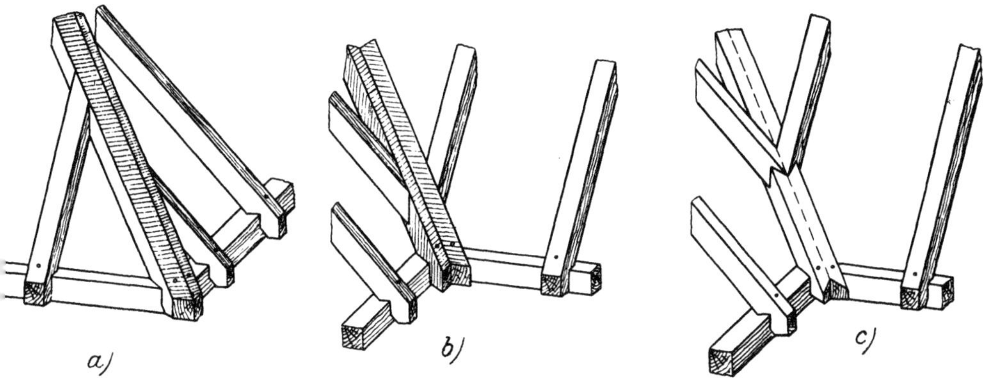

Abb. 262

Werden die Schiftsparren durch eine oder mehrere Zwischenpfetten unterstützt, so müssen letztere unter den Grat- und Kehlsparren auf Säulen oder besonderen Bindern gelagert werden.

Die verschiedenen Verbindungen der Sparren am Anfallspunkt, dem Schnittpunkt der Grat- und Firstlinien, zeigt Abb. 263. Es ist nicht immer notwendig, daß ein Gespärre des geraden Daches an den Anfallspunkt gelegt wird; geschieht dies aber, so muß der Sparren des Langdaches stets mit seiner dem Walm zugekehrten Außenkante *k—k* (Abb. 263a) genau durch den Anfallspunkt gelegt werden. Zur sicheren Auflagerung der Schiftsparren auf der Außenwand werden häufig Stichbalken angeordnet, insbesondere auch für den Grat- bzw. Kehlsparren ein Grat- oder Kehlstichbalken, der den von den Sparren erzeugten Schub sicher aufnimmt. Häufig ist auch eine Verbindung mit einem Sparrenpaar des Langdaches von Vorteil. Ist eine fest unterstützte Firstpfette vorhanden (Abb. 263 b), so genügt diese vollständig zur Aufnahme des Schubes der Gratsparren. Wenn eine Firstpfette nicht vorhanden ist, die Gratsparren vielmehr nur durch eine Mittelpfette

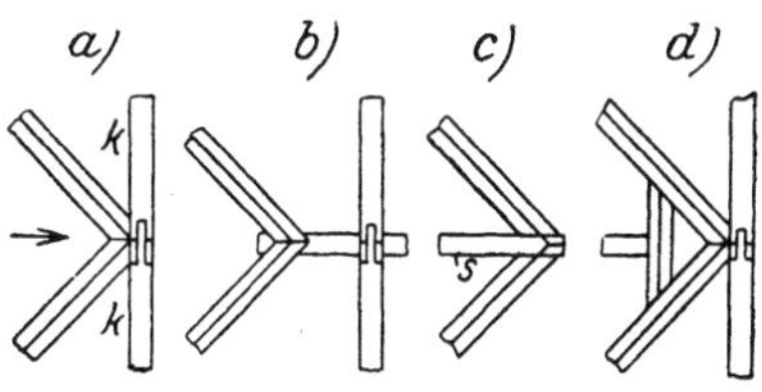

Abb. 263

gestützt sind, so kann eine Verbindung mit einem in der Mitte der Walmseite liegenden Sparren *s* (Abb. 263 c) geschaffen werden. Die Gratsparren schiften sich dann seitlich an diesen Mittelsparren an, der an seinem oberen Ende entsprechend abgegratet werden muß, so daß sein Kopf den Anfang der Firstlinie des Langdaches bildet. Der Anfallspunkt wird am besten so ausgebildet, daß nicht sämtliche Schift- und Gratsparren in ihm zusammenlaufen, da die Verbindung sonst zu verwickelt wird. Am einfachsten wird dieselbe bei Einziehen eines kleinen Wechsels zwischen die Gratsparren (Abb. 263 d), an welchem der Mittelsparren des Walms (Mittelschifter) befestigt werden kann.

Berechnung der Sparren

Frei aufgelagerte Sparren. Die Sparren sind als schrägliegende Balken mit der in der Balkenachse gemessenen Stützweite zu berechnen, welche nach Abb. 264 $l = \frac{1}{\cos\alpha} \cdot l_0$ beträgt.

Es bezeichne $q = g + s_0$ die lotrecht wirkende, gleichmäßig verteilte Belastung infolge Eigengewichtes und Schnee, $w_n = w \cdot \sin^2\alpha$ den senkrecht zur Dachfläche wirkenden Winddruck für den laufenden Meter Sparrenlänge bei einem Sparrenabstand a.

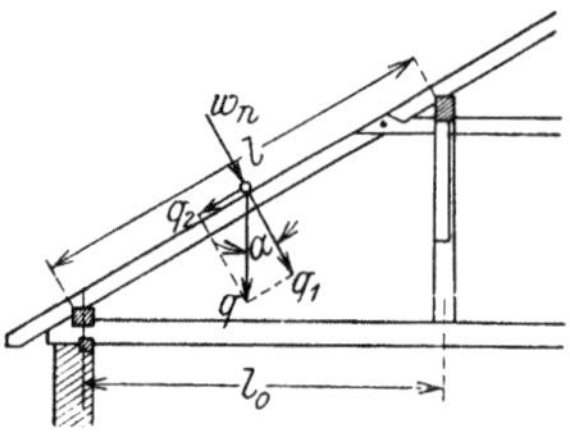

Abb. 264

Zwecks Ermittlung der Beanspruchung des Sparrens wird q in die Seitenkräfte

$$q_1 = q \cdot \cos\alpha \perp \text{Dachfläche}$$
$$q_2 = q \sin\alpha \ // \ \text{Dachfläche}$$

zerlegt. Das größte Biegemoment des Sparrens ergibt sich dann unter Annahme freier Auflagerung desselben zu

$$M_{max} = \frac{(q_1 + w_n) \cdot l^2}{8}$$

und die auftretende Längskraft zu

$$N = q_2 \cdot l$$

Letztere kann wegen ihres geringen Einflusses vernachlässigt werden.

Für den Fall einer lotrecht in der Mitte des Sparrens wirkenden Einzellast P (Abb. 265) ergibt die gleiche Kräftezerlegung wie oben

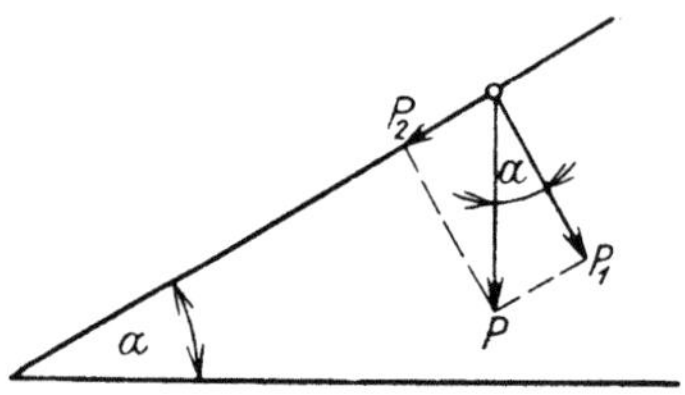

Abb. 265

$$P_1 = P \cdot \cos\alpha \text{ und } P_2 = P \cdot \sin\alpha$$

ein Biegemoment

$$M = \frac{P_1 \cdot l}{4},$$

während die Längskraft $N = P_2$ vernachlässigt werden kann.

Bei Dachneigungen unter 25⁰ genügt es, die Belastung für 1 m² Grundfläche einzuführen. Die Berücksichtigung des Winddruckes kann in diesem Falle unter Vernachlässigung der wagrechten Seitenkraft als Zuschlag zur lotrechten Belastung erfolgen.

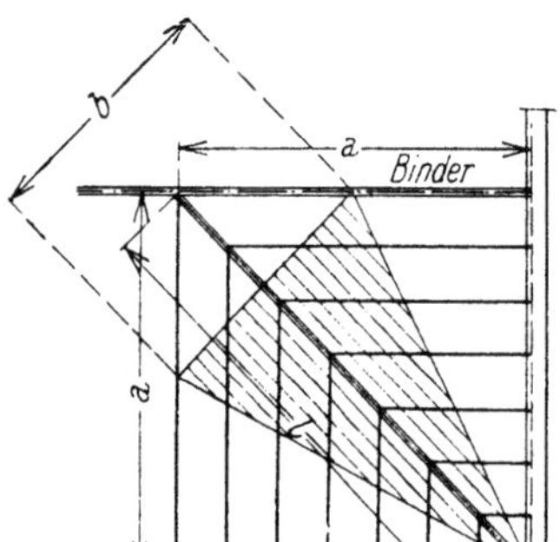

Abb. 266

Durchlaufende Sparren. Über mehrere Felder durchlaufende Sparren können nach den Regeln für Durchlaufträger berechnet werden, wobei jedoch auf eine etwaige Querschnittsverschwächung an den Auflagerstellen (bzw. Zwischenunterstützungen) Rücksicht zu nehmen ist.

Gratsparren. Bei einer lotrecht angenommenen Belastung

$$q = g + s_0 + w_v \text{ für } 1 \text{ m}^2 \text{ Grundfläche}$$

berechnet sich die dreieckförmige Gesamtbelastung des Gratsparrens (entsprechend Abb. 266) zu

$$Q = \frac{1}{2} q \cdot a^2$$

und das größte Biegemoment

$$M_{max} = \frac{2}{9} Q \cdot a$$

Die Auflagerdrücke betragen:

$$A = \frac{5}{12} Q; \qquad B = \frac{7}{12} Q$$

Querschnittsermittlung. Die erforderlichen Querschnittsabmessungen des Sparrens ergeben sich aus dem Widerstandsmoment

$$W_{erf} = \frac{M_{max}}{\sigma_{zul}}.$$

Dieselben können jedoch auch unmittelbar aus der gegebenen Belastung und Stützweite in der auf Seite 129 angegebenen Weise ermittelt werden.

2. Pfetten

Die Pfetten dienen entweder zur Unterstützung der Sparren oder sie können bei entsprechend enger Verlagsweite (meist etwa 1 m) auch unmittelbar die Lattung oder Schalung aufnehmen. Die Anordnung der Pfetten kann in zweierlei Weise erfolgen, je nachdem die Achse des Pfettenquerschnittes lotrecht oder senkrecht zur Dachfläche steht. Häufig erhalten die Pfetten eine sprengwerkartige Abspreizung durch Kopfbänder (Kopfbüge), durch welche sowohl eine Verringerung der rechnungsmäßigen Stützweite und daher auch der erforderlichen Querschnittsabmessungen als eine gute Aussteifung in der Längsrichtung des Daches erzielt wird.

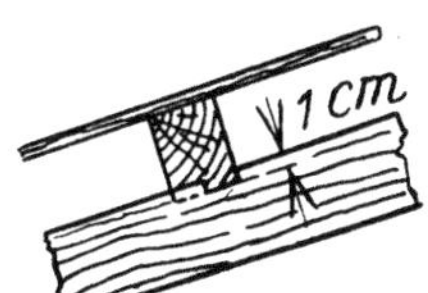

Abb. 267

Abb. 268

Je nach der Lage der Pfetten gegenüber dem Binder unterscheidet man Firstpfetten, Zwischen- und Traufpfetten. Die Befestigung der Pfetten am Binder hängt sowohl von der Binderform als von der lotrechten oder schrägen Stellung der Pfette ab. Steht die Pfette lotrecht, so ist sie entweder auf ein wagrechtes Holz aufgekämmt oder mit einem lotrecht stehenden Pfosten mittels Verzapfung verbunden; bei flacher Dachneigung werden häufig (s. oben) Pfetten ohne Verwendung von Sparren (sogenannte Pfettensparren) verwendet, welche auf den Bindern nur aufgekämmt und verklammert werden (Abb. 267). Bei steileren Dachneigungen werden die Pfetten durch eingelassene und angenagelte oder angeschraubte Knaggen (Abb. 268) oder besser durch eiserne Winkel am Abgleiten gehindert.

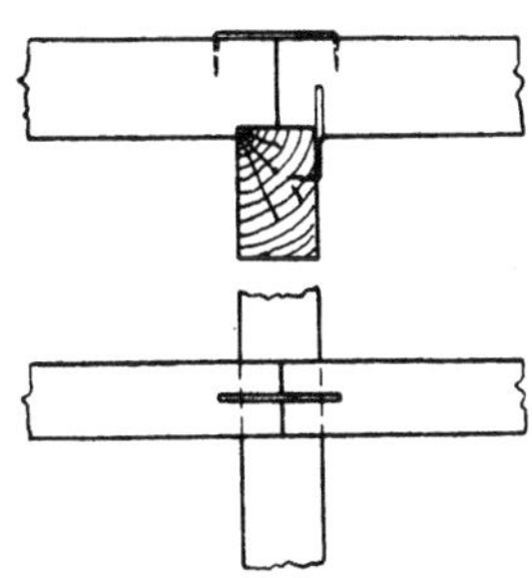
Abb. 269

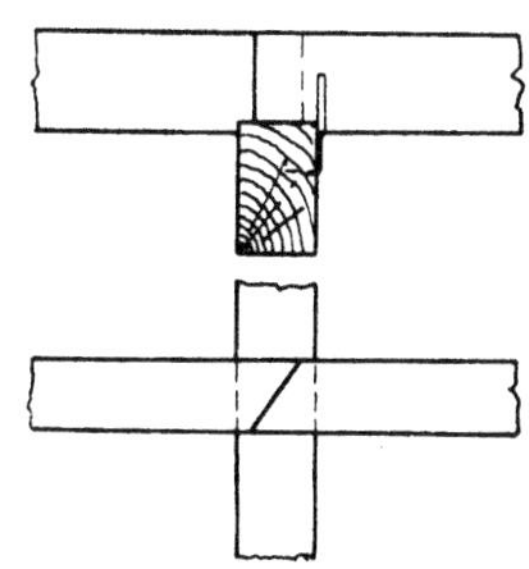
Abb. 270

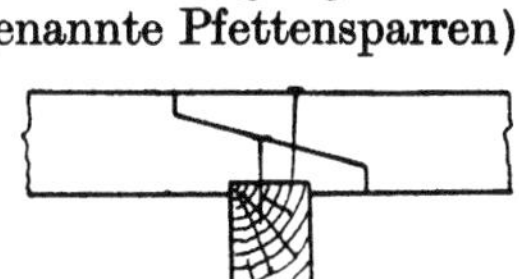
Abb. 271

Der Pfettenstoß erfolgt gewöhnlich über den Bindern; je nach der zur Verfügung stehenden Auflagerbreite wird der gerade (Abb. 269) oder schräge Stoß (Abb. 270) oder auch das gerade oder schiefe Hakenblatt (Abb. 271) angeordnet.

Zur Verhütung zufälliger Verschiebungen sowie des Abhebens ist jeder Stoß sowohl durch eine gerade als durch eine Wechselklammer zu sichern. Eine besondere Ausführung der Pfetten erfordert die Ausbildung derselben als Gelenkpfetten sowie als Durchlaufträger. Auf diese Trägerarten wird in der folgenden rechnerischen Behandlung der Pfetten näher eingegangen.

Berechnung der Pfetten

Die Belastung einer Pfette wirkt nach zwei Richtungen, nämlich

1. lotrecht (Eigengewicht + Schnee bzw. Einzellast, $q = g + s_0 \cos^2 \alpha$ kg/m² Dachfläche),

2. senkrecht zur Dachfläche — (Winddruck, $w_n = w \sin^2 \alpha$ kg/m² Dachfläche), ihre Beanspruchung ist daher eine zusammengesetzte. Die Berechnung erfolgt in der Weise, daß die Belastung nach den beiden Hauptachsen des Rechteckquerschnittes in zwei Teilkräfte zerlegt und gesondert für jede derselben die Beanspruchung bestimmt wird.

Lage der Pfetten

a) Senkrecht zur Dachfläche: Die Zerlegung von $q = g + s$ in zwei Teilkräfte (Abb. 272) ergibt wie bei der Berechnung der Sparren

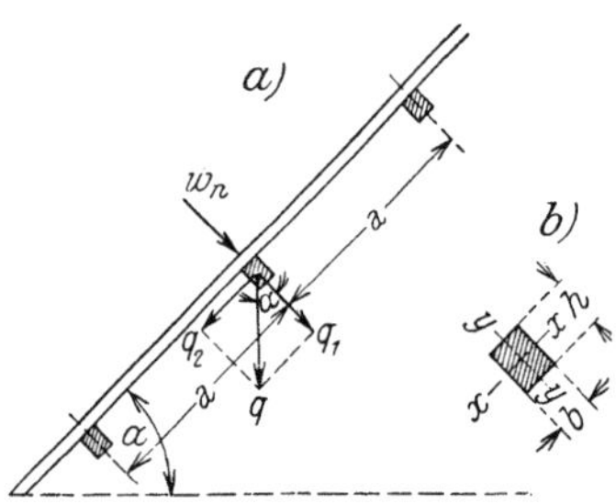

Abb. 272

$$q_1 = q \cdot \cos \alpha \perp \text{Dachfläche},$$
$$q_2 = q \sin \alpha \,//\, \text{Dachfläche},$$

wobei zu q_1 noch der Winddruck w zuzuzählen ist.

Bezeichnen

M_x das größte Biegemoment für die x-Achse,
M_y das größte Biegemoment für die y-Achse,
W_x und W_y die zugehörigen Widerstandsmomente,

so ergibt sich die zusammengesetzte Beanspruchung des Pfettenquerschnittes zu

$$\sigma_b = \frac{M_x}{W_x} + \frac{M_y}{W_y} = \frac{M_x + c \cdot M_y}{W_x},$$

wenn das Verhältnis der beiden Rechteckseiten $c = \frac{h}{b}$ gesetzt wird.

Das erforderliche Widerstandsmoment des Querschnittes beträgt demnach

$$\boxed{{}_{erf}W_x = \frac{M_x + c \cdot M_y}{\sigma_{zul}}}$$

Die größte Tragfähigkeit wird bei einem Seitenverhältnis $c = \frac{\mathrm{h}}{\mathrm{b}} = \frac{7}{5} = 1{,}4$ erzielt, für welches demnach zu setzen ist

$$\boxed{{}_{erf}W_x = \frac{M_x + 1{,}4\, M_y}{\sigma_{zul}}}$$

b) lotrecht: In diesem Falle ist die Belastung zweckmäßig auf 1 m² Grundfläche zu beziehen und der Winddruck in seine lotrechte und wagrechte Seitenkraft zu zerlegen.

Das erforderliche Widerstandsmoment ergibt sich wie im vorbehandelten Falle zu

$${}_{erf}W_x = \frac{M_x + c \cdot M_y}{\sigma_{zul}}.$$

Bei Dachneigungen unter 25^0 gilt für die Annahme der Belastung die gleiche Vereinfachung wie bei der Berechnung der Sparren.

Ermittlung der wirtschaftlich günstigeren Pfettenstellung. Die Beantwortung der Frage, ob es für eine gegebene Dachneigung und Belastung wirtschaftlicher ist, die Pfetten senkrecht zur Dachfläche oder lotrecht zu stellen, kann aus der Bedingungsgleichung entnommen werden:

$$\left[\frac{q}{w_n}(\cos\alpha + c\cdot\sin\alpha) + 1\right] \gtreqless \left[\frac{q}{w_n} + (\cos\alpha + c\cdot\sin\alpha)\right]$$

Der linke Klammerausdruck bezieht sich auf die Stellung der Pfette senkrecht zur Dachfläche, der rechte auf die lotrechte Pfettenstellung.

$q > w_n$ erweist die lotrechte,

$q < w_n$ die senkrecht zur Dachfläche liegende Pfettenstellung als die wirtschaftlichere.

Alle Belastungen sind selbstverständlich auf die gleiche Fläche zu beziehen.

Kopfbänder. Bei Anordnung von Kopfbändern (Kopfbügen), welche gewöhnlich unter einem Winkel von 45^0 angeordnet werden, wird infolge der Verringerung der Pfettenstützweite eine wesentliche Materialersparnis erzielt. Die Berechnung der durch Kopfbänder unterstützten Pfette kann als frei aufliegender Balken mit einer Stützweite gleich der Entfernung der Kopfbändermitten erfolgen. Bei Berechnung des Biegemomentes bezüglich der Hauptachse y—y darf selbstverständlich die Verringerung der Stützweite durch die Kopfbänder nicht berücksichtigt werden. Die größte Beanspruchung der Kopfbänder erfolgt bei Vollbelastung der Pfette. Beträgt diese Q kg, so erhält das Kopfband eine Druckkraft $\frac{Q}{\sin 45^0}$. Eine Berechnung der Kopfbänder im Hinblick auf ihre Druck- bzw. Knickbeanspruchung erweist sich nur bei größeren Pfettenstützweiten (von etwa 5 m an) als notwendig.

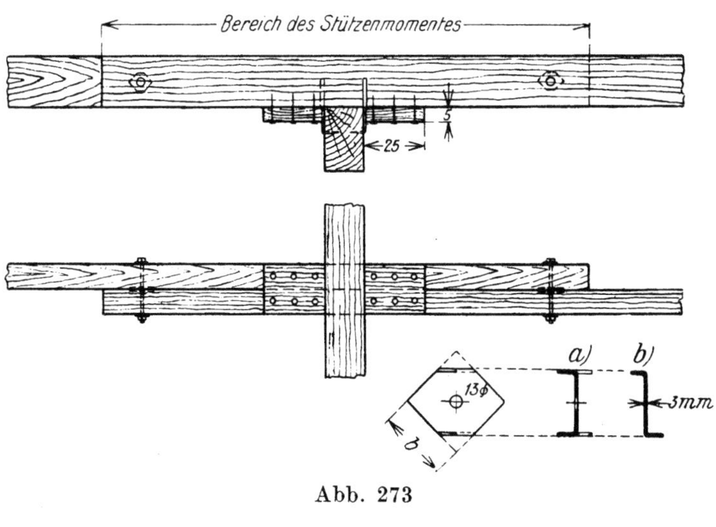

Abb. 273

Bei kleineren Binderstützweiten werden Kopfbänder häufig auch zur Erzielung eines Längsverbandes des Daches angeordnet.

Pfettenstoß. Bei genügender Auflagerbreite können die Pfetten stumpf gestoßen werden, müssen jedoch mittels Wechselklammern oder noch besser mittels eiserner Winkel und Schrauben, gegen Abheben gesichert werden. Bei kleiner Auflagerbreite ist eine Überblattung anzuordnen.

Durchlaufende Pfetten. Ist die Anordnung von Kopfbändern nicht möglich oder in besonderen Fällen nicht wirtschaftlich, können die Pfetten auch als Durchlaufträger oder als Gerbersche Gelenkträger ausgebildet und dementsprechend nach den auf den Seiten 24 bis 28 gegebenen Formeln berechnet werden. Um die zwecks Aufnahme der an den Auflagern wirkenden Stützenmomente erforderliche Vergrößerung des Widerstandsmomentes zu erzielen, werden die einzelnen Pfetten über den Stützen auf eine gewisse, rechnungsmäßig zu bestimmende Länge nebeneinander geführt und durch eine Verdübelung etwa in der in Abb. 273 dargestellten Art miteinander verbunden. Da eine Verkämmung der Pfetten mit dem Obergurt wegen der mit dieser verbundenen Querschnittsverschwächung unzweckmäßig wäre, werden von unten an die Pfetten zwecks Verhinderung einer Verschiebung des Pfettenstranges zu beiden Seiten des Obergurtes kleine Klötzchen aufgenagelt und die Pfetten überdies durch Verklammerung mit dem Obergurt gegen Abheben gesichert.

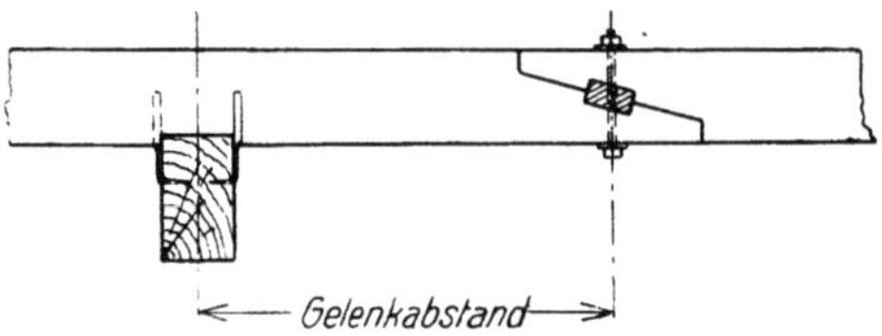

Abb. 274

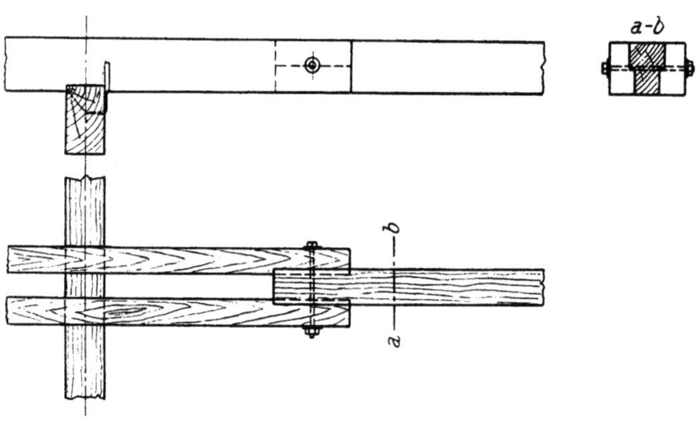

Abb. 275

Der Zusammenbau eines derartigen Pfettenstranges und seine Aufbringung auf das Dach gehen schnell und sicher von statten.

Gelenkpfetten. Die Gelenkpunkte werden zweckmäßig derart angeordnet, daß die Stützen- und Feldmomente gleich werden. Die Berechnung erfolgt nach den auf den Seiten 26 bis 28 gegebenen Formeln. Wegen des bequemeren Zusammenbaues erscheint die Gelenkanordnung nach Abb. 36 besonders zweckmäßig. Die Ausbildung der Gelenke ist den Abb. 274 und 275 zu entnehmen.

Beispiel: Die Pfetten eines Satteldaches mit einem Neigungsverhältnis $\frac{h}{b} =$ $= \operatorname{tg} \alpha = 0{,}65$ besitzen eine freie Stützweite $l = 4{,}8$ m, eine Belastungsbreite $B = 3{,}2$ m; als Belastung sind anzunehmen: Eigengewicht $g = 55$ kg/m² Dachfläche, Schneelast $s_0 = 75$ kg/m² Grundriß, Winddruck $w = 125$ kg/m² senkrecht vom Winde getroffene Fläche.

Die Pfetten sind zu berechnen:

a) als frei aufgelagert,
b) durch Kopfbüge unterstützt,
c) als Durchlaufträger,
d) als Gelenkträger.

1. Ermittlung der günstigeren Pfettenlage:

Mit Hilfe der auf Seite 238 angegebenen Winkelwerte ergibt sich

$$\sin \alpha = 0{,}545; \quad \sin^2 \alpha = 0{,}295;$$
$$\cos \alpha = 0{,}837; \quad \cos^2 \alpha = 0{,}704;$$
$$w_n = w \cdot \sin^2 \alpha = 125 \cdot 0{,}295 = 37 \text{ kg/m}^2 \text{ Dachfläche,}$$
$$q = g + s = 55 + 75 \cdot \cos^2 \alpha = 108 \text{ kg/m}^2 \text{ Dachfläche,}$$
$w_n < q$, daher lotrechte Pfettenstellung vorteilhafter.

2. Frei aufgelagerte Pfette:

$$w_v = 125 \cdot \sin^2 \alpha \cdot \cos \alpha = 32 \text{ kg/m}^2 \text{ Dachfläche,}$$
$$w_h = 125 \sin^3 \alpha = 20 \text{ kg/m}^2 \text{ Dachfläche,}$$
$$q + w_v = 108 + 32 = 140 \text{ kg/m}^2; \quad w_h = 20 \text{ kg/m}^2;$$
$$(q + w_v)\, B = 140 \cdot 3{,}2 = 448 \text{ kg/m}; \quad w_h \cdot B = 20 \cdot 3{,}2 = 64 \text{ kg/m};$$
$$M_1 = \frac{448 \cdot 4{,}8^2}{8} = 1290 \text{ kg} \cdot \text{m}; \quad M_2 = \frac{64 \cdot 4{,}8^2}{8} = 184 \text{ kg} \cdot \text{m}.$$

Ersatzmoment mit $c = 1{,}4$: $M_e = 1290 + 1{,}4 \cdot 184 = 1548$ kg · m.

Ersatzbelastung $q_e = \frac{8 \cdot 1548}{4{,}8^2} = 537$ kg/m.

Mit Hilfe der auf Seite 129 angegebenen Bemessungsformeln ergibt sich für $\sigma_b = 100$ kg/cm²

mit $\frac{l}{q} = \frac{480}{5{,}37} = \infty\, 89$: $h = 5{,}21 \cdot 4{,}8 = 25$ cm; $b = 2{,}76 \cdot 5{,}37 = 14{,}82 \infty 15$ cm — Durchbiegung $^1/_{250}$

gewählt 15/25.

3. Pfetten mit Kopfbügen: $a = 0{,}9$ m, daher $l' = 3{,}0$ m;

$$M_1 = \frac{448 \cdot 3{,}0^2}{8} = 505 \text{ kg} \cdot \text{m}; \quad M_2 = \frac{64 \cdot 4{,}8^2}{8} = 184 \text{ kg} \cdot \text{m};$$
$$M_e = 505 + 1{,}4 \cdot 184 = 763 \text{ kg} \cdot \text{m}; \quad q_e = \frac{8 \cdot 763}{4{,}8^2} = 266 \text{ kg/m};$$

$\frac{l}{q} = \frac{480}{2{,}66} = 180$, $h = 4{,}17 \cdot 480 = 20$ cm; $b = 4{,}32 \cdot 2{,}66 = 11{,}5$ cm — gewählt $^{12}/_{20}$.

4. Pfetten als Durchlaufträger: Angenommen fünf gleiche Felder, $l = 4{,}8$ m. (Siehe Berechnungsformeln, Seite 24):

$$(+)\, M_{1\,max} = 0{,}0779 \cdot 4{,}8^2 \cdot \underset{(64)}{448} = + \underset{(115)}{804} \text{ kg} \cdot \text{m},$$
$$(+)\, M_{2\,max} = 0{,}0332 \cdot 4{,}8^2 \cdot \underset{(64)}{448} = + \underset{(49)}{342} \text{ kg} \cdot \text{m},$$
$$(+)\, M_{3\,max} = 0{,}0461 \cdot 4{,}8^2 \cdot \underset{(64)}{448} = + \underset{(68)}{476} \text{ kg} \cdot \text{m},$$
$$(-)\, M_1 = 0{,}1053 \cdot 4{,}8^2 \cdot \underset{(64)}{448} = - \underset{(156)}{1090} \text{ kg} \cdot \text{m},$$
$$(-)\, M_2 = 0{,}0789 \cdot 4{,}8^2 \cdot \underset{(64)}{448} = - \underset{(116)}{815} \text{ kg} \cdot \text{m},$$

Endfeld: $(+)\ M_e = 804 + 1{,}4 \cdot 115 = +\ 965\ \text{kg·m}; \quad q_e = \frac{8 \cdot 965}{4{,}8^2} = 336\ \text{kg/m};$

$$\frac{l}{q} = \frac{480}{3{,}36} = 143; \quad h = 4{,}17 \cdot 480 = 20\ \text{cm}, \quad b = 4{,}32 \cdot 3{,}36 = 14{,}5\ \text{cm},$$

$$W = \frac{14{,}5 \cdot 20^2}{6} = 965\ \text{cm}^3,$$ statt dessen gewählt 18/18 $W = 972\ \text{cm}^3$.

Mittelfeld: $(+)\ M_e = 476 + 1{,}4 \cdot 68 = 571\ \text{kg·m}; \quad q_e = \frac{8 \cdot 571}{4{,}8^2} = 199\ \text{kg/m};$

$$\frac{l}{q} = \frac{480}{1{,}99} = 241; \quad \left.\begin{array}{l} h = 3{,}74 \cdot 480 = 18\ \text{cm} \\ b = 5{,}94 \cdot 1{,}99 = 12\ \text{cm} \end{array}\right\}$$ gewählt 12/18, $W = 648\ \text{cm}^3$.

Die Stützenmomente sind durch den doppelten Querschnitt über den Auflagern reichlich gedeckt.

5. Pfetten als Gelenkträger: Angenommen fünf gleiche Felder $l = 4{,}8$ m. (Siehe Berechnungsformeln, Seite 28): Gelenkabstände $x_1 = 0{,}1465 \cdot 4{,}8 = 0{,}70$ m,
$x_2 = 0{,}125 \cdot 4{,}8 = 0{,}60$ m;

$$M_1 = M_3 = 0{,}0625 \cdot 4{,}8^2 \cdot 448 = 645\ \text{kg·m}, \quad (64)\ (92)$$

$$M_2 = 0{,}0957 \cdot 4{,}8^2 \cdot 448 = 990\ \text{kg·m}, \quad (64)\ (142)$$

$$M_{1e} = 645 + 1{,}4 \cdot 92 = 774\ \text{kg·m}; \quad q_{1e} = \frac{8 \cdot 774}{4{,}8^2} = 269\ \text{kg/m};$$

$$M_{2e} = 990 + 1{,}4 \cdot 142 = 1189\ \text{kg·m}; \quad q_{2e} = \frac{8 \cdot 1189}{4{,}8^2} = 413\ \text{kg/m}.$$

Mittelfeld: $q_{1e})$ $\frac{l}{q} = \frac{480}{2{,}69} = 178; \; h = 4{,}17 \cdot 4{,}8 = 20\ \text{cm}; \; b = 4{,}32 \cdot 2{,}69 = 12\ \text{cm};$
gewählt 12/20.

Endfeld: $q_{2e})$ $\frac{l}{q} = \frac{480}{4{,}13} = 116; \; h = 4{,}17 \cdot 4{,}8 = 20\ \text{cm}; \; b = 4{,}32 \cdot 4{,}13 = 18\ \text{cm};$
gewählt $2 \times 9/20$.

E. Der zimmermannsmäßige Dachstuhl

1. Die Einzelteile des Dachstuhlgerippes

Die einfachste Form eines sogenannten „Dachgebindes" stellt ein sattelförmiger Dachverband dar, der nur aus zwei sich gegeneinander stemmenden, auf einem Balken stehenden Sparren besteht.

Der Balken, auf dem die Sparren fußen, wird in allen Fällen notwendig sein, wo die Wände nicht stark genug sind, um den seitlichen Sparrenschub aufzunehmen oder wo nicht das Ausweichen des Sparrenfußes durch anderweitige Vorkehrungen verhindert wird. Je nachdem dies der Fall ist, unterscheidet man Dächer mit und ohne Balkenlage. Ist eine Balkenlage vorhanden, so unterscheidet man wiederum Dächer mit fest unterstützter Balkenlage oder mit aufgehängter Balkenlage (Hängewerksdächer).

Befestigung des Sparrenfußes. Versatzung (genügendes Vorholz vorsehen) schräger oder zurückgesetzter (geächselter) Zapfen; Klauen (Abb. 276) nur bei steilen Dächern. Bei Überstand des Daches doppelte Überblattung nach Abb. 277, Eingriffstiefe in den Sparren, um denselben nicht zu sehr zu schwächen, nur etwa 2 cm; bei schwächeren Balken einfaches schwalbenschwanzförmiges Blatt nach Abb. 278.

Bei allen diesen Verbindungen ist vorausgesetzt, daß jeder Sparren über einen Balken der Dachbalkenlage zu liegen kommt. Ist dies nicht der Fall, wie beispielsweise bei den nach den österreichischen Bauvorschriften hergestellten Dachstühlen, bei welchen jeder Zusammenhang der Dachverbandhölzer mit der Balkenlage über dem letzten Wohngeschoß verboten ist, werden zur Aufnahme des Dachverbandes in Abständen von 4 bis 5 m besondere Balken (Binderbalken, Bundträme) angeordnet und zwischen diesen Wechsel eingezapft, die eine Stichbalkenlage aufnehmen und so für jeden Sparrenfuß ein Auflager schaffen. Verbindung

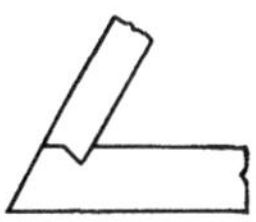
Abb. 276

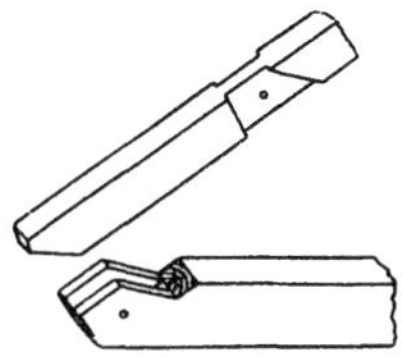
Abb. 277

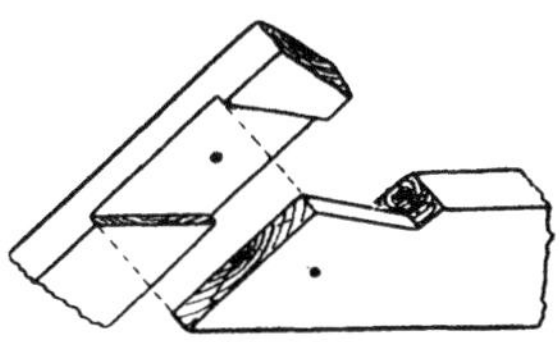
Abb. 278

der Stichbalken mit dem Wechsel: schwalbenschwanzförmige Verblattung oder Verklammerung. Die Sparren werden wegen des wesentlich einfacheren Abbindens bündig mit Bundtram und Stichbalken gelegt. Auf der Mauerseite werden die Stichbalken auf eine durchgehende Mauerlatte (Rastschließe) aufgekämmt.

Der durch das erforderliche Vorholz der Sparren entstehende Vorsprung wird meist durch sogenannte „Aufschieblinge" ausgeglichen, deren Länge je nach der Art der Dachdeckung zu wählen ist. Soll ein Knick in der Dachfläche überhaupt vermieden werden, so können anstatt der Aufschieblinge auch „Unterschieblinge" Verwendung finden, die mit dem Sparren zu verdübeln (verzahnen) und zu verschrauben sind und die Verbindung mit der Balkenlage übernehmen.

Durch Anordnung einer besonderen „Sparrenschwelle", die in etwa 14/14 cm Stärke auf die Köpfe der Balkenlage aufgekämmt wird, kann die gegenseitige Entfernung der Sparren von derjenigen der Balken ganz unabhängig gemacht werden. Die Sparren sind auf diese Schwelle, welche mit jedem dritten oder vierten Balken zu verschrauben ist, aufzuklauen und mit einem langen Sparrennagel zu befestigen.

Die Verwendung einer Sparrenschwelle erweist sich insbesondere dann als zweckmäßig, wenn die Dachbalkenlage tiefer als der eigentliche Fuß der Dachfläche liegt. Die in diesem Fall entstehende niedrige Wand zwischen Balkenlage und Sparrenschwelle wird als „Drempelwand" oder „Kniestock" bezeichnet (Abb. 284).

Befestigung des Sparrenkopfes. Zweckmäßigste Verbindung der zwei am Dachfirst zusammenstoßenden Sparren durch Scherzapfen und starken Holznagel aus Hartholz. Weniger gut einfache Überblattung. Einfacher Stoß und Vernageln nur dann zulässig, wenn die Sparren auch mit ihrem oberen Ende auf ein wagrechtes Holz aufgeklaut werden.

Kehlbalken und Pfetten. Die einfachste Form eines Dachgebindes, bestehend aus zwei am First zusammenstoßenden Sparren, kann bis zu einer Sparrenlänge von etwa 2,5 ÷ 3,0 m Verwendung finden. Bei größerer Länge müssen die Sparren eine Zwischenunterstützung erhalten. Diese Zwischenunterstützung kann auf zwei verschiedene Arten erfolgen, und, je nach der Verwendung der einen oder anderen

Art, unterscheidet man zwei Hauptgattungen von Dachstühlen: das „Kehlbalkendach“ und das „Pfettendach“.

Erfolgt die Unterstützung der Sparren nach Abb. 279 durch „Kehlbalken“ so müssen sich diese, da ein jeder von ihnen nur je zwei zusammengehörige Sparren aussteift, in jedem Gebinde wiederholen, wobei die Gesamtheit der Kehlbalken eine besondere Balkenlage, die „Kehlbalkenlage“, bildet. Wegen des außerordentlich hohen Materialverbrauches ist die Ausführung einer Kehlbalkenlage nur in dem Fall angezeigt, als innerhalb des Dachraumes ein selbständiges Geschoß geschaffen werden soll.

Beim Pfettendach werden die Sparren von den senkrecht zu ihnen liegenden Pfetten getragen (Abb. 280); die Pfetten selbst müssen wiederum eine Unterstützung durch Stiele erhalten, welche auch bei Verwendung von Kehlbalken angeordnet werden müssen, sobald deren Länge ein gewisses Maß überschreitet. Die Stiele werden nicht unter jedem Gebinde, sondern nur in größeren Abständen erforderlich; im allgemeinen werden sie jedoch stets unter einem Sparren angeordnet. Das auf diese Weise in der lotrechten Ebene des Sparrens entstehende Gebinde wird als „Vollgespärre“ („Binder“ oder „Dachbinder“) im Gegensatz zu den dazwischen liegenden „Leergespärren“ bezeichnet. Die Entfernung der Hauptgespärre voneinander beträgt meist 4 ÷ 5 m, selten mehr als $5^1/_2$ m.

2. Dächer mit fest unterstützter Balkenlage

Das einfache Sparrendach. Wie bereits erwähnt, besteht ein Gebinde bei dieser einfachsten Dachform nur aus zwei zusammenstoßenden Sparren auf einer festen Balkenlage. Zur Aussteifung der einzelnen Gebinde in der Längsrichtung des Daches werden in schräger Richtung zu den Sparren sogenannte Windrispen oder Sturmstreben (6/12 bis 8/16 cm) angeordnet, welche an der Unterseite der Sparren angenagelt und mit denselben schwach verkämmt werden.

Das Kehlbalkendach. Bei der einfachsten Form des Kehlbalkendaches werden je zwei zusammenstoßende Sparren durch den Kehlbalken versteift, dessen Verbindung mit den Sparren am besten mittels schwalbenschwanzförmigem Blatt und je nach seiner Belastung mit einem starken Holznagel oder Schraubenbolzen erfolgt, wobei Kehlbalken und Sparren bündig zu legen sind. Die Kehlbalken sind derart anzuordnen, daß die Sparren über ihnen nur 2,5 m bis höchstens 3 m frei liegen. Die zulässigen freien Spannweiten der Sparren unterhalb der Kehlbalken sind je nach der vorhandenen Dachbelastung rechnungsmäßig zu bestimmen. Bei hohen Dächern werden auch mehrere Kehlbalken übereinander angeordnet, deren oberster die Bezeichnung „Hahnenbalken“ führt. Der Längsverband des Daches erfolgt wie beim einfachen Sparrendach mittels Windrispen.

Das Kehlbalkendach mit stehendem Stuhl. Bei einer Länge der Kehlbalken von über 4,0 m oder bei einer Belastung derselben durch eine Decke bereits bei einer Länge über 3,5 m, müssen unterhalb der Kehlbalken Unterzüge angeordnet werden, die in gewissen Abständen durch senkrechte, auf der Balkenlage stehende Stiele (Stuhlsäulen) gestützt werden (Entfernung der Stuhlsäulen vom Unterstützungspunkt des Binderbalkens nicht mehr als 1,0 bis 1,5 m). Diese Unterzüge (Rahmhölzer), welche durch Kopfbänder mit den Stielen verbunden werden müssen, bilden mit letzteren zusammen die sogenannte „Stuhlwand“. Die Dachbinder bestehen hier aus den Bindersparren, den Kehlbalken und den Stuhlsäulen. De

Längsverband des Daches bilden die Kopfbänder. Die übliche Binderentfernung beträgt 4 bis $5^1/_2$ m. Die Rahmhölzer erhalten bis 4,0 m Binderentfernung gewöhnlich einen Querschnitt von 14/18 cm, bis 5,0 m Binderentfernung einen solchen von 18/20 cm.

Die Anzahl der erforderlichen Rahmhölzer richtet sich nach der Länge der Kehlbalken. Bei Anordnung eines Rahmholzes spricht man von einem „einfach stehenden Stuhl". Die Abb. 279 und 279a zeigen den Binder des „doppelt stehenden

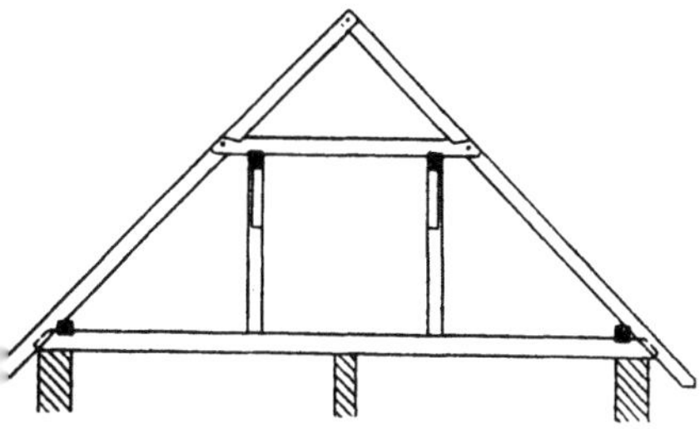

Abb. 279

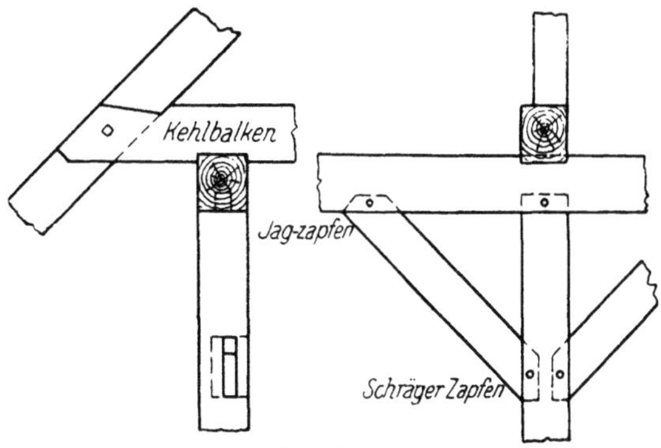

Abb. 279a

Kehlbalkendaches" mit einzelnen Holzverbindungen. Bei entsprechend großer Länge des Kehlbalkens kann der Binder auch als dreifach stehender Stuhl ausgebildet werden.

Das Kehlbalkendach mit liegendem Stuhl. Soll der Dachraum nicht durch die senkrechten Stuhlsäulen beengt werden, so können anstatt der lotrechten auch

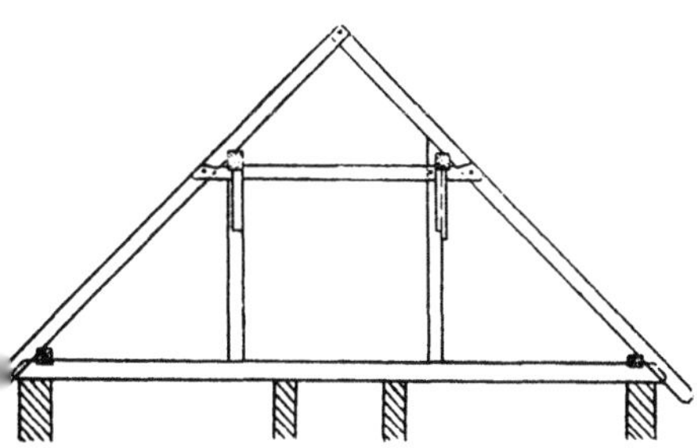

Abb. 280

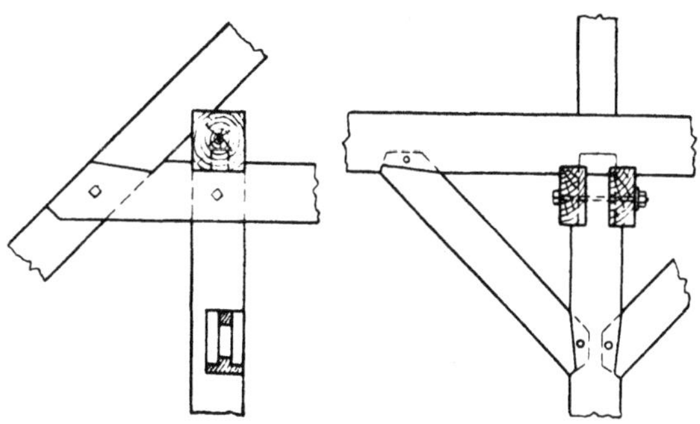

Abb. 280a

schrägliegende Stuhlwände angeordnet werden, welche die Last der Kehlbalkenlage auf das Auflager der Balken übertragen. Die Kopfbänder liegen hier geneigt und werden mit den Rahmen durch schrägen Zapfen, mit den liegenden Stuhlsäulen durch schwalbenschwanzförmige Anblattung verbunden. Die Verbindung der Stuhlsäulen mit den Dachbalken erfolgt durch schrägen Zapfen und Versatzung.

Das einfache Pfettendach. Bei diesem werden die Pfetten unmittelbar von Wand zu Wand gelegt. Bei schwachen Mauern kann mittels Kopfbändern, welche gegen kurze senkrechte Klebstiele geführt werden, ein Längsverband hergestellt werden.

Das Pfettendach mit stehendem Stuhl. In allen Fällen, wo die Anlage einer besonderen Zwischendecke oder eines benützbaren Fußbodens im eigentlichen Dachraum nicht gefordert wird, wird anstatt des früher fast ausschließlich gebräuchlichen Kehlbalkendaches heute meistens ein Pfettendach ausgeführt. Die Pfetten, welche hier die unmittelbare Unterstützung der auf ihnen aufgeklauten Sparren bilden, können ebenso wie die Rahmhölzer durch senkrechte oder schräge Stiele gestützt werden. Im ersten Falle erhält man ein Pfettendach mit stehendem Stuhl. Je nach der Größe des Daches ist ein „einfach, doppelt oder mehrfach stehender Stuhl" erforderlich. Die Abb. 280 und 280a zeigen den Binder des doppelt stehenden Pfettendaches mit einzelnen Holzverbindungen. Die Stuhlwände gleichen genau denen der Kehlbalkendächer, so daß das über diese Gesagte auch hier Gültigkeit hat.

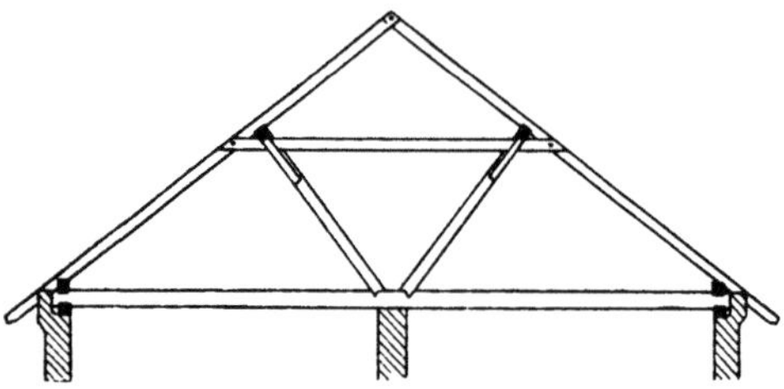

Abb. 281

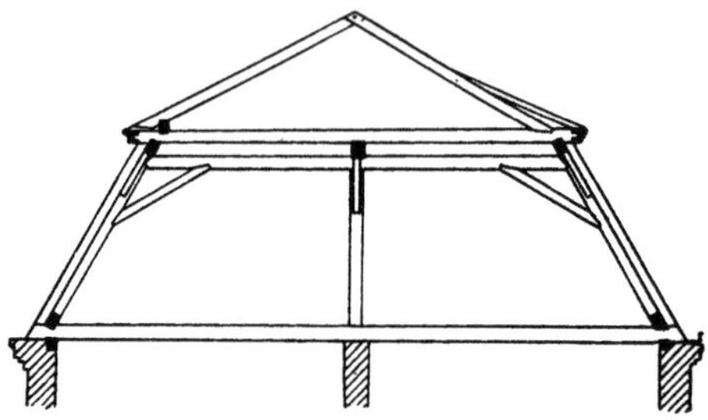

Abb. 282

Das Pfettendach mit liegendem Stuhl. Je nachdem die die Balkenlage unterstützenden Zwischenmauern zur Aufnahme der Dachlasten herangezogen werden können oder nicht, sind verschiedene Anordnungen der schrägen Stuhlwände möglich. Abb. 281 zeigt eine beispielsweise Ausführung bei Verlegung der Hauptlasten nach einer tragenden Zwischenmauer.

Das Mansarddach. Die im Vorangegangenen erläuterten einfachen Bildungen der Kehlbalken- und Pfettendächer kommen auch beim Mansarddach zur Anwendung.

Die Anordnung des Dachaufbaues muß beim Mansarddach nach zwei grundsätzlich verschiedenen Arten erfolgen, je nachdem im Unterdach gesonderte Räume mit fester wagrechter Balkenlage geschaffen werden sollen oder aber der gesamte Dachraum zu einer einheitlichen Benützung bestimmt ist. Im ersten Falle befindet sich zwischen Unter- und Oberdach eine feste Balkenlage, die an den Enden entweder durch liegende oder stehende Stuhlwände des Unterdaches gestützt wird. Beide Anordnungsarten sind in den Abb. 282 und 283 dargestellt.

Das Satteldach mit Kniestock. Man unterscheidet Kehlbalken- und Pfettendächer mit massiver (Abb. 284 a) und Fachwerkkniestockwand (Abb. 284 b).

Das Pultdach. Die Ausführung des Pultdaches, das als die Hälfte eines Satteldaches angesehen werden kann, erfolgt in der gleichen Weise wie bei letzterem. Eine besondere Aufgabe beim Pultdach besteht jedoch in der Sicherung der hohen Wand. Diese soll stets in Holzfachwerk hergestellt werden, wobei der obere Abschluß der Wand durch das Rähm gebildet wird, welches gleichzeitig die Firstpfette des Pultdaches darstellt und die aufgeklauten Dachsparren aufnimmt. Die Fachwerkswand wird entweder ausgemauert oder sie erhält nur eine Verblendung durch massives Mauerwerk oder auch eine Ausmauerung und gleichzeitige Verblendung. Je steiler die Dachfläche, um so stärker werden die seitlichen Angriffe des Windes, um so höher wird die Wand und um so wichtiger sind die Maßregeln zu ihrer sicheren Absteifung. Bei sehr flacher Neigung oder, wie beim Holzzementdach, fast wagrechter Lage der Sparren verlieren selbstverständlich alle Abspreizungsmaßnahmen ihre Bedeutung.

Der Dachstuhl bei Holzzementdächern. Bei geringer Raumtiefe kann hier ein eigentlicher Dachstuhl erspart werden; es genügen in diesem Falle Sparren allein, die jedoch mit Rücksicht auf die erforderliche Steifigkeit des Dachtragwerkes entsprechend einer Durchbiegung von 1/400 bis 1/500 zu bemessen und in Abständen von 60 bis 70 cm zu verlegen sind.

Ist keine ebene Untersicht verlangt, so werden die Sparren in der gegebenen Dachneigung verlegt. Entfällt über der Decke des obersten Stockes ein Bodenraum,

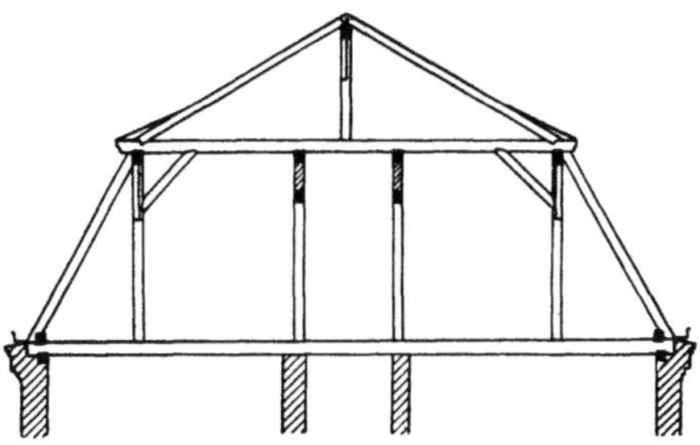

Abb. 283

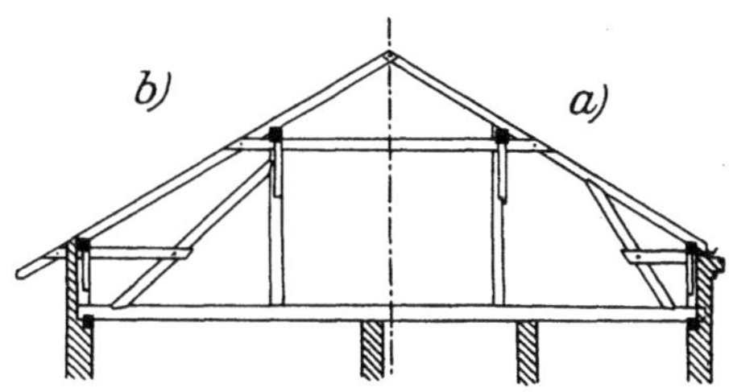

Abb. 284

so muß der Zwischenraum zwischen der Oberkante dieser Decke, die abzupflastern ist, und dem Tragwerk des Holzzementdaches an der niedrigsten Stelle mindestens 60 cm betragen. Ist die Länge des zu überdachenden Raumes wesentlich geringer als seine Tiefe, so ist die Dachschalung nicht auf Sparren, sondern unmittelbar auf den Pfetten zu verlegen.

Soll eine ebene Untersicht geschaffen werden, so legt man die Sparren wagrecht und auf diese 2,5 cm starke Keilpfosten, welche entsprechend der Dachneigung dreieckförmig zugeschnitten werden. Die Keilpfosten werden an den Sparren mittels starker Nägel und beiderseits auf die Sparren genagelter Dreikantleisten befestigt. Unter den Sparren wird eine Putzschalung angebracht, welche die Berohung und den Deckenputz trägt.

Abb. 285

Da auf diese Weise der Raum zwischen der oberen und unteren Schalung vollkommen von der Luft abgesperrt wäre, muß die Möglichkeit einer Lufterneuerung vorgesehen werden. Die Zufuhr frischer Luft wird ermöglicht, indem man die Staubladen nicht unmittelbar vor die Sparrenköpfe stellt, sondern vor letzteren Zwischenräume beläßt und an geeigneten Stellen 15/15 cm große Gitter oder durchlochte Zinkbleche anbringt. Eine Verbindung zwischen den einzelnen Sparrenfeldern stellt man durch Ausschnitte in den Keilpfosten nach Abb. 285 her. Die Luftabfuhr wird durch 12 cm weite, 40 cm hohe Luftabzugrohre aus Zinkblech, die mit kegelförmigen Hauben abgedeckt sind, bewerkstelligt. Diese Lüftungsrohre sind nahe dem First anzubringen. Da sie eine Durchlochung der Schalung bedingen, entsteht die Gefahr, daß trotz sorgfältigster Dichtung Wasser eindringen kann. Besser ist daher die Herstellung von Lüftungsschläuchen 15/15 cm in der Firstmauer.

3. Dächer mit aufgehängter Balkenlage (Hängewerksdächer)

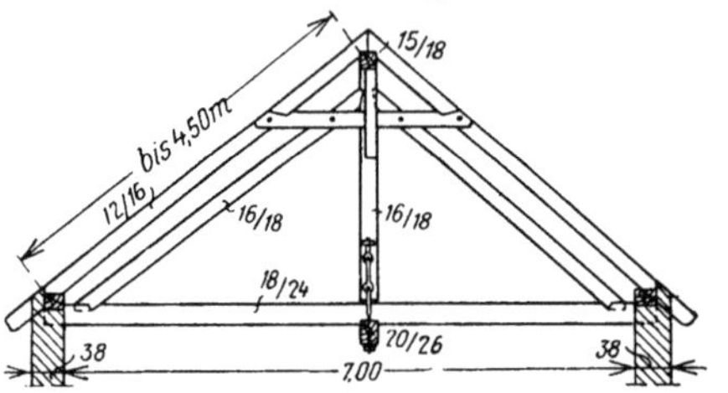

Abb. 286

Bei den bisher behandelten Dachstuhlarten wurde vorausgesetzt, daß die Balkenlage soweit unterstützt ist, daß sie sich frei tragen und erforderlichenfalls auch noch die Belastung durch das Dach (Stuhlsäulen) aufnehmen kann. Um mit den üblichen Holzabmessungen auskommen zu können, dürfen die Balken bei den vorgenannten Anordnungen nicht allzuweit freiliegen (höchstens bis etwa 6 m). Fehlen bei einem Gebäude innere Wände zur Unterstützung der Balkenlage überhaupt und ist die freie Länge der Balken so groß, daß sich dieselben ohne Zwischenstützen nicht tragen können, dann müssen die Balken in einem oder mehreren Zwischenpunkten aufgehängt werden. Je nach der Anzahl der Aufhängepunkte, welche wiederum von der freien Länge der Balken abhängig ist, entstehen auf diese Weise einfache, doppelte und mehrfache Hängewerke.

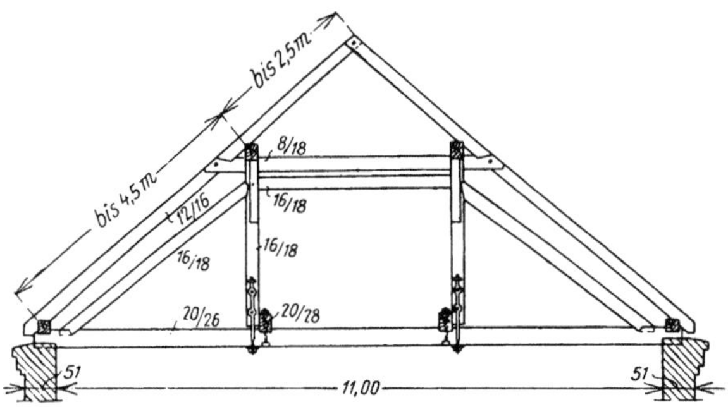

Abb. 287

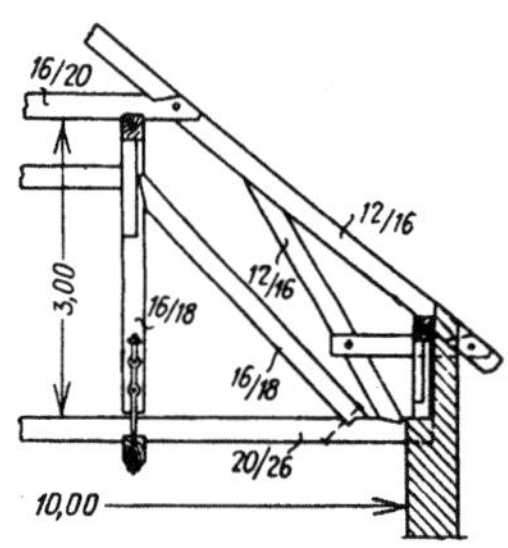

Abb. 288

Hängewerksdächer werden meist als Pfettendächer, seltener als Kehlbalkendächer ausgebildet. Die Dachbinder sind so einzurichten, daß die Pfetten bzw. Rähme von den Hängesäulen getragen werden.

Bis zu 10,0 m Spannweite genügt ein einfaches Hängewerk (Abb. 286). Die Hängesäule trägt die Firstpfette. Werden die Sparren länger als 4,5 m, so sind Mittelpfetten, die auf den Hängewerksstreben liegen, anzuordnen. Unter den Mittelpfetten ist eine Querverbindung durch Doppelzangen auszuführen.

Für Dachbinder von mehr als 10,0 m Spannweite ist ein doppeltes Hängewerk anzuordnen. Bis 7,0 m Sparrenlänge genügt eineMittelpfette, die vom First höchstens 2,50 m entfernt sein darf. Unter den Mittelpfetten liegen Doppelzangen zur Querverbindung (Abb. 287). Wird der Sparren länger als 7,0 m, so ist außer den Mittelpfetten noch eine Firstpfette erforderlich. Die Firstpfette wird von einem kurzen Stiel, der unter der Doppelzange endigt und gegen die Hängesäule abgestrebt ist, getragen.

Beträgt die Spannweite des Daches mehr als 14,0 m, so ist ein dreifaches Hängewerk anzuordnen.

Hängewerksdächer können auch mit Kniestock ausgeführt werden. Die Kniestockwand ist durch Doppelzangen mit der Sparrenstrebe zu verbinden (Abb. 288).

Die Balkenlage kann entweder unmittelbar von Streckbalken zu Streckbalken verlegt werden oder es werden nach den Abb. 286 bis 288 Unter- oder Oberzüge angeordnet, welche zur Aufnahme der Balkenlage herangezogen werden.

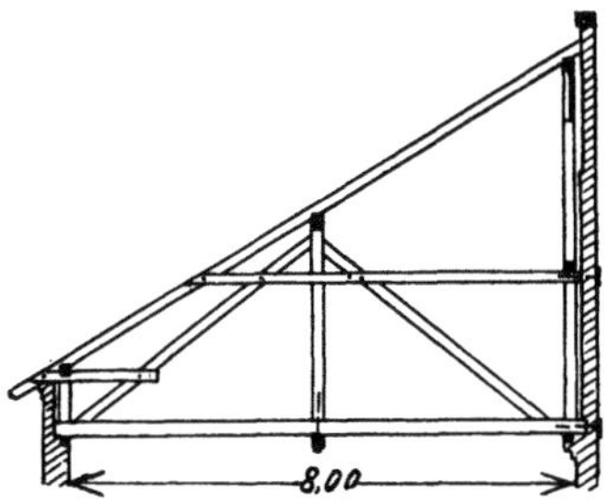

Abb. 289

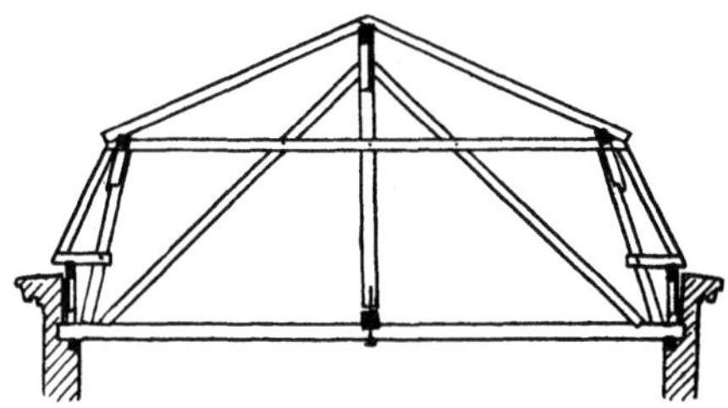

Abb. 290

Die Ausbildung der Hängewerksdächer bleibt die gleiche, ob das Satteldach spiegelgleich ist oder nicht, ob ferner ein Pult- oder Mansarddach u. dgl. angeordnet wird. Diesbezügliche Ausführungen zeigen die Abb. 289 und 290.

4. Dächer ohne Balkenlage

Große Räume (Werkstätten, Ausstellungshallen, Säle, Schuppen usw.) erhalten Dächer ohne Balkenlagen, so daß der ganze Dachraum oder nur der untere Teil

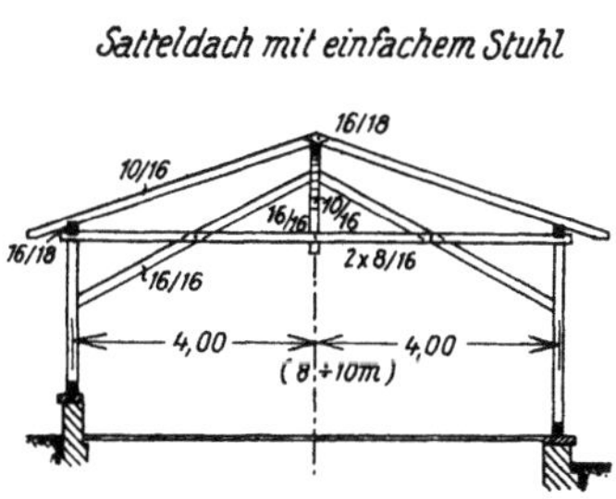

Abb. 291

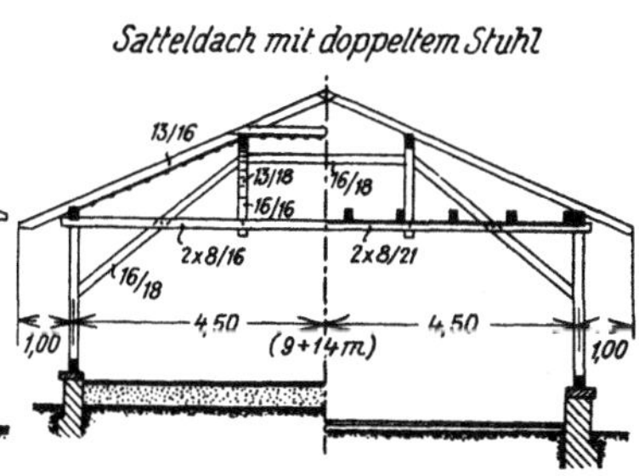

Abb. 292

desselben für die Raumhöhe ausgenützt werden kann. Die Unterstützung der Gespärre erfolgt dann entweder durch Zwischenstützen oder es werden statt der tragenden Balkenlage nur die Binderbalken durchgeführt und durch Hängewerke gestützt; endlich kann das Dach unter Verwendung vereinigter Hänge- und Sprengwerke vollkommen freitragend ausgeführt werden.

Beispiele von Dächern ohne mittlere Stützen, bei denen nur die Binderbalken durch Hänge- und Sprengwerke gestützt durchgehen, zeigen die Abb. 291 bis 293. Bei Fachwerkumfassungswänden (Abb. 291 und 292) wird jede Strebe in den zugehörigen Wandstiel verzapft. Bei massiven Umfassungswänden (Abb. 293) greift die Strebe in einen vor der Wand liegenden und durch einen Kragstein unterstützten Klappständer. Die Verbindung erfolgt durch schrägen Zapfen mit Versatzung und wird durch Klammern gesichert. Der Klappständer trägt die

Fußpfette. Je nach der Sparrenlänge wird die Anzahl der Pfetten bestimmt. Ist nur eine Firstpfette erforderlich, so wird der Binder nach Abb. 291 gebildet. Abb. 293 zeigt die Anordnung mit Mittelpfetten (bis 7,0 m Spannweite). Wird außer den Mittelpfetten noch eine Firstpfette erforderlich (bis 9,0 m Sparrenlänge), so wird dieselbe gegen die Hängesäulen abgestrebt.

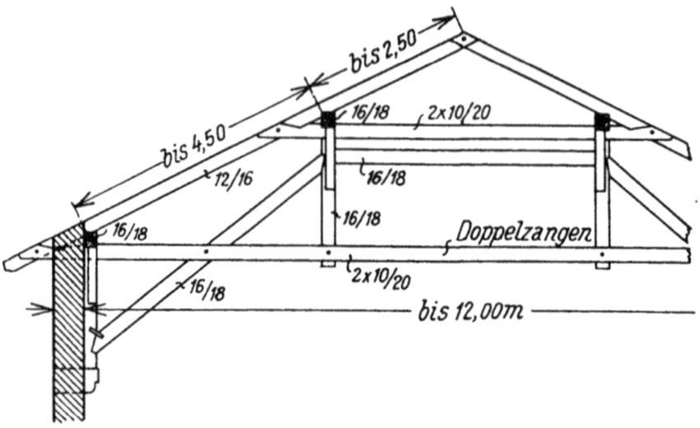

Abb. 293

Hängesprengwerke lassen sich bei mehrschiffigen Hallen mit Vorteil anwenden, da sich bei diesen die Strebendrücke gegenseitig aufheben. Ausführungsbeispiele einer zweischiffigen wie einer dreischiffigen Halle sind in den Abb. 294 und 295 dargestellt.

Eine besondere Eignung für die Herstellung leichter Sprengwerkdächer für vorübergehende Benützung besitzt der de l'Ormesche Bohlenbogen, wie das in

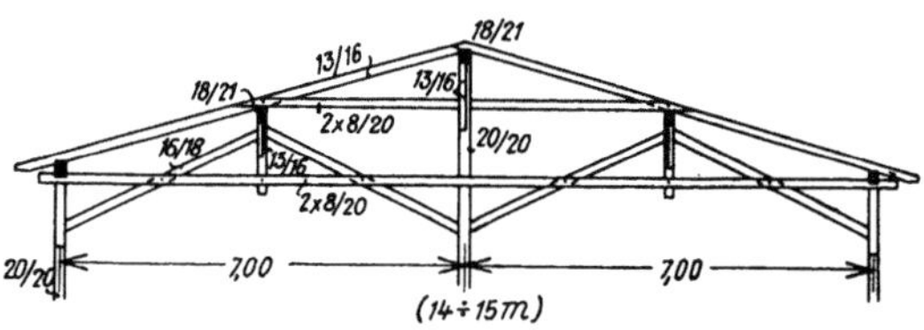

Abb. 294

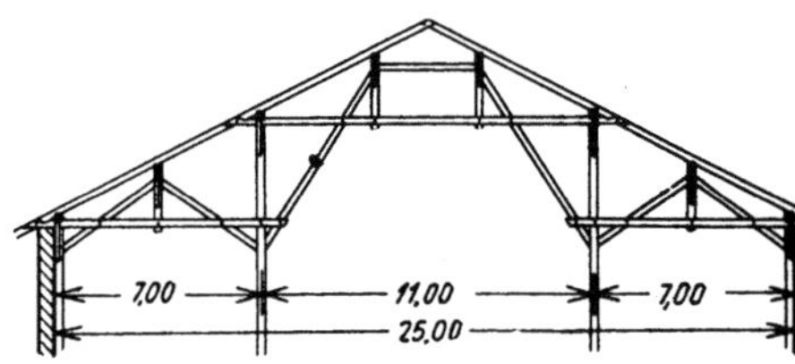

Abb. 295

Abb. 296 dargestellte Beispiel einer im Jahre 1897 erbauten Festhalle zeigt. Der 20 m weit gespannte Bogen ist durch zahlreiche Zangen mit den Bindersparren in feste Verbindung gebracht und auf diese Weise wirksam ausgesteift. Der Bogenschub wird durch den 20 mm starken Rundeisenanker und überdies durch die anschließenden Anbauten der Seitenschiffe aufgenommen. Die ganze Ausbildung des Dachstuhles ist sehr einfach und übersichtlich. Schwach bemessen ist nur der Längsverband des Daches, der allein von den sich über den Seitenschiffen erhebenden Wänden des Mittelschiffes und überdies von der Dachschalung geleistet werden muß.

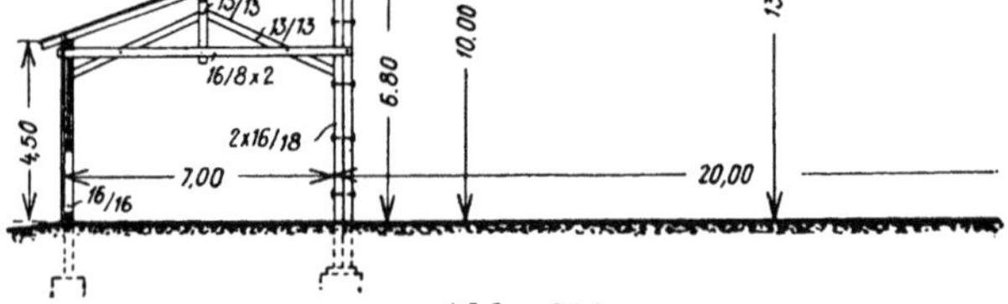

Abb. 296

Sprengwerkdächer de l'Ormescher und Emyscher Bauart haben im vergangenen Jahrhundert bei vielen Bauten Anwendung gefunden; heute sind dieselben von den technisch bedeutend vollkommeneren und auch viel wirtschaftlicheren neuzeitlichen Bauweisen weit überholt.

F. Der Dachstuhl im neuzeitlichen Ingenieurholzbau

I. Fachwerkbinder

1. Allgemeine Angaben für den Entwurf und die Berechnung

Dachbinder größerer Spannweite werden heute meist als Balken- oder Bogenfachwerk (Rahmen) ausgeführt.

Die allgemeinen Grundlagen für die Ermittlung der Stabspannungen, die Querschnittsbemessung, und Knotenpunktausbildung von Fachwerkträgern wurden bereits in den Abschnitten I, III und IV behandelt. Im folgenden sollen noch die für den Entwurf und die Berechnung sowie für die Knotenpunktausbildung von Dachbindern in Betracht kommenden besonderen Gesichtspunkte besprochen werden.

Auflagerung der Binder. Bei hölzernen Balkenbindern ist es im allgemeinen nicht üblich, ein bewegliches Auflager auszuführen, da die Längenänderungen des Holzes infolge Wärme wesentlich geringer als die des Eisens sind. Außerdem ist auch in den Knotenpunkten der hölzernen Fachwerkträger im Gegensatz zum Eisenfachwerk, wo die Knotenpunkte durch starre Vernietung gebildet werden, stets so viel Spielraum vorhanden, daß sich die infolge der Wärme und ebenso die infolge der Federwirkung des Materiales entstehenden kleinen Längenänderungen in den Verbindungsstellen ausgleichen können.

Erfolgt die Berechnung in bekannter Weise unter der Annahme eines festen und eines beweglichen Auflagers, so hat man den Wind einmal von der Seite des festen Auflagers und einmal von der Seite des beweglichen Auflagers wirkend anzunehmen und die Stabkräfte für beide Kraftangriffe zu bestimmen.

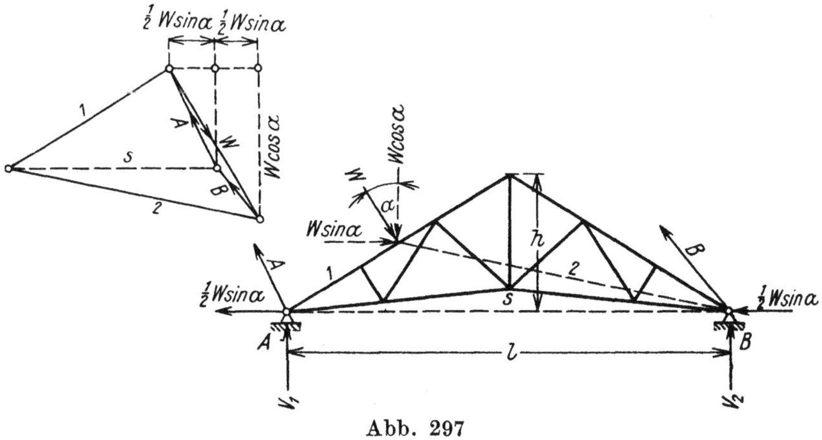

Abb. 297

Ist der Binder dagegen (nach Abb. 297) beiderseits fest aufgelagert (z. B. auf hölzernen Säulen), so darf man hinreichend genau annehmen, daß die wagrechte Seitenkraft des Winddruckes

$$H = W \cdot \sin \alpha$$

von beiden Auflagern zu gleichen Teilen aufgenommen wird; die lotrechten Auflagerdrücke berechnen sich dann zu:

$$A_v = \frac{3}{4} W \cdot \cos\alpha - \frac{h_1}{2l} \cdot W \cdot \sin\alpha; \quad B_v = \frac{1}{4} W \cdot \cos\alpha + \frac{h_1}{2l} \cdot W \cdot \sin\alpha$$

Dieselben können nach Abb. 297 auch durch ein Seileck ermittelt werden.

Die Ermittlung der Auflagerkräfte standunbestimmter (gelenkig gelagerter oder eingespannter) Bogen oder Rahmen kann nach den Angaben im I. Abschnitt erfolgen.

Zweckmäßige Binderentfernung. Die Binderentfernung wird im allgemeinen zwischen 5 und 6 m, seltener bis zu 7 m gewählt; bei größeren Zusatzbelastungen der Binder, beispielsweise durch angehängte Decken, Transmissionen usw., empfiehlt es sich, die Binderentfernung entsprechend niedriger, etwa mit 4 m, anzunehmen. Aus wirtschaftlichen Gründen sollte die Binderentfernung beim Entwurf womöglich stets derart gewählt werden, daß die Pfetten ohne Schnittverlust — wie sie vom Lager bezogen werden — verwendet werden können. Binderentfernungen von beispielsweise 4,9 m, 5,3 m usw. sollten demnach vermieden und dieselben, wenn die Pfetten über den Bindern stumpf gestoßen werden, gleich der handelsüblichen Länge des Holzes, d. i. mit 5,0 m, 5,5 m, 6,0 m usw., angenommen werden oder bei Ausführung des Stoßes mit Überblattung mit $B = l - 2h$, wobei B die Binderentfernung, l die handelsübliche Länge des Pfettenholzes, $2h$ (= doppelte Höhe des Pfettenquerschnittes) die übliche Länge der Überblattung bedeuten.

Nicht selten muß die Binderentfernung aus bestimmten Gründen (z. B. wegen des Freihaltens von Durchfahrtsöffnungen oder mangels entsprechender Auflagerungsmöglichkeit od. dgl.) derart groß gewählt werden, daß für die Pfetten ein einfacher Balkenquerschnitt — auch bei Absteifung durch Kopfstreben oder bei sprengwerkartiger Ausbildung — nicht mehr ausreicht. In solchen Fällen empfiehlt es sich meist, die Pfetten als Gitter- oder auch als Vollwandträger auszubilden.

Eine Auflösung des Dachtragwerkes in Gitterpfetten und Sparren ohne eigentliche Binder empfiehlt sich in solchen Fällen, wo die Länge eines Gebäudes kleiner als seine Breite oder, wo ein Gebäude in der Längsrichtung durch tragfähige Zwischenmauern unterteilt ist, deren Entfernung voneinander kleiner ist als die Gebäudebreite. Soll beispielsweise ein in der Mitte durch eine tragende Zwischenmauer unterteilter rechteckiger Grundriß von 20 m Breite und 24 m Länge mit einem über die Breite von 20 m frei gespannten Mansarddach überdeckt werden, so ordnet man in der Längsrichtung des Gebäudes in entsprechenden Entfernungen voneinander und in den der Dachneigung entsprechenden Höhen Gitterpfetten an, auf welchen dann die Sparren unmittelbar verlegt werden.

Bei besonders großen Binderentfernungen (Auflagerung der Binder auf besonderen Stützen ohne tragendes Füllmauerwerk) erweist es sich meist wirtschaftlicher, anstatt Gitterpfetten, durch deren Auflagerdrücke — besonders gegen die Mitte zu — die Binder eine sehr ungünstige Beanspruchung erfahren würden, zwischen den Bindern, und zwar entweder unmittelbar über deren Auflagern oder, wenn es dort wegen beschränkter Bauhöhe nicht angängig ist, in der Nähe der Auflager — beim Mansardbinder beispielsweise im Knickpunkt zwischen Unter- und Oberdach — Entlastungsträger anzuordnen, auf welchen dann in entsprechenden Entfernungen Zwischenbinder aufgelagert werden können. Zu beachten ist bei Anordnung derartiger Entlastungsträger, daß die Füllstäbe der Hauptbinder —

zumindest für die Zeit des Aufziehens und Aufstellens des Tragwerkes — zug- und drucksicher angeschlossen sein müssen, da sie erst nach Aufstellung des gesamten Tragwerkes einschließlich Schalung, Dacheindeckung usw., die rechnungsmäßigen Spannungen, vorher aber infolge der bloßen Eigengewichtswirkung des Hauptbinders Spannungen von entgegengesetztem Vorzeichen erhalten können.

Angehängte Decken. Deckenputz. Verkleidung der Binder. Bei Saal-, Kinobauten u. dgl. wird häufig aus feuerpolizeilichen wie auch aus architektonischen Gründen eine untere, meist geputzte Decke an den Binderuntergurten angehängt. Die Anbringung derartiger Decken kann ohne jede Schwierigkeit erfolgen und muß bei der Berechnung nur die entsprechende Mehrbelastung der Binder durch die Decke in Berücksichtigung gezogen werden. Bei Fachwerkträgern Howescher Bauart können die Rundeisenpfosten in der in Abb. 298 angedeuteten Art in zweckmäßiger Weise zur Anhängung der Tragbalken benutzt werden. Durch entsprechende Sprengung des Untergurtes und besonders sorgfältige Herstellung der Knotenpunktanschlüsse muß dafür Sorge getragen werden, daß nicht durch etwaige Durchbiegungen Risse im Deckenputz entstehen.

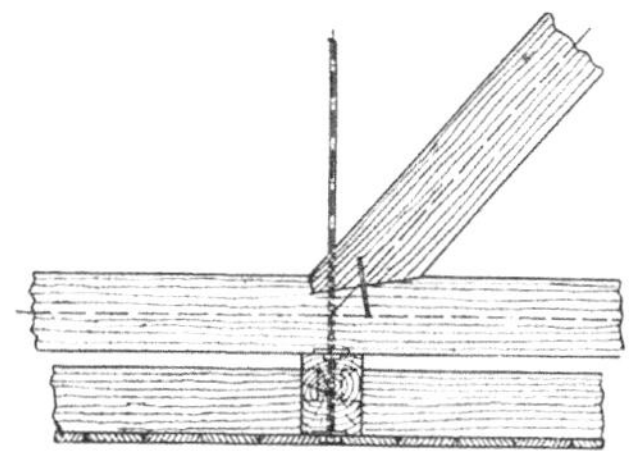

Abb. 298

Zwecks Ausnützung des Dachraumes wird häufig auch die Herstellung einer tragenden Zwischendecke in der Ebene der Binderuntergurte verlangt. Die entsprechend der gegebenen Nutzlast berechneten Tragbalken werden in diesem Falle auf den Untergurten in entsprechenden Abständen voneinander angeordnet. Die Aufbringung des Fußbodenbelages und unter Umständen einer unteren Deckenschalung erfolgt in der üblichen Weise, wobei jedoch dafür zu sorgen ist, daß die Verbindungsstellen der Füllstäbe des Tragwerkes wegen des erforderlichen Nachziehens der Verbindungsschrauben zugänglich bleiben. Eine vollständige Umhüllung der Binder mittels Verschalung, Berohrung und Putz oder mittels sonstiger Verkleidungen (Gipsdielen, Tektonplatten u. dgl.) erscheint nicht ratsam, wenn nicht für eine entsprechende Durchlüftung des Holzwerkes und für die aus oben angeführten Gründen erforderliche Zugänglichkeit der Verbindungsstellen gesorgt wird. Mit Rücksicht auf die Biegebeanspruchung des Untergurtes infolge der Deckenbelastung muß die Entfernung der Binderknoten, um zu große Querschnitte zu vermeiden, entsprechend gering gehalten werden.

Transmissionen. Die Belastung der Binder mit dem Gewicht von Transmissionen, Laufkatzen usw. ist — insbesondere bei Verwendung von Mansardbindern — ohne weiteres möglich. Zwecks Erzielung einer entsprechenden Seitensteifigkeit der Binder empfiehlt sich in solchen Fällen die Anordnung von Vertikalverbänden in der Längsrichtung des Daches.

Ermittlung der ungünstigsten Stabspannungen. Zwecks Ermittlung der ungünstigsten Beanspruchung sind die Stabkräfte im allgemeinen für folgende Lasten gesondert zu ermitteln:

1. Für die ständigen Lasten (Binder, Pfetten, Dachhaut, angehängte Decken);
2. für volle Schneebelastung auf dem ganzen Dach;
3. für Schneelast auf einer Dachhälfte;
4. für Winddruck auf der Seite des festen Auflagers;
5. für Winddruck auf der Seite des beweglichen Auflagers.

Bei Annahme beiderseitiger fester Auflagerung genügt die einmalige Bestimmung der Stabkräfte für Winddruck.

Spiegelgleiche ebene Dachbinder sind in der Regel nur für eine Belastung durch einseitige Schneelast zu untersuchen, da aus den Vorzeichen der Stabkräfte spiegelgleich liegender Stäbe (ermittelt aus einem für den ganzen Binder und die vorgenannte einseitige Schneelast gezeichneten Kräfteplan) darauf geschlossen werden kann, ob eine über den ganzen Binder sich erstreckende Schneelast oder eine einseitige Belastung durch Schnee für den betrachteten Stab den gefährlicheren Belastungszustand bedeuten; ergibt sich aus dem Kräfteplane für einen Stab eine Stabkraft $= S_1$, für den spiegelgleich liegenden Stab $= S'_1$, so ist die Gesamtstabkraft infolge doppelseitiger Schneelast ohne Rücksicht auf das Vorzeichen

$$S = S_1 + S'_1.$$

Besitzen beide Werte S_1 und S'_1 gleiche Vorzeichen, so ist die Vollbelastung, im entgegengesetzten Falle die Teilbelastung der gefährlichere Belastungszustand.

Die größten Stabkräfte ergeben sich aus der ungünstigsten Summe der aus den vorgenannten Lasten entstehenden Stabkräfte. Hiebei ist jedoch zu beachten, daß volle Schneelast und voller Winddruck nicht gleichzeitig wirken können, da der Schnee auf der Windseite weggeweht, im Windschatten angeweht wird. Für die Stabkräfte aus den veränderlichen Lasten sind daher maßgebend: a) Volle Schneebelastung und halber Winddruck; b) voller Winddruck und Schneelast auf der Windschattenseite des Daches; c) voller Winddruck und halbe Schneelast auf dem ganzen Dache.

Bei flachgeneigten und Dächern von geringer Spannweite genügt für die Stabkraftermittlung meist die Berücksichtigung der lotrechten Teilkräfte des Windes allein.

Beispiel: Die Stabkräfte eines Dachbinders seien für die verschiedenen vorgenannten Belastungsfälle mit Hilfe von Kräfteplänen ermittelt; es soll die ungünstigste Summe der Stabkräfte, beispielsweise für den Obergurtstab O_1, ermittelt werden:

1. Eigengewicht .... $O_{1g} = O'_{1g} = -14{,}0$ t
2. Schnee links .... $\begin{cases} O_{1sl} = -5{,}9 \text{ t} \\ O'_{1sl} = -2{,}5 \text{ t} \end{cases}$
3. Außenwind links .... $\begin{cases} O_{1wl} = -3{,}7 \text{ t} \\ O'_{1wl} = -2{,}9 \text{ t} \end{cases}$
4. Außenwind rechts .... $\begin{cases} O_{1wr} = -3{,}5 \text{ t} \\ O'_{1wr} = -4{,}4 \text{ t} \end{cases}$

1. Belastungsfall:
a) Eigengewicht .... $-14{,}0$ t
b) Schnee auf dem ganzen Dach ...... $-5{,}9 - 2{,}5 = -8{,}4$ t
c) halber Winddruck rechts .... $-\frac{1}{2} \cdot 4{,}4 = -2{,}2$ t
$O_1 = -24{,}6$ t

2. Belastungsfall:
a) Eigengewicht .... $-14{,}0$ t
b) Schnee im Windschatten (links) .... $-5{,}9$ t
c) Wind rechts .... $-3{,}5$ t
$O_1 = -23{,}4$ t

3. Belastungsfall:
a) Eigengewicht .... $-14{,}0$ t
b) halbe Schneelast auf dem ganzen Dach: $-\frac{1}{2} \cdot 8{,}4 = -4{,}2$ t
c) voller Winddruck (rechts) .... $-4{,}4$ t
$O_1 = -22{,}6$ t

Die Windverbände und ihre Berechnung. Um die Dachbinder in der lotrechten Lage zu erhalten und die infolge des Winddruckes in der Längsrichtung des Daches auftretenden Längskräfte aufzunehmen und in die Auflager überzuführen, müssen Windverbände (Längsverbände) angeordnet werden. Zu diesem Zwecke werden je zwei Binder — zumeist in der Ebene des Obergurtes — durch einfach oder kreuzweise angeordnete Windstäbe (deren Neigung nicht zu flach sein darf) miteinander in Verbindung gebracht, welche in Gemeinschaft mit den zugehörigen Pfetten und den Binderobergurten wie Gitterträger gegen den Winddruck in Längsrichtung des Gebäudes wirken. Längere Windstäbe können an den Sparren oder Pfetten aufgehängt werden.

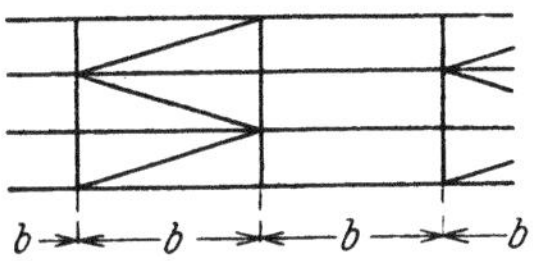

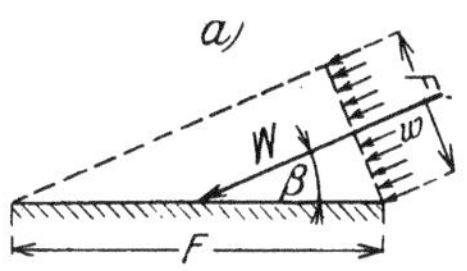

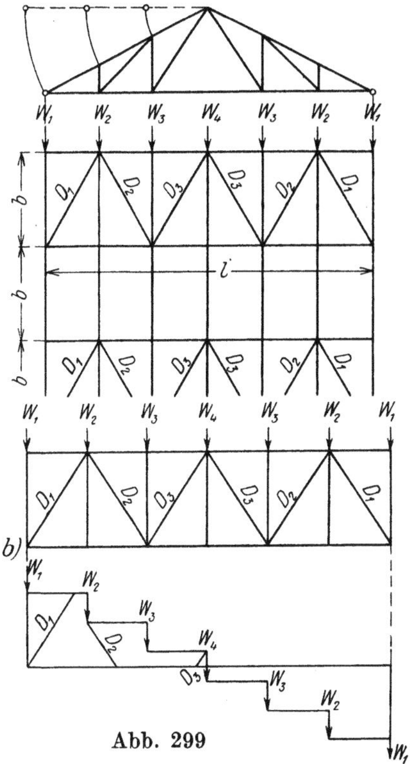

Abb. 299

In der Längsrichtung des Daches verlaufende sogenannte „Vertikalverbände" empfehlen sich insbesondere dann, wenn die Binderuntergurte Erschütterungen durch bewegliche Lasten, wie Flaschenzüge, Laufkatzen u. dgl., ausgesetzt sind. Durch Anordnung von Vertikalverbänden wird überdies die Aufstellung der Tragwerke wesentlich erleichtert.

Berechnung der Längsverbände: Die Windkraft auf eine Fläche F (Abb. 299 a), die mit der Windrichtung den Winkel β einschließt, berechnet sich zu

$$W = w \cdot F',$$

worin F' die Größe der senkrecht vom Winde getroffenen Fläche bedeutet.

Unter der Annahme $\beta = 10^0$ und mit $\sin\beta = \frac{F'}{F}$, wobei F die gesamte Dachgrundrißfläche darstellt, ergibt sich

$$F' = F \sin\beta = 0{,}174\, F.$$

Verteilt man nun die Fläche F' auf die zugehörigen Fachwerkknoten, so daß

$$F' = F_1 + F_2 + F_3 + \ldots\ldots,$$

so erhält man die Windkräfte

$$W_1 = w \cdot F_1;\; W_2 = w \cdot F_2;\; W_3 = w \cdot F_3 \ldots\ldots,$$

welche wiederum zu gleichen Teilen auf die einzelnen Windverbände aufzuteilen sind.

Jeder Windverband ist als ein durch Aufklappung in die Wagrechte gebrachter ebener Gleichlaufträger zu behandeln, dessen Gurte die Obergurte zweier benachbarter Dachbinder und dessen Wandglieder die in der Dachfläche liegenden Windstreben sind.

Beispiel (Abb. 299): Dachgrundrißfläche 18,0 m × 25,0 m; Binderentfernung $b = 5{,}0$ m, drei Windverbände. Die Windangriffsfläche beträgt:

$$F' = 0{,}174 \cdot F = 0{,}174 \times 18{,}0 \times 25{,}0 = 78{,}3 \text{ m}^2.$$

Mit $w = 150$ kg/m² ergeben sich die Knotenlasten für jeden Windverband zu

$$W = \frac{150 \cdot 78{,}3}{3 \cdot 6{,}0} = 650 \text{ kg}$$

Die einfache Ermittlung der Spannungen in den Windstreben zeigt Abb. 299b.

Die Querschnittsausbildung der Bindergurte und Füllstäbe. Abgesehen von denjenigen Bauweisen, bei welchen überhaupt nur mehrfach zusammengesetzte Stabquerschnitte verwendet werden (wie beispielsweise bei den Bauweisen Meltzer, Stephan usw.), werden für die Gurtungen der Fachwerkbinder wegen ihrer größeren Wirtschaftlichkeit (Material- und Arbeitszeitersparnis) meist einfache Holzquerschnitte gewählt und nur bei besonders großen Spannweiten bzw. Belastungen mehrfach zusammengesetzte Querschnitte verwendet.

Bei bogenförmig gekrümmten Bindern müssen die Gurte selbstverständlich aus mehreren Querschnitten (Brettern oder Bohlen) zusammengesetzt sein.

Bei Bindern Howescher Bauart bestehen die Zugpfosten bekanntlich aus Rundeisen, die Druckstreben sind einteilige Stäbe, welche in die Gurte meist mittels einfacher Versatzung eingreifen.

Bei Bindern mit dübelförmigen Zuganschlüssen (neue Holzbauweisen) werden die auf Zug beanspruchten Streben bei einfachem Gurtquerschnitt als Doppelzangen an den Gurt angeschlossen, während die auf Druck beanspruchten einteiligen Pfosten unmittelbar auf die Gurte aufgesetzt werden. Bei doppelten Gurten bestehen die Streben je nach der aufzunehmenden Stabkraft entweder aus drei Stäben, von denen der mittlere zwischen den Gurten, die beiden anderen außerhalb an die Gurte angeschlossen sind, oder aus einem zwischen den Gurten angeschlossenen einfachen Stabe. Die Pfosten werden gewöhnlich doppelt ausgeführt und unmittelbar auf die Gurte aufgesetzt. Besonders eigenartige Stabanschlüsse zeigen die Bauweisen Kübler und Cabröl, bei welchen die Kraftübertragung von den Füllstäben auf die Gurte mittels besonderer Zwischenhölzer erfolgt.

Zur Herstellung der Gurtstöße werden hölzerne oder eiserne Laschen verwendet. Aus wirtschaftlichen Gründen ist die Anzahl der Stöße möglichst zu beschränken. In vielen Fällen können die Stoßlaschen auf die Weise erspart werden, daß man einen Teil des Gurtes als Doppelzange, den anderen aus einem Stück herstellt; die Zangen greifen dann über das einfache Holz hinweg und werden mit demselben verdübelt.

Das Abbinden und Aufziehen der Dachbinder. Das Abbinden: Vorerst werden auf dem sogenannten Schnür- oder Reißboden, einem ebenen Teile des Werkplatzes, der auf einer Balken- oder Pfostenunterlage mit Brettern belegt ist, das Trägernetz sowie die einzelnen Holzverbindungen samt Bolzenteilung genau nach der Ausführungszeichnung in natürlicher Größe aufgerissen. Hierauf werden die einzelnen Binderstäbe nach der Zeichnung angefertigt und auf dem Reißboden zusammengelegt. An denjenigen Stellen, wo etwa zwischen den Hölzern liegende Einlagestücke (Dübel) angeordnet werden sollen, werden in den zusammengelegten Hölzern durchgehende Bohrlöcher mit dem Durchmesser der Heftbolzen gebohrt. Dann werden die Hölzer auseinandergenommen und an den Innenseiten die zum Einlassen der Einlagestücke erforderlichen Vertiefungen je nach der Dübelart mittels

Zentrumbohrer oder Fräsmaschine usw. hergestellt. Hierauf werden die Einlagestücke zwischen den Verbandhölzern eingesetzt und die Heftbolzen eingezogen.

Bei einer Beförderung fertig zusammengesetzter Binder oder Binderteile mit der Bahn ist darauf zu achten, daß die Abmessungen der zu verladenden Bauteile nicht die Ladegrenzen überschreiten. Die Frachtkosten stellen sich wegen der besseren Ausnützung des Laderaumes erheblich billiger, wenn die Binder in ihre Einzelteile zerlegt werden.

Das Aufziehen: Die Aufstellung kleinerer Dachstühle bietet keinerlei Schwierigkeiten und kann mit den bekannten einfachen Hilfsmitteln vorgenommen werden. Bei größeren Spannweiten muß das Aufziehen mittels besonderer Hebevorrichtungen erfolgen. Je nach der Spannweite und dem Gewicht

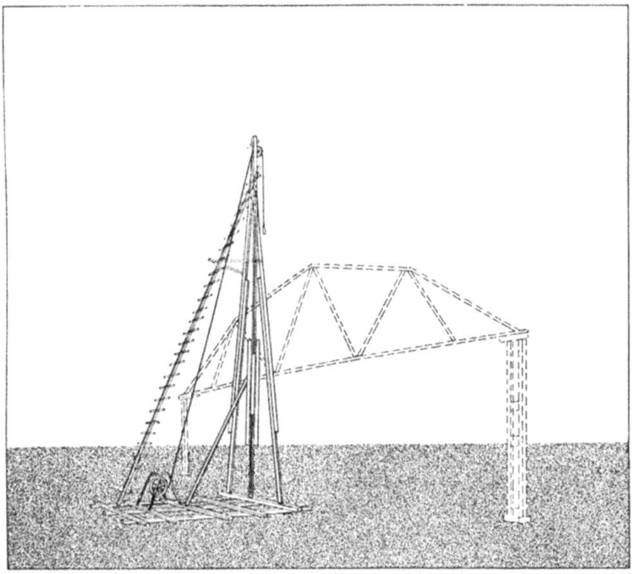

Abb. 300

des Binders werden (s. Abb. 300) ein, zwei oder noch mehr Hebebäume aufgestellt, an denen das Hochziehen mittels Flaschenzügen oder Winden bewerkstelligt wird. Eine wesentliche Arbeitszeitersparnis wird selbstverständlich erzielt, wenn jeder einzelne Binder gleich an derjenigen Stelle zusammengesetzt wird, von welcher aus er hoch gezogen wird.

In den Abb. 301 bis 304 wird das Aufziehen der 22 m hohen Fachwerk-Binderstützen eines Hallenbaues veranschaulicht, bei welchem sowohl die Binderstützen, wie auch das gesamte Dachtragwerk ohne Zuhilfenahme einer Gerüstung aufgestellt wurden. Die genannten Abbildungen zeigen eine Binderstütze in ihren verschiedenen Lagen während des Aufziehens. Die Binderstütze selbst ist senkrecht zur Fachwerkebene hängewerkartig ausgesteift, um den sie während des Aufziehens beanspruchenden Kräften sicher widerstehen zu können. Zum Aufziehen einer Binderstütze wurden zwei Winden verwendet, deren Aufstellungsort solange unverändert blieb, als die Länge der Drahtseile ausreichte (zur Bedienung bei jeder Winde fünf Mann). Besonders interessant gestaltete sich das Aufziehen der Satteldachbinder auf 22 m Höhe. Um das unvermeidliche Kippen des einzelnen Binders während des Aufziehens zu verhindern, wurden je zwei Binder paarweise mittels Pfetten, Sparren usw. verbunden, auch sonst noch entsprechend ausgesteift, hierauf

Abb. 301

Abb. 302

Abb. 303

Abb. 304

Aufziehen 22 m hoher Binderstützen ohne jedes Hilfsgerüst
(Ausführung Firma Tres, Lemberg-Warschau)

einmal von der einen, einmal von der anderen Seite hochgezogen und allmählich auf die richtige Höhe gebracht, in welcher sie mit Amerikanern genau eingestellt wurden.

Bauunfälle, ihre Ursachen und Verhütung. Einstürze fertiggestellter Holzdächer, Hallenbauten u. dgl. gehören zu den Seltenheiten, weit öfter hingegen ereignet sich der Fall, daß es aus später zu erörternden Ursachen während des Baues zu allerart Unfällen kommt, die meist den teilweisen, wenn nicht gar gänzlichen Einsturz bereits fertiggestellter Bauteile nach sich ziehen.

Im Hinblick auf die überaus empfindlichen Folgen derartiger Unfälle für den Bauausführenden sollen nachstehend die hauptsächlichsten Ursachen dieser Unfälle und die Mittel zu ihrer Verhütung besprochen werden.

Einstürze fertiggestellter Bauten. Abgesehen von Fällen höherer Gewalt, wie Wirbelstürmen u. dgl., kann die Ursache derartiger Einstürze wohl kaum anders als auf grobe Verstöße in der Berechnung, auf mangelhaftes Material oder mangelhafte Arbeit zurückgeführt werden, Fehler, die bei gewissenhafter Bauausführung und ebensolcher Bauüberwachung sicher leicht zu vermeiden sind.

Als Beispiel eines im höchsten Grade fehlerhaft berechneten, unsachgemäß ausgeführten und mangelhaft überwachten Holzbaues soll an dieser Stelle eine Messehalle Erwähnung finden, die vor etwa zwei Jahren in einer der größten Städte Polens errichtet wurde. Die in Abständen von 5 m auf gemauerten Ziegelpfeilern aufgelagerten, 12 m frei gespannten Satteldachbinder bestanden im Ober- und Untergurt aus je zwei $^5/_4''$ starken, etwa 20 cm breiten Brettern, zwischen welche die aus je einem ebensostarken Brett bestehenden Füllstäbe eingeschoben und mittels Nagelung befestigt wurden; die Stöße wurden mit Brettlaschen gedeckt und ebenfalls vernagelt. Die 1 m voneinander entfernten Pfetten bestanden abwechselnd aus einem bzw. zwei hochkannt gestellten 1″ Brettern. Nach dieser kurzen Beschreibung kann es wohl niemand wundernehmen, daß der hier geschilderte Bau — zum Glück nicht gerade während der Abhaltung der Messe — wenn schon nicht infolge des Eigengewichtes des Daches, so infolge eines etwas größeren Schneefalles zu einem Drittel (die ganze verbaute Fläche betrug etwa 1500 m²) zum Einsturz kam, dem gleichzeitig auch die Hälfte der etwa 5 m hohen Mauerpfeiler zum Opfer fiel. Zur Verhütung derartiger Unfälle ist selbstverständlich nichts anderes notwendig, als daß zur Ausführung freitragender Dächer keine Laien im Holzbaufache herangezogen werden!

Einstürze während der Bauausführung

a) Mangelhafte Längsversteifung. Einer der am häufigsten vorkommenden Unfälle während der Bauausführung ist der, daß nach Aufstellung einiger Binder, die gewöhnlich vorläufig nur notdürftig gegeneinander abgesteift werden, aus irgendeiner Ursache — sei es beim Aufziehen eines neuen Binders, infolge Sturmes oder sonstwie — eine Stoßwirkung quer zur Binderebene ausgeübt wird, durch welche die Binder zum Kippen und in dessen Folge zum Absturz gebracht werden.

Durch einen je nach der Binderspannweite ein- oder mehrfach anzuordnenden Längsverband (Montageverband) (vgl. auch Seite 265) kann der Gefahr eines Kippens der Binder unbedingt wirksam begegnet werden.

Auch beim Einziehen sämtlicher Pfetten in die Binderfelder ist die Längssteifigkeit des soweit fertiggestellten Dachteiles noch keineswegs ausreichend gewährleistet, wie das dem Verfasser bekannte Beispiel eines Daches zeigt, bei welchem 21 durch die Pfettenauflage ausgesteifte Binder durch einen Windstoß von der Giebelseite her bis zu 20 cm aus dem Lot gedreht wurden und ein Einsturz nur mit größter Mühe verhindert werden konnte. Nur durch mühseliges Anziehen mittels Winden konnten die Binder nach und nach fast vollständig in die richtige Lage zurückgebracht werden.

b) Ungenügende Vorsorgen beim Aufziehen der Binder. Vor dem Aufziehen gebe man sich immer Rechenschaft über das mutmaßliche Gewicht der Binder, die Tragfähigkeit der Winde sowie des Aufzugseiles oder des Flaschenzuges; ebenso ist für eine genügende Steifigkeit des Aufzugsbockes und entsprechende Auflast für das Windengestell Sorge zu tragen.

c) Nichtbeachtung der Möglichkeit des Auftretens von Wechselspannungen in den Füllstäben bei der Bauherstellung. Eine besondere Ursache von Unfällen während der Bauausführung bilden solche Binder, deren Füllstäbe erst nach Einbau gewisser besonderer Bauglieder, wie Querträger, Entlastungsträger u. dgl., in die bereits aufgestellten Binder, ihre rechnungsmäßige

Stabspannung, vorher aber — wenn auch nur durch ihr Eigengewicht — eine Stabspannung von entgegengesetztem Vorzeichen erhalten. Erhalten auf diese Art beispielsweise die ausschließlich auf Druck berechneten und einfach auf die Gurte aufgesetzten (unter Umständen mittels Dreikantleisten an die Gurte angenagelten) Pfosten eines Binders — wenn auch nur kleine — Zugspannungen, so besteht unter Umständen die Gefahr derart großer Formänderungen der Gurte, daß der Einsturz des Binders befürchtet werden kann. In allen derartigen Fällen können die Füllstäbe, und zwar die Pfosten mittels Flacheisenlaschen und Schrauben, die mittels Versatzung an die Gurte angeschlossenen Schrägen durch bloßes Einziehen von Schrauben, für die Aufnahme etwa auftretender kleiner Zugkräfte geeignet gemacht werden.

Die wirtschaftliche Beurteilung der Zweckmäßigkeit der verschiedenen Bauweisen. Bei der Beurteilung der Wirtschaftlichkeit einer Bauweise darf selbstverständlich nicht, wie es häufig geschieht, der Holzbedarf allein als Vergleichsmaßstab herangezogen werden, sondern einzig und allein die Summe aus den Materialkosten (das ist Holz und Eisen) und dem erforderlichen Zeitaufwand für das Abbinden und Aufstellen des Tragwerkes. Die Frage, welche von verschiedenen Bauweisen sich unter diesen Umständen am billigsten stellt, kann demnach nicht so ohne weiteres beantwortet werden. So kann beispielsweise bei einer Bauweise bei erheblich geringerem Holzbedarf bedeutend mehr und bedeutend teueres Eisenmaterial (z. B. Spezialguß), bei einer anderen wiederum erheblich mehr Arbeitszeit für das Abbinden benötigt werden, so daß nur bei Nebeneinanderstellung sämtlicher Materialkosten zuzüglich Arbeitszeit ein richtiger Maßstab für den Kostenvergleich geschaffen werden kann.

Holzbedarf. In einer Abhandlung, „Moderne Holzbauweisen"*), bringt Doktor Nenning nachstehende Zusammenstellung des Holzbedarfes der bekanntesten neuzeitlichen Holzbauweisen, und zwar für einen Satteldachbinder von 17,88 m Stützweite, 2,15 m Höhe und 4,18 m Binderentfernung:

Meltzer, Zollbau-Lamellendach	Tuchscherer, Kübler, Cabröl	Ambi	Stephan	Hetzer, Kaper	Zimmermannsmäßiger Binder
0,9	1,1	1,3	1,32	1,4	2,9 m³

Eisenbedarf. Was den erforderlichen Eisenbedarf betrifft, so dürfte derselbe bei den Bauweisen Tuchscherer und Kübler am geringsten sein. Verläßliche Angaben für die verschiedenen Bauweisen liegen dem Verfasser nicht vor.

Zeitaufwand für das Abbinden. Die meiste Arbeitszeit beim Abbinden werden diejenigen Fachwerkträger benötigen, welche aus mehrteiligen Stäben zusammengesetzt sind; je weniger Holzteile beim Abbinden in die Hand genommen werden müssen und je schneller dieselben miteinander verbunden werden können, um so geringer wird die aufzuwendende Arbeitszeit sein. Wesentliche Ersparnisse an Arbeitszeit können selbstverständlich bei maschineller Herstellung der Holzverbindungen erzielt werden, wie dies beispielsweise bei den Meltzerbindern der Fall ist.

*) München, 1924 Joh. Albert Mahr-Verlag

Vielfach wird selbstverständlich bei einem Kostenvergleich auch der Umstand eine Rolle spielen, ob — bei hohen Frachtkosten — das Abbinden auf der Baustelle erfolgen kann oder das Tragwerk auf einem besonders eingerichteten Werkplatz abgebunden werden muß (wie z. B. der Meltzerbinder). Der letzterwähnte Umstand wird für reichsdeutsche Verhältnisse allerdings weniger maßgebend sein, da in Deutschland das Abbinden am Werkplatz und die Verfrachtung des abgebundenen Materiales als wirtschaftlicher die Regel sein dürfte, während im Gebiet des früheren Österreich, wo die Holzbaufirmen noch keineswegs über so zweckmäßig wie in Deutschland eingerichtete Werkplätze und Materiallager verfügen, das Abbinden auf der Baustelle wesentlich billiger zu stehen kommt.

Die technische Beurteilung der Zweckmäßigkeit der verschiedenen Bauweisen. Auch die Frage, ob einer bestimmten Bauweise einer anderen gegenüber, bezüglich ihrer technischen Vollkommenheit, der Vorzug zu geben ist, kann nicht so ohne weiteres allgemein beantwortet werden, da die Eignung der verschiedenen Bauweisen für bestimmte Zwecke und unter verschiedenen Verhältnissen, wie an den folgenden Beispielen erläutert werden soll, eine sehr verschiedenartige sein kann:

1. Aufnahme besonderer Nutzlasten durch die Dachbinder: Sollen die Dachbinder durch Transmissionen, Laufkatzen od. dgl. belastet oder soll der Dachraum durch Einbau einer Zwischendecke ausnützbar eingerichtet werden, so können selbstverständlich nur solche Bauweisen in Betracht kommen, bei denen das Tragwerk aus Fachwerkträgern (mit entsprechend biegesteifem Untergurt) besteht.

2. Große Spannweiten: Bei freien Spannweiten bis zu 30 und 40 m (ohne besondere Nutzlasten) dürfte unter den verschiedenen Bauweisen vom technischen Standpunkte aus im allgemeinen keiner Bauweise ein besonderer Vorzug vor der anderen einzuräumen sein. Bei größeren Spannweiten hingegen wird zweifellos der Ausführung in Bogenform der Vorzug zu geben sein.

Bei mehrschiffigen, demnach durch Zwischenstützen unterteilten Hallen hingegen wird, wenn die Dachfläche durchlaufend ausgebildet werden soll, die Verwendung durchlaufender Fachwerkträger empfehlenswerter sein als die über jeder Öffnung anzuordnender Bogenträger mit Aufsattlungen.

Feuersicherheit. Bezüglich der größeren oder geringeren Feuersicherheit der verschiedenen Bauweisen wird festzuhalten sein, daß die Feuersicherheit eines Tragwerkes erfahrungsgemäß um so größer ist, aus je weniger und um desto massiveren Einzelteilen dasselbe zusammengesetzt ist; je feingliedriger die Einzelteile sind, umso schneller sind dieselben bei einem Brande der Zerstörung ausgesetzt. Auch im Falle der Anbringung eines Feuerschutzanstriches, welcher bekanntlich nur dann wirksam sein kann, wenn er das Holz allseitig umgibt, wird der Feuerschutz der aus mehrgliedrigen Stäben gebildeten Tragwerke ein wenn schon nicht geringerer, so doch wesentlich umständlicherer und daher kostspieligerer sein. Bezüglich der Einsturzgefahr bei einem Brande wird zweifellos dem Fachwerkbalken der Vorzug vor dem gegen den Seitenschub mit eiserner oder hölzerner Zugstange gesicherten Fachwerkbogen einzuräumen sein. Was endlich die aus dünnen Brettlamellen bestehenden Rautenwerkstonnen betrifft, die sich wegen der bei ihrer Verwendung vollkommenen Ausnützungsmöglichkeit des Dachraumes in vorzüglicher Weise für den Bau von Scheunen, Schuppen u. dgl. eignen, so spielt die erhöhte Feuersgefahr bei den genannten Bauten, die ohnehin von unten bis oben mit leicht brennbaren Stoffen angefüllt sind, keine Rolle, bei zu Fabrikszwecken, zur Lagerung von Vorräten, zu Versammlungs- und Ausstellungsräumen dienenden Hallen hin-

gegen kann der Frage der Erzielung einer möglichst großen Feuersicherheit nicht genug Beachtung geschenkt werden.

Einteilung der Fachwerkbinder nach der Art der Stabanschlüsse. Je nachdem die auf Zug beanspruchten Füllstäbe, wie beispielsweise die Pfosten der nach Howe und Long hergestellten Fachwerkträger, mittels Rundeisenstangen bzw. in Form hölzerner Doppelzangen mittels Anblattung, oder wie bei den neuen Holzbauweisen mittels besonders geformter Dübeleinlagen an die Bindergurte angeschlossen werden, unterscheidet man Binder Howescher bzw. Longscher (älterer) Bauart und Binder mit Dübeleinlagen (neue Holzbauweisen). Zum Anschluß der auf Druck beanspruchten Füllstäbe werden vielfach auch bei den neuen Holzbauweisen die althergebrachten zimmermannsmäßigen Holzverbindungen (Versatzung, Versatzung mit Zapfen usw.) benützt, deren Verwendung ohne gleichzeitige Zugsicherung durch Verschraubung oder Verlaschung allerdings nur in dem Falle am Platze ist, daß nicht — wie beispielsweise bei rahmenartigen Tragwerken — mit dem etwaigen Auftreten von Zugspannungen gerechnet werden muß.

2. Balkenbinder

Unter Balkenbinder versteht man ein starres Fachwerk von beliebiger Form mit einem festen und einem beweglichen Auflager. Für lotrechte Lasten treten nur lotrechte Auflagerdrücke auf. Bei beiderseits fester Auflagerung des Binders — beispielsweise auf Holzstützen — kann die Ermittlung der durch Winddruck hervorgerufenen schiefen Auflagerkräfte in der unter 1. angegebenen Weise erfolgen.

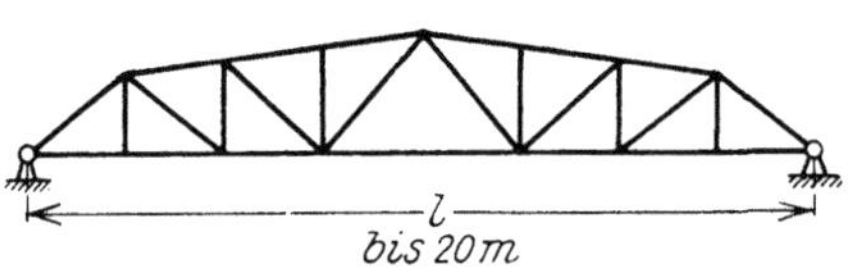

Abb. 305

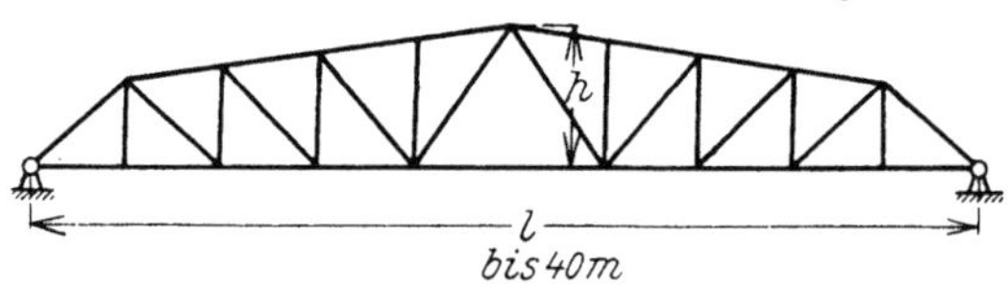

Abb. 306

Binderform. Hauptabmessungen. Mansardbinder: Die beliebteste Dachform, insbesondere für Werkstätten und alle Arten Fabriksbetriebe ist wegen der günstigen Belichtungsmöglichkeiten (Seiten- und Firstoberlichte), aber auch wegen seiner Wirtschaftlichkeit gegenüber anderen Dachformen, das Mansarddach, welches bei Auflagerung der Binder auf massivem Mauerwerk bis zu Spannweiten von 40 und 45 m, bei Auflagerung auf Holzstützen bis zu einer Spannweite von etwa 35 m verwendet wird. Als zweckmäßige rechnerische Höhe des Stabnetzes in der Spiegelachse kann etwa ein Siebentel, bei großen Spannweiten zwei Fünfzehntel der freien Länge angenommen werden. Das Oberdach soll womöglich nicht unter 1:10 geneigt angelegt werden, das Unterdach erhält meist eine Neigung von 30 bis 40°. Wie bei allen Balkenbindern mit wagrechtem Untergurt, empfiehlt es sich, den Bindern beim Abbinden wegen der unvermeidlichen Einsackungen infolge Schwindens des Holzes eine Sprengung von etwa ein Hundertel der Stützweite zu geben, durch welche Maßnahme überdies auch ein leichteres Aussehen des Daches bewirkt wird. Die zweck-

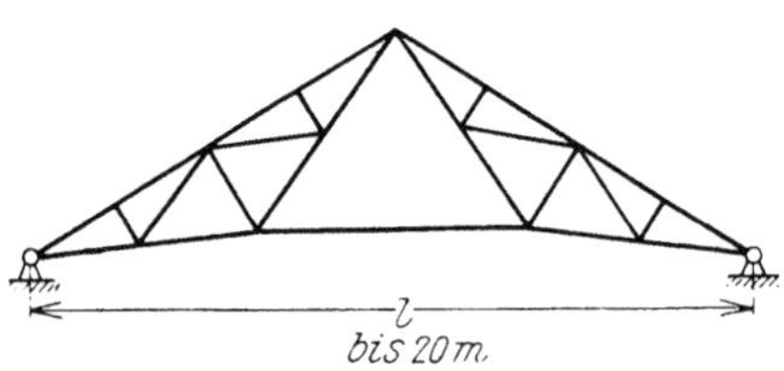

Abb. 307

mäßige Fachteilung von Mansardbindern bei verschiedenen Stützweiten zeigen die Abb. 305 und 306.

Satteldachbinder: Satteldachbinder sind im allgemeinen teurer herzustellen als Mansardbinder. Sie werden bis zu Stützweiten von etwa 20 m, seltener bis zu 25 m ausgeführt. Für steile Dachneigungen eignen sich am besten Polonceaubinder n der Art der Abb. 307 und 308, die jedoch wegen der schwierigen Stabanschlüsse einer besonders vorsichtigen Wahl der zu verwendenden Verbindungsmittel sowie einer besonders sorgfältigen Ausführung bedürfen. (Gut bewährt hat sich bei der Herstellung derartiger Dachbinder die Verwendung der Tuchschererschen Ringdübel.) Flache Dachneigungen sind bei Satteldachbindern zu vermeiden, da diese große Gurtspannungen und auch erhebliche Durchbiegungen zur Folge haben. Als zweckmäßige Höhe kann etwa ein Fünftel der Stützweite angenommen werden, doch ist die Dachneigung selbstverständlich in jedem Falle von der Art der Dachdeckung abhängig.

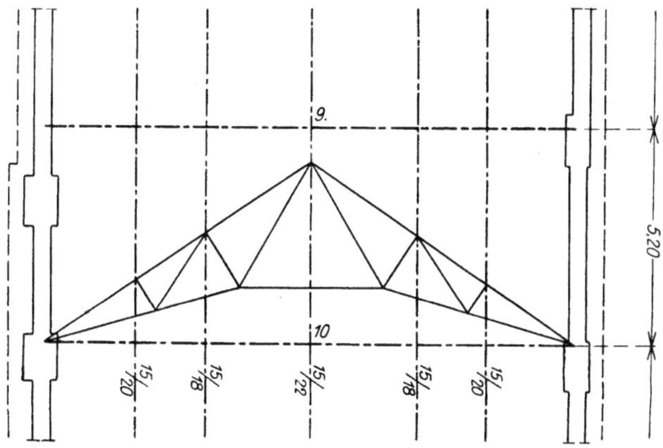

Abb. 308

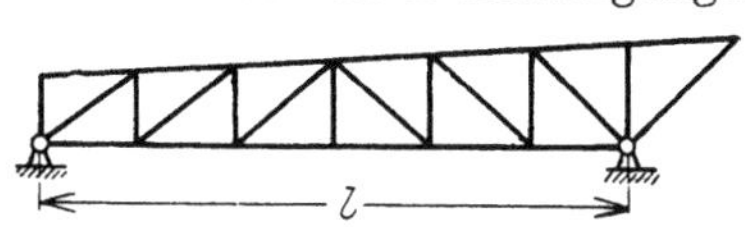

Abb. 309

Pultdachbinder: Für diese gilt im allgemeinen das bei den Mansardbindern Gesagte. Pultdachbinder (Abb. 309) gelangen häufig bei mehrschiffigen Hallen, insbesondere bei den Seitenschiffen dreischiffiger Hallen mit erhöhtem Mittelschiff, zur Verwendung.

Binder Howescher und Longscher Bauart[22*])

Diese Binder stellen einfache Fachwerkträger mit Pfosten und Schrägen dar. Letztere sind so gestellt, daß sie bei Vollbelastung und auch fast immer bei einseitiger Belastung Druck erhalten, während die Pfosten gezogen werden.

Beim Gleichlaufträger sind die rechtssteigenden Schrägen der linken Trägerhälfte gedrückt. Bei geneigtem Obergurt wechseln sie von der Mitte ab allmählich die Richtung (Abb. 310) und werden beim sogenannten englischen Dachstuhl mit spitz zusammenlaufenden Gurtungen linkssteigend.

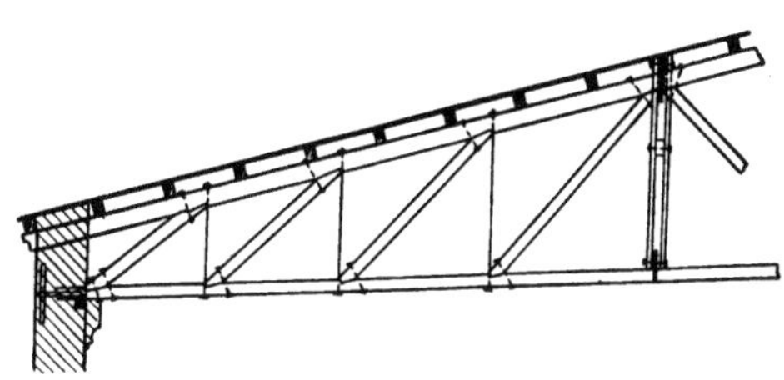
Abb. 310

Die Pfosten bestehen aus Rundeisen mit beiderseitigen Muttern, so daß sie bei Einsackungen infolge Schwindens des Holzes oder bei ungenauer Arbeit nachgezogen werden können. In einzelnen Fällen, insbesondere bei Bindern von kleinerer Spannweite (Gitterpfetten u. dgl.), können die Pfosten, um an Eisen zu sparen, auch als Doppelzangen, die die Gurte umfassen, ausgebildet werden. Hier geht der Vorteil der Nachspannbarkeit natürlich verloren; bei kleinen Bindern kann jedoch auf diesen verzichtet werden. Die Schrägen liegen in der Regel in der Ebene der Gurte und greifen in diese mit Versatz ein. Gekreuzte Schrägen sind nur in vereinzelten Fällen, wo sie infolge Wechsels der Belastungsrichtung unvermeidlich sind, anzuordnen. Zur Sicherheit können sämtliche Schrägen noch mit den Gurten durch Bolzen verbunden werden, wodurch erstere in die Lage versetzt werden, kleine zufällige Zugkräfte aufzunehmen.

Der Eisenverbrauch für die Rundeisenpfosten, Bolzen, Stoßlaschen usw. ist nur gering und beträgt durchschnittlich etwa 1 bis 2 kg/m² Grundfläche, für schwer belastete Binder etwa bis 3 kg/m² Grundfläche. Diese Gewichte entsprechen etwa 5 bis 8 v. H. des Gewichtes eiserner Binder gleicher Form und Belastung.

Beim Anschluß der Rundeisenpfosten an die Gurte muß durch Verwendung entsprechend großer Unterlagsplatten für eine der zulässigen Beanspruchung senkrecht zur Faser entsprechende Druckverteilung gesorgt werden. Für die Bemessung der Unterlagsplatten empfiehlt Gesteschi, einen Höchstwert der Druckbeanspruchung senkrecht zur Faser von 40 kg/cm², Jackson, einen solchen von 20 bis 25 kg/cm² anzunehmen. Ein Mittelwert von etwa 30 kg/cm² dürfte mit Rücksicht auf die günstige Druckverteilung als zulässig anzunehmen sein.

Eine Reihe aus den letzten Jahren stammender Ausführungen in der Howeschen Bauweise[22*]), wie z. B. eine Flugzeughalle mit 12,5 m auskragenden Bindern, eine Halle mit Dreigelenkbindern von 50,0 m Stützweite, zwei Funkentürme von 30,0 und 50,0 m Höhe (nach Entwürfen Gesteschis) u. v. a., geben den besten Beweis dafür, daß auch die alten Bauweisen heute noch erfolgreich mit den neuen in Wettbewerb treten können.

Ausführungsbeispiele s. Quellenangabe [3*]) und [22*]).

Binder mit Dübeleinlagen

(Neuzeitliche Holzbauweisen)

Die verschiedenen Arten von Dübeleinlagen, wie sie bei den neuzeitlichen Holzbauweisen zum Anschluß der Füllstäbe von Fachwerkträgern an die Gurte sowie zur Herstellung der Stoßverbindungen verwendet werden, wurden bereits im III. Abschnitt besprochen.

Je nachdem die Übertragung der Stabkräfte und mit dieser der durch die Dübeleinlagen bewirkte Anschluß der Füllstäbe an die Gurte unmittelbar oder auf mittelbarem Wege mittels Zwischenhölzern oder Knotenplatten erfolgt, lassen sich bei den verschiedenen Bauweisen drei Hauptarten der Knotenpunktausbildung unterscheiden.

Unmittelbare Kraftübertragung. Bei der erstgenannten Art, dem unmittelbaren Anschluß der Füllstäbe an die Gurte, läßt sich wiederum eine Unterscheidung dahin treffen, ob der Stabanschluß mittels nur eines Dübelpaares erfolgt — wie bei den Bauweisen, bei denen Bandeisendübel oder große Scheibendübel verwendet werden — oder mittels mehrerer — wie bei den Krallenscheiben der Bauweise Metzke & Greim bzw. den Stahlstiften und Rohrdübeln, wo der einzelne Dübel nur verhältnismäßig geringe Kräfte zu übertragen imstande ist.

Bauweisen mit Dübeleinlagen aus Bandeisen. Eine Reihe von Knotenpunktausbildungen bei diesen Bauweisen zeigen die Abb. 311 bis 317.

Besonders bemerkenswert erscheint die Auflagerausbildung Abb. 311 und 312, die in der hier veranschaulichten Weise erstmals von der Firma Carl Tuchscherer verwendet, in der Folge von vielen anderen Firmen übernommen wurde. Bekanntlich ist bei großen Spannweiten eine einfache oder doppelte Versatzung meist nicht mehr ausreichend, während die Herstellung drei- oder mehrfacher Versatzungen aus bereits früher dargelegten Gründen als nicht einwandfrei zu bezeichnen ist.

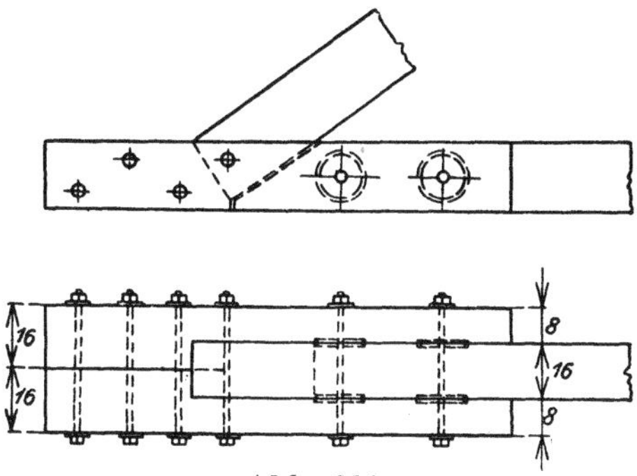

Abb. 311

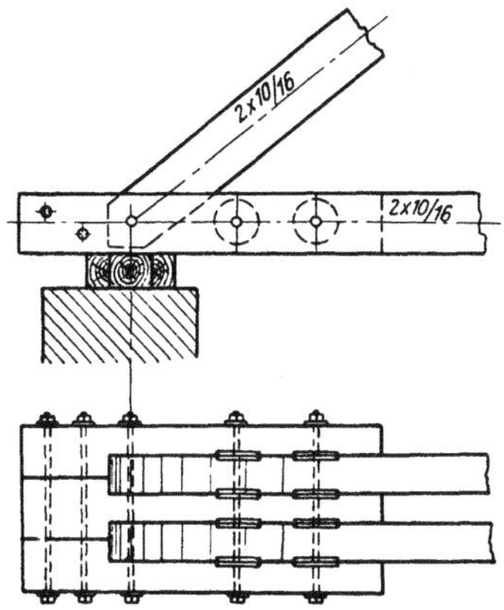

Abb. 312

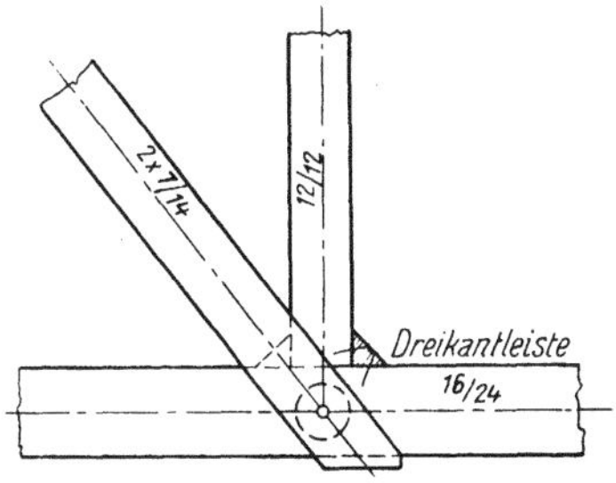

Abb. 313

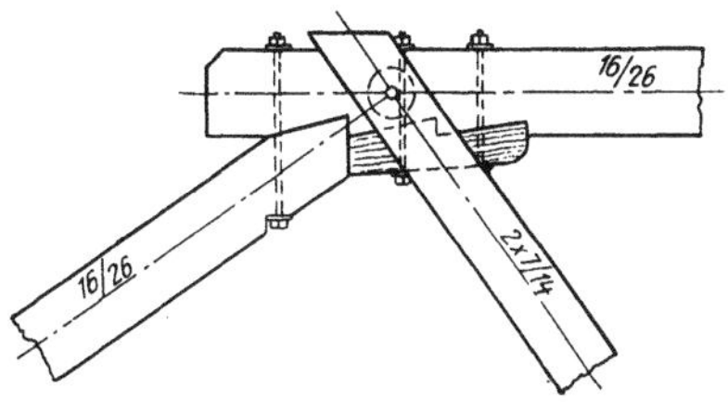

Abb. 314

Bei den in den Abb. 311 und 312 dargestellten Anordnungen wirkt die volle Druckfläche des Obergurtes ohne Versatzung auf den Untergurt. Der Obergurt wird von zwei hakenförmig ausgeschnittenen Laschen gefaßt, die miteinander durch Bolzen fest verbunden sind. In die seitlichen Backen dieser Laschen ist der Untergurt eingeführt, der durch mehrere hintereinandergelegte Dübel angeschlossen ist.

Eine andere bemerkenswerte Knotenpunktverbindung bei einem Polonceaubinder zeigt Abb. 316.

Bauweise Metzke & Greim: Die Ausführung eines Binders nach dieser Bauweise veranschaulicht Abb. 318.

Bauweise Meltzer: Bei dieser werden die Querschnitte der Fachwerkstäbe aus einzelnen dünnen Stäben hergestellt, die gemeinsam die Stabkraft aufnehmen. Der Fachwerkstab besteht meist aus quadratischen Stäben von 2,5/2,5 bis 6/6 cm Querschnitt, die in entsprechender Anzahl zu einem rechteckigen oder quadratischen Gesamtquerschnitt des Stabes vereinigt und durch sich kreuzende Stahlstifte, die in wenig engere Bohrungen eingetrieben werden, verbunden sind (Abb. 319). Die Aufteilung des üblichen massiven Balkenquerschnittes in dünne Hölzer ermöglicht eine wesentliche Vergrößerung des Trägheitsmomentes, daher des Biege- und Knickwiderstandes bei gleichem Stoffverbrauch. Eine Eigentümlichkeit der Knotenpunktverbindungen gegenüber den üblichen Fachwerkausbildungen besteht

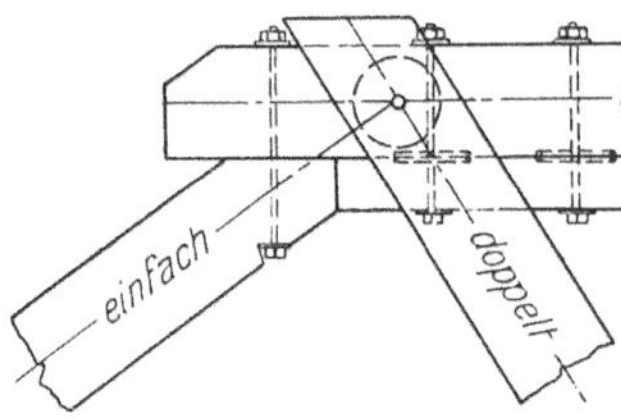

Abb. 315

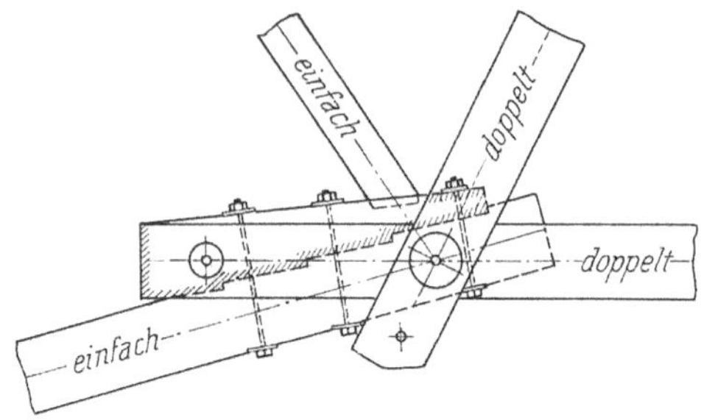

Abb. 316

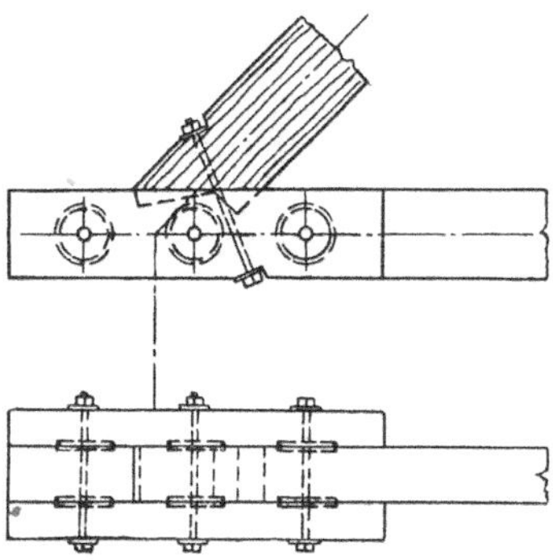

Abb. 317

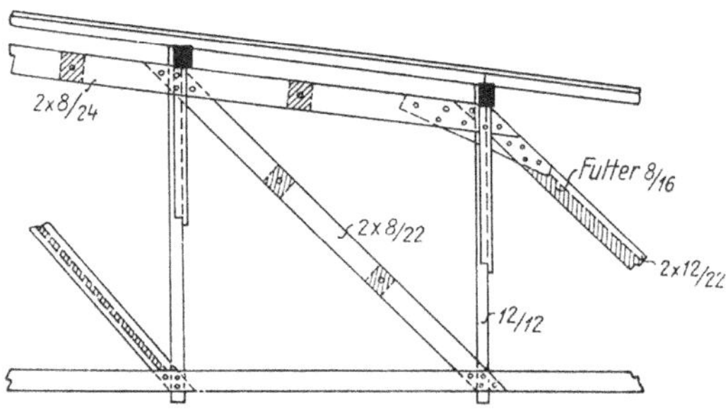

Abb. 318

darin, daß sich die Stabachsen nicht in einem Punkte schneiden. Hiedurch entstehen Nebenspannungen, die jedoch im allgemeinen innerhalb der zulässigen Grenzen bleiben.

Kraftübertragung mittels Zwischenhölzern. Bauweise Kübler: Die Ausbildung der Knotenpunkte ist hier derart gestaltet, daß sich die Stabachsen stets im theo-

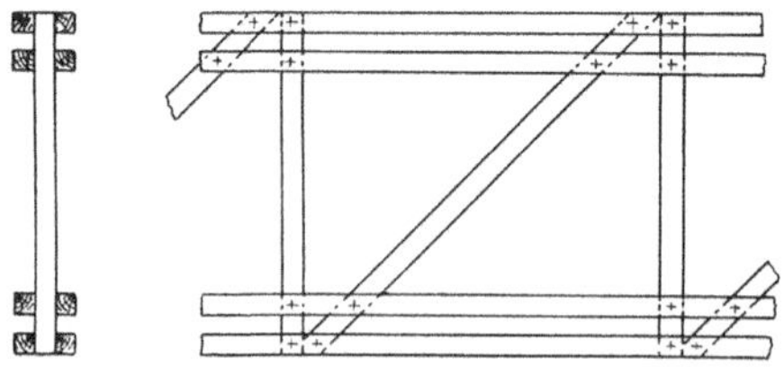

Abb. 319

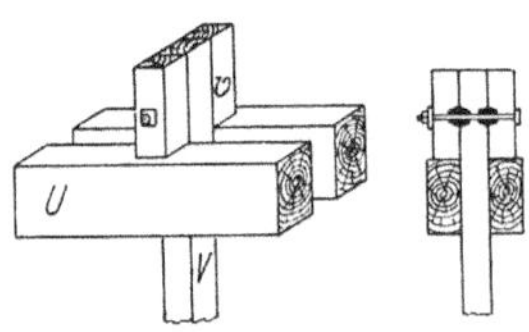

Abb. 320

retischen Knotenpunkt schneiden. Die Übertragung der in den Stäben auftretenden Kräfte erfolgt durch Anordnen von Zwischen- und Überlagshölzern, deren Faserrichtung mit der des jeweiligen Stabes gleichgerichtet ist, und durch zwischen diese Hölzer gelegte doppelkegelförmige Dübel aus Hartholz, Gußeisen, Flußeisen oder Stahl (Abb. 129). Letztere übertragen die Zug- oder Druckkräfte auf die einzelnen Zwischen- und Auflagerhölzer, die die im Eisenbau üblichen Knotenbleche ersetzen.

Abb. 320 zeigt die Wirkungsweise der Zwischenhölzer und Dübel an einem Beispiel, und zwar die Aufhängung einer Last an einem biegefesten Doppelbalken (U). Die Hängesäule V, die zur Übertragung der Last dient, habe die Breite der lichten Öffnung des Balkenpaares. An ihrem Kopf werden zur Auflagerung und Übermittlung der Lasten zwei Hölzer (v) mittels der Dübeleinlagen aufgesattelt.

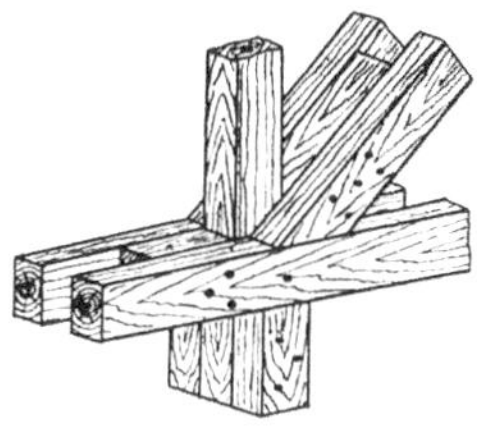

Abb. 321

Abb. 322

In Abb. 321 ist die Ausbildung eines Knotenpunktes bei einem Fachwerkträger dargestellt: Die in der Hängesäule wirkende Zugkraft wird durch die erforderliche Anzahl von Dübeln auf die beiden Überlagshölzer unterhalb des Untergurtes übergeleitet. Diese legen sich mit ihrer oberen Schnittfläche gegen die Unterfläche des Untergurtes. Die Übertragungsfläche der Hölzer ist durch die zulässige Druckbeanspruchung senkrecht zur Faser festgelegt. Die lotrechte Kraft der Hängesäule wird durch die lotrechte Teilkraft der Druckstrebe ausgeglichen. Die wagrechte Seitenkraft der Strebe wird durch Anordnung des sich satt gegen das Holz der Hängesäule anlehnenden Zwischenstückes zwischen den Gurten abgegeben.

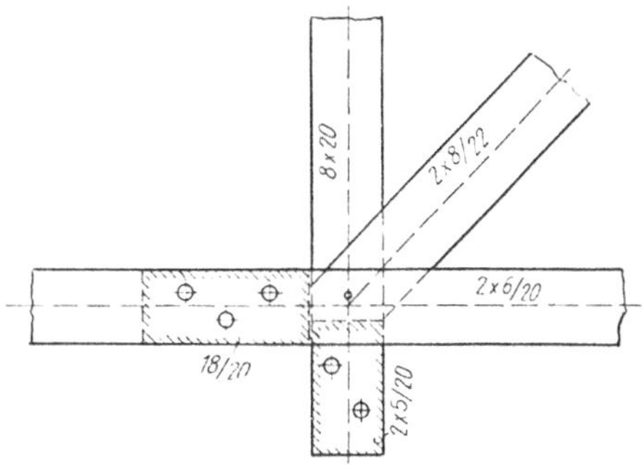

Abb. 323

Eine andere Art der Knotenpunktausbildung zeigen die Abb. 322 und 323: Hier erfolgt die Übertragung der Strebenkräfte unmittelbar auf die Zwischen- und Auflagerstücke. Die wagrechte Teilkraft des Strebendruckes wird unmittelbar auf das zwischen den beiden Gurten liegende Zwischenstück übertragen, während die lotrechte Teilkraft unmittelbar auf das Aufsattlungsstück der Hängesäule gebracht wird. Die Gurte sind hiebei vor den Streben durchgeführt. Bei dieser Ausführung können die Hängesäulen bei einteiliger Strebe auch vor die Gurte gelegt werden. Letztere Art der Knotenpunktausbildung wird, da sie die Wirkung des Schwindens und Quellens der Hölzer fast vollkommen ausschaltet, besonders bei der Herstellung von Brückenträgern bevorzugt.

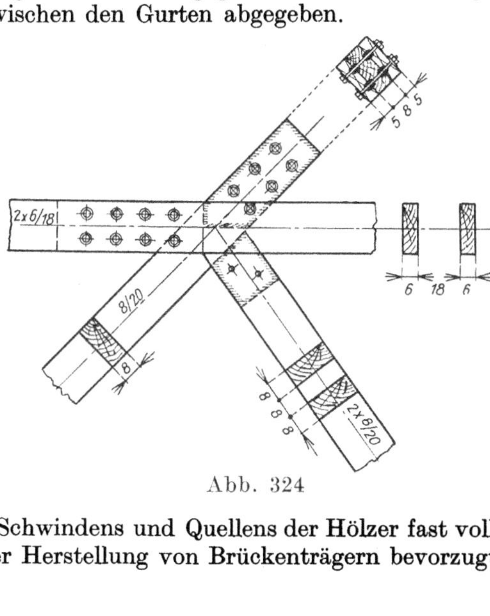

Abb. 324

Ein weiteres Beispiel der Anordnung der Zwischenhölzer und Dübeleinlagen bei einem Strebenfachwerk zeigt Abb. 324.

Bauweise Cabröl. Ähnlich wie bei der Bauweise Kübler werden hier zwischen die Stabglieder Füllstücke eingelegt, die durch Rohrdübel (aus Eisen, Stahl oder Holz) mit den beiden Teilen der Gurte bzw. Gitterstäbe verbunden sind. Die Einzelheiten der Ausbildung eines Fachwerkknotenpunktes sind in Abb. 325 veranschaulicht.

Kraftübertragung mittels Knotenblechen oder Knotenplatten. Bauweise Cabröl: Wie in Abb. 326 dargestellt, werden bei genannter Bauweise eiserne Knoten-

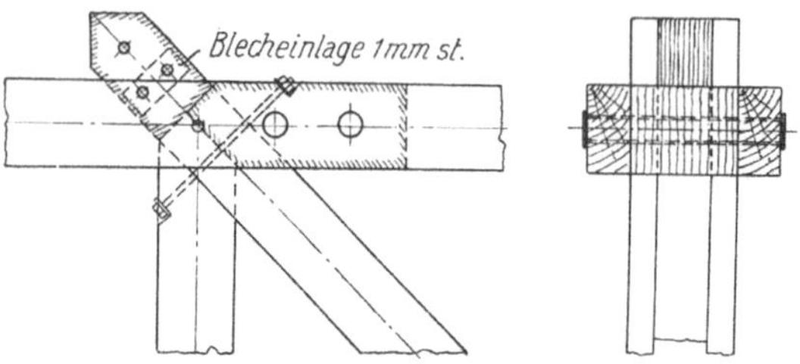

Abb. 325

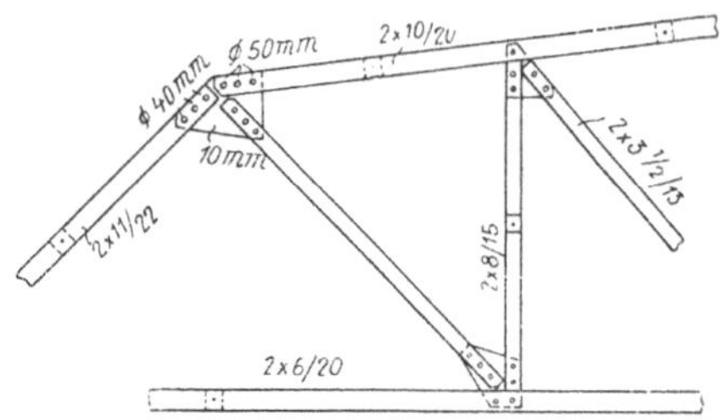

Abb. 326

bleche in Verbindung mit Rohrdübeln verwendet. An Stelle der Kantholzstäbe gelangen hier auch — allerdings nur bei untergeordneten oder vorübergehenden Bauten — Rundhölzer zur Verwendung.

Bauweise Niesky (Christoph & Unmack): Der Stabanschluß bei den Nieskyer Fachwerkträgern erfolgt zumeist mittels Sperrholzknotenplatten. Abb. 327 zeigt die beispielsweise Anordnung einer Knotenpunktverbindung in Seitenansicht und Querschnitt. Um an der Stoßstelle der Gurte das Aufeinandertreffen von zwei Hirnholzflächen zu vermeiden, werden bei diesen Binderformen sogenannte „Stoßrippen“ eingeschaltet. Für Binder, die schwere Lasten tragen sollen, werden zwischen den Gurten Knotenplatten angeordnet, welche die starre Verbindung zwischen Obergurt und Pfosten nach allen Richtungen sichern. Zwischen den drei Stoßrippen sind als Fortsatz nach unten zwei lotrechte Pfosten angeordnet, die zwischen den Untergurtstäben hindurchgeführt werden. Durch die Vereinigung der dreiteiligen Stoßrippe mit dem zweiteiligen Pfosten ist ein einfacher und genauer Anschluß der Pfosten und Streben mit dem Untergurt gewährleistet. Der Anschluß der Pfosten und Streben geschieht mit Versatz. Beide werden unter Anordnung einer Überblattung mit Bolzen, bei Übertragung großer Lasten unter Zuhilfenahme von T-förmigen Tellerdübeln (vgl. Abb. 130) an die Untergurte angeschlossen. An den durch die Untergurte hindurchgehenden Pfosten können leicht Kranbahnen und sonstige Lasten befestigt werden. Ebenso können auch die Stoßrippen über den Obergurt hinaus verlängert werden, wenn beispielsweise die Dachform äußerlich anders gestaltet werden soll als die des Binderobergurtes.

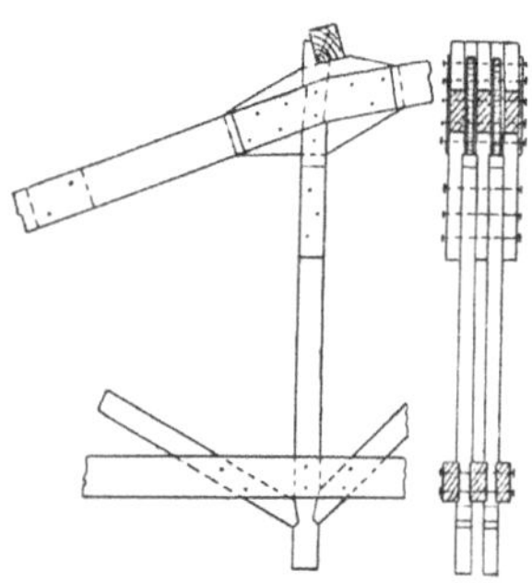

Abb. 327

Eine weitere Anwendung von Sperrholzknotenplatten zeigt Abb. 328. Hier wird die Übernahme der auftretenden Kräfte zwischen den Knotenpunkten und den ein- oder mehrteiligen Fachwerkstäben außer durch Bolzen durch eine in Feuchtigkeit schwer lösliche Klebemasse bewirkt, deren Haftfähigkeit größer ist als die Haltbarkeit der Holzfaser selbst. Die Zahl der Knotenplatten ist abhängig von der Zahl der Stäbe. Druckstäbe werden meist einteilig, Zugstäbe dagegen mehrteilig ausgeführt.

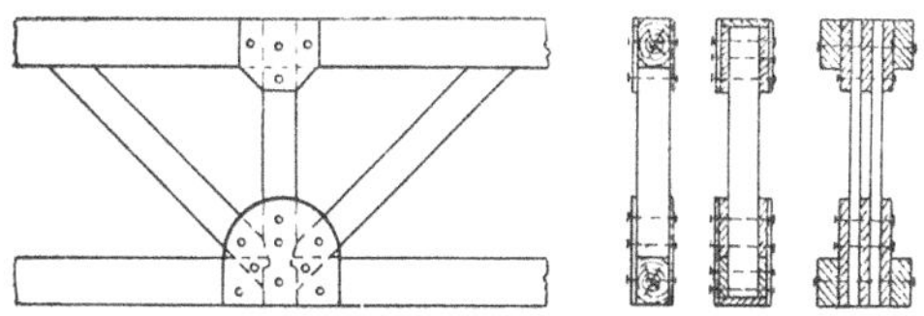

Abb. 328

3. Bogenbinder

Nach der Art der Lagerung unterscheidet man Gelenkbogen und eingespannte Bogen. Erstere können standbestimmt (Dreigelenkbogen) oder standunbestimmt (Zweigelenkbogen) sein, je nachdem die drei Gleichgewichtsbedingungen zur Bestimmung der Auflagerkräfte hinreichen oder nicht. Der Bogenschub auf die Widerlager kann mit Hilfe eines wagrecht oder gesprengt angeordneten Zugbandes aufgenommen werden. Eine besondere Form des Zweigelenkbogens bzw. eingespannten Bogens stellen die Rahmen (Portalbinder) dar, die aus zwei meist lotrechten Stielen und dem geraden, geknickten oder gebogenen Querriegel bestehen.

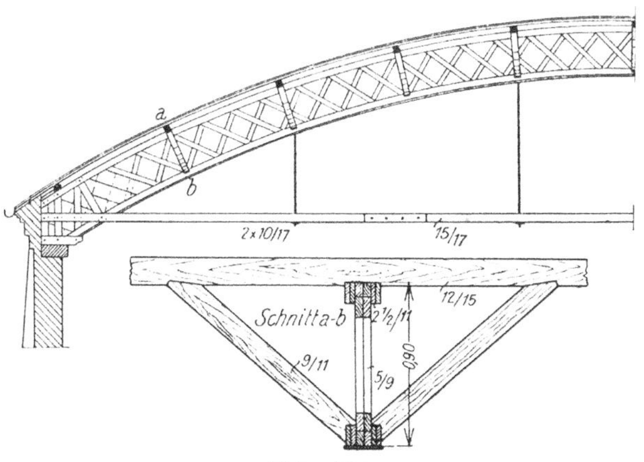

Abb. 329

Auch die Rahmen werden häufig mit einem Zugband versehen; dieselben können drei oder mehr Stiele besitzen und werden dann als dreistielig, vierstielig usw. bezeichnet.

Die verschiedenen Arten der Zusammensetzung der Gurtquerschnitte bei Bogenträgern wurden bereits im III. Abschnitte behandelt. Der Anschluß der Füllstäbe kann in gleicher Weise wie bei den Balkenbindern nach der Howeschen Bauart (Rundeisenstangen als Zugpfosten und hölzerne Druckschrägen) wie auch mittels der neuzeitlichen Dübeleinlagen erfolgen.

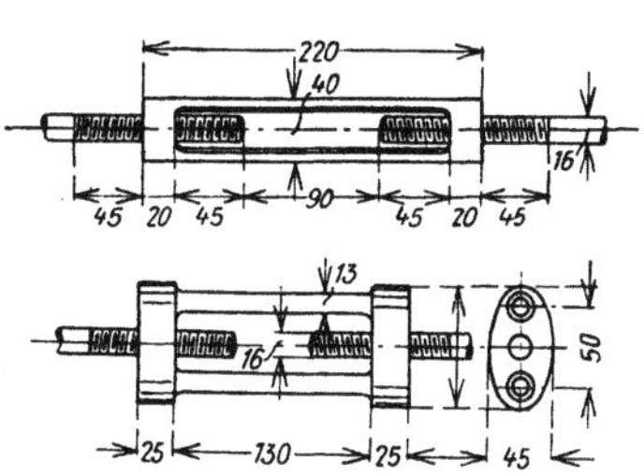

Abb. 330

Abb. 329 zeigt die Ausführung eines Bogenbinders mit aufgehängter hölzerner Zugstange nach der Bauweise Stephan. (Eiserne Zugstangen erhalten je nach ihrer Länge ein oder zwei Spannschlösser von der Art der Abb. 330.) Zahlreiche Ausführungsbeispiele von Bogenbindern sind dem einschlägigen Schrifttum, inbesondere den oftmals als Quellen angegebenen bekannten Werken von Gesteschi[3*]) und Kersten[21*]) zu entnehmen.

II. Vollwandbinder

Die Vollwandbinder stellen aus Brettern, Bohlen oder auch Kanthölzern zusammengesetzte Träger dar, die mittels der bekannten hölzernen, bzw. eisernen Verbindungsmittel oder durch Verleimung zu einem einheitlichen Querschnitt verbunden werden.

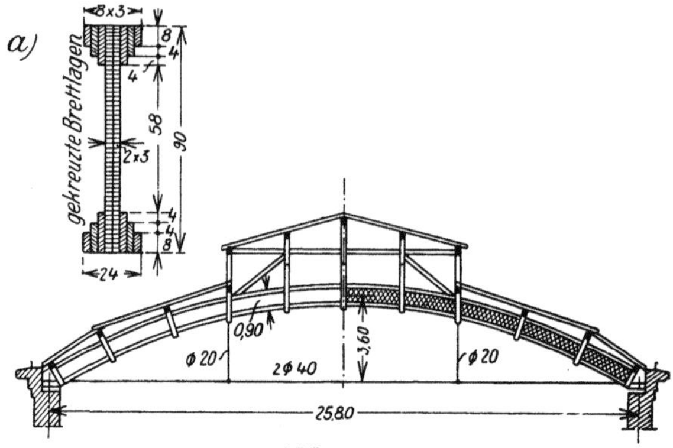

Abb. 331

Wie die Fachwerkbinder, können auch die Vollwandbinder aus einzelnen, durch Gelenke miteinander verbundenen starren Scheiben zusammengesetzt werden. Die Ausführung kann sowohl als Balken- wie als Bogenbinder erfolgen.

Die verschiedenen älteren und neueren Bauweisen von Vollwandbindern, ebenso die verschiedenartige Querschnittszusammensetzung derselben wurden im III. Abschnitte besprochen.

Beispiel[9*]: Berechnung eines Holzbogenbinders (Abb. 331):

Eigengewicht $g = 420$ kg/m,
Nutzlast $p = 615$ kg/m.

Mit dem Näherungswert $\eta = 1$ wird der Seitenschub für Vollbelastung (Berechnungsformeln, I. Abschnitt, Seite 46):

$$H = \frac{q\,l^2}{8\,f} = \frac{1035 \cdot 25{,}8^2}{8 \cdot 3{,}6} = 24.000 \text{ kg}.$$

Die Zugstangen bestehen aus zwei Rundeisen $d = 40$ mm mit $F_1 = 25{,}1$ cm²,

$$\sigma_e = \frac{H}{F_1} = \frac{24000}{25{,}1} = 960 \text{ kg/cm}^2.$$

Die ungünstigste Beanspruchung des Binders erfolgt durch halbseitige Nutzlast:

$$H = \frac{\left(g + \frac{p}{2}\right) \cdot l^2}{8\,f} = \frac{\left(420 + \frac{1}{2}\,615\right) \cdot 25{,}8^2}{8 \cdot 3{,}6} = 16800 \text{ kg} \infty N,$$

$$M = \pm \frac{p\,l^2}{64} = \pm \frac{615 \cdot 25{,}8^2}{64} = \pm 6400 \text{ kg} \cdot \text{m}.$$

Der Bogenquerschnitt (Abb. 331 a) besteht aus den Gurten, die aus je sechs Einzelquerschnitten (Bretter von 3 cm Dicke und 8,12 und 16 cm Breite) zusammengesetzt sind. Die Verbindung der Gurten erfolgt durch schräggestellte, sich kreuzende Brettlagen von je 3 cm Dicke. Der nutzbare Querschnitt, d. i. der Querschnitt der Gurten, beträgt

$$F = 4 \times 3 \cdot (8 + 12 + 16) = 432 \text{ cm}^2.$$

Das Trägheitsmoment ist

$$J_o = \frac{1}{12}\,(18 \cdot 90^3 - 6 \cdot 74^3 - 6 \cdot 66^3 - 6 \cdot 58^3) = 650.000 \text{ cm}^4,$$

$$W = \frac{650.000 \times 2}{90} = 14.500 \text{ cm}^3,$$

$$\sigma = \frac{16800}{432} \pm \frac{640000}{14500} = \begin{cases} +\ 83 \text{ kg/cm}^2 \text{ Druck}, \\ -\ \ 5 \text{ kg/cm}^2 \text{ Zug}, \end{cases}$$

$$\frac{1}{\eta} = 1 + \frac{15}{8\,f^2} \cdot \frac{J_o}{F}\left(1 + \frac{E \cdot F}{E_1 \cdot F_1}\right).$$

Mit den obigen Werten für J_o, F und F_1, ferner mit $E = 70.000$ kg/cm² für den zusammengesetzten Holzbinder und $E_1 = 2{,}000.000$ kg/cm² für die Zugstangen ist $\eta = 0{,}97$, so daß die angenommene Näherung $\eta = 1$ zulässig erscheint.

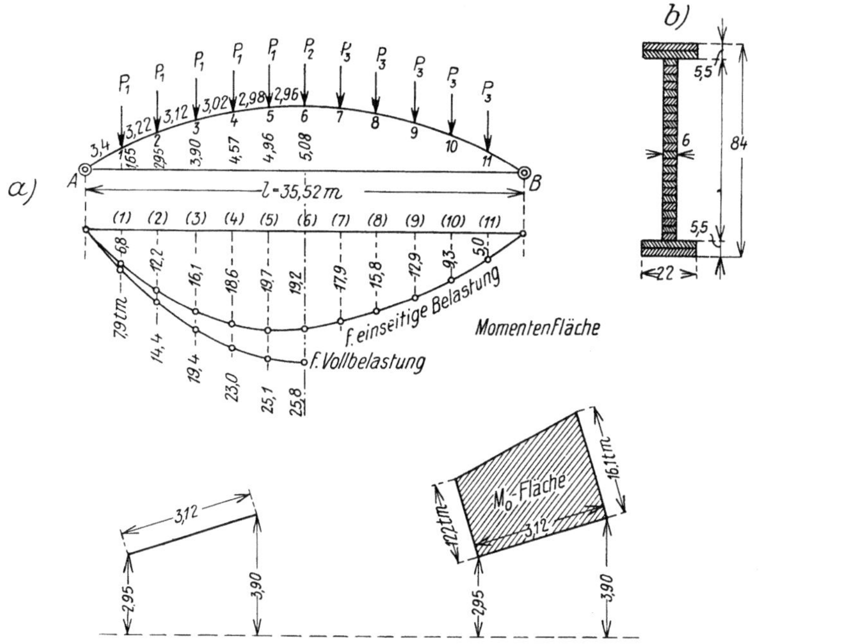

Abb. 332

Beispiel[3*]): Der in Abb. 332 dargestellte Zweigelenkbogen besitzt eine Stützweite $l = 35{,}5$ m, eine Pfeilhöhe $f = 5{,}1$ m; die Binderentfernung beträgt $B = 4{,}9$ m.

Die größte Spannung in der Zugstange wird bei Vollbelastung mit Eigengewicht, Schneelast und Winddruck erzeugt, während die größten Momente im Bogen bei einseitiger Schneelast und Winddruck entstehen.

1. Angenäherte Berechnung (Berechnungsformeln, I. Abschnitt, Seite 46).

a) Vollbelastung: $q = g + s + w = 164$ kg/m² Grundfläche.

Bei einer Belastungsbreite $B = 1{,}0$ m wird

$$H = \frac{q\,l^2}{8\,f} = \frac{0{,}164 \cdot 35{,}5^2}{8 \cdot 5{,}1} = \boxed{5{,}06\ \text{t}}.$$

b) Einseitige Belastung:

$$g = 82\ \text{kg/m}^2; \qquad q = 164\ \text{kg/m}^2,$$

$$H = \frac{g\,l^2}{16\,f} + \frac{q l^2}{16\,f} = \frac{0{,}82 \cdot 35{,}5^2}{16 \cdot 5{,}1} + \frac{0{,}164 \cdot 35{,}5^2}{16 \cdot 5{,}1} = \boxed{3{,}80\ \text{t}}.$$

2. Genaue Berechnung (Berechnungsformeln, I. Abschnitt, Seite 45):

$$H = \int \frac{M_o \cdot y \cdot ds}{y^2\,ds} = \frac{S_a}{T_a} = \frac{{}_1S_a + {}_2S_a + \ldots\, {}_nS_a}{{}_1T_a + {}_2T_a + \ldots\, {}_nT_a} = \sum_1^n \frac{S_a}{T_a}$$

$${}_rS_a = \frac{s_r}{6}\,[{}_oM_{r-1} \cdot (2\,y_{r-1} + y_r) + {}_oM_r \cdot (y_{r-1} + 2\,y_r)]$$

$${}_rT_a = \frac{s_r}{3}\,(y^2_{r-1} + y_{r-1}\cdot y_r + y^2_r)$$

$$T_a = \sum_1^n T_a = \Big[3{,}4\cdot\frac{165^2}{3} + 3{,}22\cdot\frac{1{,}65^2 + 1{,}65\cdot 2{,}95 + 2{,}95^2}{3} + 3{,}12\cdot\frac{2{,}95^2 + 2{,}95\cdot 3{,}9 + 3{,}9^2}{3} +$$

$$+ 3{,}02\cdot\frac{3{,}9^2 + 3{,}9\cdot 4{,}57 + 4{,}57^2}{3} + 2{,}98\cdot\frac{4{,}57^2 + 4{,}57\cdot 4{,}96 + 4{,}96^2}{3} +$$

$$+ 2{,}96\cdot\frac{4{,}96^2 + 4{,}96\cdot 5{,}08 + 5{,}08^2}{3}\Big]\cdot 2 = \boxed{510{,}00}.$$

a) Vollbelastung

$${}_1S_a = \frac{3{,}4}{6}\cdot 3{,}3\cdot 7{,}89 = \qquad 14{,}72$$

$${}_2S_a = \frac{3{,}22}{6}\cdot[7{,}89\,(3{,}3 + 2{,}95) + 14{,}356\,(1{,}65 + 5{,}9)] = 84{,}60$$

$${}_3S_a = \frac{3{,}12}{6}\cdot[14{,}356\,(5{,}9 + 3{,}9) + 19{,}4\,(2{,}95 + 7{,}80)] = 181{,}20$$

$${}_4S_a = \frac{3{,}02}{6}\cdot[19{,}4\,(7{,}8 + 4{,}57) + 2{,}3\,(3{,}9 + 9{,}14)] = 272{,}00$$

$${}_5S_a = \frac{2{,}98}{6}\cdot[23{,}0\,(9{,}14 + 4{,}96) + 25{,}1\,(4{,}57 + 9{,}92)] = 342{,}00$$

$${}_6S_a = \frac{2{,}96}{6}\cdot[25{,}1\,(9{,}92 + 5{,}08) + 25{,}8\,(4{,}96 + 10{,}16)] = 378{,}00$$

$$1272{,}52$$

$$S_a = 2\cdot 1272{,}52 = 2545{,}04$$

$$H = \frac{2545{,}04}{510{,}00} = \boxed{5{,}00\ \mathrm{t}}.$$

b) Einseitige Belastung:

Mit den in Abb. 332 a eingetragenen Momentwerten ergibt sich

$$S_a = \sum_1^n S_a = 1905{,}00 \quad \text{und}$$

$$H = \frac{1905{,}00}{510{,}00} = \boxed{3{,}74\ \mathrm{t}}.$$

Die tatsächlich im Bogen auftretenden Momente ergeben sich daher zu:

$$\begin{aligned}
M_1 &= 6{,}8 - 3{,}74\cdot 1{,}65 = +\,0{,}645\ \text{tm}\\
M_2 &= 12{,}2 - 3{,}74\cdot 2{,}95 = +\,1{,}164\ \text{,,}\\
M_3 &= 16{,}1 - 3{,}74\cdot 3{,}9 = +\,1{,}560\ \text{,,}\\
M_4 &= 18{,}6 - 3{,}74\cdot 4{,}57 = +\,1{,}54\ \text{,,}\\
M_5 &= 19{,}7 - 3{,}74\cdot 4{,}96 = +\,1{,}24\ \text{,,}\\
M_6 &= 19{,}2 - 3{,}74\cdot 5{,}08 = +\,0{,}25\ \text{,,}\\
M_7 &= 17{,}9 - 3{,}74\cdot 4{,}96 = -\,0{,}58\ \text{,,}\\
M_8 &= 15{,}8 - 3{,}74\cdot 4{,}57 = -\,1{,}325\ \text{,,}\\
M_9 &= 12{,}9 - 3{,}74\cdot 3{,}9 = -\,1{,}675\ \text{,,}\\
M_{10} &= 9{,}3 - 3{,}74\cdot 2{,}95 = \boxed{-\,1{,}708}\ \text{,,}\\
M_{11} &= 5{,}0 - 3{,}74\cdot 1{,}65 = -\,1{,}15\ \text{,,}
\end{aligned}$$

Die lotrechten Auflagerdrücke betragen bei einseitiger Belastung

$$A = 2{,}3\ \mathrm{t}, \qquad B = 1{,}7\ \mathrm{t}.$$

Die größte Beanspruchung erfährt der Querschnitt 10:

$$M_{max} = -1{,}71 \text{ tm},$$

$$N = \sqrt{1{,}7^2 + 3{,}74^2} = 4{,}11 \text{ t}.$$

Für die Belastungsbreite $B = 4{,}9$ m ergibt sich

$$\left\{\begin{array}{lll} M_{max} = & -4{,}9 \cdot 1{,}71 = & -8{,}37 \text{ tm} \\ N = & 4{,}9 \cdot 4{,}11 = & 20{,}2 \text{ t} \\ H_{max} = & 4{,}9 \cdot 5{,}0 = & 24{,}5 \text{ t} \end{array}\right.$$

Gewählter Bogeneinschnitt (Abb. 332 b): $W = 13500 \text{ cm}^3$, $F = 682 \text{ cm}^2$,

$$\sigma = \frac{837000}{13500} + \frac{20200}{682} = 91{,}6 \text{ kg/cm}^2.$$

Querschnitt der Zugstange: 16/20. $F = 320 - 3 \cdot 20 = 260 \text{ cm}^2$

$$\sigma = \frac{24500}{260} = 94 \text{ kg/cm}^2.$$

III. Rautennetzwerk- (Lamellen-) Dächer

Eine eigenartige und in ihrem Aufbau von den übrigen Bauweisen vollkommen abweichende Dachart stellt das „Zollbau-Lamellendach" (auch „Oikos"- oder „Non-plus"-Dach genannt), eine Erfindung des Baurates Zollinger, Merseburg,

Abb. 333

dar, ein Tonnenflechtwerk, das man sich aus de l'Ormeschen Bogenbindern in der Weise entstanden denken kann, daß die bei letzteren wechselweise angeordneten Bohlen aus der Binderebene herausgedreht und auf diese Weise die zwischen den Bindern liegenden Tonnenflächen ausgefüllt und die Pfetten als Tragglieder entbehrlich gemacht werden. Aus praktischen Gründen erhalten alle Bohlen (Lamellen) gleiche Form (Länge etwa 2 m), so daß dieselben, zusammengesetzt, Netzflächen aus lauter gleichen Rauten bilden.

Jeder Lamelle schmiegen sich in (der Nähe) der Mitte beiderseits zwei andere Lamellen unter dem Rautenkreuzungswinkel an und werden an der Kreuzungsstelle durch einen Schraubenbolzen (Durchmesser 8 mm, mit federnder Unterlagscheibe) zusammengehalten (Abb. 333).

Als Rautenverband ist jedoch das Dach im ganzen labil; es müssen deshalb die Lattung, Schalung, Giebelanschlüsse u. dgl. die Flächenversteifung besorgen, insbesondere auch die durch die ausmittigen Lamellenanschlüsse hervorgerufenen Zusatzmomente aufnehmen und die freien Knicklängen der schmalen Lamellen verringern; Versuche haben bewiesen, daß eine kräftige (4 bis 5 cm starke) Lattung hiezu allein genügt.

Da die genaue Standberechnung der Lamellendächer wegen ihrer vielfachen Standunbestimmtheit eine sehr umständliche ist, begnügt man sich in der Regel

Abb. 334

mit einer Annäherungsrechnung (s. Berechnung von Prof. Otzen im „Industriebau", 1923. Seite 96 bis 103).

Die häufigsten Ausführungsformen des Lamellendaches sind das Tonnensowie das Spitzbogendach (Abb. 334). Als obere Grenze für die freie Spannweite gibt Nenning etwa 25 m an.

Vorteile des Daches. Billiger Preis, leichte Materialbeschaffung, schnelle Ausführung, beste Raumausnützung.

Nachteile. Keinerlei Aufnahme von Einzellasten (Laufkatzen, Transmissionen usw.) möglich, geringe Feuersicherheit.

Zwecks Ermöglichung eines Kostenvergleiches mit anderen Bauweisen sollen nachstehend einige Angaben über den Materialbedarf, die erforderliche Herstellungszeit für die Lamellen und das Aufstellen der Dächer gemacht werden:

Richtlinien für das Veranschlagen von Lamellendächern

Aus 1 m³ Brettermaterial erzeugte Lamellenanzahl				Durchschnittlicher Materialbedarf für 2 m² Dachfläche		Durchschnittliche Arbeitszeit in Stunden		
Breite cm	Dicke cm	Länge cm	Stück	Lamellen Stück	Schrauben und Unterlagscheiben	Herstellen von 100 Lamellen	Aufstellen von 1 m² Dachfläche	Zurichten der Giebelbogen und Schwellen für 1 lfd. m
16	2,5	200	125	3	3 ⌀ 10 lg 160 mm 6 St. 80/35/3,5 mm	2,5 Maschinenstunden, d. s. Arbeitsleistung der Maschine + + 2 Arbeiterstunden	$^1/_3 \div {}^1/_2$	1
18	3,0	200	90					
20	3,0	200	82					

VIII. Abschnitt

Die hölzernen Treppen

Allgemeines. Das meist gegen den Bau von Holztreppen geltend gemachte Bedenken, die leichte Brennbarkeit des Holzes, erscheint nicht gerechtfertigt, sobald die Treppe in einem besonderen feuersicher umschlossenen Raume liegt und nicht in Verbindung mit anderen Räumen steht, in denen unter Umständen die Entstehung eines Brandes zu befürchten ist. Viel gefährlicher als eine Zerstörung der Treppenläufe durch Feuer, welches in einem gesonderten Treppenhause wohl kaum entstehen kann, ist das Verqualmen der Treppen bei Ausbruch des Feuers in einem der Nebenräume. Gegen ein solches bietet aber auch das unverbrennlichste Baumaterial keinen Schutz, weshalb auch die Bauordnungen mancher Städte, selbst in vielgeschossigen Häusern Holztreppen gestatten, sofern dieselben von massiven Umfassungswänden umschlossen sind und keine Gelegenheit gegeben ist, die ein Ausbrechen eines Feuers im Treppenhause selbst denkbar erscheinen lassen könnte. In verschiedenen Städten, wie in Berlin, Wien usw., wird eine untere Schalung der Treppenläufe und Ruheplätze samt einem unteren Mörtelputz vorgeschrieben, wenn die Treppe im Sinne der Bauordnung als feuersicher angesehen werden soll. Nicht unerwähnt möge schließlich bleiben, daß sich beispielsweise freitragende Granitstufen bei Ausbruch eines Feuers unter einem Treppenlaufe als sehr wenig widerstandsfähig erwiesen haben, während ein unterer Verputz erwiesenermaßen ein Entflammen der hölzernen Treppenläufe geraume Zeit zu verhindern vermag.

Formen und Steigungsverhältnisse. Man unterscheidet geradläufige und gewendelte sowie Treppen die zum Teil gerade, zum Teil gewendelt sind. Weitere Unterschiede beruhen darin, ob die zu ersteigende Höhe durch eine ununterbrochene Reihe von Stufen erreicht wird oder, ob zwischen denselben Ruheplätze angeordnet sind. Die Breite von Ruheplätzen, senkrecht zur Stufenkante gemessen, ist mindestens gleich der Treppenbreite (Stufenlänge) zu nehmen, bei Wendeltreppen mindestens so breit wie zwei Stufenauftritte. Sehr mannigfache Formen entstehen dadurch, daß die von Ruheplätzen unterbrochenen Läufe in gleicher oder verschiedener

Richtung zu einander geführt werden. Für den Entwurf einer Treppenanlage ist besonders die Rücksicht darauf maßgebend und wichtig, daß die gewünschte Höhe an dem bestimmten Punkte erreicht wird und, daß über dem Treppenlauf überall genügende Kopfhöhe frei bleibt sowie auch unter ihm an den Stellen, wo ein Verkehr unterhalb der Treppe stattzufinden hat.

Das Verhältnis der Stufenhöhe h (Steigung) zur Stufenbreite b (im Grundriß gemessene Entfernung zweier Stufenvorderkanten) wird am besten nach der Formel bestimmt

$$2h + b = 63 \text{ cm},$$

welche allerdings nur für die gewöhnlich vorkommenden Steigungen zwischen 14 bis 19 cm brauchbare Werte, und zwar Auftrittsbreiten von 35 bis 25 cm ergibt. Für kleinere Steigungen als 14 cm können die Formeln

$$h + b = 47 \text{ cm} \qquad \text{oder} \qquad \frac{4}{3}h + b = 52 \text{ cm},$$

für größere Steigungen als 19 cm

$$b = \frac{500}{h}$$

verwendet werden. Für die Steigungsverhältnisse nach der ersten Formel: $2h + b = 63$ cm gibt es eine einfache zeichnerische Darstellungsweise, die in untenstehender Abb. 335 wiedergegeben ist.

Die gebräuchlichsten Stufenhöhen liegen zwischen 16 und 18 cm; für Nebentreppen im Keller, nach Dachböden führend oder für untergeordnete Zwecke bestimmt, sind Steigungen bis 21 cm nicht selten und kommen sogar solche bis zu 23 cm vor.

Die Breite des Auftrittes wird häufig dadurch vergrößert, daß die Stufenvorderkante ein vorspringendes Profil erhält. Da diese Verbreiterung aber nur dem die Treppe Ersteigenden zugute kommt, darf die Profilbreite nicht in das Maß b einbezogen werden. Bei Wendelstufen mißt man die Breite b auf einer angenommenen Laufline, die meist in die Mitte der Treppenbreite, bei nicht zu schmalen Treppen und beschränkter Längenausdehnung auch wohl etwas mehr vom Mittelpunkte der Wendelung entfernt verlegt wird. Bei Wendelstufen gibt man dem Auftritt an der schmalsten Stelle möglichst noch 6 cm Breite; in manchen Fällen ist dies allerdings nur unter Hinzurechnung des Stufenprofiles möglich. Hat ein Treppenlauf nur zum Teil gewendelte Stufen, zum Teil aber gerade Stufen, so empfiehlt es sich, die Stufen des gewendelten Teiles nicht alle nach dem Mittelpunkt der Wendelung zu richten, sondern dieselben zu „verziehen“, d. h. mit keilförmig sich verjüngenden Stufenauftritten schon innerhalb der geraden Strecke des Laufes zu beginnen.

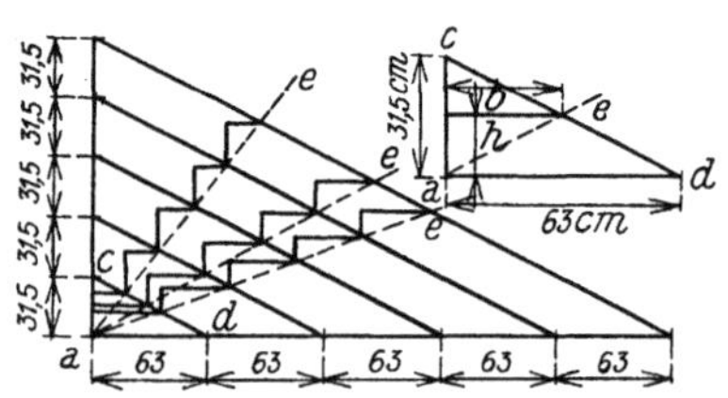

Abb. 335

Die Ausführung von Holztreppen. Die Ausführung von Holztreppen in der Art, daß jede Stufe aus einem vollen Block gearbeitet wird, beschränkt sich auf Blockhäuser in sehr holzreicher Gegend. In der Regel werden die Stufenauftritte aus Brettern oder Bohlen gebildet. Die zwischen je zwei Trittstufen angebrachten, senkrecht stehenden Abschlußbretter, welche ein Durchsehen zwischen den Trittstufen verhindern sollen, heißen S e t z- oder F u t t e r s t u f e n. Derartige Setzstufen fehlen nur bei Treppen untergeordneter Art, den sogenannten Leitertreppen. Zu den Treppen, namentlich zu den Trittstufen, ist nur hartes Holz (Eiche) oder wenigstens bestes Kiefernholz zu verwenden. Die Trittstufen werden meist 4 bis 5 cm, die Setzstufen 2 bis 2,5 cm stark hergestellt. Befestigt werden die Stufen stets zwischen den sogenannten Wangen, das sind hochkantig gestellte Bohlen.

Die Verbindung zwischen Setz- und Trittstufe kann in sehr verschiedener Weise erfolgen. Am oberen Rande der Setzstufe ist das in Abb. 336 dargestellte

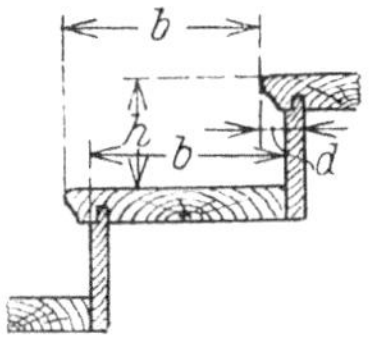

Abb. 336

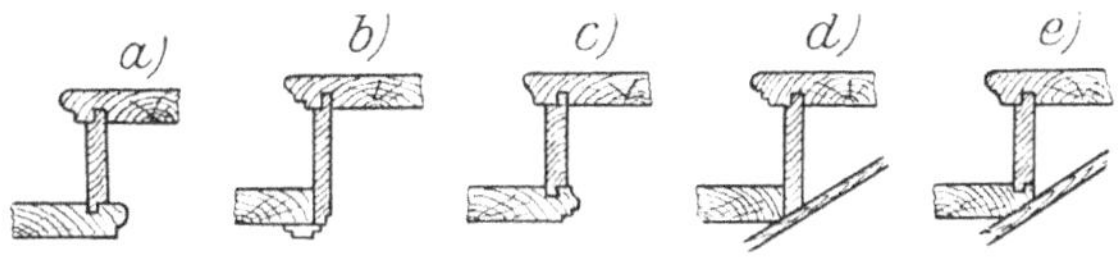

Abb. 337

Eingreifen die Regel. Der untere Rand kann einfach angenagelt oder angeschraubt werden, doch würde dies, falls die Treppe unten ohne Verkleidung bleibt, unschön aussehen. In letzterem Falle empfiehlt sich daher eine Ausführung beispielsweise nach den Abb. 337 a) bis c).

Je nach Art und Weise der Befestigung der Trittstufen unterscheidet man eingeschobene, eingestemmte und aufgesattelte Treppen.

Eingeschobene Treppen. (Abb. 338.) Das Einschieben der Treppenstufen wird nur bei sogenannten Leitertreppen angewendet. Wie aus den Abb. 338 a) und b) zu ersehen, sind die beiden Wangen mit schwalbenschwanzförmigen Nuten versehen, in welche

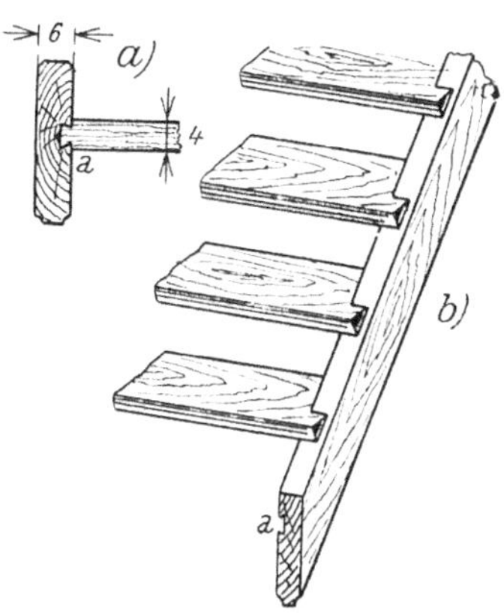

Abb. 338

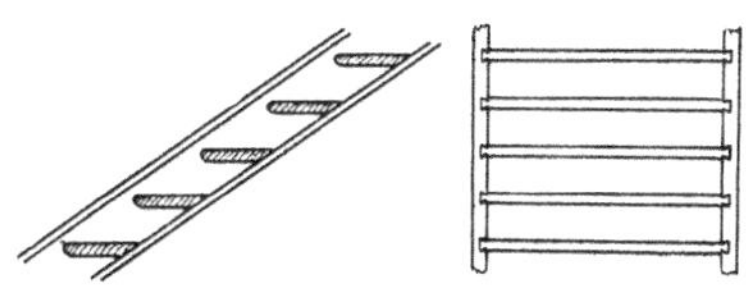

Abb. 339

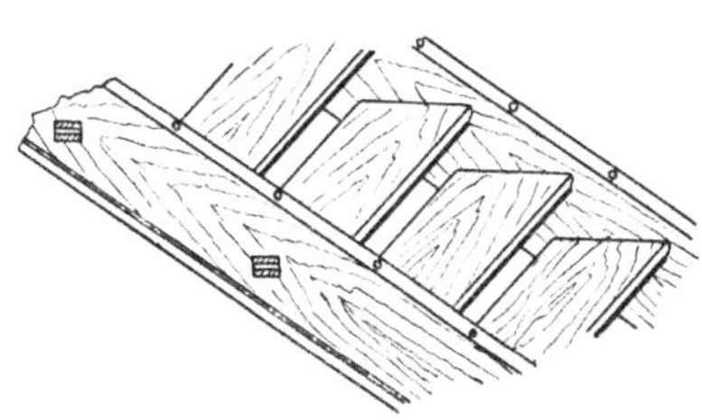

Abb. 340

die einfachen Stufenbretter eingeschoben werden. Letztere erhalten vorne einen kleinen Kopf, um nicht die Nuten in den Wangen sichtbar werden zu lassen. Diese Verbindung hat den Vorteil, daß beide Wangen durch die schwalbenschwanzförmige Einzapfung der Stufen fest miteinander verbunden sind, daher keines weiteren Zusammenhaltes bedürfen. Die Stufenbretter können auch von der Rückseite her eingeschoben werden (Abb. 339), so daß die Wangen an der Vorderseite vorstehen; diese Verbindungsart ist namentlich dann zu empfehlen, wenn eine gleichzeitig angebrachte untere Verschalung die Nuten in der Wange dem Anblick entzieht. Die Wangenstärke beträgt je nach Größe der Treppe 4 bis 6 cm. Die Wangen werden am oberen Ende gegen einen Wechsel (Podestbalken) geführt und dort aufgeklaut.

Gelochte und gestemmte Treppen. Bei diesen werden die Stufen 1,5 bis 2,5 cm tief in die Wangen eingelassen, aber ohne schwalbenschwanzförmige Erweiterung des eingreifenden Endes. Für den erforderlichen Zusammenhalt sind hier besondere Vorkehrungen notwendig. Bei Leitertreppen erhält gewöhnlich, wie in Abb. 340 dargestellt, jede zweite Stufe in der Mitte ihrer Breite einen Zapfen, der in ein nach außen konisch erweitertes Loch der Wange gesteckt und durch einen eingetriebenen Keil aufgespalten wird. Bei Anordnung von Setzstufen werden auch diese in die Wangen eingelassen. Bei der nur geringen Tiefe, mit der die Stufen in die Wangen eingelassen sind, würde bei einem Werfen und Krümmen derselben der Zusammenhang gefährdet sein. Derartige Treppen bedürfen deshalb einer besonderen Verankerung (Abb. 341), die am zweckmäßigsten durch eiserne Zugstangen erfolgt, die an beiden Enden mit Schraubengewinden und flachen Muttern versehen werden. Die Muttern können in das Holz eingelassen und durch in die Vertiefung eingeleimte, sauber eingepaßte Holzstückchen unsichtbar gemacht werden. Bei Wangenlängen von über 2 m ist an jedem Ende eine Zugstange, bei größeren Längen etwa nach je vier bis fünf Stufen eine Zugstange anzuordnen. Die 5 bis 7 cm breiten Wangen sind so hoch anzunehmen, daß über und unter den äußersten Kanten der eingestemmten Stufen noch mindestens 4 bis 5 cm Holz vorhanden ist.

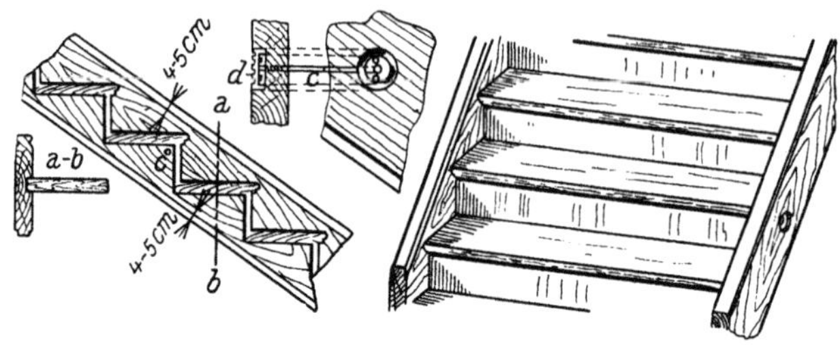

Abb. 341

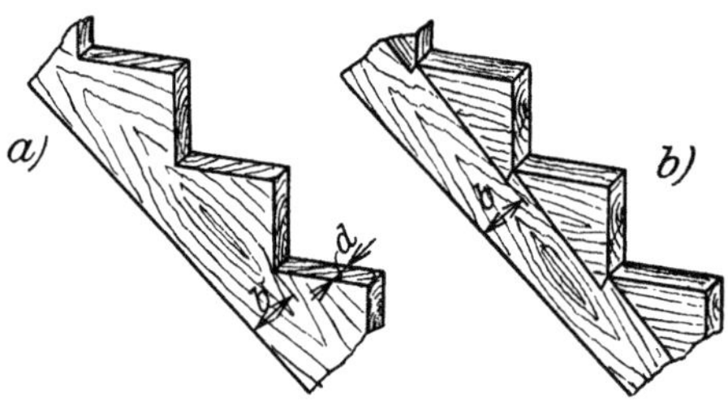

Abb. 342

Die Setzstufen, welche in die Trittstufen eingezapft sind, müssen scharf, ohne Spielraum zwischen dieselben eingespannt werden, damit die Treppen beim Begehen nicht knarren. Die Verwendung gut ausgetrockneten Holzes ist deshalb von größter Wichtigkeit. Manchmal gibt man den Trittstufen auch, um obigem Übelstand vorzubeugen, eine Krümmung nach oben. Die Setzstufen werden in diesem Falle an der oberen Kante etwas abgerundet, so daß sie in der Mitte höher sind. Beim Zusammenbau der Treppe werden die Trittstufen durch Hebel oder Keile in der Mitte aufgebogen und die Setzstufen an ihrem unteren Rande so an der Rückseite der nächst tieferen Trittstufe befestigt, daß die leichte Sprengung der Trittstufen erhalten bleibt.

Aufgesattelte Treppen. Bei den aufgesattelten Treppen liegen die Trittstufen nicht zwischen den Wangen, sondern auf ihnen und letztere sind dementsprechend stufenförmig derart ausgeschnitten, daß die Trittstufen von obenher auf sie aufgeschraubt werden können (Abb. 342 a). Die Wangen erfordern in diesem Falle mit Rücksicht auf die erforderliche Tragfähigkeit sehr breite Bohlen. Sind diese nicht verfügbar, so können die Stufenvorsprünge auch als einzelne dreieckige Knaggen auf der schwach sägeförmig ausgearbeiteten Bohle aufgenagelt oder aufgedübelt werden (Abb. 342 b). Letztere Anordnung beschränkt man jedoch wegen des schlechten Aussehens nur auf Ausführungen untergeordneter Art, z. B. Treppen für vorübergehende Benützung oder solche Anlagen, bei denen Stufen und Wangen eine Furnierverkleidung erhalten (Abb. 343). Als Mindestmaß der Wangenhöhe unter

Abb. 343

dem Stufenausschnitt oder bei zusammengesetzter Wange unterhalb der Knaggen, sind 13 bis 15 cm anzunehmen, ein Maß, das für größere und schwer belastete Treppenläufe jedoch nicht genügt. Nach den preußischen „Bestimmungen über die bei Holzbauten anzunehmenden Belastungen usw.“ sind Treppen, Treppenpodeste und Treppenzugänge jeglicher Art, mit Ausnahme von Holztreppen in Klein- und Mittelhäusern, einschließlich der Podeste und Zugänge für eine Nutzlast

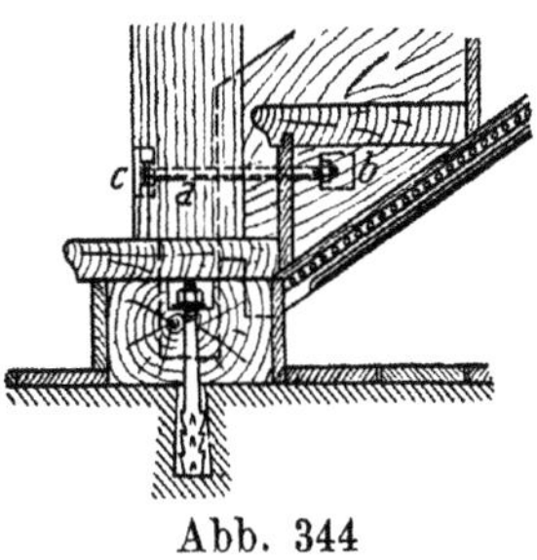

Abb. 344

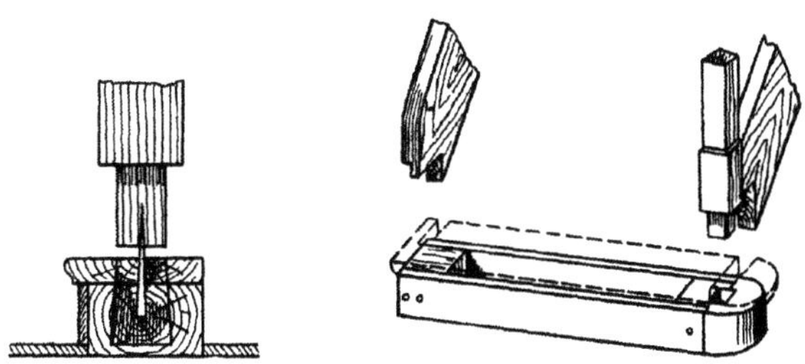

Abb. 345

von 500 kg/m², letztangeführte Treppen für eine Nutzlast von 350 kg/m² zu berechnen. Um den baupolizeilichen Vorschriften zu entsprechen, muß daher die Wangenhöhe auf Grund der jeweils vorgeschriebenen Nutzlast ermittelt werden.

Bei der Einteilung der Treppen sucht man, um das Ersteigen nicht allzu ermüdend zu gestalten, so häufig Zwischenruheplätze anzuordnen, daß höchstens 16 Stufen in unmittelbarer Folge zu ersteigen sind. Für geradläufige Treppen ergibt sich diese Anordnung meist schon von selbst, da längere Läufe zu starke Wangenquerschnitte erfordern würden. Liegt die Wange unmittelbar an der Treppenhauswand, so kann sie wesentlich schwächer angenommen werden, da sie in diesem Falle mittels geeigneter Haken u. dgl. an der Wand befestigt werden kann. Hinsichtlich der Befestigung der Wangen ist zwischen deren unterem oder oberem Ende kein wesentlicher Unterschied zu machen, nur die unterste Stufe erfordert eine besondere Ausbildung. Die Wangen der nächsthöheren Läufe werden im allgemeinen mit ihrem unteren und oberen Ende auf dem Podestbalken befestigt. Ein solcher ist aber bei Beginn des ersten Laufes nicht vorhanden; man schafft daher dort ein festes Auflager für die Wange, indem man die unterste Stufe nach Abb. 344 als Blockstufe, d. h. mit massivem hölzernen Kern, herstellt. Die Verkleidung dieses Kernes mit der eigentlichen Trittstufe und dem die Setzstufe darstellenden Brett ist des gleichmäßigen Aussehens wegen und wegen der zu befürchtenden Kernrisse des starken Blockes unerläßlich. Die Blockstufe wird durch starke Steinschrauben mit dem massiven Fundament verbunden oder bei Vorhandensein einer hölzernen Balkenlage mit den Balken verschraubt. Aus Abb. 345 ist zu ersehen, in welcher Weise die Wange auf die Blockstufe und deren Stufenbelag aufgeklaut und gleichzeitig in den unteren starken Pfosten des Treppengeländers eingezapft werden kann. Die Verbindung zwischen Pfosten und Wange wird häufig auch noch durch einen versteckt angebrachten Schraubenbolzen (*a*) gesichert (Abb. 344). Das durch die ganze Stärke der Wange reichende Loch (*b*), das genügend Spielraum zum Anziehen der Mutter bieten muß, wird ebenso wie die Öffnung (*c*) im Pfosten durch eingesetzte Holzstückchen verschlossen.

III. Teil

Selbständige Bauwerke aus Holz

IX. Abschnitt

Hallenbauten

Unter Hallenbauten versteht man im allgemeinen allein aus den Umfassungswänden und dem entweder freigespannten oder von Zwischensäulen unterstützten Dach bestehende Bauwerke, bei welchen durch den Entfall von Zwischendecken und durchgehenden lotrechten Unterteilungen hohe, übersichtliche Räume geschaffen werden, wie sie für verschiedene Fabriksbetriebe, für die Unterbringung von Maschinen und Geräten, die Lagerung von Vorräten, endlich auch noch für Versammlungsräume, Ausstellungs- und Sportzwecke usw. benötigt werden.

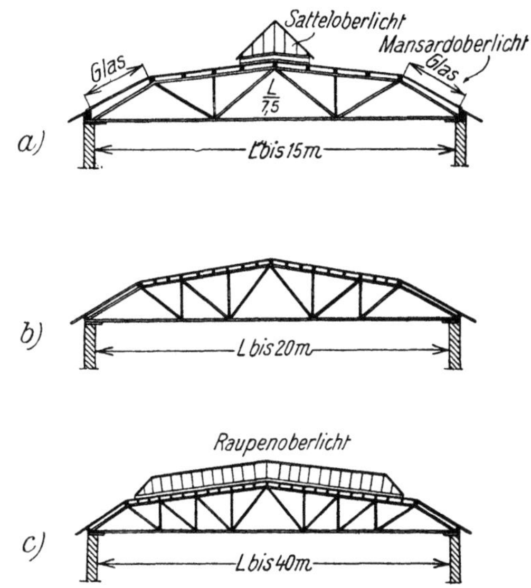

Abb. 346

A. Die bauliche Gestaltung der Hallen

Räumliche Gliederung. Die Spannweite, Länge und Höhe einer Halle richten sich naturgemäß nach ihrem Verwendungszweck, ebenso die Frage der Anordnung von Zwischenstützen, welch letztere allerdings auch vielfach durch rein wirtschaftliche Erwägungen beeinflußt wird.

In vielen Fällen wird die Anordnung von Zwischenstützen und mit dieser die ganze Raumgestaltung der Halle durch die Notwendigkeit, gewisse Lichtraumgrenzen, Gleiseabstände oder Torbreiten einzuhalten oder die Unterstützung einer Kranbahn usw. zu schaffen, bedingt.

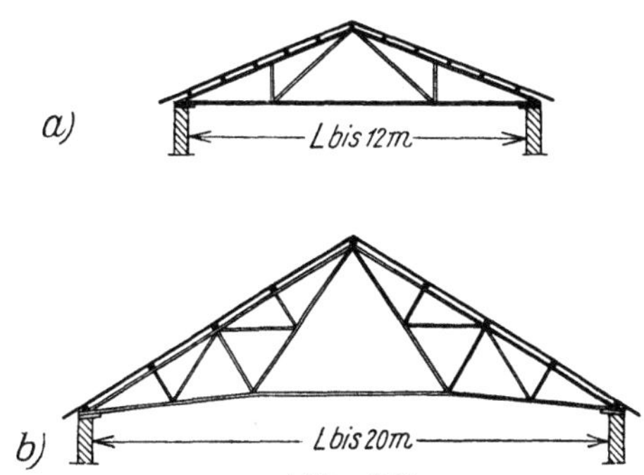

Abb. 347

Durch die Anordnung von Zwischenstützen erfolgt die Gliederung des Hallenraumes in einzelne Schiffe. Je nach dem Vorhandensein einer oder mehrerer Stützenreihen unterscheidet man ein-, zwei- oder mehrschiffige Hallen, deren bauliche Gestaltung eine sehr verschiedene sein kann.

Querschnittsform. Bei der Querschnittsgestaltung von Hallenbauten sind hauptsächlich folgende Gesichtspunkte zu beachten:

Der Einfluß des Verwendungszweckes der Halle auf ihre Breite und Höhe, die Einhaltung gewisser gegebener Lichtraumgrenzen, die Anordnung von Zwischen-

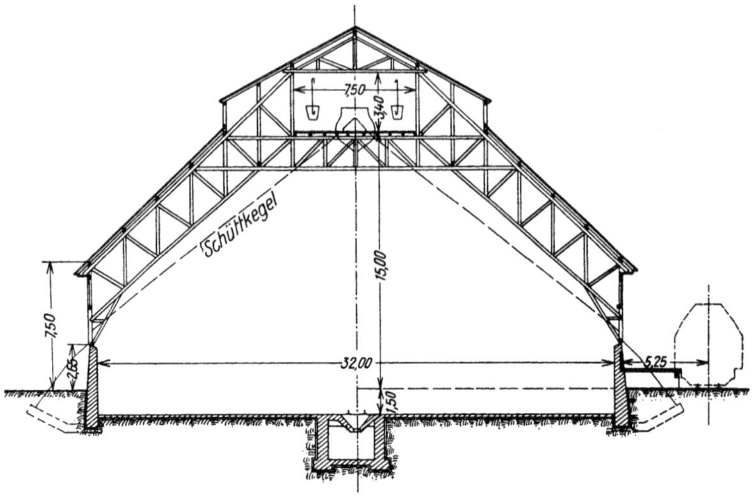

Abb. 348

unterstützungen (Kranbahnen), die richtige Regelung der Beleuchtungs- und Entlüftungsverhältnisse, der Einfluß des Dachdeckungsmateriales auf die Dachneigung und nicht zuletzt ästhetische Gesichtspunkte.

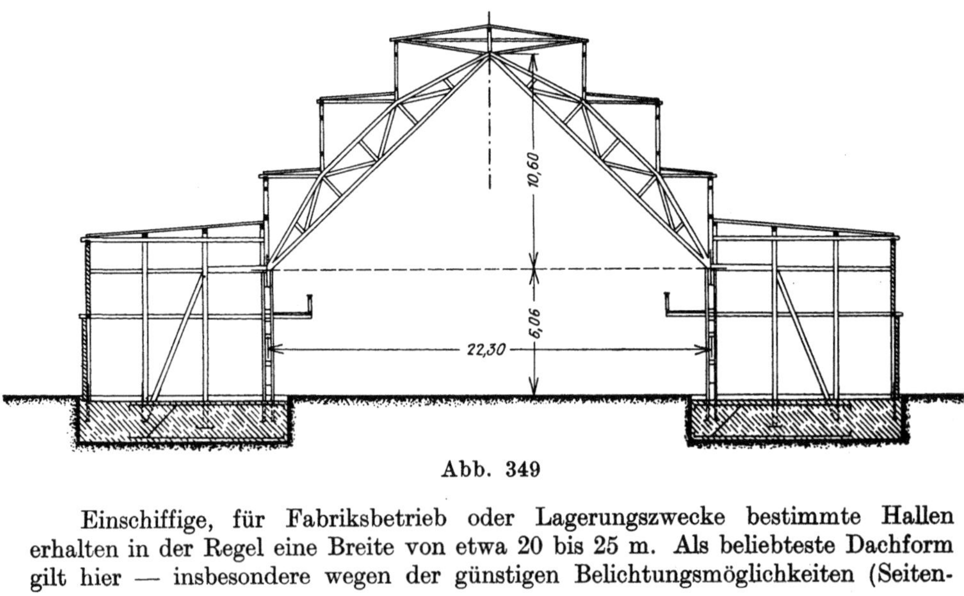

Abb. 349

Einschiffige, für Fabriksbetrieb oder Lagerungszwecke bestimmte Hallen erhalten in der Regel eine Breite von etwa 20 bis 25 m. Als beliebteste Dachform gilt hier — insbesondere wegen der günstigen Belichtungsmöglichkeiten (Seiten-

und Firstoberlichte) — das Mansarddach (Abb. 346 a bis c), während Satteldächer (teurer) seltener zur Ausführung gelangen (Abb. 347 a und b). Sägewerkshallen, Flugzeugschuppen usw. erhalten häufig Spannweiten bis zu 30 und 40 m, ja noch darüber. Bei großen Spannweiten (etwa über 40 m) gelangen meist Fachwerkbogen zur Ausführung, mittels welcher es in der letzten Zeit gelungen ist, sogar Öffnungen bis zu 76 m (die Westfalenhalle in Dortmund, ausgeführt von der Carl Tuchscherer A. G. in Breslau) frei zu überspannen. Einige Querschnittsskizzen einschiffiger Hallen sind in den Abb. 348 bis 351 dargestellt. Abb. 348 zeigt den Querschnitt einer von der Firma Cabröl Ges. m. b. H., Cassel, ausgeführten Salzlagerhalle, Abb. 349 einen Querschnitt durch das Funkhaus Berlin, eine der bekanntesten Ausführungen der Carl Tuchscherer A. G., Abb. 350 zeigt Querschnitt und Vorderansicht einer vom Verfasser entworfenen, gegenwärtig im Bau begriffenen Ballonhalle, Abb. 351 Querschnitt und Grundriß einer ebenfalls vom Verfasser entworfenen Tribünenanlage für einen Sportplatz.

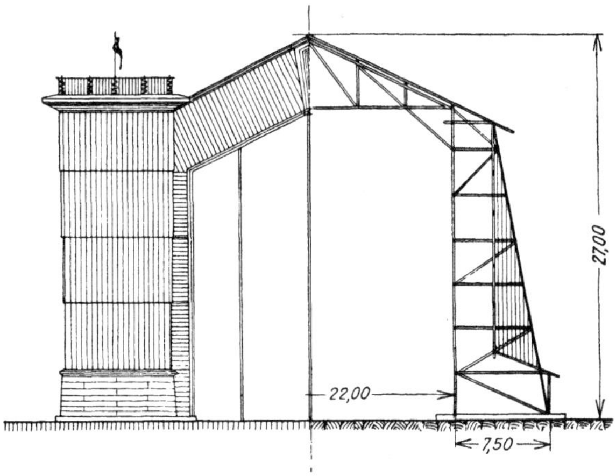

Abb. 350

Bei mehrschiffigen Hallen ist das Hauptaugenmerk auf ausreichende Belichtung der von den Längswänden entfernter gelegenen Mittelschiffe zu richten (Abb. 352). Bei dreischiffigen Hallen kann das Mittelschiff entsprechend höher gehalten und mittels durchgehender Lichtbänder beleuchtet werden (Abb. 353), oder es sind, wie bei vielschiffigen Hallen, genügend breite Laternenaufbauten oder Raupenoberlichte vorzusehen. Die Zwischenstützen sollen in der Längsrichtung möglichst weit voneinander abstehen, weshalb häufig Unterzüge zur Auflagerung der Binder vorgesehen werden müssen.

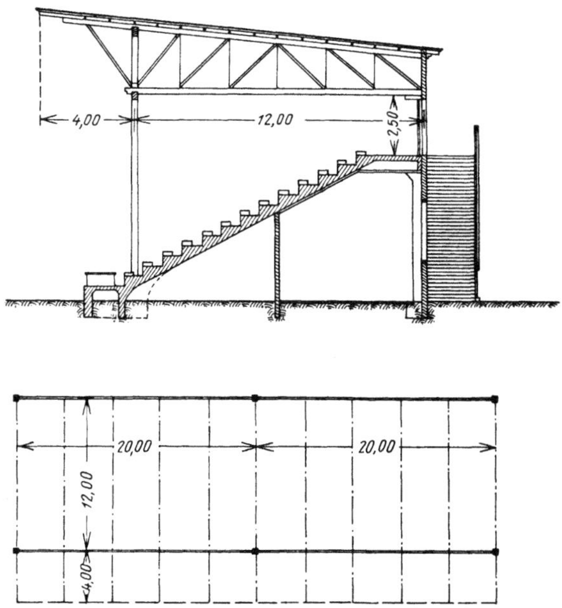

Abb. 351

Ausbildung der Hallengespärre mit Rücksicht auf ihre Standfestigkeit. Bei gemauerten, tragenden Außenwänden dürfen nur Balkenbinder zur Verwendung gelangen, durch deren Verankerung an den beiderseitigen Auflagern im Mauerwerk eine Aussteifung der Wände bewirkt wird.

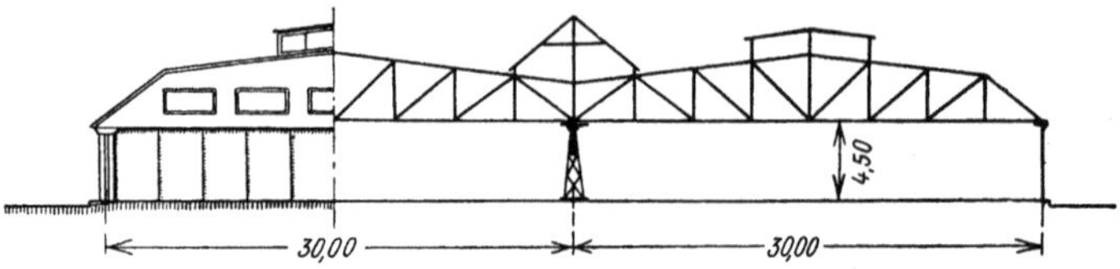

Abb. 352

Bei Auflagerung der Binder auf im Grundmauerwerk eingespannten Eisenbeton- oder Eisenstützen kann eine beiderseitige gelenkige Auflagerung der Binder angenommen werden.

Werden Binder und Stützen in Holz hergestellt, so kann die Ausbildung der Hallengespärre in verschiedener Weise erfolgen. Die meist im Grundmauerwerk

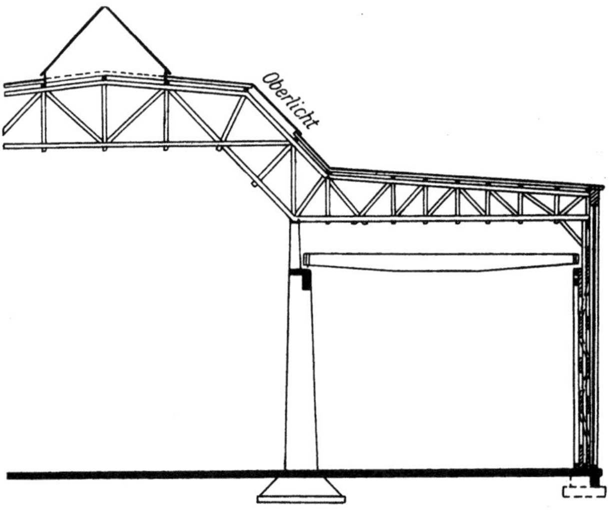

Abb. 353

eingespannten Stützen können mit den Bindern entweder gelenkig oder steif verbunden sein. Bei gelenkig gelagerten Fachwerkrahmen (Portalbindern) werden die Windkräfte hauptsächlich im Tragwerk selbst aufgenommen, in welchem Falle das Grundmauerwerk verhältnismäßig nur wenig belastet wird, so daß dasselbe wesentlich geringere Abmessungen als bei eingespannten Stützen erhält. Für die Giebelwände kommt meist nur eine feste Einspannung im Grundmauerwerk oder die Anlehnung an Windträger in Frage. Bei kurzen Hallen können die Windkräfte durch einen längslaufenden Dachverband in die Giebelwände geleitet werden, in welchem Falle letztere entsprechend steif ausgebildet werden müssen, während die Binderstützen als Pendelsäulen nur für die Aufnahme lotrechter Lasten berechnet zu werden brauchen. Bei größeren Hallen empfiehlt es sich, den Winddruck entweder durch Windböcke, die an ihrem oberen Ende mit den Bindern gelenkig verbunden sind, oder durch gelenkig gelagerte Portalbinder aufzunehmen. Bei mehrschiffigen Hallen können auch die Zwischenstützen zur Aufnahme des Winddruckes herangezogen werden. Letztere können, wie die Wandstützen, entweder im Grundmauerwerk eingespannt und mit den Bindern steif oder gelenkig verbunden oder im Fußpunkt gelenkig gelagert und am Kopfende steif angeschlossen sein. Die unter gegebenen Umständen wirtschaftlichste Anordnung wird meist durch die Bodenverhältnisse bestimmt werden.

Außenwände. Die jeweils zweckmäßigste Herstellungsart der Außenwände ist von verschiedenen Gesichtspunkten, wie von ihrer erforderlichen Höhe, ihrer Inanspruchnahme durch schwere Kranlasten, der unter Umständen verlangten erhöhten Feuersicherheit usw., nicht zuletzt auch von wirtschaftlichen Erwägungen abhängig.

1. Volles Ziegelmauerwerk: Freistehende, nicht durchbrochene Wände erhalten eine Stärke von $d = {}^1/_{10}$ bis ${}^1/_{12}\, h$.

Für einen Winddruck von 125 kg/m² und eine Pressung von 8 kg/cm² ergibt sich die erforderliche Mauerstärke d in Meter bei h in Meter zu:

$$d = \sqrt{\frac{3\,h}{38{,}4 - h}}.$$

2. Mauerpfeiler mit Füllmauerwerk: Bei Höhen über 6 m ist es vorteilhafter, die Wand aus Mauerpfeilern (gleichzeitig Kranbahnstützen) mit Füllmauerwerk zu bilden. Für die Wandstärke d wird empfohlen:

Entfernung von Pfeilermitte zu Pfeilermitte	$B = 3$ m ...	$d = 1$ Stein
,, ,, ,, ,, ,,	$B = 4{,}5$ m ...	$d = 1^1/_2$,,
,, ,, ,, ,, ,,	$B = 6$ m ...	$d = 2$,,

Die Längswände erhalten bei beiderseitiger fester Verankerung der Dachbinder eine Verspannung, während die Giebelwände als freistehende Wände zu berechnen sind.

3. Eisenbeton- oder Eisenstützen mit Füllmauerwerk: Empfehlenswert bei großen Höhen, Aufnahme schwerer Kranlasten usw.

4. Holzriegelfachwerk mit Ziegelausmauerung oder sonstiger Fachausfüllung, unter Umständen mit einfacher oder doppelseitiger Holzverschalung:

Bei schlechtem Baugrund ist es nicht empfehlenswert, die Riegelwand auf eine durchgehende Grundmauer zu stellen; es genügen in diesem Falle zwischen das Grundmauerwerk der Hauptstützen gespannte Unterzüge (aus Eisenbeton); auch kann die Wand in Form eines Hängewerkes selbsttragend gemacht werden. Ein Nachteil der einfachen Riegelwand besteht in ihrer geringen Wärmehaltung. Sollen größere Wärmeschwankungen vermieden werden, so empfiehlt sich die Anordnung einer zweiten ${}^1/_4$ Stein starken Wand, die 6 cm von der Riegelwand absteht und mit ihr durch einzelne Bindersteine verankert ist.

Fenster und Oberlichte. Die Verteilung der Lichteinfallflächen (Fenster und Oberlichte) soll gleichmäßig über den zu erleuchtenden Raum erfolgen. Das Licht soll seitlich oben in den Raum treten, aus welchem Grunde die Fenster möglichst hoch, wenn möglich bis zur Traufe, zu führen sind; am besten erweist sich bei hohen Hallen ein durchgehendes Fensterband unterhalb der Traufe.

Erforderliches Verhältnis der Beleuchtungsfläche zur Grundrißfläche je nach dem Verwendungszweck der Halle 10 bis 50 v. H., manchmal sogar bis 60 v. H.

Dasselbe wird beispielsweise in Flugzeughallen mit 10 ÷ 15 v. H., in Sägewerkshallen mit 15 ÷ 20 v. H., Walzwerken mit 25 v. H., in Stahlwerken mit 30 bis 50 v. H., in Gießereien mit 35 v. H., in Maschinenwerkstätten, Webereien, Spinnereien mit 35 bis 45 v. H., in Werkstätten für Präzisionsarbeiten mit 50 bis 60 v. H. angenommen.

Fenster: Bei Bestimmung der Fenstergröße auf vorhandene oder zukünftige Nachbarbauten achten. Abstand zweier Gebäude oder Gebäudeteile $D \gtrless H$ (s. Abb. 354). Lichteinfallgrenzlinie höchstens 45^0 gegen die Wagrechte, womöglich kleiner. Zweckmäßige Raumtiefe bei einseitiger Belichtung $B \lessgtr 1{,}5\,H_1$, bei beiderseitiger Belichtung $B \lessgtr 3\,H_1$, daher Fenster bis zur Traufe oder Decke führen. Fensterbank in Mehrgeschoßbauten meist 0,8 bis 1,0 m über Fußboden, bei Hallenbauten gewöhnlich 2 m über Boden.

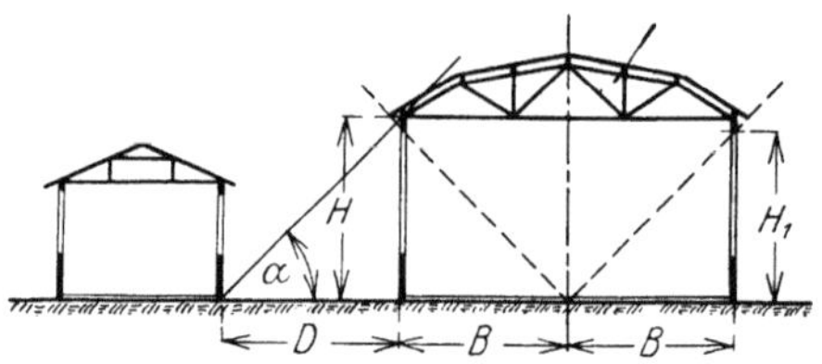

Abb. 354

Oberlichte: Tunlichst durchgehende Lichtbänder anordnen, daher verglaste Mansardflächen bei ein- und mehrschiffigen Hallen sehr zweckmäßig (Abb. 346a), ebenso Stufendachform nach Abb. 349 und 353. Oberlichte nie in die schwach geneigte Dachfläche legen, da Schnee liegen bleibt, im Winter daher finster und außerdem schwer dicht zu halten. Neigung der Glasflächen wenigstens 40 besser 45 bis 50^0. Wenn Glasmansarden schwer durchführbar, Satteloberlichte (Dachreiter) quer zur Längsrichtung des Daches (Abb. 346c) oder in gleicher Richtung mit dieser (Abb. 346a) anordnen. Oft beide Beleuchtungsarten vereinigt. Bei quer zur Längsachse gestellten Oberlichten (Raupenoberlichte) (Abb. 346c) zwischen den einzelnen Bändern genügend breiten Raum zum Ablagern des Schnees lassen. Zwischenräume mindestens gleich Oberlichtbreite. Sägedächer, die eine sehr gute Belichtung geben, werden wegen der vielen Rinnen und schwierigen Dichthaltung des Daches heute nur noch selten ausgeführt.

Zur Verglasung wird meist Drahtglas verwendet, das in Längen bis zu 3 m und darüber geliefert wird. Übliche Stärken 6 und 7 mm bis 12 mm. Rohgußglas (Schnürlglas) wird wegen der Bruchgefahr seltener verwendet (unterhalb sind Drahtnetze notwendig).

Bei der Herstellung von Oberlichten werden heute vielfach anstatt eiserner hölzerne Tragsprossen verwendet, welche sich — insbesondere bei kittloser Verglasung — in verschiedenen Ausführungsformen (z. B. Patent Carl Tuchscherer) gut bewährt haben.

Entlüftung. Die Entlüftung muß durch entsprechende Vorkehrungen geregelt werden, insbesondere überall dort, wo sich Rauch, Dämpfe oder Gerüche entwickeln. Dieselbe kann in folgender Weise erfolgen:

1. Durch Laternenaufbauten, die entweder ganz offen sind, mit weit vorspringender Traufe oder durch feste, seltener bewegliche Jalousien. Besonders zu empfehlen (allerdings am teuersten) sind um eine wagrechte Achse drehbare Kippflügel (Lüftungsklappen).

2. Durch Öffnen des Oberlichtfirstes (Anbringung einer Wellblechhaube am First) oder durch Lüftungsflügel in den Oberlichten oder Fenstern. Sind bei Hallenbauten keine Entlüftungslaternen vorhanden, so empfiehlt sich die Anbringung

von einem Flügel in jedem zweiten Fenster, bei durchgehenden Fensterbändern ein Flügel auf je 4 bis 5 m Länge. Flügelgröße hiebei 1 m².

3. Durch Dunstabzüge. 3 bis 4 m hohe Holz- oder Blechschlöte, die am Kopf mit festen Jalousien versehen sind.

Die erforderliche Anzahl und Größe der Lüftungslaternen, Dunstabzüge usw. wird am besten von Fall zu Fall durch einen mit den örtlichen Verhältnissen vertrauten Sachverständigen zu bestimmen sein.

Entwässerung der Dächer. Dachrinnen: Gefälle 1 : 100 bis 1 : 125. Lichte Breite der Dachrinne bei kleinerer Gebäudelänge 15 bis 20 cm, lichte Tiefe mindestens 7 cm; bei größeren Bauten lichte Breite 20 bis 25 cm, lichte Tiefe mindestens 10 cm. Erforderlicher Rinnenquerschnitt für 1 m² Grundrißfläche des Daches 1,0 bis 1,2 cm². Befestigung der Rinne alle 80 bis 125 cm durch Tragrinneneisen. Die vordere Rinnenkante muß tiefer liegen als die rückwärtige, damit bei Verstopfungen oder stärkeren Regenfällen das Wasser nach außen und nicht nach dem Dache zu überläuft. Bei steilen und bei Metalldächern sind Schutzvorrichtungen gegen das Herabgleiten von Schnee und Eis anzubringen.

Abfallrohre: Anordnung in Entfernungen von 15 bis 20 m. Lichte Weite der Rohre 13 bis 15 cm. Erforderlicher Querschnitt für 1 m² Grundrißfläche des Daches 1,0 bis 1,2 cm². Befestigung durch Schelleisen in Abständen von 1,5 bis 3,0 m.

B. Die Standberechnung der Hallenbauten[32*])

In den folgenden Untersuchungen sollen ausschließlich solche Hallenbauten in Betracht gezogen werden, bei denen sowohl die Dachbinder als auch das Traggerippe der Umfassungswände in Holz ausgeführt sind. Das wichtigste Glied des Traggerippes der Umfassungswände bilden bei den Hallenbauten die Ständer, welche das Eigengewicht und die Nutzlast der Umfassungswände und die auf letztere einwirkenden Winddrücke in das Grundmauerwerk übertragen; weiters bilden die Ständer die Unterstützung der Dachbinder und müssen daher auch die durch das Eigengewicht des Daches, durch den Schnee- und Winddruck hervorgerufenen Lasten aufnehmen.

Die Ständer werden meist fest im Grundmauerwerk verankert und können in diesem Falle als in demselben eingespannt betrachtet werden; manchmal werden sie auch mit den Dachbindern rahmenartig verbunden und gelenkig an das Grundmauerwerk angeschlossen (Abb. 355a und b).

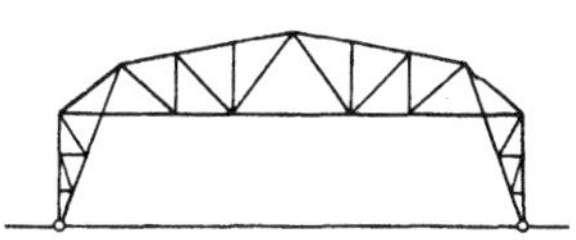

a)

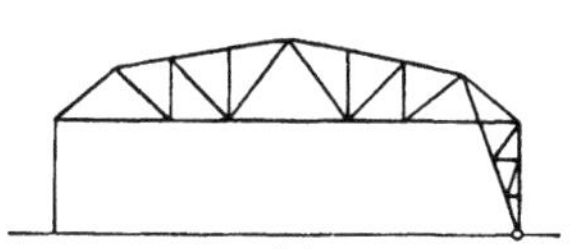

b)

Abb. 355

Die im Eisenbau durch die Wärmeausdehnung bedingte Auflagerung der Dachbinder mittels eines festen und beweglichen Lagers ist für Holzbauten nicht notwendig und auch nicht zweckmäßig. Werden die Binder fest mit den Stützen verbunden, so verteilt sich der auf die Dachfläche wirkende Winddruck auf die beiderseitigen Stützenköpfe, und zwar, wie noch später nachgewiesen werden soll, bei spiegelgleicher Ausbildung gleichmäßig. Der auf die Stützen entfallende Winddruck wird ebenfalls teilweise durch das steife Dach übertragen, so daß die dem Windangriff ausgesetzten Stützen eine Entlastung erfahren. Das gleiche gilt für die Seitenwände (auch Mauerwerk), die durch die steife Dachhaut verspannt werden.

Die Verbindung zwischen den Bindern und Stützen kann durch feste Gelenke, durch Einspannung mittels Flacheisenbügeln, oder durch eine biegefeste Eckaussteifung (zug- und drucksicherer Anschluß von Kopfstreben) erfolgen. Die beiden letztgenannten Anordnungen haben den Vorteil, daß, während sich die Stützen bei frei drehbarer Auflagerung der Dachbinder einseitig verbiegen, durch die Kopfaussteifung eine doppelte Krümmung mit Wendepunkt, daher eine geringere Verbiegung der Stützen hervorgerufen wird. Eine derartige rahmenartige Versteifung erweist sich auch bei Dächern mit Zwischenstützen (vgl. Seite 307) als sehr zweckmäßig.

Eine besondere Art der Ausbildung der Ständerköpfe erfordert der — allerdings nur bei wenig ausgedehnten Hallen vorkommende — Fall, daß der ganze auf die Längswand wirkende Winddruck mittels eines Windträgers in die beiden Giebelwände geleitet wird. In diesem Fall übertragen die Ständer den auf sie entfallenden Winddruck als Einzellasten auf den Windträger. Zwecks Erhaltung der Standbestimmtheit des letzteren empfiehlt es sich, denselben nur an die Endständer fest anzuschließen, ihn also mit den mittleren Ständern nicht zu verbinden, welche sich im Fall einer Belastung durch Wind nur an den Windträger anlehnen und den Winddruck auf seine Knotenpunkte übertragen sollen. Durch die mittleren Ständer werden bei der beschriebenen Anordnung des Windträgers nur lotrechte Lasten auf das Grundmauerwerk übertragen, so daß diese Ständer als Pendelstützen berechnet werden können.

I. Der Winddruck auf die Längswand

a) Windübertragung an jeder Binderstütze

Je zwei gegenüberliegende Ständer sind miteinander durch den Binder zu einem Ganzen verbunden und übertragen den auf sie entfallenden Winddruck gemeinsam in das Grundmauerwerk.

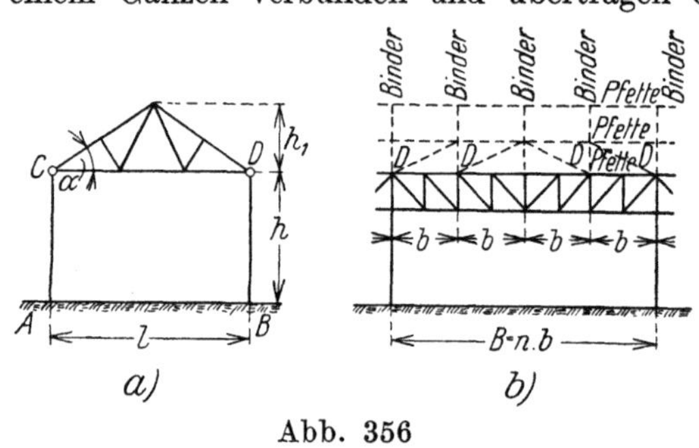

Abb. 356

Bezeichnet (Abb. 356 b) B die Ständerentfernung, h die Höhe der durch Ausmauerung oder Verschalung geschlossenen Längswand, h_1 die Binderhöhe, α den Dachneigungswinkel, w kg/m² den Winddruck für 1 m² rechtwinklig getroffene Fläche, so entfällt auf ein Ständerpaar von der Längswand her der über die Höhe h gleichmäßig verteilte Winddruck $W = w \cdot B \cdot h$, von der Dachfläche her der wagrechte Winddruck $W_1 = w \cdot B \cdot h_1 \sin^2 \alpha$.

Werden nicht alle, sondern nur einzelne Binder von je einem Ständerpaar unterstützt (Abb. 356 b), so müssen die lotrechten Auflagerdrücke der Zwischenbinder durch besondere Längsträger auf die benachbarten Ständer übertragen werden. Die Übertragung der wagrechten Auflagerdrücke erfordert aber die Einschaltung eines — meist in der schrägen Obergurtebene liegenden — Windträgers, dessen Gurtungen durch die Pfetten gebildet werden und dessen Streben D gleichzeitig Glieder des Windverbandes des Daches sein können. Die Berechnung eines derartigen Windträgers hat nach den unter b) gegebenen Regeln zu erfolgen.

1. Der Einfluß des auf die Fachwerkswand wirkenden Winddruckes

Gelenkig angeschlossener wagrechter Querriegel. Die in Abb. 357 dargestellten, in der Entfernung l von einander bei A bzw. B eingespannten Ständer AC und BD von der Höhe h seien miteinander durch den wagrechten Stab CD gelenkig verbunden.

Infolge des auf den Ständer AC treffenden Winddruckes $W = w \cdot B \cdot h$ entsteht bei A ein Biegemoment M_a, bei B ein Biegemoment M_b; X bezeichne die infolge der Belastung W entstehende Spannkraft des Stabes CD. Die für alle Stäbe unveränderlich vorausgesetzte Dehnziffer sei E, das für die Biegeebene in Betracht kommende Trägheitsmoment der Ständer J, die Querschnittsfläche des Stabes CD sei mit F, seine Länge mit l bezeichnet.

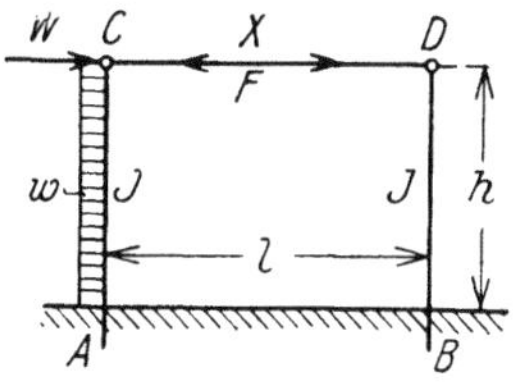

Abb. 357

α) Als standunbestimmte Größe soll X betrachtet werden.

Unter Annahme starrer Widerlager erhält man mit Hilfe der Formänderungsgleichung

$$\boxed{X = \frac{3}{8} W \cdot \frac{1}{1 + 3c\dfrac{J}{h^3}},} \tag{1}$$

wobei

$$\boxed{c = \frac{l}{F} + \frac{h^3}{3J},}$$

und hieraus

$$\left.\boxed{M_a = -\frac{1}{8} W \cdot h \cdot \frac{1 + 12c\dfrac{J}{h^3}}{1 + 3c\dfrac{J}{h^3}};} \quad \boxed{M_b = -\frac{1}{8} W \cdot h \frac{3}{1 + 3c\dfrac{J}{h^3}}.}\right\} \tag{2}$$

β) Wird die elastische Verkürzung des Stabes CD vernachlässigt, also $F = \infty$ vorausgesetzt, so wird $\boxed{c = \frac{h^3}{3J}}$ und mit diesem Werte

$$\left.\boxed{X = \frac{3}{16} W;} \quad \boxed{M_a = -\frac{5}{16} W \cdot h;} \quad \boxed{M_b = -\frac{3}{16} W \cdot h.}\right\} \tag{3}$$

γ) Sind die beiden Ständer miteinander statt durch den wagrechten Stab CD durch einen Fachwerkbinder verbunden, so ist in obigen Gleichungen für c der Wert

$$\boxed{c = \sum \left(\frac{S'^2 \cdot s}{F}\right) + \frac{h^3}{3J}} \tag{4}$$

einzusetzen, wobei S' die Spannkraft eines Binderstabes bei Belastung des Binders durch zwei in den Auflagergelenken angreifende, nach innen gerichtete Kräfte „Eins", bedeutet, s die Stablänge, F den Stabquerschnitt; das Summenzeichen erstreckt sich auf alle Binderstäbe.

Für die praktische Anwendung können mit hinreichender Genauigkeit die unter Vernachlässigung des Einflusses der Längskräfte abgeleiteten Gleichungen (3) verwendet werden.

δ) Greift der Winddruck W (als Einzellast) am Kopf des Ständers in C an, so ergibt sich

(5)
$$\boxed{X = W \frac{1}{2 + \frac{3 J \cdot l}{F h^3}}}$$

und mit Vernachlässigung des Einflusses der Längskräfte:

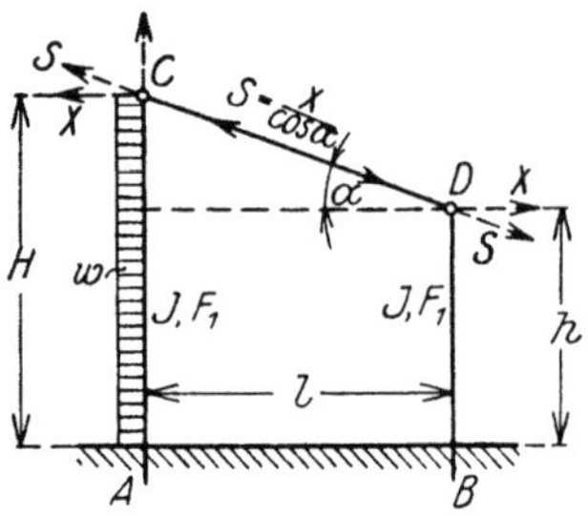

Abb. 358

(6)
$$\left\{\begin{array}{l} \boxed{X = \frac{1}{2} W} \\ \boxed{M_a = M_b = -\frac{1}{2} W \cdot h} \end{array}\right.$$

Pultdachform. Die in Abb. 358 dargestellten Ständer AC von der Höhe H und BD von der Höhe h seien miteinander durch den unter dem Winkel α gegen die Wagrechte geneigten Stab CD gelenkig verbunden. Der Ständer AC sei mit $W = w \cdot B \cdot H$ belastet. Die Querschnittsfläche der beiden Ständer betrage F_1.

Als standunbestimmte Größe soll die wagrechte Seitenkraft X der Spannkraft $\boxed{S = \frac{X}{\cos \alpha}}$ betrachtet werden.

Man erhält in diesem Falle:

(7)
$$\boxed{X = \frac{3}{8} W \frac{1}{\frac{H^3 + h^3}{H^3} + \frac{H + h}{H^3} \cdot \frac{3 J \operatorname{tg}^2 \alpha}{F_1} + \frac{l}{H^3} \cdot \frac{3 J}{F \cos^3 \alpha}}}$$

(8)
$$\left\{\begin{array}{l} \boxed{M_a = -\frac{1}{2} W \cdot H + X \cdot H} \\ \boxed{M_b = -X \cdot h} \end{array}\right.$$

und mit Vernachlässigung des Einflusses der Längskräfte:

(9)
$$\left\{\begin{array}{l} \boxed{X = \frac{3}{8} W \cdot \frac{H^3}{H^3 + h^3}} \\ \boxed{M_a = -\frac{1}{8} W \cdot H \cdot \frac{H^3 + 4 h^3}{H^3 + h^3}} \\ \boxed{M_b = -\frac{3}{8} W \cdot h \frac{H^3}{H^3 + h^3}} \end{array}\right.$$

Für Windanfall von der Seite BD her ist in obigen Gleichungen H mit h zu vertauschen.

Sind die Ständer miteinander durch einen Fachwerkbinder verbunden, so ist für die Berechnung von X in Gleichung (7) das Glied

$\frac{l}{H^3} \cdot \frac{3 J}{F \cos^3 \alpha}$ durch $\boxed{\frac{3 J}{H^3} \Sigma S'^2 \cdot \frac{s}{F}}$ zu ersetzen.

Auch für den vorliegenden Fall gilt das früher über die Zulässigkeit der Vernachlässigung der Längskräfte Gesagte.

Zweischiffige Halle. Die Ständer AD, BE und CF von der Höhe h seien miteinander durch die wagrechten Stäbe DE und EF gelenkig verbunden (Abb. 359).

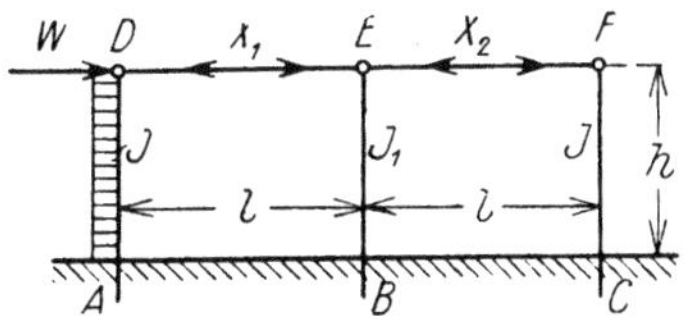

Abb. 359

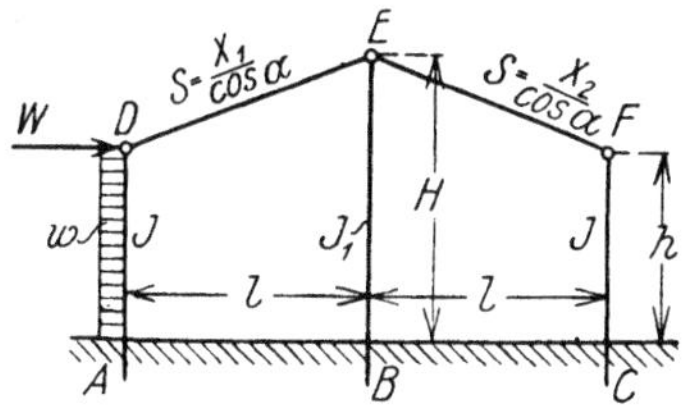

Abb. 360

Es sollen die Einspannmomente M_a, M_b, M_c sowie die Spannkräfte X_1 und X_2 bei Belastung des Ständers AD mit $W = w \cdot B \cdot h$ berechnet werden. Das Trägheitsmoment des inneren Ständers betrage J_1.

a) Bei Vernachlässigung der Längskräfte und mit $\boxed{v = \frac{J}{J_1}}$ ergibt sich

$$\left.\begin{aligned} &\boxed{X_1 = \frac{3}{8} W \cdot \frac{1+v}{1+2v};} \quad \boxed{X_2 = \frac{3}{8} W \cdot \frac{v}{1+2v};} \\ &\boxed{M_a = -\frac{1}{8} W \cdot h \frac{1+5v}{1+2v};} \boxed{M_b = -\frac{1}{8} W \cdot h \frac{3}{1+2v};} \boxed{M_c = -\frac{1}{8} W \cdot h \cdot \frac{3v}{1+2v}.} \end{aligned}\right\} \quad (10)$$

b) Für $J = J_1$ wird:

$$\left.\begin{aligned} &\boxed{X_1 = \frac{1}{4} W;} \quad \boxed{X_2 = \frac{1}{8} W;} \\ &\boxed{M_a = -\frac{1}{4} W \cdot h;} \quad \boxed{M_b = -\frac{1}{8} W \cdot h;} \quad \boxed{M_c = -\frac{1}{8} W \cdot h.} \end{aligned}\right\} \quad (11)$$

c) Für $\frac{J}{J_1} = \frac{1}{\infty} = 0$:

$$\left.\begin{aligned} &\boxed{X_1 = \frac{3}{8} W;} \quad \boxed{X_2 = 0;} \\ &M_a = -\frac{1}{8} W \cdot h; \quad M_b = -\frac{3}{8} W \cdot h; \quad M_c = 0. \end{aligned}\right\} \quad (12)$$

(Ist die mittlere Stütze als Pendelstütze ausgebildet, so gelten für wagrechte wie für schräge Verbindungsstäbe (Abb. 360) die früher bei Vernachlässigung des Einflusses der Längskräfte abgeleiteten Gleichungen (3).)

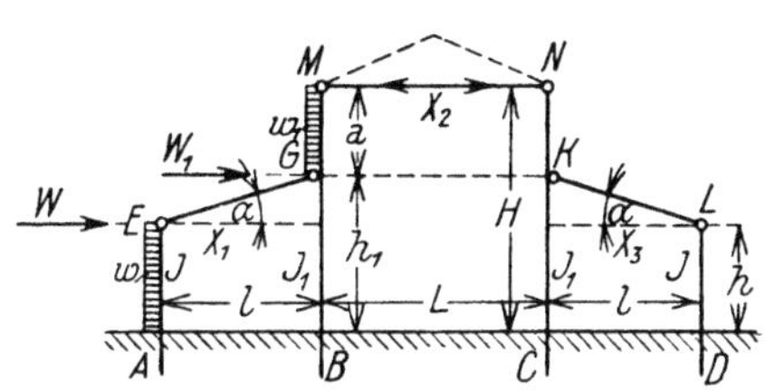

Abb. 361

Dreischiffige Halle mit erhöhtem Mittelschiff. (Abb. 361).

Belastung: a) Wand AE mit w kg/m; $W = w \cdot B \cdot h$

b) Wand GM mit w_1 kg/m; $W_1 = w_1 \cdot B \cdot a$.

Standunbestimmte Größen X_1, X_2, X_3.

a) Belastung der Wand AE:
Mit den Abkürzungen

$$\alpha = 1 + \left(\frac{h_1}{h}\right)^3 \cdot \frac{J}{J_1}; \qquad \beta = \left(\frac{h_1}{h}\right)^3 \cdot \frac{J}{J_1}\left(1 + \frac{3}{2} \cdot \frac{a}{h_1}\right);$$

$$\gamma = 2\left(\frac{H}{h}\right)^3 \cdot \frac{J}{J_1}$$

ergeben sich die standunbestimmten Größen zu:

$$(13) \quad \begin{cases} {}_1X_1 = \frac{3}{8} W \cdot \frac{\alpha \cdot \gamma - \beta^2}{\alpha(\alpha \cdot \gamma - 2\beta^2)}; \quad {}_1X_2 = \frac{3}{8} W \cdot \frac{\beta}{(\alpha \cdot \gamma - 2\beta^2)}; \\ {}_1X_3 = \frac{3}{8} W \cdot \frac{\beta^2}{\alpha(\alpha \cdot \gamma - 2\beta^2)} \end{cases}$$

und somit die Einspannmomente:

$$(14) \quad \begin{cases} {}_1M_a = -\frac{1}{2} W \cdot h + {}_1X_1 \cdot h \\ {}_1M_b = -{}_1X_1 \cdot h_1 + {}_1X_2 \cdot H \\ {}_1M_c = -{}_1X_2 \cdot H + {}_1X_3 \cdot h_1 \\ {}_1M_d = -{}_1X_3 \cdot h \end{cases}$$

Da ${}_1X_2$ nur in sehr geringem Maße von dem Verhältnis $\frac{J}{J_1}$ abhängig ist, und zudem in den weitaus meisten Fällen der Anwendung J_1 beträchtlich größer als J zu sein pflegt, genügt es für die Rechnung stets $\frac{J}{J_1} = 0$ zu setzen.

Mit der abkürzenden Bezeichnung

$$c = \frac{1}{2}\left(1 + \frac{3}{2} \cdot \frac{a}{h_1}\right) \cdot \left(\frac{h_1}{H}\right)^3$$

erhält man

$$(15) \quad \begin{cases} {}_1X_2 = \frac{3}{8} W \cdot c; \quad {}_1X_3 = {}_1X_2 \cdot \dfrac{1 + \frac{3}{2} \cdot \frac{a}{h_1}}{1 + \left(\frac{h}{h_1}\right)^3 \cdot \frac{J_1}{J}} \\ {}_1X_1 = \frac{3}{8} W - {}_1X_3 \end{cases}$$

Einzellast W im Punkt E:

$$(16) \quad \left\{ {}_1X_2 = W \cdot c; \quad {}_1X_3 = {}_1X_2 \cdot \dfrac{1 + \frac{3}{2} \cdot \frac{a}{h_1}}{1 + \left(\frac{h}{h_1}\right)^3 \cdot \frac{J_1}{J}}; \quad {}_1X_1 = W - {}_1X_3 \right.$$

b) Belastung der Wand GM:
Setzt man außer den früheren Abkürzungen noch

$$\begin{cases} \delta = \left(\frac{h_1}{h}\right)^3 \cdot \frac{J}{J_1}\left(1 + \frac{3}{4} \frac{a}{h_1}\right), \\ \varepsilon = \left(\frac{h_1}{h}\right)^3 \cdot \frac{J}{J_1}\left[1 + \frac{9}{4} \cdot \left(\frac{a}{h_1}\right) + \frac{3}{2} \cdot \left(\frac{a}{h_1}\right)^2 + \frac{3}{8} \cdot \left(\frac{a}{h_1}\right)^3\right], \end{cases}$$

so ergibt sich

$$\left.\begin{aligned} \boxed{{}_2X_1 = W_1 \cdot \frac{\varepsilon \cdot \alpha \cdot \beta - \delta\,(\alpha\gamma - \beta^2)}{\alpha\,(\alpha \cdot \gamma - 2\,\beta^2)}} \\ \boxed{{}_2X_2 = W_1 \cdot \frac{\varepsilon \cdot \alpha - \delta \cdot \beta}{\alpha\gamma - 2\,\beta^2}} \\ \boxed{{}_2X_3 = W_1 \cdot \frac{\varepsilon \cdot \alpha \cdot \beta - \delta \cdot \beta^2}{\alpha\,(\alpha \cdot \gamma - 2\,\beta^2)}} \end{aligned}\right\} \qquad (17)$$

und hieraus

$$\left.\begin{aligned} {}_2M_a &= + {}_2X_1 \cdot h \\ {}_2M_b &= -\frac{1}{2}\,W_1\,(2\,h_1 + a) - {}_2X_1 \cdot h_1 + {}_2X_2 \cdot H \\ {}_2M_c &= - {}_2X_2 \cdot H + {}_2X_3 \cdot h_1 \\ {}_2M_d &= - {}_2X_3 \cdot h \end{aligned}\right\} \qquad (18)$$

Mit der auch im vorliegenden Falle zulässigen Vereinfachung $\frac{J}{J_1} = 0$ und mit

$$\boxed{c_1 = \frac{4}{3}\left[1 + \frac{9}{4} \cdot \frac{a}{h_1} + \frac{3}{2} \cdot \left(\frac{a}{h_1}\right)^2 + \frac{3}{8}\left(\frac{a}{h_1}\right)^3\right] \cdot \left(\frac{h_1}{H}\right)^3}$$

erhält man die vereinfachten Beziehungen

$$\left.\boxed{{}_2X_2 = \frac{3}{8}\,W_1 \cdot c_1;} \quad \boxed{{}_2X_3 = {}_2X_2 \cdot \frac{1 + \frac{3}{2}\,\frac{a}{h_1}}{1 + \left(\frac{h}{h_1}\right)^3 \cdot \frac{J_1}{J}};} \quad \boxed{{}_2X_1 = - {}_2X_3}\right\} \qquad (19)$$

Zusammenstellung der Werte c und c_1 für verschiedene Verhältniszahlen $\left(\frac{a}{h_1}\right)$:

$\frac{a}{h_1} =$	1	0,9	0,8	0,7	0,6	0,5	0,4	0,333	0,3	0,25	0,2	0,167	0,143	0,125	0,111	0,1
$c = \left(\frac{h_1}{H}\right)^3 \cdot$	1,250	1,175	1,100	1,025	0,950	0,875	0,800	0,750	0,725	0,6875	0,650	0,625	0,607	0,594	0,583	0,575
$c_1 = \left(\frac{h_1}{H}\right)^3 \cdot$	6,833	6,018	5,269	4,585	3,961	3,396	2,885	2,574	2,427	2,216	2,017	1,891	1,804	1,741	1,692	1,654

Einzellast W_1 im Punkt M:

$$\left.\boxed{{}_2X_1 = -\frac{1}{2}\,W_1 \cdot \frac{\beta}{\alpha};} \quad \boxed{{}_2X_2 = \frac{1}{2}\,W_1;} \quad \boxed{{}_2X_3 = \frac{1}{2}\,W_1 \cdot \frac{\beta}{\alpha}}\right\} \qquad (20)$$

wobei

$$\frac{\beta}{\alpha} = \frac{1 + \frac{3}{2} \cdot \frac{a}{h_1}}{1 + \left(\frac{h}{h_1}\right)^3 \cdot \frac{J_1}{J}}$$

und

$$\left.\begin{aligned} {}_2M_a = {}_2M_d &= -\frac{1}{2}\,W_1 \cdot h \cdot \frac{\beta}{\alpha} \\ {}_2M_b = {}_2M_c &= -\frac{1}{2}\,W_1 \cdot H + \frac{1}{2}\,W_1 \cdot h_1 \cdot \frac{\beta}{\alpha} \end{aligned}\right\} \qquad (21)$$

Einzellast W_1 im Punkt G:

$$(22)\quad \left\{\ \boxed{{}_2X_2 = W_1 \cdot c;} \qquad \boxed{{}_2X_3 = {}_2X_2 \frac{1 + \frac{3}{2}\frac{a}{h_1}}{1 + \left(\frac{h}{h_1}\right)^3 \cdot \frac{J_1}{J}};} \qquad \boxed{{}_2X_1 = -\,{}_2X_3} \right.$$

Gelenkig angeschlossene Eckverbindung zwischen Ständer und Binder. (Abb. 362.)

Die beiden Ständer AC und BD von der Höhe h und dem Trägheitsmoment J sind mit dem in C und D gelenkartig aufgelagerten Binder CED noch durch die Stäbe EF und KG verbunden. Es sollen die durch die wagrechte Belastung des Ständers AC mit w kg/m hervorgerufenen Einspannmomente M_a und M_b sowie die Spannkräfte S_l und S_r der Stäbe EF und KG ermittelt werden.

Zwecks einfacher Berechnung ersetzt man das rechte Auflager B durch einen starren Auflagerstab BO, bringt im Punkt O die das Einspannmoment M_b ersetzenden Kräfte bzw. Momente X, Y und Z an und führt dieselben als die drei standunbestimmten Größen ein. Der Punkt O ist dabei so gewählt, daß (immer unter Vernachlässigung der Längskräfte) die drei Gleichungen

$$M_x' \cdot M_y' \cdot d\,x = O; \qquad M_z' \cdot M_y' \cdot d\,x = O; \qquad M_x' \cdot M_z' \cdot d\,x = O$$

erfüllt sind, wobei M_x', M_y', M_z' die Momente für die Belastungszustände $X = 1$, $Y = 1$, $Z = 1$ bedeuten. Den beiden ersten Gleichungen wird durch die Wahl des Punktes O in der senkrechten Mittellinie genügt; die letzte Gleichung führt zur Bestimmung der Entfernung s_o des Punktes O von der Geraden CD und ergibt sich diese mit der abkürzenden Bezeichnung

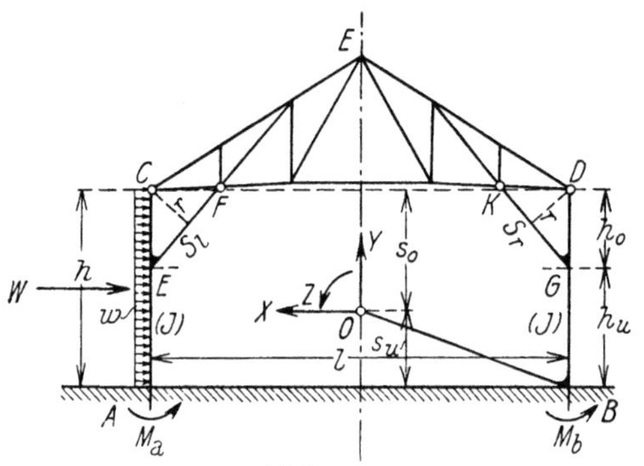

Abb. 362

$$\boxed{n = \frac{h_o}{h}}$$

zu

$$(23)\qquad \boxed{s_o = \frac{h}{2} \cdot \frac{3 - n^2}{3 - 2n}}$$

Die Werte X, Y, Z können in einfacher Weise mit Hilfe der Formänderungsgleichungen bestimmt werden und ergeben sich, wenn $W = w \cdot B \cdot h$ gesetzt wird, zu

$$(24)\quad \left\{ \begin{aligned} X &= \frac{W}{8} \cdot \frac{3 - \frac{s_o}{h}(4 - n^3)}{2 - \frac{s_o}{h}(3 - n^2)} \\ Y &= \frac{W}{8} \cdot \frac{h}{l} \cdot \frac{4 - n^3}{3 - 2n} \\ Z &= \frac{W}{16} \cdot h \cdot \frac{4 - n^3}{3 - 2n} \end{aligned} \right.$$

Die folgende Zusammenstellung gibt für verschiedene Verhältnisse $n = \frac{h_o}{h}$ die Werte s_o, X, Y und Z an; Zwischenwerte können geradlinig eingeschaltet werden.

$n = \frac{h_o}{h}$	0,1	0,111	0,125	0,143	0,167	0,2	0,25	0,3	0,3	0,4	0,5	0,6	0,7	0,8	0,9
$s_o = h \cdot$	0,534	0,538	0,543	0,549	0,557	0,569	0,5875	0,606	0,619	0,645	0,6875	0,733	0,784	0,843	0,9125
$X = \frac{W}{8} \cdot$	2,141	2,166	2,184	2,214	2,250	2,304	2,401	2,498	2,580	2,738	3,083	3,462	4,125	5,545	7,500
$Y = \frac{W}{8} \cdot \frac{h}{l} \cdot$ $Z = \frac{W}{16} \cdot h$	1,428	1,440	1,454	1,473	1,498	1,535	1,594	1,655	1,698	1,789	1,938	2,102	2,286	2,491	2,726

Nach Bestimmung von X, Y, Z können die Momente mit den Bezeichnungen der Abb. 362 wie folgt angeschrieben werden:

$$\left.\begin{aligned} M_a &= -\frac{W \cdot h}{2} + X(h - s_o) + 2Z \\ M_b &= -X(h - s_o) \\ M_e &= +\frac{w \cdot a^2}{2} + X(s_o - h_o) - 2Z \\ M_k &= -X(s_o - h_o) \end{aligned}\right\} \quad (25)$$

Die Stabkräfte S_l und S_r ergeben sich aus den Bedingungen, daß für C und D die Momente gleich Null sein müssen, zu

$$S_l = -\frac{1}{r}(X \cdot s_o - 2Z); \quad S_r = -\frac{1}{r} X \cdot s_o \quad (26)$$

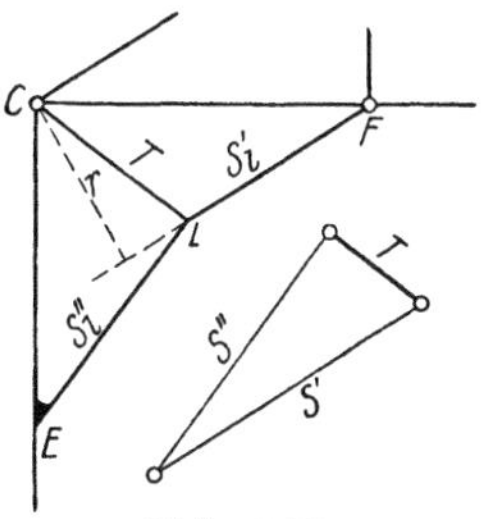

Abb. 363

Erfolgt die Verbindung der Punkte E und F durch den gebrochenen Stabzug ELF (Abb. 363), so bestimmt man die Stabkraft S'_l aus der Bedingung, daß im Punkt C das Moment gleich Null sein muß und erhält hierauf mit Hilfe eines Kräftedreieckes für den Punkt L die Stabkräfte S''_l und T.

Steife Eckverbindung zwischen Ständer und Binder. Ist die Verbindung zwischen den Ständern und dem Binder eine starre (Abb. 364), so entsteht ein rahmenartiges Tragwerk, bei dessen Berechnung auch der Einfluß des Querriegels (Binders) in Berücksichtigung gezogen werden muß.

Bezeichnet $k = \frac{J_r}{J_s}$ das Verhältnis des Trägheitsmomentes des Querriegels zu dem der Ständer, so ergibt sich mit den Bezeichnungen der Abb. 364 der Schwerpunkt der elastischen Gewichte des Rahmens aus dem Schwerpunktabstand

$$s_o = \frac{k \cdot h_u (2 h_o + h_n)}{2 k \cdot h_u + l_2} \quad (27)$$

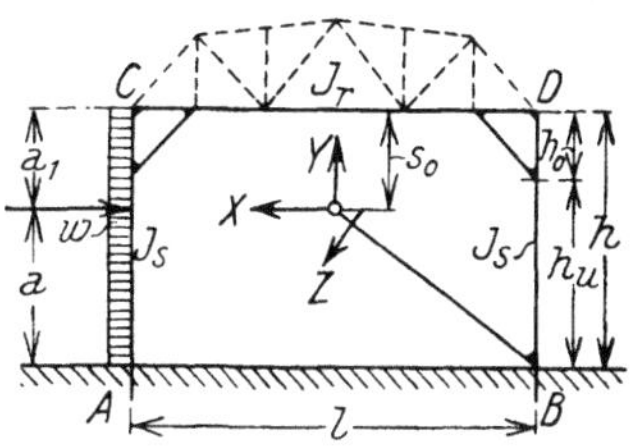

Abb. 364

Die Werte X, Y, Z ergeben sich aus den bekannten Gleichungen:

$$X = \frac{\int M_o \cdot y \frac{ds}{J}}{\int y^2 \cdot \frac{ds}{J}} = \frac{S_x}{T_x}; \quad Y = \frac{\int M_o \cdot x \cdot \frac{ds}{J}}{\int x^2 \cdot \frac{ds}{J}} = \frac{S_y}{T_y}; \quad Z = \frac{\int M_o \cdot \frac{ds}{J}}{\int \frac{ds}{J}} = \frac{S}{G} \quad (28)$$

In diesen bedeuten:

$G = 2\,h_u + \frac{l_2}{k}$ das elastische Gewicht,

$$\left.\begin{aligned} T_x &= \frac{2}{3}(h^3 - h_o^3) - \left(2\,h_u + \frac{l_2}{k}\right)\cdot s_o^2 \\ T_y &= \frac{1}{12}\left(\frac{l_2^3}{k} + 6\,h_u \cdot l^2\right) \end{aligned}\right\}$$ die auf die x- bzw. y-Achse bezogenen

Trägheitsmomente des Rahmens.

Wird der Binder als starre Scheibe angenommen, so ist $k = \infty$ zu setzen und es wird

(29)
$$\left\{\begin{aligned} s_o &= h_o + \frac{h_u}{2}; \qquad G = 2\,h_u; \\ T_x &= \frac{2}{3}(h^3 - h_o^3) - 2\,h_u \cdot s_o^2 \\ T_y &= \frac{1}{2}\,h_u \cdot l^2 \end{aligned}\right.$$

Für die Belastung des Ständers $A\,C$ mit w kg/m ergibt sich

(30)
$$\left\{\begin{aligned} X &= +\frac{w\,[3\,(h^4 - h_o^4) - 4\,s_o\,(h^3 - h_o^3)]}{24\,T_x} \\ Y &= +\frac{w \cdot l\,(h^3 - h_o^3)}{12\,T_y} \\ Z &= -\frac{w\,(h^3 - h_o^3)}{6\,G} \end{aligned}\right.$$

Für eine wagrechte, im Abstand a von A am Ständer AC angreifende Einzellast wird:

(31)
$$\left\{\begin{aligned} X &= +\frac{W \cdot h_u\,[3\,(a + a_1)\cdot s_o - h_u\,(a + 2\,a_1)]}{6\,T_x} \\ Y &= +\frac{W \cdot h_u \cdot l\,(a + a_1)}{4\,T_y} \\ Z &= -\frac{W \cdot h_u\,(a + a_1)}{2\,G} \end{aligned}\right.$$

Wird $a = h$, $a_1 = h_o$, d. h., greift die wagrechte Einzellast W am Ständerkopf in C an, so ergibt sich

(32)
$$\left\{\begin{aligned} X &= +\frac{W \cdot h_u\,[3\,(h + h_o)\cdot s_o - h_u\,(h + 2\,h_o)]}{6\,T_x} \\ Y &= +\frac{W \cdot h_u \cdot l\,(h + h_o)}{4\,T_y} \\ Z &= -\frac{W \cdot h_u\,(h + h_o)}{2\,G} \end{aligned}\right.$$

Mehrschiffige Halle mit Kopfaussteifung der Ständer (Abb. 365). Es bezeichne

J_r ..... das Trägheitsmoment der Dachscheibe, welches wie früher mit $J_r = \infty$ vorausgesetzt werden soll,

J_s ..... das Trägheitsmoment einer Stütze.

Für eine am Stützenkopf angreifende wagrechte Einzellast W beträgt im x-ten Felde:

(33)
$$X_x = W \cdot \frac{J_s}{\Sigma J_s},$$

d. h., die Einzellast W verteilt sich auf die einzelnen Stützen im Verhältnis des Trägheitsmomentes jeder einzelnen Stütze zur Summe der Trägheitsmomente sämtlicher Stützen.

Das Moment am Stützenkopf ergibt sich zu:

$${}_{x+1}M_k = W \cdot \frac{J_s}{\Sigma J_s} \cdot \frac{h + h_o}{2}.$$

Das Einspannmoment am Stützenfuß:

$${}_{x+1}M_f = M_k - X_x \cdot h = - W \cdot \frac{J_s}{\Sigma J_s} \cdot \frac{h_u}{2}.$$

Das Biegemoment in Höhe der Kopfaussteifung:

$${}_{x+1}M_s = M_k - X \cdot h_o = W \cdot \frac{J_s}{\Sigma J_s} \cdot \frac{h_u}{2}.$$

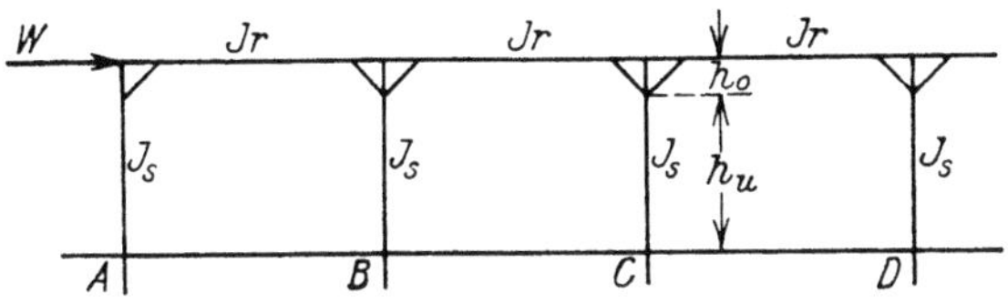

Abb. 365

Bei gleichen Stützen und spiegelgleicher Anordnung wird

$$\left.\begin{aligned} X_1 &= X_2 = \ldots . X_m = \frac{W}{m+1} \\ {}_1M_f &= {}_2M_f = \ldots . \; {}_{m+1}M_f = - \frac{W}{m+1} \cdot \frac{h_u}{2} \\ {}_1M_s &= {}_2M_s = \ldots . \; {}_{m+1}M_s = \frac{W}{m+1} \cdot \frac{h_u}{2} \end{aligned}\right\} \quad (34)$$

Ein Vergleich mit den bei der Berechnung der Stützen ohne Eckaussteifung erhaltenen Werten (s. S. 301), bei denen unter den gleichen Annahmen

$${}_1M_f = {}_2M_f = \ldots . \; {}_{m+1}M_f = - \frac{W}{m+1} \cdot h$$

beträgt, zeigt, daß das Einspannmoment am Stützenfuße im Falle einer Eckaussteifung weniger als die Hälfte beträgt. Für $h_o = \frac{h}{3}$ beträgt dasselbe sogar nur ein Drittel des Einspannmomentes bei frei drehbarer Auflagerung. Aus diesen Beispielen geht deutlich der große Vorteil der Anordnung von Eckversteifungen beim Entwerfen von Hallenbindern hervor.

Gelenkig gelagerter Ständer mit fachwerkförmiger Eckversteifung. Für die vorläufige Ermittlung der erforderlichen Querschnittsabmessungen (Abb. 366a) kann man den wagrechten Seitenschub des Auflagers B angenähert mit

$$X = \frac{5}{16} W + \frac{1}{2} W_1$$

annehmen.

Bei der Anordnung nach Abb. 366a) kann man den Ständer AC als in E und C gestützten, gleichmäßig mit W und im Endpunkt A mit $\left(\frac{11}{16} W + \frac{1}{2} W_1\right)$ belasteten Kragträger betrachten, dessen Auflagerdrücke in E und C auf den fachwerkförmigen

Teil als Knotenlasten, und zwar mit umgekehrtem Pfeil, wirken; dasselbe gilt von den Auflagerdrücken des in F und D gelagerten, im Punkte B mit $\left(\frac{5}{16} W + \frac{1}{2} W_1\right)$

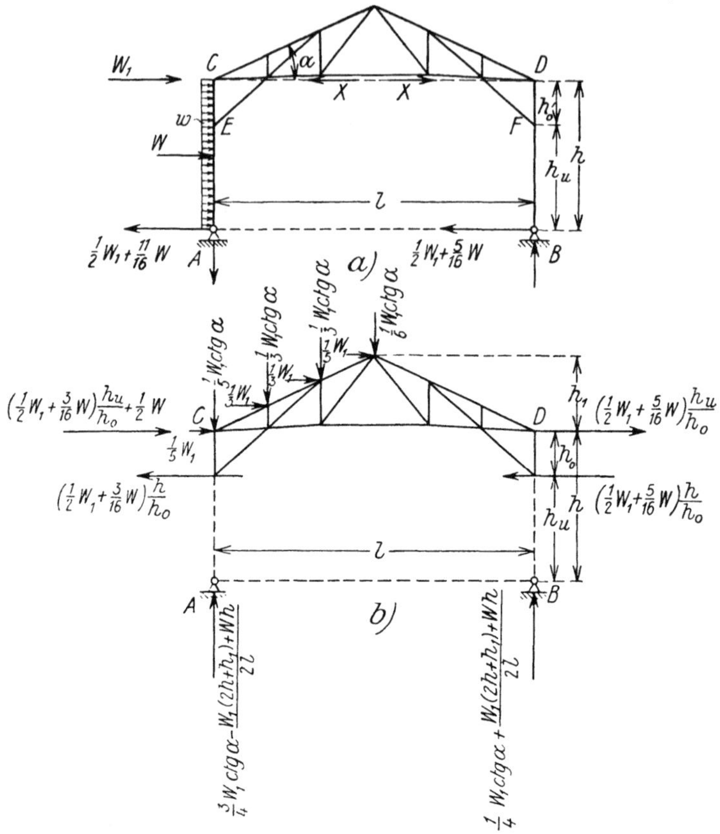

Abb. 366

belasteten Kragträgers BD. Fügt man zu den genannten wagrechten Knotenlasten noch die lotrecht wirkenden hinzu, die sich aus der Gesamtlast $W_1 \cdot \operatorname{ctg} \alpha$ berechnen, so erhält man die in Abb. 366b) angegebene Gesamtbelastung des fachwerksförmigen Teiles, aus der sich die einzelnen Stabkräfte zeichnerisch oder rechnerisch ermitteln lassen. Bei der Querschnittsermittlung müssen natürlich die in den Stäben AC und BD wirkenden Biegemomente berücksichtigt werden.

Gelenkig gelagerter Fachwerkrahmen. Auch bei Berechnung dieses Binders kann man für die vorläufige Berechnung angenähert

$$X = \frac{5}{16} W + \frac{1}{2} W_1$$

annehmen und die Stabkräfte unmittelbar durch Zeichnen eines Kräfteplanes ermitteln, nachdem man W auf die einzelnen Knotenpunkte des Ständers AC und W_1 auf die Knotenpunkte des auf der Windseite gelegenen Dachbinderteiles verteilt hat.

Zusammenstellung der Berechnungsformeln für einige Hallenquerschnittsformen

	$W = w \cdot h$ $v = \frac{J}{J_1}$	$X_1 = \frac{3}{16} W \cdot \frac{2+v}{1+v}$ $X_2 = \frac{3}{16} W$ $X_3 = \frac{3}{16} W \cdot \frac{v}{1+v}$	$M_a = -\frac{1}{16} W \cdot h \cdot \frac{2+5v}{1+v}$ $M_b = M_c = -\frac{1}{16} W \cdot h \cdot \frac{3}{1+v}$ $M_d = -\frac{1}{16} W \cdot h \cdot \frac{3v}{1+v}$
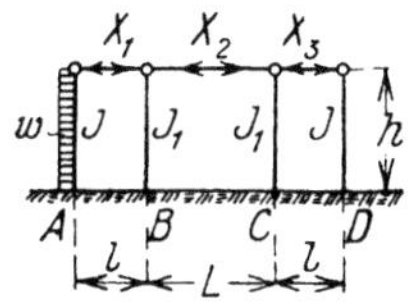	$J = J_1$:	$X_1 = \frac{9}{32} W$ $X_2 = \frac{6}{32} W$ $X_3 = \frac{3}{32} W$	$M_a = -\frac{7}{32} W \cdot h$ $M_b = M_c = -\frac{3}{32} W \cdot h$ $M_d = -\frac{3}{32} W \cdot h$
	$\frac{J}{J_1} = 0$:	$X_1 = \frac{6}{16} W$ $X_2 = \frac{3}{16} W$ $X_3 = 0$	$M_a = -\frac{1}{8} W \cdot h$ $M_b = M_c = -\frac{3}{16} W \cdot h$ $M_d = 0$
	$W = w \cdot h$ $n = \left(\frac{H}{h}\right)^3 \cdot \frac{J}{J_1}$	$X_1 = \frac{3}{8} W \cdot \frac{1+n}{1+2n}$ $X_2 = \frac{3}{8} W \cdot \frac{n}{1+2n}$	$M_a = -\frac{1}{8} W \cdot h \cdot \frac{1+5n}{1+2n}$ $M_b = -\frac{1}{8} W \cdot h \cdot \frac{3}{1+2n}$ $M_c = -\frac{1}{8} W \cdot h \cdot \frac{3n}{1+2n}$
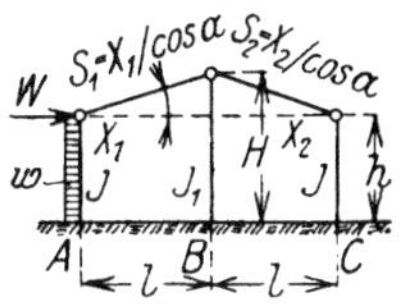	Einzellast W am Kopfe des Ständers:	$X_1 = W \cdot \frac{1+n}{1+2n}$ $X_2 = W \cdot \frac{n}{1+2n}$	$M_a = -W \cdot h \cdot \frac{n}{1+2n}$ $M_b = -W \cdot h \cdot \frac{1}{1+2n}$ $M_c = -W \cdot h \cdot \frac{n}{1+2n}$
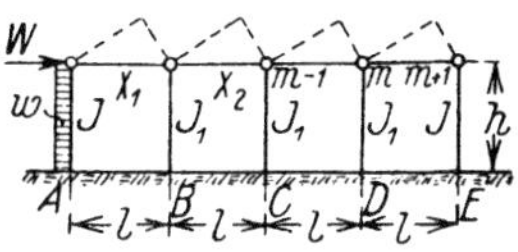	$W = w \cdot h$ $v = \frac{J}{J_1}$ m = Anzahl der Öffnungen $(m+1)$ = Anzahl der Ständer	für die x-te Öffnung $X_x = \frac{3}{8} W \frac{(m-x)+v}{(m-1)+2v}$	$M_a = -\frac{1}{8} W \cdot h \cdot \frac{(m-1)+5v}{(m-1)+2v}$ $M_m = -\frac{1}{8} W \cdot h \cdot \frac{3v}{(m-1)+2v}$ $M_x = -\frac{1}{8} W \cdot h \cdot \frac{3}{(m-1)+2v}$
Allgemeiner Fall:	Einzellast W am Kopfe des Ständers:	$X_x = W \cdot \frac{(m-x)+v}{(m-1)+2v}$	$M_a = M_e = -$ $- W \cdot h \cdot \frac{v}{(m-1)+2v}$ $M_x = -W \cdot h \cdot \frac{1}{(m-1)+2v}$

2. Der Einfluß der vom Binder aufzunehmenden äußeren Kräfte auf diesen und die Ständer

Im folgenden sollen die Biegemomente und Spannkräfte ermittelt werden, welche infolge der auf die Binder wirkenden äußeren Kräfte in den Ständern bzw. in den Binderstäben hervorgerufen werden.

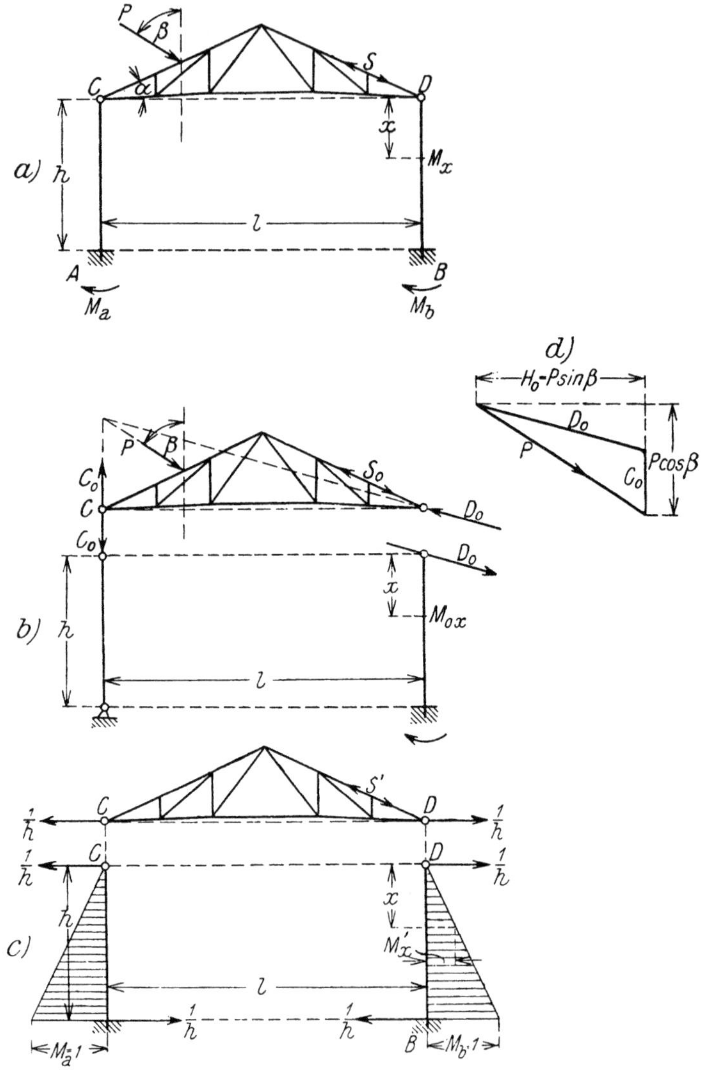

Abb. 367

Voraussetzungen der Berechnung: Jeder Binder wirkt mit seinem Ständerpaar als ein Ganzes für sich. Die äußeren Kräfte greifen in den Knotenpunkten der Binder an. Die Widerlager der Ständer sind starr.

Es bezeichne: s ...die Stablänge,

F ...die Stabquerschnittsfläche,

$\varrho = \frac{s}{F}$,

J ...das für die Biegung in Frage kommende Trägheitsmoment der Ständer,

S_0 ..die Stabkraft im standbestimmten Hauptnetz unter Einwirkung der äußeren Kräfte,

S' ..die Stabkraft unter der Voraussetzung des Verschwindens aller äußeren Kräfte unter der Bedingung, daß die standunbestimmte Größe $= -1$ gesetzt wird.

Der in Abb. 367 a) dargestellte Binder sei in den Punkten C und D mittels Gelenken mit den Ständern AC und BD verbunden. Auf ihn wirke die unter dem Winkel β gegen die Lotrechte geneigte äußere Kraft P.

Das Tragwerk ist einfach unbestimmt. Als standunbestimmte Größe wird das Einspannmoment M_a in A angenommen.

Unter Annahme einer durchwegs gleichen Dehnziffer E ergibt sich M_a mit den Bezeichnungen der Abb. 367 a) b) und c) zu

$$\boxed{M_a = \frac{\Sigma S_0 \cdot S' \cdot \varrho + \int M_{0x} \cdot M_x' \cdot \frac{dx}{J}}{\Sigma S'^2 \cdot \varrho + \int M_x'^2 \cdot \frac{dx}{J}}} \tag{35}$$

und somit

$$\left.\begin{array}{l} \boxed{S = S_0 + S' \cdot M_a} \\ \boxed{M_x = M_0 + M' \cdot M_a} \end{array}\right\} \tag{36}$$

Besitzen beide Ständer das unveränderliche Trägheitsmoment J, so wird

$$\left.\begin{array}{l} \int\limits_0^h M_x'^2 \cdot \frac{dx}{J} = \frac{2}{3} \cdot \frac{h}{J} \\ \int\limits_0^h M_x' \cdot x \cdot \frac{dx}{J} = \frac{h^2}{3J} \end{array}\right\}, \tag{37}$$

Ist hingegen das Trägheitsmoment der Ständer J veränderlich und beträgt beispielsweise von

$$x = o \text{ bis } x = h' \ldots\ldots J',$$
$$x = h' \;,, \;\; x = h'' \ldots\ldots J'' \text{ usw.},$$

so treten an Stelle der Gleichungen (37) die Gleichungen:

$$\left.\begin{array}{l} \int M_x'^2 \cdot \frac{dx}{J} = \frac{2}{3} \frac{1}{h^2} \left[\frac{h'^3}{J'} + \frac{h''^3 - h'^3}{J''} + \frac{h'''^3 - h''^3}{J'''} + \ldots\right] \\ \int M_x' \cdot x \cdot \frac{dx}{J} = \frac{1}{3} \cdot \frac{1}{h} \left[\frac{h'^3}{J'} + \frac{h''^3 - h'^3}{J''} + \frac{h'''^3 - h''^3}{J} + \ldots\right] \end{array}\right\} \tag{38}$$

Aus Gleichung (35) berechnet sich

der Einfluß lotrechter Lasten zu:

$$(39)\qquad {}_vM_a = -\frac{\Sigma S_o \cdot S' \cdot \varrho}{\Sigma S'^2 \cdot \varrho + \int\limits_0^h M_x'^2 \cdot \frac{d\,x}{J}},$$

der Einfluß wagrechter Lasten zu:

$$(40)\qquad {}_hM_a = -\frac{\Sigma S_o \cdot S' \cdot \varrho + W_1 \int\limits_0^h M_x' \cdot x \cdot \frac{d\,x}{J}}{\Sigma S'^2 \cdot \varrho + \int\limits_0^h M_x'^2 \cdot \frac{d\,x}{J}},$$

wobei W_1 die Mittelkraft der nach rechts gerichteten wagrechten Knotenlasten bezeichnet.

Die Berechnung der in den Gleichungen (35) bis (40) vorkommenden Werte wird am besten in Form der nachstehenden Tabelle durchgeführt:

Bezeichnung des Stabes	F m²	s m	$\varrho = \frac{s}{F}$	S_o in kg für lotr. Lasten	S_o in kg für wagr. Lasten	S' kg	S'^2	$S'^2 \cdot \varrho$	$S_o \cdot S' \cdot \varrho$ für lotrechte Lasten +	lotrechte Lasten −	wagrechte Lasten +	wagrechte Lasten −
								$\Sigma S'^2 \cdot \varrho$	$\Sigma S_o \cdot S' \cdot \varrho$			

Mit genügender Genauigkeit kann gewöhnlich von den nachstehend angegebenen Vereinfachungen Gebrauch gemacht werden:

Berechnung von ${}_hM_a$: Da dieser Wert in sehr geringem Maß von der Größe des Trägheitsmomentes der Ständer J abhängig ist, kann in Gleichung (40) $J = \infty$ gesetzt werden, womit

$$(41)\qquad \boxed{{}_hM_a = {}_hM_b =} -\frac{J \cdot \Sigma S_o \cdot S' \cdot \varrho + H_o \int\limits_0^h M_x' \cdot x\,d\,x}{J \cdot \Sigma S'^2 \cdot \varrho + \int\limits_0^h M_x'^2\,d\,x} = \boxed{-\frac{1}{2} H_o \cdot h,}$$

d. h., der auf die Dachfläche wirkende wagrechte Winddruck W_1 kann bei Berechnung der Einspannmomente als am Kopfe des dem Winde zugekehrten Ständers angreifende Einzellast eingeführt werden.

Obige vereinfachende Annahme entspricht der Vernachlässigung der Formänderungsarbeit der Binderstäbe und darf nicht nur für einschiffige, sondern auch für beliebig vielschiffige Hallen getroffen werden.

Berechnung von ${}_vM_a$: Das Einspannmoment ${}_vM_a$, hervorgerufen durch die lotrechte Binderbelastung wächst mit der Größe des Trägheitsmomentes J der Ständer. Es kann daher mit hinreichender Genauigkeit als unmittelbar von J abhängig angenommen, also in Gleichung (39) das Glied $\Sigma S'^2 \cdot \varrho$ vernachlässigt werden, so daß sich die einfachere Gleichung ergibt:

$$_vM_a = -1{,}5 \cdot \frac{J}{h} \Sigma S_o \cdot S' \cdot \varrho \tag{42}$$

Für die Größe $\Sigma S_o \cdot S' \cdot \varrho$ können folgende Annäherungswerte erhalten werden:

Wagrechter Untergurt:

Es bezeichnen: Q....die auf den Binder einwirkende lotrechte Gesamtbelastung,
F....die auf die ganze Länge des Untergurtes unveränderlich angenommene Querschnittsfläche desselben,
h....die Ständerhöhe,
h_1...die Binderhöhe,
l....die Binderstützweite.

Mit den Bezeichnungen der Abb. 368a) ergibt sich die Untergurtspannung beim Auflager zu $U_1 = \frac{Q}{2} \cdot \frac{1}{\operatorname{tg} \alpha}$, die Untergurtspannung in der Bindermitte zu $U_m = \frac{Q}{4} \cdot \frac{1}{\operatorname{tg} \alpha_1}$, so daß für S_o der mittlere Wert $S_o = \frac{Q}{4}\left(\frac{1}{\operatorname{tg} \alpha} + \frac{1}{2 \operatorname{tg} \alpha_1}\right)$ eingeführt werden darf. Da noch $S' = -\frac{1}{h}$ ist, und $\Sigma \frac{s}{F} = \frac{l}{F}$ gesetzt werden kann, ergibt sich:

$$\Sigma S_o \cdot S' \cdot \varrho = -\frac{1}{4} \cdot \frac{Q \cdot l}{F \cdot h}\left(\frac{1}{\operatorname{tg} \alpha} + \frac{1}{2 \operatorname{tg} \alpha_1}\right) \tag{43}$$

Für den Satteldachbinder ergibt sich beispielsweise mit $\operatorname{tg} \alpha = \operatorname{tg} \alpha_1 = \frac{h_1}{l/2}$:

$$\Sigma S_o \cdot S' \cdot \varrho = -\frac{3}{16} \frac{Q\, l^2}{F \cdot h \cdot h_1} \tag{44}$$

Bei gleicher Felderteilung und den Knotenlasten „Eins“ ist Q gleich der Anzahl der Felder zu setzen.

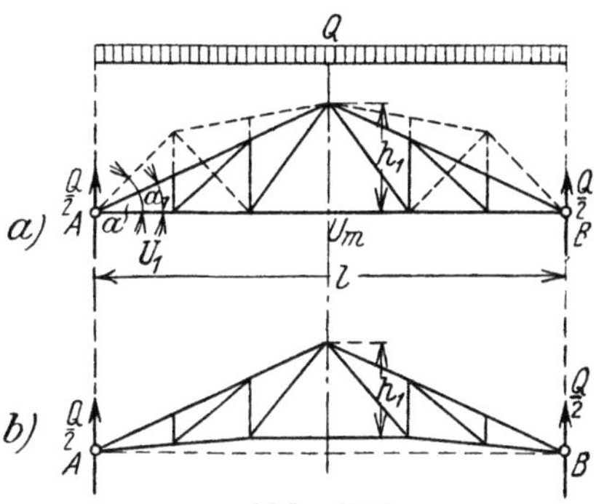

Abb. 368

Gesprengter Untergurt: Bei gesprengtem Untergurt (Abb. 368b) erhalten auch die Obergurtstäbe und ein Teil der Füllstäbe Spannkräfte S' und man kann annähernd den Beitrag, den diese Stäbe zu $\Sigma S_o \cdot S' \cdot \varrho$ liefern, gleich dem Beitrage setzen, den der Untergurt zu dieser Summe liefert, dafür aber für alle Stäbe $S' = -\frac{1}{h}$ einführen. Unter obigen Annahmen ergibt sich allgemein:

$$\Sigma S_o \cdot S' \cdot \varrho = -\frac{1}{2} \frac{Q \cdot l}{F \cdot h}\left(\frac{1}{\operatorname{tg} \alpha} + \frac{1}{2 \operatorname{tg} \alpha_1}\right) \tag{45}$$

und für den Satteldachbinder:

$$\Sigma S_o \cdot S' \cdot \varrho = -\frac{3}{8} \frac{Q\, l^2}{F \cdot h \cdot h_1} \tag{46}$$

Binder mit überkragenden Enden: Bei diesen führt man für S_o den Mittelwert der sich aus der Berechnung ergebenden Untergurtspannungen (selbstverständlich ohne Berücksichtigung des auskragenden Binderteiles) ein.

Bei steileren Satteldächern kann der Einfluß der lotrechten Lasten — falls die Seitenwände der Halle geschlossen sind — wenigstens für die vorläufige Festsetzung des Ständerquerschnittes —, vernachlässigt und das Einspannmoment aus der Gleichung bestimmt werden:

$$M_{max} = -M_{min} = \frac{w \cdot b \cdot h}{4}\left(l \sin\alpha \operatorname{tg}\alpha + \frac{5}{4}\,h\right) \tag{47}$$

Bei flacheren Satteldächern, bei denen der Einfluß der lotrechten Lasten größer wird, kann obige Gleichung ersetzt werden durch

$$M_{max} = -M_{min} = \frac{w \cdot b \cdot h}{4}\left(l \operatorname{tg}^2\alpha + \frac{5}{4}\,h\right) \tag{48}$$

(In obigen Gleichungen bezeichnet b die Ständerentfernung.)

An dieser Stelle soll darauf hingewiesen werden, daß bei Riegelwänden mit zwischen den Hauptständern angeordneten Zwischenstützen auch der auf die Seitenwand wirkende Winddruck $W = w \cdot b \cdot h$ zu gleichen Teilen auf beide Hauptständer (bei gleicher Höhe h derselben) verteilt werden darf. Der auf die Zwischenstützen entfallende Teil von W wird von diesen je zur Hälfte auf die Sohl- und Kappschwelle der Riegelwand übertragen. Der auf die Sohlschwelle entfallende Teil übt auf die Einspannmomente der Hauptständer keinen Einfluß; die auf die Kappschwelle entfallenden Teildrücke übertragen sich hingegen als Einzellast auf den Kopf des Ständers, und diese Einzellast liefert (unter den früher gemachten Voraussetzungen) zu den Einspannmomenten der beiden Ständer gleiche Beiträge. Es bleibt daher als über die ganze Ständerhöhe h gleichmäßig verteilte Last nur der auf das zwischen dem Ständer und der nächst benachbarten Zwischensäule gelegene Fach wirkende Winddruck zu berücksichtigen.

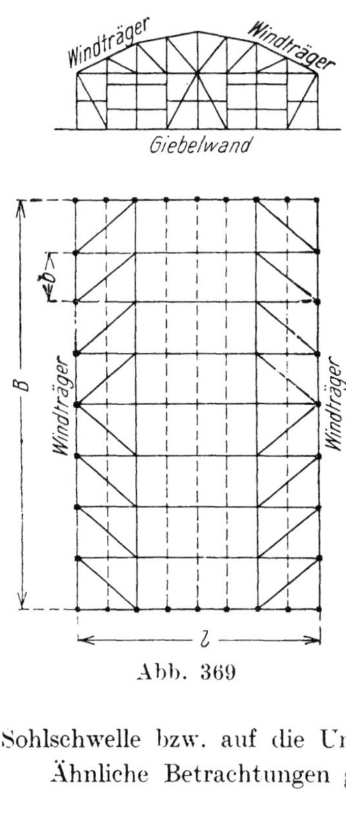

Abb. 369

Der Fehler, den man begeht, wenn man anstatt des gleichmäßig über den Ständer verteilten Druckes die Einzellast $\frac{1}{2}\,W$ am Kopfe des Ständers angreifen läßt, und die Gleichungen

$${}_wM_a = -\frac{5}{16}\,W \cdot h, \qquad {}_wM_b = -\frac{3}{16}\,W \cdot h$$

durch die Gleichung ersetzt

$${}_wM_a = {}_wM_b = -\frac{1}{4}\,W \cdot h,$$

ist daher nur gering; insbesondere bei ausgemauerten Riegelwänden ist die angenommene Verteilung des Winddruckes W umso eher zulässig, als ein mehr oder weniger großer Teil desselben durch die Ausmauerung selbst unmittelbar auf die Sohlschwelle bzw. auf die Untermauerung übertragen wird.

Ähnliche Betrachtungen gelten auch für den Fall ungleich hoher Ständer.

b) Windübertragung auf die Giebelwände durch Einschaltung eines Windträgers

Der Windträger kann entweder in der Ebene des Untergurtes oder in der schrägen Obergurtebene (Abb. 369) angeordnet werden. Derselbe bildet einen Gleichlaufträger von der Stützweite $B = m \cdot b$, der in den Giebelwänden aufgelagert und in seinen Knotenpunkten (d. s. die Binderauflagerpunkte)

a) bei Anordnung in der Untergurtebene mit den Windkräften

$$W = w \cdot b\left(\frac{1}{2}h + h_1 \sin^2\alpha\right),$$

b) bei Anordnung in der Obergurtebene mit den Windkräften

$$\frac{W}{\cos\alpha} = w \cdot b\left(\frac{1}{2}h + h_1 \sin^2\alpha\right) \cdot \frac{1}{\cos\alpha}$$

belastet ist. In letzterem Falle sind nämlich die wagrechten Knotenlasten W in die den Windträger belastenden Seitenkräfte $\frac{W}{\cos\alpha}$ und in die von den Ständern aufzunehmenden Seitenkräfte $W \cdot tg\alpha$ zu zerlegen.

Der auf eine Giebelwand entfallende Auflagerdruck des Windträgers

$$A_W = \frac{1}{2}\Sigma W = \frac{m}{2} W$$

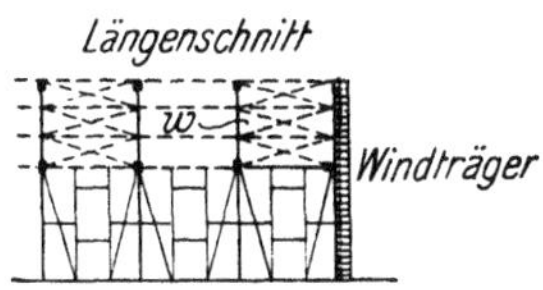

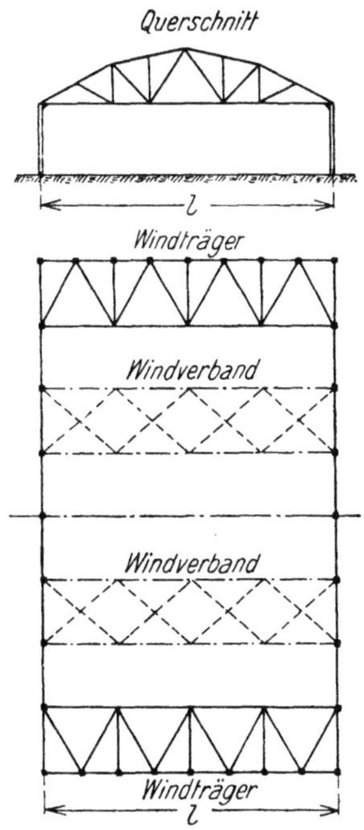

Abb. 370

muß durch die entsprechend auszubildende Giebelwand in das Grundmauerwerk geleitet werden.

Die gewöhnlich unter jedem Binderauflagerpunkt angeordneten Ständer der Längswand sind gegenüber dem Winddruck als Träger auf zwei Stützen für das größte Windmoment

$$M_w = \frac{1}{8} w \cdot b \cdot h^2,$$

gegenüber den lotrechten Lasten aber als Säulen zu berechnen.

II. Der Winddruck auf die Giebelwand

Der auf die Giebelwand wirkende Winddruck wird von den Giebelwandsäulen aufgenommen (Abb. 370) und teils in die Sohlschwelle und durch diese in das Grundmauerwerk, teils auf den der Giebelwand am nächsten liegenden Windverband (w) des Daches, durch diesen auf die Säulenköpfe und durch die in den Längswänden angeordneten Streben in das Grundmauerwerk übergeleitet. Bei großen Gebäudehöhen ist es mit Rücksicht auf die große Stützweite der Giebelwandsäulen wirtschaftlicher, in der Ebene des Binderuntergurtes einen besonderen Windträger anzuordnen, der die freie Stützweite der Säulen verringert und die auf ihn von den Säulen übertragenen wagrechten Auflagerdrücke als Gleichlaufträger auf die Längswände und durch die in diesen angeordneten Streben in das Grundmauerwerk überträgt.

Um bei besonders großen Gebäudehöhen eine günstigere Unterteilung der Giebelwandstützen zu erzielen, kann der Windträger auch unterhalb des Binderuntergurtes angeordnet werden. Zur Vermeidung des Durchhängens infolge der Eigenlast wird er in diesem Falle entweder an den Binderknotenpunkten aufgehängt oder mittels besonderer Streben in der Giebelwand verankert. Erforderlichenfalls können auch mehrere Windträger in entsprechenden Entfernungen übereinander angeordnet werden. Bei unten offenen Hallen, oder, wenn mit einer späteren Erweiterung der Halle zu rechnen ist, wird an der Giebelseite ein Endbinder angeordnet, dessen Untergurt dann zweckmäßig gleichzeitig als Obergurt des Windträgers verwendet werden kann.

Ausbildung der Giebelwände: Um die Giebelwände möglichst unverschieblich zu gestalten, empfiehlt es sich, das Riegelfachwerk — besonders an den Gebäudeecken — dreieckförmig auszugestalten. Bei großen Gebäudehöhen können auch die beiden letzten Ständer näher aneinandergerückt werden, in welchem Falle der Raum zwischen ihnen durch ein steifes Gitterwerk ausgefüllt wird. Die Lage der Giebelwandstützen ist tunlichst so zu wählen, daß die Pfetten über ihnen ihr Auflager finden. Bei Vorhandensein eines Endbinders lehnt sich die Ausbildung der Giebelwand unmittelbar an die Binderform an.

Berechnung der Giebelwandstützen: Die Giebelwandstützen werden durch das von den Riegeln auf sie übertragene Gewicht der Fachwerksfüllung sowie durch ihr Eigengewicht auf Druck und Knickung, durch den auf die Giebelwand wirkenden Winddruck auf Biegung beansprucht. Bei letzterer Belastung ist es zulässig, die Ständer als unten eingespannte, oben frei gelagerte Träger zu berechnen.

Besondere Sorgfalt ist der Übertragung des Windes zuzuwenden, wenn der auf die Längswände wirkende Winddruck unter Einschaltung eines Windträgers nur von den Giebelwänden aufgenommen werden soll. Die Auflagerkräfte des Windträgers müssen in diesem Falle durch besonders kräftig ausgebildete Streben in das Grundmauerwerk geleitet werden. Ist die Anordnung durchlaufender Streben nicht möglich, so muß die Giebelwand rahmenartig ausgebildet werden.

Verankerung der Giebelwand: Die Verankerung der Giebelwand muß sowohl gegen die Einwirkung der von dem Windträger bzw. der Längswand übertragenen als der senkrecht zur Giebelfläche gerichteten Winddrücke erfolgen.

III. Die Berechnung der einzelnen Wandglieder

Sohlschwellen: Die eine durchgehende Längsverbindung zwischen den Ständerfüßen bildenden Sohlschwellen sind entweder auf ihre ganze Länge vom Grundmauerwerk unterstützt oder liegen von Mauerpfeiler zu Mauerpfeiler frei. Im ersteren Falle wird ihre Querschnittsbemessung lediglich durch bauliche Rücksichten bedingt, in letzterem findet eine Belastung der als einfache Balkenträger anzusehenden Längsschwellen durch die Fußbodenbalken sowie durch seitlichen Winddruck statt.

Kappschwellen: Diese sind in ähnlicher Weise wie die freiliegenden Sohlschwellen für lotrechte Belastung und seitlichen Winddruck zu berechnen. Bildet die Kappschwelle zugleich den Gurt eines Windträgers, so ist ihre zusätzliche Inanspruchnahme der Berechnung der Gurtspannung dieses Trägers zu entnehmen.

Riegel: Die Riegel dienen zum Anschlusse der Tür- und Fensterrahmen, anderseits bilden sie eine zweckmäßige Längsverbindung zwischen den Ständern und vermindern die Knickgefahr dieser sowie der Streben.

Streben: Zweck derselben ist, Formänderungen des Fachwerkes in der Längsrichtung der Wand durch Anordnung von Dreiecken zu verhindern. Da die Streben jedoch für die Ausfachung der Wand unbequem sind, werden sie vielfach im Hinblick auf die eine Formänderung verhindernde Festigkeit der Fachwerksausfüllung nur in einigen Ständerfeldern ausgeführt. Empfehlenswert ist jedoch die Anordnung von Streben stets in den an den Giebel anschließenden Feldern, um mit ihrer Hilfe den auf die Giebelwand einwirkenden Winddruck bald auf feste Punkte des Grundmauerwerkes der Längswand übertragen zu können.

Die Spannkraft der auf Druck und Knickung beanspruchten Strebe ist allein von der an ihrem Anschlußpunkte auf den Eckständer übertragenen Windlast W abhängig und durch die Gleichung $D = -\frac{W}{\sin\alpha}$ gegeben. Zweckmäßig werden außer in den Endfeldern, auch in denjenigen Stellen der Fachwerkswand Streben eingezogen, in denen größere Öffnungen den festen Zusammenhang der Wand unterbrechen.

C. Die Verankerung der Ständer im Grundmauerwerk

(Berechnung bei ausmittiger Beanspruchung)

Rechnerisches Verfahren nach Janser

Es sei: (Abb. 371)

R die ausmittig wirkende Mittelkraft,
a ihr Abstand von der Ankerstelle, also dem Angriffspunkte von Z,
h' die Entfernung zwischen Ankerstelle und Druckkante,
b die Breite des Stützenquerschnittes,
M das Biegemoment in der Stützenunterfläche.

v und s sind Hilfswerte, abhängig von der zulässigen Beanspruchung σ_e des Ankereisens und der zulässigen Druckspannung σ_d der Stützenunterfläche und $\gamma = \frac{1000}{\sigma_e}$.

Bezeichnen E_e die Dehnziffer des Eisens,
E_h die Dehnziffer des Holzes, so ist

$$n = \frac{E_e}{E_h}.$$

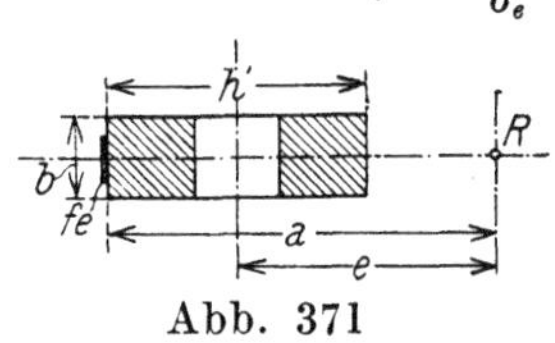

Abb. 371

Mit $\varphi = \frac{n \cdot \sigma_d}{n \cdot \sigma_d + \sigma_e}$ wird

$$s = \sqrt{\frac{0{,}600}{\sigma_d \cdot \varphi (3-\varphi)}}; \qquad v = \sqrt{\frac{15 \cdot \sigma_d \cdot \varphi}{3-\varphi}}$$

und mit diesen Werten:

$$\boxed{h' = s\sqrt{\frac{R \cdot a}{b}}; \qquad f_e = \gamma \cdot \left[v \cdot b\sqrt{\frac{R \cdot a}{b}} - R\right]} \qquad (1)$$

1. Beispiel: $R = 11{,}0$ t; $M = 8{,}8$ tm; $h' = 0{,}805$ m; $a = 1{,}205$ m;

$$n = \frac{2{,}180\,000}{110.000} = 20; \quad \underset{\parallel \text{Faser}}{\sigma_d} = 40 \text{ kg/cm}^2; \quad \sigma_e = 800 \text{ kg/cm}^2; \quad \gamma = 1{,}25;$$

Stützenquerschnitt $2 \times {}^{25}/_{28}$ (s. Abb. 371):

$$\varphi = \frac{20 \cdot 40}{20 \cdot 40 + 800} = 0{,}5; \qquad s = \sqrt{\frac{0{,}6}{40 \cdot 0{,}5 \cdot (3 - 0{,}5)}} = 0{,}11; \qquad b = 0{,}25;$$

$$v = \sqrt{\frac{15 \cdot 40 \cdot 0{,}5}{(3 - 0{,}5)}} = 11{,}0; \qquad \sqrt{\frac{R \cdot a}{b}} = \sqrt{\frac{11 \cdot 1{,}205}{0{,}25}} = 7{,}25;$$

$$h' = 0{,}11 \cdot 7{,}25 = 0{,}8 \text{ m}; \; f_e = 1{,}25\,[11{,}0 \cdot 0{,}25 \cdot 7{,}25 - 11{,}0] = 11{,}25 \text{ cm}^2.$$

$$Z = \sigma_e \cdot f_e = 800 \cdot 11{,}25 = 9000 \text{ kg}.$$

Bei Verwendung von $^3/_4''$ Schrauben (Querschnittsabzug $2{,}0 \times 1{,}0 = 2$ cm²) wird ein Flacheisenquerschnitt 135/10 mm erforderlich.

Zeichnerisches Verfahren nach Spangenberg. Gegeben sind R, M, der Stützenquerschnitt und der Querschnitt der Ankereisen; es sollen die größten Beanspruchungen σ_d und σ_e ermittelt werden:

$$e = \frac{M}{R}; \qquad n = \frac{E_e}{E_h}.$$

Die Ermittlung der Nullachse des Querschnittes unter Ausschluß von Zugspannungen erfolgt in folgender Weise: (Abb. 372 *a*) und *b*).) Der Stützenquerschnitt F wird in eine Anzahl schmaler Streifen f_1, $f_2 \ldots . f_n$ zerlegt, deren Inhalte, Schwerpunkte und Schwerpunktsabstände η_1, $\eta_2 \ldots . \eta_m$ von der Angriffsachse bestimmt werden. Die Vorzeichen (+) oder (—) von η richten sich darnach, ob die einzelnen Flächenstreifen auf derselben oder auf der entgegengesetzten Seite der Angriffsachse liegen.

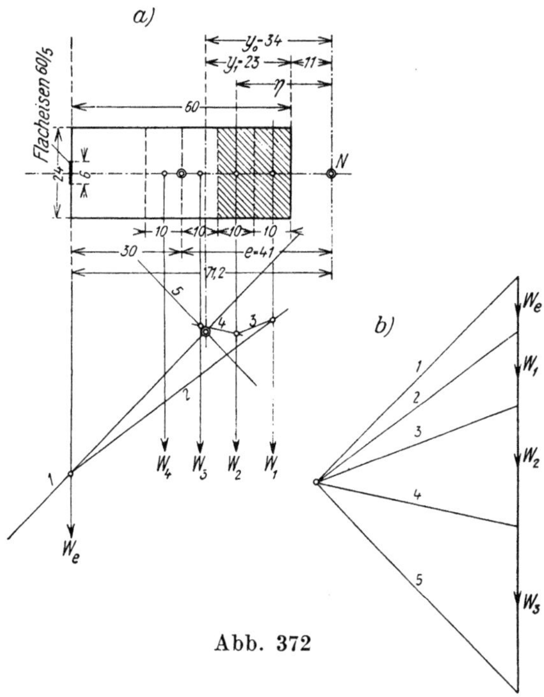

Abb. 372

Hierauf werden die Werte
$$W_1 = f_1\,\eta_1; \quad W_2 = f_2 \cdot \eta_2 \ldots ; \quad W_n = f_m \cdot \eta_m$$
berechnet, welche man // zur Angriffsachse in den Schwerpunkten der einzelnen Flächenstreifen angreifen läßt.

Im Kräfteplan werden die Kräfte W in derartiger Reihenfolge aufgetragen, daß man zuerst den dem n-fachen Eisenquerschnitt entsprechenden Wert $W_e = (n \cdot f_e) \cdot \eta_e$ vom Zugrande her beginnend, und dann anschließend die übrigen Kräfte der Druckfläche vom Druckrand ausgehend, aufträgt. Die Berechnung erfolgt am besten in Form einer Zusammenstellung wie in nachstehendem Beispiel.

Zeichnet man mit beliebigem Pol ein Seileck der Kräfte W, so ergibt der Schnittpunkt der ersten Seileckseite mit dem Seilzug der W-Kräfte der Druckfläche die gesuchte Nullachse.

Fällt die Nullachse nicht mit der Begrenzung eines Flächenstreifens zusammen, so sind für die Bildung der Summenwerte Σf und ΣW beim letzten, für die Berechnung in Betracht kommenden Flächenstreifen entsprechende Teilbeträge Δf und ΔW in Abzug zu bringen, während eine Verbesserung der Lage der Nullachse nicht erforderlich ist.

Bezeichnen y_o den Abstand der Nullachse von der Angriffsachse,
y_1 den Abstand der äußersten Druckkante von der Angriffsachse,
y_e den Abstand der Achse des Zugquerschnittes von der Nullachse,
so bestimmen sich die Beanspruchungen σ_d und σ_e aus den Formeln:

$$\sigma_d = \frac{\frac{R}{\Sigma f} \cdot y_1}{y_o - \frac{\Sigma \eta \cdot f}{\Sigma f}}; \quad \sigma_e = \frac{n \cdot \sigma_d \cdot y_e}{y_1} \tag{2}$$

2. Beispiel: (Abb. 372) $R = 4{,}03\, t$; $M = 1{,}65\, tm$; $n = \frac{2{,}100.000}{110.000} = 19{,}1$;
Stützenquerschnitt $2 \times {}^{24}/_{24}$, Unterlagsholz ${}^{20}/_{24}$, lang 60 cm (Hartholz), $h' = 60$ cm, $b = 24$ cm.

Ankerquerschnitt ${}^{60}/_{5}$ mm; $f_e = 3{,}0 - 1{,}7 \cdot 0{,}5 = 2{,}15$ cm² (${}^{5}/_{8}$''Schraube).

	f cm²	η cm	$W = f \cdot \eta$ cm³	
$n \cdot f_e$	41	71,2	2920	W_e
1	240	16	3840	W_1
2	240	26	6240	W_2
3	(240)	(36)	(8640)	W_3
3'	72	34	2448	—

$\Sigma f = 593$ cm² $\Sigma W = 15448$ cm³

Die Nullachse ergibt sich in der oben beschriebenen Weise und ergibt die Werte $y_o = 34$ cm, $y_1 = 23$ cm, $y_e = 37{,}2$ cm, mit welchen

$$\sigma_d = \frac{\frac{4030}{593} \cdot 23}{34 - \frac{15448}{593}} = 19{,}6 \text{ kg/cm}^2,$$

$$\sigma_e = \frac{19{,}1 \cdot 19{,}6 \cdot 37{,}2}{23} = 605 \text{ kg/cm}^2.$$

3. Beispiel: Der als ebenes Fachwerk ausgebildete, im Grundmauerwerk eingespannte Mittelständer einer zweischiffigen Halle (Abb. 373) soll den ganzen auf die Hallenaußenwand und das Dach wirkenden Winddruck aufnehmen, damit die Wandsäulen als Pendelsäulen nur für lotrechte Belastung berechnet werden können.

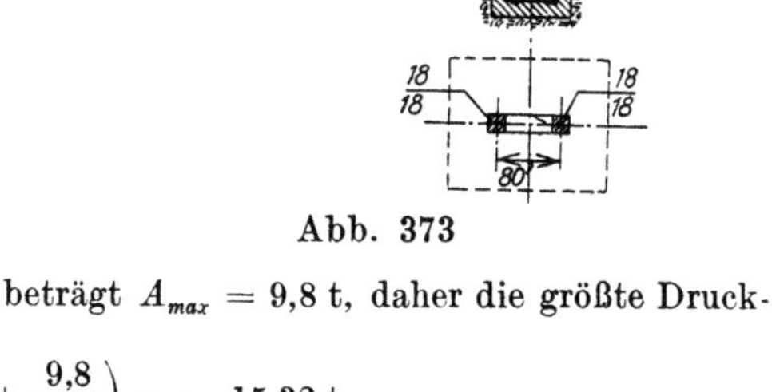

Abb. 373

Die am Ständerkopf angreifende wagrechte Windkraft beträgt $H_W = 1{,}67$ t, das Moment an der Einspannstelle

$$M_W = 1{,}67 \cdot 5{,}0 = 8{,}35 \text{ tm}.$$

Die Gurtkräfte im Ständer infolge H betragen

$$Z_W = - D_W = \pm \frac{8{,}35}{0{,}80} = 10{,}42 \text{ t}.$$

Der größte lotrechte Auflagerdruck beträgt $A_{max} = 9{,}8$ t, daher die größte Druckkraft im Gurt:

$$D_{max} = - \left(10{,}42 + \frac{9{,}8}{2}\right) = - 15{,}32 \text{ t}.$$

Die größte Ankerzugkraft beträgt:

$$Z_a = \frac{8{,}35}{0{,}89} = 9{,}4 \text{ t}.$$

Erforderlich $f_e' = \frac{9400}{800} = \infty\ 11{,}8 \text{ cm}^2$ und bei Annahme einer Blechstärke von 10 mm und $^3/_4''$ Schrauben ein voller Querschnitt

$$f_e = 11{,}8 + 1{,}0 \cdot 2{,}0 = 13{,}8 \text{ cm}^2;$$

gewählt Flacheisen $^{140}/_{10}$ mm. Bei Verwendung von U-förmig abgebogenen Flacheisendübeln mit 2,5 cm Eingriffstiefe und einem Holzquerschnitt $^{18}/_{18}$ cm werden nach der Bedingung

$$2 \cdot 2{,}5 \cdot 18 \cdot 50 \cdot x = 9400 \text{ kg}, \qquad x = \infty\ 2 \text{ Flacheisendübel}$$

erforderlich, deren Abstand mit Rücksicht auf die zulässige Scherspannung mit 12 cm bemessen werden kann.

4. Beispiel: Der in Abb. 374 dargestellte pyramidenförmige Gitterständer werde durch den am Ständerkopf angreifenden wagrechten Seitenschub $H_W = 770$ kg und den Auflagerdruck $A_{max} = 6580$ kg bzw. $A = 3420$ kg (ohne Schneedruck) beansprucht.

$$Z_W = -D_W = \pm \frac{770 \cdot 6{,}35}{1{,}0} = \pm 4890 \text{ kg}$$

$$Z_{max} = \frac{4890}{2} - \frac{3420}{4} = 1590 \text{ kg}; \quad f_e' = \frac{1590}{800} = 2{,}0 \text{ cm}^2; \quad f_e = 3{,}2 \text{ cm}^2;$$

gewählt Flacheisen $^{60}/_6$ mm.

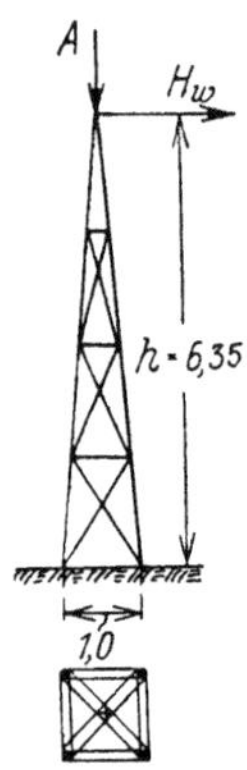

Abb. 374

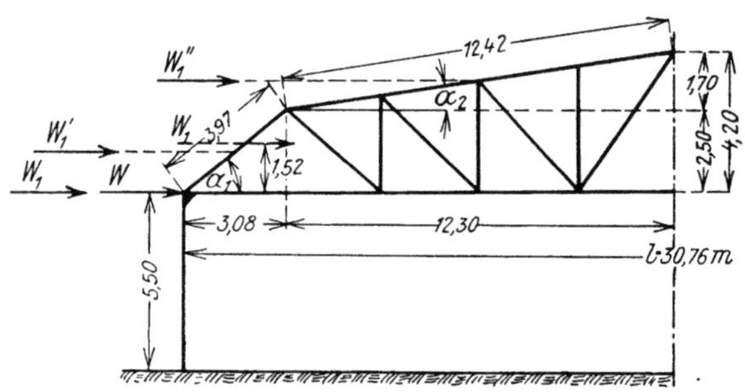

Abb. 375

5. Beispiel: Berechnung der Eisenverbindungen am Säulenfuß und Säulenkopf bei fester Verspannung des Säulenkopfes mit dem Binder (Abb. 375 und 376):

Binderstützweite $l = 30{,}76$ m; Binderentfernung $b = 5{,}0$ m; die übrigen für die Berechnung erforderlichen Abmessungen sind der Abbildung 375 zu entnehmen; Winddruck $w = 100$ kg/m² senkrecht vom Winde getroffene Fläche. Eigengewicht des Daches (Binder, Pfetten, Sparren und Schalung) 70 kg/m² Grundriß. Für die Ermittlung des auf die Dachfläche entfallenden Winddruckes soll die Lößlsche Formel verwendet werden.

a) Winddruck auf die Wand:

$$W = \frac{5{,}5}{2} \cdot 5{,}0 \cdot 100 = 1375 \text{ kg}.$$

b) Winddruck auf die Dachfläche:

$$\sin \alpha_1 = \frac{2{,}5}{3{,}97} = 0{,}630; \qquad \operatorname{tg} \alpha_1 = \frac{2{,}5}{3{,}08} = 0{,}811;$$

$$\sin \alpha_2 = \frac{1{,}7}{12{,}42} = 0{,}137; \qquad \operatorname{tg} \alpha_2 = \frac{1{,}7}{12{,}3} = 0{,}138.$$

Unterdach $W_1' = 3{,}08 \cdot 5{,}0 \cdot (100 \cdot 0{,}63 \cdot 0{,}811) = 790$ kg,
Oberdach $W_1'' = 12{,}3 \cdot 5{,}0 \cdot (100 \cdot 0{,}137 \cdot 0{,}138) = 116$ kg,
Mittelkraft $W_1 = W_1' + W_1'' = \infty\ 900$ kg.

Angriffspunkt der Mittelkraft W_1

$$x = \frac{790 \cdot 1{,}25 + 116 \cdot 3{,}35}{900} = 1{,}52 \text{ m}.$$

Infolge der Wirkung von W_1 entstehen an den beiden Binderauflagern die entgegengesetzt gleichen lotrechten Kräfte:

$$V' = \mp \frac{900 \cdot 1{,}52}{30{,}76} = \mp 45 \text{ kg}.$$

Auflagerdruck infolge Eigengewichtes des Daches:

$$V_a = V_b = \frac{30{,}76}{2} \cdot 5{,}0 \cdot 70 = \infty\, 5370 \text{ kg}.$$

c) Mit Rücksicht auf die feste Verbindung der Säule mit dem Binder kann die Berechnung der Säule im Verbande eines steifen Rahmens erfolgen. Der Angriffspunkt von W und W_1 kann mit genügender Genauigkeit am Säulenkopf angenommen werden,

$$W + W_1 = 2275 \text{ kg}.$$

Mit den auf Seite 50 für den eingespannten Rechteckrahmen angegebenen Formeln berechnen sich

die lotrechten Auflagerdrücke:

$$V = \mp \frac{Wh}{l} \cdot \frac{c}{2c + \frac{1}{3}},$$

die Einspannmomente:

$$M_{a,b} = \mp \frac{W \cdot h}{2} \cdot \frac{3c+1}{6c+1},$$

die Eckmomente:

$$M_{c,d} = \pm \frac{W \cdot h}{2} \cdot \frac{3c}{6c+1}.$$

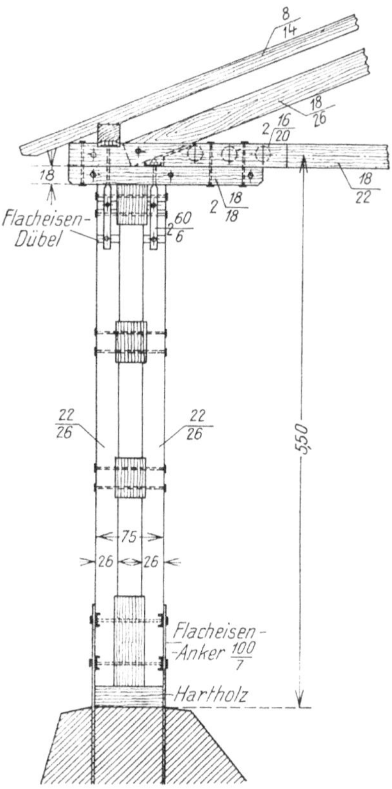

Abb. 376

Für eine mittlere Binderhöhe von 3,0 m ergibt sich mit den in Abb. 376 eingeschriebenen Abmessungen .... $J_1 = 21{,}11 \cdot 10^6$, für die Säule wird......... $J_o = 0{,}745 \cdot 10^6$,

$$\text{daher } c = \frac{J_1}{J_o} \cdot \frac{h}{l} = \frac{21{,}11 \cdot 5{,}5}{0{,}745 \cdot 30{,}76} = \infty\, 5{,}0,$$

$$V = \mp \frac{2275 \cdot 5{,}5}{30{,}76} \cdot \frac{3 \cdot 5{,}0}{31} = \mp 200 \text{ kg},$$

$$M_{a,b} = \mp \frac{2275 \cdot 5{,}5}{2} \cdot \frac{16}{31} = \mp 3220 \text{ kg.m},$$

$$M_{c,d} = \pm \frac{2275 \cdot 5{,}5}{2} \cdot \frac{15}{31} = \pm 3020 \text{ kg.m}.$$

d) Verankerung am Säulenfuß:

Eigengewicht des Daches ....5370 kg
„ der Säule .... 470 „
5840 kg

Lotrechter Auflagerdruck vom Wind: (45 + 200) = — 245 „

$R = 5595$ kg, $M_{a,b} = 3220$ kg.m.

Berechnung nach Janser: $\sigma_e = 800$ kg/cm², $\sigma_d = 35$ kg/cm², $n = \frac{E_e}{E_h} = \infty 20$,

$$\varphi = 0{,}467,\ s = 0{,}12,\ v = 9{,}85,$$

$$e = \frac{3220}{5595} = 0{,}575 \text{ m};\ a = 0{,}95,$$

$$\sqrt{\frac{R \cdot a}{b}} = \sqrt{\frac{5{,}595 \cdot 0{,}95}{0{,}22}} = 4{,}92,$$

$$f_e = 1{,}25 \cdot (9{,}85 \cdot 0{,}22 \cdot 4{,}92 - 5{,}595) = 5{,}1 \text{ cm}^2,$$

$$Z = 5{,}1 \cdot 800 = 4080 \text{ kg},$$

gewählt Flacheisen $^{100}/_{7}$: $f_e = (7{,}0 - 2 \cdot 0{,}7) = 5{,}6$ cm².

Die Berechnung der erforderlichen Flacheisendübel kann in bekannter Weise erfolgen.

e) Verankerung am Säulenkopf:

$$M_{c,d} = 3020 \text{ kg.m.}$$

$$Z = \frac{3020}{0{,}5} = 6040 \text{ kg.}$$

Der Zugkraft Z entgegen wirkt das auf eine Säulenhälfte entfallende halbe Eigengewicht des Daches $\frac{5370}{2} = 2685$ kg, während V' im gleichen Sinne wie Z wirkend anzunehmen ist:

$$6040 - 2685 + 45 = 3400 \text{ kg.}$$

Erforderlicher Querschnitt des Flacheisenankers daher:

$$f_e = \frac{3400}{800} = 4{,}25 \text{ cm}^2,$$

gewählt zwei Flacheisen $^{60}/_{6}$: $f_e = (7{,}2 - 2 \cdot 0{,}6) = 4{,}8$ cm².

Ankerlänge. Die Bestimmung der Ankerlänge kann auf der Grundlage erfolgen, daß die Haftfestigkeit bzw. der Gleitwiderstand zwischen dem Eisen und dem in den Ankerschächten nachträglich einzugießenden fetten Zementmörtel der Ankerzugkraft entsprechend ausreicht.

Bei einer zulässigen Haftspannung von $\tau = 4{,}5$ kg/cm², einer zulässigen Eisenspannung $\sigma_e = 800$ kg/cm², einer nutzbaren Ankerquerschnittsfläche f_e und einem Querschnittsumfang u des Ankers wird

$$\boxed{l_{erf} = 178 \cdot \frac{f_e}{u}}$$

Erforderliche Tiefe des Grundmauerwerkes. Die Tiefe des Grundmauerwerkes ist nach folgenden Gesichtspunkten zu bemessen:

1. Dieselbe muß größer sein als die errechnete Ankerlänge l (Zuschlag 50 bis 75 cm).
2. Das Gewicht des Mauerkörpers soll etwa der 1,5- bis 2fachen Ankerzugkraft entsprechen (Raumeinheitsgewicht für Ziegelmauerwerk 1600 bis 1800 kg/m³, für Beton 2200 kg/m³).
3. Die Sohlenfuge muß so groß bemessen werden, daß die zulässige Bodenpressung nicht überschritten wird.

D. Das Grundmauerwerk der Hallenständer

Form und Abmessungen des Grundmauerwerkes der Hallenständer sind von der Art der Auflagerung des Ständerfußes abhängig.

Bei gelenkiger Auflagerung des Ständerfußes ist für die Wahl der Abmessungen des Mauerkörpers ausschließlich die Bedingung maßgebend, daß die zulässige Kantenpressung an der Mauerwerkssohle nirgends überschritten wird.

Bei Einspannung des Ständerfußes hingegen muß außer für die Einhaltung des zulässigen Sohlendruckes auch für die erforderliche Sicherheit des Mauerkörpers gegen Umkanten Sorge getragen werden. Letzterer muß hiebei als Ersatz für die meist fehlende Auflast so groß bemessen werden, daß die Mittelkraft aus Winddruck und lotrechten Lasten nicht über ein bestimmtes Maß aus der Mitte ausschlägt.

Einspannung des Ständerfußes. b, c und t in Abb. 377 mögen die Länge, Breite und Tiefe des Mauerkörpers bezeichnen. Der im Abstand $\frac{h}{2}$ vom Ständerfuß angreifende Winddruck sei W. Die Summe aller Eigengewichtslasten, ausschließlich des Gewichtes des Grundmauerkörpers werde mit N, das Gewicht des letzteren mit G bezeichnet, wobei vorerst alle Lasten N in der Mitte des Grundmauerkörpers wirkend angenommen werden sollen.

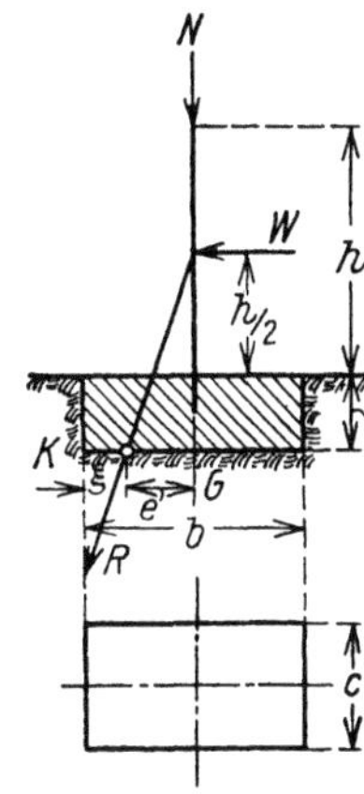

Abb. 377

Das Kippmoment für die Kante K beträgt

$$M_k = W\left(\frac{h}{2} + t\right),$$

das Standmoment

$$M_s = (N + G) \cdot \frac{b}{2} \qquad (1)$$

$s = \frac{M_s}{M_k}$ stellt die Sicherheitszahl gegen Kippen dar, welche mit 1,5 bis 2,0 angenommen zu werden pflegt.

Der Ausschlag e der Mittelkraft von W, N und G berechnet sich zu

$$e = \frac{M_k}{(N + G)} = \frac{b}{2} - \xi \qquad (2)$$

und die Kantenpressung σ, da in den betrachteten Fällen der Durchgangspunkt der Mittelkraft stets außerhalb des Kernes des Mauerquerschnittes liegt, zu

$$\sigma = \frac{2(N + G)}{3 \cdot \xi \cdot c} \lesseqgtr \sigma_{zul} \qquad (3)$$

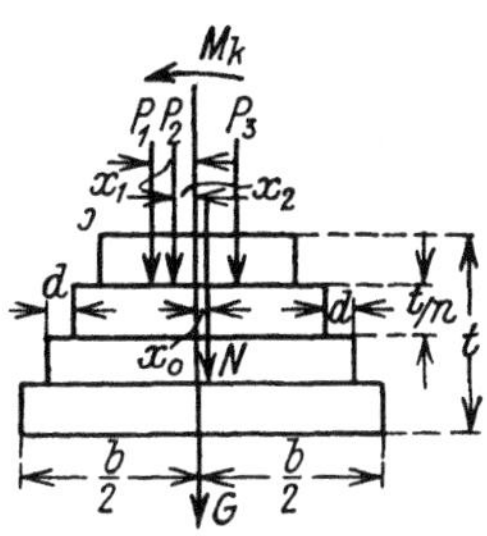

Abb. 378

Rechnerisches Verfahren zur unmittelbaren Ermittlung der Abmessungen des Grundmauerkörpers. Der in Abb. 378 dargestellte, aus n Absätzen von gleicher Höhe $\left(\frac{t}{n}\right)$ bestehende Grundmauerkörper werde durch die wagrechte Windkraft W sowie durch die lotrechten, in den Abständen x_1, $x_2 \ldots x_r$ von der Mauermitte angreifenden Kräfte P_1, $P_2 \ldots P_r$ beansprucht.

Die Höhe t des Mauerkörpers sei durch die Tiefe der tragfähigen Bodenschichte bestimmt, seine Breite an der Mauersohle sei c. Die durchwegs gleiche Breite der Mauerabsätze sei mit d angenommen.

Es bezeichne ferner:

$N = \sum_1^r P$,

M_k ..... das Kippmoment um die Kante K des Mauerkörpers,

s .... die Sicherheitszahl,

$M_o = \sum_1^r P \cdot x$ ... die Summe der auf die Mauermitte O bezogenen Momente der einzelnen, lotrecht wirkenden Kräfte P, welche mit (+) oder (—) Vorzeichen in die Rechnung einzuführen sind, je nachdem die Drehung in entgegengesetztem oder gleichem Sinne erfolgt wie beim Kippmoment.

$$c' = c - 2\,d \cdot \frac{1 + (n-1)(n-2)}{n}$$

$m' = c' \cdot t \cdot \gamma \ldots\ldots (\gamma \ldots\ldots$ Raumeinheitsgewicht des Mauerwerkes)

$$\Delta = d \cdot t \cdot \gamma \left[2\,c \cdot \frac{1 + (n-1)(n-2)}{n} - \frac{d}{6}(n-1)(2\,n-1)\right]$$

Aus der Gleichgewichtsbedingung ergibt sich mit obigen Werten die erforderliche Länge b des Mauerkörpers zu:

(4) $$b = -\frac{(N-\Delta)}{2\,m'} + \sqrt{\left(\frac{N-\Delta}{2\,m'}\right)^2 + \frac{2}{m'}(s \cdot M_k - M_o)}$$

Aus dieser allgemeinen Gleichung läßt sich eine Reihe häufig vorkommender Sonderfälle ableiten:

1. Einfacher Mauerkörper ohne Absatz:

$$d = O, \quad c' = c, \quad m' = m = c \cdot t \cdot \gamma, \quad \Delta' = O$$

(5) $$b = -\frac{N}{2\,m} + \sqrt{\left(\frac{N}{2\,m}\right)^2 + \frac{2}{m}(s \cdot M_k - M_o)}$$

2. Einmal abgesetzter Mauerkörper:

(6) $$n = 2; \quad c' = c - d; \quad \Delta = \left(c - \frac{d}{2}\right) \cdot d \cdot t \cdot \gamma$$

3. Zweimal abgesetzter Mauerkörper:

(7) $$n = 3; \quad c' = c - 2\,d; \quad \Delta = 2\left(c - \frac{5}{3}d\right) \cdot d \cdot t \cdot \gamma$$

4. Sämtliche Kräfte P greifen in Mauermitte an:

$$M_o = O$$

(8) $$b = -\frac{(N-\Delta)}{2\,m'} + \sqrt{\left(\frac{N-\Delta}{2\,m'}\right)^2 + \frac{2}{m'} \cdot s \cdot M_k}$$

5. Einfacher Mauerkörper ohne Absatz. Sämtliche Kräfte P greifen in Mauermitte an:

(9) $$b = -\frac{N}{2\,m} + \sqrt{\left(\frac{N}{2\,m}\right)^2 + \frac{2}{m} \cdot s \cdot M_k}$$

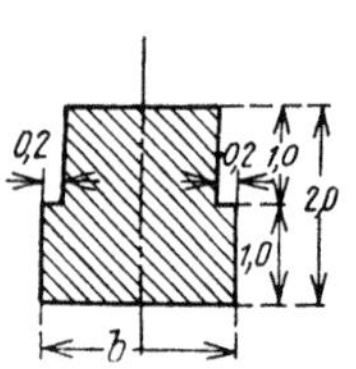

Abb. 379

1. Beispiel: Einmal abgesetzter Mauerkörper (Abb. 379), $n = 2$, $M_o = O$; $s = 1{,}78$, $t = 2{,}0$ m, $c = 1{,}6$ m, $d = 0{,}2$ m, $\gamma = 2{,}2$ t/m³.

$$M_k = 11{,}87 \text{ t·m}; \quad N = 9{,}8 \text{ t}.$$

$$c' = 1{,}6 - 0{,}2 = 1{,}4; \quad \Delta = (1{,}6 - 0{,}1) \cdot 0{,}2 \cdot 2{,}0 \cdot 2{,}2 = 1{,}32;$$

$$m' = 1{,}4 \cdot 2{,}0 \cdot 2{,}2 = 6{,}16,$$

$$b = -\frac{(9{,}8 - 1{,}32)}{2 \cdot 6{,}16} + \sqrt{\left(\frac{9{,}8 - 1{,}32}{2 \cdot 6{,}16}\right)^2 + \frac{2}{6{,}16} \cdot 1{,}78 \cdot 11{,}87} = 2{,}00 \text{ m}.$$

Das Gewicht des Mauerkörpers kann aus der Formel bestimmt werden:

(10) $$G = t\left[b \cdot c - d\,(b + c) + \frac{2}{3}\,d^2\,(2\,n - 1)\right] \cdot \gamma$$

Dasselbe ergibt sich im vorliegenden Falle zu:

$$G = 2{,}0\left[2{,}0 \cdot 1{,}6 - 0{,}2 \cdot 3{,}6 + \frac{2}{3} \cdot 0{,}2^2 \cdot 3\right] \cdot 2{,}2 = 11{,}3 \text{ t}.$$

Das Standmoment beträgt daher:

$$M_s = (9{,}8 + 11{,}3) \cdot \frac{2{,}0}{2} = 21{,}1 \text{ tm} \quad \text{und} \quad s = \frac{M_s}{M_k} = \frac{21{,}1}{11{,}87} = 1{,}78$$

$$\xi = \frac{M_s - M_k}{(N+G)} = 0{,}44 \text{ m}; \qquad \sigma = \frac{2\,(N+G)}{3\,\xi \cdot c} = \frac{2 \cdot 21{,}1}{3 \cdot 44 \cdot 160} = 2{,}0 \text{ kg/cm}^2.$$

2. Beispiel: Mauerkörper ohne Absatz (Abb. 380)

$$P = N = 2{,}5 \text{ t}, \quad x = -1{,}5 \text{ m}; \quad M_k = 52{,}3 \text{ tm},$$

$$t = 1{,}5 \text{ m}, \quad c = 1{,}5 \text{ m}, \quad s = 1{,}63,$$

$$m = 1{,}5 \cdot 1{,}5 \cdot 2{,}2 = 4{,}95,$$

$$\frac{N}{2m} = \frac{2{,}5}{2 \cdot 4{,}95} = 0{,}252,$$

$$b = -0{,}252 + \sqrt{0{,}0635 + \frac{2}{4{,}95}(1{,}63 \cdot 52{,}3 + 2{,}5 \cdot 1{,}5} = 5{,}75 \text{ m},$$

$$G = 4{,}95 \cdot 5{,}75 = 28{,}5 \text{ t}; \quad (N+G) = 28{,}5 + 2{,}5 = 31{,}0 \text{ t},$$

$$M_s = 28{,}5 \cdot \frac{5{,}75}{2} + 2{,}5 \cdot \left(\frac{5{,}75}{2} - \frac{3{,}0}{2}\right) = 85{,}24 \text{ tm},$$

$$\xi = \frac{85{,}24 - 52{,}3}{31{,}0} = 1{,}06 \text{ m}; \quad \sigma = \frac{2 \cdot 31\,000}{3 \cdot 106 \cdot 150} = 1{,}3 \text{ kg/cm}^2.$$

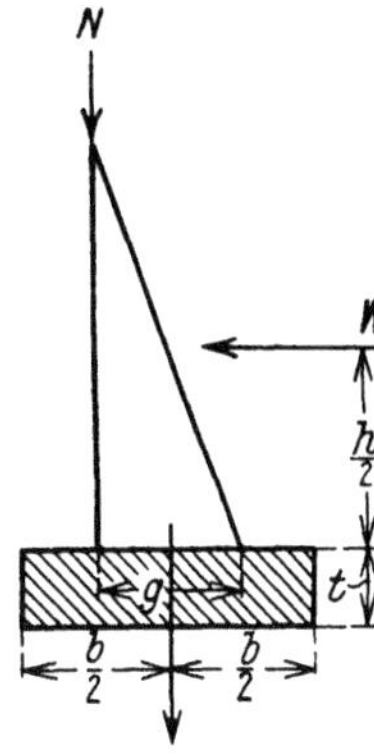

Abb. 380

3. Beispiel: Der in Abb. 381 dargestellte zusammengesetzte Mauerpfeiler werde durch folgende lotrechte Lasten beansprucht:

$$P_1' = 3{,}0 \text{ t}, \quad P_1'' = 16{,}4 \text{ t}, \quad x_1 = -0{,}26 \text{ m},$$

$$P_2' = 17{,}2 \text{ t}, \quad P_2'' = 2{,}44 \text{ t}, \quad x_2 = +0{,}19 \text{ m},$$

$$P_3 = 3{,}1 \text{ t}, \quad x_3 = +0{,}51 \text{ m}.$$

Das vom Winde herrührende Kippmoment beträgt

$$M_k = 27{,}5 \text{ tm}.$$

Der ohne Absatz auszuführende Grundmauerkörper besitze eine Breite $c = 2{,}0$ m und eine Tiefe $t = 1{,}5$ m.

$$N = 3{,}0 + 16{,}4 + 17{,}2 + 2{,}44 + 3{,}1 = 42{,}14 \text{ t},$$

$$m = 2{,}0 \cdot 1{,}5 \cdot 2{,}2 = 6{,}6,$$

$$M_o = -19{,}4 \cdot 0{,}26 + 19{,}64 \cdot 0{,}19 + 3{,}1 \cdot 0{,}51 = +0{,}27 \text{ tm},$$

$$\frac{N}{2m} = 3{,}19.$$

Mit einer Sicherheitszahl $s = 2{,}12$ wird

$$b = -3{,}19 + \sqrt{10{,}2 + \frac{2}{6{,}6}(2{,}12 \cdot 27{,}5 - 0{,}27)} = 2{,}10 \text{ m},$$

$$G = 6{,}6 \cdot 2{,}1 = 13{,}9 \text{ t}; \quad N + G = 56{,}04 \text{ t}.$$

Der Abstand der Mittelkraft N von der Kippkante ergibt sich zu

$$\frac{2{,}1}{2} + \frac{0{,}27}{42{,}14} = 1{,}056 \text{ m} \quad \text{und damit}$$

$$M_s = 42{,}14 \cdot 1{,}056 + 13{,}9 \cdot \frac{2{,}1}{2} = 59{,}2 \text{ tm},$$

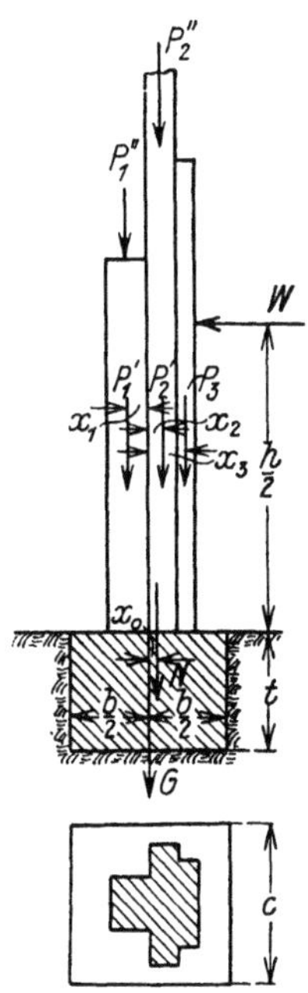

Abb. 381

$$\xi = \frac{59{,}2 - 27{,}5}{56{,}04} = 0{,}565 \text{ m}; \quad \sigma = \frac{2 \cdot 56\,040}{3 \cdot 56{,}5 \cdot 200} = 3{,}32 \text{ kg/cm}^2.$$

Soll eine bestimmte zulässige Bodenpressung σ_{zul}, z. B. $\sigma_{zul} = 3$ kg/cm², nicht überschritten werden, so berechnet man den dieser angenähert entsprechenden Wert

$$\xi_{erf} = \frac{2\,(N+G)}{3\,c \cdot \sigma_{zul}} = \frac{2 \cdot 56\,040}{3 \cdot 200 \cdot 3} = 62{,}5 \text{ cm}$$

und findet b_{erf} aus der Beziehung:

$$(11) \qquad \boxed{b = -\left(\frac{N}{2\,m} - \xi\right) + \sqrt{\left(\frac{N}{2\,m} - \xi\right)^2 + \frac{2}{m}\,(M_k - M_o + N \cdot \xi)}}$$

$$b = -(3{,}19 - 0{,}625) + \sqrt{(3{,}19 - 0{,}625)^2 + \frac{2}{6{,}6}\,(27{,}5 - 0{,}27 + 42{,}14 \cdot 0{,}625)} = 2{,}25 \text{ m}$$

$$s = \frac{M_s}{M_k} = \frac{64{,}4}{27{,}5} = 2{,}34.$$

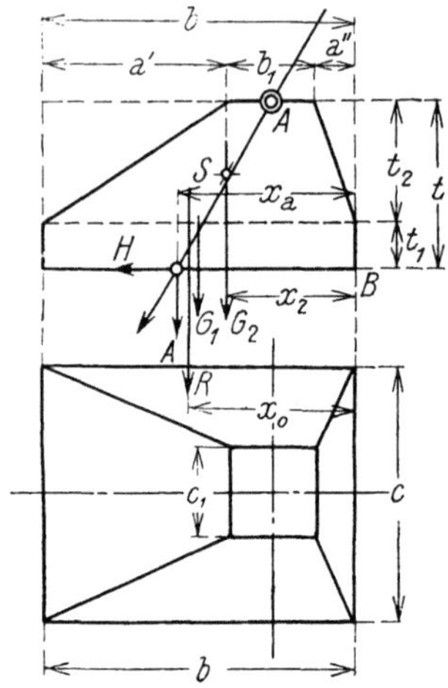

Abb. 382

Gelenkige Auflagerung des Ständerfußes. Im Auflagergelenk A (Abb. 382) greifen der lotrechte Auflagerdruck A_{max} und der Seitenschub H_{max} an.

Das Grundmauerwerk muß bis auf tragfähigen Boden geführt werden. Eine für den vorliegenden Fall zweckmäßige Form des Mauerkörpers zeigt Abb. 382. Mit den in letztere eingeschriebenen Bezeichnungen ergibt sich das Gewicht des Mauerkörpers zu

$$\boxed{G =}\; G_1 + G_2 =$$

$$\boxed{\left\{b \cdot c \cdot t_1 + \frac{t_2}{6}\,[b \cdot c + (b + b_1)\,(c + c_1) + b_1 \cdot c_1]\right\} \cdot \gamma.}$$

Das Gewicht G_1 greift im Abstand $x_1 = \dfrac{b}{2}$

das Gewicht G_2 im Abstand $\boxed{x_2 = \left[\dfrac{b}{2} - \dfrac{b + 2\,b_1}{b + b_1} \cdot \dfrac{a' - a''}{6}\right]}$,

die lotrechte Teilkraft des aus A und H zusammengesetzten schiefen Auflagerdruckes im Abstand

$$\boxed{x_a = t \cdot \frac{H_{max}}{A_{max}} + \frac{b_1}{2} + d}$$

von der Kante B an.

Der Abstand x_o der Mittelkraft $R = G_1 + G_2 + A$ von B ergibt sich aus

$$G_1 \cdot \frac{b}{2} + G_2 \cdot x_2 + A \cdot x_a = (G_1 + G_2 + A) \cdot x_o$$

und die größte Kantenpressung mit $e = \dfrac{b}{2} - x_o$ zu

$$\sigma_{v\,max} = \frac{R}{b \cdot c}\left(1 + \frac{6\,e}{b}\right) \lesseqgtr \sigma_{zul}.$$

Für den Seitenschub wird

$$\sigma_{h\,max} = \frac{H}{c \cdot t_1 + \dfrac{c + c_1}{2} \cdot t_2} \lesseqgtr \sigma_{zul}.$$

Durch senkrecht nach oben wirkenden Zug beanspruchter Grundmauerkörper. Manchmal pflegt man durch senkrechten Zug nach oben beanspruchte Mauerkörper (Abb. 383) in der Weise zu berechnen, daß man zum Gewicht des Erdprismas, das unmittelbar über der Grundplatte steht, noch die seitlichen Erdkeile hinzurechnet, deren Größe man nach dem natürlichen Böschungswinkel des Erdmateriales bestimmt. Richtiger erscheint die Annahme, daß allein das über der Grundplatte befindliche Erdprisma mit seinem Gewicht und seiner Reibung an den Außenflächen, dem Zug zu widerstehen hat.

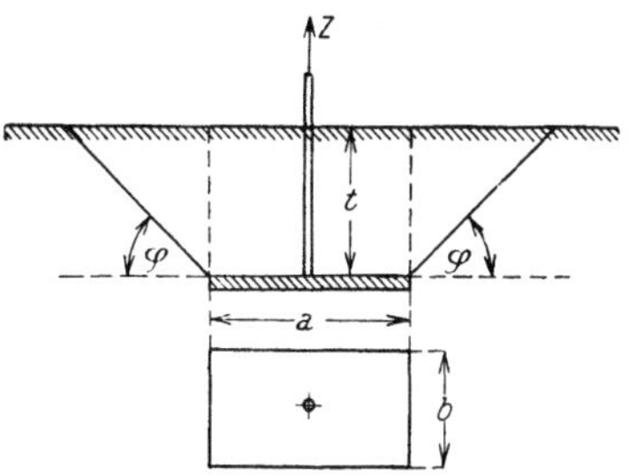

Abb. 383

Bezeichnet Z die nach der Abrechnung aller auf den Mauerkörper wirkender Gewichte übrigbleibende Zugkraft, so berechnet sich dieselbe mit den in Abb. 383 eingeschriebenen Bezeichnungen zu

$$\boxed{Z = a \cdot b \cdot t \cdot \gamma + (a + b) \cdot \gamma \cdot \varepsilon_0 \cdot \varrho \cdot t^2} \tag{12}$$

Aus dieser Gleichung ergibt sich die erforderliche Überdeckungshöhe t zu

$$\boxed{t = -\frac{a \cdot b}{2\,(a+b)} \cdot \frac{1}{\varepsilon_0 \cdot \varrho} + \sqrt{\left(\frac{a \cdot b}{2\,(a+b)} \cdot \frac{1}{\varepsilon_0 \cdot \varrho}\right)^2 + \frac{Z}{(a+b)\,\gamma \cdot \varepsilon_0 \cdot \varrho}}} \tag{13}$$

Bei voller Verspannung des Erdreiches ist anstatt ε_0 als oberer Grenzwert $\varepsilon = \mathrm{tg}^2\left(45 + \frac{\varphi}{2}\right)$, bei loser Schüttung nur $\varepsilon' = \mathrm{tg}^2\left(45^0 - \frac{\varphi}{2}\right)$ zu setzen. In besonderen Fällen ist ein Zwischenwert ε_0 zwischen ε und ε' zu wählen (vgl. S. 329, Rechnungsverfahren nach Dörr).

E. Die Pfahlgründung

Bei sehr weichem und ungleichmäßigem Baugrund kann die Gründung auch auf Pfählen erfolgen, welche an den Kreuzungsstellen der Rostschwellen in den Boden eingetrieben (eingerammt) werden.

Die Pfähle reichen entweder bis auf den tragfähigen Boden und übertragen auf diese Weise die Lasten unmittelbar auf denselben, oder sie wirken nur infolge der großen Reibung des sie umgebenden, an und für sich nicht tragfähigen Bodenmateriales.

Im allgemeinen werden die Pfähle in 0,8 bis 1,0 m von einander abstehenden Reihen, in Entfernungen von 1,0 bis 1,3 m (von Mitte zu Mitte) eingerammt. Bei sehr nachgiebigem Boden können dieselben auch näher als 1,0 m voneinander angeordnet werden, doch soll mit dem Abstand der Pfahlachsen nicht unter das Maß des zwei- bis dreifachen Pfahldurchmessers gegangen werden.

Jeder Pfahl ist so tief in den Boden einzurammen, bis er nach einer Hitze (20 bis 30 Schläge) nicht mehr zieht, d. h. nur mehr wenige Millimeter in den Boden eindringt und der Rammklotz zurückzuprallen beginnt.

Auf die entsprechend eingerammten und in einer wagrechten Ebene abgesägten Grundpfähle kann entweder ein Schwellenrost aufgezapft oder bei leichteren Bauten ein Bohlenrost ohne Verzapfung aufgelegt werden. Bei weniger nachgiebigem Boden kann auch die Aufsetzung eines Rostes entfallen; in diesem Falle werden die Pfähle etwa 30 cm über der Sohle abgeschnitten und es wird zwischen dieselben und etwas über sie reichend eine 0,60 bis 1,00 m hohe Betonschichte eingestampft.

Mindestabstände bei verschiedenen Pfahlanordnungen mit Rücksicht auf die Tragfähigkeit der Pfähle (Abb. 384 a bis d)

$a \gtrless 1{,}57\, d$ $a \gtrless 2{,}1\, d$ $a \gtrless 2{,}36\, d$ $a \gtrless 2{,}22\, d$, $b \gtrless 3{,}14\, d$

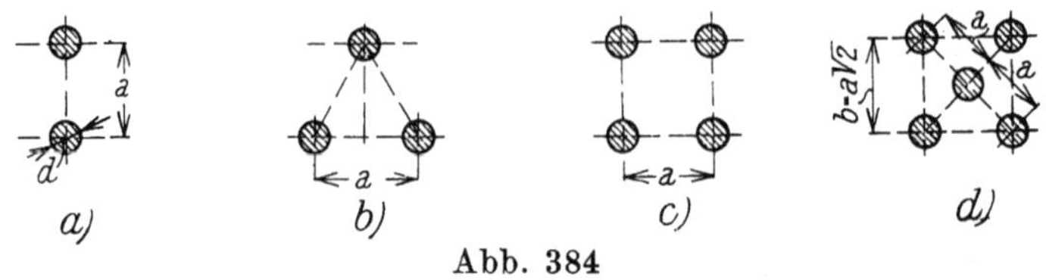

Abb. 384

Je nach Art und Verwendung der Pfähle unterscheidet man Grund- oder Rostpfähle, welche bei Gründungen angewendet und ganz in den Boden eingetrieben werden, und Langpfähle, welche über den Boden emporragen, (z. B. bei Brückenpfeilern).

Die erforderliche Länge der Pfähle wird mit Hilfe von Probepfählen ermittelt, die Stärke der Pfähle kann nach der Erfahrungsformel berechnet werden

$$d = 12 + 3\, l,$$

wobei der Pfahldurchmesser d in Zentimeter, die Pfahllänge in Meter auszudrücken sind. Unter 4 m lange Pfähle sollen jedoch mindestens 24 cm stark ausgeführt werden.

Zur Herstellung der Pfähle wird Eichen-, Buchen-, Lärchen- und auch Kiefernholz verwendet. Die Pfähle werden entrindet und mit dem Wipfelende nach unten in den Boden getrieben; am unteren Ende werden sie auf die zwei- bis dreifache Pfahlstärke in Form einer vierseitigen, unten etwas abgestumpften Pyramide, manchmal auch kegelförmig, zugespitzt. Bei schotterigem oder mit Wurzeln vermengtem Boden werden die Spitzen mit schmiedeeisernen Schuhen versehen, welche eine gestählte Spitze besitzen und mit vier Federn an die Pfahlspitze festgenagelt werden; die Federn sind in das Holz zu versenken, damit die Reibung beim Einrammen vermindert wird.

Die Pfahlköpfe erhalten einen etwa 20/70 mm starken eisernen Ring, welcher nach dem Einrammen wieder abgenommen wird. Die Kanten oberhalb des Ringes werden abgestumpft, damit sie durch das Schlagen der Ramme nicht aufgebürstet (zerschlagen) werden.

Leistungsfähigkeit verschiedener Schlagwerke bei Sandboden[23*])

Gattung der Ramme	Schläge in der Minute	Bärgewicht in kg	Hubhöhe in m	Zahl der Arbeiter	Eingetriebene Pfahllänge im Tage (12 Std.) in m
Handramme	30	100 bis 120	0,6 bis 1,0	2 bis 4	3 bis 6
Zugramme	30	150 bis 600	1,2 bis 1,5	10 bis 30	6 bis 15
Handkunstramme ..	0,5 bis 1	600 bis 800	2 bis 6	4 bis 5	9 bis 10
Dampfkunstramme .	3 bis 6	600 bis 800	2 bis 6	3	35 bis 40
Naßmythramme	75 bis 100	2500	0,75 bis 1,00	5	80 bis 110

Das Einrammen schwacher Pfähle (bis 15 cm Durchmesser und 2 bis 3 m Länge) geschieht am einfachsten mittels Handramme; für größere Pfähle verwendet man Zug-, Kunst- oder Dampframmen.

Die Berechnung der Tragfähigkeit von Pfählen nach Dörr[25*])

Das von Dr. Ing. Dörr in seinem Buche „Die Tragfähigkeit der Pfähle" unter Zugrundelegung der Engesserschen Keiltheorie des Erddruckes abgeleitete neue Rechnungsverfahren zeigt im Gegensatz zu den verschiedenen bekannten Rammformeln eine derart gute Übereinstimmung mit zahlreichen Versuchsergebnissen, daß die Behauptung wohl berechtigt erscheint, daß mit demselben endlich der Weg zu einer zuverlässigen, wirtschaftlich einwandfreien Bemessung der Pfähle gefunden wurde.

Die Dörrsche Berechnungsweise soll im folgenden in ihren Grundzügen kurz besprochen werden:

Die Grundwerte und die Reibungsziffer. Voraussetzung für die Anwendung der Dörrschen Berechnungsweise ist die Kenntnis des Raumeinheitsgewichtes (γ), des Winkels (φ) der natürlichen Böschung des Erdmateriales, sowie der Reibungsziffer (ϱ) zwischen Pfahl und Erdmaterial.

Raumeinheitsgewicht γ: Dieses muß für den Zustand der natürlichen Spannung des Erdmateriales, d. i. für den gleichen Zustand bestimmt werden, in welchem dasselbe im Boden liegt. Bei Wechsel verschiedener Bodenschichten wird häufig ein Mittelwert als Annäherung genügen, bei stark wechselnden Schichten hingegen muß die Bestimmung der Raumeinheitsgewichte für die einzelnen Schichten gesondert durchgeführt werden. Mit zunehmender Tiefe nimmt die innere Spannung des Erdmateriales, mithin auch das Raumgewicht, zu.

Natürlicher Böschungswinkel φ: Bei Kies, Sand, Schotter ist derselbe unschwer festzustellen, bei losem Boden ist die richtige Bestimmung sehr unsicher und ist man meist auf Schätzungen angewiesen, wenn nicht Probebelastungen entsprechenden Aufschluß geben.

Mit dem Böschungswinkel φ sind die Werte $\varepsilon = \operatorname{tg}^2\left(45^0 + \frac{\varphi}{2}\right)$, $\varepsilon' = \operatorname{tg}^2\left(45^0 - \frac{\varphi}{2}\right)$ und $\varepsilon_1 = 1 + \operatorname{tg}^2 \varphi$, welche die Grundwerte der Berechnung darstellen, bekannt.

Für die verschiedenen Bodenarten kann man etwa folgende Annahmen machen:

Schlammiger Boden, Moorboden	$\varphi = 10$ bis 15^0
abwechselnde Schichten von Lehm, Letten, Mergel	$\varphi = 30^0$
Lehm, sandiger Ton, Kies	$\varphi = 35^0$
Lehm, vorwiegend Sandschichten	$\varphi = 40^0$
scharfer Kies, feiner Sand, wenig Lehm	$\varphi = 45^0$

Reibungsziffer ϱ: Die Reibungsziffer wird am kleinsten (etwa 0,1 bis 0,15) zwischen der Oberfläche eines Holzpfahles und nassem, schlüpfrigem Boden, bei trockenem, grobkörnigem Grund steigt dieselbe bis etwa 0,5 und darüber.

Annähernd kann man setzen:

Schlammiger Moorboden	$\varrho = 0{,}1$ bis 0,15
weicher Lehm, Letten, Mergel	$\varrho = 0{,}2$ „ 0,3
sandiger Lehm, Ton, Mergel	$\varrho = 0{,}3$ „ 0,4
grobkörniger Kies, Sand, Schotter	$\varrho = 0{,}5$ und mehr.

Zusammenstellung der Grundwerte ε für verschiedene Böschungswinkel

Böschungswinkel φ	10°	15°	20°	25°	30°	35°	40°	45°	50°
$\varepsilon = \mathrm{tg}^2\left(45^0 + \frac{\varphi}{2}\right)$	1,42	1,70	2,12	2,47	3,00	3,68	4,60	5,82	7,56
$\varepsilon' = \mathrm{tg}^2\left(45^0 - \frac{\varphi}{2}\right)$	0,704	0,590	0,490	0,406	0,334	0,271	0,217	0,172	0,132
$\varepsilon_1 = 1 + \mathrm{tg}^2\,\varphi$	1,031	1,072	1,132	1,217	1,334	1,490	1,705	2,000	2,430

1. Berechnung der Widerstandskraft der Pfähle gegen Druck

Gleichartige Bodenbeschaffenheit. Die Widerstandskraft (T) eines Pfahles wird hauptsächlich durch seine Abmessungen, die besonderen Eigenschaften des Bodens und die Reibung an seinem Umfang bestimmt. Die Widerstandskraft setzt sich aus zwei Teilkräften zusammen, nämlich

dem Widerstand am Pfahlfuß (D) und

dem Reibungswiderstand am Pfahlmantel (R),

so daß gesetzt werden kann:

(1) $$T = D + R$$

Das Maß des Erdwiderstandes am Pfahlfuß senkrecht zum Endquerschnitt kann ausgedrückt werden durch

$$\varepsilon = \mathrm{tg}^2\left(45^0 + \frac{\varphi}{2}\right),$$

das Maß des Erddruckes senkrecht zur Mantelfläche durch

$$\varepsilon_1 = 1 + \mathrm{tg}^2\,\varphi.$$

Mit den Bezeichnungen

l .... Abstand des Pfahlfußes von der Erdoberfläche (bei einer Länge s der Pfahlspitze ist für die Annahme von l $^1/_3\,s$ in Rechnung zu ziehen),

F .... Pfahlquerschnitt,

u .... Pfahlumfang,

V .... Rauminhalt des im Boden befindlichen Pfahlteiles

berechnet sich die Tragfähigkeit eines Pfahles von beliebigem jedoch unveränderlichem Querschnitt zu

(2) $$T = \gamma \cdot V\left(\varepsilon + \varepsilon_1 \cdot \varrho \cdot u\,\frac{l}{2\,F}\right)$$

Für einen Rundpfahl vom Durchmesser d ist

(3) $$\boxed{T = \gamma \cdot V\left(\varepsilon + \varepsilon_1 \cdot \varrho \cdot 2\,\frac{l}{d}\right)}$$

Beispiel:

a) Schlechter Baugrund aus Moor und sehr weichem Letten: gewählt $\gamma = 1300$ kg/m³, $\varrho = 0{,}15$, $\varphi = 30^0$, daher $\varepsilon = 3$, $\varepsilon_1 = 1{,}3$; mittlere Stärke des Pfahles $d = 33$ cm, $l = 10{,}8$ m,

$$V = 0{,}0855 \cdot 10{,}8 = 0{,}924\ \mathrm{m}^3,$$

$$T = 1300 \cdot 0{,}924\left(3{,}0 + 1{,}3 \cdot 0{,}15 \cdot 2 \cdot \frac{10{,}8}{0{,}33}\right) = 19\,000\ \mathrm{kg}.$$

Beobachtete Einsenkung von 19 mm bei einer Belastung $P = 20{,}570$ kg, von da ab rasches Einsinken des Pfahles (Versuche von Krapf).

b) Die gleichen Bodenverhältnisse: $d = 28{,}8$ cm, $l = 11{,}2$ m,

$$V = 0{,}0651 \cdot 11{,}2 = 0{,}726 \text{ m}^3,$$

$$T = 1300 \cdot 0{,}726 \left(3 + 1{,}3 \cdot 0{,}3 \cdot \frac{11{,}2}{0{,}288}\right) = 17\,100 \text{ kg}.$$

Beobachtete Einsenkung von 11 mm bei einer Belastung $P = 19{,}870$ kg, von da ab war die Tragfähigkeit des Pfahles überwunden.

Für einen Rundpfahl mit gegen den Kopf zunehmendem Querschnitt ist

$$T = \gamma \cdot \varepsilon \cdot V \left(1 + 2\varrho \cdot l \frac{d_o + 2\,d_u}{d_o^2 + d_o \cdot d_u + d_u^2}\right) \tag{4}$$

$$V = \frac{\pi l}{12}(d_o^2 + d_o \cdot d_u + d_u^2),$$

wobei d_o den oberen, d_u den unteren Pfahldurchmesser bedeuten. Der Einfluß der Verjüngung auf die Tragfähigkeit ist bei Holzpfählen ohne Bedeutung, soll daher in den folgenden Untersuchungen vernachlässigt werden.

Reicht der Pfahl mit seinem oberen Ende nicht bis zur Oberfläche des gewachsenen Bodens, sondern nur bis zur Sohle der Baugrube, so berechnet sich

$$T = \gamma \cdot V \left[\varepsilon + \varepsilon_1 \varrho \frac{4}{d}\left(t_a + \frac{l}{2}\right)\right] \tag{5}$$

wobei t_a den Abstand der Oberfläche des gewachsenen Bodens von der Sohle der Baugrube bedeutet.

Wechselnde Bodenbeschaffenheit. Die Stärke der einzelnen Bodenschichten von der Erdoberfläche nach unten gemessen betrage

$$t_a, \quad t_b, \quad t_c \ldots . t_n$$

die zugehörigen Grundwerte seien

$$\begin{array}{cccc} \gamma_a & \varepsilon_a & \varepsilon_{1a} & \varrho_a \\ \gamma_b & \varepsilon_b & \varepsilon_{1b} & \varrho_b \\ \cdot & \cdot & \cdot & \cdot \\ \gamma_n & \varepsilon_n & \varepsilon_{1n} & \varrho_n \end{array}$$

Die Tragfähigkeit des Rundpfahles berechnet sich im vorliegenden Falle zu

$$T = \gamma_a \left(\varepsilon_a \cdot V_a + \varepsilon_{1a} \cdot \varrho_a \cdot u \cdot \frac{t_a^2}{2}\right) + \gamma_b \left[\varepsilon_b \cdot V_b + \varepsilon_{1b} \cdot \varrho_b \cdot u \cdot t_b \left(t_a + \frac{t_b}{2}\right)\right] + \ldots$$
$$\ldots + \gamma_n \left[\varepsilon_n \cdot V_n + \varepsilon_{1n} \cdot \varrho_n \cdot u \cdot t_n \left(t_a + t_b + \ldots + t_{n-1} + \frac{t_n}{2}\right)\right] \tag{6}$$

Reicht der Pfahl mit seinem oberen Ende nur bis zur Sohle der Baugrube, so ist das erste Glied der Gl. (6) gleich Null zu setzen.

Da für niedere Werte des Winkels φ der Unterschied zwischen ε und ε_1 klein ist und überhaupt das den Widerstand am Pfahlfuß darstellende Glied nur eine geringe Rolle spielt, kann man häufig, ohne einen Fehler, der im Rahmen der erreichbaren Genauigkeit in Betracht kommen könnte, zu begehen, in den Gleichungen (2) bis (6) statt ε die Zahl ε_1 einsetzen. Dies gilt insbesondere für lange Pfähle.

Will man sehr sicher rechnen, so kann man in den Ausdrücken für die Tragfähigkeit das erste Glied, das den Widerstand am Pfahlfuß angeben soll, vernachlässigen.

2. Berechnung der Widerstandskraft der Pfähle gegen Zug

$$\boxed{Z = \frac{\pi}{2} \gamma \cdot \varepsilon_1 \cdot \varrho \cdot d \cdot l^2} \tag{7}$$

Bei Annahme der in diesem Falle erforderlichen Sicherheitsziffer n, welche etwa mit $1,5 \div 2$ anzunehmen ist, wird

$$Z = \frac{1}{n} \cdot \frac{\pi}{2} \gamma \cdot \varepsilon_1 \cdot \varrho \cdot d\, l^2 \tag{7 a}$$

Beispiel: Bodenbeschaffenheit wie im vorangegangenen Beispiel:

$d = 27,5$ cm, $l = 13,86$ m;

$$Z = \frac{\pi}{2}\, 1300 \cdot 1,3 \cdot 0,15 \cdot 0,275 \cdot 13,86^2 = 21\,000 \text{ kg (reine Reibungskraft).}$$

Gewicht des Pfahles ∾ 1000 kg, daher insgesamt $Z = 22000$ kg. Dieses Ergebnis wurde durch den Versuch vollkommen bestätigt (Versuche von Krapf).

3. Größte Länge der Pfähle mit Rücksicht auf die Druckbeanspruchung des Baustoffes

Bezeichnet σ_d die zulässige Druckbeanspruchung des Holzes, dann ergibt sich angenähert:

a) Unveränderlicher Pfahlquerschnitt:

$$l' = \sqrt{\frac{2\,\sigma_d \cdot F}{\gamma \cdot \varepsilon_1 \cdot u \cdot \varrho}} \tag{8}$$

b) Der Pfahlkopf sitzt um t_a tiefer als die Erdoberfläche:

$$l' = \left(F + \frac{\varepsilon_1}{\varepsilon} \varrho \cdot u \cdot t_a\right) \sqrt{\frac{2\,\sigma_d}{\gamma \cdot \varepsilon_1 \cdot u \cdot \varrho F}} \tag{9}$$

Macht man die Pfähle länger als l' angibt, so wird entweder ihre Tragkraft nicht ausgenutzt, wenn man die zulässige Beanspruchung σ_d beachtet oder der Querschnitt am Pfahlkopf ist überanstrengt, wenn man die Tragfähigkeit im Boden ausnützt. Das erste ist unwirtschaftlich, das zweite gefährlich.

Beispiel: $\gamma = 1600$ kg/m³, $\varepsilon = 3,7$, $\varepsilon_1 = 1,5$, $\varrho = 0,4$, Pfahldurchmesser $d = 30$ cm, Länge $l = 16$ m.

Die berechnete Tragfähigkeit beträgt $T = 120000$ kg. Der Querschnitt wäre jedoch mit $\sigma_d = \frac{120000}{706} = 170$ kg/cm² beansprucht. Nimmt man die zulässige Druckspannung am Pfahlkopf mit 60 kg/cm² an, so berechnet sich die Grenzlänge nach Gleichung (8) zu:

$$l' = \sqrt{\frac{2 \cdot 60 \cdot 706}{0,0016 \cdot 1,5 \cdot 30\,\pi \cdot 0,4}} = 970 \text{ cm.}$$

X. Abschnitt

Der Holzhausbau

Seine wirtschaftliche Bedeutung im Lichte der neuesten wärmetechnischen Versuchsergebnisse[24*])

A. Die norwegischen Versuchshäuser

Welche Bedeutung heute — besonders in den nordischen Staaten — der Frage des Baues von guten, gleichzeitig aber billigen und Brennstoff sparenden Volkswohnhäusern beigemessen wird, geht insbesondere aus den großzügigen, unter tatkräftigster Unterstützung der norwegischen Regierung angestellten Versuchen hervor, welche in den letzten Jahren unter der Leitung hervorragender Fachleute der technischen Hochschule in Trondhjem vorgenommen wurden.

In Norwegen, wo die Häuser den größten Teil des Jahres künstlich erwärmt werden müssen, spielt der sparsame Brennstoffverbrauch selbstverständlich eine noch bedeutendere Rolle als bei uns. Vor vier bis fünf Jahren wurden die Geldmittel, die in Norwegen alljährlich für den Wohnungsbau verausgabt werden, von Fachleuten auf etwa 100 Millionen Kronen, die für die Beheizung von Wohnhäusern aufgewendeten Mittel auf etwa 150 Millionen Kronen geschätzt. Aus diesen Ziffern allein geht schon zur Genüge hervor, einen wie bedeutenden Betrag eine Ersparnis von nur einigen wenigen Hundertteilen an Baukosten und Brennstoffverbrauch ausmacht.

Während das wärmetechnische Verhalten verschiedener Bauweisen bisher rein schätzungsweise bzw. auf Grund der im Laboratorium bestimmten Wärmedurchgangszahlen beurteilt wurde, war es bei den oben genannten norwegischen Versuchen das erstemal, daß an einer Reihe kleiner Versuchshäuser (27), die wie wirklich bewohnte Häuser freistehend, Wind und Wetter ausgesetzt, errichtet wurden, Messungen vorgenommen wurden, deren Ergebnisse nunmehr eine tatsächlich zuverlässige Grundlage für die wärmetechnische Beurteilung der verschiedenen Bauweisen bilden.

Wenn die genannten Untersuchungen auch unter wesentlich anderen klimatischen Verhältnissen vorgenommen wurden als bei uns, so dürfte doch anzunehmen sein, daß sich das gegenseitige Verhältnis der einzelnen geprüften Wände auch bei uns nicht wesentlich unterscheiden wird, so daß die gewonnenen Versuchsergebnisse auch für unsere Verhältnisse maßgebend sein dürften.

Die vorgenommenen Untersuchungen erstreckten sich auf Steinhäuser mit Wänden aus massivem und Hohlsteinmauerwerk, ebenso auf Holzhäuser mit Bohlen- und Schalbretterwänden mit und ohne Ausfüllung der Hohlräume.

Die Wärmedurchgangszahlen der untersuchten Wände wurden stets sowohl durch Messung als auf rechnerischem Wege bestimmt.

Die Baukosten für sämtliche untersuchte Ausführungsarten von Häusern wurden auf der einheitlichen Grundlage eines zweistöckigen Wohnhauses von 130 qm Grundfläche ermittelt. Die diesbezüglichen Kostenaufstellungen ergaben einen durchschnittlichen Kostenunterschied zwischen Stein- und Holzhäusern von etwa 15 v. H.

Im folgenden sollen die Berechnungsgrundlagen für die Ermittlung der Wärmeverbrauchszahlen (k-Zahlen), ferner die verschiedenen Arten der Wandausbildung bei den geprüften Holzhäusern sowie die Ergebnisse der an denselben durchgeführten Messungen besprochen werden.

B. Die Berechnung des Wärmeverbrauches von Holzhäusern (k-Zahlen)

Die Fortleitung der Wärme durch eine Wand. Wenn die Wärme von einem erwärmten Raum durch eine Wand (ein Fenster) in die äußere Luft übergehen soll, so stößt sie auf ihrem Wege auf drei verschiedene Widerstände. Der erste ist der Wärmeübergangswiderstand beim Übergang der Wärme von der warmen Luft des Raumes auf die Wandfläche. Der zweite ist der Wärmeleitwiderstand durch die Wand selbst, und schließlich der dritte der Wärmeübergangswiderstand beim Übergang der Wärme von der äußeren Wandfläche in die Luft. Von diesen drei Wärmewiderständen macht in der Regel der Leitwiderstand den wesentlichsten Teil aus; bei besonders schlechten Wänden, Fenstern o. dgl. hingegen besteht der wesentlichste Teil des Wärmewiderstandes (des Isolierungsvermögens) nicht aus der Wand oder dem Glas selbst, sondern aus den früher genannten Übergangswiderständen. Der Wärmewiderstand der Wand beruht zum Teil auf der Art des verwendeten Baustoffes, zum Teil auf der Wirkung der Hohlräume und Luftspalten, die die betreffende Bauweise aufweist.

Betrachtet man die Wärmeverhältnisse innerhalb und außerhalb einer Wand, so erhält man für eine massive $1^1/_2$ Stein starke Wand bzw. für eine Wand aus zwei je $^1/_2$ Stein starken Wangen mit dazwischenliegendem Hohlraum, das durch die Abb. 385 a und b veranschaulichte Bild. Beide Wärmeschaubilder gelten für + 20° Zimmerwärme und — 10° Außenluftwärme und für durchschnittliche Windverhältnisse im Winter. Den beiden Darstellungen des Wärmeabfalles liegt die Voraussetzung zugrunde, daß beide Wände dieselbe Wärmeleitzahl λ besitzen. Man sieht, daß bei der $1^1/_2$ Stein starken massiven Wand der Wärmeabfall in der Wand selbst 20,5° beträgt, wenn der Wärmeunterschied zwischen der äußeren und inneren Luft 30° ist.

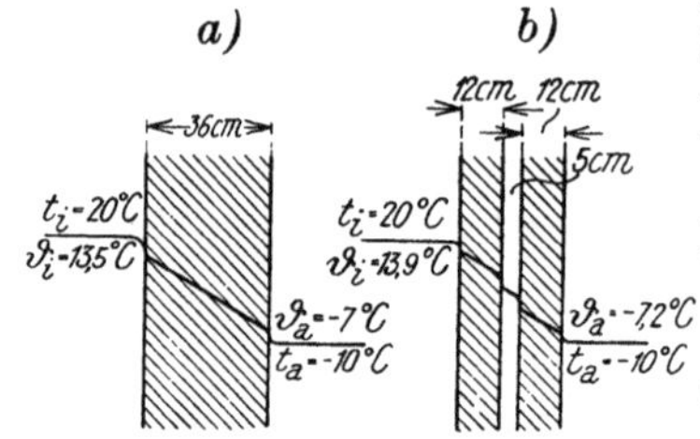

Abb. 385

Für den Wärmeverlust durch eine massive Wand gelten folgende drei Gleichungen:

Für den Wärmeübergang von der Luft an die Innenfläche der Wand

(1) $$W_1 = \alpha_i \, F \, (t_i - \vartheta_i)$$

Für die Wärmeleitung durch die Wand selbst

(2) $$W_2 = \frac{\lambda}{d} \, F \, (\vartheta_i - \vartheta_a)$$

Für den Wärmeübergang von der Wand an die äußere Luft

(3) $$W_3 = \alpha_a \, F \, (\vartheta_a - t_a)$$

In obigen Gleichungen bedeuten:

W_1, W_2, W_3 ...die Wärmemenge in der Stunde,

F ....die Fläche der Wand in m²,

α_i ....die Wärmeübergangszahl auf der Innenseite (Wärmeeintrittszahl) = Anzahl $W\,E$, die in 1 Stunde von der Luft an die Wand auf je 1 m² Wandfläche übergehen, wenn der Wärmeunterschied zwischen der Luft und der Wandfläche 1° C beträgt.

α_a.............die Wärmeübergangszahl auf der Außenseite (Wärmeaustrittszahl),

d ....die Wandstärke in m,

λ ....die Wärmeleitzahl = Anzahl $W\,E$, die in 1 Stunde durch 1 m² einer 1 m starken Wand gehen, wenn der Wärmeunterschied zwischen den Oberflächen der Wand 1° C beträgt.

Ferner sind $\frac{1}{\alpha_i}$ und $\frac{1}{\alpha_a}$ die Wärmeübergangswiderstände = die Zeit in Stunden, die 1 $W\,E/\mathrm{m}^2$ braucht, um von der Luft an die Wand oder umgekehrt überzugehen, wenn der Wärmeunterschied 1° C beträgt und $\frac{d}{\lambda}$ der Wärmeleitwiderstand in der Wand = die Zeit in Stunden, die 1 $W\,E/\mathrm{m}^2$ braucht, um durch die Wand hindurchzugehen, wenn der Wärmeunterschied zwischen den Wandflächen 1° C beträgt.

$t_i{}^0$ und $t_a{}^0$ geben die Wärme der Innen- bzw. Außenluft, $\vartheta_i{}^0$ und $\vartheta_a{}^0$ die Wärme der inneren bzw. äußeren Wandoberfläche an (s. Abb. 385).

Bedenkt man, daß für andauernd gleiche Verhältnisse $W_1 = W_2 = W_3$ sein muß, so gehen die Gl. (1), (2), (3) bei Zusammenzählung über in

$$W = \frac{F(t_i - t_a)}{\dfrac{1}{\alpha_i} + \dfrac{1}{\alpha_a} + \dfrac{d}{\lambda}} \tag{4}$$

Der Wärmeverlust W durch eine Wand ist daher gleich der Fläche mal dem Wärmeunterschied zwischen der inneren und äußeren Luft, geteilt durch die Summe der Wärmeübergangswiderstände $\left(\frac{1}{\alpha_i} + \frac{1}{\alpha_a}\right)$ und des Wärmeleitwiderstandes $\frac{d}{\lambda}$.

Setzt man

$$\frac{1}{\alpha_i} + \frac{1}{\alpha_a} + \frac{d}{\lambda} = \frac{1}{k}$$

so geht Gl. (4) über in

$$W = \frac{F(t_i - t_a)}{\dfrac{1}{k}} = F \cdot k\,(t_i - t_a) \tag{5}$$

Hierin ist $\frac{1}{k}$ der gesamte Wärmedurchgangswiderstand, d. h. die Zeit in Stunden, die 1 $W\,E/\mathrm{m}^2$ braucht, um von der Luft des Innenraumes durch die Wand in die äußere Luft überzugehen, wenn der Wärmeunterschied zwischen der inneren und äußeren Luft 1° C beträgt. k selbst, die **Wärmeverbrauchszahl, ist die Anzahl** $W\,E$, **die durch 1 m² Wand in 1 Stunde geht, wenn der Wärmeunterschied zwischen der inneren und äußeren Luft 1° C beträgt.**

Die Bestimmung der Wärmeverbrauchszahlen k für verschiedene Ausführungsarten von Wänden und Decken ist das Ziel der nachstehenden Untersuchungen.

Bei einer massiven Wand ist die Größe von k von den Werten α_a, α_i und $\frac{d}{\lambda}$ abhängig. Will man die Zahl k zuverlässig bestimmen, so muß man sie in die drei genannten Teilwerte zerlegen.

Die oben aufgestellten Gleichungen gelten für eine massive, aus gleichartigem Material bestehende Wand. Der Wärmewiderstand einer solchen Wand beträgt $\frac{d}{\lambda}$. Besteht dieselbe aus mehreren verschiedenen Schichten und Hohlräumen, dann setzt sich ihr gesamter Wärmedurchgangswiderstand aus der Summe der Widerstände der einzelnen Schichten und Hohlräume zusammen, und beträgt

$$\frac{1}{k} = \frac{1}{\alpha_i} + \frac{1}{\alpha_a} + \left[\left(\frac{d_1}{\lambda_1} + \frac{d_2}{\lambda_2} + \ldots \frac{d_n}{\lambda_n}\right) + (B_1 + B_2 + \ldots B_n)\right] \tag{6}$$

Hierin bezeichnen $\frac{1}{\alpha_i}$ und $\frac{1}{\alpha_a}$ wie früher die Wärmeübergangswiderstände auf der inneren und äußeren Wandoberfläche; $\frac{d_1}{\lambda_1}$, $\frac{d_2}{\lambda_2} \ldots \frac{d_n}{\lambda_n}$ die Widerstände der verschiedenen Wandschichten, welche verschiedene Dicken d_1, $d_2 \ldots d_n$ und verschiedene Wärmeleitzahlen λ_1, $\lambda_2 \ldots \lambda_n$ haben können; B_1, $B_2 \ldots B_n$ die Wärmewiderstände der einzelnen Hohlräume. Der Klammerausdruck in Gl. (6) gibt somit den gesamten Wärmedurchgangswiderstand des Wandkörpers an und entspricht daher dem Ausdruck $\frac{d}{\lambda}$ bei einer massiven Wand.

Die Gleichung für die Wärmeverbrauchszahl von Holzhäusern. Im folgenden sollen für die Wärmeleitzahlen λ verschiedener Materialien sowie für die Wärmewiderstände von Hohlräumen, Pappschichten usw. Zahlengrößen angegeben werden, die dazu benutzt werden können, um die Wärmeverbrauchszahlen unbekannter Wandausführungen zu berechnen. Die Richtigkeit der genannten Zahlengrößen soll später an Hand der Messungsergebnisse bei den verschiedenen Versuchshäusern einer näheren Prüfung unterzogen werden.

Die Zwischenräume der Wände werden bei Holzhäusern am zweckmäßigsten nach folgenden drei Arten unterschieden:

1. **„Hohlräume.“** In der Regel $^3/_4''$ breit und darüber. Der Wärmewiderstand der Luftschichte eines Hohlraumes kann im Mittel mit $B_1 = 0{,}2$, die Größe des Wärmewiderstandes von n_1 Hohlräumen daher mit $n_1 \cdot B_1 = 0{,}2\ n_1$ angenommen werden.

2. **„Lose Fugen.“** Der Wärmewiderstand, welcher durch eine lose, an der Wand befestigte Papplage hervorgerufen wird, kann im Mittel mit $B_2 = 0{,}1$, bei bei n_2 losen Fugen daher mit $n_2 \cdot B_2 = 0{,}1\ n_2$ angenommen werden.

3. **„Geklemmte Fugen.“** Diese entstehen dort, wo die Pappe zwischen zwei zusammengenagelten Bretterschichten angebracht ist oder wo zwei Bretterschichten dicht zusammengenagelt sind. Der Wärmewiderstand kann im Mittel mit $B_3 = 0{,}05$, bei n_3 geklemmten Fugen daher mit $n_3 \cdot B_3 = 0{,}05\ n_3$ angenommen werden.

Legt man beispielsweise drei einzöllige Bretterschichten dicht zusammen, so ist der Wärmewiderstand derselben größer als wenn man eine dreizöllige Bohle nimmt, da Bretter niemals so eben sind (falls sie nicht gehobelt und zusammengeleimt sind), daß nicht eine kleine Fuge zwischen den verschiedenen Schichten entstehen könnte; und jede derartige Fuge besitzt einen gewissen Wärmedurchgangswiderstand (Isolierungsvermögen).

Selbstverständlich gibt es keine scharfe Grenze zwischen den drei Begriffen Hohlraum, lose Fuge und geklemmte Fuge; je nach der Art der Ausführung werden dieselben verschieden ausfallen. Aber die hier gewählte Abstufung liefert, wie aus den nachfolgenden Ausrechnungen hervorgehen wird, eine gute Berechnungsgrundlage.

Im Schrifttum finden sich verschiedene Betrachtungen über die Abhängigkeit der Isolierwirkung von Hohlräumen von der Wärme, Hohlraumbreite, Strahlungszahl usw. Als Grundlage für eine praktisch bequeme Berechnung ist eine derartige weitgehende Zergliederung jedoch zur Zeit ziemlich nutzlos, da eine solche bis heute noch nicht genügend durch Versuche begründet erscheint. Es sollen daher hier für die Hohlräume, Fugen usw. Festwerte angegeben werden, ohne daß dieselben von allen beeinflußenden Umständen abhängig gemacht werden.

Die bei den Versuchen verwendete Pappe war nur etwa $^1/_2$ mm stark, ihr Wärmewiderstand daher sehr gering und wurde derselbe aus diesem Grunde in die obenerwähnte Fugenwiderstandszahl mit aufgenommen.

Unter Berücksichtigung der oben gemachten vereinfachenden Annahmen geht Gleichung (6) in die Form über

$$\frac{1}{k} = \frac{1}{\alpha_i} + \frac{1}{\alpha_a} + \frac{d_1}{\lambda_1} + \frac{d_2}{\lambda_2} + \ldots + n_1\, B_1 + n_2\, B_2 + n_3\, B_3 \qquad (6\,a)$$

Der gesamte Wärmeübergangswiderstand auf der inneren und äußeren Wandfläche kann für den Hausbau mit

$$\frac{1}{\alpha_i} + \frac{1}{\alpha_a} = \frac{1}{7} + \frac{1}{15} = 0{,}21$$

angenommen werden.

Für die Wärmeleitzahl des Holzes kann im Mittel $\lambda = 0{,}16$ gesetzt werden. Mit obigen Werten ergibt sich die

Gleichung für die Wärmeverbrauchszahl von Holzhäusern

$$\boxed{\frac{1}{k} = 0{,}21 + \left(\frac{d_1}{0{,}16} + \frac{d_2}{\lambda_2} + \ldots\right) + 0{,}2\, n_1 + 0{,}1\, n_2 + 0{,}05\, n_3} \qquad (7)$$

Für die verschiedenen verwendeten Füllstoffe empfiehlt sich die Annahme folgender Wärmeleitzahlen:

Sägemehlfüllung . . . . $\lambda = 0{,}11$
in Mörtel verlegte Torfziegel . . . . $\lambda = 0{,}30$
Wickelstaken (mit Stroh umwickelt und in Lehm getaucht) . . . . . $\lambda = 0{,}50$

Für trockenes Holz findet sich im Schrifttum die Angabe $\lambda = 0{,}12$ bis $0{,}13$. Für den Hausbau wird daher die Annahme eines Wertes zwischen 0,14 und 0,15 am Platze sein, da das Holz stets etwas feucht ist. Es empfiehlt sich, in die Berechnung

Haus Nr. 12

Abb. 386

Haus Nr. 13

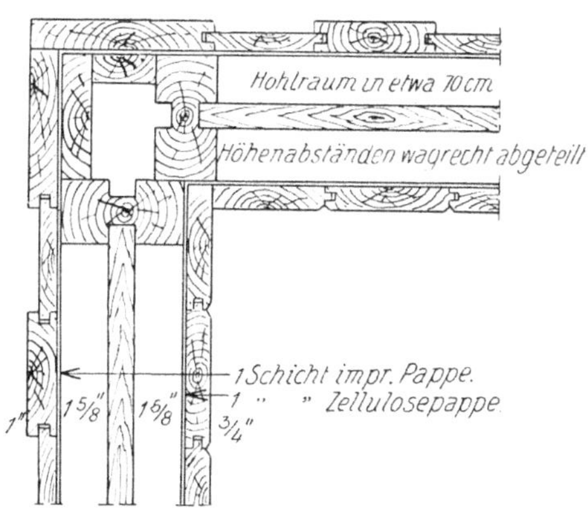

Abb. 387

diejenigen Holzabmessungen einzuführen, in denen die Materialien im Handel bezogen werden, und durch Einführung eines etwas größeren λ-Wertes — etwa $\lambda = 0{,}16$ — etwaigen Ungenauigkeiten in den Maßen durch Schwinden des Holzes, Behobeln usw. Rechnung zu tragen.

Die für Sägemehl, Torf in Mörtel usw. angegebenen λ-Werte weichen ebenfalls von den sonst im Schrifttum gemachten Angaben ab. Die Ursache hiefür dürfte in der Feuchtigkeit zu suchen sein; außerdem war die Dicke des Torfes und des Lehms bei den Häusern Nr. 22 und 23 (s. später unter C) nur unsicher bestimmbar.

Die nachfolgende Zusammenstellung gibt die bei den einzelnen Versuchshäusern gemessenen und berechneten k-Werte sowie den Anteil der verschiedenen Schichten und Hohlräume am Wärmewiderstand $\frac{1}{k}$ an.

Zusammenstellung der gemessenen und berechneten k-Werte

Haus Nr.	Wärmeverbrauchszahl k nach den „relativen" Messungen	Wärmeverbrauchszahl k nach den Kasterversuchen	Wärmewiderstand $\frac{d_1}{0,16}$ für sämtl. Holzschichten	Wärmewiderstand $\frac{d_2}{\lambda_2}$ des Füllstoffes, Putzes usw.	Wärmeübergangswiderstände $\frac{1}{\alpha_i}+\frac{1}{\alpha_a}=\frac{1}{7}+\frac{1}{15}$	Wärmewiderstand der n_1 „Hohlräume" $= 0,2\,n_1$	Wärmewiderstand der n_2 „losen Fugen" $= 0,1\,n_2$	Wärmewiderstand der n_3 „geklemmten Fugen" $= 0,05\,n_3$	Gesamter berechneter Wärmewiderstand $\frac{1}{k_1}$	Berechnete Wärmeverbrauchszahl k_1
12	0,77	—	0,36	—	0,21	0,4	0,2	—	1,17	**0,85**
13	0,68	0,65	0,75	—	0,21	0,4	0,2	—	1,56	**0,64**
14	0,84	—	0,51	—	0,21	0,2	—	0,3	1,22	**0,82**
15	0,79	—	0,51	—	0,21	0,2	—	0,3	1,22	**0,82**
16	0,76	—	0,40	—	0,21	0,4	0,3	—	1,31	**0,76**
17	0,95	0,95	0,40	—	0,21	0,2	0,1	0,15	1,06	**0,94**
18	0,96	—	0,44	—	0,21	0,2	—	0,3	1,15	**0,87**
19	0,83	—	0,30	—	0,21	0,4	0,3	—	1,21	**0,83**
20	1,11	—	0,22	0,03	0,21	0,2	0,1	0,1	0,86	**1,16**
21	0,65	—	0,27	0,91	0,21	—	—	0,2	1,59	**0,63**
22	0,73	—	0,27	0,40	0,21	0,2	0,3	—	1,38	**0,72**
23	0,87	—	0,27	0,18	0,21	0,2	0,3	—	1,16	**0,86**
24	1,40	—	—	0,07	0,21	0,4	—	—	0,68	**1,47**

Anwendungsbeispiele:

1. Wandausführung nach Abb. 390 (Versuchshaus Nr. 16):
   Stärke sämtlicher Holzschichten..... $d_1 = 1'' + {}^3/_4'' + {}^3/_4'' = 0,065$ m
   2 Hohlräume .... $n_1 = 2$,
   3 lose Fugen .... $n_2 = 3$,
   0 geklemmte Fugen .... $n_3 = 0$,

$$\frac{1}{k_1} = 0,21 + \frac{0,065}{0,16} + 2 \cdot 0,2 + 3 \cdot 0,1 = 1,31,$$

$k_1 = 0,76$ (Messungsergebnis $k = 0,76$).

2. Wandausführung nach Abb. 395 (Versuchshaus Nr. 21):
   $d_1 = 1'' + {}^3/_4'' = 0,045$ m,
   Füllstoff Sägemehl, gestampft....... $\lambda = 0,11$; $d_2 = 4'' = 0,10$ m,
   0 Hohlräume .... $n_1 = 0$,
   0 lose Fugen .... $n_2 = 0$,
   4 geklemmte Fugen .... $n_3 = 4$,

$$\frac{1}{k} = 0,21 + \frac{0,045}{0,16} + \frac{0,10}{0,11} + 4 \cdot 0,05 = 1,59,$$

$k_1 = 0,63$ (Messungsergebnis $k = 0,65$).

C. Die verschiedenen Arten der Wandausbildung bei den Versuchshäusern

Bohlenwände. Haus Nr. 13 (Abb. 387): Die Wände dieses Hauses entsprechen den Vorschriften des norwegischen Baugesetzes für Holzhäuser, d. h., sie haben 5 × 5zölliges Fachwerk, ausgefüllt mit aufrecht stehenden gespundeten 3zölligen Bohlen, außen mit imprägnierter Pappe und innen mit Wollpappe belegt. Außen ist eine 1zöllige, innen eine $^3/_4$zöllige Schalung angebracht. Die Bohlenwand muß,

Haus Nr. 14

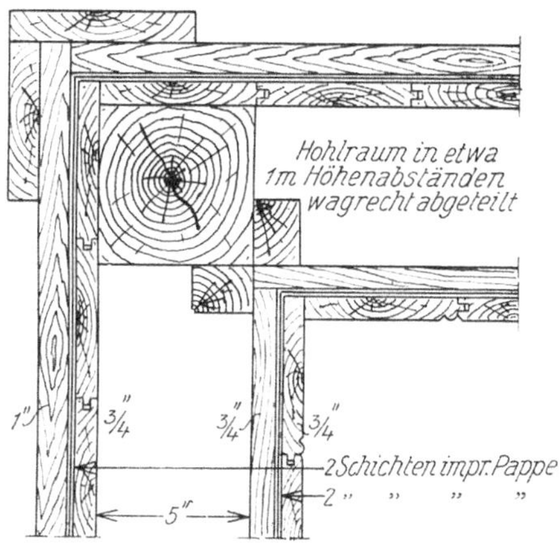

Abb. 388

Haus Nr. 15

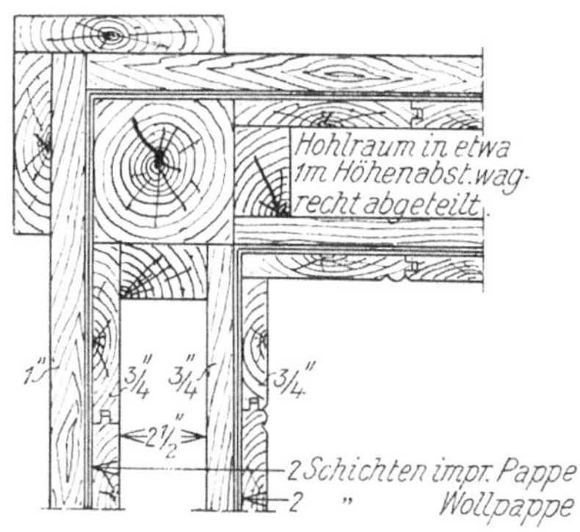

Abb. 389

um eben zu bleiben, mittels wagrechter Leisten ausgerichtet werden; es entsteht daher zwischen Bohlenwand und innerer Schalung noch ein $^3/_4$zölliger Hohlraum.

Gemessene Wärmeverbrauchszahl $k = 0{,}68$.

Schalbretterwände ohne Ausfüllung der Hohlräume. Häuser Nr. 12, 14 bis 19 (Abb. 386, 388 bis 393): Die verschiedenen Ausbildungsarten dieser Wände können

Haus Nr. 16

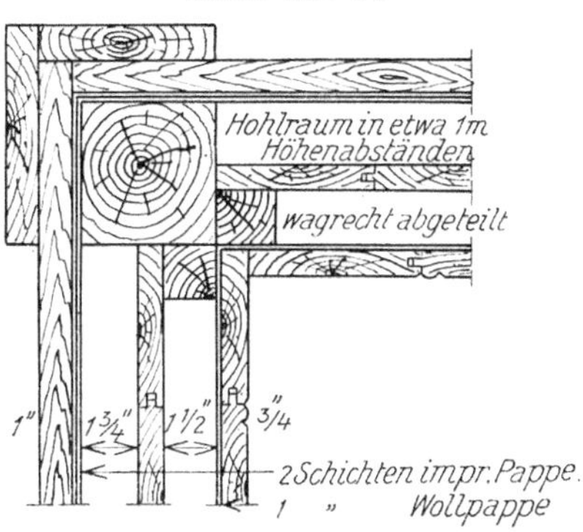

Abb. 390

Haus Nr. 17

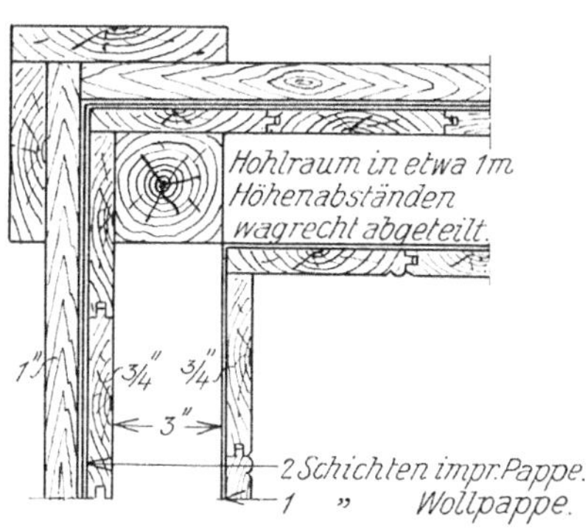

Abb. 391

unmittelbar aus den bezüglichen Abbildungen entnommen werden, die Wärmeverbrauchszahlen derselben der Zusammenstellung auf Seite 338.

Haus Nr. 20 (Abb. 394): 3zölliges Fachwerk mit je einer Schalung außen und innen sowie zwei Lagen Pappe. 3zölliger Hohlraum. Das Haus ist außen auf „Bakula“ verputzt (d. i. ein Holzgeflecht aus dünnen Rippen von nicht ganz

Haus Nr. 18

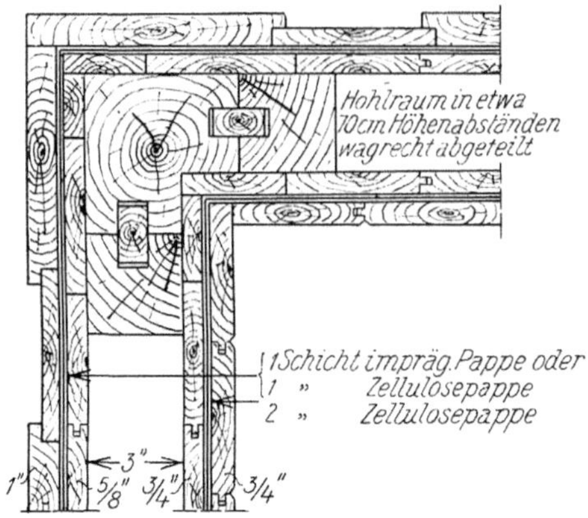

Abb. 392

Haus Nr. 19

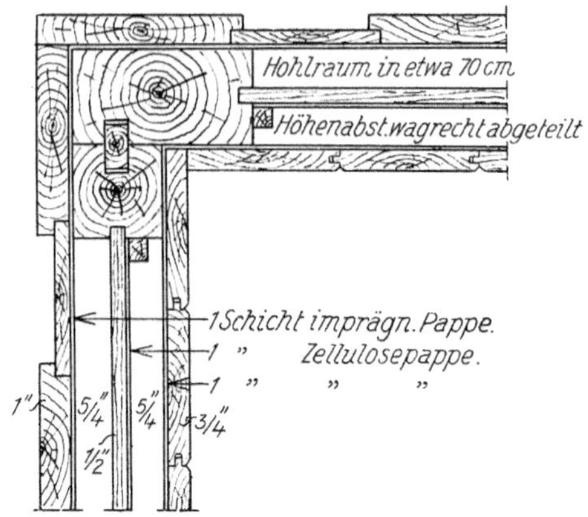

Abb. 393

1 cm² betragendem rechtwinkeligen Querschnitt, welche durch Eisendraht zusammengehalten werden).

Gemessene Wärmeverbrauchszahl $k = 1{,}16$. Diese Wandausführung hat sich als die schlechteste von allen untersuchten erwiesen.

Schalbretterwände mit Ausfüllung der Hohlräume. Haus Nr. 21 (Abb. 395): Ausfüllung der Hohlräume mit Sägemehl (Sägespäne): Riegelfachwerk

Haus Nr. 20

Abb. 394

Haus Nr. 21

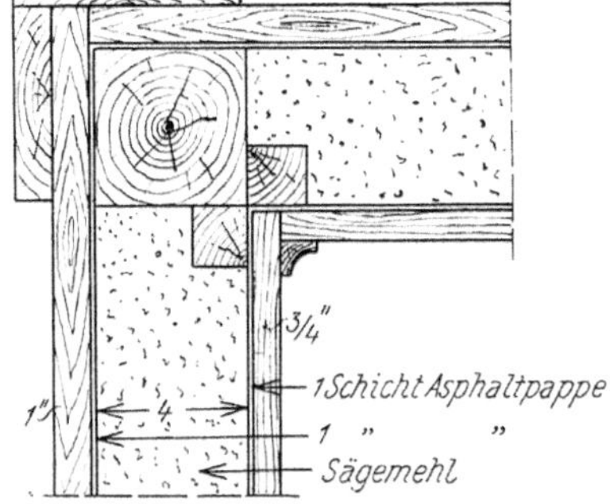

Abb. 395

4 × 4 Zoll, äußere 1zöllige, innere $^3/_4$zöllige Schalung, beiderseitige innere Auskleidung des Hohlraumes mit Asphaltpappe. Füllung trockenes Sägemehl (Sägespäne), gut festgestampft.

Gemessene Wärmeverbrauchszahl $k = 0{,}65$. Dieses Haus besitzt die am besten wärmeisolierenden Außenwände.

In Hedmark stehen derartige Häuser seit Jahren in Benutzung. Um die Wände von oben nachfüllen zu können, wenn das Sägemehl in sich zusammengesunken ist, muß für entsprechende Zugänglichkeit der Hohlräume gesorgt werden. Die Erfahrungen haben ergeben, daß Häuser mit derartigen Wänden außerordentlich warm, noch wärmer als Häuser mit Wänden aus senkrecht stehenden Bohlen sind.

Wichtig ist es, ein Mittel zu finden, um das Sägemehl widerstandsfähig gegen Feuchtigkeit zu machen, ohne daß dasselbe dabei sein hohes Wärmeisolierungsvermögen verliert. In Schweden wird das Sägemehl zu diesem Zwecke mit pulverisiertem, ungelöschten Kalk gemischt. (Durch zuviel Kalkzusatz kann die Wand gesprengt werden.) Der Kalk zieht die Feuchtigkeit an sich, die das Sägemehl noch enthält, nachdem es getrocknet und in die Wände eingefüllt worden ist. Allerdings muß die Wand so gebaut sein, daß von keiner Seite Regenwasser in sie eindringen kann. An Orten, wo die Witterungsverhältnisse ungünstig liegen, muß die äußere Schalung doppelt sein. Die Wände müssen überdies derart ausgebildet sein, daß das Füllmaterial nicht durch wagrecht verlaufende Hölzer am Zusammensinken behindert wird und außerdem nachgefüllt werden kann.

Haus Nr. 22

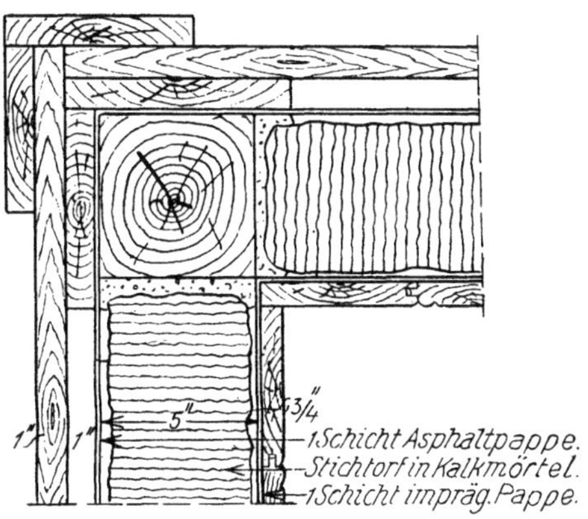

Abb. 396

Haus Nr. 23

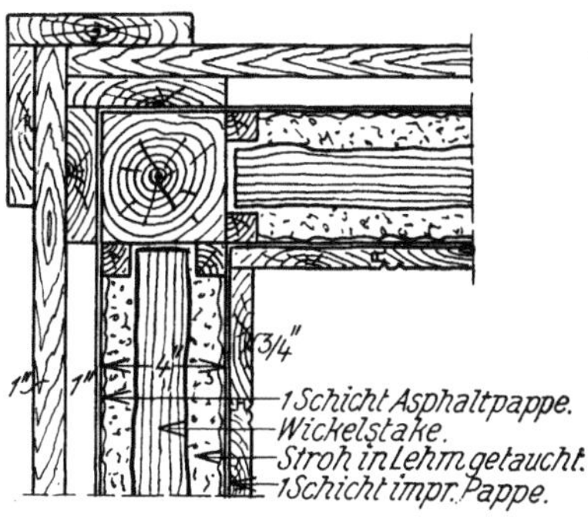

Abb. 397

Haus Nr. 22 (Abb. 396): Ausfüllung der Hohlräume mit Torf: Riegelfachwerk 5×5 Zoll, äußere 1zöllige, innere $^3/_4$zöllige Schalung. Hohlraum auf der äußeren Seite mit Asphaltpappe, auf der inneren mit imprägnierter Pappe ausgekleidet. Nach Anbringung der äußeren Schalung Vermauerung der Torfziegel mit Weißkalk-, besser Lehmmörtel. Moortorf ist besser als Brenntorf. Für die Ausführung empfiehlt es sich, Torfziegel in einer Stärke von 6 bis 7 Zoll anstatt der bei den Versuchen verwendeten 5 Zoll starken Torfziegel zu verwenden. Vor dem Vermauern müssen die Torfziegel vollkommen trocken und gegen Feuchtigkeit geschützt sein. Verwendung hauptsächlich bei landwirtschaftlichen Nutzbauten.

Gemessene Wärmeverbrauchszahl $k = 0{,}72$.

Haus Nr. 23 (Abb. 397): Ausfüllung der Hohlräume mit Wickelstaken (mit Strohseilen umwickelte und in Lehmbrei getauchte Latten):

Riegelfachwerk 4 × 4 Zoll, 1zöllige äußere Schalung mit Asphaltpappe, innere $^3/_4$zöllige Schalung mit imprägnierter Pappe. Das Fachwerk ist in etwa 1 m hohe Felder geteilt. Nach Aufbringung der Wickelstaken wird die innere Wandfläche mit Lehmbrei überstrichen.

Gemessene Wärmeverbrauchszahl $k = 0{,}86$.

D. Folgerungen aus den Versuchsergebnissen

Als wichtigste Ergebnisse der angestellten Versuche wurden folgende Feststellungen gemacht:

1. Holzhäuser sind billiger zu beheizen als Steinhäuser und bedeutend billiger zu beheizen als Steinhäuser mit massiven $1^1/_2$ Stein starken Außenwänden.

Das Versuchshaus aus stehenden Bohlen (Nr. 13) braucht beispielsweise ∾ 52 v. H. weniger Wärme als das innen verputzte Steinhaus mit 1 Stein starker englischer Hohlmauer (2 × $^1/_2$ Stein mit 5 cm Hohlraum), ∾ 31 v. H. weniger Wärme als das Versuchshaus aus $1^1/_2$ Stein starker massiver Mauerwand mit innerer Schalung und ∾ 27 v. H. weniger Wärme als das innen verschalte Steinhaus mit Bergener Hohlmauer ($1^1/_2$ Stein stark).

2. Keine der geprüften Wände aus Fachwerk und Schalung gewährt einen so großen Wärmeschutz wie die 3 Zoll starke Bohlenwand (Nr. 13). Berücksichtigt man jedoch, daß sich die dicken Bohlen einer derartigen Wand, wenn das Haus einige Zeit im Gebrauch gewesen ist, in der Regel ziemlich stark werfen, so kann man das Wärmeschutzvermögen der erstgenannten Wände als dem der Bohlenwand nahezu gleich ansehen.

3. Schalbretterwände, deren Hohlräume mit Torfziegeln ausgemauert sind, ergeben mindestens den gleichen Wärmeschutz wie 3 cm starke Bohlenwände, wenn die erforderliche Wandstärke gewählt wird.

4. Schalbretterwände, deren Hohlräume mit Sägemehl gefüllt sind, geben einen besseren Wärmeschutz als 3 Zoll starke Bohlenwände. Wände mit Sägemehl haben sich von allen geprüften Wänden als am besten wärmeschützend erwiesen.

5. Von den untersuchten Holzhäusern hat sich das außen auf einem Holzgeflecht (Bacula) verputzte (Nr. 20) als schlechtestes erwiesen. Der Putz wird auch bei der sorgfältigsten Ausführung rissig und nimmt die Feuchtigkeit leichter auf. Es ist daher davon abzuraten, außen Putz auf Bacula zu verwenden.

6. Durch Benutzung von Doppelfenstern wird eine wesentliche Ersparnis an Brennstoffen für die Beheizung erzielt. Die Ersparnis an Brennstoffverbrauch bei Benutzung von doppelten statt einfachen Fenstern kann bei einem gewöhnlichen Wohnhause mit etwa 20 v. H. beziffert werden.

Von besonderem Interesse in dem Berichte Prof. Saelands, welchem die in diesem Abschnitt gemachten Mitteilungen über die norwegischen Versuche auszugsweise entnommen sind, sind die von Genanntem aus den Versuchsergebnissen gezogenen, nachstehend wiedergegebenen Schlußfolgerungen auf die wirtschaftlichen Vorteile des Holzhausbaues:

„In den Städten unseres Landes war bisher die Auffassung ziemlich verbreitet, daß man aus Stein bauen müsse, um ein wirklich gutes und warmes Haus zu bekommen. Nach dem oben Angeführten zeigt es sich nun, daß das Umgekehrte das Richtige ist. Will man ein wirklich gutes und warmes Haus haben, das in der Anlage und Unterhaltung verhältnismäßig billig ist, so muß man es aus Holz bauen, aber das läßt sich zur Zeit nicht überall in den Städten durchführen. Der Holzhausbau ist in den Städten gegenwärtig nur in geringem Umfange zugelassen. Für unsere vielen kleinen Städte und nicht zum mindesten für die Städte, die an dem klimatisch rauhesten Teil unserer Küste liegen — gegen Westen und Norden hin —, würde es daher von großer wirtschaftlicher Bedeutung sein, wenn die Bestimmungen über den Steinbauzwang so gehandhabt werden könnten, daß nur ein verhältnismäßig kleiner Teil des Stadtzentrums (das engere Geschäftsviertel) mit Steinhäusern bebaut werden muß, der Rest dagegen mit Holzhäusern. Natürlich müßte dann die Aufstellung der Bauvorschriften für eine Stadt nach anderen als den jetzt vorherrschenden Gesichtspunkten erfolgen, besonders bezüglich der einzuhaltenden Zwischenräume (Feuerzonen). Nicht nur die Anlagekosten für die Bebauung und die Ausgaben für Feuerungsmaterial würden dadurch vermindert werden, sondern auch die Unterhaltungskosten für die Häuser würden in Städten des nördlichen Norwegens geringer werden. Es gibt mehrere Beispiele dafür, daß Steinhäuser in diesen Gegenden außen mit Schalung versehen werden mußten, teils weil Regen und Brandungssprühwasser durch die $1^1/_2$ Stein starken Außenwände gedrungen sind, teils weil die Unterhaltung der verputzten Steinwände sich zu kostspielig gestaltete. Es ist jedoch natürlich innerhalb der Steinbauzwangzone der Städte nicht gestattet, an der Außenseite einer Hausfront aus Stein eine Schalung anzubringen. Die Folge ist, daß an solchen Wänden alle zwei Jahre kostspielige Ausbesserungen vorgenommen werden müssen. Aus wirtschaftlichen Gründen vermag man nämlich die Steinwände nicht so sorgfältig auszuführen, wie es die klimatischen Verhältnisse verlangen würden. Der Erfolg des Steinbauzwanges ist deshalb der gewesen, daß man in vielen Orten des Nordens alte, baufällige Holzhäuser nicht abreißt, sondern in dem Umfang, wie es das Gesetz zuläßt, ausbessert und erneuert. Dadurch bleiben den Städten zu ihrem Schaden eine Anzahl unpraktisch und ungesund eingerichteter Häuser erhalten. Oder man läßt das alte, schlechte Haus ganz verfallen und kauft schließlich zu mäßigem Preise eine Baustelle gleich jenseits der Baugrenze und errichtet dort ein neues Haus aus Holz. Dort hat man freie Hand und kann nach seinen eigenen Wünschen ohne Kontrolle bauen. Auf diese Weise entsteht dicht bei der Stadt eine baulich regellose oder schlecht geregelte Zone von mehr oder weniger guten Holzhäusern und dies kann Übelstände und Gefahren zur Folge haben, die näher anzuführen hier nicht unsere Aufgabe ist.

Neben den wärmetechnischen und wirtschaftlichen Vorteilen, die Holzhäuser bieten, ist noch zu erwähnen, daß Holz ein ausgesprochen nationales Baumaterial ist, das die Norweger im großen ganzen stets auf handwerklich richtige Art zu behandeln verstanden haben. Die Tradition auf diesem Gebiete hat den Norwegern auch die Fähigkeit verliehen, das Holzhaus in architektonischer Hinsicht bis ins einzelne so auszugestalten, daß es zu Land und zu Volk paßt. Vom Steinhaus gilt dasselbe nicht im selben Maße.“

XI. Abschnitt

Holzbauten für die Holzindustrie und Landwirtschaft

A. Sägehallen[34*])

Bauliche Gestaltung. Das Sägereigebäude, in welchem die zum Schneiden der Hölzer dienenden Gatter untergebracht sind, wird heute fast ausnahmslos als Hallenbau mit freitragendem Dach ausgeführt, da ein solcher durch den Wegfall aller Zwischenunterstützungen innerhalb der Halle einen vollkommen störungsfreien Arbeitsfortgang mit den verschiedensten Materialbewegungen ermöglicht.

Der Grundriß einer Sägehalle kann selbstverständlich erst auf Grund des Maschinenaufstellungsplanes festgelegt werden. Bei günstigen Grundwasserverhältnissen soll die Sägehalle womöglich eine Unterkellerung mit Lichteinfallschächten erhalten, damit Vollgatter mit Unterantrieb verwendet und die Triebwerke einen festen und zuverlässigen Unterbau erhalten können. Im Sägewerksbetrieb ist der Betrieb aller Arbeitsmaschinen von unten — d. h. von einem Keller aus — stets der günstigste, worauf beim Entwurf der Gesamtanlage Rücksicht zu nehmen ist.

Abmessungen. Diese richten sich nach der Anzahl der zur Aufstellung gelangenden Gatter und sonstigen Maschinen.

Bei einer Anzahl von x-Gattern können die erforderlichen Abmessungen der Sägehalle wie folgt bestimmt werden:

$$\begin{array}{lll} \text{Länge} & L = 24 + 2 & (x - 1) \\ \text{Breite} & B = 12 + 4 & (x - 1) \\ \text{Höhe} & H = 3{,}6 + 0{,}2 & (x - 1) \\ \text{Kellertiefe} & T = 2{,}0 + 0{,}1 & (x - 1) \end{array}$$

Bei Aufstellung von 6 Gattern wird beispielsweise:

$$L = 34{,}0 \text{ m}; \quad B = 32{,}0 \text{ m}; \quad H = 4{,}6 \text{ m}; \quad T = 2{,}5 \text{ m}.$$

Umfassungswände. Die Herstellung der Umfassungswände kann in massivem Mauerwerk oder in ausgemauertem Riegelfachwerk erfolgen; oft erhalten die Riegelwände auch nur eine einfache oder doppelte Holzverschalung.

Dach. Bis zu Spannweiten von 30 bis 40 m eignet sich für Hallenbinder am besten die Mansardform, da diese sehr günstige Belichtungsmöglichkeiten und (durch Seitenoberlichte) überdies die Möglichkeit bietet, an den wagrecht verlaufenden Binderuntergurten Laufkatzen zwecks flotter Materialbeschickung der Gatterwagen anzubringen. Bei Spannweiten über 40 m erscheint die Verwendung von Fachwerkrahmen oder von Bogenbindern geboten.

Die zweckmäßigste Binderentfernung beträgt 5 bis 6 m; dieselbe wird bei Sägehallen, welche wegen der schnellen Einbringung der Rundholzklötze und der ungehinderten Abfuhr des geschnittenen Materiales meist mehrere Toröffnungen besitzen, durch die Breite der letzteren bedingt. Bei größeren Toröffnungen (etwa 8 bis 10 m) wird die Herstellung von Gitterpfetten erforderlich, da der Einbau von Längsgitterträgern oberhalb der Toröffnungen wegen der geringen, zur Verfügung stehenden Höhe in den seltensten Fällen möglich sein dürfte. Bei besonders großen Torbreiten (z. B. Entwurf des Verfassers für eine Sägehalle in Dubina, Tschechoslowakei, freie Stützweite 32 m, Binderentfernung 14 m) erweist es sich als zweckmäßig, in der Nähe der Auflager — beim Mansardbinder beispielsweise in den beiden Knickpunkten zwischen Unter- und Oberdach — Entlastungsträger und zwischen diesen Zwischenbinder anzuordnen. Auf diese Weise werden die Hauptbinder wesentlich günstiger beansprucht als bei Anordnung von Gitterpfetten.

Fußboden. Am Wasser liegende Sägewerke erhalten am besten eine Fußbodenhöhe des Arbeitsraumes von 2,0 bis 2,7 m über dem Wasserspiegel, damit unterhalb des Arbeitsraumes das Grundmauerwerk der Gatter, die Triebwerke, die Sägespänelagerung und besondere Nebenmaschinen einen entsprechenden Platz und eine übersichtliche Anordnung finden können. In allen anderen Fällen wird der Hallenfußboden zweckmäßig in der Höhe des natürlichen Bodens angelegt. Der Fußbodenbelag besteht meist aus 4 bis 5 cm starken gespundeten Bohlen. Bei einer Unterkellerung wird derselbe auf einer Holzbalkendecke verlegt, die ihrerseits auf meist gemauerten Zwischenpfeilern ihre Auflagerung findet.

Dachdeckung. Als Dachdeckung wird meist einfache oder doppelte Pappe verwendet.

Belichtung. Für eine entsprechende Belichtung der Halle ist durch reichlich angeordnete Fenster, unter Umständen durch Anordnung von First- und Seitenoberlichten Sorge zu tragen.

Holzsprossen mit kittloser Verglasung (Ausführungen der Carl Tuchscherer A. G., des Verfassers u. a. m.) haben sich bei jahrelanger Verwendung gut bewährt.

Tore. Anstatt der früher meist verwendeten Schiebetore finden in neuerer Zeit mit Vorteil Vertikalpendeltore Verwendung, welche rasch nach innen hochgehoben werden können.

B. Getreidescheunen

Anlage der Scheunen. Längsfront dem Wirtschaftshofe zugekehrt, womöglich gegen Norden, Nordost, Nordwest oder Osten gerichtet. Zu- und Einfahrt sollen möglichst bequem angelegt sein.

Grundrißformen und Raumeinteilung. Der Aufbewahrungsraum für das Getreide wird Bansen, der Dreschraum, von welchem aus das Einbansen des Getreides vorgenommen wird, Tenne genannt.

Je nach der Lage der Tenne zu den Bansenräumen unterscheidet man Quertennen und Langtennen. Die Langtennen liegen entweder an den Seiten oder in der Mitte. Die zwischen zwei Tennen gelegenen Bansen heißen Mittelbansen, die an den Enden liegenden Giebel- oder Eckbansen. Mehr als drei Quertennen und sechs Bansen soll man wegen der Feuersgefahr nicht anlegen. In vier- und sechsbansigen Scheunen empfiehlt es sich, die anstoßenden Bansen durch eine $1^1/_2$ Stein starke Feuermauer voneinander zu trennen (Abb. 398). Letztere muß seitlich und über Dach etwa 30 cm überstehen. Je nach der Lage der Langtennen unterscheidet man Seiten- und Mittellangtennen. Letztere sind wegen der sonst schlechten Belichtung nur bei kurzen Scheunen zu empfehlen. Bei Getreidescheunen rechnet man im allgemeinen für 1000 bis 1200 Mandel (zu je 15 Garben) einzulagernder Frucht eine Tenne.

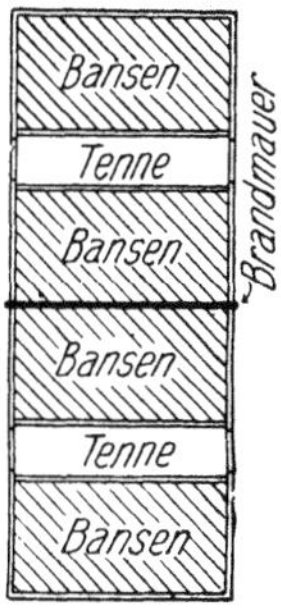

Abb. 398

Übliche Querschnittsabmessungen

Scheunen mit Langtennen:

1 Seitenlangtenne:	Scheunentiefe	14	bis	15	m,
2 Seitenlangtennen:	,,	24	,,	26	,,
1 Mittellangtenne:	,,	12	,,	20	,,
2 Mittellangtennen:	,,	24	,,	30	,,

Scheunen mit Quertennen:

bei steiler Dachneigung:	Scheunentiefe	10	bis	16	m,
bei flacher Dachneigung:	,,	16	,,	21	,,

Länge der Endbansen: 9 bis 11 m, bei kleineren Scheunen 5 bis 6 m,
Länge der Mittelbansen: 13 bis 15 m,
Breite einer Tenne: 3,8 bis 5 m, im Mittel 4,5 m, bei Verwendung einer Dreschmaschine 5 bis 6 m,
lichte Höhe der Tenne bis zur Tennenbalkenlage:
bei kleinen Scheunen 3,5 m,
bei größeren Scheunen 4,5 m.

Gesamthöhe der Scheune nicht über 9 m. Flache Dächer mit Kniestock sind steilen Dächern vorzuziehen, da sich erstere bis zum First vollbansen lassen.

Von einem Bansen teilt man gewöhnlich einen kleinen, an die Tenne anstoßenden, mindestens 3 m im Geviert messenden und etwa 3 m hohen Raum als Platz für die Putzmühle und für die Druschgeräte sowie zur vorübergehenden Unterbringung von Getreide, Spreu u. dgl., den sogenannten Tennenkasten, ab. Man stellt diesen häufig auch als Zu- oder Anbau zur Scheune her, mitunter auch so, daß er bei Scheunen mit zwei Tennen und entsprechender Größe die Verbindung derselben bewerkstelligt.

Scheunengröße. Die Größe einer Scheune richtet sich selbstverständlich nach der Menge der einzulagernden Frucht bzw. nach der Größe der für die Kornfrüchte bestimmten Ackerfelder des Besitztums, nach der Ausdehnung der Wiesen usw.

Für Getreidescheunen werden der diesbezüglichen Berechnung nachstehende Angaben zugrunde gelegt, die den erforderlichen Scheunenraum für 100 Garben angeben:

Es erfordern im Durchschnitt 100 Garben	beim Gewicht einer Garbe von			
	6 kg	7,5 kg	9 kg	10 kg
	in Kubikmetern			
Weizen und Roggen	7	9	11	12
Gerste und Hafer	6,5	8,5	10	11
Weizen- und Roggenlangstroh	9	11	13	14,5
Weizen- und Roggenwirrstroh	11	14	17	19
Gerstenstroh	13	16,5	20	23
Haferstroh	10	12,5	15	17

Der erforderliche Rauminhalt einer Scheune soll etwa drei Fünftel der Durchschnittsernte entsprechen.

Zur ungefähren Erfassung der Werte einer Durchschnittsernte können folgende für mittelguten Boden geltende Angaben dienen:

1 Hektar = ∞ 4 Morgen	Schock Garben	vierspännige Fuhren	Rauminhalt	
			einzeln m^3	zusammen m^3
Wintergetreide	18	—	5,5	99
Sommergetreide:				
Hafer	10	—	5,0	50
Gerste	20	—	5,0	100
Erbsen	—	6	16,0	96
Heu und Klee	—	5	18,0	90

Nach einer preußischen Ministerialverordnung sind bei der Berechnung des Rauminhaltes von Scheunen folgende Angaben zu beachten:

100 Stück	Garben Wintergetreide (Roggen, Weizen)	erfordern	12,4 m^3
1 Schock	„ „ „ „	„	7,4 „
100 Stück	„ Sommergetreide „ „	„	10,8 „
1 Schock	„ „ „ „	„	6,5 „
1	vierspännige Fuhre Erbsen oder Wicken	„	18,5 „

1. Beispiel: Scheune mit Quertenne, flaches Dach, für 250 Schock Wintergetreide (Abb. 399).

250 Schock à 7,4 m^3 = 1850 m^3 Bansenraum.

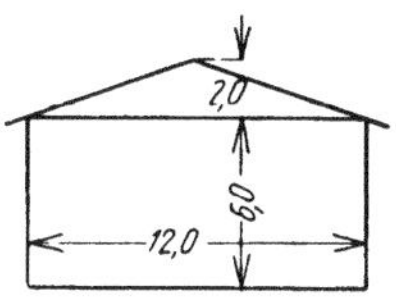

Abb. 399

Flächeninhalt des Scheunenquerschnittes $F = 6 \cdot 12 + \frac{12 \cdot 2}{2} = 84\ m^2$.

Erforderliche Bansenlänge $L_b = \frac{1850}{84} = 22$ m.

Bei einer Tennenbreite von 4,5 m beträgt die Gesamtlänge der Scheune $L = 26{,}5$ m. Wird der Raum über der Tennenbalkenlage vollgebanst, so faßt dieser

$$\left[(6 - 4{,}5) \cdot 12 + \frac{12 \cdot 2}{2}\right] \cdot 4{,}5 = 135\ m^3,$$

so daß die erforderliche Bansenlänge nur mehr

$$L_b' = \frac{(1850 - 135)}{84} = 20{,}5\ \text{m},$$

die Gesamtlänge der Scheune $L' = 25$ m beträgt.

2. Beispiel:[35*)] Für drei Fünftel des Ertrages von ∞ 32 ha Weizen- und Roggenfeld, 10 ha Gerstenfeld und 15 ha Haferfeld soll eine Scheune mit Quertenne errichtet werden.

Die Durchschnittserträge von je 1 ha sind wie folgt anzunehmen:

1 ha Weizen und Roggen	550 Garben	à	10 kg,
1 „ Gerste	500 „	à	10 „
1 „ Hafer	450 „	à	9 „

Der erforderliche Lagerraum beträgt:

für Weizen und Roggen	$32 \times 5{,}5 = 176$	hundert Garben	à 12 =	2112 m^3
„ Gerste	$10 \times 5{,}0 = 50$	„ „	à 11 =	550 „
„ Hafer	$15 \times 4{,}5 = 67{,}5$	„ „	à 10 =	675 „
zusammen	293,5	hundert Garben	oder	3337 m^3
hievon drei Fünftel				2002 „

Beträgt der Tennenraum . . . . $4{,}0 \times 4{,}0 \times 14{,}0 = 224$ m³ }
der Raum für den Tennenkasten . . . . $3{,}0 \times 3{,}0 \times 3{,}0 = 27$ „ } . . . . 251 m³
so werden an Scheuerraum erforderlich . . . . 2253 m³

Bei einer Scheunentiefe von 14,0 m, einer Höhe samt Drempel von $4{,}0 + 3{,}5 = 7{,}5$ m und einer Dachneigung 1 : 10 ergibt sich die Querschnittsfläche der Scheune zu $F = 56 + 53{,}9 = \infty\ 110$ m² und daher die erforderliche Scheunenlänge

$$l = \frac{2253}{110} = \infty\ 20{,}5 \text{ m}.$$

Die Breiten der beiden Bansen betragen je

$$\frac{(20{,}5 - 4{,}0)}{2} = 8{,}25 \text{ m}.$$

Die Garbenanzahl $\frac{3}{5} \cdot 293{,}5 \cdot 100 = 17.610 < 1200$ Mandeln zu 15 Garben, so daß mit einer Tenne das Auslangen gefunden werden kann.

3. Beispiel: Scheune mit einer Seitenlangtenne, steiles Dach, für 300 Schock Sommergetreide (Abb. 400):

300 Schock à 6,5 m³ = 1950 m³ Bansenraum.

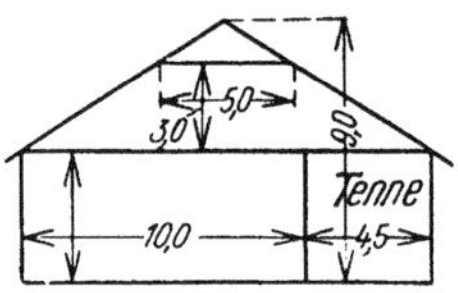

Abb. 400

Flächeninhalt des Scheunenquerschnittes

$$F = 10 \cdot 4{,}5 + \frac{14{,}5 + 5}{2} \cdot 3 = 74{,}25 \text{ m}^2.$$

Erforderliche Gesamtbansenlänge = Gesamtlänge der Scheune

$$L = \frac{1950}{74{,}25} = 26{,}26 \text{ m}.$$

Tabelle

zur Ermittlung der Scheunenquerschnittsflächen bei verschiedenen Dachneigungen und Drempel- (Kniestock-) Höhen

	Querschnittsfläche der Scheune in m²					
	im Dach und Drempel					im Erdgeschoß bei 4 m Höhe
Dachneigung	1:3	1:4	1:5	1:10	1:20	
Scheunentiefe						
„ 12 m	12,0	24,0	31,2	45,6	52,8	48,0
„ 13 „	14,0	26,9	34,4	49,7	57,3	52,0
„ 14 „	16,3	29,8	37,8	53,9	61,9	56,0
„ 15 „	18,7	32,9	41,3	58,1	66,5	60,0
„ 16 „	21,3	36,0	44,8	62,4	71,2	64,0
„ 17 „	24,1	39,3	48,5	66,7	75,8	68,0
„ 18 „	27,0	42,7	52,2	71,1	80,5	72,0
„ 19 „	30,1	46,4	56,1	75,5	85,1	76,0
„ 20 „	33,3	50,0	60,0	80,0	90,0	80,0
„ 21 „	36,7	53,8	64,0	84,5	93,6	84,0
„ 22 „	40,3	57,7	68,2	89,1	99,5	88,0
„ 23 „	44,1	61,8	72,4	93,7	104,2	92,0
„ 24 „	48,0	66,0	76,8	98,4	109,2	96,0
Drempelhöhe in m	0	1,25	2,00	3,50	4,25	

Ermittlung des Raumbedarfes für Heu in Scheunen, Dachböden oder Schuppen:

Durchschnittsertrag guter Niederungs- oder Bewässerungswiesen für 1 ha ....50 ÷ 60 q,
Rotklee für 1 ha .... 50 q.

Gewicht eines m³ Wiesenheu 65 bis 75 kg, eines m³ Kleeheu 60 bis 70 kg.

Erforderlicher Lagerraum für den Heuertrag eines Hektars Wiese oder Kleefeld 70 bis 80 m³.

Die Deckenbelastung ist bei Heuböden mit 400 kg/m² anzunehmen.

C. Getreidespeicher

Schüttböden und Silos[33*])

Schüttböden: Zum Zwecke der Berieselung meist 4 bis 5 Stockwerke hoch, mit starken und dichten Fußböden, saalartig ohne Zwischenwände. Räume möglichst hell und luftig, daher reichlich Fenster und Lüftungsklappen vorsehen.

Getreide bis 2 m hoch auf die Böden lose aufgeschüttet. Damit durch die natürliche Böschung der Getreidehaufen nicht zuviel Raum verloren geht, werden 2 m hohe Stauwände angeordnet, und zwar zur Trennung verschiedener Getreidesorten viereckig, kastenförmig, meist von Säule zu Säule 4 × 4 m. Entlang der Wände des Gebäudes freie Gänge und je nach der Gebäudebreite auch durch die Mitte ein oder mehrere Gänge, so daß man an alle Kastenabteilungen zur Beobachtung und Bedienung leichten und freien Zutritt hat.

Balkenentfernung unter den Fußböden 60 bis 65 cm. Zwischen jeder Balkenreihe werden in die Fußböden je eine Reihe Löcher, 5 bis 6 cm im Durchmesser und in Entfernungen von 40 bis 50 cm, gebohrt, welche durch einen einzigen langen, schmalen, mit gleichmäßigen Löchern versehenen Flachschieber geschlossen oder geöffnet werden können (Abb. 401). Dieser Schieber muß seinerseits mittels Hebel auf Öffnung zur Durchrieselung des Getreides von einem Boden zum anderen oder zum Schluß stellbar sein.

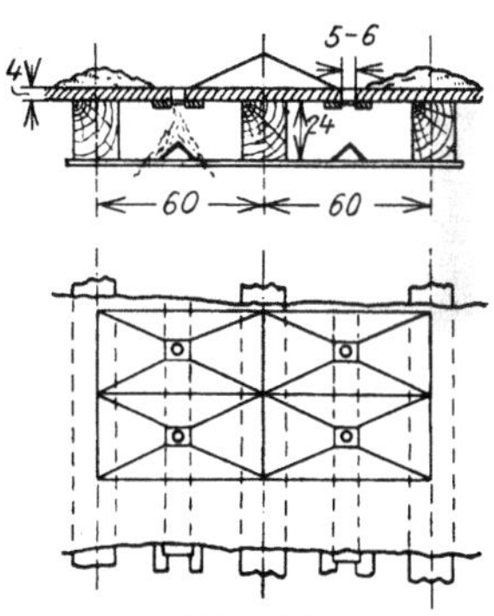

Abb. 401

Unterhalb jeder Lochreihe ist ein dachförmiges Winkeleisen angebracht, auf welches die Körner fallen, verspritzen, sich verteilen und dabei auf allen Teilen mit der Luft in Berührung kommen. Auf den abgerieselten Böden bleiben zum Schluß zwischen den Löchern Getreidereste liegen, welche mit der Handschaufel nachgestoßen werden müssen, aber auch diese Handarbeit kann vermieden werden, wenn man jedes Loch, wie in Abb. 401 angedeutet, trichterförmig, wie bei den Silos, ausbildet.

Der unterste Boden soll nicht mit Getreide belegt werden, sondern zwecks bequemen Zuganges zu den Zulaufrohren frei bleiben.

Silos: Diese sind leichter und billiger zu bedienen als Schüttböden und nehmen für die Lagerung einer bestimmten Getreidemenge weniger Platz ein, weil die Lagerung 18 bis 20 m hoch, also ohne leere Zwischenräume erfolgen kann. Die Füllung, Entnahme usw. ist ähnlich derjenigen der Schüttböden.

Silos bestehen aus mehreren aneinandergereihten Schächten; als übliche Abmessungen kann man annehmen: Länge und Breite je 3 m, Höhe 15 bis 20 m. Je nach den örtlichen Verhältnissen kann von obigen Maßen nach unten oder oben abgewichen werden, so daß der Querschnitt beispielsweise auch 2,5 × 3,0 m oder 3,0 × 4,0 m usw. angenommen werden kann; auf alle Fälle soll aber der Inhalt der Schächte auf runde Summen, 500, 1000, 1500 oder 2000 Sack, berechnet werden.

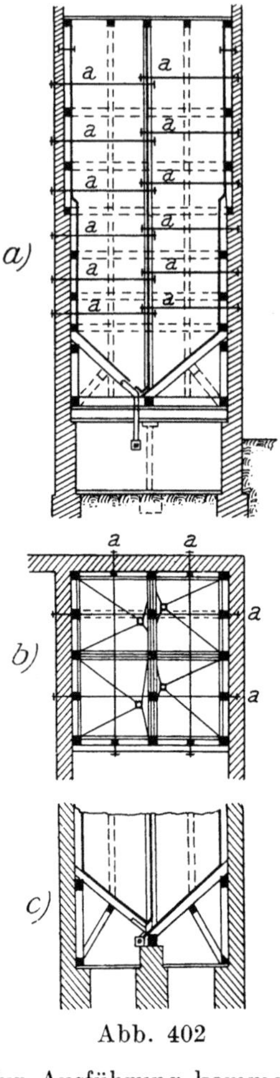

Abb. 402

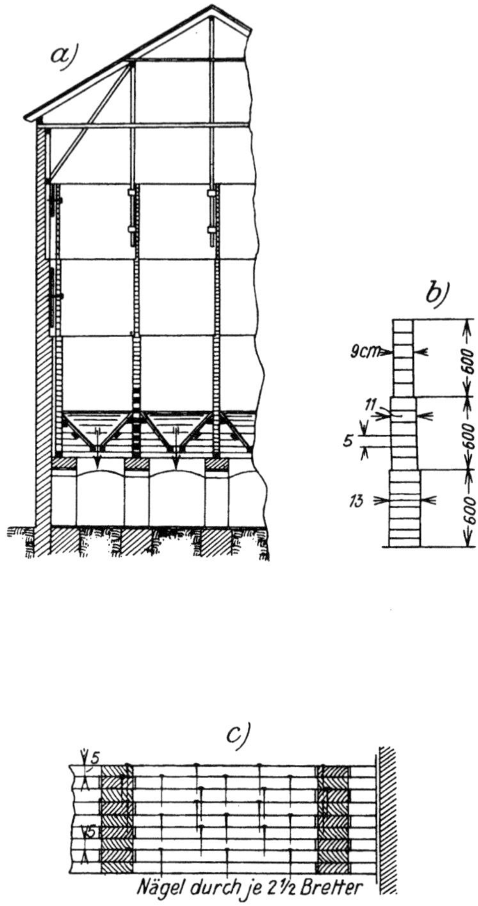

Abb. 403

Zur Ausführung kommen gewöhnlich nur zwei Bauarten, u. zw.:
1. Siloschächte mit einfacher Bretterverschalung (Kastensilos),
2. Silos nach der Blockbauart.

Am billigsten und einfachsten herzustellen sind die Kastensilos, aber abhängig von dem Gebäude, da sie mit demselben kräftig verankert werden müssen. Blockschächte hingegen sind teurer, aber dafür unabhängig vom Gebäude, können sogar, da sie ein geschlossenes Kastennetz bilden, freistehend eingerichtet und gegen äußere Einflüsse mit Wellblech bedeckt werden.

Holzsilos sind für die Erhaltung weniger trockenen Getreides zweckentsprechender als solche aus Eisenbeton, aber dafür feuergefährlich; es empfiehlt sich daher, mindestens die Bodentrichter aus feuersicherem Material herzustellen.

Kastensilos: Beim Bau der Kastensilos [Abb. 402 a) bis c)] ist darauf zu achten, daß der Unterbau genügend kräftig ausgeführt wird. Die Schalbretter sollen unten 40 bis 45 mm stark gewählt, oben aber bis auf 25 mm verjüngt und der Dichtigkeit halber gespundet werden. Die Verankerungen *a* müssen kräftig, die Schrauben mindestens aus 1″ Rundeisen und die Ankerplatten so groß und breit angenommen werden, daß sie mindestens zwei Steine überdecken; auf Holz sind lange Laschen vorzusehen. Die Ankerentfernung soll am Fuße des Silosschachtes 1 m betragen, nach oben kann dieselbe bis auf 2 m vergrößert werden.

Abb. 404

Blocksilos: Die Blocksiloschächte (Abb. 403 a) bedürfen keiner Verankerung; die einzelnen Zellen bestehen aus Holzdielen, welche blockartig übereinandergelegt und mittels langer Nägel miteinander verbunden werden. Zu berücksichtigen ist aber, daß die Stöße wie bei einer Ziegelmauer versetzt sein müssen (Abb. 403 b). Die Nägel werden versetzt und sollen nicht mehr als 30 cm voneinander abstehen. Die Länge der Nägel ist so zu wählen, daß sie immer zwei Bretter vollständig und das dritte halb durchschlagen (Abb. 403 c).

Die Stärke der Wände beträgt oben mindestens 90 mm, nach unten soll dieselbe von 6 zu 6 m um je 20 bis 25 mm vergrößert werden. Da sich die Siloschächte bei voller Belastung mehr setzen als das umgebende, das Dach tragende Gebäude, so sollen die Verbindungen derart hergestellt werden, daß eine Verschiebung der Silowände ungehindert erfolgen kann. Die Dachstreben sind deshalb nur durch Eckwinkel an die Silowände zu pressen, ebenso die Steinwände durch umfassende Schiebeschienen (Abb. 403 a).

Die Aufnahmemenge eines Siloschachtes richtet sich nach seinem hohlen Rauminhalt; man rechnet auf 1 m³ 750 kg Weizen oder 700 kg Roggen.

Futtersilos aus hölzernem Sperrgitter und Torkretbeton

Durch Anwendung dieses gesetzlich geschützten Verfahrens*), bei welchem der Beton mittels Torkretmaschine in einer Stärke von etwa 6 cm auf ein formgebendes, engmaschiges Holzgerippe aufgespritzt wird, ist es gelungen, Silos, Tanks und zylindrische Behälter aller Art sowie Transformatorenhäuser u. dgl. in einwand-

*) Ausführungen in Österreich durch die Bauunternehmung Prokop, Lutz & Wallner, St. Pölten bei Wien.

freiester Weise und zu einem Preise herzustellen, der weniger als die Hälfte dessen beträgt, was heute ein nach irgend einer anderen Bauart hergestelltes Bauwerk gleicher Größe kosten würde.

Reichliche Holzbewehrung vermindert das Wärmeleitungsvermögen des Betons.

Der in Abb. 404 in einem Lichtbild dargestellte Futtersilo (Größe I) besitzt eine nutzbare Höhe von 7,5 m (6,5 m über Erdboden), 60,3 m^3 Fassungsraum und erzeugt etwa 240 Dutzend fertige Silage zur Fütterung von 12 Stück Großvieh während 180 Tagen, wenn das Silofutter die Hälfte bis zwei Drittel der Gesamtfuttermenge ausmachen soll. Die Fertigstellung eines derartigen Silos samt Grundmauerwerk und Dach benötigt einen Zeitraum von höchstens fünf Tagen.

Die Füllung des Silos erfolgt durch ein Klappfenster im Dach, bei Größe I von einer Hochauffahrt aus, bei höheren Silos mittels Füllmaschine und Gebläse.

Die Entnahme des Silofutters geschieht durch einen über die ganze Höhe des Silos reichenden Schlitz („kontinuierliche Tür"), welcher durch einzelne aufeinandergestellte und mit Gips eingekittete Bretter geschlossen ist. Bei der von oben nach unten fortschreitenden Abfütterung werden die Bretter nacheinander abgenommen.

Die Verbindung des Torkretbetons mit Sperrholzgitter hat sich bei zahlreichen Ausführungen gut bewährt, wobei insbesondere festzustellen ist, daß bisher — wenigstens soweit dem Verfasser bekannt — keinerlei Risse an fertiggestellten Bauten wahrgenommen werden konnten.

Unter der Voraussetzung, daß die Beförderung der Torkretmaschinerie an die Baustelle wegen zu weiter Entfernung nicht zu große Kosten verursacht, kann die hier beschriebene Bauweise wohl als eine der derzeit wirtschaftlichsten bezeichnet werden.

D. Offene und geschlossene Schuppen[27*])

1. Offene Schuppen für landwirtschaftliche Geräte, Wagen und Maschinen

Zweckmäßige Baurichtung. Längsrichtung von Südwest nach Nordost, damit der Schlagregen nicht in die Langseite hineingetrieben wird. Womöglich mit der Wetterseite (Südwest) an anderes Gebäude oder Einfriedungsmauer anlehnen.

Ausführungsart. Offene Schuppen auf Holzständern, an der Wetterseite oder an drei Seiten mit leichter Bretterverschalung versehen. Ständer auf Ziegelpfeilern, die mit Prellpfählen zu umgeben sind.

Dach. Möglichst flach und leicht, Eindeckung einfache oder doppelte Pappe auf Schalung. Zum Schutz gegen Schlagregen möglichst breiter Überstand, Dachtraufe 2,7 bis 3,2 m, wenn beladene Erntewagen untergestellt werden sollen, 3,8 bis 4.0 m über Erdboden. Unter Umständen Dachgeschoß als Heu- oder Kornboden. Zweckmäßige Binderentfernung 3 bis 3,5 m; wenn beladene Erntewagen oder größere Maschinen untergestellt werden sollen, entsprechend mehr.

Fußboden. Unter der Traufkante gepflasterte Rinne. Bei lockerem Boden empfiehlt sich Mischung von Kies und Lehm als Befestigung, sonst genügt der gewachsene Boden. Nach außen Gefälle anlegen.

Raumbedarf. Zur Berechnung des Raumbedarfes dienen folgende Maßangaben:

Raumbedarf verschiedener landwirtschaftlicher Geräte und Maschinen

	Gattung	Abmessungen		
		Länge m	Breite m	Höhe m
1	Erntewagen mit Deichsel	6,3 bis 7,5	1,9 bis 2,2	—
	„ ohne „	3,8 „ 5,0	1,9 „ 2,2	—
2	Düngerwagen mit Deichsel	6,3 „ 6,6	1,9 „ 2,2	—
	„ ohne „	2,5 „ 3,1	1,9 „ 2,2	—
3	Pflug	2,5 „ 3,0	1,3 „ 1,6	—
4	Egge[1])	1,3 „ 1,9	1,3 „ 1,4	—
5	Ringelwalze	1,5	2,5	—
6	dreiteilige Walze	2,2	2,3	—
7	dreizehnreihige Sämaschine	3,0	2,25	—
8	sechzehnreihige Sämaschine	3,2	2,45	—
9	breitwürfige Sämaschine	4,0	4,0	—
10	Drillmaschine	3,0	2,3	—
11	englischer Heurechen	1,6	2,7	—
12	Mähemaschine	6,0	3,5	—
13	Strohelevator	8,0	2,4	3,4
14	Dreschmaschine	5,4	2,5	3,2
15	Lokomobile	3,0	1,5	3,0

[1]) Raumbedarf hochkantig nebeneinandergestellt je 0,5 m².

2. Geschlossene Schuppen für Kutschen, Schlitten, Feuerspritzen u. dgl.

Größe der Schuppen. Abhängig von der Zahl und Größe der unterzubringenden Wagen. Diese werden meist von rückwärts eingefahren und ihre Deichsel entweder abgenommen oder hochgehoben.

Raumbedarf. Zur Berechnung des Raumbedarfes dienen folgende Maßangaben:

1 Kutsche ohne Deichsel ....3,0 bis 3,8 m lang, 1,6 bis 2,2 m breit, 2,8 m hoch,
mit „ ....5,6 „ 6,3 „ „
1 Schlitten ....1,9 „ 2,5 „ „ 1,1 bis 1,25 m breit,
1 Feuerspritze, deren Deichsel nie abgenommen werden darf, erfordert einen 5,3 m langen und 1,6 m breiten Raum,
2 Feuerspritzen hintereinander gestellt erfordern einen 7 bis 8 m langen Raum, nebeneinander gestellt eine Breite von 3,3 m.

Einfahrtstor zum Spritzenraum. Erforderliche Breite mindestens 2,5 m.

Bauausführung. Lichte Höhe des Schuppens 3,8 bis 4,4 m. Umfassungswände aus Ziegelmauerwerk oder Riegelfachwerk mit Ziegelausmauerung. Zwischen je zwei Wagen 50 bis 70 cm Durchgangsraum, zwischen Wand und Wagen 60 bis 80 cm. Decke womöglich freitragend, da Zwischensäulen im Wege stehen und leicht angefahren werden können. Bei großen Schuppen Zwischenstützen oft nicht zu vermeiden. Dieselben dann derart anordnen, daß abgegrenzte Raumabteilungen entstehen. Hölzerne Zwischenstützen auf kleine Mauersockel stellen, welche durch vier kleine Prellpfähle aus Holz oder Eisen vor dem Anfahren geschützt werden. Tore 2,2 bis 2,5 m breit, 3,0 bis 3,2 m hoch; Flügel- oder Schiebetore. Beleuchtung und Lüftung

durch Fenster in den Umfassungswänden, nur bei sehr großen Schuppen Anordnung von Oberlichten erforderlich. Fußboden gewöhnliches Pflaster. Im Falle der Reinigung der Wagen im Schuppen entsprechendes Gefälle und Kanalisierung. Zweckmäßige Anordnung eines entsprechend großen Vordaches, unter welchem die Reinigung der Wagen unabhängig von der Witterung vorgenommen werden kann.

XII. Abschnitt

Umbau- und Wiederherstellungsarbeiten[29*)]

1. Untersuchung schadhafter Bauteile

Balkendecken. Feststellung der Balkenrichtung. Die Balkenrichtung läuft bei einfachen Fußböden quer zur Richtung der Fußbodenbretter. Oft läßt sich dieselbe auch an der Unterseite der Decke am Putz erkennen. Fehlen die genannten Anzeichen und kann auch aus den Mauerstärken kein Schluß auf die vermutliche Balkenrichtung gezogen werden, so muß entweder der Fußboden aufgehoben oder der Deckenputz samt Rohrung abgeschlagen werden.

Feststellung der Beschaffenheit des Holzes und der Art der Auflagerung der Balken. Sind die Balkenköpfe an der Wetterseite des Hauses noch gesund, so kann man auch für das übrige Holz auf noch gute Beschaffenheit schließen. Untersuchung des Holzinnern durch Anbohren und Untersuchung der Bohrspäne. Anker dürfen nicht schlottern, die Muttern und Gewinde nicht von Rost angegriffen sein, insbesondere müssen dieselben auf gesundem Holze sitzen.

Holzfußböden. Bei Untersuchung eines Holzfußbodens ist es zweckmäßig, ein oder mehrere Bretter aufzuheben, um bei gespundeten oder gefederten Böden feststellen zu können, ob die Bretter nicht bereits bis dicht über den Federn abgenützt sind. Ebenso kann man auf diese Weise feststellen, ob vorhandene Parketten furniert oder massiv sind, und wie weit die Abnutzung des Furniers vorgeschritten ist. Das Werfen der Dielen rührt meistens von Feuchtigkeit in der Zwischendecke her, die vielfach beim Scheuern durch die Fugen eindringt.

Dachtragwerk und Dachdeckung. Verfaultes Holz ist bei alten Dachstühlen selten festzustellen, allenfalls an den Sparrenfüßen, häufiger hingegen Wurmfraß, dessen Vorhandensein die Bohrlöcher und das Wurmmehl anzeigen. Durch Anschneiden untersuchen, ob Wurmlöcher nur im Splint oder auch im Kern des Holzes vorhanden sind. Im letzteren Falle ist das Holz ganz unbrauchbar, auch im ersteren nur dann noch verwendbar, wenn es gelingt, die Würmer zu vertreiben.

Dachdeckungen. Alle Untersuchungen macht man am besten während eines Regens.

Papp- und Holzzementdächer. Undichtigkeiten meist schwer festzustellen. Im Zweifelsfalle suche man zuerst dort, wo das Dach durch Schornsteine u. dgl. durchbrochen ist und an den Anschlußstellen an Wände, sodann dort, wo etwa die Pappe bloßliegt.

Schieferdächer: Diese dürfen keine gesprungenen Platten und keine durchgerosteten Nägel aufweisen.

Ziegeldächer. Dachziegel (Biberschwänze, Pfannen usw.) sind unbrauchbar, wenn ihre Oberflächen abschiefern oder ihre Nasen abgebröckelt sind. Die Durchlässigkeit neuer Ziegel ist fast unvermeidlich, hört aber gewöhnlich nach einem Jahre auf.

Schwammverdacht. Der Hausschwamm wird durch bereits angegriffenes Holz sowie durch unreines Deckenfüllmaterial, besonders durch alten Bauschutt, in die Bauten eingeschleppt.

Seine Feststellung ist nicht immer leicht, besonders im Anfangszustand. Bereits abgestorbene Schwammteile machen sich durch einen modrigen, süßlichen Geruch bemerkbar, frischer Hausschwamm riecht nicht. Das befallene Holz zeigt eine gelbbraune, bei Vorkommen des ebenso gefährlichen Porenschwammes eine dunkelrotbraune Färbung und zerfällt durch Risse allmählich in würfelähnliche, bröckelige Stücke. Fußbodenbretter werden brüchig, Balken klingen beim Anschlagen dumpf. Anzeichen für Schwammverdacht sind ferner das Herausheben der Nägel aus den Fußbodendielen, hervortretende schwarze Punkte auf mit Ölfarbe gestrichenen Dielen, leichtes Eindringen einer Messerklinge (über 2 bis 3 mm) in das Holz, Schiefstehen schwerer Öfen usw.

Zwecks genauer Feststellung des Schwammes und seiner Ausbreitung müssen die Fußbodenbretter ganz oder teilweise entfernt, Holzvertäfelungen und Türverkleidungen ausgebrochen werden. Bei Schwammverdacht im Erdgeschoß muß auch die darunter liegende Kellerdecke genau untersucht werden.

Ist Hausschwamm festgestellt, so müssen nicht nur alle von diesem ergriffenen Teile beseitigt, sondern es muß auch die Umgebung bis auf mindestens 1 m Entfernung von dem Schwammherde gründlich gereinigt und alles freigelegte Mauerwerk mit Kreosotöl, verdünnter Salzsäure o. dgl. gestrichen werden. Neu eingebautes Holz ist mit Karbolineum, Antinonnin, Mikrosol u. dgl. zu streichen und ein gleicher Schutzanstrich auf alles in der Nähe befindliche Holz- und Mauerwerk auszudehnen. Die Verhütung des Hausschwammes durch richtige Maßnahmen beim Neubau ist viel einfacher und billiger als seine nachträgliche Beseitigung und daher eine wichtige Aufgabe für den Bauausführenden, zumal dieser schadenersatzpflichtig ist, wenn nachweislich durch sein Verschulden der Schwamm in ein Haus eingeschleppt wurde.

2. Abbrucharbeiten

Balkendecken und Holzfußböden. Zunächst Fußboden herausnehmen. (Auch bei größter Schonung Bretter infolge der Nagellöcher nur noch in untergeordneten Räumen als Fußbodenbelag wiederverwendbar.) Auffüllung durchnässen und samt dem zuletzt abzuschlagenden Deckenputz mittels Rutschen nach unten befördern. Hierauf Auflager der Balken bloßlegen, Anker entfernen, Balken mittels Seilen herunterlassen.

Dachtragwerk und Dachdeckung. Beim Abtragen eines Dachstuhles ist der umgekehrte Weg einzuschlagen wie beim Aufstellen. Wegen sachgemäßer Lösung der Holzverbände nur Zimmerleute verwenden.

Holznägel ausbohren, Hölzer abseilen; Binder und Stuhlwände, die einige Zeit freistehen bleiben, abstützen.

Das Abnehmen der Dachdeckung möglichst gleichzeitig auf beiden Dachflächen vornehmen, damit einseitige Belastungen vermieden werden. Dachsteine auf Rutschen, an deren Fuß Sand aufgeschüttet ist, hinunterbefördern und gleich die noch brauchbaren Steine aussuchen. Dachpappe ist meist nicht mehr verwendbar. Gut erhaltene Metalldeckungen nach Abschneiden der Längsfalze (senkrecht zur Traufe) aufrollen.

Holztreppen. Holztreppen möglichst in ganzen Läufen herausnehmen, da dieselben auf solche Weise am wenigsten leiden. Zuerst Geländer entfernen.

3. Absteifungen

Diese dienen zum vorübergehenden Tragen von Bauteilen, die durch den Umbau zeitweilig ihre Unterstützung verlieren. Als Material gelangen Rundhölzer (nicht unter 15 cm Durchmesser), Bohlen, Hartholzkeile, Walzträger und Schienen, Schrauben usw. zur Verwendung.

Man unterscheidet lotrechte, schräge und wagrechte Absteifungen.

Lotrechte Absteifungen. Diese dienen zum Übertragen lotrechter Lasten (Mauern, Decken usw.) auf eine feste Unterlage. Sie bestehen aus einer oder zwei Reihen von Steifen, die unten mit Keilen auf einer Schwelle stehen und oben Kappschwellen tragen, über welche bei der zweireihigen Absteifung in kurzen Abständen Kanthölzer, Walzträger oder Schienen senkrecht zur getragenen Wand gelegt werden. Als Querversteifung werden die lotrecht stehenden Hölzer miteinander durch kreuzweise angeordnete Bretter verbunden. Zur Unterstützung von Balkenenden sowie von Bögen genügt gewöhnlich eine Reihe von Steifen mit Kappschwelle, während bei Mauern zwei Reihen aufgestellt werden, zwischen denen dann der Abbruch der alten und die Einfügung der neuen Teile vor sich gehen kann. Steifen und Kappschwelle dürfen nie gegen Putz oder Rohrdecken gestellt werden, vielmehr müssen dieselben stets den Balken oder die Steine selbst berühren.

Besondere Sorgfalt erfordert die Unterstützung für den Fuß der Steifen bzw. für die Schwelle. Der Druck der Steifen ist stets auf mehrere Balken zu übertragen, die erforderlichenfalls auch noch von unten her abzusteifen sind. Ebensowenig darf eine Steife auf ein Gewölbe gestellt werden, vielmehr muß letzteres entweder durchbrochen und die Absteifung bis zum Kellerfußboden hinabgeführt werden oder es müssen über die Widerlagermauern eiserne Träger gelegt werden, die den Steifendruck aufnehmen können.

Schräge Absteifungen. Diese erfolgen durch Streben, die unten in sogenannten Treibladen oder mindestens auf starken Bohlen mit Keilen stehen und oben in Mauerschlitze oder kurze Querhölzer fassen, die in die zu stützende Mauer

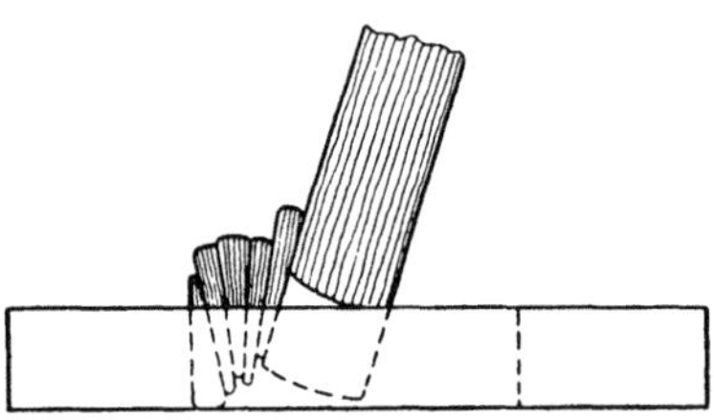

Abb. 405

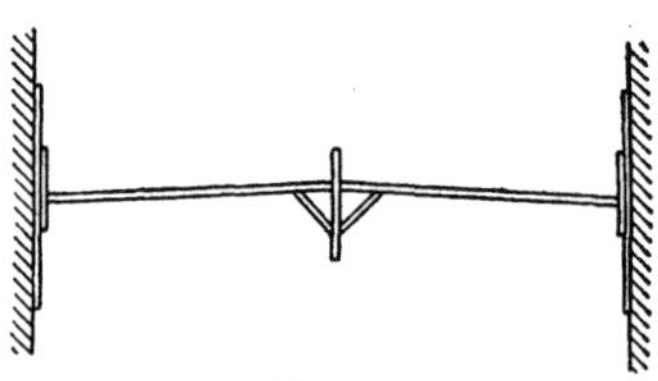

Abb. 406

eingelassen sind. Die Streben haben die Aufgabe, die Last der oberen Mauerteile, vor allem aber den etwaigen Seitenschub, aufzunehmen. Eine Treiblade (Abb. 405) besteht aus einem 1,5 bis 2,0 m langen, 20 bis 30 cm starken Holzklotz mit einem senkrecht durchgehenden Schlitz von $^1/_3$ der Holzbreite und einer solchen Länge, daß an beiden Enden noch etwa 40 cm Vorholz stehen bleibt. In dem Schlitz steht mit einem abgerundeten Zapfen die Strebe. Sie wird durch Keile, deren erster verkehrt eingesteckt wird, angetrieben. Die Treiblade kann auch aus zwei gut miteinander verschraubten Teilen hergestellt werden. Sie wird durch 4 bis 6 eingeschlagene Pfähle oder Brecheisen festgehalten oder in den Boden eingegraben.

Schräge Absteifungen sollen in der Höhe einer Balkenlage angreifen. Wo dies nicht angeht, ist der Seitenschub der Streben durch innere wagrechte oder schräge Abspreizungen auf andere feste Punkte zu übertragen.

Wagrechte Absteifungen. Wagrechte Absteifungen werden notwendig, wenn beim Abbruch eines eingebauten Hauses die Giebel der beiden Nachbarhäuser abgestützt werden sollen. Dies geschieht durch Einspannen wagrechter Balken zwischen die Giebel. Meist genügen einfache Balken, die beiderseits gegen Klebpfosten stoßen oder durch Kopfbüge den Druck auf zwei kreuzförmig überblattete Hölzer übertragen. Die Spannung wird durch Eintreiben von Keilen zwischen Wand und Klebpfosten erzielt. Bei größeren Spannweiten müssen die Balken durch Spannriegel verstärkt oder auch gestoßen werden. Letzteres geschieht durch

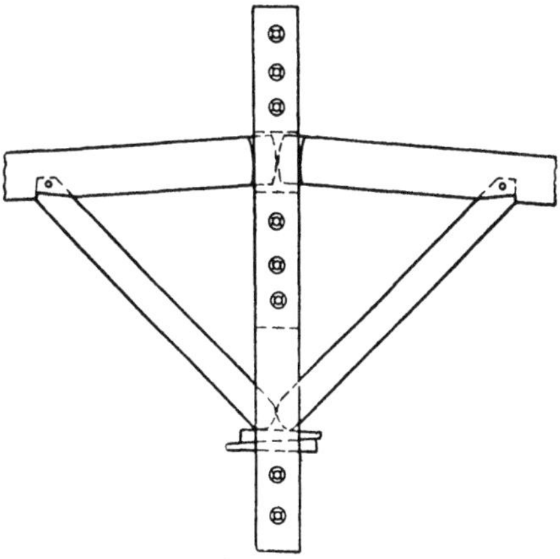

Abb. 407

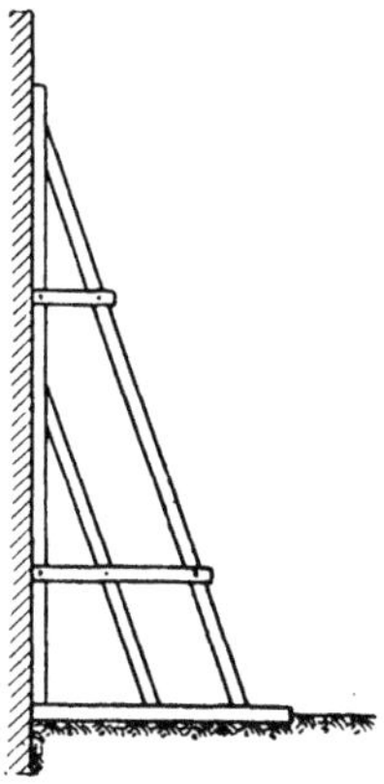

Abb. 408

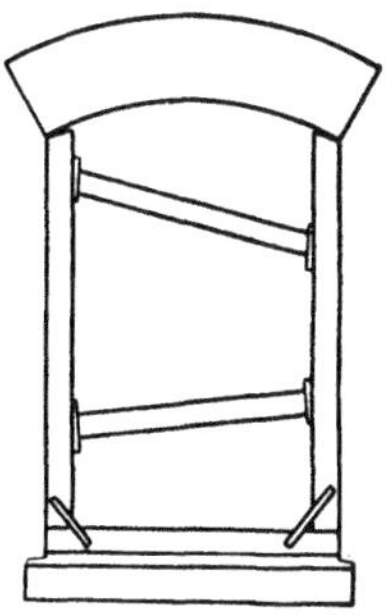

Abb. 409

einen einfachen, seitlich mit Brettern verlaschten Stoß auf einem Stiel oder durch ein sogenanntes Zangengeschränk (Abb. 406 und 407), dessen Senkung die Spannung herstellt. Die Angriffspunkte sollen derart gewählt werden, daß der Druck nur auf in der Richtung der Abspreizung gelegene Haupt- oder Mittelwände und Balkenlagen übertragen wird. Ist ein freistehender Giebel abzustützen und eine Abspreizung nicht anwendbar, so hat eine schräge Absteifung zu erfolgen: ist auch diese wegen schwacher Angriffspunkte unzulässig, so errichtet man strebepfeilerartige Stützen (Abb. 408).

Abb. 409 zeigt die Aussteifung einer Fensteröffnung ohne Einrüstung des Bogens. Diese dient nicht zur Aufnahme von Lasten, sondern nur zur Verhütung von Verschiebungen.

Jede Absteifung muß die ihr zukommende Last voll aufgenommen haben, bevor die bisherige Unterstützung entfernt werden darf. Steifen und Streben müssen daher entsprechend angetrieben werden. Ob dies genügend geschehen ist, erkennt man daraus, daß gut angezogene Stützen beim Anschlagen mit der Axt „klingen" oder „brummen". Beim Antreiben muß man aber vorsichtig zu Werke gehen, damit nicht Decken angehoben oder Mauern verdrückt werden.

Bei der Wiederentfernung von Absteifungen sind grundsätzlich zuerst die lotrechten und dann erst die schrägen Stützen zu entfernen, nachdem die neuen Bauteile ihre Lasten vollständig aufgenommen haben. Selbstverständlich ist beim Wegnehmen der Absteifungen größte Vorsicht und Aufmerksamkeit auf etwa eintretende Risse und Senkungen notwendig.

4. Auswechslungen

Auswechslung ganzer Riegelwände. Soll eine durch mehrere Stockwerke durchgehende Riegelwand beseitigt oder durch eine neue ersetzt werden, so steift man die Balkenlage ab, hängt die obere Wand auf oder unterstützt sie in anderer Weise, und entfernt nach Herausschlagen der Ausmauerung und Abschneiden der Zapfen die untere Wand.

Bildet die Sohlschwelle der oberen Wand zugleich die Kappschwelle der unteren, so muß sie unmittelbar mittels Querhölzern unterfangen werden. Soll nach Wegnahme der unteren Wand die oberhalb derselben gelegene Wand unterstützt werden, so kann nach Wegnahme der Schwelle anstatt dieser ein Träger eingezogen werden, auf welchen die neue Sohlschwelle der oberen Wand zu liegen kommt. Einfacher ist es, die alte Schwelle zu belassen und sie durch zwei Träger zu unterstützen, die man zu beiden Seiten der Schwelle legt und unterhalb in 1 bis 1,5 m Abständen durch an die Flanschen angeschraubte Flacheisen verbindet. Sind in der oberen Wand keine störenden Türöffnungen vorhanden, so kann die Riegelwand auch durch Einziehen von Zugeisen in eine freitragende Wand verwandelt werden.

Besitzt die obere Wand eine Sohlschwelle, so genügt die einfache Unterfangung der Balkenlage. Wird die Unterfangung von Zwischenriegeln mittels Querhölzern erforderlich, so müssen die Zapfen der Riegel vorübergehend durch oberhalb derselben an Ständer und Riegel angenagelte Knaggen verstärkt werden, gegen welche sich in diesem Fall die Querhölzer stemmen können.

Auswechslung einzelner Teile von Riegelwänden. Absteifung der Balkenlage und der höherliegenden Wände.

Auswechslung der Sohlschwelle

1. Verfahren. Absägen der Zapfen der Ständer und Streben, welche mittels Klammern an die Kappschwelle anzuhängen sind; Herausnehmen der alten und Einschieben der neuen Schwelle, wobei die fehlenden Zapfen durch Nägel, Knaggen oder Winkeleisenlaschen zu ersetzen sind.

2. Verfahren. Herausstemmen der alten Schwelle, ohne die Zapfen abzuschneiden, Einbringen der neuen Schwelle in zwei Teilen, deren einer die Zapfenlöcher enthält und Verbolzen der beiden Teile.

Auswechslung der Ständer

1. Verfahren. Ist ein Ständer in seiner ganzen Länge auszuwechseln, so erhalten sowohl er selbst wie die in ihn eingreifenden Riegel an beiden Enden Jagzapfen, in welchem Falle alle Holzteile in schräger Richtung eingebracht („eingeschleift“) werden können.

2. Verfahren. Ist nur der untere Teil des Ständers samt der Schwelle zu ersetzen, so wird ersterer abgeschnitten und das neu einzusetzende Stück mit der

Schwelle mittels seitlichen Zapfens, mit dem Ende des Ständers mittels Überblattung, verbunden und verschraubt.

Auswechslung der Streben. Angefaulte Streben werden in der Regel nicht erneuert, sondern durch die Ausmauerung ersetzt.

Auswechslung der Kappschwellen

1. Verfahren. Abstemmen der Verkämmungen, Herausnehmen der Schwelle in einzelnen Stücken, Einbringen der neuen Schwelle in zwei Teilen wie bei der Sohlschwelle.

2. Verfahren. Die neue Schwelle wird im ganzen seitlich eingeschoben, die abgeschnittenen Zapfen und Kämme werden durch Winkellaschen ersetzt.

3. Verfahren. Ausbohren der Zapfennägel, Abstemmen der Kämme. Neigen der ganzen Wand mittels Winden soweit nach außen, daß die neue Kappschwelle auf die Zapfen aufgesetzt werden kann. Zurückdrücken der Wand in ihre frühere Stellung, Ersatz der Balkenkämme durch Winkellaschen.

4. Verfahren. Ist nur ein Teil der Kappschwelle auszuwechseln, Stoß zwischen altem und neuem Holz mit geradem Blatt.

Auswechslung angefaulter Deckenbalken. Ist der Balkenkopf nur angefault, im Inneren aber noch gesund, so erfolgt die Verstärkung des Kopfes durch seitliches Anschrauben von 6 bis 10 cm starken 1,5 bis 2,0 m langen Bohlen. Darauf achten, daß die Schraubenbolzen nur in gesundes Holz fassen.

Erstreckt sich die Fäulnis bereits bis in das Kernholz, dann ist das schlechte Ende abzuschneiden und für den verkürzten Balken ein neues Auflager zu schaffen. Dies kann durch hölzerne oder eiserne Unterzüge geschehen, die auf durchgehenden Auskragungen, auf einzelnen Kragsteinen, auf Klebpfosten, oder bei Riegelwänden auf Knaggen, aufgelegt werden. Auch Zwischenwände können bei genügender Stärke als Auflager für die Unterzüge dienen. Die Unterstützung der Balkenenden kann sichtbar bleiben oder durch Putz verdeckt werden; in letzterem Falle empfiehlt sich die Verwendung von Walzträgern als neues Auflager der Deckenbalken, um nicht die Gefahr des Anfaulens aufs neue herbeizuführen.

Auswechslung schadhafter Dachstuhlhölzer. Die Auswechslung der einzelnen Bestandteile einer Stuhlwand, d. i. der Stuhlpfetten, der Stuhlsäulen und Stuhlschwellen, erfolgt wie bei einer Riegelwand, nur bei liegenden Stühlen können sich manchmal infolge verwickelter Holzverbindungen Schwierigkeiten ergeben. Neue Kehlbalken werden mit Schwalbenschwanzblatt an den Sparren befestigt. Werden mehrere Kehlbalken oder eine Pfette ausgewechselt, so müssen die von diesen getragenen Sparren einstweilig durch eine Absteifungswand unterstützt werden, die schräg nach außen gestellt und mit den Sparren verklammert wird. Müssen Zangen ausgewechselt werden, so muß der Schub der Sparren durch vorher angebrachte Notzangen aus Bohlen oder Eisen abgefangen werden. Sind die Sparrenfüße angefault, so werden die angefaulten Stücke abgeschnitten und neue Stücke angeblattet, oder die angefaulten Enden werden durch seitlich angebrachte Bohlen verstärkt. Sind gleichzeitig auch die Balkenköpfe angefault, so müssen auch diese eine Verstärkung erhalten. Die Sparrenfüße werden zweckmäßig auch noch durch Anordnung von Unterschieblingen verstärkt. Während der Ausbesserung hebt man den Seitenschub der Sparren durch besondere Zangen auf, die bei starkem Schube auch dauernd verbleiben können.

5. Heben und Verschieben einzelner Bauteile sowie ganzer Bauwerke

Heben von Dachstühlen. Für den Aufbau eines Stockwerkes auf ein bestehendes Gebäude kann man den Dachstuhl samt der Eindeckung mittels Schraubenwinden (Amerikanern) allmählich auf die erforderliche Höhe heben und den Stockwerksaufbau unter dem Schutze des Daches vornehmen. Selbstverständlich muß ein solcher Dachstuhl vollkommen gesund und genügend tragfähig sein.

Sicherung des Obergeschosses während des Umbaues gegen das Eindringen von Regenwasser:

a) Notdach mit Pappe eingedeckt,

b) Dachfußboden etwa 15 cm hoch mit Sägemehl bedecken, hierauf dichte Lage Bretter oder doppelte Lage trockener Ziegel aufbringen (ausreichende Sicherung für eine etwa vierzehntägige Bauzeit).

Vorkehrungen vor dem Heben. Dachstuhl bei den wichtigen Verbindungen mit Klammern und Schraubenbolzen entsprechend verstärken, wenn nötig, auch mit Balken oder Zugschließen verspannen. Bei den anschließenden Mauern (Rauchfängen, Brand- und Feuermauern) Dacheindeckung soweit abtragen, daß ein genügend freier Raum entsteht. Rauchfangköpfe abtragen und alle Vorsprünge beseitigen, die beim Heben hinderlich sein könnten. Freistehende Rauchfänge und Wände im Dachraum entsprechend abstreben. Bei sehr langen Gebäuden Dachstuhl in mehrere Teile trennen, um jeden Teil für sich heben zu können.

Vorgang beim Heben. Unter jedem Bundtramende, unter Umständen auch in der Mitte jedes Bundtrames starke Schraubenwinden derart anordnen, daß dieselben über den Hauptmauern auf Pfostenunterlagen zu stehen kommen. Das Heben muß bei allen Schraubenwinden gleichzeitig und vollkommen gleichmäßig vor sich gehen, damit der ganze Dachstuhl bzw. bei längeren Gebäuden der betreffende Teil ganz gleichmäßig emporsteigt, was für die tadellose Erhaltung des Dachstuhles und der Eindeckung von großer Wichtigkeit ist.

Ist das Heben des Dachstuhles auf die Höhe der Gewindegänge vorgeschritten, so stellt man neben jeder Winde eine zweite mit einem aufgesetzten, bis unter den Bundtram reichenden Balkenstück auf und setzt das Heben solange fort, bis die Gewindegänge wieder abgelaufen sind; hierauf setzt man auf die zuerst verwendeten Winden entsprechend längere, bis unter den Bundtram reichende Balkenstücke und fährt in dieser Weise mit dem Heben des Dachstuhles fort, bis die erforderliche Höhe erreicht ist.

Sind nicht so viele Winden vorhanden, so können nach jedesmaligem Ablaufen der Gewindegänge vorläufig neben den Winden Stützen eingezogen und nach Zurückdrehen der Gewinde entsprechend lange Balkenstücke auf die Winden aufgesetzt werden.

Wichtig ist auch, um seitliche Schwankungen des Dachstuhles während des Hebens zu verhindern, das Einziehen entsprechend angeordneter Stützen.

Gleichzeitig mit dem Heben werden abschnittweise die Hauptmauern auf die erforderliche Höhe aufgeführt.

Nach vollendeter Hebung wird der Dachstuhl durch entsprechendes Auf- oder Niederschrauben mit den Winden genau wagrecht gestellt und hierauf durch Untermauern auf den mittlerweile hochgeführten Hauptmauern aufgelagert.

Heben oder Senken von Decken. Das Heben oder Senken von Decken erfolgt in gleicher Weise, wie oben beschrieben, mittels Schraubensätzen. Über bzw. unter den Balkenköpfen Schlitze in den Mauern herstellen, deren Höhe dem Maße der Hebung oder Senkung entspricht. Vorher Anker entfernen und die Auflagerwände mittels Streben absteifen. Sowie die Balkenlage auf ihren neuen Auflagern ruht, Verankerungen wieder anbringen.

Heben und Verschieben ganzer Bauwerke. Ein Gebäude zu heben, kann notwendig werden, wenn z. B. ein neues Geschoß nicht aufgesetzt, sondern gewissermaßen untergeschoben werden soll, ein Fall, der bei Fachwerkshäusern vorkommen kann, deren Umfassungswände die Last eines Aufbaues nicht mehr tragen würden.

Ferner wird eine Hebung stets nötig, wenn man ein Gebäude von seinem bisherigen Platze auf einen anderen versetzen will. Der Vorgang des Verschiebens besteht darin, daß das Gebäude zunächst auf eine Art Rost aus Balken und Trägern gesetzt wird, der unter dem Erdgeschoßfußboden liegt; daß dann nach Abtrennung der im Erdboden stehenden Mauerteile, das Gebäude nebst Rost mittels einer großen Zahl von Schrauben etwas angehoben und mit seiner Rostunterlage unter Zuhilfenahme von Walzen oder Kugeln, unter Umständen auch ohne solche, auf einer festen, ebenfalls aus Balken und Trägern bestehenden Bahn fortgeschoben und nötigenfalls gedreht wird. Als Antriebsmittel werden gewöhnlich Winden verwendet, doch hat man auch schon ganze Gebäude mit Lokomotiven fortgeschafft, ja sogar auf Schiffen weiterbefördert.

Auf dem neuen Standorte müssen die erforderlichen Untermauerungen bereits vorhanden sein, um das verschobene Gebäude aufzunehmen.

Zu beachten ist, daß ein Gebäude umsoweniger der Gefahr der Rissebildung während des Verschiebens ausgesetzt ist, je elastischer sein Gefüge ist (Fachwerk), und je mehr es durch Innenwände versteift ist.

Daß derartige Arbeiten immer mit größter Vorsicht ausgeführt werden müssen, ist selbstverständlich. Vor allem soll man zu denselben nur erfahrene Arbeiter verwenden, einem Arbeiter nie mehr als 10 bis 12 Schrauben zur Bedienung zuweisen und das Anziehen der Schrauben nur gleichzeitig auf Kommando um ein bestimmtes Stück vornehmen lassen. Zu den Vorsichtsmaßregeln gehört es ferner, während der Hebung, um seitliche Schwankungen zu verhindern, sicher wirkende Absteifungen zu verwenden, die natürlich nur als Führung wirken können, da sie mit dem in Bewegung befindlichen Hause nicht in fester Verbindung stehen dürfen.

XIII. Abschnitt

Hölzerne Maste

Zu den unten eingespannten und durch ausmittig angreifende lotrechte oder durch wagrechte Kräfte an der Spitze belasteten Säulen gehören die verschiedenen Arten von Masten, wie sie beispielsweise zur Anbringung von Lampen, zum seitlichen Anschluß aller möglichen Arten von Leitungsdrähten, in neuerer Zeit — meist als Gitterständer ausgebildet — bei der Errichtung von Funktürmen Verwendung finden.

1. Angenäherte Berechnung[27*])

Erforderliche Eingrabungstiefe. Die erforderliche Eingrabungstiefe eines Mastes (Abb. 410) wird gewöhnlich unter der angenäherten Annahme bestimmt, daß der Drehpunkt der Bewegung beim Ausweichen des Mastes in der Mitte des eingegrabenen

Teiles liegt und die anschließende, fest gegen denselben gestampfte Erdmasse einen Druck von höchstens 2 kg/cm² aushalten kann, ohne auszuweichen oder nachzugeben. Im Zustande des Gleichgewichtes muß dann das Moment der über der Erdoberfläche wirkenden Kräfte gleich dem des passiven Erddruckes sein. Die unter obigen Annahmen berechnete Eingrabungstiefe wird je nach der gewünschten Sicherheit um 50 bis 100 v. H. vergrößert.

Bezeichnen: H kg ... den Spitzenzug,
h cm ... die Masthöhe,
b cm ... die mittlere Breite des eingegrabenen Teiles,
t cm ... die Eingrabungstiefe,
W kg ... den auf die Mastansichtsfläche wirkenden Winddruck,

so lautet die Bestimmungsgleichung für t:

(1) $$\boxed{H\left(h+\frac{t}{2}\right)+W\left(\frac{h}{2}+\frac{t}{2}\right)=\frac{b\,t^2}{3}}$$

Lotrechte ausmittige Belastung. Greift am Maste (Abb. 411) in der Entfernung e von seiner Mittelachse eine lotrechte Last P an und findet die Beanspruchung

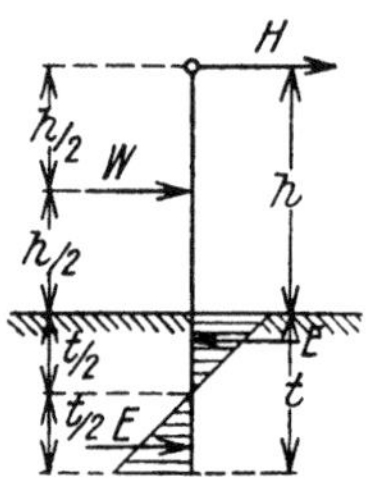

Abb. 410

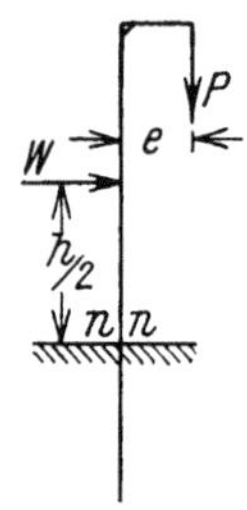

Abb. 411

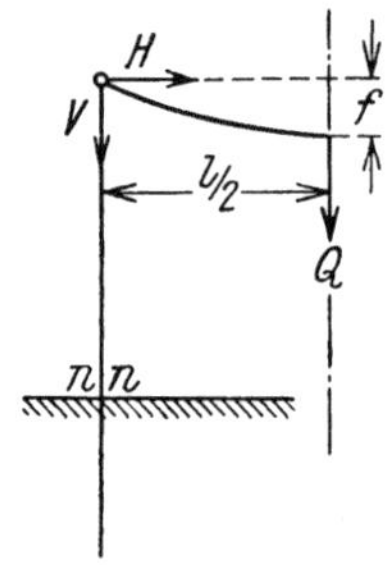

Abb. 412

seiner Vorderfläche durch den Winddruck W in der Höhe $\frac{h}{2}$ über den Erdboden statt, so beträgt das für die Querschnittsermittlung in Betracht kommende größte Biegemoment in $n - n$:

(2) $$M = P \cdot e + W \cdot \frac{h}{2}$$

und demgemäß die größte Spannung in diesem Querschnitt

$$\sigma = \frac{P}{F} \pm \frac{M}{W}.$$

Belastung durch Spitzenzug. Ist an dem Mast ein Leitungskabel o. dgl. angeschlossen (Abb. 412), so wird dasselbe unter Einwirkung seines Eigengewichtes nach einer krummen Linie durchhängen, für welche man angenähert eine Parabel setzen kann. Liegen beide Anschlußpunkte des Kabels in gleicher oder annähernd gleicher Höhe, so beträgt die wagrechte Seitenkraft an der Mastspitze

(3) $$\boxed{H = \frac{Q \cdot l}{8f},}$$

wobei Q kg das Gewicht des Kabels nebst etwaiger Belastung desselben, l m die

Entfernung der Maste, f m den Durchhang der Leitung bezeichnen; die lotrechte, entweder mittig oder ein wenig ausmittig angreifende Teilkraft beträgt

$$\boxed{V = \frac{Q}{2}.}$$

Gewicht des Kabels: Für Kupferdraht beträgt $\gamma = 9000$ kg/m³,
für verzinkten Eisendraht $\gamma = 7850$ kg/m³.

Ist d m der Durchmesser des Kabels, $l_0 = \left(l + \frac{8 f^2}{3 l}\right)$ seine Länge, so berechnet sich

$$\boxed{Q = \frac{d^2 \cdot \pi}{4} \cdot l_0 \cdot \gamma} \text{ kg} \qquad (4)$$

Windbelastung des Kabels: $\boxed{W_d = w \cdot d \cdot l_0}$ kg.

Schneebelastung des Kabels: Bei der üblichen Annahme einer Schneeschichte von 20 cm Höhe, einer mittleren Breite derselben gleich der fünffachen Drahtstärke und einem Raumgewichte von 125 kg/m³, ergibt sich

$$\boxed{S_d = 0{,}125 \cdot 0{,}2 \cdot 5 \cdot d \cdot 1000 \cdot l_0} \text{ kg.}$$

Bei gleichen Mastabständen heben sich die wagrechten Kräfte H infolge des Eigengewichtes auf; jedoch ist die Berechnung für einseitige Schnee-, in seltenen Fällen Schnee- und Windbelastung durchzuführen. Die gefährlichste Beanspruchung der Masten tritt ein, wenn in einem Felde die Leitung gerissen ist. Jeder Mast, der beim Reißen eines Feldes den einseitigen Zug einer langen Leitung aushalten soll, muß für etwa die Hälfte des Zuges in der ungerissenen Leitung berechnet werden.

Greifen an einem Maste mehrere Leitungen in verschiedenen Richtungen an (Abb. 413), so sind für jede einzelne Leitung alle H- und V-Werte zu berechnen;

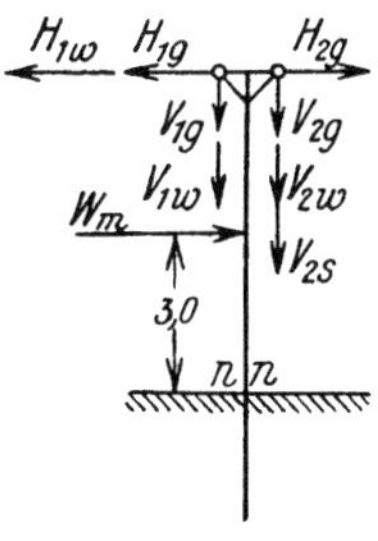

Abb. 413

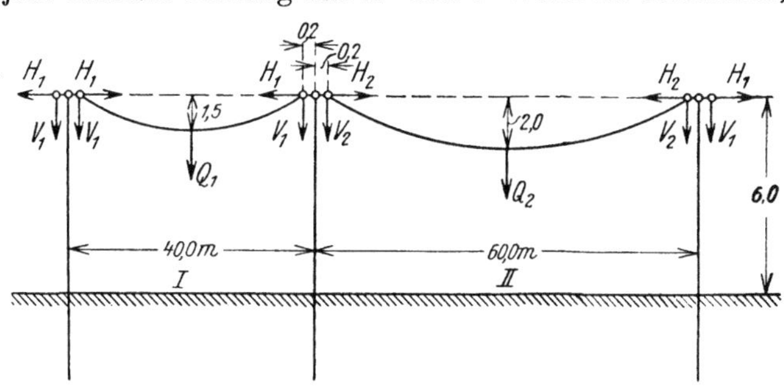

Abb. 414

eine jede Gruppe derselben wird dann in zwei Seitenkräfte zerlegt, die in den Ebenen der Querschnittshauptachsen liegen. Hierauf werden die Biegespannungen im gefährlichen Querschnitte aus der Gleichung ermittelt

$$\sigma = \pm \left[\frac{M_1}{W_1} + \frac{M_2}{W_2}\right].$$

Soweit möglich, ist der Mast von vornherein so zu stellen, daß sein größtes Widerstandsmoment auch für die gefährlichste Belastungsrichtung in Frage kommt.

Beispiel: Die Maste der in Abb. 414 dargestellten Kupferdrahtleitung sollen berechnet werden:

$$l_1 = 40{,}0\text{ m};\quad l_2 = 60{,}0\text{ m};\quad h = 6{,}0\text{ m};\quad f_1 = 1{,}5\text{ m};$$
$$f_2 = 2{,}0\text{ m};\quad d_1 = 6\text{ mm};\quad d_2 = 10\text{ mm};\quad e = 0{,}2\text{ m}.$$

Feld I: $$Q_1 = \frac{d^2\pi}{4}\cdot l\cdot\gamma = \frac{0{,}006\cdot 3{,}14}{4}\cdot 40\cdot 9000 = 10\text{ kg},$$

$$W_d = 100\cdot d\cdot l = 100\cdot 0{,}006\cdot 40 = 24\text{ kg},$$

$$S_d = 0{,}125\cdot 0{,}2\cdot 5\cdot d\cdot 1000\cdot l = 0{,}125\cdot 0{,}2\cdot 5\cdot 0{,}006\cdot 1000\cdot 40 = 30\text{ kg},$$

$$V_{1g} = \frac{10}{2} = 5\text{ kg};\qquad V_{1w} = \frac{24}{2} = 12\text{ kg};\qquad V_{1s} = \frac{30}{2} = 15\text{ kg},$$

$$H_{1g} = \frac{Q_1\cdot l}{8 f_1} = \frac{10\cdot 40}{8\cdot 1{,}5} = 33{,}3\text{ kg};\qquad H_{1w} = \frac{24\cdot 40}{12} = 80\text{ kg};\qquad H_{1s} = \frac{30\cdot 40}{12} = 100\text{ kg}.$$

Feld II: $$Q_2 = \frac{0{,}01^2\cdot 3{,}14}{4}\cdot 60\cdot 9000 = 42{,}4\text{ kg},$$

$$W_d = 100\cdot 0{,}01\cdot 60 = 60\text{ kg},$$

$$S_d = 0{,}125\cdot 0{,}2\cdot 5\cdot 0{,}01\cdot 1000\cdot 60 = 75\text{ kg},$$

$$V_{2g} = 21{,}2\text{ kg};\qquad V_{2w} = 30\text{ kg};\qquad V_{2s} = 37{,}5\text{ kg}.$$

$$H_{2g} = \frac{42{,}4\cdot 60}{8\cdot 2} = 79{,}5\text{ kg};\qquad H_{2w} = \frac{60\cdot 60}{8\cdot 2} = 225\text{ kg},\qquad H_{2s} = \frac{75\cdot 60}{8\cdot 2} = 281\text{ kg}.$$

Die gefährlichste Belastung für den Mast B wird sich bei einseitiger Schneebelastung der größeren Öffnung und einem von links nach rechts auf die Angriffsfläche des Mastes einwirkenden Winddruck ergeben.

Mit $w = 120$ kg/m² und $b = 30$ cm wird

$$W_m = 120\cdot 0{,}3\cdot 60 = 216\text{ kg}.$$

Der Angriffspunkt von W_m liegt annähernd in der halben Masthöhe. Das größte Moment im Querschnitt n—n (Abb. 413) ergibt sich somit zu:

$$M_{max} = (79{,}5 + 225 + 281)\,6{,}0 + (21{,}2 + 30 + 37{,}5)\,2{,}0 +$$
$$+ 216\cdot 3{,}0 - (33{,}3 + 80)\,6{,}0 - (5 + 12)\cdot 2{,}0 = 3495\text{ kg}\cdot\text{m}.$$

Für einen Rundholzmast mit einem Stammdurchmesser D = 33 cm im Querschnitt n—n ergeben sich, wenn das Eigengewicht des oberhalb der Erde befindlichen Mastteiles mit ∞ 300 kg angenommen wird, die größten Spannungen zu:

$$\sigma_{max} = \frac{\Sigma V + 300}{F} \pm \frac{M}{W} = \left[\frac{105{,}7 + 300}{855{,}3} \pm \frac{349\,500}{3528}\right] = -0{,}475 \pm 99{,}0 = \mp 100\text{ kg/cm}^2.$$

Die Eingrabungstiefe folgt aus der Gleichung:

$$472{,}2\left(600 + \frac{t}{2}\right) + 71{,}7\cdot 20 + 216\left(300 + \frac{t}{2}\right) = \frac{33\cdot t^2}{3}.$$

Hieraus ergibt sich $t' = \infty$ 1,6 m und mit einem Sicherheitszuschlag von 50 v. H

$$t = \infty\ 2{,}5\text{ m}.$$

2. Genaueres Rechnungsverfahren nach Dörr[26*])

(in Übereinstimmung mit den neuesten Versuchsergebnissen)

Das Raumgewicht γ kg/m³ des Erdmateriales und die innere Verspannung desselben $\varepsilon = \mathrm{tg}^2\left(45^0 + \frac{\varphi^0}{2}\right)$ werden als sogenannte „Grundwerte" eingeführt wobei φ^0 den natürlichen Böschungswinkel bedeutet.

Der Größtwert des Spitzenzuges H (Abb. 415) muß, wenn keine übermäßige Verdrehung des Mastes eintreten soll, derart bemessen werden, daß nirgends im Boden der für die Flächeneinheit zulässige Erdwiderstand überschritten wird. Der Verlauf der Pressungen ist in der genannten Abbildung dargestellt.

Bezeichnen

h .... die Höhe des Mastes über der Erdoberfläche,

t_2 ... die Eingrabungstiefe,

$$n = \frac{h}{t_2}$$

$$\tau' = \frac{1}{2}\left[\sqrt{(1+3\,n)^2 + 2\,(2+3\,n)} - (1+3\,n)\right],$$

so berechnet sich der zulässige Größtwert des Spitzenzuges bei einer mittleren Breite b des eingegrabenen Mastteiles zu

$$\boxed{H_{max} = \gamma \cdot b \cdot t_2^{\,2} \cdot \varepsilon \cdot \frac{\tau'}{2\,(2+3\,n+\tau')}} \tag{5}$$

$n =$	10	9	8	7	6	5	4	3	2	1
$\tau' =$	0,500	0,503	0,509	0,510	0,512	0,515	0,517	0,522	0,530	0,550

Der gefährliche Querschnitt mit dem größten Biegemoment liegt in der Tiefe

$$\boxed{y = \sqrt{\frac{2\,H}{\gamma \cdot \varepsilon \cdot b}}} \tag{6}$$

Diese Formel gilt jedoch nur für den Fall, daß

$$y \leq t_1 = \tau' \cdot t_2$$

$$\boxed{M_{max} = H\,(h + y) - \gamma \cdot \varepsilon \cdot b \cdot \frac{y^3}{6}} \tag{7}$$

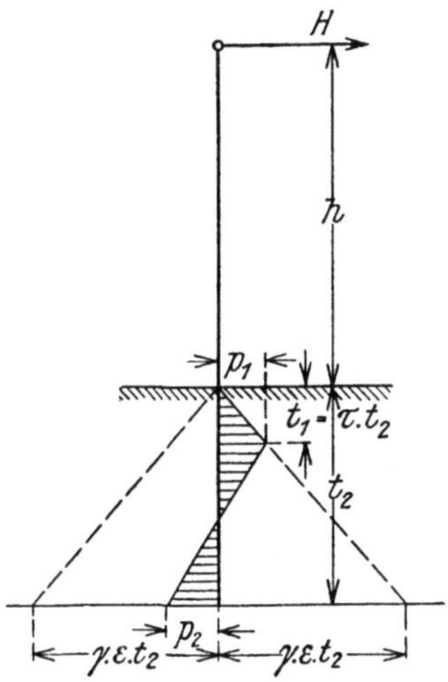

Abb. 415

Greifen an einem Mast mehrere wagrechte Kräfte $H_1, H_2, \ldots H_r$ in verschiedenen Höhen $h_1, h_2 \ldots h_r$ über dem Erdboden an,

$$n_1 = \frac{h_1}{t_2}, \qquad n_2 = \frac{h_2}{t_2}, \;\ldots\ldots\; n_r = \frac{h_r}{t_2},$$

so berechnet man τ' aus der Beziehung

$$(2\,\tau'^2 - 4\,\tau' + 1) \cdot \sum_1^r H + 3 \cdot (2\,\tau' - 1) \sum_1^r H\,(1+n) = 0$$

und

$$\boxed{b = \frac{6 \sum_1^r H \cdot (1+n)}{\gamma \cdot \varepsilon \cdot t_2^{\,2} \cdot (4\,\tau' - 2\,\tau'^2 - 1)}} \tag{8}$$

$$\boxed{y = \sqrt{\frac{2 \sum_1^r H}{\gamma \cdot \varepsilon \cdot b}} \lessgtr t_1} \tag{9}$$

$$M_{max} = \sum_1^r H(h_x + y) - \gamma \cdot \varepsilon \cdot b \cdot \frac{y^3}{6} \tag{10}$$

Beispiel: Es soll der erforderliche Durchmesser eines Rundholzmastes berechnet werden, wenn gegeben sind:

$h = 6{,}00$ m; $H = 100$ kg; $t_2 = 1{,}5$ m; $\varphi = 34^0$; $\gamma = 2180$ kg/m³.

Mit obigen Werten ergibt sich:

$$\varepsilon = 3{,}53;\ n = \frac{h}{t_2} = 4;\ \tau' = 0{,}517;\ \gamma \cdot \varepsilon = 7700 \text{ kg/m}^3.$$

Die erforderliche mittlere Breite b des eingegrabenen Mastteiles wird:

$$b = \frac{2H(2+3n+\tau')}{\gamma \cdot \varepsilon \cdot t^2 \cdot \tau'} = \frac{2 \cdot 100(2+3 \cdot 4+0{,}517)}{7700 \cdot 1{,}5^2 \cdot 0{,}517} = 0{,}324 \text{ m},$$

$$y = \sqrt{\frac{2 \cdot 100}{7700 \cdot 0{,}324}} = 0{,}28 \text{ m},$$

$$M_{max} = 100\,(6{,}0 + 0{,}28) - 7700 \cdot 0{,}324 \cdot \frac{0{,}28^3}{6} = 619 \text{ kg} \cdot \text{m}.$$

Bei dem erhaltenen Mißverhältnis zwischen der erforderlichen Breite und dem größten Biegemoment empfiehlt es sich, die Eingrabungstiefe des Mastes entsprechend zu vergrößern.

Für $t_2 = 1{,}75$ m ergibt sich:

$$n = \frac{6{,}0}{1{,}75} = 3{,}43;\ \tau' = 0{,}519;\ b = \frac{200 \cdot (2 + 6{,}86 + 0{,}519)}{7700 \cdot 1{,}75^2 \cdot 0{,}519} = 0{,}21 \text{ m},$$

$$y = \sqrt{\frac{200}{7700 \cdot 0{,}21}} = 0{,}35 \text{ m} < t_1,$$

$$M_{max} = \infty\, 623 \text{ kg} \cdot \text{m}, \quad W_{erf} = \frac{62300}{80} = 780 \text{ cm}^3.$$

Gewählt $d = 21$ cm, $W = 909{,}2$ cm³.

Obige Formeln sind unter der Voraussetzung abgeleitet, daß im Boden der Zustand höchster innerer Verspannung herrscht, d. h. der größte mit Rücksicht auf die Innenreibung mögliche Erdwiderstand. Im losen, frisch geschütteten Erdreich ist dieser Zustand erst nach sehr starker Verdrehung zu erreichen. Bei kräftigem Einstampfen der Erde um die Mastfüße hingegen wird der gerechnete Wert des Spitzenzuges schon nach einer kleinen Drehung des Mastes erreicht sein.

Die Grundwerte γ und ε sind keine für eine bestimmte Erdart unter allen Verhältnissen unveränderlichen Größen. Das Raumgewicht ändert sich mit der Dichtigkeit der Lagerung und mit dem Spannungszustand, in den die Erdmasse versetzt worden ist; in gleicher Weise ist der Winkel φ eine veränderliche Zahl, die von der Korngröße, dem Raumgewicht des Kornes, dem Verhältnis, in dem die einzelnen Korngrößen in der Gesamtmenge vorhanden sind, dem Feuchtigkeitsgrad und namentlich auch vom Zustande der inneren Pressung abhängig ist. Es genügt also für genauere Untersuchungen nicht, die Grundwerte für das lose geschüttete Gut zu bestimmen, sondern es müssen tunlichst die für die jeweils gegebenen Verhältnisse zutreffenden Werte ermittelt werden. Der folgenden Zusammenstellung können mittlere Werte der Gewichte und Böschungswinkel verschiedener Bodenarten entnommen werden.

Gewichte und Böschungswinkel verschiedener Bodenarten

Art	Gewichte in t/m³	Böschungswinkel
Dammerde, gelockert und trocken	1,40	40°
„ „ „ natürlich feucht	1,60	45°
„ „ „ mit Wasser gesättigt	1,80	27÷30°
„ gestampft und trocken	1,70	42°
„ „ „ natürlich feucht	1,90	37°
Lehmerde, gelockert und trocken	1,50	40÷46°
„ „ „ natürlich feucht	1,55	45°
„ „ „ mit Wasser gesättigt	2,00	20÷25°
„ gestampft und trocken	1,80	40°
„ „ „ natürlich feucht	1,85	70°
Kies (Gerölle), mittelgrob und trocken	1,80	30÷45°
„ mittelgrob und feucht	2,00	25÷30°
„ trocken	1,80	35÷40°
Sand, fein und trocken	1,60	35°
„ „ „ natürlich feucht	1,80	40°
„ „ „ mit Wasser gesättigt	2,00	25°
„ grob und trocken	1,50	35°
Steinschotter, nasser	1,60	30÷40°
Ton, gelockert und trocken	1,60	40÷50°
„ „ „ stark durchnäßt	2,00	20÷25°
„ fest und natürlich feucht	2,50	70°
Trockener Sand und Schutt	1,40	35°

Anhang

Hilfstafeln

I. Rundholz

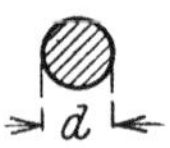

Trägheitshalbmesser $i=\frac{1}{4}d$.

d = Durchmesser, J = Trägheitsmoment,

F = Querschnitt, W = Widerstandsmoment, U = Umfang.

d	$U=\pi d$	$F=\frac{\pi d^2}{4}$	$J=\frac{\pi d^4}{64}$	$W=\frac{\pi d^3}{32}$	d	$U=\pi d$	$F=\frac{\pi d^2}{4}$	$J=\frac{\pi d^4}{64}$	$W=\frac{\pi d^3}{32}$
1	3,142	0,7854	0,0491	0,9802	21	65,973	346,3	9 547	909,2
2	6,283	3,1416	0,7854	0,7854	22	69,115	380,1	11 499	1045
3	9,425	7,0686	3,976	2,651	23	72,257	415,5	13 737	1194
4	12,566	12,566	12,57	6,283	24	75,398	452,4	16 286	1357
5	15,708	19,635	30,68	12,27	25	78,540	490,9	19 175	1534
6	18,850	28,274	63,62	21,21	26	81,681	530,9	22 432	1726
7	21,991	38,48	117,9	33,67	27	84,823	572,6	26 087	1932
8	25,133	50,27	201,1	50,27	28	87,965	615,8	30 172	2155
9	28,274	63,62	322,1	71,57	29	91,106	660,5	34 719	2394
10	31,416	78,54	490,9	98,17	**30**	94,248	706,9	39 761	2651
11	34,558	95,03	718,7	130,7	31	97,389	754,8	45 333	2925
12	37,699	113,1	1018	169,6	32	100,531	804,2	51 472	3217
13	40,841	132,7	1402	215,7	33	103,673	855,3	58 214	3528
14	43,982	153,9	1886	269,4	34	106,814	907,9	65 597	3859
15	47,124	176,7	2485	331,3	35	109,956	962,1	73 662	4209
16	50,265	201,1	3217	402,1	36	113,097	1018	82 448	4580
17	53,407	227,0	4100	482,3	37	116,239	1075	91 998	4973
18	56,549	254,5	5153	572,6	38	119,381	1134	102 354	5387
19	59,690	283,5	6397	673,4	39	122,522	1195	113 561	5824
20	62,832	314,2	7854	785,	**40**	125,66	1257	125 664	6283

II. Rechteckbalken

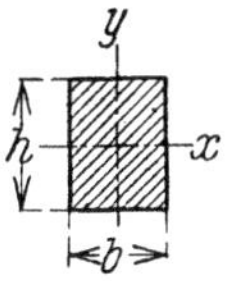

Trägheitshalbmesser $i_x = h\sqrt{\frac{1}{12}} = \infty\ 0{,}289\ h$

Trägheitshalbmesser $i_y = b\sqrt{\frac{1}{12}} = \infty\ 0{,}289\ b$

h bzw. b cm	i_x bzw. i_y cm	h bzw. b cm	i_x bzw. i_y cm	h bzw. b cm	i_x bzw. i_y cm	h bzw. b cm	i_x bzw. i_y cm
1	0,29	9	2,60	17	4,91	25	7,22
2	0,58	10	2,89	18	5,20	26	7,51
3	0,87	11	3,18	19	5,48	27	7,79
4	1,15	12	3,46	20	5,78	28	8,08
5	1,44	13	3,75	21	6,06	29	8,37
6	1,73	14	4,04	22	6,35	30	8,67
7	2,02	15	4,33	23	6,64		
8	2,31	16	4,62	24	6,93		

h cm	b cm	F cm²	J_x cm⁴	W_x cm³	J_y cm⁴	W_y cm³
1	1	1	0,08	0,17	0,08	0,17
2	1	2	0,67	0,17	0,17	0,33
	2	4	1,33	1,33	1,33	1,33
3	1	3	2,25	1,50	0,25	0,50
	2	6	4,50	3,00	2,00	2,00
	3	9	6,75	4,50	6,75	4,50
4	1	4	5,33	2,67	0,33	0,67
	2	8	10,7	5,33	2,67	2,67
	3	12	16,0	8,00	9,00	6,00
	4	16	21,3	10,7	21,3	10,7
5	1	5	10,4	4,17	0,42	0,83
	2	10	20,8	8,33	3,33	3,33
	3	15	31,2	12,5	11,2	7,67
	4	20	41,7	16,7	26,7	13,3
	5	25	52,1	20,8	52,1	20,8
6	1	6	18,0	6,00	0,50	1,00
	2	12	36,0	12,0	4,00	4,00
	3	18	54,0	18,0	13,5	9,00
	4	24	72,0	24,0	32,0	16,0
	5	30	90,0	30,0	62,5	25,0
	6	36	108	36,0	108	36,0
7	1	7	28,6	8,17	0,58	1,17
	2	14	57,2	16,3	4,67	4,67
	3	21	85,7	24,5	15,7	10,5
	4	28	114	32,7	37,3	18,7
	5	35	143	40,8	72,9	29,2
	6	42	171	49,0	126	42,0

h cm	b cm	F cm²	J_x cm⁴	W_x cm³	J_y cm⁴	W_y cm³
7	7	49	200	57,2	200	57,2
8	1	8	42,7	10,7	0,67	1,33
	2	16	85,3	21,3	5,33	5,33
	3	24	128	32,0	18,0	12,0
	4	32	171	42,7	42,7	21,3
	5	40	213	53,3	83,3	33,3
	6	48	256	64,0	144	48,0
	7	56	299	74,7	229	65,3
	8	64	341	85,3	341	85,3
9	1	9	60,7	13,5	0,75	1,50
	2	18	121	27,0	6,00	6,0
	3	27	182	40,5	20,2	13,5
	4	36	243	54,0	48,0	24,0
	5	45	304	67,5	93,7	37,5
	6	54	364	81,0	162	54,0
	7	63	425	94,5	257	73,5
	8	72	486	108	384	96,0
	9	81	547	121	547	121
10	1	10	83,3	16,7	0,83	1,67
	2	20	167	33,3	6,67	6,67
	3	30	250	50,0	22,5	15,0
	4	40	333	66,7	53,3	26,7
	5	50	417	83,3	104	41,7
	6	60	500	100	180	60,0

h cm	b cm	F cm²	J_x cm⁴	W_x cm³	J_y cm⁴	W_y cm³
10	7	80	583	117	286	81,7
	8	80	667	133	427	107
	9	90	750	150	607	135
	10	100	833	167	833	167
11	1	11	111	20,2	0,92	1,83
	2	22	222	40,3	7,33	7,33
	3	33	333	60,5	24,7	16,5
	4	44	444	80,7	58,7	29,3
	5	55	555	101	115	45,8
	6	66	665	121	198	66,0
	7	77	776	141	314	89,8
	8	88	887	161	469	117
	9	99	998	181	668	148
	10	110	1109	202	917	183
	11	121	1220	221	1220	222
12	1	12	144	24,0	1,00	2,00
	2	24	288	48,0	8,00	8,00
	3	36	432	72,0	27,0	18,0
	4	48	576	96,0	64,0	32,0
	5	60	720	120	125	50,0
	6	72	864	144	216	72,0
	7	84	1008	168	343	98,0
	8	96	1152	192	512	128
	9	108	1296	216	729	162
	10	120	1440	240	1000	200
	11	132	1584	264	1331	242
	12	144	1728	288	1728	288
13	1	13	183	28,2	1,08	2,17
	2	26	336	56,3	8,67	8,67
	3	39	549	84,5	29,2	19,5
	4	52	732	113	69,3	34,7
	5	65	915	141	135	54,2
	6	78	1098	169	234	780
	7	91	1282	197	372	106
	8	104	1465	225	555	139
	9	117	1648	253	790	175
	10	130	1831	282	1083	217
	11	143	2014	310	1442	262
	12	156	2197	338	1872	312
	13	169	2380	366	2380	366
14	1	14	229	32,7	1,17	2,33
	2	28	457	65,3	9,33	9,33
	3	42	686	98,0	31,5	21,0

h cm	b cm	F cm²	J_x cm⁴	W_x cm³	J_y cm⁴	W_y cm³
14	4	56	915	131	74,7	37,3
	5	70	1143	163	146	58,3
	6	84	1372	196	252	84,0
	7	98	1601	229	400	114
	8	112	1829	261	597	149
	9	126	2058	294	850	189
	10	140	2287	327	1167	233
	11	154	2515	359	1553	282
	12	168	2744	392	2016	336
	13	182	2973	425	2563	394
	14	196	3201	457	3201	457
15	1	15	281	37,5	1,25	2,50
	2	30	562	75,0	10,0	10,0
	3	45	844	112	33,7	22,5
	4	60	1125	150	80,0	40,0
	5	75	1406	187	156	62,5
	6	90	1687	225	270	90,0
	7	105	1969	262	429	122
	8	120	2250	300	640	160
	9	135	2531	337	911	202
	10	150	2812	375	1250	250
	11	165	3094	412	1664	302
	12	180	3375	450	2160	360
	13	195	3656	487	2746	422
	14	210	3937	525	3430	490
	15	225	4219	562	4219	562
16	1	16	341	42,7	1,33	2,67
	2	32	683	85,3	10,7	10,7
	3	48	1024	128	36,0	24,0
	4	64	1365	171	85,3	42,7
	5	80	1707	213	167	66,7
	6	96	2044	256	288	96,0
	7	112	2385	299	457	131
	8	128	2731	341	683	171
	9	144	3072	384	972	216
	10	160	3413	427	1333	267
	11	176	3755	469	1775	323
	12	192	4086	512	2304	384
	13	208	4427	555	2929	451
	14	224	4779	597	3659	523
	15	240	5120	640	4500	600
	16	256	5461	683	5461	683

h cm	b cm	F cm²	J_x cm⁴	W_x cm³	J_y cm⁴	W_y cm³
17	1	17	409	48,2	1,42	2,83
	2	34	819	96,3	11,3	11,3
	3	51	1228	144	38,2	25,5
	4	68	1638	193	90,7	45,3
	5	85	2047	241	177	70,8
	6	102	2456	289	306	102
	7	119	2866	337	486	139
	8	136	3275	385	725	181
	9	153	3685	433	1033	229
	10	170	4094	482	1417	283
	11	187	4504	530	1886	343
	12	204	4913	578	2448	408
	13	221	5322	626	3112	479
	14	238	5732	674	3887	555
	15	255	6141	722	4781	637
	16	272	6551	771	5803	725
	17	289	6960	819	6960	819
18	1	18	486	54,0	1,50	300
	2	36	972	108	12,0	12,0
	3	54	1458	162	40,5	27,0
	4	72	1944	216	96,0	48,0
	5	90	2430	270	187	75,0
	6	108	2916	324	324	108
	7	126	3402	378	514	147
	8	144	3888	432	768	192
	9	162	4374	486	1093	243
	10	180	4860	540	1500	300
	11	198	5346	594	1996	363
	12	216	5832	648	2592	432
	13	234	6318	702	3295	507
	14	252	6804	756	4116	588
	15	270	7290	810	5062	675
	16	288	7776	864	6144	768
	17	306	8262	918	7369	867
	18	324	8748	972	8748	972
19	1	19	572	60,2	1,58	3,17
	2	38	1 143	120	12,7	12,7
	3	57	1 715	180	42,7	28,5
	4	76	2 286	241	101	50,7
	5	95	2 858	301	198	79,2
	6	114	3 429	361	342	114
	7	133	4 001	421	543	155
	8	152	4 573	481	811	203
	9	171	5 144	541	1 154	256
	10	190	5 716	602	1 583	317
	11	209	6 287	662	2 107	383
	12	228	6 859	722	2 736	456
	13	247	7 431	782	3 479	535
	14	266	8 002	842	4 345	621
	15	285	8 574	902	5 344	712
	16	304	9 145	963	6 485	811
	17	323	9 717	1023	7 779	915
	18	342	10 288	1083	9 234	1026
	19	361	10 860	1143	10 860	1143
20	1	20	667	66,7	1,67	3,33
	2	40	1 333	133	13,3	13,3
	3	60	2 000	200	45,0	30,0
	4	80	2 667	267	107	53,3
	5	100	3 333	333	208	83,3
	6	120	4 000	400	360	120
	7	140	4 667	467	572	163
	8	160	5 333	533	853	213
	9	180	6 000	600	1 215	270
	10	200	6 667	667	1 667	333
	11	220	7 333	733	2 218	403
	12	240	8 000	800	2 880	480
	13	260	8 667	867	3 662	563
	14	280	9 333	933	4 573	653
	15	300	10 000	1000	5 625	750
	16	320	10 667	1067	6 827	853
	17	340	11 333	1133	8 188	963
	18	360	12 000	1200	9 720	1080
	19	380	12 667	1267	11 432	1203
	20	400	13 333	1333	13 333	1333
21	1	21	772	73,5	1,75	3,50
	2	42	1 543	147	14,0	14,0
	3	63	2 315	220	47,2	31,5
	4	84	3 087	294	112	56,0
	5	105	3 859	367	219	87,5
	6	126	4 630	441	378	126
	7	147	5 402	514	600	171
	8	168	6 174	588	896	224
	9	189	6 946	661	1 276	283
	10	210	7 717	735	1 750	350
	11	231	8 489	808	2 329	423

h cm	b cm	F cm²	J_x cm⁴	W_x cm³	J_y cm⁴	W_y cm³
	12	252	9 261	882	3 024	504
	13	273	10 033	955	3 845	591
	14	294	10 804	1029	4 802	686
	15	315	11 576	1102	5 906	787
21	16	336	12 348	1176	7 168	896
	17	357	13 120	1249	8 599	1011
	18	378	13 891	1323	10 206	1134
	19	399	14 663	1396	12 003	1263
	20	420	15 435	1470	14 000	1400
	21	441	16 207	1543	16 207	1543
	1	22	887	80,7	3,67	3,67
	2	44	1 775	161	14,7	14,7
	3	66	2 662	242	49,5	33,0
	4	88	3 549	323	117	58,7
	5	110	4 437	403	229	91,7
	6	132	5 324	484	396	132
	7	154	6 211	565	629	180
	8	176	7 099	645	939	235
	9	198	7 986	726	1 336	297
	10	220	8 873	807	1 833	367
22	11	242	9 761	887	2 440	444
	12	264	10 648	968	3 168	528
	13	286	11 535	1049	4 028	620
	14	308	12 422	1129	5 031	719
	15	330	13 310	1210	6 187	825
	16	352	14 197	1291	7 509	939
	17	374	15 085	1371	9 007	1060
	18	396	15 972	1452	10 692	1188
	19	418	16 859	1533	12 575	1324
	20	440	17 747	1613	14 667	1467
	21	462	18 634	1694	16 979	1617
	22	484	19 521	1775	19 521	1775
	1	23	1 014	88,2	1,92	3,83
	2	46	2 028	176	15,3	15,3
	3	69	3 042	264	51,7	34,5
	4	92	4 056	353	123	61,3
	5	115	5 070	441	240	95,8
23	6	138	6 083	529	414	138
	7	161	7 097	617	657	187
	8	184	8 111	705	981	245
	9	207	9 125	793	1 397	310
	10	230	10 139	882	1 917	383
	11	253	11 153	970	2 551	464

h cm	b cm	F cm²	J_x cm⁴	W_x cm³	J_y cm⁴	W_y cm³
	12	276	12 167	1058	3 312	552
	13	299	13 181	1146	4 211	648
	14	322	14 195	1234	5 259	751
	15	345	15 209	1322	6 469	862
	16	368	16 223	1411	7 851	981
23	17	391	17 237	1499	9 417	1107
	18	414	18 250	1587	11 178	1262
	19	437	19 264	1675	13 146	1384
	20	460	20 278	1763	15 333	1533
	21	483	21 292	1851	17 750	1690
	22	506	22 306	1940	20 409	1855
	23	529	23 320	2028	23 320	2028
	1	24	1 152	96,0	2,00	4,00
	2	48	2 304	192	16,0	16,0
	3	72	3 456	288	54,0	36,0
	4	96	4 608	384	128	64,0
	5	120	5 760	480	250	100
	6	144	6 912	576	432	144
	7	168	8 064	672	686	196
	8	192	9 216	768	1 024	256
	9	216	10 368	864	1 458	324
	10	240	11 520	960	2 000	400
	11	264	12 672	1056	2 662	484
24	12	288	13 824	1152	3 456	576
	13	312	14 976	1248	4 394	676
	14	336	16 128	1344	5 488	784
	15	360	17 280	1440	6 750	900
	16	384	18 432	1536	8 192	1024
	17	408	19 584	1632	9 826	1156
	18	432	20 736	1728	11 664	1296
	19	456	21 888	1824	13 718	1444
	20	480	23 040	1920	16 000	1600
	21	504	24 192	2016	18 522	1764
	22	528	25 344	2112	21 296	1936
	23	552	26 496	2208	24 334	2116
	24	576	27 648	2304	27 648	2304
	1	25	1 302	104	2,08	4,17
	2	50	2 604	208	16,7	16,7
	3	75	3 906	312	56,2	37,5
25	4	100	5 208	417	133	66,7
	5	125	6 510	521	260	104
	6	150	7 812	625	450	150
	7	175	9 115	729	715	204

h cm	b cm	F cm²	J_x cm⁴	W_x cm³	J_y cm⁴	W_y cm³
	8	200	10 417	833	1 067	267
	9	225	11 719	937	1 519	337
	10	250	13 021	1041	2 083	417
	11	275	14 323	1146	2 773	504
	12	300	15 625	1250	3 600	600
	13	325	16 927	1354	4 577	704
	14	350	18 229	1458	5 717	817
	15	375	19 531	1562	7 031	937
25	16	400	20 833	1667	8 533	1067
	17	425	22 135	1771	10 235	1204
	18	450	23 437	1875	12 150	1350
	19	475	24 740	1979	14 290	1504
	20	500	26 042	2083	16 667	1667
	21	525	27 344	2187	19 294	1837
	22	550	28 646	2292	22 183	2017
	23	575	29 948	2396	25 348	2204
	24	600	31 250	2500	28 800	2400
	25	625	32 552	2604	32 552	2604
	1	26	1 465	113	2,17	4,33
	2	52	2 929	225	17,3	17,3
	3	78	4 394	338	58,5	39,0
	4	104	5 859	451	139	69,3
	5	130	7 323	563	271	108
	6	156	8 788	676	468	156
	7	182	10 253	789	743	212
	8	208	11 717	901	1 109	277
	9	234	13 182	1014	1 579	351
	10	260	14 647	1127	2 167	433
	11	286	16 111	1239	2 884	524
	12	312	17 576	1352	3 744	634
26	13	338	19 041	1465	4 760	732
	14	364	20 505	1577	5 945	849
	15	390	21 970	1690	7 312	975
	16	416	23 435	1803	8 875	1109
	17	442	24 899	1915	10 645	1253
	18	468	26 364	2028	12 636	1404
	19	494	27 829	2141	14 861	1564
	20	520	29 293	2253	17 333	1733
	21	546	30 758	2366	20 066	1911
	22	572	32 223	2479	23 071	2097
	23	598	33 686	2591	26 362	2292
	24	624	35 152	2704	29 952	2496
26	25	650	36 617	2817	33 854	2708
	26	676	38 081	2929	38 081	2929
	1	27	1 640	221	2,25	4,50
	2	54	3 280	243	18,0	18,0
	3	81	4 921	364	60,7	40,5
	4	108	6 561	486	144	42,0
	5	135	8 201	607	281	112
	6	162	9 841	729	486	162
	7	189	11 482	850	772	220
	8	216	13 122	972	1 152	288
	9	243	14 762	1093	1 640	364
	10	270	16 402	1215	2 250	450
	11	297	18 043	1336	2 995	544
	12	324	19 683	1458	3 888	648
	13	351	21 323	1579	4 943	760
27	14	378	22 963	1701	6 174	882
	15	405	24 604	1822	7 594	1012
	16	432	26 244	1944	9 216	1152
	17	459	27 884	2065	11 054	1300
	18	486	29 524	2187	13 122	1458
	19	513	31 165	2308	15 433	1624
	20	540	32 805	2430	18 000	1800
	21	567	34 445	2551	20 837	1984
	22	594	36 085	2673	23 958	2178
	23	621	37 746	2794	27 376	2380
	24	648	39 386	2916	31 004	2592
	25	675	41 026	3037	35 156	2812
	26	702	42 666	3159	39 546	3042
	27	729	44 287	3280	44 287	3280
	1	28	1 829	131	2,33	4,67
	2	56	3 659	261	18,7	18,7
	3	84	5 488	392	63,0	42,0
	4	112	7 317	523	149	74,7
	5	140	9 147	653	292	117
	6	168	10 976	784	504	168
28	7	196	12 805	915	800	229
	8	224	14 635	1045	1 195	299
	9	252	16 464	1176	1 701	378
	10	280	18 293	1307	2 333	467
	11	308	20 123	1437	3 106	565
	12	336	21 952	1568	4 032	672
	13	364	23 781	1699	5 126	789

h cm	*b* cm	*F* cm^2	J_x cm^4	W_x cm^3	J_y cm^4	W_y cm^3
28	14	392	25 611	1829	6 403	915
	15	420	27 440	1960	7 875	1050
	16	448	29 269	2091	9 557	1185
	17	476	31 099	2221	11 464	1349
	18	504	32 928	2352	13 608	1512
	19	532	34 757	2483	16 004	1685
	20	560	36 587	2613	18 667	1867
	21	588	38 416	2744	21 609	2058
	22	616	40 245	2875	24 845	2259
	23	644	42 075	3005	28 390	2469
	24	672	43 904	3136	32 256	2688
	25	700	45 733	3267	36 458	2917
	26	728	47 563	3397	41 011	3155
	27	756	49 392	3528	45 927	3402
	28	784	51 221	3659	51 221	3659
29	1	29	2 032	140	2,42	4,83
	2	58	4 065	280	19,3	19,3
	3	87	6 097	420	65,2	43,5
	4	116	8 130	561	155	77,3
	5	145	10 162	701	302	121
	6	174	12 194	841	522	176
	7	203	14 227	981	829	237
	8	232	16 259	1121	1 237	309
	9	261	18 292	1261	1 762	391
	10	290	20 324	1402	2 417	483
	11	319	22 357	1542	3 217	585
	12	348	24 389	1682	4 176	696
	13	377	26 421	1822	5 309	817
	14	406	28 454	1962	6 631	947
	15	435	30 486	2102	8 156	1087
	16	464	32 519	2243	9 899	1237
	17	493	34 551	2383	11 873	1397
	18	522	36 583	2523	14 094	1566
	19	551	38 616	2663	16 576	1765
	20	580	40 648	2803	19 333	1933
	21	609	42 681	2943	22 381	2131
	22	638	44 713	3084	25 733	2339
	23	667	46 746	3224	29 404	2557
	24	696	48 778	3364	33 408	2784
	25	725	50 810	3504	37 760	3021
	26	754	52 843	3644	42 476	3267
	27	783	54 875	3784	47 567	3523
	28	812	56 908	3925	53 051	3789
	29	841	58 940	4065	58 940	4065
30	1	30	2 250	150	2,50	5,00
	2	60	4 500	300	20,0	20,0
	3	90	6 750	540	67,5	45,0
	4	120	9 000	600	160	80,0
	5	150	11 250	750	312	125
	6	180	13 500	900	540	180
	7	210	15 750	1050	857	245
	8	240	18 000	1200	1 280	312
	9	270	20 250	1350	1 822	405
	10	300	22 500	1500	2 500	500
	11	330	24 750	1650	3 327	605
	12	360	27 000	1800	4 320	720
	13	390	29 250	1950	5 492	845
	14	420	31 500	2100	6 860	980
	15	450	33 750	2250	8 437	1125
	16	480	36 000	2400	10 240	1280
	17	510	38 250	2550	12 283	1445
	18	540	40 500	2700	14 580	1620
	19	570	42 750	2850	17 148	1805
	20	600	45 000	3000	20 000	2000
	21	630	47 250	3150	23 153	2205
	22	660	49,500	3300	26 620	2420
	23	690	51 750	3450	30 480	2645
	24	720	54 000	3600	34 560	2880
	25	750	56 250	3750	39 063	3125
	26	780	58 500	3900	43 940	3380
	27	810	60 750	4050	49 208	3645
	28	840	63 000	4200	54 880	3920
	29	870	65 250	4350	60 973	4205
	30	900	67 500	4500	67 500	4500

III. Rauminhalt von Kanthölzern

Querschnitt b×h			Länge								
cm		cm²	1,⁰m	2,⁰m	3,⁰m	4,⁰m	5,⁰m	6,⁰m	7,⁰m	8,⁰m	9,⁰m
8	8	64	0,0064	0,0128	0,0192	0,0256	0,0320	0,0384	0,0448	0,0512	0,0576
	10	80	0,0080	0,0160	0,0240	0,0320	0,0400	0,0480	0,0560	0,0640	0,0720
	12	96	0,0096	0,0192	0,0288	0,0384	0,0480	0,0576	0,0672	0,0768	0,0864
	14	112	0,0112	0,0224	0,0336	0,0448	0,0560	0,0672	0,0784	0,0896	0,0108
	16	128	0,0128	0,0256	0,0384	0,0512	0,0640	0,0678	0,0896	0,1024	0,1152
	18	144	0,0144	0,0288	0,0432	0,0576	0,0720	0,0864	0,1008	0,1152	0,1296
10	10	100	0,0100	0,0200	0,0300	0,0400	0,0500	0,0600	0,0700	0,0800	0,0900
	12	120	0,0120	0,0240	0,0360	0,0480	0,0600	0,0720	0,0840	0,0960	0,1080
	14	140	0,0140	0,0280	0,0420	0,0560	0,0700	0,0840	0,0980	0,1120	0,1260
	16	160	0,0160	0,0320	0,0480	0,0640	0,0800	0,0960	0,1120	0,1250	0,1440
	18	180	0,0180	0,0360	0,0540	0,0720	0,0900	0,1080	0,1260	0,1440	0,1620
	20	200	0,0200	0,0400	0,0600	0,0800	0,1000	0,1200	0,1400	0,1600	0,1800
12	12	144	0,0144	0,0288	0,0432	0,0576	0,0720	0,0864	0,1008	0,1152	0,1296
	14	168	0,0168	0,0336	0,0504	0,0672	0,0840	0,1008	0,1176	0,1344	0,1512
	16	192	0,0192	0,0384	0,0576	0,0768	0,0960	0,1152	0,1344	0,1536	0,1728
	18	216	0,0216	0,0432	0,0648	0,0864	0,1080	0,1296	0,1512	0,1728	0,1944
	20	240	0,0240	0,0480	0,0720	0,0960	0,1200	0,1440	0,1680	0,1920	0,2160
	22	264	0,0264	0,0528	0,0792	0,1056	0,1320	0,1584	0,1848	0,2112	0,2376
14	14	196	0,0196	0,0392	0,0588	0,0784	0,0980	0,1176	0,1372	0,1568	0,1764
	16	224	0,0224	0,0448	0,0672	0,0896	0,1120	0,1344	0,1568	0,1792	0,2016
	18	252	0,0252	0,0504	0,0756	0,1008	0,1260	0,1512	0,1764	0,2016	0,2268
	20	280	0,0280	0,0560	0,0840	0,1120	0,1400	0,1680	0,1960	0,2240	0,2520
	22	308	0,0308	0,0616	0,0924	0,1232	0,1540	0,1848	0,2156	0,2464	0,2772
	24	336	0,0336	0,0672	0,1008	0,1344	0,1680	0,2016	0,2352	0,2688	0,3024
16	16	256	0,0256	0,0512	0,0768	0,1024	0,1280	0,1536	0,1792	0,2048	0,2304
	18	288	0,0288	0,0576	0,0864	0,1152	0,1440	0,1728	0,2016	0,2304	0,2592
	20	320	0,0320	0,0640	0,0960	0,1280	0,1600	0,1920	0,2240	0,2560	0,2880
	22	352	0,0352	0,0704	0,1056	0,1408	0,1760	0,2112	0,2464	0,2816	0,3168
	24	384	0,0384	0,0768	0,1152	0,1536	0,1920	0,2304	0,2688	0,3072	0,3456
	26	416	0,0416	0,0832	0,1248	0,1664	0,2080	0,2496	0,2912	0,3328	0,3744
18	18	324	0,0324	0,0648	0,0972	0,1296	0,1620	0,1944	0,2268	0,2592	0,2916
	20	360	0,0360	0,0720	0,1080	0,1440	0,1800	0,2160	0,2520	0,2880	0,3240
	22	396	0,0396	0,0792	0,1188	0,1584	0,1980	0,2376	0,2772	0,3168	0,3564
	24	432	0,0432	0,0864	0,1296	0,1728	0,2160	0,2592	0,3024	0,3456	0,3888
	26	468	0,0468	0,0936	0,1404	0,1872	0,2340	0,2808	0,3276	0,3744	0,4212
	28	504	0,0504	0,1008	0,1512	0,2016	0,2520	0,3024	0,3528	0,4032	0,4536
20	20	400	0,0400	0,0800	0,1200	0,1600	0,2000	0,2400	0,2800	0,3200	0,3600
	22	440	0,0440	0,0880	0,1320	0,1760	0,2200	0,2642	0,3080	0,3520	0,3960
	24	480	0,0480	0,0960	0,1440	0,1920	0,2400	0,2880	0,3360	0,3840	0,4320
	26	520	0,0520	0,1040	0,1560	0,2080	0,2600	0,3120	0,3640	0,4160	0,4680
	28	560	0,0560	0,1120	0,1680	0,2240	0,2800	0,3360	0,3920	0,4480	0,5040
22	22	484	0,0484	0,0968	0,1452	0,1936	0,2420	0,2904	0,3388	0,3872	0,4356
	26	572	0,0572	0,1144	0,1716	0,2288	0,2860	0,3432	0,4004	0,4576	0,5148
	30	660	0,0660	0,1320	0,1980	0,2640	0,3300	0,3960	0,4620	0,5280	0,5940

IV. Durchschnittsgewichte von Nägeln[1])

Dicke in $^1/_{10}$ mm bzw. Nummer	Länge der Nägel in Millimeter												
	20	25	30	35	40	45	50	55	60	65	70	80	85
	Stückgewicht in Gramm												
12	0,2												
14		0,4											
16			0,5										
18				1,1									
20						1,0							
25								2,0					
28					1,5		2,0	2,5	3,3				
31										4,0	4,25	5,0	
34													6,25

Dicke in $^1/_{10}$ mm bzw. Nummer	Länge der Nägel in Millimeter												
	90	95	100	120	130	140	150	160	185	200	210	220	226
	Stückgewicht in Gramm												
34		8,7											
38	9,0												
40			10,0										
42				14,3									
46			13,0			33,3							
50					21,0								
55							30,0						
60								50,0					
70									55,0				
75										72,0	75,0	78,0	
85													118

[1]) Bei der Gewichtsbestimmung sind für die Verpackung bei Nägeln bis zu 35 mm Länge 4 bis $4^1/_2$ v. H., sonst $2^1/_2$ bis 3 v. H. zu den berechneten Gewichten zuzuschlagen.

V. Gewichte von Band- und Flacheisen

Ein Stab von 1 cm² Querschnitt und 1 m Länge wiegt 0,785 kg
(Gewicht für den Meter in Kilogramm)

Dicke in Millimeter	Breite in Millimeter												
	10	15	20	25	30	35	40	45	50	60	70	80	90
3	0,24	0,35	0,47	0,59	0,71	0,82	0,94	1,06	1,18	1,41	1,65	1,88	2,12
4	0,31	0,47	0,63	0,79	0,94	1,10	1,26	1,41	1,57	1,88	2,20	2,51	2,83
5	0,39	0,59	0,79	0,98	1,18	1,37	1,57	1,77	1,96	2,36	2,75	3,14	3,53
6	0,47	0,71	0,94	1,18	1,41	1,65	1,88	2,12	2,36	2,83	3,30	3,77	4,24
7	0,55	0,82	1,10	1,37	1,65	1,92	2,20	2,47	2,75	3,30	3,85	4,40	4,95
8	0,63	0,94	1,26	1,57	1,88	2,20	2,51	2,83	3,14	3,77	4,40	5,02	5,65
9	0,71	1,06	1,41	1,77	2,12	2,47	2,83	3,18	3,53	4,24	4,95	5,65	6,36
10	0,79	1,18	1,57	1,96	2,36	2,75	3,14	3,53	3,93	4,71	5,50	6,28	7,07
11	—	1,30	1,73	2,16	2,59	3,02	3,45	3,89	4,32	5,68	6,04	6,91	7,77
12	—	1,41	1,88	2,36	2,83	3,30	3,77	4,24	4,71	5,65	6,59	7,54	8,48
13	—	1,53	2,04	2,55	3,06	3,57	4,08	4,59	5,10	6,12	7,14	8,16	9,18
14	—	1,65	2,20	2,75	3,30	3,85	4,40	4,95	5,50	6,59	7,69	8,79	9,89
15	—	1,77	2,36	2,94	3,53	4,12	4,71	5,30	5,89	7,06	8,24	9,42	10,60
16	—	—	2,51	3,14	3,77	4,40	5,02	5,65	6,28	7,54	8,79	10,05	11,30
17	—	—	2,67	3,34	4,00	4,67	5,34	6,01	6,67	8,01	9,34	10,68	12,01
18	—	—	2,83	3,53	4,24	4,95	5,65	6,36	7,07	8,48	9,89	11,30	12,72
19	—	—	2,98	3,73	4,47	5,22	5,97	6,71	7,46	8,95	10,44	11,93	13,42
20	—	—	3,14	3,93	4,71	5,50	6,28	7,07	7,85	9,42	10,99	12,56	14,13

Dicke in Millimeter	Breite in Millimeter												
	100	110	120	130	140	150	160	180	200	220	240	260	280
5	3,93	4,32	4,71	5,10	5,50	5,89	6,28	7,07	7,85	3,64	9,42	10,21	10,99
6	4,71	5,18	5,65	6,12	6,59	7,07	7,54	8,48	9,42	10,36	11,30	12,25	13,19
7	5,50	6,04	6,59	7,14	7,69	8,24	8,79	9,89	10,99	12,09	13,19	14,29	15,39
8	6,28	6,91	7,54	8,16	8,79	9,42	10,05	11,30	12,56	13,82	15,07	16,33	17,58
9	7,07	7,77	8,48	9,18	9,89	10,60	11,30	12,72	14,13	15,54	16,96	18,37	19,78
10	7,85	8,64	9,42	10,21	10,99	11,78	12,56	14,13	15,70	17,27	18,84	20,41	21,98
11	8,64	9,50	10,36	11,23	12,09	12,95	13,82	15,54	17,27	19,00	20,72	22,45	24,18
12	9,42	10,36	11,30	12,25	13,19	14,13	15,07	16,96	18,84	20,72	22,61	24,49	26,38
13	10,21	11,23	12,25	13,27	14,29	15,31	16,33	18,37	20,41	22,45	24,49	26,53	28,57
14	10,99	12,09	13,19	14,29	15,39	16,49	17,58	19,78	21,98	24,18	26,38	28,57	30,77
15	11,78	12,95	14,13	15,31	16,49	17,66	18,84	21,20	23,55	25,91	28,26	30,62	32,97
16	12,56	13,82	15,07	16,33	17,58	18,84	20,10	22,61	25,12	27,63	30,14	32,66	35,17
17	13,35	14,68	16,01	17,35	18,68	20,02	21,35	24,02	26,69	29,36	31,03	34,70	37,37
18	14,13	15,54	16,96	18,37	19,78	21,20	22,61	25,43	28,26	31,09	33,91	36,74	39,56
19	14,92	16,41	17,90	19,39	20,88	22,37	23,86	26,85	29,83	32,81	35,80	38,78	41,76
20	15,70	17,27	18,84	20,41	21,98	23,55	25,12	28,26	31,40	34,54	37,68	40,82	43,96

VI. Gewichte von Schrauben und Unterlagscheiben

Äußerer Durchmesser des Gewindes d engl. Zoll	Äußerer Durchmesser des Gewindes d mm	Kernquerschnitt $\frac{d_1^2 \cdot \pi}{4}$ cm²	Unterlagscheiben rund oder quadratisch: Durchmesser oder Seitenlänge $s = 3{,}5\,d$ mm	Unterlagscheiben rund oder quadratisch: Dicke $\delta = 0{,}25\,d$ mm	Gewicht in kg für 100 mm Schaftlänge	Gewicht in kg für Mutter + Gewinde + Kopf: quadratisch	Gewicht in kg für Mutter + Gewinde + Kopf: sechseckig	Gewicht in kg für 1 Unterlagscheibe: rund	Gewicht in kg für 1 Unterlagscheibe: quadratisch
$^1/_2$	12,70	0,784	45	4	0,104	0,0867	0,0817	0,0459	0,0596
$^5/_8$	15,88	1,311	55	4	0,158	0,1605	0,1515	0,0609	0,0887
$^3/_4$	19,05	1,961	70	5	0,247	0,2673	0,2533	0,1387	0,1797
$^7/_8$	22,23	2,720	80	6	0,326	0,3969	0,3759	0,2170	0,2824
1	25,40	3,575	90	7	0,417	0,6001	0,5701	0,3208	0,4158
$1^1/_8$	28,58	4,497	100	8	0,555	0,8375	0,7955	0,4530	0,5880
$1^1/_4$	31,75	5,768	115	8	0,671	1,1041	1,0471	0,6030	0,7810
$1^3/_8$	34,93	6,837	125	9	0,799	1,4516	1,3796	0,7957	1,1382
$1^1/_2$	38,10	8,388	135	10	0,987	1,8851	1,8071	1,0320	1,3400
$1^5/_8$	41,28	9,495	145	10	1,087	2,4083	2,2883	1,1910	1,5470
$1^3/_4$	44,45	11,311	155	11	1,305	3,0122	2,8622	1,4990	1,9420
2	50,80	14,912	180	13	1,667	4,3923	4,1793	2,3900	3,0990

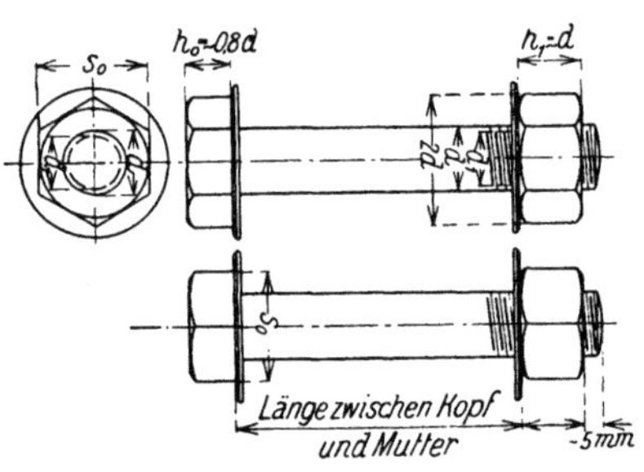

Anwendungsbeispiele: 1. Gewicht eines Schraubenbolzens von 1″ Durchmesser mit quadratischem Kopf und 2 quadratischen Unterlagscheiben. Schaftlänge zwischen Kopf und Mutter $l = 385$ mm.

$$g = 3{,}85 \cdot 0{,}417 + 0{,}6001 + 2 \cdot 0{,}4158 = \mathbf{3{,}0371\ kg}$$

2.

26 Stück	⌀ $^5/_8$″, $l = 460$ mm	.... 11960 mm	sechseckiger Kopf, 2 quadratische Unterlagscheiben
42 „	⌀ $^5/_8$″, $l = 320$ „	.... 13440 „	
128 „	⌀ $^5/_8$″, $l = 280$ „	.... 35840 „	
Zusammen ... 196 Stück	....	$L = 161240$ mm	

$$G = 1612{,}4 \cdot 0{,}158 + 196\,(0{,}1515 + 2 \cdot 0{,}0887) = \mathbf{319{,}22\ kg.}$$

Quellenangabe

I. Teil

[1]) Ellerbeck: Erläuterungen zu den preußischen Hochbaubelastungsvorschriften 1919, 2. Aufl. Berlin: W. Ernst & Sohn. 1921.
[2]) Förster, M.: Lehrbuch der Baumaterialienkunde, Heft III. Leipzig: W. Engelmann. 1911.
[3]) Gesteschi, Th.: Hölzerne Dachkonstruktionen, 3. Aufl. Berlin: W. Ernst & Sohn. 1923.
[4]) Hauska, L. und T. Miura: Holzbrücken aus Rundträgern. Wien: C. Gerolds Sohn. 1924.
[5]) Jackson, A.: Ingenieur-Holzbau. Stuttgart: K. Witwer. 1921.
[6]) Kleinlogel, A.: Rahmenformeln, 5. Aufl. Berlin: W. Ernst & Sohn. 1925.
[7]) Laskus, A.: Hölzerne Brücken. Berlin: W. Ernst & Sohn. 1918.
[8]) Melan, J.: Der Brückenbau, Bd. 1, Einleitung und hölzerne Brücken, 3. Aufl. Leipzig—Wien: F. Deuticke. 1922.
[9]) Saliger, R.: Praktische Statik. Leipzig—Wien: F. Deuticke. 1921.
[10]) Schaechterle, K.: Ingenieurholzbauten bei der Reichsbahndirektion Stuttgart. Berlin: W. Ernst & Sohn. 1925.
[11]) Seitz, H.: Grundlagen des Ingenieurholzbaues. Berlin: J. Springer. 1925.
[12]) Schnidtmann, W.: Beitrag zur Ermittlung von Fundamentpressungen. Stuttgart: K. Witwer. 1920.
[13]) Stahlwerksverband-A.-G.: Eisen im Hochbau, 6. Aufl. Berlin: J. Springer. 1924.
[14]) Tetmajer, L.: Die Gesetze der Knickungs- und zusammengesetzten Druckfestigkeit. Leipzig—Wien: F. Deuticke. 1903.
[15]) Wilda, H.: Das Holz, Aufbau, Eigenschaften und Verwendung. Berlin—Leipzig: W. de Gruyter & Co. 1920.
[16]) Winkler, G.: Hölzerne Brücken, I. Heft. Wien: C. Gerolds Sohn. 1887.

II. Teil

[17]) Böhm, Th.: Handbuch der Holzkonstruktionen. Berlin: J. Springer. 1911.
[18]) Daub, H.: Hochbaukunde, 4. Aufl. Leipzig—Wien: F. Deuticke. 1922.
[19]) Förster, M.: Taschenbuch für Bauingenieure, 4. Aufl. Berlin: J. Springer. 1921.
[20]) Frick, O. und K. Knöll: Baukonstruktionslehre, I. und II. Teil. Leipzig—Berlin: B. G. Teubner. 1920.
Gesteschi, Th.: Hölzerne Dachkonstruktionen.
[21]) Herzka, L.: Theorie und Dimensionierung der durch einen oder zwei Unterzüge verstärkten Balken- (Träger-) Decke. Leipzig: A. Kröner.
Jackson, A: Ingenieur-Holzbau.
[22]) Kersten, C.: Freitragende Holzbauten. Berlin: J. Springer. 1921.
Schaechterle, K.: Ingenieurholzbauten bei der Reichsbahndirektion Stuttgart.
Seitz, H.: Grundlagen des Ingenieurholzbaues.
[23]) Titscher, F.: Die Baukunde, 5. Aufl. Wien. 1922.

III. Teil

[24]) Bugge, A.: Ergebnisse von Versuchen für den Bau warmer und billiger Wohnungen. Berlin: J. Springer. 1924.

[25]) Dörr, H.: Die Tragfähigkeit der Pfähle. Berlin: W. Ernst & Sohn. 1921.
[26]) Dörr, H.: Die Standsicherheit der Masten und Wände im Erdreich. Berlin: W. Ernst & Sohn. 1922.
[27]) Feldmann, H.: Die Gebäude zur Aufbewahrung von Halmfrüchten, Wagen und Ackergerät. Leipzig: C. Scholtze. 1910.
[28]) Förster, M.: Die Eisenkonstruktionen der Ingenieurhochbauten. Leipzig· W. Engelmann. 1909.
[29]) Gebhardt, M.: Umbauten und Wiederherstellungsarbeiten, 2. Aufl. Leipzig und Berlin: B. G. Teubner. 1920.
[30]) Gesteschi, Th.: Die Standfestigkeit von Hallenwänden gegen Winddruck. Zentralbl. d. Bauverwaltung. 1919.
Gesteschi, Th.: Hölzerne Dachkonstruktionen.
[31]) Geusen, L.: Die Eisenkonstruktionen, 3. Aufl. Berlin: J. Springer. 1921.
[32]) Geusen, L.: Die Berechnung der Binder und Ständer eiserner Wandfachwerke. Zeitschr. d. Vereins deutscher Ingenieure. 1898 und 1900.
[33]) Kettenbach, F.: Müllerei und Mühlenbau, 5. Aufl. Leipzig: H. A. L. Degener. 1922.
[34]) Lippmann, R.: Anlage, Einrichtung und Betrieb der Sägewerke. Jena: H. Costenoble. 1921.
[35]) Romstorfer, K.: Der land- und forstwirtschaftliche Bau in Anlage und Ausführung. Leipzig—Wien: F. Deuticke. 1915.
Schaechterle, K.: Ingenieurholzbauten bei der Reichsbahndirektion Stuttgart.
Titscher, F.: Die Baukunde.

Ausführungs- und Zahlenbeispiele im Schrifttum über neuzeitliche Hallenbauten

Gesteschi, Th.: Der Holzbau. Berlin: J. Springer. 1926.
Gesteschi, Th.: Der neuzeitliche Holzbau im Eisenbahnwesen: „Die Bautechnik“, Jahrg. 1923, Heft 12; „Die Bautechnik“, Jahrg. 1924, Heft 12.
Gesteschi, Th.: Hölzerne Dachkonstruktionen.
Gesteschi, Th.: Neuere Holzbauten im Eisenbahnwesen. Berlin: W. Ernst & Sohn. 1924.
Heckner: Neuzeitliche Holzbauweisen: „Der Industriebau“, Jahrg. 1923, Heft 8/9.
Kersten, C.: Freitragende Holzbauten. 2. Auflage. 1926.
Nenning, A.: Moderne Holzbauweisen. 2. Auflage. 1924.
Schaechterle, K.: Ingenieurholzbauten bei der Reichsbahndirektion Stuttgart.
Schaechterle, K.: Moderne Holzbauweisen bei der Reichsbahndirektion Stuttgart. Erweiterter Sonderabdruck aus der Zeitschrift „Die Bautechnik 1924/25“. Berlin: W. Ernst & Sohn. 1925.

Sachverzeichnis

Häufig gebrauchte Stichworte, die sich auf die Berechnung beziehen, sind durch **Fettdruck** hervorgehoben.

Tafeln und Tabellen:

GPSR Compliance

The European Union's (EU) General Product Safety Regulation (GPSR) is a set of rules that requires consumer products to be safe and our obligations to ensure this.

If you have any concerns about our products, you can contact us on ProductSafety@springernature.com

In case Publisher is established outside the EU, the EU authorized representative is:

Springer Nature Customer Service Center GmbH
Europaplatz 3
69115 Heidelberg, Germany

Batch number: 10577878

Printed by Printforce, the Netherlands